AF308156

E. Hänsler

Statistische Signale

Springer-Verlag Berlin Heidelberg GmbH

Eberhard Hänsler

Statistische Signale

Grundlagen und Anwendungen

3. Auflage
mit 216 Abbildungen

 Springer

Universitätsprofessor Dr.-Ing. Eberhard Hänsler
Technische Universität Darmstadt
Institut für Nachrichtentechnik
Merckstraße 25
D-64283 Darmstadt
Eberhard.Haensler@nt.tu-darmstadt.de

Zum Titelbild:
Seit mehr als 2000 Jahren bedient sich der Mensch Signalen, um Nachrichten auszutauschen. Die
Technik, die er dafür benutzt, unterliegt dabei einem zunehmend rascheren Wandel. So trennen den
Zeigertelegraphen und die Satellitenantenne nur etwa 200 Jahre. Die Signaltheorie arbeitet mit
Signalmodellen, die technisch sehr verschieden realisiert werden können.
(Die Bildvorlagen wurden freundlicherweise vom Informations- und Dokumentationszentrum der
Deutschen Telekom AG und dem Museum für Post und Kommunikation zur Verfügung gestellt.)

ISBN 978-3-642-62579-4

Die Deutsche Bibliothek – CIP-Einheitsaufnahme
Hänsler, Eberhard:
Statistische Signale : Grundlagen und Anwendungen / Eberhard Hänsler . – 3. Aufl. – Berlin ;
Heidelberg ; New York ; Barcelona ; Hongkong ; London ; Mailand ; Paris ; Singapur ; Tokio :
Springer, 2001
  ISBN 978-3-642-62579-4   ISBN 978-3-642-56674-5 (eBook)
  DOI 10.1007/978-3-642-56674-5

http://www.springer.de

© Springer-Verlag Berlin Heidelberg, 2001
Ursprünglich erschienen bei Springer-Verlag, Berlin Heidelberg, 2001
Softcover reprint of the hardcover 3rd edition 2001

Einbandgestaltung: Struve & Partner, Heidelberg
Satz: Reproduktionsfertige Vorlagen des Autors

Gedruckt auf säurefreiem Papier   SPIN: 10796687   62/3020M – 5 4 3 2 1 0 –

Vorwort zur dritten Auflage

Es bedurfte keiner besonderen prophetischen Fähigkeiten, im Vorwort zur zweiten Auflage eine wesentliche Steigerung der Leistung "bezahlbarer" Signalprozessoren vorherzusehen. Mit ihr sind die Möglichkeiten und die Bedeutung der digitalen Signalverarbeitung gewachsen und damit verbunden auch das Interesse an den Verfahren der statistischen Signaltheorie. Daher sollte auch die dritte Auflage dieses Buches einen interessierten Leserkreis finden.

Auch für diese Auflage wurde versucht, durch zahlreiche Änderungen und Ergänzungen den Text lesbarer zu machen. Daneben wurde dieser durch Abschnitte über das Adaptionsverfahren mit affiner Projektion, über Echokompensation und über Geräuschreduktion ergänzt. Die Aufnahme der beiden letztgenannten Themen ist durch das Arbeitsgebiet des Autors beeinflußt. Sie sollen die Übergänge zur digitalen Signalverarbeitung zumindest andeuten.

Wie immer gilt es am Ende einer solchen Bearbeitung Dank zu sagen. An erster Stelle sind wieder die Mitarbeiterinnen und Mitarbeiter der Signaltheorie an der Technischen Universität Darmstadt zu nennen. Diese haben für die Überarbeitung des alten Textes und die Formulierung der Ergänzungen viele wertvolle Anregungen gegeben und wiederum die zahlreichen Nachfragen des Autors auch zu Rechnerproblemen geduldig beantwortet.

Nicht zu vergessen ist auch wieder der Dank an den Springer–Verlag, der auf alle Vorstellungen des Autors bereitwillig eingegangen ist.

Darmstadt, im Januar 2001

E. Hänsler

Vorwort zur zweiten Auflage

Für diese zweite Auflage wurden die Texte der ersten Auflage überarbeitet und ergänzt. Neu aufgenommen wurden ein Abschnitt über Momente höherer Ordnung und Kapitel über Schätz- und Entscheidungsverfahren.

Die Anwendung von Verfahren, die Momente höher als die Ordnung zwei benutzen, scheitert derzeit meist noch an den erforderlichen sehr hohen Prozessorleistungen. Die Weiterentwicklung der Mikroelektronik läßt jedoch erwarten, daß dieses Hindernis bald überwunden sein wird. Schätz- und Entscheidungsverfahren sind dagegen bereits jetzt feste Grundlage nachrichten- und regelungstechnischer Produkte.

Vorlesungen an der Technischen Universität Darmstadt bildeten wieder den Ausgangspunkt für die Aufbereitung des Stoffes.

Auch hier gilt es wieder Dank zu sagen: Die Mitarbeiter meines Fachgebietes haben viel dazu beigetragen, den Text verständlicher und fehlerfreier zu machen. Ulrike Hänsler hat das Manuskript abgeschrieben und ist dabei selbst an langen Formeln nicht verzweifelt. Der FernUniversität Hagen danke ich für die Freigabe der Texte der Vorlesung "Signaltheorie I und II" für dieses Buch.

Der Springer–Verlag ist wieder bereitwillig auf meine Wünsche eingegangen. Auch ihm gilt mein Dank.

Darmstadt, im Herbst 1996

E. Hänsler

Vorwort zur ersten Auflage

Dieses Buch ist entstanden aus Vorlesungen, die ich seit 1974 an der Technischen Universität Darmstadt halte, aus Weiterbildungsveranstaltungen und einer Vorlesung "Signaltheorie II" für die FernUniversität Hagen. In Darmstadt ist die Vorlesung "Grundlagen der Statistischen Signaltheorie" Pflichtvorlesung für die Studenten der Nachrichten- und Regelungstechnik. Es wird empfohlen, sie unmittelbar nach Abschluß der Diplom-Vorprüfung zu hören.

Der Inhalt des Buches beschränkt sich auf die Beschreibung statistischer Signale durch deren Wahrscheinlichkeitsdichten, insbesondere aber durch deren Mittelwerte erster und zweiter Ordnung. Im Zentrum der Betrachtungen stehen Korrelationsfunktionen und Leistungsdichtespektren. Gegenüber den "Grundlagen der Theorie statistischer Signale" [44] wurde der Teil, der sich mit der Optimierung von Systemen beschäftigt, wesentlich erweitert. Dies hat zu einer Gliederung in "Grundlagen" und "Anwendungen" geführt.

Vorlesungen und ein Buch entstehen nicht ohne das kritische Interesse von Kollegen, Mitarbeitern und Studenten. Allen sei an dieser Stelle gedankt. Mein besonderer Dank aber gilt den Mitarbeitern des Fachgebietes Theorie der Signale an der Technischen Universität Darmstadt. Sie haben durch konstruktive Kritik die Entwicklung der Vorlesungen und damit auch den Inhalt dieses Buches beeinflußt. Darüber hinaus haben sie die mühevolle Aufgabe des Korrekturlesens übernommen und mit wertvollen Anregungen zur Verbesserung des Textes beigetragen. Schließlich mußten sie mithelfen, die zahlreichen großen und die noch zahlreicheren kleinen Probleme zu lösen, die entstehen, wenn ein derartiger Text mit Rechnerhilfe erstellt wird.

Zu danken habe ich auch der FernUniversität Hagen, die die Texte einer Vorlesung "Signaltheorie II" für dieses Buch freigegeben hat.

Das Manuskript haben meine Töchter Ute Hänsler und Ulrike Hänsler mit viel Geschick abgeschrieben. Beiden gilt mein besonders herzlicher Dank. Ohne ihre Hilfe wäre es nicht möglich gewesen, dem Verlag die Vorlage zu diesem Buch druckfertig zu übergeben.

Schließlich habe ich dem Springer–Verlag zu danken, der bereitwillig auf meine Wünsche bei der Herausgabe des Buches eingegangen ist.

Darmstadt, im Sommer 1991

E. Hänsler

Inhaltsverzeichnis

Teil I

Grundlagen

1 Einführung

1.1 Zum Inhalt dieses Buches

Unter einem Signal versteht man in der Nachrichten- und Regelungstechnik die Darstellung einer Nachricht durch physikalische Größen [27]. Im Gegensatz hierzu wollen wir in diesem Buch unter einem Signal ein Signal*modell* verstehen. "Statistisches Signal" steht somit abkürzend für ein Signalmodell, das mit den Mitteln der Wahrscheinlichkeitsrechnung beschrieben und analysiert wird. Auch die Begriffe "Grundlagen" und "Anwendungen" im Titel dieses Buches bedürfen einer Präzisierung: Sie sind als "einige elementare Grundlagen" und "einige elementare Anwendungen" zu interpretieren, wobei für die Auswahl des Stoffes der Umfang des Buches, die bewußte Beschränkung der mathematischen Hilfsmittel und nicht zuletzt subjektive Vorlieben des Autors maßgebend sind.

Der Aufbau dieses Buches orientiert sich an den Problemen um ein System mit einem Eingang und einem Ausgang (siehe Abbildung 1.1). Im Gegensatz zur klassischen Systemtheorie werden hier jedoch das Eingangs– und das Ausgangssignal durch *statistische* Modelle beschrieben. Ausgenommen einige Überlegungen im Zusammenhang mit adaptiven Filtern, werden Systeme determiniert vorausgesetzt, d.h. zwischen Eingang, Systemzustand und Ausgang besteht immer ein eindeutiger, vorherbestimmter Zusammenhang.

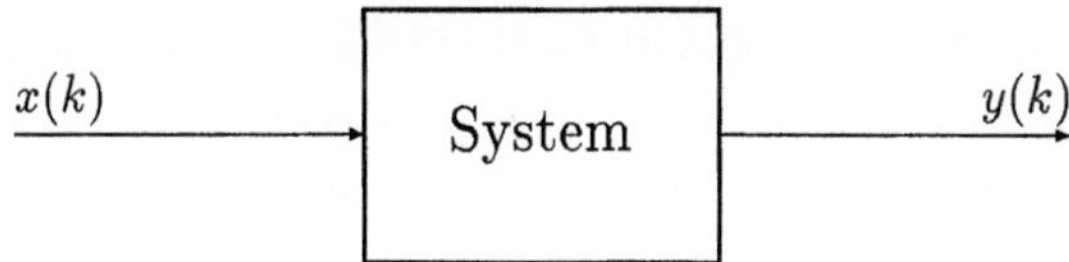

Abb. 1.1: System

Das statistische Modell für ein Signal ist der Zufallsprozeß. Im *ersten Teil* des Buches werden seine Definition, seine Beschreibung und seine Eigenschaften behandelt. Zur Vorbereitung hierauf werden zunächst einige Grundlagen der Wahrscheinlichkeitsrechnung und Zufallsvariablen diskutiert. Das 4. Kapitel beschäftigt sich mit den Zusammenhängen zwischen den Eigenschaften der Zufallsprozesse am Eingang und am Ausgang eines Systems. Es werden hier drei Klassen von Systemen behandelt: Systeme ohne Speicher, lineare Systeme und einfache nichtlineare Systeme. Im *zweiten Teil* des Buches wird an einfachen Fragestellungen die Optimierung von Systemen mit den Werkzeugen der statistischen Signaltheorie gezeigt. Ausgehend von allgemeinen Überlegungen zur Formulierung des Optimierungskriteriums (Kapitel 5), wird im Kapitel 6 der Entwurf eines linearen Prädiktors diskutiert. Es folgen das signalangepaßte Filter (Kapitel 7)

und das Optimalfilter nach Wiener und Kolmogoroff (Kapitel 8). Im folgenden Kapitel
macht die Betrachtung des Kalman–Filters eine kurze Einführung in die Beschreibung
linearer Systeme durch Zustandsvariablen notwendig. Im Kapitel 10 werden Verfahren zur Adaption linearer Filter behandelt. Der Schwerpunkt der Betrachtungen liegt
auch hier bei der Anwendung statistischer Signalmodelle. Es werden daneben – abweichend vom eigentlichen Thema des Buches – jedoch auch Verfahren mit determiniertem
Ansatz diskutiert. Die abschließenden Kapitel behandeln Fragen der Schätzung von Si-
gnalparametern und Entscheidunsprobleme.

Bei der Darstellung dieses Stoffes wird ein Mittelweg zwischen "rein anschaulich" und
"streng formal" angestrebt. Das Buch sollte daher einem Praktiker einen ausreichen-
den theoretischen Hintergrund für den experimentellen Umgang mit Signalen geben
können. Es sollte gleichzeitig einen Theoretiker auf das Studium formalerer Darstellungen vorbereiten. Beide werden für die Lösung konkreter Probleme zusätzliche Literatur benötigen: Der Praktiker Bücher über Messung und Verarbeitung von Signalen,
beispielsweise [54], [92], [101] oder [103], der Theoretiker formalere Darstellungen der
Theorie der Zufallsprozesse und ihrer Anwendung, beispielsweise [28] oder [83].

1.2   Warum statistische Signalmodelle?

Genauer formuliert sollte diese Frage lauten: "Warum benötigt man neben determinierten Signalmodellen auch statistische Modelle?" Eine zunächst nur sehr pauschale
Antwort lautet: "Die Anwendung statistischer Signalmodelle ermöglicht die Lösung ak-
tueller Probleme der Nachrichten– und Regelungstechnik, die mit Hilfe determinierter
Signalmodelle nicht lösbar sind". Das Eindringen statistischer Modelle in den technischen Alltag war zunächst durch zwei Tatsachen behindert: Es erfordert Denkweisen, die
anders (nicht schwieriger!) als die bei herkömmlichen, determinierten Lösungsansätzen
sind, und die mit ihrer Hilfe entwickelten Verfahren waren mit Analogtechnik nur schwer
und mit großem Aufwand zu realisieren. Digitaltechnik und Schaltungsintegration haben die zweite Schwierigkeit aufgelöst. Die erste hat sich von der beruflichen Tätigkeit
auf die Ausbildungszeit verlagert. Statistische Signaltheorie ist heute ein anerkannter,
fester Bestandteil des Studiums der Nachrichten– und Regelungstechnik.

1.3   Kurzer historischer Überblick

Signale von Störungen zu trennen ist eines der Hauptprobleme der Signaltheorie. Es
ist so alt wie der Versuch der Menschen, Vorgänge in ihrer Umgebung zu beobachten
und daraus Schlüsse über deren Ablauf in der Vergangenheit, insbesondere aber in

der Zukunft zu ziehen. Bereits sehr früh in der Geschichte der Wissenschaft haben Astronomen begonnen, den Standort der Gestirne mit Fernrohren zu messen und aus diesen Meßwerten die Bahnen der Planeten zu berechnen. Der Wunsch, Meßfehler zu eliminieren, hat hier erste Anstöße für Verfahren gegeben, die man heute, auf elektrische Signale angewandt, als Filter– oder Schätzverfahren bezeichnen würde. Jedoch erst 1795 entwickelte *Gauß* die Methode der kleinsten Quadrate [38] und wendete diese bei der Berechnung von Planetenbahnen an. Da er das Verfahren erst 1806 veröffentlichte, entstand zunächst ein Prioritätenstreit mit *Legendre*, der unabhängig von Gauß diese Methode bereits 1805 publiziert hatte.

Mit der Entwicklung des Telegrafen durch *Morse* im Jahre 1832 und des Telefons durch *Reis* (1861) und *Bell* (1876) bekamen elektrische Signale praktische Bedeutung. Als Signalmodelle wurden dabei für lange Zeit determinierte Funktionen, meist sinusförmige Schwingungen, angenommen. Insbesondere in den zwanziger Jahren wurden auf dieser Grundlage wesentliche Gesetze der Signaltheorie formuliert. Als Beispiel sei hier der 1924 von *Küpfmüller* [65] und *Nyquist* [90] gezeigte Zusammenhang zwischen der Übertragungsgeschwindigkeit von Zeichen und der notwendigen Frequenzbandbreite genannt. Wenige Jahre später (1928) versuchte *Hartley* [47] ein Maß für den Informationsgehalt eines Zeichens zu definieren. Der damaligen Betrachtungsweise folgend, stützte er sich dabei auf ein determiniertes Modell: die Anzahl der möglichen Zeichen.

In den vierziger Jahren führten statistische Ansätze zu neuen Ergebnissen in der Signaltheorie. *Kolmogoroff* (1941) [62] und *Wiener* (1942) [128] benutzten unabhängig voneinander das von Gauß formulierte Kriterium des quadratischen Fehlers als Grundlage für den Entwurf von Filtern zur Vorhersage des Verlaufs eines Vorgangs. 1948 und 1949 erschienen die Arbeiten von *Shannon*, mit denen dieser die moderne Informationstheorie begründete [111], [112]. Im Gegensatz zu Hartley definierte er ein Maß für den Informationsgehalt eines Zeichens, das von der Wahrscheinlichkeit abhängt, mit der dieses Zeichen auftritt. Ebenfalls 1949 erschien die erste Auflage des Buches "Die Systemtheorie der elektrischen Nachrichtenübertragung" von *Küpfmüller* [66], mit dem er den Begriff "Systemtheorie" prägte und das als Höhepunkt und Abschluß der rein deterministischen Signalbetrachtung angesehen werden kann.

Kolmogoroff und Wiener stützten sich bei ihren Formulierungen des Optimalfilterproblems auf die Betrachtung des Zusammenhangs zwischen den Eingangs- und den Ausgangsgrößen eines Systems und benutzten zur Lösung Methoden der Fourier- und Laplacetransformation. Sie mußten dabei stationäre Signale und einen von minus unendlich bis zur Gegenwart ausgedehnten Beobachtungszeitraum voraussetzen. Diese Annahmen sind für praktische Überlegungen oft unrealistisch, denn hier werden Ergebnisse nach begrenzten, meist kurzen Beobachtungszeiträumen gefordert für Signale, deren Eigenschaften sich verändern. Es hat daher in den fünfziger Jahren zahlreiche Versuche

gegeben, das Optimalfilterproblem mit weniger einschränkenden Voraussetzungen zu
lösen. Diese haben jedoch nicht zu konstruktiven Ergebnissen geführt. Erst mit Anwendung der Beschreibung von Systemen im Zustandsraum gelang es 1960 *Kalman* [56], ein
Filterverfahren für zeitdiskrete Signale anzugeben, das instationäre Signale und einen
endlich langen Beobachtungszeitraum zuläßt. Das Verfahren ist darüberhinaus rekursiv
und damit für digitale Realisierungen besonders geeignet. 1961 konnten dann *Kalman*
und *Bucy* das Filterproblem auch für zeitkontinuierliche Signale lösen [57].

Die Entwicklung des Transistors durch *Bardeen, Brattain* und *Shockley* im Jahre 1948
[5] und die etwa zehn Jahre später einsetzende Entwicklung integrierter Schaltungen
haben die Grundlage für eine wirtschaftliche digitale Signalverarbeitung geschaffen. In
jüngster Zeit ist es möglich, auch mathematisch sehr anspruchsvolle Verfahren in der
Praxis einzusetzen. Dies hat seinerseits die Entwicklung neuer Verfahren, beispielsweise
auf den Gebieten der Nachrichtenübertragung, der Regelungstechnik, der Sprach- und
Bildverarbeitung und der Systemidentifizierung, angeregt. Gleichzeitig mußte sich die
Signaltheorie mit neuartigen Problemen beschäftigen, die durch die in digitalen Prozessoren notwendige Signaldarstellung mit endlicher Genauigkeit entstehen und die die
Wirksamkeit von Verfahren begrenzen und ihre Stabilität beeinträchtigen können.

Abschließend sei auf Veröffentlichungen hingewiesen, die die historische Entwicklung
linearer Filterverfahren [116, 55] und der Informationstheorie [99] beschreiben. Bemerkungen zur Geschichte adaptiver Verfahren finden sich in [48].

1.4   Modellbildung

Betrachtungen zur Modellbildung gelten nicht nur für das Gebiet der Signaltheorie. Sie
sind vielmehr Grundlage aller wissenschaftlichen Überlegungen. Sie werden hier an den
Anfang gestellt, um dem Leser zu erklären, warum es zweckmäßig sein kann, Signale
nicht ausschließlich durch einzelne Funktionen mit sehr übersichtlichem – beispielsweise
sinus- oder rechteckförmigem – Verlauf zu beschreiben, und diesen ihm sicher längst
vertrauten Betrachtungsweisen neuartige, zunächst noch ungewohnte hinzuzufügen.

Die Analyse eines Vorgangs erfordert als ersten Schritt immer die *Formulierung eines
Modells*. Dies wird oft nicht besonders erwähnt, oder es wird als "Annahmen" bzw.
"Voraussetzungen" bezeichnet. Es bedeutet aber, daß beispielsweise für ein Gerät ein
Labormodell gebaut, für einen Ablauf ein Simulationsprogramm geschrieben, oder für
einen Vorgang eine Reihe mathematischer Gleichungen aufgestellt wird. In jedem Fall
verläßt man dadurch die *"physikalische Welt"* und bildet das Untersuchungsobjekt in
einen *"Modellbereich"* ab. Diesen Schritt bezeichnet man als *Modellbildung* (Abbildung
1.2). Man könnte auch von einer *Transformation* in einen Modellbereich sprechen. Wich-

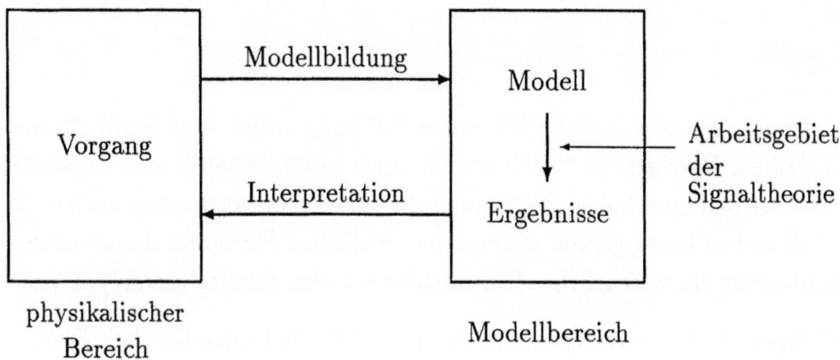

Abb. 1.2: Modellbildung

tig und für das Verständnis vieler Überlegungen entscheidend ist es zu wissen, daß Modelle niemals der Wirklichkeit völlig entsprechen. Sie spiegeln vielmehr immer nur einige Eigenschaften der Wirklichkeit wider, und es hängt von dem jeweiligen Anwendungszweck – hier dem Ziel der vorgesehenen Untersuchung – ab, welche Eigenschaften durch das Modell nachgebildet werden sollen und welche nicht. Bei welchen Eigenschaften und bis zu welchem Grad ein Modell wirklichkeitsgetreu sein sollte, muß nicht notwendigerweise bereits am Anfang einer Untersuchung feststehen. Vielmehr ist es möglich, daß im Verlauf der Arbeit mit einem Modell dieses erweitert werden muß oder vereinfacht werden kann. Die Formulierung eines geeigneten Modells ist immer ein wesentlicher – vielleicht sogar *der* wesentliche – Schritt bei der Lösung eines wissenschaftlichen Problems.

Neben der *Wirklichkeitsnähe* eines Modell spielt dessen *Komplexität* eine entscheidende Rolle, denn die Forderung nach einem sehr detaillierten Modell widerspricht dem Wunsch nach einfacher Handhabbarkeit, d.h. nach einem einfachen Modellaufbau, einem schnell ablaufenden Simulationsprogramm oder einem geschlossen lösbaren Gleichungssystem.

Für ein- und denselben Vorgang lassen sich daher in aller Regel verschiedene Modelle formulieren. Einige Beispiele sollen dies erläutern: Eine Landkarte kann als Modell eines bestimmten Abschnittes der Erde angesehen werden. Für dasselbe Gebiet gibt es sehr verschiedene Landkarten. Alle sind – sorgfältige Redaktion unterstellt – *richtig*. Es hängt vom Anwendungsfall ab, welche am besten *geeignet* ist. Gerade grundlegenden physikalischen Gesetzen liegen oft sehr einfache Modellvorstellungen zugrunde. In der Mechanik ist es üblich, Punkt- oder Linienmassen anzunehmen. Dabei vernachlässigt man die immer endliche Ausdehnung von Körpern. In der Elektrotechnik formuliert

beispielsweise das *Ohmsche Gesetz* einen linearen Zusammenhang zwischen dem Strom
und der Spannung an einem Widerstand:

$$U = IR.$$

Es läßt dabei außer acht, daß der Widerstand R temperatur– und damit stromabhängig
ist und daß ein Bauelement "Widerstand" auch Induktivitäten und Kapazitäten aufweist, die bei Strömen hoher Frequenz nicht vernachlässigt werden dürfen. Trotzdem
ist das Ohmsche Gesetz gerade wegen seiner einfachen Form und damit seiner leichten
Handhabbarkeit ein wesentliches Hilfsmittel bei vielen Schaltungsanalysen.

Augenfälliger wird der verschiedene Grad der Wirklichkeitsnähe bei *Ersatzschaltbil-
dern*, beispielsweise für elektrische Maschinen oder Halbleiterbauelemente. Abbildung
1.3 zeigt Ersatzschaltbilder, d.h. also Modelle, eines *Übertragers*. Im einfachsten Fall
reicht es aus, diesen durch sein Übersetzungsverhältnis zu beschreiben. Bei höheren
Anforderungen an die Wirklichkeitsnähe sind zusätzlich Streuungen und verschiedenartige Verluste zu berücksichtigen.

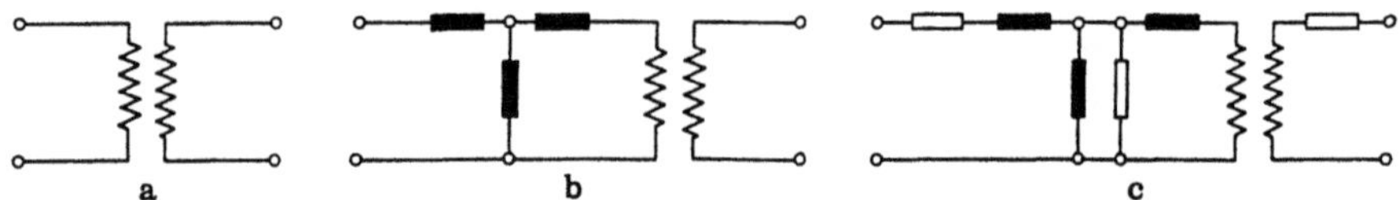

Abb. 1.3: Modelle eines Übertragers: a) idealer Übertrager, b) Übertrager mit Streuung, c) Übertrager mit Streuung und Verlusten

Modelle können durchaus grundlegende physikalische Gesetze verletzen. In der Sy-
stemtheorie geläufig ist der Verzicht auf *Kausalität*, einer wesentlichen physikalischen
Eigenschaft: Ein System reagiert auf eine Anregung frühestens zum Zeitpunkt dieser
Anregung. Trotz dieses Verzichts erlaubt die Interpretation der Ergebnisse der Ana-
lyse eines nichtkausalen Modells, die in aller Regel sehr viel einfacher ist, wesentliche
Erkenntnisse auch über das Verhalten realer Systeme. Ein weiteres Beispiel für den
Verzicht auf wesentliche physikalische Gegebenheiten ist die Vernachlässigung von Ein-
und Ausschwingvorgängen, wenn angenommen wird, daß Ströme gleichförmig über alle
Zeiten hinweg fließen, also nicht bei endlichen Zeitpunkten ein– und ausgeschaltet werden.

Einfache *Signalmodelle* sind *einzelne* periodische oder impulsförmige Vorgänge mit einem Verlauf, der auch mathematisch leicht beschreibbar ist. Hierzu zählen insbesondere
einzelne sinusförmige Schwingungen. Die Notwendigkeit, ein wirklichkeitsnäheres Modell anzuwenden, entsteht aus der Tatsache, daß beispielsweise die Eingangssignale eines

Nachrichtenempfängers sehr verschiedene Gestalt haben und folglich in ihrer Gesamtheit nur durch Eigenschaften, die allen Eingangssignalen gemeinsam sind, beschrieben werden können. Bei der Entwicklung des Empfängers bilden diese Eigenschaften – nicht der Verlauf einzelner Signale – die Entwurfsgrößen.

Ein etwas wirklichkeitsnäheres Modell für derartige Signale muß daher von einer *Schar von möglichen Signalen* ausgehen. Die Anzahl dieser Signale kann sehr groß sein. Es können im Grenzfall mehr als abzählbar unendlich viele Signale sein. Ein mathematisches Modell für eine derartige Schar von Signalen ist ein *Zufallsprozeß* oder stochastischer Prozeß. Jedes einzelne zur Schar gehörende Signal ist eine *Musterfunktion* oder eine Realisierung des Prozesses. Die Gesamtheit aller möglichen Signale – also der Zufallsprozeß – wird durch Eigenschaften der Schar und nicht einzelner Signale charakterisiert. Ein System – beispielsweise wieder ein Nachrichtenempfänger – läßt sich bei Anwendung dieses Modells danach entwerfen oder beurteilen, wie es diese Eigenschaften verändern soll oder verändert.

Im folgenden Text werden Zufallsprozesse als Signalmodelle im Mittelpunkt stehen. Für das Arbeiten mit ihnen stellt die Mathematik das Instrumentarium der *Wahrscheinlichkeitsrechnung* bereit. Wichtig für das Verständnis und die Interpretation der mit diesen Hilfsmitteln gefundenen Ergebnisse ist es jedoch, sich immer wieder vor Augen zu führen, daß Zufallsprozesse *mathematische Modelle, nicht physikalische Wirklichkeit* sind. (Gleiches gilt übrigens auch für sinusförmige Schwingungen!) Auch wenn gelegentlich formuliert wird "ein bestimmtes Signal *ist* ein Zufallsprozeß", so muß dies immer gelesen werden als "für die hier anzustellende Überlegung ist es zweckmäßig, ein bestimmtes Signal durch einen Zufallsprozeß zu *beschreiben*". Über diesen Zufallsprozeß werden dann oft vereinfachende Annahmen gemacht. Begriffe wie "Stationarität" und "Ergodizität" spielen dabei eine Rolle. Sie bedeuten für den ersten Begriff, daß sich die Eigenschaften (fast) aller zu einem Prozeß gehörenden Signale mit der Zeit nicht ändern.Der zweite Begriff bedeutet, daß (fast) jedes einzelne Signal repräsentativ für die Schar aller Signale ist. Auch hier handelt es sich um Idealisierungen, die in bestimmten Fällen *zweckmäßig* sein können, aber die nicht unmittelbar aus der Wirklichkeit abgeleitet sein müßen.

1.5   Vorkenntnisse

Für das Verständnis dieses Buches werden elementare Kenntnisse der Analysis, der Systemtheorie und der Theorie determinierter Signale vorausgesetzt. Gebrauch gemacht wird von den Zusammenhängen zwischen Zeit- und Frequenz- bzw. z−Bereich und der Beschreibung linearer Systeme durch Gewichtsfunktion, Übertragungsfunktion und Zustandsvektor, wie sie zum Beispiel in [94], [122], [109] und [105] behandelt werden.

Nützlich sind schließlich elementare Kenntnisse der Wahrscheinlichkeitsrechnung (z.B. [23], [119], [126], [98] und [97]), obwohl der Wahrscheinlichkeitsraum in diesem Buch kurz behandelt wird.

Wie bereits eingangs betont, wird für dieses Buch eine Darstellung angestrebt, die zwar formal korrekt sein möchte, deren Aussage jedoch nicht durch Formalismen überdeckt sein sollte. Diesem Konzept folgend, werden u.a. Voraussetzungen nur formuliert, soweit sie physikalisch bedingt sind. Auf pathologische Fälle wird nur eingegangen, wenn sie sich als Grenzfälle physikalischer Erscheinungen deuten lassen. Besondere Räume oder Funktionenklassen werden nicht explizit definiert. Es wird für auftretende Funktionen immer angenommen, daß Summen, Integrale, Ableitungen und Grenzwerte dort, wo sie benötigt werden, existieren und daß die Reihenfolge linearer Operationen vertauschbar ist. Beweise im mathematisch strengen Sinn werden nicht geführt. Formelmäßige Herleitungen sind immer gleichzeitig auch Beispiele für das Arbeiten mit den betreffenden Größen und Operationen.

1.6   Formelzeichen

Immer wenn zwei Gebiete zusammentreffen – hier sind es die Theorie elektrischer Systeme und die Wahrscheinlichkeitsrechnung – entstehen Probleme mit den Bezeichnungen einzelner Größen, denn in jedem einzelnen Gebiet gibt es allgemein geläufige und anerkannte Bezeichnungen. Diese belegen in aller Regel alle gängigen Alphabete vollständig. So werden auch für die Nachrichten- und Regelungstechnik einerseits und die Wahrscheinlichkeitstheorie andererseits, in Empfehlungen und Normen für die wichtigsten Größen bestimmte Formelzeichen vorgeschlagen. Für das erstgenannte Gebiet gibt es eine Reihe von DIN–Normen [89], für die Wahrscheinlichkeitsrechnung insbesondere die DIN–Norm 13303 [26]. Im folgenden Text werden bevorzugt die in Nachrichten- und Regelungstechnik üblichen Bezeichnungen verwendet und im Falle von Konflikten die in der Wahrscheinlichkeitstheorie gebräuchlichen Formelzeichen abgeändert. Besonders augenfällig und dringend ist dies bei den Buchstaben "ω" und "Ω". Hier werden "ω" – entsprechend den Gepflogenheiten der Nachrichtentechnik – für die Kreisfrequenz, d.h.

$$\omega = 2\pi f,$$

und "Ω" für die normierte Kreisfrequenz verwendet. In der Wahrscheinlichkeitstheorie dagegen bezeichnet "Ω" die Ergebnismenge und "ω" ein Ergebnis. Um Verwechslungen auszuschließen, werden wir hier für diese beiden Größen auf die Buchstaben "H" und "η" ausweichen.

Es ist zweckmäßig, für Zufallsvariablen und Zufallsprozesse besondere Formelzeichen zu reservieren. Formeln werden dadurch übersichtlicher, denn zufällige Größen unterscheiden sich bereits optisch von determinierten Größen. DIN 13 303 [26] empfiehlt für zufällige Größen *große* lateinische Buchstaben, während Werte, die diese Größen annehmen, mit *kleinen* lateinischen Buchstaben bezeichnet werden sollen. Die Angabe

$$X(\omega) = x$$

besagt damit, daß die Zufallsvariable X für das Argument ω den Wert x annimmt. Die Verwendung großer und kleiner lateinischer Buchstaben soll in diesem Text jedoch überwiegend für den Zusammenhang Zeitbereich – Frequenzbereich (oder z–Bereich) gebraucht werden. Für Zufallsgrößen folgen wir einer besonders in amerikanischen Lehrbüchern (z.B. [96]) üblichen Bezeichnung und verwenden **fette** Buchstaben. Der oben angegebene Zusammenhang wird daher hier

$$\boldsymbol{x}(\eta) = x$$

lauten. Überall dort, wo eine Funktion Eigenschaften einer Zufallsgröße ausdrückt, kennzeichnen wir dies durch einen **fett** geschriebenen Index. So sind beispielsweise $F_{\boldsymbol{x}}$ die Wahrscheinlichkeitsverteilung und $m_{\boldsymbol{x}}^{(1)}$ der lineare Mittelwert der Zufallsgröße $\boldsymbol{x}(\eta)$. Diese Bezeichnung erlaubt die freie Wahl des Arguments der betreffenden Funktion, so daß wir für den Fall, daß beispielsweise verschiedene Integrationsvariablen benötigt werden, $F_{\boldsymbol{x}}(x)$, $F_{\boldsymbol{x}}(y)$ oder $F_{\boldsymbol{x}}(z)$ schreiben können.

Grundsätzlich sollen hier in Formeln möglichst vollständige Bezeichnungen verwendet werden mit der Absicht, das Gedächtnis nicht mit abkürzenden Definitionen zu belasten. Stellenweise wird dabei eine gewisse Langatmigkeit bewußt in Kauf genommen. Der Leser sollte jedoch für seinen persönlichen Gebrauch Abkürzungen verwenden. Bei zufälligen Größen werden hier immer die Argumente angegeben, um deutlich zu kennzeichnen, daß diese *Funktionen* sind: $\boldsymbol{x}(\eta)$ bezeichnet die Funktion "Zufallsvariable" und $\boldsymbol{x}(\eta, t)$ die Funktion "Zufallsprozeß".

Wahrscheinlichkeiten sind Funktionen von Ereignissen, die mit großen lateinischen Buchstaben bezeichnet werden:

$$P(A)$$

ist folglich die Wahrscheinlichkeit des Ereignisses A. Ereignisse sind ihrerseits *Teilmengen* der Ergebnismenge:

$$A = \{\eta \,|\, \boldsymbol{x}(\eta) \leq x\}$$

ist die Menge aller Ergebnisse $\eta \in H$, für die die Zufallsvariable $\boldsymbol{x}(\eta)$ einen Wert annimmt, der kleiner oder gleich x ist.

$$P(A) = P(\{\eta | \boldsymbol{x}(\eta) \leq x\})$$

ist schließlich die Wahrscheinlichkeit, daß dieses Ereignis eintritt. DIN 13 303 [26] empfiehlt hierfür die Schreibweise $P\{\boldsymbol{x} \leq x\}$. Noch kürzer, aber damit nur noch zusammen mit der zugehörigen Definition verständlich, wäre $P_{\boldsymbol{x}}(x)$.

2 Wahrscheinlichkeit – Zufallsvariablen

Wie bereits im 1. Kapitel angesprochen, benutzt die statistische Signaltheorie den *Zufallsprozeß* als Modell für eine Schar von Signalen, zu der sich beispielsweise alle möglichen Eingangssignale eines Systems zusammenfassen lassen. Betrachtet man alle diese Signale, also den Zufallsprozeß, für einen festen Zeitpunkt, so erhält man eine *Zufallsvariable*. Diese ist über einem *Wahrscheinlichkeitsraum* definiert. Wir werden daher in diesem Kapitel zunächst den Wahrscheinlichkeitsraum und damit verbunden einige elementare Zusammenhänge der Wahrscheinlichkeitsrechnung kurz diskutieren. Damit schaffen wir die Grundlage für die Definition der Zufallsvariablen, die ihrerseits dann die Einführung des Zufallsprozesses möglich macht.

2.1 Wahrscheinlichkeit

2.1.1 Wahrscheinlichkeitsraum

Die Basis für die Definition einer Zufallsvariablen ist der *Wahrscheinlichkeitsraum*. Man versteht darunter die Zusammenfassung von drei Größen: einer Ergebnismenge H, eines Ereignisfeldes $\mathcal{A}$ und eines Wahrscheinlichkeitsmaßes P.

Definition 2.1 Wahrscheinlichkeitsraum

Wahrscheinlichkeitsraum $= (H, \mathcal{A}, P)$

2.1.1.1 Ergebnismenge

Als Ergebnismenge H (oder *Merkmalmenge*) bezeichnet man die Menge aller möglichen Ergebnisse η eines **Zufallsexperimentes**. Bei einem derartigen Experiment ist das aktuelle Ergebnis nicht vorhersagbar. Bei jeder Ausführung stellt sich immer *genau ein* Ergebnis ein. (Man sagt auch, "es prägt sich genau ein Merkmal aus".)

Definition 2.2 Ergebnismenge

Ergebnismenge $H = \{$ alle möglichen Ergebnisse eines Zufallsexperimentes $\}$

Beispiel 2.1 Würfeln

Das Werfen eines Würfels ist ein Zufallsexperiment. Mögliche Ergebnismengen sind:

$$H_1 = \{ \text{ alle möglichen Augenzahlen } \},$$

$$H_2 = \{ \text{ gerade Augenzahl, ungerade Augenzahl } \},$$

$$H_3 = \{ \text{ Augenzahl} \leq 3, \text{ Augenzahl} > 3 \}.$$

Beispiel 2.2 Spannungsmessung

Die Messung einer Spannung mit einem Zeigermeßgerät kann als Zufallsexperiment betrachtet werden. Eine mögliche Ergebnismenge ist:

$$H = \{ \text{ alle möglichen Ausschlagwinkel des Zeigers } \}.$$

Die Ergebnismengen der Beispiele 2.1 und 2.2 unterscheiden sich wesentlich dadurch, daß im Beispiel 2.1 die Anzahl der Elemente der Ergebnismenge *abzählbar*, im Beispiel 2.2 dagegen *nicht abzählbar* ist. Dies kann zur Folge haben, daß den einzelnen Ergebnissen des Beispiels 2.2 kein *Maß* zugeordnet werden kann. Ein solches Maß wäre beispielsweise die Wahrscheinlichkeit, mit der einzelne Zeigerstellungen auftreten können. Voraussetzung für die (mathematische) *Meßbarkeit* einzelner Ergebnisse ist jedoch u.a., daß das Maß einer Vereinigung disjunkter Mengen gleich der Summe der Maße dieser Mengen ist. Wenn es keine besonders ausgezeichneten Zeigerstellungen gibt, würde in Beispiel 2.2 jede der mehr als abzählbar unendlich vielen möglichen Zeigerstellungen die Wahrscheinlichkeit Null erhalten. Hieraus könnte somit nicht die Wahrscheinlichkeit, daß das Meßgerät beispielsweise zwischen 1 Volt und 2 Volt anzeigt, berechnet werden, da die Addition mehr als abzählbar unendlich vieler Beiträge formal nicht möglich ist.

"Maß" und "Meßbarkeit" sind im vorangehenden Abschnitt *mathematische* Begriffe. Sie sind nicht zu verwechseln mit der technischen Messung einer Größe. Leser, die nicht mit der Maßtheorie vertraut sind, seien hier auf eine Analogie mit Längenmaßen hingewiesen: Setzt sich eine Strecke aus einer Reihe sich nicht überdeckender Teilstrecken zusammen, so ist die Länge der Gesamtstrecke gleich der Summe der Längen der Teilstrecken. Einzelne Punkte auf einer Strecke haben die Länge Null. Auch durch die Aneinanderreihung beliebig vieler Punkte erhält man nicht die Länge der Strecke.

2.1.1.2   Ereignisfeld

Die Absicht, ein Zufallsexperiment mit den Mitteln der Wahrscheinlichkeitsrechnung beschreiben zu wollen, führt zur Definition des *Ereignisfeldes*. Dieses besteht aus *meßbaren Teilmengen* der Ergebnismenge. Bei abzählbarer Ergebnismenge können dies alle

Teilmengen - also die Potenzmenge - der Ergebnismenge H sein. Bei nicht abzählbarer Ergebnismenge kann man Teilmengen beispielsweise in der Form von Intervallen bilden. Grundsätzlich enthält ein Ereignisfeld $\mathcal{A}$ neben einer Anzahl beliebig ausgewählter meßbarer Teilmengen der Ergebnismenge H die Menge H selbst und alle weiteren Mengen, die sich durch die Operationen *Durchschnitt*, *Vereinigung* und *Negation* aus Elementen von $\mathcal{A}$ bilden lassen. Dies schließt immer die leere Menge $\emptyset$ ein. Schließlich enthält ein Ereignisfeld zu jeder konvergierenden Folge von Mengen auch deren Grenzmenge.

Definition 2.3 Ereignisfeld

Ein Ereignisfeld $\mathcal{A}$ ist eine nicht leere Menge von Teilmengen der Ergebnismenge H mit folgenden Eigenschaften:

1. $H \in \mathcal{A}$,

2. Aus $A \in \mathcal{A}$ folgt $\overline{A} \in \mathcal{A}$,

3. Aus $A_1, A_2, \cdots \in \mathcal{A}$ folgt $\bigcup\limits_{i=1}^{\infty} A_i \in \mathcal{A}$.

In dieser Definition bezeichnet $\overline{A}$ das Komplement der Menge A, d.h. alle Elemente der Menge H, die *nicht* in A enthalten sind.

Ein System, das die Definition 2.3 erfüllt, heißt σ-Algebra.

Die Elemente des Ereignisfeldes nennt man *Ereignisse*. Aus der Definition des Ereignisfeldes und dem vorher Gesagten folgt, daß ein Ergebnis $\eta_i \in H$ Element mehrerer Ereignisse sein kann. Alle diese Ereignisse *"finden statt"*, wenn η_i als Ergebnis auftritt. Ein Zufallsexperiment hat somit immer *genau ein* Ergebnis, es kann jedoch *mehrere* Ereignisse gleichzeitig auslösen.

Im Zusammenhang mit Ereignissen sind noch einige Begriffe von Bedeutung: Ein Ereignis, das nur ein Element der Ergebnismenge enthält, ist ein *Elementarereignis*. Die leere Menge $\emptyset$ bildet das *unmögliche* Ereignis, die Ergebnismenge H das *sichere* Ereignis. Zwei Ereignisse, die kein Element gemeinsam enthalten, d.h. deren Durchschnitt leer ist, nennt man *disjunkte* oder *unvereinbare* Ereignisse. Diese finden niemals gleichzeitig statt.

Die Zusammenfassung ($H, \mathcal{A}$) nennt man *Meßraum*.

Beschränkt man die Definition der Ergebnismenge auf eine Menge mit *abzählbar* vielen Elementen, so kann man auf die Unterscheidung von Ergebnis und Elementarereignis verzichten. Damit ist das Ereignisfeld als Potenzmenge der Ergebnismenge festgelegt. Dies hat allerdings - wie wir später sehen werden - die oft nicht beachtete Folge, daß man nur noch diskrete Zufallsgrößen definieren kann und es dann beispielsweise kein gaußsches Rauschen mehr gibt.

Beispiel 2.3 Würfeln
Ergebnismenge:

$$H = \{\eta_1, \eta_2, \eta_3, \eta_4, \eta_5, \eta_6\},$$

mit $\eta_i =$ Augenzahl i.

Ein mögliches Ereignisfeld ist:

$$\mathcal{A} \;=\; \{\emptyset, \{\eta_1\}, \{\eta_2\}, \{\eta_1, \eta_2\}, \{\eta_2, \eta_3, \eta_4, \eta_5, \eta_6\},$$
$$\{\eta_1, \eta_3, \eta_4, \eta_5, \eta_6\}, \{\eta_3, \eta_4, \eta_5, \eta_6\}, H\}.$$

2.1.1.3   Definition der Wahrscheinlichkeit

Die Elemente des Ereignisfeldes sind meßbar. Ein spezielles Maß, das man ihnen zuordnen kann, ist die *Wahrscheinlichkeit*. Diese ist eine *Funktion*, die über dem Ereignisfeld $\mathcal{A}$ definiert ist. Ihr Wertebereich ist das Intervall $[0, 1]$ der reellen Zahlen. Man sagt daher auch, daß die Funktion Wahrscheinlichkeit das Ereignisfeld $\mathcal{A}$ auf das Intervall $[0, 1]$ der reellen Zahlen abbildet.

Die Eigenschaften der Funktion Wahrscheinlichkeit sind durch drei *Axiome* definiert:

Definition 2.4 Wahrscheinlichkeit
 1. $P(A) \geq 0$,
 2. $P(H) = 1$,
 3. $P(A \cup B) = P(A) + P(B)$, wenn A und B disjunkt sind.

Diese auf *Kolmogoroff* [61] zurückgehende Definition besagt, daß die Wahrscheinlichkeit 1.) *nicht negativ*, 2.) *normiert* und 3.) *additiv* ist. Das zweite Axiom sagt ferner, daß die Wahrscheinlichkeit des sicheren Ereignisses gleich Eins ist. Damit ist die Wahrscheinlichkeit des unmöglichen Ereignisses gleich Null.

Sind zwei Ereignisse A und B *nicht* disjunkt, d.h. enthalten sie gemeinsame Elemente, so kann man $A \cup B$ zunächst durch die Vereinigung zweier disjunkter Ereignisse darstellen:

$$A \cup B = A \cup (\bar{A} \cap B) . \tag{2.1}$$

Schreibt man auch B als Vereinigung zweier disjunkter Ereignisse,

$$B = (A \cap B) \cup (\bar{A} \cap B) \,, \tag{2.2}$$

so enthält $A \cap B$ diejenigen Ergebnisse, die in A und in B enthalten sind. Die Menge $\bar{A} \cap B$ faßt die Ergebnisse zusammen, die in B, aber nicht in A enthalten sind. Für die Wahrscheinlichkeit der Vereinigung zweier nicht disjunkter Ereignisse erhält man dann:

$$P(A \cup B) = P(A) + P(B) - P(A \cap B) \,. \tag{2.3}$$

Bei $A \cap B = \emptyset$ und damit $P(A \cap B) = 0$ entspricht dies dem dritten Axiom zur Definition der Wahrscheinlichkeit.

Die Definiton der Wahrscheinlichkeit durch drei Axiome ist die einzige zulässige Definition. Nachteilig an ihr ist, daß sie keinen Hinweis dafür gibt, wie Wahrscheinlichkeiten im konkreten Fall beispielsweise durch Messungen zu bestimmen sind.

Als *Schätzwert* für die Wahrscheinlichkeit eines Ereignisses kann dessen *relative Häufigkeit* benutzt werden. Diese ist definiert als:

$$\tilde{P}(A) = \frac{n_A}{N}. \tag{2.4}$$

Hierbei ist N die Anzahl der Ausführungen des Zufallsexperimentes und n_A die Anzahl von Ausführungen, bei denen das Ereignis A eingetreten ist. Bei unveränderten Versuchsbedingungen "stabilisiert" sich mit wachsendem N der Wert $\tilde{P}(A)$.

Beispiel 2.4 Werfen einer Münze
Eine Münze wird $N = 100$ mal geworfen. Das Ereignis $\{WAPPEN\}$ tritt 51 mal, das Ereignis $\{ZAHL\}$ 49 mal auf. Es sind somit:

$$\tilde{P}(\{WAPPEN\}) = 0,51 \,, \quad \tilde{P}(\{ZAHL\}) = 0,49 \,.$$

Nach Gleichung 2.4 bestimmte relative Häufigkeiten genügen den Axiomen der Wahrscheinlichkeit. Eine Definition der Wahrscheinlichkeit als Grenzwert der relativen Häufigkeit ist jedoch nicht zulässig, da kein Beweis dafür möglich ist, daß $\tilde{P}(A)$ mit wachsendem N gegen $P(A)$ konvergiert.

Der Quotient $P(A \cap B)/P(B)$ bezeichnet die *Wahrscheinlichkeit des Ereignisses A unter der Bedingung, daß das Ereignis B stattgefunden hat*. Man nennt ihn die *bedingte Wahrscheinlichkeit* des Ereignisses A und schreibt:

$$P(A|B) = \frac{P(A \cap B)}{P(B)}. \tag{2.5}$$

Voraussetzung ist, daß $P(B) > 0$ ist. Die Ereignisse A und B sind in $P(A \cap B)$ vertauschbar. Daher gilt (für $P(A) > 0$) auch:

$$P(B|A) = \frac{P(A \cap B)}{P(A)}. \tag{2.6}$$

Aus den Gleichungen 2.5 und 2.6 folgt – wieder nur für $P(B) > 0$ – schließlich:

$$P(A|B) = \frac{P(B|A)P(A)}{P(B)}. \tag{2.7}$$

Dies ist die sog. *Bayessche Formel*. Die Wahrscheinlichkeit $P(A)$ nennt man in diesem Zusammenhang auch die *a priori*-Wahrscheinlichkeit, die bedingte Wahrscheinlichkeit $P(A|B)$ die *a posteriori*-Wahrscheinlichkeit des Ereignisses A. Beide Begriffe spielen in der Schätz- und Entscheidungstheorie eine Rolle. $P(A)$ bezeichnet die Wahrscheinlichkeit mit der das Ereignis A erwartet wird, *bevor* Messungen oder Beobachtungen vorgenommen wurden. $P(A|B)$ bezeichnet dagegen die Wahrscheinlichkeit des Ereignisses A, *nachdem* feststeht, daß das Ereignis B stattgefunden hat. Das Ereignis B kann bei einer binären Übertragung beispielsweise bedeuten, daß das Symbol "0" empfangen wurde. Ist die Übertragung gestört, so ist es immer noch unsicher, welches Zeichen gesendet wurde. Ist A das Ereignis, daß das Symbol "0" gesendet wurde, so bezeichnet $P(A|B)$ die Wahrscheinlichkeit, daß "0" gesendet wurde *nachdem* feststeht, daß "0" empfangen wurde.

Für bedingte Wahrscheinlichkeiten gelten die gleichen Gesetze wie für Wahrscheinlichkeiten. Aus den Axiomen der Wahrscheinlichkeit folgt für bedingte Wahrscheinlichkeiten:

$$P(A|B) \geq 0 \, , \tag{2.8}$$

$$P(H|B) = 1 \, , \tag{2.9}$$

$$P(A_1 \cup A_2|B) = P(A_1|B) + P(A_2|B) \quad \text{wenn } A_1 \text{ und } A_2 \text{ disjunkt in } B \text{ sind} . \tag{2.10}$$

Schließlich sind zwei Ereignisse *statistisch unabhängig*, wenn für sie gilt:

$$P(A \cap B) = P(A)\,P(B) \, . \tag{2.11}$$

Damit folgt aus Gleichung 2.5 bzw. 2.6 für statistisch unabhängige Ereignisse:

$$P(A|B) = P(A) \, , \tag{2.12}$$

$$P(B|A) = P(B) \, . \tag{2.13}$$

Bezeichnet H wieder das sichere Ereignis, d.h. $P(H) = 1$, so gilt schließlich:

$$P(A|H) = P(A) \ \, . \tag{2.14}$$

2.2   Zufallsvariablen

2.2.1   Definition

Grundlage für die Definition einer Zufallsvariablen ist der Wahrscheinlichkeitsraum $(H, \mathcal{A}, P)$. Die folgende Definition beschränkt sich zunächst auf *reelle* Zufallsvariablen.

Definition 2.5   Reelle Zufallsvariable

Eine reelle Zufallsvariable $x(\eta)$ ist eine eindeutige Abbildung der Ergebnismenge H eines Zufallsexperimentes auf die Menge IR der reellen Zahlen mit folgenden Eigenschaften:

1. $\{\eta | x(\eta) \leq x\} \in \mathcal{A}$ für jedes $x \in$ IR ,
2. $P(\{\eta | x(\eta) = -\infty\}) = P(\{\eta | x(\eta) = +\infty\}) = 0.$

Bei einer *komplexen Zufallsvariablen*

$$z(\eta) = x(\eta) + j\, y(\eta)$$

sind der Realteil $x(\eta)$ und der Imaginärteil $y(\eta)$ jeweils reelle Zufallsvariablen.

Ergänzend zur Definition können wir zulassen, daß Zufallsvariablen *physikalische Größen* sind, d.h. daß zu dem Zahlenwert $x \in$ IR noch eine Einheit gehören kann. Den Wert einer Zufallsvariablen $x(\eta)$ für ein bestimmtes Argument $\eta = \eta_i$ nennt man eine *Realisierung* der Zufallsvariablen (siehe auch Abbildung 2.1).

Eine Zufallsvariable kann *diskret* oder *kontinuierlich* sein. Ist die Ergebnismenge H abzählbar, so ist $x(\eta)$ immer diskret.

Im konkreten Fall wird eine Zufallsvariable durch eine Tabelle oder eine mathematische Vorschrift definiert.

Beispiel 2.5   Gewinntabelle beim Würfelspiel

Zufallsexperiment: Würfeln
Ergebnismenge: $H =\{$ alle möglichen Augenzahlen $\}$

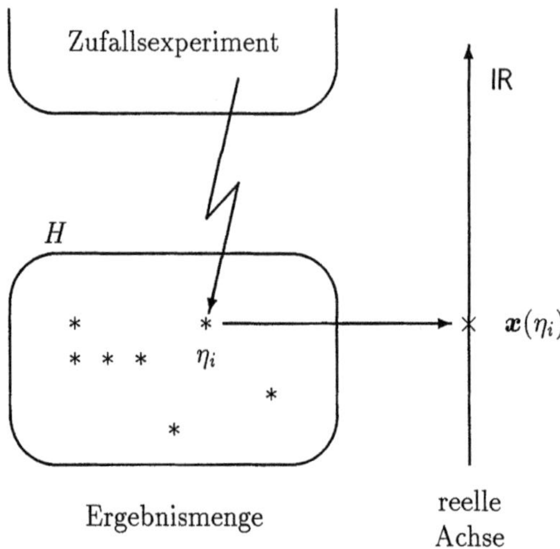

Abb. 2.1: Zur Definition einer Zufallsvariablen

Zufallsvariable $x(\eta)$:

η	1	2	3	4	5	6
$x(\eta)$	0	0	5	10	10	100

Beispiel 2.6 Eichung eines Zeigermeßgerätes
Zufallsexperiment: Messung einer Spannung
Ergebnismenge: $H = \{$ alle möglichen Ausschlagwinkel α des Zeigers $\}$
Zufallsvariable $x(\eta)$:

$$x(\eta) = \frac{\alpha \, U_{max}}{\alpha_{max}},$$

mit $\alpha_{max} =$ Winkel bei maximalem Zeigerausschlag und $U_{max} =$ größte meßbare Spannung.

Die Bezeichnung *Zufalls*variable ist mißverständlich. Sie bezieht sich ausschließlich auf den Zusammenhang zwischen der Ausführung eines Zufallsexperimentes und dem Wert, den die Zufallsvariable danach annimmt. Zwischen jedem Ergebnis $\eta \in H$ und dem Wert der Zufallsvariablen $x(\eta)$ für dieses Ergebnis besteht jedoch ein eindeutiger Zusammenhang; $x(\eta)$ ist eine *eindeutige Funktion* von $\eta \in H$. *Zufällig* ist die *Auswahl* eines speziellen Argumentes η durch ein Zufallsexperiment. Da eine Zufallsvariable jedoch im allgemeinen keine umkehrbar eindeutige Funktion ist, kann man von der Realisierung einer Zufallsvariablen nicht eindeutig auf das Ergebnis zurückschließen.

Abschließend sei vermerkt, daß über derselben Ergebnismenge *mehrere* Zufallsvariablen definiert sein können. Dies ist eine Voraussetzung für die Definition des Zufallsprozesses.

2.2.2   Wahrscheinlichkeitsverteilung und Wahrscheinlichkeitsdichte

Die in der Definition der reellen Zufallsvariablen (siehe Definition 2.5) unter 1.) geforderte Eigenschaft besagt, daß die durch $\{\eta | \boldsymbol{x}(\eta) \leq x\}$ definierte Teilmenge der Ergebnismenge H für jedes $x \in \mathsf{IR}$ ein Ereignis ist. Damit ist es möglich, eine Wahrscheinlichkeit dafür anzugeben, daß $\boldsymbol{x}(\eta)$ einen Wert kleiner oder gleich x annimmt. Diese Wahrscheinlichkeit

$$P(\{\eta | \boldsymbol{x}(\eta) \leq x\})$$

ist eine Funktion von x, und man nennt sie *Wahrscheinlichkeitsverteilungsfunktion* (oder Wahrscheinlichkeitsverteilung oder noch kürzer *Verteilung*) $F_x(x)$. Die unter 2.) geforderte Eigenschaft besagt, daß eine Zufallsvariable mit einer von Null verschiedenen Wahrscheinlichkeit nur endliche Werte annehmen darf.

Definition 2.6 Wahrscheinlichkeitsverteilungsfunktion

$$F_{\boldsymbol{x}}(x) = P(\{\eta | \boldsymbol{x}(\eta) \leq x\})$$

Diese Funktion, die hier für *reelle* Zufallsvariablen definiert ist, existiert für jedes $x \in \mathsf{IR}$, d.h. auch für solche x, die die Zufallsvariable nicht annimmt. Sie hat folgende Eigenschaften:

1. $F_{\boldsymbol{x}}(-\infty) = 0$,

2. $F_{\boldsymbol{x}}(+\infty) = 1$,

3. $F_{\boldsymbol{x}}(x)$ wächst monoton.

Bei einer *diskreten* Zufallsvariablen enthält $F_{\boldsymbol{x}}(x)$ Sprünge an den Stellen $x = x_i$, die die Zufallsvariable mit von Null verschiedener Wahrscheinlichkeit annimmt. Die Höhe des Sprunges bei x_i ist gleich der Wahrscheinlichkeit $P(\{\eta | \boldsymbol{x}(\eta) = x_i\})$.

Als *Wahrscheinlichkeitsdichtefunktion* (oder Wahrscheinlichkeitsdichte oder noch kürzer Dichte) $f_{\boldsymbol{x}}(x)$ einer reellen Zufallsvariablen $\boldsymbol{x}(\eta)$ bezeichnet man die Ableitung der Wahrscheinlichkeitsverteilung $F_{\boldsymbol{x}}(x)$ nach x.

Definition 2.7 Wahrscheinlichkeitsdichtefunktion

$$f_x(x) = \frac{dF_x(x)}{dx}$$

Diese Ableitung existiert nur für Zufallsvariablen mit stetiger (oder genau: mit *absolut stetiger*) Wahrscheinlichkeitsverteilung. Wir dürfen jedoch an Stellen, an denen $F_x(x)$ Sprünge enthält, die Ableitung als *verallgemeinerte Ableitung* (Derivierte) verstehen. Dies bedeutet, daß in $f_x(x)$ an diesen Stellen x_i δ-Distributionen auftreten. Diese sind jeweils mit einem Faktor gewichtet, der gleich der Höhe des Sprunges von $F_x(x)$ an der betreffenden Stelle ist. Die Wahrscheinlichkeitsverteilung kann aus der Dichte durch Integration berechnet werden:

$$F_x(x) = \int_{-\infty}^{x} f_x(u)du. \tag{2.15}$$

Beispiel 2.7 Diskrete Zufallsvariable
Zufallsexperiment: Werfen einer Münze
Ergebnismenge: $H = \{$WAPPEN,ZAHL$\}$
Zufallsvariable: $x(WAPPEN) = 0, \qquad x(ZAHL) = 1$
Wahrscheinlichkeit: $P(\{WAPPEN\}) = P(\{ZAHL\}) = 0,5$
Wahrscheinlichkeitsverteilung (siehe Abbildung 2.2):

$$F_x(x) = \begin{cases} 0 & x < 0 \\ 0,5 & 0 \leq x < 1 \\ 1 & x \geq 1 \end{cases}$$

Wahrscheinlichkeitsdichte (siehe Abbildung 2.3):

$$f_x(x) = 0,5\,(\delta(x) + \delta(x-1))$$

Beispiel 2.8 Kontinuierliche Zufallsvariable
Zufallsexperiment: Ausfall eines Bauelementes
Ergebnismenge: $H = \{$alle möglichen Ausfallzeitpunkte zwischen

$$t = 0 \text{ und } t = t_{max} \}$$

(Hierbei wird angenommen, daß das Bauelement bei $t = 0$ noch nicht und bei $t = t_{max}$ sicher ausgefallen ist.)

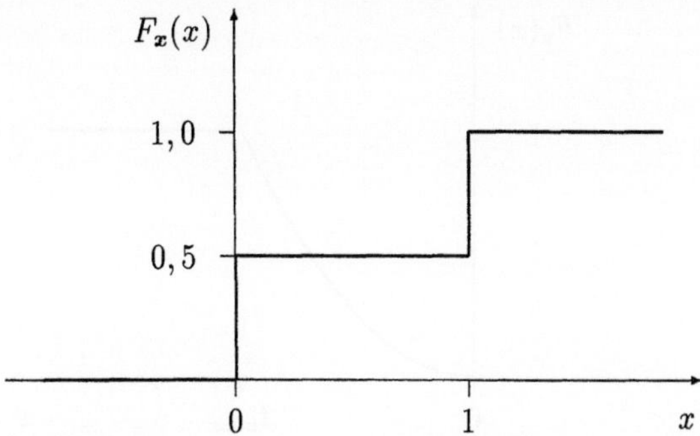

Abb. 2.2: Wahrscheinlichkeitsverteilung einer diskreten Zufallsvariablen (siehe Beispiel 2.7)

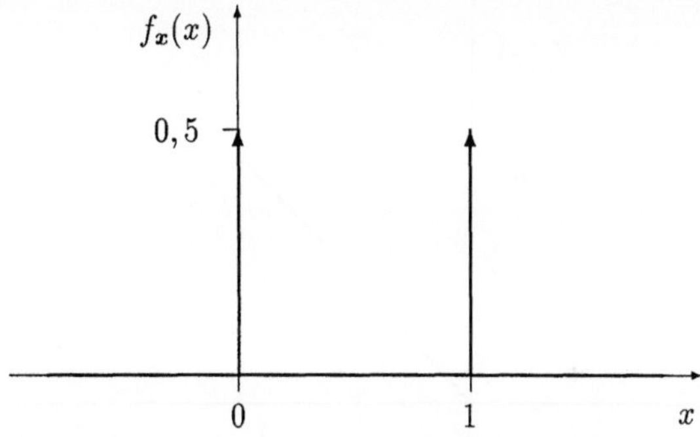

Abb. 2.3: Wahrscheinlichkeitsdichte einer diskreten Zufallsvariablen (siehe Beispiel 2.7)

Zufallsvariable: $x(\eta)$ = Ausfallzeitpunkt des Bauelementes

Für die Wahrscheinlichkeitsverteilung sei folgende Funktion angenommen (siehe Abbildung 2.4):

$$F_x(x) = \begin{cases} 0 & x < 0 \\ (x/t_{max})^2 & 0 \le x \le t_{max} \\ 1 & x > t_{max} \end{cases}$$

Wahrscheinlichkeitsdichte (siehe Abbildung 2.5):

$$f_x(x) = \begin{cases} 2x/t_{max}^2 & 0 \le x \le t_{max} \\ 0 & \text{sonst} \end{cases}$$

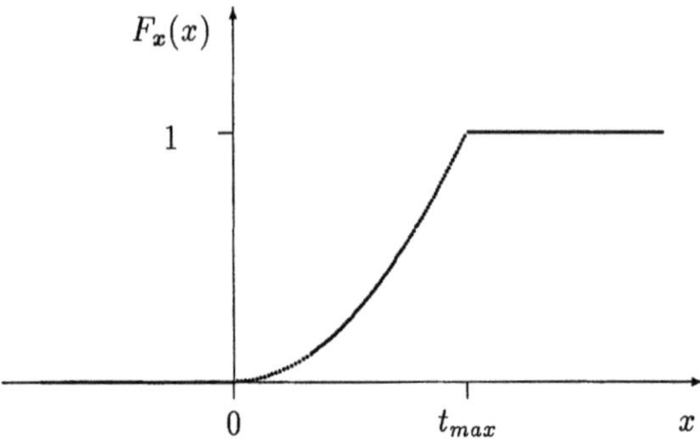

Abb. 2.4: Wahrscheinlichkeitsverteilung einer kontinuierlichen Zufallsvariablen (siehe Beispiel 2.8)

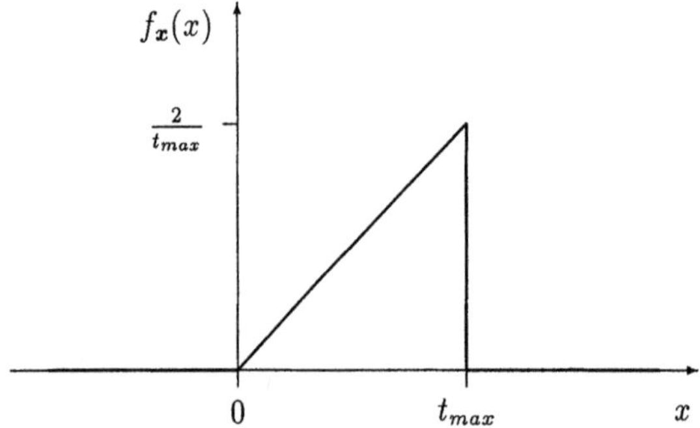

Abb. 2.5: Wahrscheinlichkeitsdichte einer kontinuierlichen Zufallsvariablen (siehe Beispiel 2.8)

Nimmt eine diskrete Zufallsvariable die Werte x_i, $i = 1, \cdots, M$, an, so können wir ihre Wahrscheinlichkeitsdichte in der Form

$$f_x(x) = \sum_{i=1}^{M} a_i \delta(x - x_i) \tag{2.16}$$

darstellen. Der Koeffizient a_i ist gleich der Höhe des Sprunges von $F_x(x)$ an der Stelle x_i und somit gleich der Wahrscheinlichkeit, mit der $\boldsymbol{x}(\eta) = x_i$ ist:

$$a_i = P(\{\eta | \boldsymbol{x}(\eta) = x_i\}). \tag{2.17}$$

Setzt man die Gleichungen 2.16 und 2.17 in Gleichung 2.15 ein und benutzt die Eigenschaft der δ-*Distribution*

$$\int_{-\infty}^{+\infty} g(x)\delta(x - x_0)dx = g(x_0) \tag{2.18}$$

(mit der eindeutigen und bei x_0 stetigen Funktion $g(x)$), so folgt für diskrete Zufallsvariablen:

$$F_{\boldsymbol{x}}(x) = \sum_{x_i \leq x} P(\{\eta|\boldsymbol{x}(\eta) = x_i\}). \tag{2.19}$$

Allgemein weist die Wahrscheinlichkeitsdichte einer reellen Zufallsvariablen folgende Eigenschaften auf:

1. $f_{\boldsymbol{x}}(x) \geq 0$ für alle x ,

2. $\int_{-\infty}^{+\infty} f_{\boldsymbol{x}}(x)dx = 1$.

Schließlich kann man aus $f_{\boldsymbol{x}}(x)$ die Wahrscheinlichkeit dafür berechnen, daß $\boldsymbol{x}(\eta)$ einen Wert zwischen x_1 und x_2 annimmt:

$$P(\{\eta|x_1 \leq \boldsymbol{x}(\eta) \leq x_2\}) = \int_{x_1}^{x_2} f_{\boldsymbol{x}}(x)dx. \tag{2.20}$$

Bei diskretem $\boldsymbol{x}(\eta)$ kann gemäß Gleichung 2.16 das Integral in eine Summe umgeformt werden:

$$P(\{\eta|x_1 \leq \boldsymbol{x}(\eta) \leq x_2\}) = \sum_{x_1 \leq x_i \leq x_2} P(\{\eta|\boldsymbol{x}(\eta) = x_i\}) . \tag{2.21}$$

2.2.3   Gemeinsame Wahrscheinlichkeitsverteilung und gemeinsame Wahrscheinlichkeitsdichte

Über derselben Ergebnismenge H kann man *mehrere* Zufallsvariablen definieren, beispielsweise $\boldsymbol{x}(\eta)$ und $\boldsymbol{y}(\eta)$ (Abbildung 2.6). Für diese kann man eine *gemeinsame Verteilung*

$$F_{\boldsymbol{xy}}(x,y) = P(\{\eta|\boldsymbol{x}(\eta) \leq x\} \cap \{\eta|\boldsymbol{y}(\eta) \leq y\})$$

und eine *gemeinsame Dichte*

$$f_{\boldsymbol{xy}}(x,y) = \frac{\partial^2 F_{\boldsymbol{xy}}(x,y)}{\partial x\, \partial y}$$

angeben. Die partiellen Ableitungen sind gegebenenfalls wieder als verallgemeinerte Ableitungen zu interpretieren. Die Ereignisse $\{\eta|\boldsymbol{x}(\eta) \leq +\infty\}$ bzw. $\{\eta|\boldsymbol{y}(\eta) \leq +\infty\}$

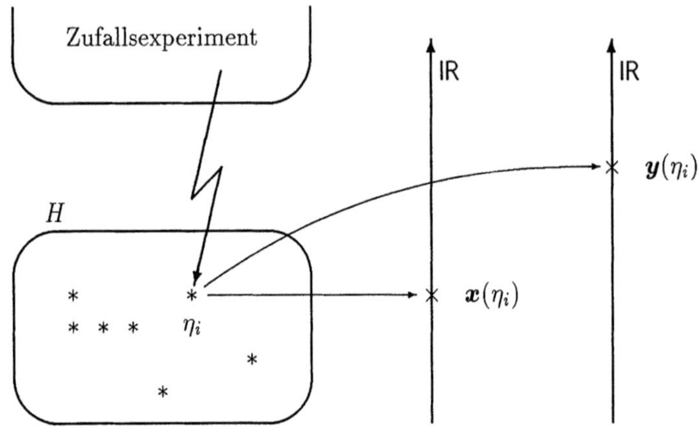

Abb. 2.6: Zur Definition von zwei Zufallsvariablen

sind sichere Ereignisse:

$$\{\eta|\boldsymbol{x}(\eta) \leq +\infty\} \;=\; \{\eta|\boldsymbol{y}(\eta) \leq +\infty\} = H \;. \tag{2.22}$$

Die Ereignisse $\{\eta|\boldsymbol{x}(\eta) = -\infty\}$ bzw. $\{\eta|\boldsymbol{y}(\eta) = -\infty\}$ sind unmögliche Ereignisse:

$$\{\eta|\boldsymbol{x}(\eta) = -\infty\} \;=\; \{\eta|\boldsymbol{y}(\eta) = -\infty\} = \emptyset \;. \tag{2.23}$$

Die gemeinsame Verteilung zweier Zufallsvariablen $\boldsymbol{x}(\eta)$ und $\boldsymbol{y}(\eta)$ hat daher folgende Eigenschaften:

$$F_{\boldsymbol{xy}}(x, +\infty) = F_{\boldsymbol{x}}(x) \;, \tag{2.24}$$

$$F_{\boldsymbol{xy}}(+\infty, y) = F_{\boldsymbol{y}}(y) \;, \tag{2.25}$$

$$F_{\boldsymbol{xy}}(x, -\infty) = 0 \;, \tag{2.26}$$

$$F_{\boldsymbol{xy}}(-\infty, y) = 0 \;, \tag{2.27}$$

$$F_{\boldsymbol{xy}}(+\infty, +\infty) = 1 \;, \tag{2.28}$$

Durch Integration der gemeinsamen Dichte kann die gemeinsame Verteilung berechnet werden:

$$F_{xy}(x,y) = \int_{-\infty}^{x} \int_{-\infty}^{y} f_{xy}(u,v)\,dv\,du \;. \tag{2.29}$$

Aus der gemeinsamen Dichte lassen sich die Dichten der einzelnen Zufallsvariablen, die in diesem Zusammenhang *Randdichten* genannt werden, durch Integration über die jeweils andere Variable berechnen:

$$f_x(x) = \int_{-\infty}^{+\infty} f_{xy}(x,y)\,dy, \tag{2.30}$$

$$f_y(y) = \int_{-\infty}^{+\infty} f_{xy}(x,y)\,dx. \tag{2.31}$$

Beispiel 2.9 Gemeinsame Wahrscheinlichkeitsdichte und gemeinsame Wahrscheinlichkeitsverteilung

Für die gemeinsame Dichte zweier Zufallsvariablen $x(\eta)$ und $y(\eta)$ gelte:

$$f_{xy}(x,y) = \begin{cases} 2 & x \geq 0 \text{ und } y \geq 0 \text{ und } x+y \leq 1 \\ 0 & \text{sonst}. \end{cases}$$

Dann sind:

$$f_x(x) = \begin{cases} 2\,(1-x) & 0 \leq x \leq 1 \\ 0 & \text{sonst}, \end{cases}$$

$$f_y(y) = \begin{cases} 2\,(1-y) & 0 \leq y \leq 1 \\ 0 & \text{sonst}, \end{cases}$$

$$F_{xy}(x,y) = \begin{cases} 0 & x \leq 0 \text{ und/oder } y \leq 0 \\ 2xy & x \geq 0 \text{ und } y \geq 0 \text{ und } x+y \leq 1 \\ 1-(1-x)^2-(1-y)^2 & x \leq 1 \text{ und } y \leq 1 \text{ und } x+y \geq 1 \\ 1-(1-x)^2 & 0 \leq x \leq 1 \text{ und } y \geq 1 \\ 1-(1-y)^2 & 0 \leq y \leq 1 \text{ und } x \geq 1 \\ 1 & x \geq 1 \text{ und } y \geq 1, \end{cases}$$

$$F_x(x) = \begin{cases} 0 & x \leq 0 \\ 1 - (1 - x)^2 & 0 \leq x \leq 1 \\ 1 & x \geq 1, \end{cases}$$

$$F_y(y) = \begin{cases} 0 & y \leq 0 \\ 1 - (1 - y)^2 & 0 \leq y \leq 1 \\ 1 & y \geq 1. \end{cases}$$

Ein im Zusammenhang mit gemeinsamen Dichten wichtiger Begriff ist die statistische Unabhängigkeit.

Definition 2.8 Statistische Unabhängigkeit

Zwei Zufallsvariablen $x(\eta)$ und $y(\eta)$ sind statistisch unabhängig, wenn für ihre gemeinsame Wahrscheinlichkeitsdichtefunktion gilt:

$$f_{xy}(x,y) = f_x(x)\, f_y(y).$$

Für die gemeinsame Verteilung zweier statistisch unabhängiger Zufallsvariablen folgt hieraus:

$$F_{xy}(x,y) = F_x(x)\, F_y(y). \tag{2.32}$$

Statistische Unabhängigkeit ist eine *mathematische* Eigenschaft. Dort, wo sie angenommen werden darf, bewirkt sie in der Regel eine wesentliche Vereinfachung des Modells. *Physikalisch* bedeutet sie, daß zwischen zwei zufälligen Größen, beispielsweise dem Abtastwert eines Signals und dem Abtastwert einer Störung, kein Zusammenhang besteht. Dies besagt, daß die Kenntnis des aktuellen Wertes einer der Variablen keinen Rückschluß auf den aktuellen Wert der anderen Variblen zuläßt.

Beispiel 2.10 Zweiphasenmodulation

Zur Übertragung binärer Daten können zwei Komponenten eines Signals so moduliert werden, daß bei *idealer* Übertragung ihre Abtastwerte $x(\eta)$ und $y(\eta)$ im Empfänger exakt den Punkt $(1,1)$ oder den Punkt $(-1,-1)$ einer x-y-Ebene einnehmen. Bei *realer* Übertragung kann dagegen für $x(\eta)$ und $y(\eta)$ folgende gemeinsame Wahrscheinlichkeitsdichtefunktion vorliegen:

$$f_{xy}(x,y) = \frac{1}{4\pi\sigma^2}\left(\exp\left(-\frac{(x-1)^2 + (y-1)^2}{2\sigma^2}\right) + \exp\left(-\frac{(x+1)^2 + (y+1)^2}{2\sigma^2}\right)\right)$$

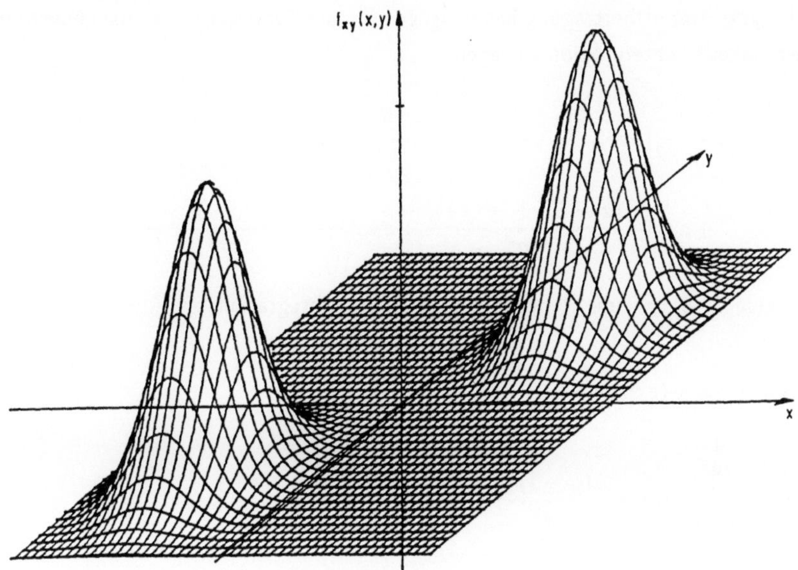

Abb. 2.7: Gemeinsame Wahrscheinlichkeitsdichtefunktion zweier statistisch abhängiger Zufallsvariablen (siehe Beispiel 2.10)

(siehe Abbildung 2.7). Auf die Bedeutung des Parameters σ wird später eingegangen.

Durch Integration (siehe Gleichungen 2.30 und 2.31) kann man hieraus die Randdichten berechnen:

$$f_x(x) = \frac{1}{2}\,\frac{1}{\sqrt{2\pi}\sigma}\left(\exp\frac{(x-1)^2}{2\sigma^2} + \exp\frac{(x+1)^2}{2\sigma^2}\right)\ ,$$

$$f_y(y) = \frac{1}{2}\,\frac{1}{\sqrt{2\pi}\sigma}\left(\exp\frac{(y-1)^2}{2\sigma^2} + \exp\frac{(y+1)^2}{2\sigma^2}\right)\ .$$

Offenbar ist

$$f_{xy}(x,y) \neq f_x(x)\,f_y(y)\ ,$$

die beiden Zufallsvariablen sind daher statistisch abhängig.

Beispiel 2.11 Vierphasenmodulation

Zur Übertragung vierwertiger Daten können zwei Komponenten eines Signals so moduliert werden, daß bei *idealer* Übertragung ihre Abtastwerte $x(\eta)$ und $y(\eta)$ im Empfänger exakt einen der vier Punkte $(1,1), (1,-1), (-1,1)$ oder $(-1,-1)$ einer x–y-Ebene einnehmen. Bei *realer* – also gestörter – Übertragung kann dagegen für $x(\eta)$ und $y(\eta)$ folgende gemeinsame Wahrscheinlichkeitsdichtefunktion vorliegen:

$$f_{xy}(x,y) = \frac{1}{8\pi\sigma^2}\left(\exp\left(-\frac{(x-1)^2+(y-1)^2}{2\sigma^2}\right) + \exp\left(-\frac{(x-1)^2+(y+1)^2}{2\sigma^2}\right)\right.$$

$$\left. + \exp\left(-\frac{(x+1)^2+(y-1)^2}{2\sigma^2}\right) + \exp\left(-\frac{(x+1)^2+(y+1)^2}{2\sigma^2}\right)\right)$$

(siehe Abbildung 2.8). Für die Randdichten folgt durch Integration:

$$f_x(x) = \frac{1}{2\sqrt{2\pi}\,\sigma}\left(\exp\left(-\frac{(x-1)^2}{2\sigma^2}\right) + \exp\left(-\frac{(x+1)^2}{2\sigma^2}\right)\right),$$

$$f_y(y) = \frac{1}{2\sqrt{2\pi}\,\sigma}\left(\exp\left(-\frac{(y-1)^2}{2\sigma^2}\right) + \exp\left(-\frac{(y+1)^2}{2\sigma^2}\right)\right),$$

Die beiden Zufallsvariablen sind somit statistisch unabhängig, denn es gilt $f_{xy}(x,y) = f_x(x)\,f_y(y)$.

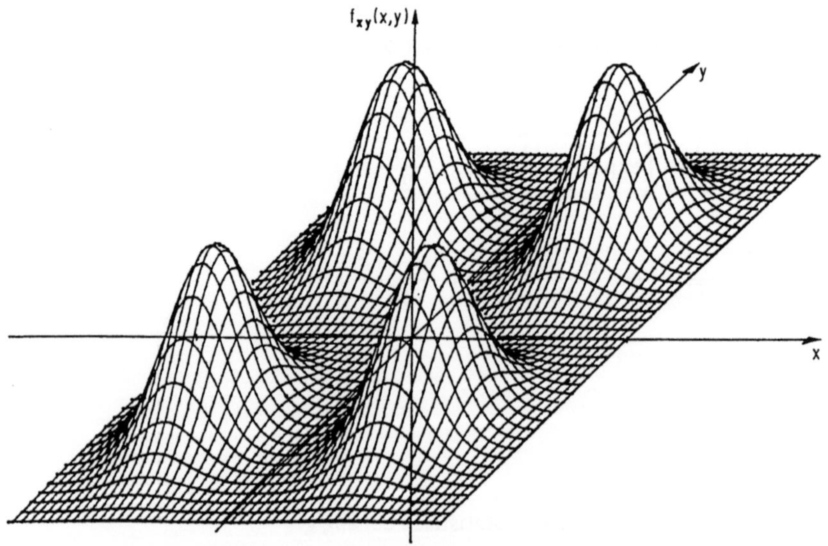

Abb. 2.8: Gemeinsame Wahrscheinlichkeitsdichtefunktion zweier statistisch unabhängiger Zufallsvariablen $x(\eta)$ und $y(\eta)$ (siehe Beispiel 2.11)

Ähnlich wie bei der Wahrscheinlichkeit lassen sich auch eine *bedingte Wahrscheinlich-keitsverteilung* und eine *bedingte Wahrscheinlichkeitsdichte* angeben. Es gelten

$$F_x(x|B) = P(\{\eta|\boldsymbol{x}(\eta) \leq x\}|B) \ , \tag{2.33}$$

$$f_x(x|B) = \frac{dF_x(x|B)}{dx} \ , \tag{2.34}$$

wobei wir als Ableitung auch eine verallgemeinerte Ableitung zulassen. Insbesondere gelten für die bedingte Wahrscheinlichkeitsverteilung:

$$F_x(-\infty|B) = 0 \ , \tag{2.35}$$

$$F_x(+\infty|B) = 1 \ . \tag{2.36}$$

Wie bei bedingten Wahrscheinlichkeiten haben auch die bedingte Verteilung und die bedingte Dichte die gleichen Eigenschaften wie die zugehörigen unbedingten Funktionen. Es sei zunächst der Fall diskutiert, daß das Ergeignis B – die Bedingung – von $\boldsymbol{x}(\eta)$ abhängt. Es sei beispielsweise

$$B = \{\eta|\boldsymbol{x}(\eta) \leq a\} \ . \tag{2.37}$$

Dann ergibt sich für die bedingte Wahrscheinlichkeitsverteilung:

$$\begin{aligned}
F_x(x|B) \ &= P(\{\eta|\boldsymbol{x}(\eta) \leq x\}|\{\eta|\boldsymbol{x}(\eta) \leq a\}) \\
&= \frac{P(\{\eta|\boldsymbol{x}(\eta) \leq x\} \cap \{\eta|\boldsymbol{x}(\eta) \leq a\})}{P(\{\eta|\boldsymbol{x}(\eta) \leq a\})} \ .
\end{aligned} \tag{2.38}$$

Es sind zwei Fälle zu unterscheiden:

1. $x \geq a$:

$$P(\{\eta|\boldsymbol{x}(\eta) \leq x\} \cap \{\eta|\boldsymbol{x}(\eta) \leq a\}) = P(\{\eta|\boldsymbol{x}(\eta) \leq a\}) \ .$$

   Folglich ist für diesen Fall

$$F_x(x|B) = 1 \quad \text{für} \ \ x \geq a \ . \tag{2.39}$$

2. $x < a$:

$$P(\{\eta|\boldsymbol{x}(\eta) \leq x\} \cap \{\eta|\boldsymbol{x}(\eta) \leq a\}) = P(\{\eta|\boldsymbol{x}(\eta) \leq x\}) \ .$$

Somit gilt hier:

$$F_x(x|B) = \frac{F_x(x)}{F_x(a)} \quad \text{für} \ \ x \leq a \ . \tag{2.40}$$

Für die bedingte Dichte erhält man schließlich:

$$f_x(x|B) = \begin{cases} \dfrac{f_x(x)}{F_x(a)} = \dfrac{f_x(x)}{\int_{-\infty}^{a} f_x(u)\,du} & \text{für } x < a \\[2mm] 0 & \text{für } x \geq a \end{cases} \ . \tag{2.41}$$

Es sei nun

$$B = \{\eta | \boldsymbol{y}(\eta) \leq y\} \ ,$$

d.h. die Bedingung B hänge von einer weiteren Zufallsvariablen $\boldsymbol{y}(\eta)$ ab. Beide Zufallsvariablen seien über dem selben Wahrscheilichkeitsraum definiert. Dann gilt für die bedingte Dichte:

$$\begin{aligned} F_x(x|B) &= P(\{\eta | \boldsymbol{x}(\eta) \leq x\} | \{\eta | \boldsymbol{y}(\eta) \leq y\}) \\[2mm] &= \frac{P(\{\eta | \boldsymbol{x}(\eta) \leq x\} \cap \{\eta | \boldsymbol{y}(\eta) \leq y\})}{P(\{\eta | \boldsymbol{y}(\eta) \leq y\})} = \frac{F_{xy}(x,y)}{F_y(y)} \ . \end{aligned} \tag{2.42}$$

Dies setzt voraus, daß $P(B) = P(\{\eta | \boldsymbol{y}(\eta) \leq y\}) > 0$ ist. Für die bedingte Dichte kann aus der Gleichung für die bedingte Wahrscheinlichkeit durch Grenzbetrachtungen ein Zusammenhang hergeleitet werden. Es seien

$$A = \{\eta | x \leq \boldsymbol{x}(\eta) < x + \Delta x\} \ , \qquad B = \{\eta | y \leq \boldsymbol{y}(\eta) < y + \Delta y\} \ ,$$

$$P(A) = \int_{x}^{x+\Delta x} f_x(u)\,du \approx f_x(x)\,\Delta x \ , \quad P(B) \approx f_y(y)\,\Delta y \ ,$$

$$P(A \cap B) \approx f_{xy}(x,y)\,\Delta x\,\Delta y \ , \qquad P(A|B) \approx f_x(x|B)\,\Delta x \ .$$

Aus Gleichung 2.5 folgt dann:

$$f_x(x|B) = \frac{f_{xy}(x,y)}{f_y(y)} \ . \tag{2.43}$$

Mit ähnlichen Überlegungen läß sich ein der Bayesschen Formel (siehe Gleichung 2.7) vergleichbarer Zusammenhang für Wahrscheinlichkeitsdichten herleiten:

$$f_y(y|A)\,f_x(x) = f_x(x|B)\,f_y(y) \ . \tag{2.44}$$

Wenn Irrtümer ausgeschlossen sind, schreibt man für $f_y(y|A)$ auch $f_y(y|\boldsymbol{x}(\eta) = x)$ oder noch kürzer $f_y(y|x)$. Gleichung 2.44 lautet dann:

$$f_y(y|x)\, f_{\boldsymbol{x}}(x) = f_{\boldsymbol{x}}(x|y)\, f_y(y) \ . \tag{2.45}$$

Beispiel 2.12 Bedingte Wahrscheinlichkeitsverteilung und bedingte Wahrscheinlichkeitsdichte

Es gelte für $\boldsymbol{x}(\eta)$ eine Gleichdichte:

$$f_{\boldsymbol{x}}(x) = \begin{cases} 1\,/\,x_0 & 0 \le x \le x_0 \\[2ex] 0 & sonst \end{cases} \ .$$

Ein Ereignis B sei definiert durch

$$B = \{\eta\,|\,\boldsymbol{x}(\eta) \le a\} \ ,$$

mit $0 \le a \le x_0$. Dann gelten:

$$F_{\boldsymbol{x}}(x) = \begin{cases} 0 & x < 0 \\[1ex] x\,/\,x_0 & 0 \le x \le x_0 \\[1ex] 1 & x > x_0 \end{cases} \ , \qquad F_{\boldsymbol{x}}(a) = a\,/\,x_0 \ ,$$

$$F_{\boldsymbol{x}}(x|B) = \begin{cases} 0 & x < 0 \\[1ex] x\,/\,a & 0 \le x \le a \\[1ex] 1 & x > a \end{cases} \ , \qquad f_{\boldsymbol{x}}(x|B) = \begin{cases} 1\,/\,a & 0 \le x \le a \\[2ex] 0 & sonst \end{cases}$$

(siehe Abbildungen 2.9 und 2.10).

2.2.4   Erwartungswert

Ein zentraler Begriff bei der Betrachtung von Zufallsgrößen ist der Erwartungswert. Man bezeichnet damit den *Mittelwert* über die Schar der Realisierungen einer Zufallsgröße und spricht daher auch von dem *Scharmittelwert* oder dem *Ensemblemittelwert*:

Definition 2.9 Erwartungswert
$$\mathrm{E}\{\boldsymbol{x}(\eta)\} = \int_{-\infty}^{+\infty} x\, dF_{\boldsymbol{x}}(x)$$

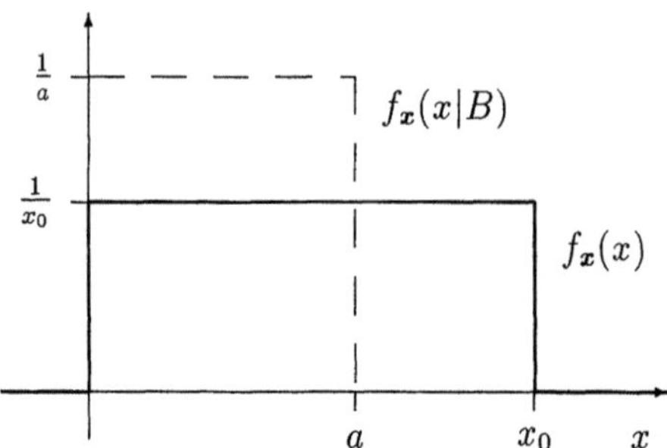

Abb. 2.9: Bedingte Wahrscheinlichkeitsdichte (siehe Beispiel 2.12)

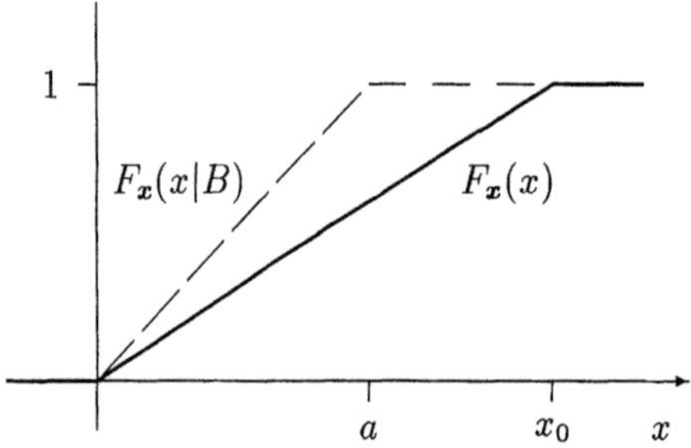

Abb. 2.10: Bedingte Wahrscheinlichkeitsverteilung (siehe Beispiel 2.12)

Hierbei ist $F_x(x)$ die Wahrscheinlichkeitsverteilung der Zufallsvariablen $\boldsymbol{x}(\eta)$. Die Existenz des Integrals muß dabei im Einzelfall nachgeprüft werden.

Existiert für $\boldsymbol{x}(\eta)$ eine Wahrscheinlichkeitsdichte, die auch δ–Distributionen enthalten kann, so gilt:

$$\mathrm{E}\{\boldsymbol{x}(\eta)\} = \int_{-\infty}^{+\infty} x f_x(x)dx. \tag{2.46}$$

Zum Verständnis insbesondere der Gleichung 2.46 sei auf die Schreibweise der einzelnen Größen hingewiesen: Der Operator "Erwartungswert" wird angewendet auf eine *Zufallsvariable*. Die Größe im Erwartungswert ist daher – entsprechend den hier getroffenen Vereinbarungen – **fett** zu schreiben. Der Mittelwert ist zu bilden über die *Realisierungen* der Zufallsgröße. Diese sind Zahlenwerte (oder physikalische Größen). Die Größe x im Integral auf der rechten Seite der Gleichung 2.46 wird daher mit einem *normalen* Buchstaben geschrieben. Sie ist *Integrationsvariable* und kann daher bei Bedarf auch durch eine andere Variable substituiert werden:

$$\mathrm{E}\{\boldsymbol{x}(\eta)\} = \int_{-\infty}^{+\infty} u f_x(u)du.$$

Ist die Zufallsvariable *diskret* und nimmt nur die Werte x_i, $i = 1, \cdots, M$, an, so gilt schließlich mit den Gleichungen 2.16 und 2.17:

$$E\{\boldsymbol{x}(\eta)\} = \sum_{i=1}^{M} x_i P(\{\eta | \boldsymbol{x}(\eta) = x_i\}). \tag{2.47}$$

Wir werden den Erwartungswert mit $E\{\boldsymbol{x}(\eta)\}$ bezeichnen. In der Literatur finden sich auch Schreibweisen wie $E(\boldsymbol{x}(\eta))$, $E\boldsymbol{x}(\eta)$ oder $\langle \boldsymbol{x}(\eta) \rangle$.

Die Bildung des Erwartungswertes läßt sich auf *Funktionen von zufälligen Größen* erweitern. Ist $g(\boldsymbol{x}(\eta))$ eine *eindeutige* Funktion der Zufallsvariablen $\boldsymbol{x}(\eta)$, so gilt:

$$E\{g(\boldsymbol{x}(\eta))\} = \int_{-\infty}^{+\infty} g(x) dF_{\boldsymbol{x}}(x). \tag{2.48}$$

Bei Existenz der Dichte $f_{\boldsymbol{x}}(x)$ folgt daraus:

$$E\{g(\boldsymbol{x}(\eta))\} = \int_{-\infty}^{+\infty} g(x) f_{\boldsymbol{x}}(x) dx. \tag{2.49}$$

Bei allen weiteren Betrachtungen werden wir immer auf diese Form zurückgreifen, d.h. die Existenz einer Dichte voraussetzen. Wir werden ferner annehmen, daß der Erwartungswert existiert.

Gleichung 2.48 zeigt, daß der Erwartungswert ein *linearer* Operator ist. Es gelten daher folgende *Rechenregeln*:

$$E\{a\, g(\boldsymbol{x}(\eta))\} = a\, E\{g(\boldsymbol{x}(\eta))\}, \tag{2.50}$$

$$E\{g(\boldsymbol{x}(\eta)) + h(\boldsymbol{y}(\eta))\} = E\{g(\boldsymbol{x}(\eta))\} + E\{h(\boldsymbol{y}(\eta))\}. \tag{2.51}$$

a ist hierbei eine beliebige reelle oder komplexe Konstante, $g(x)$ und $h(x)$ sind eindeutige reelle oder komplexe Funktionen.

Wir werden im folgenden immer annehmen, daß bei der Berechnung von Ausdrücken, die neben dem Erwartungswert andere lineare Operationen – insbesondere Integrale und Summen – enthalten, die Reihenfolge der Operationen vertauscht werden darf.

Ersetzt man in Gleichung 2.46 die Wahrscheinlichkeitsdichte durch die bedingte Wahrscheinlichkeitsdichte bzw. in Gleichung 2.47 die Wahrscheinlichkeit durch die bedingte Wahrscheinlichkeit, so kommt man zu dem *bedingten Erwartungswert*. Man erhält für Zufallsvariablen, für die die Wahrscheinlichkeitsdichte existiert:

$$E\{\boldsymbol{x}(\eta) \,|\, B\} = \int_{-\infty}^{+\infty} x\, f_{\boldsymbol{x}}(x|B)\, dx \;, \tag{2.52}$$

für diskrete Zufallsvariablen:

$$E\{\,\boldsymbol{x}(\eta)\,|\,B\,\} = \sum_{i=1}^{M} x_i\, P(\{\eta|\boldsymbol{x}(\eta) = x_i\}|B)\ . \tag{2.53}$$

Auch hier darf an die Stelle von $\boldsymbol{x}(\eta)$ bzw. x wieder $g(\boldsymbol{x}(\eta))$ bzw. $g(x)$ gesetzt werden. Ist wieder $B = \{\eta|y \le \boldsymbol{y}(\eta) < y + \Delta y\}$ und sind $\boldsymbol{x}(\eta)$ und $\boldsymbol{y}(\eta)$ über dem selben Wahrscheinlichkeitsraum definiert, so schreibt man für Gleichung 2.52 auch

$$E\{\,\boldsymbol{x}(\eta)\,|\,\boldsymbol{y}(\eta)\,\} = \int_{-\infty}^{+\infty} x\, f_{\boldsymbol{x}}(x|\boldsymbol{y}(\eta))\, dx\ .$$

Dieser bedingte Mittelwert ist somit von der Zufallsvariablen $\boldsymbol{y}(\eta)$ abhängig und damit selbst zufällig. Man kann darüber den Erwartungswert bilden:

$$E\{\,E\{\,\boldsymbol{x}(\eta)\,|\,\boldsymbol{y}(\eta)\,\}\,\} = \int_{-\infty}^{+\infty} \int_{-\infty}^{+\infty} x\, f_{\boldsymbol{x}}(x|\boldsymbol{y}(\eta))\, f_{\boldsymbol{y}}(y)\, dx\, dy\ .$$

Mit Gleichung 2.43 folgt daraus:

$$E\{\,E\{\,\boldsymbol{x}(\eta)\,|\,\boldsymbol{y}(\eta)\,\}\,\} = \int_{-\infty}^{+\infty} \int_{-\infty}^{+\infty} x\, f_{\boldsymbol{xy}}(x,y)\, dx\, dy\ .$$

Benutzt man schließlich noch Gleichung 2.30, so erhält man endlich:

$$E\{\,E\{\,\boldsymbol{x}(\eta)\,|\,\boldsymbol{y}(\eta)\,\}\,\} = \int_{-\infty}^{+\infty} x\, f_{\boldsymbol{x}}(x)\, dx = E\{\,\boldsymbol{x}(\eta)\,\}\ . \tag{2.54}$$

2.2.5   Momente, Korrelation

Momente sind Mittelwerte von Potenzen von Zufallsgrößen. Allgemein bezeichnet man den Erwartungswert der Zufallsgröße $\boldsymbol{x}^k(\eta)$ als das k–te Moment dieser Größe.

Definition 2.10 k–**tes Moment**

$$m_{\boldsymbol{x}}^{(k)} = E\{\boldsymbol{x}^k(\eta)\}^{1)}$$

Setzt man $k = 1$, so erhält man den *linearen Mittelwert*:

$$m_{\boldsymbol{x}}^{(1)} = E\{\boldsymbol{x}(\eta)\}\ . \tag{2.55}$$

---

1   Die Schreibweise $m_{\boldsymbol{x}}^{(k)}$ für das k–te Moment darf nicht verwechselt werden mit $m_{\boldsymbol{x}}^k$, der k–ten Potenz von $m_{\boldsymbol{x}}^{(1)}$. Für $m_{\boldsymbol{x}}^{(1)}$ schreiben wir zur Vereinfachung auch $m_{\boldsymbol{x}}$.

Für $k = 2$ ergibt sich der *quadratische Mittelwert*:

$$m_x^{(2)} = \mathrm{E}\{x^2(\eta)\} . \tag{2.56}$$

Eine weitere Klasse von Momenten erhält man, wenn man von der Zufallsgröße deren linearen Mittelwert abzieht. Die so gebildeten Momente nennt man *zentrale Momente*:

Definition 2.11 k–tes zentrales Moment

$$\mu_x^{(k)} = \mathrm{E}\{(x(\eta) - m_x^{(1)})^k\}$$

Von besonderem Interesse ist hier das zweite zentrale Moment. Man nennt es die *Varianz* der Zufallsvariablen und bezeichnet diese beispielsweise für die Zufallsvariable $x(\eta)$ mit σ_x^2:

$$\sigma_x^2 = \mu_x^{(2)} = \mathrm{E}\{(x(\eta) - m_x^{(1)})^2\}. \tag{2.57}$$

Dieser Erwartungswert wird auch mit $Var\{x(\eta)\}$ abgekürzt. Die Varianz ist ein Maß dafür, wie weit die Werte einer Zufallsvariablen um ihren Mittelwert streuen. Die positive Wurzel aus der Varianz einer Zufallsvariablen nennt man *Standardabweichung*. Zwischen dem quadratischen Mittelwert $m_x^{(2)}$ und der Varianz σ_x^2 gilt folgender Zusammenhang:

$$\sigma_x^2 = m_x^{(2)} - (m_x^{(1)})^2. \tag{2.58}$$

Gleichung 2.58 ergibt sich aus Gleichung 2.57 und den Rechenregeln für Erwartungswerte.

Ist die Zufallsvariable $x(\eta)$ *komplex*, so definiert man das *zweite Moment* zweckmäßig

$$\mathrm{E}\{ |x(\eta)|^2 \} .$$

Für das *zweite zentrale Moment* gilt dann analog

$$\mathrm{E}\{ |x(\eta) - m_x^{(1)}|^2 \} .$$

Anstelle von Gleichung 2.58 erhält man dann für komplexe Zufallsvariablen

$$\mathrm{E}\{ |x(\eta) - m_x^{(1)}|^2 \} = \mathrm{E}\{ |x(\eta)|^2 \} - |m_x^{(1)}|^2 .$$

Im folgenden Text werden nur dann komplexe Zufallsvariablen (und später komplexe Zufallsprozesse) angenommen, wenn dies ausdrücklich angegeben ist.

Beispiel 2.13 Mittelwert und Varianz einer diskreten Zufallsvariablen

$x(\eta)$ sei eine binäre Zufallsvariable.

Es seien $x_1 = -a$, $x_2 = a$, $P(\{\eta | x(\eta) = x_1\}) = P(\{\eta | x(\eta) = x_2\}) = 0,5$.

Damit erhält man:
$$m_x^{(1)} = 0 \,, \qquad \sigma_x^2 = a^2 \,.$$

Beispiel 2.14 Mittelwert und Varianz einer kontinuierlichen Zufallsvariablen

Es sei:
$$f_x(x) = \begin{cases} 1/a & 0 \le x \le a \\[2mm] 0 & \text{sonst} \end{cases} \,.$$

Dann erhält man:
$$m_x^{(1)} = a/2 \,, \qquad \sigma_x^2 = a^2/12 \,.$$

Sind über derselben Ergebnismenge mehrere Zufallsvariablen definiert, so kann man den Erwartungswert von Funktionen dieser Zufallsvariablen bilden, immer vorausgesetzt, daß der betreffende Erwartungswert existiert. Die Einschränkung, daß alle diese Zufallsvariablen *über derselben Ergebnismenge* definiert sein müssen, bedeutet, daß zu jedem Ergebnis $\eta \in H$ für jede dieser Zufallsvariablen genau eine Realisierung gehört (siehe Abbildung 2.6). Wir beschränken uns hier wieder auf zwei Zufallsvariablen $x(\eta)$ und $y(\eta)$. Den Erwartungswert

$$m_{xy}^{(k,m)} = \mathrm{E}\{x^k(\eta)\,y^m(\eta)\} = \int_{-\infty}^{+\infty} \int_{-\infty}^{+\infty} x^k y^m f_{xy}(x,y)\,dx\,dy \tag{2.59}$$

nennt man das k–m–te *gemeinsame Moment*. Bezieht man wieder die einzelnen Zufallsvariablen auf ihre linearen Mittelwerte, so erhält man das k–m–te *gemeinsame zentrale Moment*:

$$\begin{aligned} \mu_{xy}^{(k,m)} &= \mathrm{E}\{(x(\eta) - m_x^{(1)})^k\,(y(\eta) - m_y^{(1)})^m\} \\[2mm] &= \int_{-\infty}^{+\infty} \int_{-\infty}^{+\infty} (x - m_x^{(1)})^k\,(y - m_y^{(1)})^m\,f_{xy}(x,y)\,dx\,dy \,. \end{aligned} \tag{2.60}$$

Die Werte dieser gemeinsamen Momente sagen etwas aus über den Zusammenhang oder den Grad der gegenseitigen Kopplung der betreffenden Zufallsvariablen. Von besonderem Interesse ist das gemeinsame zentrale Moment für $k = m = 1$. Man nennt es die *Kovarianz* der Zufallsvariablen $x(\eta)$ und $y(\eta)$:

$$\begin{aligned} \mu_{xy}^{(1,1)} &= \mathrm{Cov}\{x(\eta)\,y(\eta)\} = \mathrm{E}\{(x(\eta) - m_x^{(1)})\,(y(\eta) - m_y^{(1)})\} \\[2mm] &= \int_{-\infty}^{+\infty} \int_{-\infty}^{+\infty} (x - m_x^{(1)})\,(y - m_y^{(1)})\,f_{xy}(x,y)\,dx\,dy \,. \end{aligned} \tag{2.61}$$

Im Zusammenhang mit dem gemeinsamen Moment zweier Zufallsvariablen sind zwei
Sonderfälle von Bedeutung: *unkorrelierte* Zufallsvariablen und *orthogonale* Zufallsvariablen:

Definition 2.12   Unkorrelierte Zufallsvariablen

Zwei über derselben Ergebnismenge definierte Zufallsvariablen $\boldsymbol{x}(\eta)$ und $\boldsymbol{y}(\eta)$ sind unkorreliert, wenn für sie gilt:

$$\mathrm{E}\{\boldsymbol{x}(\eta)\,\boldsymbol{y}(\eta)\} = \mathrm{E}\{\boldsymbol{x}(\eta)\}\,\mathrm{E}\{\boldsymbol{y}(\eta)\}.$$

In diesem und *nur* in diesem Fall dürfen also die *lineare* Operation "Erwartungswert"
und die *nichtlineare* Operation "Produkt" miteinander vertauscht werden.

Definition 2.13   Orthogonale Zufallsvariablen

Zwei über derselben Ergebnismenge definierte Zufallsvariablen $\boldsymbol{x}(\eta)$ und $\boldsymbol{y}(\eta)$ sind orthogonal, wenn für sie gilt:

$$\mathrm{E}\{\boldsymbol{x}(\eta)\,\boldsymbol{y}(\eta)\} = 0.$$

Ein Vergleich beider Definitionen läßt erkennen, daß zwei unkorrelierte Zufallsvariablen
auch orthogonal sind, wenn mindestens eine davon den linearen Mittelwert Null hat.

Berechnet man das gemeinsame Moment für zwei *statistisch unabhängige Zufallsvariablen*, so erhält man mit Definition 2.8:

$$
\begin{aligned}
\mathrm{E}\{\boldsymbol{x}(\eta)\,\boldsymbol{y}(\eta)\} &= \int_{-\infty}^{+\infty}\int_{-\infty}^{+\infty} x\,y\,f_{\boldsymbol{xy}}(x,y)\,dx\,dy \\[2mm]
&= \int_{-\infty}^{+\infty}\int_{-\infty}^{+\infty} x\,y\,f_{\boldsymbol{x}}(x)\,f_{\boldsymbol{y}}(y)\,dx\,dy \\[2mm]
&= \int_{-\infty}^{+\infty} x\,f_{\boldsymbol{x}}(x)\,dx \int_{-\infty}^{+\infty} y\,f_{\boldsymbol{y}}(y)\,dy \\[2mm]
&= \mathrm{E}\{\boldsymbol{x}(\eta)\}\,\mathrm{E}\{\boldsymbol{y}(\eta)\}\ .
\end{aligned}
\tag{2.62}
$$

Dies besagt, daß statistische Unabhängigkeit *immer* Unkorreliertheit einschließt. Die
Umkehrung dieses Satzes gilt jedoch allgemein *nicht*: Aus Unkorreliertheit folgt nur in
Sonderfällen die statistische Unabhängigkeit. Es lassen sich Zufallsvariablen angeben,
die zwar unkorreliert, aber nicht statistisch unabhängig sind (siehe Beispiel 2.15).

Beispiel 2.15 Zwei unkorrelierte, aber statistisch abhängige Zufallsvariablen
Es sei (siehe Abbildung 2.11):

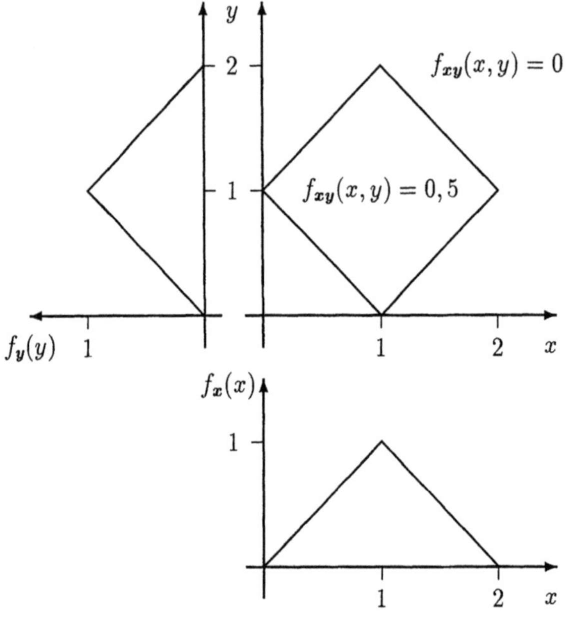

Abb. 2.11: Gemeinsame Wahrscheinlichkeitsdichte $f_{xy}(x,y)$ und Randdichten $f_x(x)$ und $f_y(y)$ (siehe Beispiel 2.15)

$$f_{xy}(x,y) = \begin{cases} 0,5 & y+x \geq 1 \text{ und } y-x \geq -1 \text{ und} \\ & y+x \leq 3 \text{ und } y-x \leq 1 \\ 0 & \text{sonst .} \end{cases}$$

Durch Integration über y bzw. x erhält man daraus die Wahrscheinlichkeitsdichten $f_x(x)$ bzw. $f_y(y)$:

$$f_x(x) = \begin{cases} x & 0 \leq x \leq 1 \\ 2-x & 1 \leq x \leq 2 \\ 0 & \text{sonst,} \end{cases}$$

$$f_y(y) = \begin{cases} y & 0 \leq y \leq 1 \\ 2-y & 1 \leq y \leq 2 \\ 0 & \text{sonst.} \end{cases}$$

Damit sind:

$$E\{\boldsymbol{x}(\eta)\} = 1\,, \quad E\{\boldsymbol{y}(\eta)\} = 1 \quad \text{und} \quad E\{\boldsymbol{x}(\eta)\,\boldsymbol{y}(\eta)\} = 1\,.$$

Somit ist $f_{\boldsymbol{xy}}(x,y) \neq f_{\boldsymbol{x}}(x)\,f_{\boldsymbol{y}}(y)$. Die beiden Zufallsvariablen $\boldsymbol{x}(\eta)$ und $\boldsymbol{y}(\eta)$ sind daher statistisch abhängig. Andererseits ist aber $E\{\boldsymbol{x}(\eta)\} \cdot E\{\boldsymbol{y}(\eta)\} = E\{\boldsymbol{x}(\eta)\,\boldsymbol{y}(\eta)\}$, d.h. die beiden Zufallsvariablen sind unkorreliert.

Normiert man die Kovarianz zweier Zufallsvariablen $\boldsymbol{x}(\eta)$ und $\boldsymbol{y}(\eta)$ (Gleichung 2.61) auf die positive Wurzel des Produktes ihrer Varianzen (Gleichung 2.57), so erhält man den *Korrelationskoeffizienten* ρ_{xy}.

Definition 2.14 Korrelationskoeffizient

$$\rho_{xy} = \frac{\mu_{xy}^{(1,1)}}{\sigma_x \sigma_y} = \frac{E\{(\boldsymbol{x}(\eta) - m_x^{(1)})\,(\boldsymbol{y}(\eta) - m_y^{(1)})\}}{|\sqrt{E\{(\boldsymbol{x}(\eta) - m_x^{(1)})^2\}\,E\{(\boldsymbol{y}(\eta) - m_y^{(1)})^2\}}|}$$

Die Normierung bewirkt, daß für den Wertebereich des Korrelationskoeffizienten gilt:

$$-1 \leq \rho_{xy} \leq 1. \tag{2.63}$$

Dies läßt sich mit einem einfachen Ansatz zeigen:

$$E\{(\frac{\boldsymbol{x}(\eta) - m_x^{(1)}}{\sigma_x} \pm \frac{\boldsymbol{y}(\eta) - m_y^{(1)}}{\sigma_y})^2\} \geq 0.$$

Die Auswertung des Erwartungswertes auf der linken Seite dieser Ungleichung ergibt:

$$1 \pm 2\rho_{xy} + 1 \geq 0.$$

Dies ist für beide Vorzeichen nur für $|\rho_{xy}| \leq 1$ erfüllt.

Der Korrelationskoeffizient drückt den *Zusammenhang* zwischen zwei Zufallsvariablen aus. Zwei Sonderfälle können dies deutlich machen:

1. Die Zufallsvariablen $\boldsymbol{x}(\eta)$ und $\boldsymbol{y}(\eta)$ seien *unkorreliert*. Dann ist:

   $$\rho_{xy} = 0\,.$$

2. Die Zufallsvariable $\boldsymbol{y}(\eta)$ sei bis auf einen reellen Faktor a gleich der Zufallsvariablen $\boldsymbol{x}(\eta)$:

   $$\boldsymbol{y}(\eta) = a\,\boldsymbol{x}(\eta)\,.$$

Dann sind:

$$m_y^{(1)} = \mathrm{E}\{\boldsymbol{y}(\eta)\} = a\, m_x^{(1)}\,,$$

$$\sigma_y^2 = \mathrm{E}\{(\boldsymbol{y}(\eta) - m_y)^2\} = a^2\sigma_x^2\,,$$

$$\rho_{xy} = a/|a| = \mathrm{sgn}(a)\,.$$

Dies bedeutet, daß $\rho_{xy} = 1$ ist für $a > 0$ und $\rho_{xy} = -1$ ist für $a < 0$. Es bedeutet, daß eine sehr enge Kopplung vorliegt. Ein negativer Wert des Korrelationsfaktors bedeutet dabei eine *gegenphasige* Kopplung.

Beispiel 2.16 Korrelationskoeffizient

$\boldsymbol{x}(\eta)$ und $\boldsymbol{y}(\eta)$ seien zwei über derselben Ergebnismenge definierte unkorrelierte Zufallsvariablen. Es sei ferner:

$$\boldsymbol{z}(\eta) = a\,\boldsymbol{x}(\eta) + (1 - |a|)\,\boldsymbol{y}(\eta)\,.$$

a sei ein reeller Faktor, $0 \le |a| \le 1$. Dann sind:

$$\mathrm{E}\{\boldsymbol{x}(\eta)\boldsymbol{y}(\eta)\} = m_x m_y\,,$$

$$\mathrm{E}\{(\boldsymbol{x}(\eta) - m_x)^2\} = \sigma_x^2\,,$$

$$\mathrm{E}\{(\boldsymbol{y}(\eta) - m_y)^2\} = \sigma_y^2\,,$$

$$\mathrm{E}\{(\boldsymbol{z}(\eta) - m_z)^2\} = a^2\sigma_x^2 + (1 - |a|)^2\,\sigma_y^2\,,$$

$$\mathrm{E}\{(\boldsymbol{x}(\eta) - m_x)\,(\boldsymbol{z}(\eta) - m_z)\} = a\,\sigma_x^2\,.$$

Folglich erhält man für den Korrelationskoeffizienten ρ_{xz}:

$$\rho_{xz} = \frac{a}{\left|\sqrt{a^2 + (1 - |a|)^2\sigma_y^2/\sigma_x^2}\right|}$$

(siehe Abbildung 2.12).

Sonderfälle:

$$a = 1 \quad : \quad \boldsymbol{z}(\eta) = \boldsymbol{x}(\eta) \quad : \quad \rho_{xz} = 1\,,$$

$$a = 0 \quad : \quad \boldsymbol{z}(\eta) = \boldsymbol{y}(\eta) \quad : \quad \rho_{xz} = 0\,,$$

$$a = -1 \quad : \quad \boldsymbol{z}(\eta) = -\boldsymbol{x}(\eta) \quad : \quad \rho_{xz} = -1\,.$$

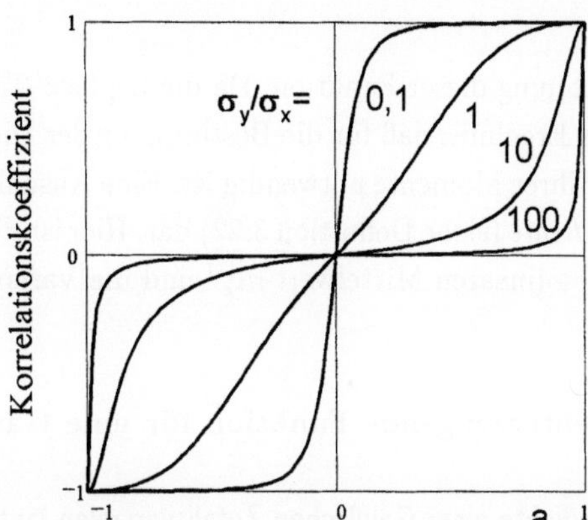

Abb. 2.12: Korrelationskoeffizient ρ_{xz} als Funktion von a mit σ_y/σ_x als Parameter (siehe Beispiel 2.16)

2.2.6   Erzeugende Funktionen

Es sollen hier drei Funktionen betrachtet werden, die als spezielle Erwartungswerte oder als spezielle Transformationen von Wahrscheinlichkeitsdichten dargestellt werden können. Wir beschränken uns dabei wieder auf reelle Zufallsvariablen.

2.2.6.1   Momenterzeugende Funktion

Setzt man in Gleichung 2.49

$$g(\boldsymbol{x}(\eta)) = \exp(s\,\boldsymbol{x}(\eta))$$

ein, so erhält man als Sonderfall eines Erwartungswertes die *Momenterzeugende Funktion*:

$$\Psi_{\boldsymbol{x}}(s) = \mathrm{E}\{\exp(s\,\boldsymbol{x}(\eta))\} = \int_{-\infty}^{+\infty} e^{sx}\, f_{\boldsymbol{x}}(x)\, dx \ . \tag{2.64}$$

Mit $s = \sigma + j\omega$ ist diese damit die konjugiert komplexe zweiseitige Laplace–Transformation der Wahrscheinlichkeitsdichte. Entwickelt man die Exponentialfunktion in eine Reihe, so folgt:

$$\Psi_{\boldsymbol{x}}(s) = 1 + \sum_{n=1}^{\infty} s^n \, \mathrm{E}\{\boldsymbol{x}^n(\eta)\}/n! = 1 + \sum_{n=1}^{\infty} s^n \, m_{\boldsymbol{x}}^{(n)}/n! \ . \tag{2.65}$$

Die n-fache Ableitung nach s an der Stelle $s = 0$ ergibt dann:

$$\frac{d^n \Psi_x(s)}{d\,s^n}\bigg|_{s=0} = m_x^{(n)} \ . \tag{2.66}$$

Dies erklärt die Bezeichnung dieser Funktion. Da die Laplace–Transformation umkehrbar ist, bedeutet dieses Ergebnis, daß für die Bestimmung der Dichte einer Zufallsvariablen die Kenntnis aller ihrer Momente notwendig ist. Eine Ausnahme stellt hier eine Zufallsvariable mit *Gaußdichte* (siehe Definition 3.22) dar. Hier ist die Wahrscheinlichkeitsdichte bereits durch den linearen Mittelwert $m_x^{(1)}$ und die Varianz $\sigma_x^2 = m_x^{(2)} - (m_x^{(1)})^2$ eindeutig bestimmt.

Beispiel 2.17 Momenterzeugende Funktion für eine Gaußsche Zufallsvariable

Die Wahrscheinlichkeitsdichte einer Gaußschen Zufallsvariablen lautet

$$f_x(x) = \frac{1}{\sqrt{2\,\pi}\,\sigma_x} \exp\left(-\frac{(x - m_x^{(1)})^2}{2\,\sigma_x^2}\right)$$

(siehe Definition 3.22). Für die Momenterzeugende Funktion erhält man:

$$\Psi_x(s) = \frac{1}{\sqrt{2\,\pi}\,\sigma_x} \int_{-\infty}^{+\infty} \exp(s\,x)\ \exp\left(-\frac{(x - m_x^{(1)})^2}{2\,\sigma_x^2}\right)\,dx = \exp\left(\frac{\sigma_x^2\,s^2}{2} + m_x^{(1)}\,s\right) \ .$$

Für die erste und die zweite Ableitung nach s an der Stelle $s = 0$ gelten:

$$\frac{d\Psi_x(s)}{d\,s}\bigg|_{s=0} = (\sigma_x^2 s + m_x^{(1)})\ \exp\left(\frac{\sigma_x^2\,s^2}{2} + m_x^{(1)}s\right)\bigg|_{s=0} = m_x^{(1)} \ ,$$

$$\frac{d^2\Psi_x(s)}{d\,s^2}\bigg|_{s=0} = (\sigma_x^2 + (\sigma_x^2 s + m_x^{(1)})^2)\ \exp\left(\frac{\sigma_x^2\,s^2}{2} + m_x^{(1)}s\right)\bigg|_{s=0}$$

$$= \sigma_x^2 + (m_x^{(1)})^2 = m_x^{(2)} \ .$$

2.2.6.2 Charakteristische Funktion

Transformiert man die Wahrscheinlichkeitsdichte nicht in eine komplexe Ebene sondern auf eine $j\omega$–Achse, d.h. setzt man in Gleichung 2.64 $s = j\omega$ ein, so erhält man die *Charakteristische Funktion*:

$$\phi_x(\omega) = \mathrm{E}\{\exp(j\omega x(\eta))\} = \int_{-\infty}^{+\infty} e^{j\omega x} f_x(x)\,dx \ . \tag{2.67}$$

Diese ist somit die konjugiert komplexe Funktion zur Fouriertransformierten der Wahrscheinlichkeitsdichte. Mit $|\exp(j\,\omega\,x)| = 1$ für alle ω gilt für die Charakteristische Funktion:

$$|\phi_x(\omega)| \leq \int_{-\infty}^{+\infty} |e^{j\omega x}|\, f_x(x)\, dx = \int_{-\infty}^{+\infty} f_x(x)\, dx = 1 \ . \tag{2.68}$$

Insbesondere gilt

$$\phi_x(0) = 1 \ . \tag{2.69}$$

Aus der Charakteristischen Funktion kann nach den Regeln der Fouriertransformation die *Wahrscheinlichkeitsdichte* bestimmt werden:

$$f_x(x) = \frac{1}{2\pi} \int_{-\infty}^{+\infty} \phi_x(\omega) e^{-j\omega x}\, d\omega\,. \tag{2.70}$$

Die Anwendung der Charakteristischen Funktion kann gegenüber dem Arbeiten mit der Wahrscheinlichkeitsdichte ähnliche Vorteile bringen wie das Arbeiten mit dem Frequenzgang anstelle der Gewichtsfunktion. Ein Beispiel hierfür ist die Bestimmung der Wahrscheinlichkeitsdichte $f_z(z)$ der *Summe* $z(\eta)$ *zweier Zufallsvariablen* $x(\eta)$ und $y(\eta)$. Es sei

$$z(\eta) = x(\eta) + y(\eta) \ . \tag{2.71}$$

Dann gilt für die Charakteristische Funktion $\phi_z(\omega)$ der Zufallsvariablen $z(\eta)$:

$$\phi_z(\omega) = \mathrm{E}\{\exp(j\,\omega\,z(\eta))\} = \mathrm{E}\{\exp(j\,\omega\,(x(\eta) + y(\eta)))\} \ . \tag{2.72}$$

Sind $x(\eta)$ und $y(\eta)$ *statistisch unabhängig*, so vereinfacht sich dieser Ausdruck zu

$$\phi_z(\omega) = \mathrm{E}\{\exp(j\,\omega\,x(\eta))\}\,\mathrm{E}\{\exp(j\,\omega\,y(\eta))\} = \phi_x(\omega)\,\phi_y(\omega) \ . \tag{2.73}$$

Die Dichte kann man hieraus durch Rücktransformation (siehe Gleichung 2.70) bestimmen:

$$f_z(z) = \frac{1}{2\,\pi} \int_{-\infty}^{+\infty} \phi_x(\omega)\,\phi_y(\omega)\,e^{-j\,\omega\,z}\, d\omega \ . \tag{2.74}$$

Setzt man hier gemäß Gleichung 2.67 die Charakteristische Funktion $\phi_x(\omega)$ ein und vertauscht die Integrationsreihenfolge, so erhält man:

$$\begin{aligned}
f_z(z) &= \frac{1}{2\pi} \int_{-\infty}^{+\infty} \int_{-\infty}^{+\infty} f_x(x)\,e^{j\,\omega\,x}\,\phi_y(\omega)\,e^{-j\,\omega\,z}\, d\omega\, dx \\[2mm]
&= \int_{-\infty}^{+\infty} f_x(x)\,f_y(z - x)\, dx \ .
\end{aligned} \tag{2.75}$$

Die Dichte der Summe zweier statistisch unabhängiger Zufallsvariablen ergibt sich somit als die *Faltung* der Dichten der beiden Zufallvariablen. Die Faltung kann über das Produkt der Charakteristischen Funktionen berechnet werden.

Auch aus der Charakteristischen Funktion lassen sich die *Momente* einer Zufallsvariablen berechnen: Entwickelt man wieder die Exponentialfunktion in eine Reihe und vertauscht die Reihenfolge von Erwartungswert und Summation, so erhält man mit der Definition 2.10:

$$\phi_x(\omega) = 1 + \sum_{n=1}^{\infty} (j\omega)^n \, m_x^{(n)}/n! \ . \tag{2.76}$$

Die n–fache Differentiation nach ω ergibt an der Stelle $\omega = 0$ schließlich:

$$\left. \frac{d^n \phi_x(\omega)}{d\omega^n} \right|_{\omega=0} = j^n m_x^{(n)} \ . \tag{2.77}$$

Beispiel 2.18 Rechteckdichte
Die Rechteck– oder Gleichdichte ist die einfachste Dichte einer kontinuierlichen Zufallsvariablen. Es gilt (siehe Abbildung 2.13):

$$f_x(x) = \begin{cases} \dfrac{1}{b-a} & a \leq x \leq b \\[2mm] 0 & \text{sonst} \ . \end{cases}$$

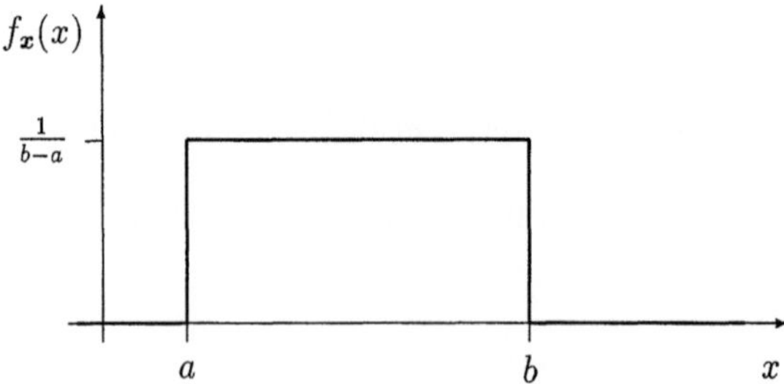

Abb. 2.13: Rechteckdichte (siehe Beispiel 2.18)

Die Zufallsvariable $x(\eta)$ nimmt somit nur Werte im Intervall $[a,b]$ an. Es gelten für den Mittelwert $m_x^{(1)}$ und die Varianz σ_x^2:

$$m_x^{(1)} = 0,5 \, (a+b) \, , \quad \sigma_x^2 = \frac{(b-a)^2}{12} \ .$$

Für die Charakteristische Funktion erhält man:

$$\phi_x(\omega) = \mathrm{E}\{e^{j\omega x}(\eta)\} = \int_a^b e^{j\omega x} \frac{1}{b-a}\, dx = \frac{e^{j\omega b} - e^{j\omega a}}{j\omega(b-a)} = \frac{\sin \omega \frac{b-a}{2}}{\omega \frac{b-a}{2}} \, e^{j\omega \frac{a+b}{2}} \; .$$

Als Sonderfall $a = -b$ erhält man für eine zu Null symmetrische Gleichdichte:

$$\phi_x(\omega) = \frac{\sin \omega b}{\omega b} = \frac{\sin \omega a}{\omega a} \; .$$

2.2.6.3   Kumulantenerzeugende Funktion

Den Logarithmus der Momenterzeugenden Funktion $\Psi_x(s)$ nennt man *Kumulantenerzeugende Funktion*:

$$\Xi_x(s) = \ln \Psi_x(s) = \ln \int_{-\infty}^{+\infty} e^{sx} f_x(x)\, dx \; . \tag{2.78}$$

Die n–te Ableitung dieser Funktion nach s an der Stelle $s = 0$ führt zu der sogenannten *Kumulanten* $\kappa_x^{(n)}$ *der Ordnung* n der Zufallsvariablen $x(\eta)$. Insbesondere gelten:

$$\kappa_x^{(1)} = \frac{d}{ds} \ln \int_{-\infty}^{+\infty} e^{sx} f_x(x)\, dx \bigg|_{s=0} = \frac{\int_{-\infty}^{+\infty} x\, e^{sx} f_x(x)\, dx}{\int_{-\infty}^{+\infty} e^{sx} f_x(x)\, dx} \bigg|_{s=0} = m_x^{(1)} \; , \tag{2.79}$$

$$\kappa_x^{(2)} = \frac{d^2}{ds^2} \ln \int_{-\infty}^{+\infty} e^{sx} f_x(x)\, dx \bigg|_{s=0}$$

$$= \frac{\int_{-\infty}^{+\infty} x^2 e^{sx} f_x(x)dx \int_{-\infty}^{+\infty} e^{sx} f_x(x)dx - \left[\int_{-\infty}^{+\infty} x e^{sx} f_x(x)dx\right]^2}{\left[\int_{-\infty}^{+\infty} e^{sx} f_x(x)dx\right]^2} \Bigg|_{s=0} \tag{2.80}$$

$$= m_x^{(2)} - (m_x^{(1)})^2 = \sigma_x^2 \; .$$

Auch für die Kumulanten der Ordnungen ≥ 3 lassen sich Zusammenhänge mit den Momenten bzw. zentralen Momenten herleiten. Beispielsweise gelten für die dritte und vierte Ordnung:

$$\kappa_x^{(3)} = m_x^{(3)} - 3\, m_x^{(2)} m_x^{(1)} + 2\, (m_x^{(1)})^3 \; , \tag{2.81}$$

$$\kappa_x^{(4)} = m_x^{(4)} - 4\, m_x^{(3)} m_x^{(1)} - 3\, (m_x^{(2)})^2 + 12\, m_x^{(2)} (m_x^{(1)})^2 - 6\, (m_x^{(1)})^4 \; . \tag{2.82}$$

Allgemein gilt, daß die Kumulante der Ordnung n aus den Momenten der Ordnungen Eins bis einschließlich n bestimmt werden kann. Diese Aussage ist auch umkehrbar:

Aus den Kumulanten aller Ordnungen bis einschließlich n läßt sich das n-te Moment berechnen. Beispielsweise gelten:

$$m_x^{(1)} = \kappa_x^{(1)} \tag{2.83}$$

$$m_x^{(2)} = \kappa_x^{(2)} + (\kappa_x^{(1)})^2 \tag{2.84}$$

$$m_x^{(3)} = \kappa_x^{(3)} + 3\,\kappa_x^{(2)}\,\kappa_x^{(1)} + (\kappa_x^{(1)})^3 \tag{2.85}$$

$$m_x^{(4)} = \kappa_x^{(4)} + 4\,\kappa_x^{(3)}\,\kappa_x^{(1)} + 3\,(\kappa_x^{(2)})^2 + 6\,\kappa_x^{(2)}\,(\kappa_x^{(1)})^2 + (\kappa_x^{(1)})^4 \tag{2.86}$$

Kumulanten der Ordnungen ≥ 2 sind unabhängig von Änderungen des linearen Mittelwertes einer Zufallsvariablen. Ersetzt man $\boldsymbol{x}(\eta)$ durch $\boldsymbol{x}(\eta) + x_0$, so folgt mit Gleichung 2.78 für die Kumulantenerzeugende Funktion:

$$\begin{aligned}
\Xi_{x+x_0} &= \ln \int_{-\infty}^{+\infty} e^{s\,(x+x_0)}\, f_x \, dx \\
&= \ln e^{s\,x_0} \int_{-\infty}^{+\infty} e^{s\,x}\, f_x \, dx = s\,x_0 + \Xi_x(s) \ .
\end{aligned} \tag{2.87}$$

Damit gelten:

$$\kappa_{x+x_0}^{(1)} = x_0 + \kappa_x^{(1)} = x_0 + m_x^{(1)} \ , \tag{2.88}$$

$$\kappa_{x+x_0}^{(n)} = \kappa_x^{(n)} \quad \text{für alle } n \geq 2 \ . \tag{2.89}$$

Aufgrund dieser Eigenschaft werden Kumulanten auch *Semiinvarianten* genannt.

Es sei nun $\boldsymbol{z}(\eta) = \boldsymbol{x}(\eta) + \boldsymbol{y}(\eta)$. Für die Kumulantenerzeugende Funktion $\Xi_z(s)$ gilt dann:

$$\Xi_z(s) = \ln \int_{-\infty}^{+\infty} e^{s\,z}\, f_z(z) \, dz \ .$$

Sind $\boldsymbol{x}(\eta)$ und $\boldsymbol{y}(\eta)$ *statistisch unabhängig*, so kann dieser Ausdruck umgeformt werden:

$$\Xi_z(s) = \ln \int_{-\infty}^{+\infty} \int_{-\infty}^{+\infty} e^{s\,z}\, f_x(x)\, f_y(z-x) \, dx \, dz$$

(siehe Gleichung 2.75). Vertauscht man die Integrationsreihenfolge und substituiert y für $z - x$, so folgt schließlich:

$$\begin{aligned}
\Xi_z(s) &= \ln \int_{-\infty}^{+\infty} \int_{-\infty}^{+\infty} e^{s\,x}\, f_x(x)\, e^{s\,y}\, f_y(y) \, dx \, dy \\
&= \ln \left[\int_{-\infty}^{+\infty} e^{s\,x}\, f_x(x) \, dx \int_{-\infty}^{+\infty} e^{s\,y}\, f_y(y) \, dy \right] = \Xi_x(s) + \Xi_y(s) \ .
\end{aligned} \tag{2.90}$$

Damit sind die Kumulanten der Summe zweier statistisch unabhängiger Zufallsvariablen gleich der Summe der Kumulanten der jeweiligen Ordnung der beiden Variablen.

Einen Sonderfall bilden auch hier wieder Zufallsvariablen mit *Gaußdichte*. Für ihre Momenterzeugende Funktion gilt (siehe Beispiel 2.17):

$$\Psi_x(s) = \exp\left(\frac{\sigma_x^2 s^2}{2} + m_x^{(1)}s \right) \; . \tag{2.91}$$

Damit erhält man für die Kumulantenerzeugende Funktion einer Gaußschen Zufallsvariablen:

$$\Xi_x(s) = \frac{\sigma_x^2 s^2}{2} + m_x^{(1)}s \; . \tag{2.92}$$

Die Kumulanten lauten für diesen Sonderfall:

$$\begin{aligned}
\kappa_x^{(1)} &= m_x^{(1)} \; , \\
\kappa_x^{(2)} &= \sigma_x^2 \; , \\
\kappa_x^{(n)} &= 0 \quad \text{für alle } n \geq 3 \; .
\end{aligned} \tag{2.93}$$

Für Gaußsche Zufallsvariablen verschwinden somit alle Kumulanten der Ordnungen $n \geq 3$. Zusammen mit Gleichung 2.90 bedeutet dies, daß die Kumulanten der Ordnungen $n \geq 3$ nichtgaußscher Zufallsgrößen durch statistisch unabhängige additive Gaußsche Störungen nicht beeinflußt werden.

2.2.7 Schätzwert für eine Zufallsvariable

Abschließend zu den Betrachtungen über Zufallsvariablen wollen wir ein *Optimierungsproblem* lösen. Dieses ist zwar sehr einfach, es enthält aber bereits alle Elemente derartiger Probleme. Es bietet außerdem die Gelegenheit, die vorher für Zufallsvariablen formulierten Zusammenhänge anzuwenden.

Gegeben seien zwei Zufallsvariablen $x(\eta)$ und $y(\eta)$, die über demselben Wahrscheinlichkeitsraum definiert sind. $y(\eta)$ sei beispielsweise ein gestörter Meßwert der nicht direkt und fehlerfrei meßbaren Größe $x(\eta)$. Es sollen zwei Konstanten a und b so bestimmt werden, daß

$$\hat{x}(\eta) = a y(\eta) + b \tag{2.94}$$

ein *"möglichst guter"* Schätzwert von $x(\eta)$ ist.

Zur Lösung eines derartigen Optimierungsproblems müssen wir voraussetzen, daß bestimmte statistische Eigenschaften, hier bestimmte Momente, beider Zufallsvariablen bekannt sind. Wir wollen daher annnehmen, daß $m_x^{(1)}$, $m_y^{(1)}$, σ_x^2, σ_y^2 und $m_{xy}^{(1,1)}$ existieren und bekannt sind.

Als ersten Schritt zur mathematischen Lösung unseres Problems müssen wir den Begriff *"möglichst gut"* präzisieren. In der Sprache der Optimierungstheorie heißt dies, wir müssen eine Fehlerfunktion oder eine *Zielfunktion* definieren, die dann bei optimalen Parametern einen Extremwert erreicht. Diese Zielfunktion ist immer nach zwei Gesichtspunkten auszuwählen:

— Sie soll dem Problem angepaßt sein, und

— sie soll eine möglichst einfache Lösung zulassen.

Beide Gesichtspunkte können sich widersprechen. Die Wahl einer geeigneten Zielfunktion ist daher ein wesentlicher Schritt bei der Lösung einer Optimierungsaufgabe. Bei einer sehr großen Anzahl von Optimierungsproblemen hat sich der *mittlere quadratische Fehler* als geeignetes Kriterium erwiesen. Es bedeutet, daß der Erwartungswert des Quadrats der Differenz aus der gewünschten Größe und der geschätzten Größe minimiert wird:

$$\overline{e^2(\eta)} = \mathrm{E}\{e^2(\eta)\} = \mathrm{E}\{(\boldsymbol{x}(\eta) - \hat{\boldsymbol{x}}(\eta))^2\} \to \min. \tag{2.95}$$

Die Wahl des Fehler*quadrats* bedeutet, daß sich positive und negative Fehler nicht gegenseitig kompensieren können. Der Erwartungswert stellt sicher, daß ein optimaler Schätzwert nicht nur für ein bestimmtes Paar von Realisierungen der Zufallsvariablen $\boldsymbol{x}(\eta)$ und $\boldsymbol{y}(\eta)$, sondern *im Mittel* für alle möglichen Realisierungen optimal ist.

Für unser Problem bedeuten diese Überlegungen, daß wir die beiden Konstanten a und b so bestimmen müssen, daß $\overline{e^2(\eta)}$ aus Gleichung 2.95 minimal wird:

$$\overline{e^2(\eta)} \to \min \text{ für } a = a_{opt} \text{ und } b = b_{opt}.$$

Wir setzen Gl. 2.94 in Gl. 2.95 ein und leiten zunächst nach b ab:

$$\frac{\partial}{\partial b}\mathrm{E}\{e^2(\eta)\} = -2\,\mathrm{E}\{e(\eta)\} = 0 \quad \text{für } a = a_{opt} \text{ und } b = b_{opt}. \tag{2.96}$$

Hierbei haben wir die beiden linearen Operationen Ableitung und Erwartungswert vertauscht. Das Ergebnis besagt, daß bei optimalen Konstanten der Schätzfehler im Mittel gleich Null ist. Einen Schätzwert mit dieser Eigenschaft nennt man *erwartungstreu*. Aus Gl. 2.96 folgt:

$$\mathrm{E}\{\boldsymbol{x}(\eta) - a_{opt}\boldsymbol{y}(\eta) - b_{opt}\} = m_x^{(1)} - a_{opt}m_y^{(1)} - b_{opt} = 0.$$

Nach b_{opt} aufgelöst, erhält man:

$$b_{opt} = m_x^{(1)} - a_{opt} m_y^{(1)} \; . \tag{2.97}$$

Zur Bestimmung von a_{opt} leiten wir nun den mittleren quadratischen Fehler nach a ab:

$$\frac{\partial}{\partial a} \mathrm{E}\{e^2(\eta)\} = -2\,\mathrm{E}\{e(\eta)\boldsymbol{y}(\eta)\} = 0 \quad \text{für } a = a_{opt} \text{ und } b = b_{opt} \; . \tag{2.98}$$

Dies besagt, daß bei optimalem Schätzwert Schätzfehler und Meßwert *orthogonal* sind. Wir werden diese Eigenschaft noch in allgemeinerer Form als *Orthogonalitätstheorem* kennenlernen. Aus Gleichung 2.98 folgt:

$$\mathrm{E}\{\boldsymbol{x}(\eta)\boldsymbol{y}(\eta)\} - a_{opt}\mathrm{E}\{\boldsymbol{y}^2(\eta)\} - b_{opt}\mathrm{E}\{\boldsymbol{y}(\eta)\} = 0.$$

Setzt man hierin b_{opt} ein und löst nach a_{opt} auf, so erhält man schließlich:

$$a_{opt} = \frac{m_{xy}^{(1,1)} - m_x^{(1)}m_y^{(1)}}{m_y^{(2)} - (m_y^{(1)})^2} \; . \tag{2.99}$$

Sind die linearen Mittelwerte $m_x^{(1)}$ und $m_y^{(1)}$ gleich Null, so vereinfachen sich beide Ergebnisse zu $b_{opt} = 0$ und $a_{opt} = m_{xy}^{(1,1)}/m_y^{(2)}$. Dies zeigt deutlich die durch das gemeinsame Moment $m_{xy}^{(1,1)}$ ausgedrückte Kopplung zwischen $\boldsymbol{x}(\eta)$ und seinem Meßwert $\boldsymbol{y}(\eta)$. Sind beide unkorreliert, d.h. besteht zwischen beiden kein Zusammenhang, so ist $m_{xy}^{(1,1)} = m_x^{(1)}m_y^{(1)}$ und folglich $a_{opt} = 0$. Dies bedeutet, daß $\boldsymbol{x}(\eta)$ durch seinen Mittelwert $m_x^{(1)}$ geschätzt wird und der Meßwert nicht in den Schätzwert eingeht.

3 Zufallsprozesse

3.1 Definition und Beispiele

Bereits bei den Überlegungen zur Modellbildung wurde darauf hingewiesen, daß Probleme der Nachrichten– und Regelungstechnik im allgemeinen Lösungen erfordern, die nicht nur für bestimmte einzelne Signale, sondern für eine große Anzahl möglicher Signale mit gewissen gemeinsamen Eigenschaften gelten. Ein mathematisches Modell für eine derartige *Schar von Signalen* ist der *Zufallsprozeß* (oder *stochastische Prozeß*). Dieser soll im nun folgenden Kapitel betrachtet werden. Wir werden dabei feststellen, daß ein Zufallsprozeß als eine Schar von Zufallsvariablen definiert werden kann und somit alle Gesetze für Zufallsvariablen auch hier anwendbar sind.

Dieser Abschnitt beginnt mit einer Definition des Zufallsprozesses. Nach einigen Beispielen werden in den folgenden Abschnitten geeignete Funktionen für die Beschreibung der Eigenschaften eines Zufallsprozesses eingeführt. Besonderen Raum nehmen dabei die Korrelationsfunktion und das Leistungsdichtespektrum ein.

Die Definition eines Zufallsprozesses kann auf verschiedene Weise formuliert werden. Wir werden hier eine Form wählen, die die Zeitfunktion – also das Signal oder die Störung – in den Vordergrund stellt.

Definition 3.1 Reeller Zufallsprozeß

Ein reeller Zufallsprozeß $x(\eta, t)$ ist eine Funktion, die jedem Ergebnis η einer Ergebnismenge H eine eindeutige reelle Zeitfunktion derart zuordnet, daß $x(\eta, t)$ für jeden Zeitpunkt t aus einem Definitionsbereich T_x eine Zufallsvariable ist.

Bei einem *komplexen Zufallsprozeß*

$$z(\eta, t) = x(\eta, t) + j\, y(\eta, t) \tag{3.1}$$

sind $x(\eta, t)$ und $y(\eta, t)$ zwei über demselben Wahrscheinlichkeitsraum definierte reelle Zufallsprozesse.

Es gibt andere Formulierungen der Definition eines Zufallsprozesses, auf die noch eingegangen werden soll.

Nach seiner Definition ist ein Zufallsprozeß eine *eindeutige* Funktion von zwei Parametern. Wie bei der Zufallsvariablen ist nur die *Auswahl* eines Ergebnisses η aus der Ergebnismenge H durch ein (gedachtes) Zufallsexperiment zufällig. Durch das Ergebnis, für das wir nicht voraussetzen, daß ein Beobachter es kennt, wird aus der Schar der Zeitfunktionen eindeutig eine bestimmte Zeitfunktion ausgewählt (siehe Abbildung 3.1).

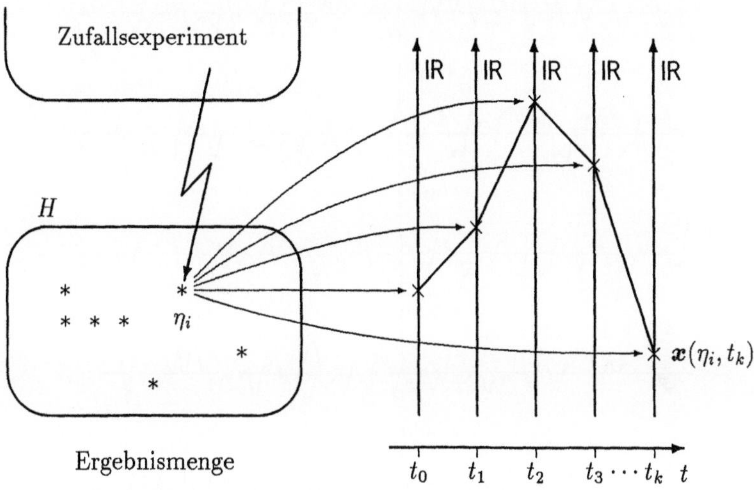

Abb. 3.1: Zur Definition eines Zufallsprozesses

Die einzelnen Funktionen eines Zufallsprozesses nennt man **Musterfunktionen** oder *Realisierungen*. Diese sollen hier immer als Zeitfunktionen betrachtet werden. Grundsätzlich aber kann der Parameter t eine beliebige andere Bedeutung haben. Der Definitionsbereich T_x des Parameters t kann kontinuierlich oder diskret sein. Wir werden hier als *kontinuierlichen* Definitionsbereich vorwiegend

$$T_x = \{t \mid -\infty \leq t \leq +\infty\}$$

und als *diskreten* Definitionsbereich vorwiegend

$$T_x = \{t \mid t = iT, \ i \in \mathbb{Z}\}$$

annehmen. Für $x(\eta, it)$ schreiben wir abkürzend $x(\eta, i)$. Bei einem kontinuierlichen Definitionsbereich spricht man von einem (zeit–) *kontinuierlichen Zufallsprozeß*. Bei diskretem Definitionsbereich spricht man von einem (zeit–) *diskreten Zufallsprozeß* oder einer *Zufallsfolge* und nennt eine Musterfunktion auch eine *Musterfolge*. Abbildung 3.2 zeigt einen Ausschnitt aus der Schar der Musterfunktionen eines (zeit–) *kontinuierlichen* Zufallsprozesses.

Die Anzahl der Musterfunktionen eines Zufallsprozesses ist gleich der Anzahl der Ergebnisse η der Ergebnismenge H, über der der Zufallsprozeß definiert ist. Der Verlauf

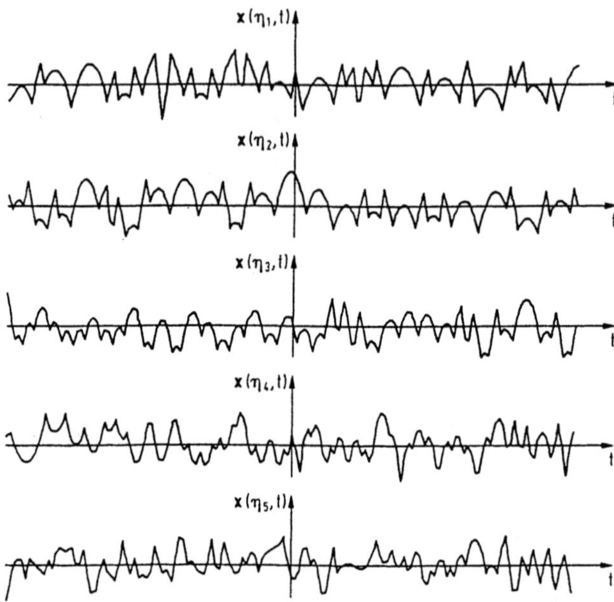

Abb. 3.2: Ausschnitt aus den Musterfunktionen eines kontinuierlichen Zufallsprozesses

jeder einzelnen Musterfunktion ist für alle Zeiten $t \in T_x$ im voraus bestimmt. Dies steht nur scheinbar im Gegensatz zu anderen Beschreibungen eines Zufallsprozesses. Hierauf soll noch eingegangen werden. Zunächst wollen wir aber an drei Beispielen verschiedene mögliche Ausprägungen eines Zufallsprozesses anschaulich machen.

Beispiel 3.1 Tonsignal
Ergebnismenge: $H = \quad$ { Titel auswählbarer Musikstücke }
Zufallsprozeß: $x(\eta, t) = \quad$ Schar der Eingangsspannungen eines Lautsprechers
(Soll der Prozeß für $-\infty \leq t \leq +\infty$ definiert werden, so kann jede Musterfunktion für Zeiten außerhalb der Abspielzeit beispielsweise durch $x(\eta, t) = 0$ Volt fortgesetzt werden.)
Zufallsexperiment: Auswahl eines Titels

Die Musterfunktionen des im Beispiel 3.1 definierten Zufallsprozesses sind eindeutig festgelegt und vorher bekannt, denn sie sind auf Band oder Platte aufgezeichnet. Die Anzahl der Musterfunktionen ist gleich der Anzahl der auswählbaren Musikstücke. Durch Auswahl eines Titels $\eta_i \in H$ ist eine Musterfunktion eindeutig bestimmt.

Beispiel 3.2 Wechselspannung
Ergebnismenge:
$H = $ {alle möglichen Phasenwinkel bei $t = 0$ einer sinusförmigen Wechselspannung}

Zufallsprozeß: $\boldsymbol{x}(\eta, t) = u_0 \sin(\omega_0 t + \boldsymbol{\alpha}(\eta))$
Zufallsexperiment: Festlegung des Phasenwinkels beim Einschalten eines Generators

Das Beispiel 3.2 beschreibt einen Zufallsprozeß mit sinusförmigen Musterfunktionen, die sich nur durch ihre Phasenlagen unterscheiden. Wir haben es damit mit einem Sonderfall eines Zufallsprozesses zu tun, bei dem die Musterfunktionen nur von einer Zufallsvariablen abhängen. Aus der Beobachtung einer Musterfunktion über eine Periodendauer kann daher der weitere Funktionsverlauf vorhergesagt werden. Eine Definition eines Zufallsprozesses als eine Funktion, bei der aus der Vergangenheit nicht auf die Zukunft geschlossen werden kann, ist daher – wie dieser Sonderfall zeigt – nicht allgemein zulässig.

Beispiel 3.3 Abschalten eines Stromes

Ergebnismenge: $H = \{$ Abschaltung, keine Abschaltung $\}$
Zufallsprozeß:

$$\boldsymbol{x}(\text{Abschaltung}, t) = \begin{cases} i_0 \cos \omega_0 t & -\infty \leq t < t_s \\[2mm] 0 & t_s \leq t \leq +\infty \end{cases}$$

$$\boldsymbol{x}(\text{keine Abschaltung}, t) = i_0 \cos \omega_0 t \qquad -\infty \leq t \leq +\infty$$

Zufallsexperiment: Entscheidung über die Abschaltung

Im Beispiel 3.3 wird schließlich ein Zufallsprozeß definiert, der zwei Musterfunktionen hat, die bis zu einem Zeitpunkt t_s gleich sind. Beobachtet man hier eine Musterfunktion vor diesem Zeitpunkt, so kann nicht auf deren weiteren Verlauf geschlossen werden. Eine Vorhersage ist nur möglich, wenn das Ergebnis des Zufallsexperimentes bekannt ist.

Eine von unserer Definition abweichende Formulierung der Definition eines Zufallsprozesses besagt, daß zu jedem Definitionszeitpunkt des Prozesses durch ein Zufallsexperiment der aktuelle Wert des Prozesses, d.h. aber der Wert einer Zufallsvariablen, festgelegt wird. Diese Definition läßt sich in die hier bevorzugte Definition überführen, wenn unter dem *einmaligen* Zufallsexperiment eine Zusammenfassung aller "momentanen" Zufallsexperimente verstanden wird. Das einmalige Experiment legt dann einen *Pfad* durch die möglichen Ergebnisse nacheinander ausgeführter Zufallsexperimente fest.

Die Funktion $\boldsymbol{x}(\eta, t)$ hat zwei Parameter. Abhängig davon, ob diese jeweils fest oder variabel angenommen werden, sind vier Bedeutungen zu unterscheiden (siehe Bild 3.3):

1. η und t sind variabel: $\boldsymbol{x}(\eta, t)$ ist ein *Zufallsprozeß*, d.h. eine Schar von Musterfunktionen.

2. η ist variabel, t ist fest: $\boldsymbol{x}(\eta, t)$ ist eine *Zufallsvariable*.

3. η ist fest, t ist variabel: $\boldsymbol{x}(\eta, t)$ ist eine einzelne Musterfunktion, d.h. eine (ganz normale) *Zeitfunktion*.

4. η und t sind fest: $\boldsymbol{x}(\eta, t)$ ist ein einzelner (ganz gewöhnlicher) *Zahlenwert* (oder eine physikalische Größe).

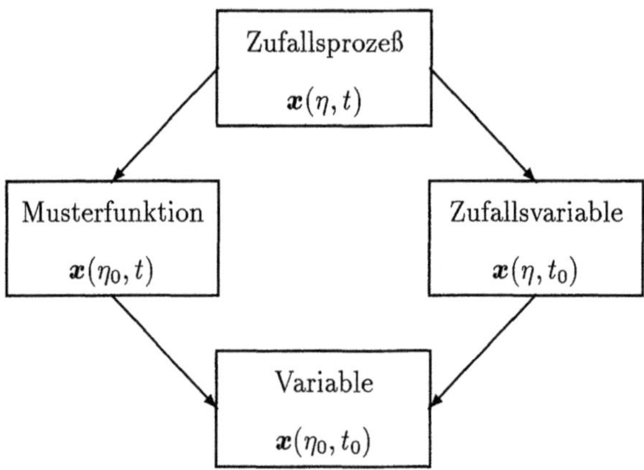

Abb. 3.3: Zusammenhänge zwischen Zufallsprozeß, Zufallsvariable, Musterfunktion und Variable [93]. t und η sind variable, t_0 und η_0 feste Parameter.

3.2 Wahrscheinlichkeitsverteilung und Wahrscheinlichkeitsdichte

Wir wenden nun eine Reihe von Definitionen, die wir bereits für Zufalls*variablen* formuliert haben, auf Zufallsprozesse an. Dies ist möglich, wenn wir den gegenüber der Zufallsvariablen zusätzlichen Parameter t zwar innerhalb seines Definitionsbereiches beliebig, aber fest annehmen. Alle so definierten Größen sind nun allerdings Funktionen dieses Parameters t.

Definition 3.2 Wahrscheinlichkeitsverteilung

$$F_{\boldsymbol{x}}(x, t) = P(\{\eta \mid \boldsymbol{x}(\eta, t) \leq x\})$$

Definition 3.3 Wahrscheinlichkeitsdichte

$$f_{\boldsymbol{x}}(x, t) = \frac{\partial F_{\boldsymbol{x}}(x, t)}{\partial x}$$

Beide Funktionen sind im allgemeinen Fall von der Zeit t abhängig. Die Ableitung in der Definition der Wahrscheinlichkeitsdichte ist wieder als *verallgemeinerte Ableitung* anzusehen: An Stellen, an denen in der Wahrscheinlichkeitsverteilung Sprünge auftreten, enthält die Wahrscheinlichkeitsdichte δ–Distributionen. Jede Distribution ist mit einem Faktor gewichtet, der gleich der Höhe des Sprunges der Wahrscheinlichkeitsverteilung an der betreffenden Stelle ist.

Betrachtet man einen Zufallsprozeß zu zwei Zeitpunkten t_1 und $t_2 \in T_x$, so sind $\boldsymbol{x}(\eta, t_1)$ und $\boldsymbol{x}(\eta, t_2)$ *zwei* Zufallsvariablen, die über derselben Ergebnismenge definiert sind. Für sie können eine *gemeinsame Wahrscheinlichkeitsverteilung* – eine Verbundwahrscheinlichkeitsverteilung – und eine *gemeinsame Wahrscheinlichkeitsdichte* – eine Verbundwahrscheinlichkeitsdichte – definiert werden:

Definition 3.4 Gemeinsame Wahrscheinlichkeitsverteilung

$$F_{\boldsymbol{xx}}(x_1, x_2, t_1, t_2) = P(\{\eta \mid \boldsymbol{x}(\eta, t_1) \leq x_1\} \cap \{\eta \mid \boldsymbol{x}(\eta, t_2) \leq x_2\})$$

Definition 3.5 Gemeinsame Wahrscheinlichkeitsdichte

$$f_{\boldsymbol{xx}}(x_1, x_2, t_1, t_2) = \frac{\partial^2 F_{\boldsymbol{xx}}(x_1, x_2, t_1, t_2)}{\partial x_1 \, \partial x_2}$$

Beide Funktionen können von t_1 und t_2 abhängen. Die Ableitungen sind wieder als verallgemeinerte Ableitungen zu verstehen.

Bei Zufallsprozessen läßt sich noch eine zweite Gruppe von gemeinsamen Verteilungen und Dichten angeben. Anstelle von zwei Zufallsvariablen, die man dadurch gewinnt, daß man *einen* Zufallsprozeß bei *zwei* verschiedenen Zeiten betrachtet, kann man auch *zwei* Zufallsprozesse zu jeweils *einem* Zeitpunkt, der nicht derselbe sein muß, betrachten. Beide Zufallsprozesse müssen wieder über derselben Ergebnismenge H definiert sein, was heißt, daß zu jedem $\eta \in H$ jeweils genau eine Musterfunktion jedes der beiden Prozesse gehört. Die Definitionsbereiche T_x und T_y ihrer Parameter t_1 und t_2 müssen jedoch nicht identisch sein.

Definition 3.6 Gemeinsame Wahrscheinlichkeitsverteilung zweier Zufallsprozesse

$$F_{\boldsymbol{xy}}(x, y, t_1, t_2) = P(\{\eta \mid \boldsymbol{x}(\eta, t_1) \leq x\} \cap \{\eta \mid \boldsymbol{y}(\eta, t_2) \leq y\})$$

Definition 3.7 Gemeinsame Wahrscheinlichkeitsdichte zweier Zufallsprozesse

$$f_{\boldsymbol{xy}}(x, y, t_1, t_2) = \frac{\partial^2 F_{\boldsymbol{xy}}(x, y, t_1, t_2)}{\partial x \, \partial y}$$

Das Konzept der gemeinsamen Verteilungen und Dichten läßt sich auf mehr als zwei Zeitpunkte und/oder mehr als zwei Prozesse erweitern.

Auch der Begriff der *statistischen Unabhängigkeit*, der von der gemeinsamen Wahrscheinlichkeitsdichte ausgeht und der bereits für zwei Zufallsvariablen definiert wurde, kann auf zwei Prozesse angewendet werden. Voraussetzung dafür, daß überhaupt eine Aussage über eine Relation zwischen zwei Zufallsprozessen möglich ist, ist wieder, daß beide Zufallsprozesse *über derselben Ergebnismenge* definiert sind:

Definition 3.8 Statistisch unabhängige Zufallsprozesse

Zwei Zufallsprozesse $x(\eta, t)$ und $y(\eta, t)$, die über derselben Ergebnismenge definiert sind, nennt man statistisch unabhängig, wenn für beliebige $t_{11}, \ldots, t_{1i} \in T_x$, und $t_{21}, \ldots, t_{2j} \in T_y$ die Zufallsvariablen $x(\eta, t_{11}), \ldots, x(\eta, t_{1i})$ statistisch unabhängig sind von den Zufallsvariablen $y(\eta, t_{21}), \ldots, y(\eta, t_{2j})$.

Aus Definition 3.8 folgt für die gemeinsame Wahrscheinlichkeitsdichte und die gemeinsame Wahrscheinlichkeitsverteilung statistisch unabhängiger Zufallsprozesse:

$$f_{xy}(x, y, t_1, t_2) = f_x(x, t_1)\, f_y(y, t_2), \tag{3.2}$$

$$F_{xy}(x, y, t_1, t_2) = F_x(x, t_1)\, F_y(y, t_2). \tag{3.3}$$

Statistische Unabhängigkeit ist eine *mathematische* Eigenschaft zweier Zufallsprozesse. *Physikalisch* läßt sie sich als völlige Entkopplung zweier Prozesse interpretieren. Haben beispielsweise ein Signal und eine Störung verschiedenartige und nicht miteinander verbundene Quellen, so kann man Signal und Störung als statistisch unabhängige Prozesse modellieren. Da statistische Unabhängigkeit immer eine wesentliche Vereinfachung der Modellanalyse bedeutet, wird man oft auch dort versuchen, mit ihr zu arbeiten, wo zwei Prozesse zwar nicht völlig entkoppelt sind, vorhandene Abhängigkeiten aber nicht interessieren.

3.3 Schar– und Zeitmittelwerte

Zufallsprozesse sind Funktionen von *zwei* Parametern: $\eta \in H$ und $t \in T_x$. Benutzt man Zufallsprozesse als Signalmodelle, so dominiert bei den meisten Betrachtungen der Parameter t, den wir als Zeit interpretieren. Konsequenterweise wird in der Literatur auch sehr oft nur dieser Parameter explizit angegeben. Dies mindert jedoch nicht, daß von der Definition her beide Parameter gleiches Gewicht haben. Besondere Bedeutung hat dies im Zusammenhang mit der Mittelwertbildung bei Zufallsprozessen. Entsprechend den beiden Parametern sind *zwei* Arten von Mittelwerten möglich:

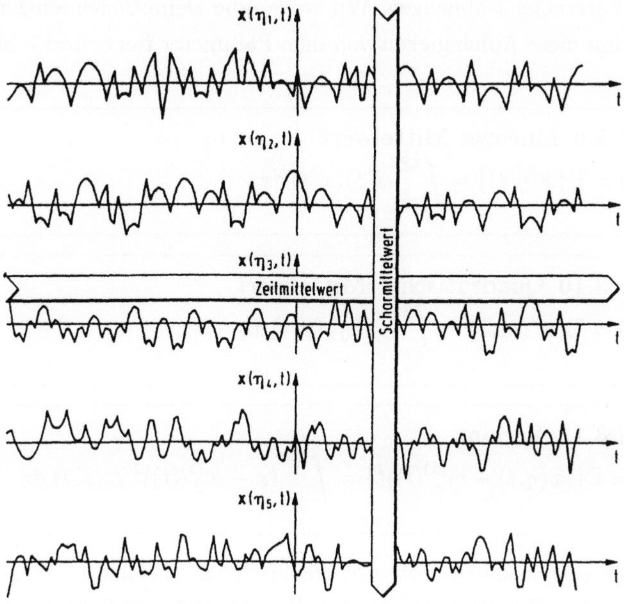

Abb. 3.4: Zur Mittelwertbildung bei Zufallsprozessen

1. *Ein Mittelwert über den Parameter η bei festem Parameter t.* Man nennt ihn *Scharmittelwert* oder *Ensemblemittelwert* (siehe Abbildung 3.4). Er gibt an, welchen Mittelwert der Zufallsprozeß zu einem Zeitpunkt t hat, und hängt folglich von diesem Zeitpunkt ab. Wenn wir beispielsweise die Abhängigkeit des Verbrauchs an elektrischer Energie einer Gruppe von Haushalten von der Zeit als Zufallsprozeß modellieren, so gibt der Scharmittelwert den mittleren Verbrauch *aller* Haushalte als Funktion der Zeit an.

2. *Ein Mittelwert über den Parameter t bei festem Parameter η.* Dies ist der in der Nachrichten- und Regelungstechnik übliche *Zeitmittelwert*, gebildet hier jeweils für eine durch den Wert des Parameters η ausgewählte Musterfunktion. Im allgemeinen Fall sind die Zeitmittelwerte einzelner Musterfunktionen eines Prozesses verschieden und damit abhängig von dem Parameter η. Benutzen wir wieder als Beispiel den Energieverbrauch einer Gruppe von Haushalten, so lassen sich die Mittelwerte des Verbrauchs *einzelner* Haushalte durch Bildung von *Zeit*mittelwerten bestimmen. Diese sind von Haushalt zu Haushalt verschieden, also abhängig von dem Parameter η.

Mittelwerte von Zufallsprozessen sind immer Scharmittelwerte. Zwar können sie in Sonderfällen durch Zeitmittelwerte ersetzt werden (siehe Ergodizität), dies schränkt jedoch diese Aussage nicht ein. Als Scharmittelwerte sind es Mittelwerte von Zufalls*variablen*, die von dem Parameter t abhängen. Wir wollen die Definitionen einiger dieser Mittelwerte – jetzt um diese Abhängigkeit von dem Parameter t erweitert – hier tabellarisch wiederholen:

Definition 3.9 Linearer Mittelwert

$$m_{\boldsymbol{x}}^{(1)}(t) = \mathrm{E}\{\boldsymbol{x}(\eta,t)\} = \int_{-\infty}^{+\infty} x \, f_{\boldsymbol{x}}(x,t) \, dx$$

Definition 3.10 Quadratischer Mittelwert

$$m_{\boldsymbol{x}}^{(2)}(t) = \mathrm{E}\{\boldsymbol{x}^2(\eta,t)\} = \int_{-\infty}^{+\infty} x^2 \, f_{\boldsymbol{x}}(x,t) \, dx$$

Definition 3.11 Varianz

$$\sigma_{\boldsymbol{x}}^2(t) = \mathrm{E}\{(\boldsymbol{x}(\eta,t) - m_{\boldsymbol{x}}^{(1)}(t))^2\} = \int_{-\infty}^{+\infty} (x - m_{\boldsymbol{x}}^{(1)}(t))^2 \, f_{\boldsymbol{x}}(x,t) \, dx$$

Die wichtigsten *gemeinsamen Momente*, die durch das " Festhalten" von zwei Zeitpunkten t_1 und t_2 *eines* Zufallsprozesses entstehen und folglich Funktionen dieser beiden Zeitpunkte sind, lauten:

Definition 3.12 Autokorrelationsfunktion

$$\begin{aligned}
s_{\boldsymbol{xx}}(t_1,t_2) &= \mathrm{E}\{\boldsymbol{x}(\eta,t_1)\,\boldsymbol{x}(\eta,t_2)\} \\
&= \int_{-\infty}^{+\infty} \int_{-\infty}^{+\infty} x_1 x_2 \, f_{\boldsymbol{xx}}(x_1,x_2,t_1,t_2) \, dx_1 dx_2
\end{aligned}$$

Definition 3.13 Autovarianzfunktion

$$\begin{aligned}
c_{\boldsymbol{xx}}(t_1,t_2) &= \mathrm{E}\{(\boldsymbol{x}(\eta,t_1) - m_{\boldsymbol{x}}^{(1)}(t_1))\,(\boldsymbol{x}(\eta,t_2) - m_{\boldsymbol{x}}^{(1)}(t_2))\} \\
&= \int_{-\infty}^{+\infty} \int_{-\infty}^{+\infty} (x_1 - m_{\boldsymbol{x}}^{(1)}(t_1))\,(x_2 - m_{\boldsymbol{x}}^{(1)}(t_2))\, f_{\boldsymbol{xx}}(x_1,x_2,t_1,t_2)\,dx_1 dx_2
\end{aligned}$$

Alle diese Definitionen sind nur sinnvoll, wenn der Erwartungswert existiert. Die Autokorrelationsfunktion und die Autovarianzfunktion können als Verallgemeinerungen des quadratischen Mittelwertes und der Varianz angesehen werden. Die Eigenschaften der Autokorrelationsfunktion werden später noch diskutiert. Für den Zusammenhang zwischen Autokorrelationsfunktion und Autovarianzfunktion folgt aus den Rechenregeln für Erwartungswerte (Gleichungen 2.50 und 2.51):

$$c_{\boldsymbol{xx}}(t_1,t_2) = s_{\boldsymbol{xx}}(t_1,t_2) - m_{\boldsymbol{x}}^{(1)}(t_1)\,m_{\boldsymbol{x}}^{(1)}(t_2). \tag{3.4}$$

Gemeinsame Erwartungswerte für *zwei* Zufallsprozesse, die über derselben Ergebnismenge definiert sind, sind die Kreuzkorrelationsfunktion und die Kreuzvarianzfunktion:

Definition 3.14 Kreuzkorrelationsfunktion

$$s_{xy}(t_1, t_2) = \mathrm{E}\{\boldsymbol{x}(\eta, t_1)\, \boldsymbol{y}(\eta, t_2)\}$$

$$= \int_{-\infty}^{+\infty} \int_{-\infty}^{+\infty} xy\, f_{xy}(x, y, t_1, t_2)\, dx\, dy$$

Definition 3.15 Kreuzvarianzfunktion

$$c_{xy}(t_1, t_2) = \mathrm{E}\{(\boldsymbol{x}(\eta, t_1) - m_x^{(1)}(t_1))\, (\boldsymbol{y}(\eta, t_2) - m_y^{(1)}(t_2))\}$$

$$= \int_{-\infty}^{+\infty} \int_{-\infty}^{+\infty} (x - m_x^{(1)}(t_1))\, (y - m_y^{(1)}(t_2))\, f_{xy}(x, y, t_1, t_2)\, dx\, dy$$

Auch für die Definitionen 3.14 und 3.15 muß die Existenz der Erwartungswerte vorausgesetzt werden.

Beispiel 3.4 Mittelwerte
Zufallsprozeß:

$$\boldsymbol{x}(\eta, t) = \sin(\omega_0 t + \boldsymbol{\alpha}(\eta)) \quad \text{mit} \quad -\infty \le t \le +\infty \qquad \text{und}$$

$$f_\alpha(\alpha) = \begin{cases} 2/\pi & 0 \le \alpha < \pi/2 \\ \\ 0 & \text{sonst} \end{cases}$$

Linearer Mittelwert:

$$m_x^{(1)}(t) = (2\sqrt{2} \,/\, \pi) \sin(\omega_0 t + \pi/4)$$

Quadratischer Mittelwert:

$$m_x^{(2)}(t) = 0{,}5\, (1 + (2/\pi) \sin 2\omega_0 t)$$

Autokorrelationsfunktion:

$$s_{xx}(t_1, t_2) = 0{,}5\, (\cos \omega_0(t_1 - t_2) + (2/\pi) \sin \omega_0(t_1 + t_2))$$

In Beispiel 3.4 werden verschiedene Erwartungswerte für einen Zufallsprozeß mit sinusförmigen Musterfunktionen angegeben. Zu beachten ist, daß alle Erwartungswerte

Funktionen der Zeit t oder der Zeiten t_1 und t_2 sind und daß der lineare Mittelwert nur für ausgezeichnete Werte von t gleich Null ist. Diese *Schar*mittelwerte unterscheiden sich somit deutlich von den *Zeit*mittelwerten einzelner Musterfunktionen.

Beispiel 3.5 Mittelwerte

Zufallsprozeß:

$$
\boldsymbol{x}(\eta, t) = \begin{cases} 0 & t < 0 \\ \exp(-\boldsymbol{a}(\eta)\, t) & t \geq 0 \end{cases}
$$

Die Zufallsvariable $\boldsymbol{a}(\eta)$ nehme die Werte 1 und 2 mit folgenden Wahrscheinlichkeiten an:

$$
P(\{\eta \mid \boldsymbol{a}(\eta) = 1\}) = 0,8\,, \qquad P(\{\eta \mid \boldsymbol{a}(\eta) = 2\}) = 0,2\,.
$$

Linearer Mittelwert:

$$
m_{\boldsymbol{x}}^{(1)}(t) = \begin{cases} 0 & t < 0 \\ 0,8\,\exp(-t) + 0,2\,\exp(-2t) & t \geq 0 \end{cases}
$$

Quadratischer Mittelwert:

$$
m_{\boldsymbol{x}}^{(2)}(t) = \begin{cases} 0 & t < 0 \\ 0,8\,\exp(-2t) + 0,2\,\exp(-4t) & t \geq 0 \end{cases}
$$

Autokorrelationsfunktion:

$$
s_{\boldsymbol{xx}}(t_1, t_2) = \begin{cases} 0 & t_1 \text{ oder } t_2 < 0 \\ 0,8\,\exp(-(t_1 + t_2)) + 0,2\,\exp(-2\,(t_1 + t_2)) & t_1 \text{ und } t_2 \geq 0 \end{cases}
$$

Beispiel 3.5 beschreibt einen Zufallsprozeß mit nur zwei Musterfunktionen. Die Erwartungswerte können daher gemäß Gleichung 2.47 als Summe berechnet werden.

Beispiel 3.6 Mittelwerte für einen binären Zufallsprozeß

Gegeben sei ein Zufallsprozeß, dessen Musterfunktionen Folgen von Binärzeichen der Länge T sind. Alle Musterfunktionen sind synchronisiert, d.h. Zeichen beginnen in allen Musterfunktionen nur bei $t = kT$, $k \in \mathbb{Z}$ (siehe Abbildung 3.5).

Es gelten folgende Wahrscheinlichkeiten:

$$P(\{\eta \mid \boldsymbol{x}(\eta,t) = -1\}) = P(\{\eta \mid \boldsymbol{x}(\eta,t) = 1\}) = 0,5 \quad \text{für alle } t,$$

$$P(\{\eta \mid \boldsymbol{x}(\eta,t_1) = x_1\} \cap \{\boldsymbol{x}(\eta,t_2) = x_2\})$$

$$= P(\{\eta \mid \boldsymbol{x}(\eta,t_1) = x_1\}) \, P(\{\eta \mid \boldsymbol{x}(\eta,t_2) = x_2\})$$

$$\text{für } t_1 \in [kT, (k+1)T) \text{ und gleichzeitig } t_2 \notin [kT, (k+1)T),\ k \in \mathbb{Z}.$$

Man erhält hieraus:

Linearer Mittelwert: $\qquad\qquad m_x^{(1)}(t) = 0$

Varianz: $\qquad\qquad\qquad\quad \sigma_x^2(t) = 1$

Autokorrelationsfunktion:

$$s_{\boldsymbol{xx}}(t_1, t_2) = \begin{cases} 1 & kT \leq t_1, t_2 < (k+1)T \\[2mm] 0 & \text{sonst} \end{cases}$$

(siehe Abbildung 3.6). Diese Autokorrelationsfunktion wird wesentlich durch drei Annahmen bestimmt: gleichlange Zeichen, statistische Unabhängigkeit aufeinanderfolgender Zeichen und Synchronisation der Musterfunktionen. Dies bedeutet, daß solange t_1 und t_2 jeweils zwischen kT und $(k+1)T$ liegen, keine der Musterfunktionen zwischen t_1 und t_2 ihre Amplitude ändern kann. Andererseits aber sind $\boldsymbol{x}(\eta, t_1)$ und $\boldsymbol{x}(\eta, t_2)$ statistisch unabhängig, wenn t_1 und t_2 in verschiedenen Intervallen liegen. Die Autokorrelationsfunktion ist somit in diesem Fall gleich dem Produkt der linearen Mittelwerte.

Auch die für Zufalls*variablen* bereits definierten Begriffe Unkorreliertheit und Orthogonalität lassen sich auf Zufalls*prozesse* übertragen, wenn man wieder berücksichtigt, daß ein Zufallsprozeß für jedes beliebige, aber feste t eine Zufallsvariable ist:

Definition 3.16 Unkorrelierte Zufallsprozesse

Zwei über derselben Ergebnismenge definierte Zufallsprozesse $\boldsymbol{x}(\eta,t)$ und $\boldsymbol{y}(\eta,t)$ sind unkorreliert, wenn für alle $t_1 \in T_{\boldsymbol{x}}$ und $t_2 \in T_{\boldsymbol{y}}$ gilt:

$$\mathrm{E}\{\boldsymbol{x}(\eta,t_1)\,\boldsymbol{y}(\eta,t_2)\} = \mathrm{E}\{\boldsymbol{x}(\eta,t_1)\}\,\mathrm{E}\{\boldsymbol{y}(\eta,t_2)\}\,.$$

Definition 3.17 Orthogonale Zufallsprozesse

Zwei über derselben Ergebnismenge definierte Zufallsprozesse $\boldsymbol{x}(\eta,t)$ und $\boldsymbol{y}(\eta,t)$ sind orthogonal, wenn für alle $t_1 \in T_{\boldsymbol{x}}$ und $t_2 \in T_{\boldsymbol{y}}$ gilt:

$$\mathrm{E}\{\boldsymbol{x}(\eta,t_1)\,\boldsymbol{y}(\eta,t_2)\} = 0\,.$$

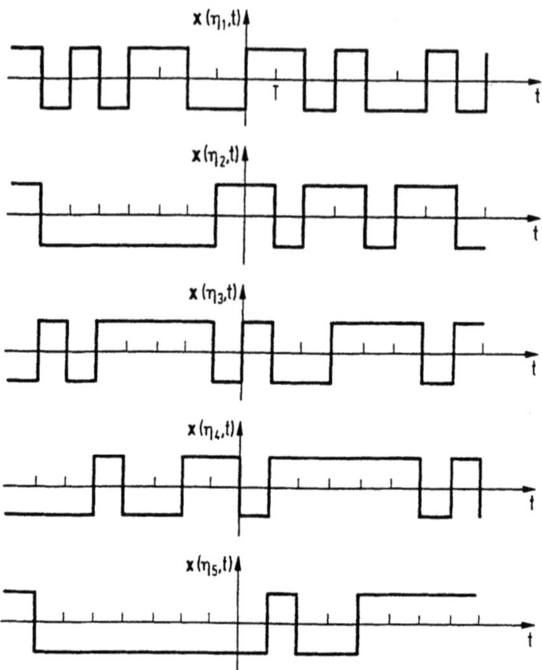

Abb. 3.5: Ausschnitt aus den Musterfunktionen eines binären Zufallsprozesses mit synchronen Musterfunktionen (siehe Beispiel 3.6)

Sind zwei Zufallsprozesse unkorreliert und verschwindet der lineare Mittelwert mindestens bei einem der Prozesse, so sind – wie ein Vergleich der beiden Definitonen 3.16 und 3.17 zeigt – die beiden Zufallsprozesse auch orthogonal.

Auch hier sei noch einmal besonders darauf hingewiesen, daß Orthogonalität bei Zufallsprozessen eine Eigenschaft des *Schar*mittelwertes und nicht – wie bei Zeitfunktionen – eine Eigenschaft des Zeitmittelwertes ist.

Für statistisch unabhängige Zufallsprozesse (siehe Definition 3.8) erhält man:

$$
\begin{aligned}
\mathrm{E}\{\boldsymbol{x}(\eta,t_1)\,\boldsymbol{y}(\eta,t_2)\} &= \int_{-\infty}^{+\infty}\int_{-\infty}^{+\infty} xy\,f_{\boldsymbol{xy}}(x,y,t_1,t_2)\,dx\,dy \\[2mm]
&= \int_{-\infty}^{+\infty} x\,f_{\boldsymbol{x}}(x,t_1)\,dx \int_{-\infty}^{+\infty} y\,f_{\boldsymbol{y}}(y,t_2)\,dy \\[2mm]
&= \mathrm{E}\{\boldsymbol{x}(\eta,t_1)\}\,\mathrm{E}\{\boldsymbol{y}(\eta,t_2)\}.
\end{aligned}
\tag{3.5}
$$

Dies besagt, daß aus statistischer Unabhängigkeit *immer* Unkorreliertheit folgt. Eine Umkehrung dieses Satzes ist jedoch allgemein *nicht* zugelassen. Unkorreliertheit ist somit - verglichen mit statistischer Unabhängigkeit - die schwächere Eigenschaft. Phy-

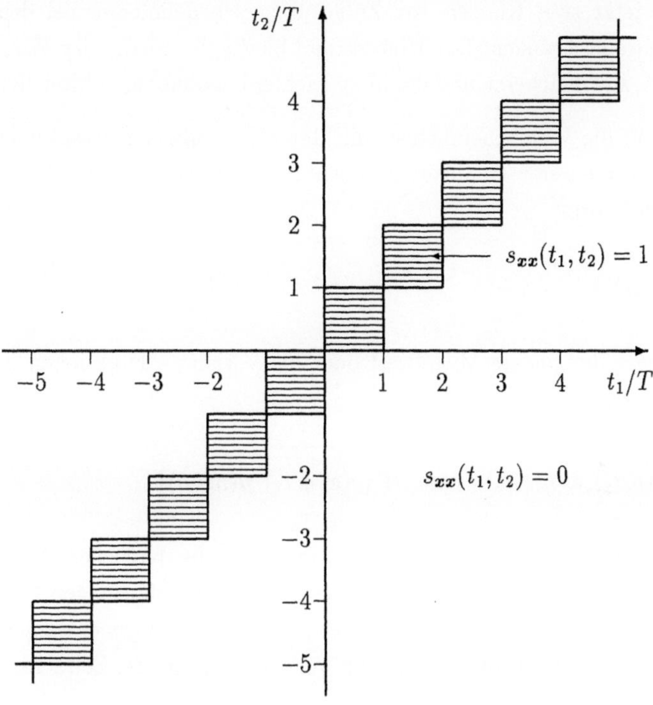

Abb. 3.6: Autokorrelationsfunktion eines binären Zufallsprozesses (siehe Beispiel 3.6)

sikalisch drücken beide fehlende Kopplungen zwischen beiden Prozessen aus, die bei Unkorreliertheit jedoch nur für Mittelwerte gesichert ist.

3.4   Stationarität

Wir haben bisher Zufallsprozesse zwar bei weitem nicht in ihrer allgemeinsten Form, aber doch recht allgemein definiert. Unsere Definition schließt insbesondere ein, daß ein Prozeß seine Eigenschaften mit der Zeit verändert und daß jede einzelne Musterfunktion ein "Individuum" ist, d.h. ausgeprägte individuelle Eigenschaften haben kann, die andere Musterfunktionen desselben Prozesses nicht haben. Wenn wir wieder beispielsweise den Energieverbrauch einer Gruppe von Haushalten als Zufallsprozeß modellieren, so bedeutet dies, daß der mittlere Verbrauch aller Haushalte von der (Tages–) Zeit abhängen kann und daß jeder einzelne Haushalt Besonderheiten aufweisen kann, die nicht repräsentativ für andere Haushalte sind.

Wir werden jetzt zwei Klassen von Zufallsprozessen definieren, bei denen wir diese Allgemeinheit einschränken. Der Hintergrund hierfür ist wieder der Wunsch, dort, wo es möglich ist, zu einfacheren und damit zu leichter handhabbaren Modellen zu kommen.

Allgemein sind die Wahrscheinlichkeitsdichten eines Zufallsprozesses oder die gemeinsamen Dichten mehrerer Zufallsprozesse zeitabhängig. Dies hat zur Folge, daß Erwartungswerte der Form

$$\mathrm{E}\{g(\boldsymbol{x}(\eta,t))\}$$

– beispielsweise der lineare Mittelwert oder die Varianz – Funktionen der Zeit t und Erwartungswerte der Form

$$\mathrm{E}\{g(\boldsymbol{x}(\eta,t_1),\boldsymbol{x}(\eta,t_2))\} \quad \text{bzw.} \quad \mathrm{E}\{g(\boldsymbol{x}(\eta,t_1),\boldsymbol{y}(\eta,t_2))\}$$

– beispielsweise die Autokorrelationsfunktion oder die Kreuzkorrelationsfunktion – Funktionen der Zeiten t_1 und t_2 sind. Wesentliche Vereinfachungen treten ein, wenn sich die statistischen Eigenschaften eines Prozesses oder die gemeinsamen statistischen Eigenschaften mehrerer Prozesse bei einer Verschiebung auf der Zeitachse nicht ändern. Man nennt derartige Zufallsprozesse *stationär*.

Definition 3.18 Stationarität

Ein Zufallsprozeß heißt stationär, wenn seine statistischen Eigenschaften invariant gegenüber Verschiebungen der Zeit sind.
Zwei Zufallsprozesse heißen verbunden stationär, wenn beide stationär und ihre gemeinsamen statistischen Eigenschaften invariant gegenüber Verschiebungen der Zeit sind.

Stationarität eines Zufallsprozesses bedeutet insbesondere:

$$f_{\boldsymbol{x}}(x,t) = f_{\boldsymbol{x}}(x,t+t_0) = f_{\boldsymbol{x}}(x)^{1)}, \tag{3.6}$$

Abhängigkeiten von zwei Zeitpunkten t_1 und t_2 vereinfachen sich bei Stationarität auf die Abhängigkeit von der Differenz $t_2 - t_1$ dieser Zeitpunkte:

$$f_{\boldsymbol{xx}}(x_1,x_2,t_1,t_2) = f_{\boldsymbol{xx}}(x_1,x_2,t_1+t_0,t_2+t_0) = f_{\boldsymbol{xx}}(x_1,x_2,t_2-t_1)\,. \tag{3.7}$$

---

1 Die Schreibweise $f_{\boldsymbol{x}}(x)$ anstelle von $f_{\boldsymbol{x}}(x,t)$ dort, wo $f_{\boldsymbol{x}}(x,t)$ zeitunabhängig ist, ist nicht ganz korrekt. Eigentlich müßte hier ein anderes Symbol für die Funktion benutzt werden. Der Einfachheit halber verwenden wir jedoch in solchen Fällen dasselbe Symbol.

Für zwei verbunden stationäre Zufallsprozesse gelten die Gleichungen 3.6 und 3.7 für jeden der Prozesse. Zusätzlich ist

$$f_{xy}(x, y, t_1, t_2) = f_{xy}(x, y, t_2 - t_1) \tag{3.8}$$

erfüllt. Sind für einen Zufallsprozeß bzw. für mehrere Zufallsprozesse die Wahrscheinlichkeitsdichten *beliebig hoher Ordnung* invariant gegenüber Verschiebungen der Zeit, so nennt man diesen Prozeß stationär bzw. diese Prozesse verbunden stationär *im engeren Sinne* oder *streng stationär*. Stationär *im weiteren Sinne* oder *schwach stationär* nennt man einen Zufallsprozeß oder mehrere Zufallsprozesse, für die die Invarianz gegenüber einer Translation der Zeit nur für die Erwartungswerte *erster und zweiter Ordnung* gilt:

$$\mathrm{E}\{\boldsymbol{x}(\eta, t)\} = m_x^{(1)} \,, \tag{3.9}$$

$$\mathrm{E}\{\boldsymbol{x}^2(\eta, t)\} = m_x^{(2)} \,, \tag{3.10}$$

$$\mathrm{E}\{\boldsymbol{x}(\eta, t)\, \boldsymbol{x}(\eta, t + \tau)\} = s_{xx}(\tau) \,, \tag{3.11}$$

$$\mathrm{E}\{\boldsymbol{x}(\eta, t)\, \boldsymbol{y}(\eta, t + \tau)\} = s_{xy}(\tau) \,. \tag{3.12}$$

Stationarität ist eine Eigenschaft eines Zufallsprozesses, die nur aus der *Gesamtheit aller Musterfunktionen* bestimmt werden kann. Die Beobachtung endlich langer Abschnitte einzelner Musterfunktionen – nur dies ist in einem Experiment möglich – kann höchstens Hinweise dafür geben, ob die *Annahme* eines stationären Zufallsprozesses als Modell für ein Signal oder eine Störung angemessen ist oder nicht. Daneben hängt es weitgehend vom Untersuchungsziel ab, ob ein Vorgang durch einen instationären Zufallsprozeß modelliert werden muß oder ob das in der Regel sehr viel einfachere Modell eines stationären Prozesses wirklichkeitsnahe genug ist. Ein Vergleich der Beispiele 3.6 und 3.7 soll zeigen, daß die Eigenschaft "stationär" oder "instationär" nicht von einzelnen Musterfunktionen, sondern von deren Beziehungen zueinander abhängt.

Beispiel 3.7 Mittelwerte für einen binären Zufallsprozeß
Es gelten die Annahmen von Beispiel 3.6, ausgenommen die Synchronisation der Musterfunktionen. Für die Zeitpunkte der Zeichenanfänge in den verschiedenen Musterfunktionen gelte vielmehr $kT + \boldsymbol{d}(\eta)$, $k \in \mathbb{Z}$ und $\eta \in H$. $\boldsymbol{d}(\eta)$ sei eine Zufallsvariable mit folgender Wahrscheinlichkeitsdichte:

$$f_d(d) = \begin{cases} 1/T & 0 \le d < T \\ 0 & \text{sonst.} \end{cases}$$

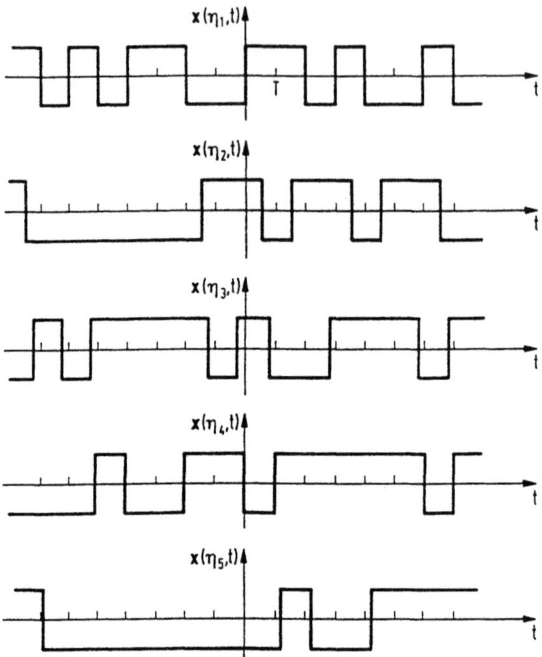

Abb. 3.7: Ausschnitt aus den Musterfunktionen eines binären Zufallsprozesses mit asynchronen Musterfunktionen (siehe Beispiel 3.7)

Dies bedeutet, daß die Zeichenanfänge in den einzelnen Musterfunktionen nun *gegeneinander verschoben* sind (siehe Abbildung 3.7). Man erhält dann:

Linearer Mittelwert: $\qquad m_x^{(1)}(t) = 0$

Varianz: $\qquad\qquad\ \ \sigma_x^2(t) = 1$

Autokorrelationsfunktion:

$$s_{xx}(t_1, t_2) = s_{xx}(t_2 - t_1) = s_{xx}(\tau) = \begin{cases} 1 - |\tau|/T & |\tau| < T \\[2mm] 0 & \text{sonst} \end{cases}$$

Der Verlauf der Autokorrelationsfunktion läßt sich mit folgender Überlegung plausibel machen: Abweichend von der Annahme in Beispiel 3.6 gibt es hier keine ausgezeichneten Zeitpunkte für die Zeichenanfänge. Die Autokorrelationsfunktion hängt daher nur noch von $t_2 - t_1 = \tau$ ab. Mit zunehmendem $|\tau|$ wächst die Wahrscheinlichkeit, daß zwischen t und $t + \tau$ ein Zeichenwechsel liegt. Entsprechend nimmt der Wert der Autokorrelationsfunktion ab. Bei einem Schritt um $|\tau| \geq T$ findet man mit Sicherheit bei allen Musterfunktionen ein neues Zeichen. Für $|\tau| \geq T$ sind $\boldsymbol{x}(\eta, t)$ und $\boldsymbol{x}(\eta, t + \tau)$ orthogonal.

In den Beispielen 3.6 und 3.7 werden zwei Zufallsprozesse beschrieben, bei denen sich die Musterfunktionen paarweise nur durch Zeitverschiebungen unterscheiden. In Beispiel 3.6 ist die Autokorrelationsfunktion eine Funktion von t_1 und t_2, der Prozeß ist somit instationär. Der Zufallsprozeß in Beispiel 3.7 ist dagegen mindestens schwach stationär. Welcher der beiden Zufallsprozesse beispielsweise für den Entwurf eines Datenempfängers das besser geeignete Modell ist, hängt wesentlich davon ab, welche Randbedingungen für die Synchronisation des Empfängers vorliegen oder welche Aussagen hierüber interessieren.

3.5   Ergodizität

Abbildung 3.4 zeigt die verschiedenen Möglichkeiten der Mittelwertbildung bei einem Zufallsprozeß. Allgemein sind nur *Scharmittelwerte* repräsentativ für einen Zufallsprozeß. Ein *Zeitmittelwert* sagt dagegen nur etwas über die Musterfunktion aus, für die er berechnet wurde. Er kann für jede Musterfunktion verschieden sein. Es gibt jedoch eine Klasse von *stationären* Zufallsprozessen, bei denen Scharmittelwerte und Zeitmittelwerte vertauscht werden dürfen. Man nennt derartige Prozesse *ergodisch*:

Definition 3.19 Ergodizität

Ein stationärer Zufallsprozeß heißt ergodisch, wenn die Zeitmittelwerte jeder beliebigen Musterfunktion mit Wahrscheinlichkeit Eins mit den entsprechenden Scharmittelwerten übereinstimmen.

Stationarität ist in jedem Fall Voraussetzung für Ergodizität. Dies geht schon daraus hervor, daß die *Scharmittelwerte* instationärer Zufallsprozesse zeitabhängig sind und somit nicht für alle Zeiten mit den *Zeitmittelwerten* übereinstimmen können. Auch bei Ergodizität unterscheidet man zwischen Zufallsprozessen, die *streng ergodisch* oder *ergodisch im engeren Sinne* sind, und Prozessen, die *schwach ergodisch* oder *ergodisch im weiteren Sinne* sind. Bei streng ergodischen Zufallsprozessen gilt Definition 3.19 für alle Mittelwerte, bei   schwach ergodischen Zufallsprozessen gilt die Austauschbarkeit nur für Mittelwerte erster und zweiter Ordnung.

Wir wollen nun untersuchen, unter welchen Voraussetzungen ein Zufallsprozeß *ergodisch bezüglich seines linearen Mittelwertes* ist: $\boldsymbol{x}(\eta, t)$ sei ein *stationärer* Zufallsprozeß. Dann ist

$$m_{\boldsymbol{x}}^{(1)} = \mathrm{E}\{\boldsymbol{x}(\eta, t)\} \tag{3.13}$$

zeitinvariant. Bildet man den linearen Zeitmittelwert für die einzelnen Musterfunktionen, so erhält man als Resultat eine Größe, die von η abhängt und somit eine *Zufallsvariable* ist:

$$\widetilde{\boldsymbol{m}}_{\boldsymbol{x}}^{(1)}(\eta) = \lim_{T\to\infty} \frac{1}{2T} \int_{-T}^{+T} \boldsymbol{x}(\eta, t)\, dt. \tag{3.14}$$

Es wird vorausgesetzt, daß das Integral in Gleichung 3.14 für alle $\eta \in H$ existiert. Für die Zufallsvariable $\widetilde{\boldsymbol{m}}_{\boldsymbol{x}}^{(1)}(\eta)$ kann ein linearer Mittelwert berechnet werden:

$$\mathrm{E}\{\widetilde{\boldsymbol{m}}_{\boldsymbol{x}}^{(1)}(\eta)\} = \mathrm{E}\{\lim_{T\to\infty} \frac{1}{2T} \int_{-T}^{+T} \boldsymbol{x}(\eta, t)\, dt\}.$$

Vertauscht man die Reihenfolge der Operationen, so folgt daraus:

$$\mathrm{E}\{\widetilde{\boldsymbol{m}}_{\boldsymbol{x}}^{(1)}(\eta)\} = \lim_{T\to\infty} \frac{1}{2T} \int_{-T}^{+T} \mathrm{E}\{\boldsymbol{x}(\eta, t)\}\, dt.$$

Mit Gleichung 3.13 erhält man schließlich:

$$\mathrm{E}\{\widetilde{\boldsymbol{m}}_{\boldsymbol{x}}^{(1)}(\eta)\} = m_{\boldsymbol{x}}^{(1)}. \tag{3.15}$$

Dieses Ergebnis besagt, daß der *Mittelwert* aller linearen Zeitmittelwerte mit dem linearen Scharmittelwert übereinstimmt. Man nennt $\widetilde{\boldsymbol{m}}_{\boldsymbol{x}}^{(1)}(\eta)$ daher einen *erwartungstreuen Schätzwert* von $m_{\boldsymbol{x}}^{(1)}$. Sind zusätzlich alle Zeitmittelwerte mit Wahrscheinlichkeit Eins einander gleich, so ist Ergodizität für den linearen Mittelwert gegeben. *Gleichheit mit Wahrscheinlichkeit Eins* bedeutet hier, daß die Mittelwerte einer Anzahl von Musterfunktionen von $m_{\boldsymbol{x}}^{(1)}$ abweichen können, solange die Wahrscheinlichkeit, daß eine dieser Musterfunktionen auftritt, gleich Null ist.

Die Werte einer Zufallsvariablen sind mit Wahrscheinlichkeit Eins einander gleich, wenn die *Varianz* dieser Zufallsvariablen gleich Null ist. Für die Varianz von $\widetilde{\boldsymbol{m}}_{\boldsymbol{x}}^{(1)}(\eta)$ folgt mit Gleichung 3.15:

$$\begin{aligned}
\sigma_{\widetilde{m}_{\boldsymbol{x}}}^{2} &= \mathrm{E}\{(\widetilde{\boldsymbol{m}}_{\boldsymbol{x}}^{(1)}(\eta) - m_{\boldsymbol{x}}^{(1)})^2\} \\
&= \lim_{T\to\infty} \frac{1}{4T^2} \int_{-T}^{+T} \int_{-T}^{+T} E\{(\boldsymbol{x}(\eta, u) - m_{\boldsymbol{x}}^{(1)})\,(\boldsymbol{x}(\eta, v) - m_{\boldsymbol{x}}^{(1)})\}\, du\, dv\, .
\end{aligned}$$

Auch hier wurde wieder die Reihenfolge der Operationen vertauscht. Mit Definition 3.13 erhält man weiter:

$$\sigma_{\widetilde{m}_{\boldsymbol{x}}}^{2} = \lim_{T\to\infty} \frac{1}{4T^2} \int_{-T}^{+T} \int_{-T}^{+T} c_{\boldsymbol{x}\boldsymbol{x}}(u - v)\, du\, dv.$$

Durch Substitution von $u - v = \tau$ kann eines der Integrale ausgewertet werden, und man erhält endlich:

$$\sigma^2_{\underset{\sim}{m}_x} = \lim_{T \to \infty} \frac{1}{2T} \int_{-2T}^{+2T} \left(1 - \frac{|\tau|}{2T}\right) c_{xx}(\tau)\, d\tau. \tag{3.16}$$

Zur Überprüfung der Ergodizität eines Zufallsprozesses bezüglich seines linearen Mittelwertes müßte somit seine Autovarianzfunktion, d.h. ein Mittelwert zweiter Ordnung, herangezogen werden. Ähnliche Überlegungen lassen sich auch für Mittelwerte höherer Ordnung anstellen. Allgemein gilt, daß zur Prüfung der Ergodizität eines Mittelwertes der Ordnung k die Mittelwerte der Ordnung $2k$ benötigt werden. Der mathematisch strenge Nachweis der Ergodizität läßt sich daher höchstens in Sonderfällen erbringen. Daher kann in der Regel die Eigenschaft der Ergodizität für einen Zufallsprozeß nur *angenommen* werden. Diese Annahme bedeutet, daß – mit Wahrscheinlichkeit Eins – aus einer beliebigen einzelnen Musterfunktion alle statistischen Eigenschaften eines Zufallsprozesses bestimmt werden können. Bei einem ergodischen Prozeß sind somit beliebig herausgegriffene einzelne Musterfunktionen repräsentativ für den Zufallsprozeß[2]. Es ist durchaus möglich, daß es auch bei einem Zufallsprozeß, der *nicht* ergodisch ist, *einzelne* Musterfunktionen gibt, die zumindest bezüglich der interessierenden Eigenschaften repräsentativ für den Prozeß sind. Da man bei Messungen fast immer auf einzelne Musterfunktionen angewiesen ist, bedeutet dies, daß diese bei einem nichtergodischen Prozeß sorgfältig ausgewählt werden müssen. Darf man dagegen für den Prozeß Ergodizität annehmen, so kann – sozusagen blindlings – eine beliebige Musterfunktion herausgegriffen werden.

Für die Berechnung der *Mittelwerte* eines ergodischen Zufallsprozesses gelten folgende Regeln:

Linearer Mittelwert:

$$m_x^{(1)} = \lim_{T \to \infty} \frac{1}{2T} \int_{-T}^{+T} \boldsymbol{x}(\eta_0, t)\, dt \tag{3.17}$$

n–tes Moment:

$$m_x^{(n)} = \lim_{T \to \infty} \frac{1}{2T} \int_{-T}^{+T} \boldsymbol{x}^n(\eta_0, t)\, dt \tag{3.18}$$

n–tes zentrales Moment:

$$\mu_x^{(n)} = \lim_{T \to \infty} \frac{1}{2T} \int_{-T}^{+T} (\boldsymbol{x}(\eta_0, t) - m_x^{(1)})^n\, dt \tag{3.19}$$

---

2 Der Bergriff "ergodisch" wurde von Boltzmann in der statistischen Mechanik gebraucht. Eine *Ergodenhypothese* sagt aus, daß im Laufe der Zeit ein sich selbst überlassenes thermodynamisches System alle seiner Energie entsprechenden Zustände annimmt. Diese Hyphothese wurde später durch eine Quasi–Ergodenhypothese ersetzt, die besagt, daß das System diesen Zuständen beliebig nahe kommt.

Autokorrelationsfunktion:

$$s_{\boldsymbol{xx}}(\tau) = \lim_{T\to\infty} \frac{1}{2T} \int_{-T}^{+T} \boldsymbol{x}(\eta_0, t)\, \boldsymbol{x}(\eta_0, t + \tau)\, dt \qquad (3.20)$$

Autovarianzfunktion:

$$c_{\boldsymbol{xx}}(\tau) = \lim_{T\to\infty} \frac{1}{2T} \int_{-T}^{+T} (\boldsymbol{x}(\eta_0, t) - m_{\boldsymbol{x}}^{(1)})\, (\boldsymbol{x}(\eta_0, t + \tau) - m_{\boldsymbol{x}}^{(1)})\, dt \qquad (3.21)$$

In diesen Gleichungen ist η_0 ein beliebiges Element der Ergebnismenge H, d.h. $\boldsymbol{x}(\eta_0, t)$ ist eine beliebige Musterfunktion des Zufallsprozesses $\boldsymbol{x}(\eta, t)$.

Man nennt zwei Zufallsprozesse *verbunden ergodisch*, wenn beide Prozesse ergodisch sind und wenn auch für ihre gemeinsamen Momente die Vertauschbarkeit von Schar- und Zeitmittelwerten gegeben ist. Es gelten dann:

Kreuzkorrelationsfunktion:

$$s_{\boldsymbol{xy}}(\tau) = \lim_{T\to\infty} \frac{1}{2T} \int_{-T}^{+T} \boldsymbol{x}(\eta_0, t)\, \boldsymbol{y}(\eta_0, t + \tau)\, dt \qquad (3.22)$$

Kreuzvarianzfunktion:

$$c_{\boldsymbol{xy}}(\tau) = \lim_{T\to\infty} \frac{1}{2T} \int_{-T}^{+T} (\boldsymbol{x}(\eta_0, t) - m_{\boldsymbol{x}}^{(1)})\, (\boldsymbol{y}(\eta_0, t + \tau) - m_{\boldsymbol{y}}^{(1)})\, dt \qquad (3.23)$$

Auch hier ist η_0 ein beliebiges Element der Ergebnismenge H.

Ist ein ergodischer Zufallsprozeß *zeitdiskret*, d.h. sind seine Musterfunktionen nur für diskrete Zeiten t_i definiert, so sind in den Gleichungen 3.17 bis 3.23 die Integrale durch *Summen* zu ersetzen. Ist $t_i = i\, T_a$, $-\infty \leq i \leq +\infty$, mit T_a dem Abstand zwischen zwei (Abtast–) Zeitpunkten, so gilt beispielsweise für den *linearen Mittelwert*:

$$m_{\boldsymbol{x}}^{(1)} = \lim_{k\to\infty} \frac{1}{2k+1} \sum_{i=-k}^{+k} \boldsymbol{x}(\eta_0, i)^{3)}. \qquad (3.24)$$

Auch der Parameter τ bei Korrelations– und Varianzfunktionen kann in diesem Fall nur diskrete Werte $\tau = l\, T_a$ annehmen. Es gilt dann beispielsweise anstelle von Gleichung 3.20:

$$s_{\boldsymbol{xx}}(l) = \lim_{k\to\infty} \frac{1}{2k+1} \sum_{i=-k}^{+k} \boldsymbol{x}(\eta_0, i)\, \boldsymbol{x}(\eta_0, i + l). \qquad (3.25)$$

---

3 $\boldsymbol{x}(\eta_0, i)$ kann dabei als Abkürzung für $\boldsymbol{x}(\eta_0, t_i)$ oder $\boldsymbol{x}(\eta_0, i\, T_a)$ verstanden werden.

Ergodizität erlaubt die Berechnung von Korrelationsfunktionen bzw. Varianzfunktionen von *Zufallsprozessen* aus *einzelnen* Musterfunktionen. Analog dazu kann man derartige Funktionen auch für (determinierte) *Signale* definieren. Zu beachten ist hierbei, daß diese Mittelwerte bereits von der Definition her *Zeit*mittelwerte sind, da bei Signalen eine Schar nicht existiert. Man kann bei

$$s_{gg}(\tau) = \lim_{T\to\infty} \frac{1}{2T} \int_{-T}^{+T} g(t)\, g(t+\tau)\, dt \tag{3.26}$$

von der Autokorrelationsfunktion des Signals $g(t)$ und bei

$$s_{gn}(\tau) = \lim_{T\to\infty} \frac{1}{2T} \int_{-T}^{+T} g(t)\, n(t+\tau)\, dt \tag{3.27}$$

von der Kreuzkorrelationsfunktion des Signals $g(t)$ und der Störung $n(t)$ sprechen, vorausgesetzt, daß die Grenzwerte existieren. Dies ist bei Gleichung 3.26 dann der Fall, wenn die *mittlere Leistung* des Signals *endlich* ist. Man spricht dann auch von einem Leistungssignal. Zu dieser Klasse von Signalen gehören alle *periodischen* Signale.

Beispiel 3.8 Autokorrelationsfunktion eines periodischen Signals
Signal: $u(t) = A\sin(\omega_0 t + \alpha)$
Autokorrelationsfunktion:

$$s_{uu}(\tau) = A^2 \lim_{T\to\infty} \frac{1}{2T} \int_{-T}^{+T} \sin(\omega_0 t + \alpha)\, \sin(\omega_0(t+\tau)+\alpha)\, dt = 0,5A^2 \cos\omega_0\tau$$

Für Signale mit *endlicher Energie* – sog. Energiesignale – können Korrelationsfunktionen definiert werden, wenn man in den Gleichungen 3.26 und 3.27 den Faktor $1/2T$ wegläßt. Anstelle von Gleichung 3.26 gilt dann:

$$\tilde{s}_{gg}(\tau) = \lim_{T\to\infty} \int_{-T}^{+T} g(t)\, g(t+\tau)\, dt. \tag{3.28}$$

Man spricht in einem solchen Fall auch von einer *Impulskorrelationsfunktion*.

Beispiel 3.9 Impulskorrelationsfunktion

Impuls: $\quad g(t) = \begin{cases} A\exp(-at) & t \geq 0 \\ 0 & \text{sonst} \end{cases}$

Impulskorrelationsfunktion: $\tilde{s}_{gg}(\tau) = (A^2/2a)\exp(-a|\tau|)$

3.6   Korrelation

Bereits bei den Überlegungen zu den Mittelwerten von Zufallsprozessen wurden die Autokorrelationsfunktion (siehe Definition 3.12) und die Kreuzkorrelationsfunktion (siehe Definition 3.14) eingeführt. Neben dem linearen Mittelwert sind diese die unter den Mittelwerten am häufigsten gebrauchten Größen. Wir wollen in diesem Abschnitt zunächst einige Eigenschaften dieser Funktionen herleiten. Wir zeigen dann, wie Korrelationsfunktionen gemessen werden können und diskutieren schließlich an einigen Beispielen Anwendungen der Korrelationsfunktionen.

3.6.1   Komplexe Zufallsprozesse

Zunächst sollen die Definitionen 3.12 und 3.14 auf komplexe Zufallsprozesse erweitert werden. Es seien $\boldsymbol{x}(\eta,t)$ und $\boldsymbol{y}(\eta,t)$ zwei komplexe Zufallsprozesse, die über derselben Ergebnismenge H definiert sind. Dann gelten:

Autokorrelationsfunktion:

$$s_{\boldsymbol{xx}}(t_1,t_2) = \mathrm{E}\{\boldsymbol{x}(\eta,t_1)\,\boldsymbol{x}^*(\eta,t_2)\} \tag{3.29}$$

Kreuzkorrelationsfunktion:

$$s_{\boldsymbol{xy}}(t_1,t_2) = \mathrm{E}\{\boldsymbol{x}(\eta,t_1)\,\boldsymbol{y}^*(\eta,t_2)\} \tag{3.30}$$

Im Vergleich zu reellen Prozessen ist hier jeweils bei einem Faktor innerhalb des Erwartungswertes der mit * bezeichnete konjugiert komplexe Wert anzusetzen, wobei die Entscheidung, welcher der beiden Prozesse konjugiert komplex anzunehmen ist, bei der Definition willkürlich ist. In jedem Fall ist die Autokorrelationsfunktion für $t_1 = t_2$ oder beim stationären Prozeß $\boldsymbol{x}(\eta,t)$ für $\tau = 0$ *reell*.

3.6.2   Eigenschaften der Autokorrelationsfunktion

Vereinfachend nehmen wir jetzt $\boldsymbol{x}(\eta,t)$ wieder als *reellen Zufallsprozeß* an:

$$s_{\boldsymbol{xx}}(t_1,t_2) = \mathrm{E}\{\boldsymbol{x}(\eta,t_1)\,\boldsymbol{x}(\eta,t_2)\}.$$

Hieraus folgt unmittelbar:

$$s_{\boldsymbol{xx}}(t_1,t_2) = s_{\boldsymbol{xx}}(t_2,t_1). \tag{3.31}$$

Für die Werte der Autokorrelationsfunktion gilt folgende Ungleichung:

$$s_{xx}^2(t_1, t_2) \leq s_{xx}(t_1, t_1)\, s_{xx}(t_2, t_2). \tag{3.32}$$

Dieser oftmals bei Abschätzungen nützliche Zusammenhang kann aus folgendem Ansatz hergeleitet werden:

$$\mathrm{E}\{(a\boldsymbol{x}(\eta, t_1) - \boldsymbol{x}(\eta, t_2))^2\} = a^2 s_{xx}(t_1, t_1) - 2a s_{xx}(t_1, t_2) + s_{xx}(t_2, t_2) \geq 0 \,.$$

Diese Ungleichung gilt für alle reellen a. Multipliziert man die Ungleichung mit

$$s_{xx}(t_1, t_1) = \mathrm{E}\{\boldsymbol{x}^2(\eta, t_1)\} \geq 0$$

und spaltet ein vollständiges Quadrat ab, so gilt:

$$(a s_{xx}(t_1, t_1) - s_{xx}(t_1, t_2))^2 + s_{xx}(t_1, t_1)\, s_{xx}(t_2, t_2) - s_{xx}^2(t_1, t_2) \geq 0.$$

Der für diese Ungleichung kritischste Wert von a ist derjenige, für den der Klammerausdruck verschwindet. Es verbleibt dann die Ungleichung 3.32. Ist der Zufallsprozeß $\boldsymbol{x}(\eta, t)$ wenigstens schwach *stationär*, d.h. gilt

$$s_{xx}(t_1, t_2) = s_{xx}(t_2 - t_1) = s_{xx}(\tau),$$

so folgt aus der Ungleichung 3.32 folgende Beziehung:

$$s_{xx}(0) \geq |s_{xx}(\tau)| \quad \text{für alle } \tau. \tag{3.33}$$

Dies besagt, daß die Amplitude der Autokorrelationsfunktion eines mindestens schwach stationären Zufallsprozesses bei $\tau = 0$ ihren größten Wert erreicht. Wir werden später Anwendungen kennenlernen, die diese Eigenschaft ausnutzen.

Gleichung 3.11 ergibt ferner, daß die Autokorrelation eines stationären, reellen Zufallsprozesses eine *gerade Funktion* ist:

$$s_{xx}(\tau) = s_{xx}(-\tau) \quad \text{für alle } \tau. \tag{3.34}$$

Beschreibt der Zufallsprozeß eine sog. Feldgröße [25], d.h. beispielsweise eine Spannung, einen Strom, einen Schalldruck, eine Kraft oder eine Geschwindigkeit, so ist $s_{xx}(0)$ proportional seiner mittleren Leistung.

Sind die Musterfunktionen eines stationären Zufallsprozesses *periodisch* mit der Periodendauer T_0, d.h. gilt

$$x(\eta, t + T_0) = x(\eta, t) \tag{3.35}$$

mit Wahrscheinlichkeit Eins für alle Musterfunktionen, so ist auch die Autokorrelationsfunktion periodisch mit der Periodendauer T_0:

$$s_{xx}(\tau + T_0) = s_{xx}(\tau). \tag{3.36}$$

Beispiel 3.10 Autokorrelationsfunktion eines periodischen Zufallsprozesses

Zufallsprozeß:

$$x(\eta, t) = A \sin(\omega_0 t + \alpha(\eta)) \quad \text{mit } -\infty \le t \le +\infty \text{ und}$$

$$f_\alpha(\alpha) = \begin{cases} 1/2\pi & 0 \le \alpha < 2\pi \\ 0 & \text{sonst} \end{cases}$$

Autokorrelationsfunktion:

$$s_{xx}(t_1, t_2) = A^2 \mathrm{E}\{\sin(\omega_0 t_1 + \alpha(\eta)) \sin(\omega_0 t_2 + \alpha(\eta))\} = 0,5A^2 \cos \omega_0(t_2 - t_1)$$

Der Zufallsprozeß ist mindestens schwach stationär. Mit $\tau = t_2 - t_1$ erhält man

$$s_{xx}(\tau) = 0,5A^2 \cos \omega_0 \tau.$$

Die Stationarität hängt wesentlich von der angenommenen Dichte des zufälligen Phasenwinkels $\alpha(\eta)$ ab. Sie ist nur bei einer über einem Intervall der Breite 2π (oder einem ganzzahligen Vielfachen davon) konstanten Dichte gegeben.

Die durch Gleichung 3.36 ausgedrückte Eigenschaft der Autokorrelation kann dazu ausgenutzt werden, auch sehr schwache periodische Komponenten in einem Signal-Störungsgemisch zu entdecken.

Bei *zeitdiskreten* Zufallsprozessen $x(\eta, k)$ ist auch die Autokorrelationsfunktion zeitdiskret. Ist der Prozeß stationär, so gilt analog Gleichung 3.11:

$$s_{xx}(l) = \mathrm{E}\{x(\eta, k)\, x(\eta, k + l)\}. \tag{3.37}$$

Bei *instationären Zufallsprozessen* ist die Autokorrelationsfunktion eine Funktion von zwei Parametern (siehe Definition 3.12). Wenn die anzustellenden Untersuchungen eine solche Vereinfachung zulassen, so kann man hier zu einer *mittleren Autokorrelationsfunktion* übergehen, indem man $t_1 = t$, $t_2 = t + \tau$ substituiert und über t mittelt:

$$\bar{s}_{xx}(\tau) = \lim_{T \to \infty} \frac{1}{2T} \int_{-T}^{+T} s_{xx}(t, t + \tau)\, dt. \tag{3.38}$$

Voraussetzung ist allerdings, daß dieser Grenzwert existiert und nicht für alle τ verschwindet. Bei stationären Zufallsprozessen sind Autokorrelationsfunktion und mittlere Autokorrelationsfunktion identisch.

Beispiel 3.11 Mittlere Autokorrelationsfunktion

Ein Datensignal werde durch folgenden Zufallsprozeß beschrieben:

$$x(\eta, t) = \sum_{i=-\infty}^{+\infty} a(\eta, i)\, g(t - iT).$$

Hierbei sei $a(\eta, i)$ ein zeitdiskreter stationärer Zufallsprozeß mit

$$m_a = 0 \quad \text{und}$$

$$s_{aa}(i) = \begin{cases} 1 & i = 0 \\ 0 & \text{sonst.} \end{cases}$$

$g(t)$ sei ein Impuls mit beispielsweise

$$g(t) = \begin{cases} 1 & 0 \le t < T \\ 0 & \text{sonst .} \end{cases}$$

(Vergleiche auch Beispiel 3.6.) Dann erhält man für die Autokorrelationsfunktion:

$$\begin{aligned}
s_{xx}(t, t + \tau) &= \mathrm{E}\{x(\eta, t)\, x(\eta, t + \tau)\} \\
&= \sum_{i=-\infty}^{+\infty} \sum_{k=-\infty}^{+\infty} \mathrm{E}\{a(\eta, i)\, a(\eta, k)\}\, g(t - iT)\, g(t + \tau - kT) \\
&= \sum_{i=-\infty}^{+\infty} g(t - iT)\, g(t + \tau - iT).
\end{aligned}$$

$s_{xx}(t, t+\tau)$ ist periodisch in t mit der Periodendauer T. Für die mittlere Autokorrelationsfunktion (siehe Abbildung 3.8) gilt dann:

$$\overline{s}_{xx}(\tau) = \lim_{T_1 \to \infty} \frac{1}{2T_1} \int_{-T_1}^{+T_1} \sum_{i=-\infty}^{+\infty} g(t - iT)\, g(t + \tau - iT)\, dt$$

$$= \begin{cases} 1 - |\tau|/T & |\tau| < T \\ 0 & |\tau| \geq T \end{cases}$$

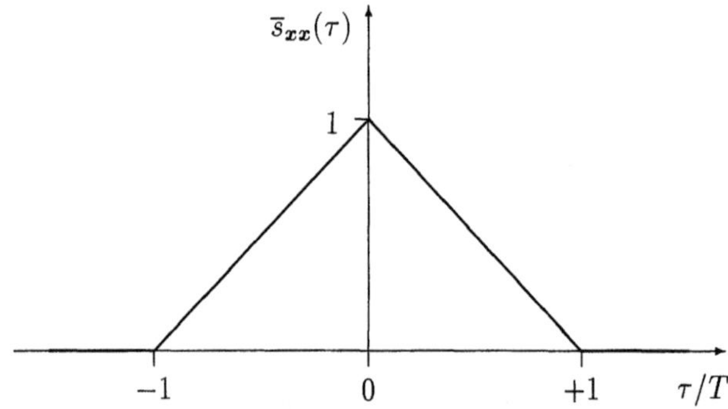

Abb. 3.8: Mittlere Autokorrelationsfunktion eines binären Zufallsprozesses (siehe Beispiel 3.11)

Beispiel 3.12 Mittlere Autokorrelationsfunktion eines instationären Zufallsprozesses
Es gelten die Annahmen aus Beispiel 3.6. Es sei nun die mittlere Autokorrelationsfunktion gemäß Gleichung 3.38 zu bestimmen. Hierzu werden zunächst für $t_1 = t$ und für $t_2 = t + \tau$ substituiert:

$$s_{xx}(t, t+\tau) = \begin{cases} 1 & kT \leq t,\ t + \tau < (k+1)T \\ 0 & \text{sonst} \end{cases}$$

$$= \begin{cases} 1 & \begin{aligned} &kT \leq t < (k+1)T \text{ und} \\ &kT - t \leq \tau < (k+1)T - t \end{aligned} \\ 0 & \text{sonst} \end{cases} \quad .$$

Abbildung 3.9 zeigt diese Autokorrelationsfunktion – im Gegensatz zu Abbildung 3.6 – aufgetragen über t und τ. Diese Funktion ist nun für festes τ über t zu integrieren. Da die

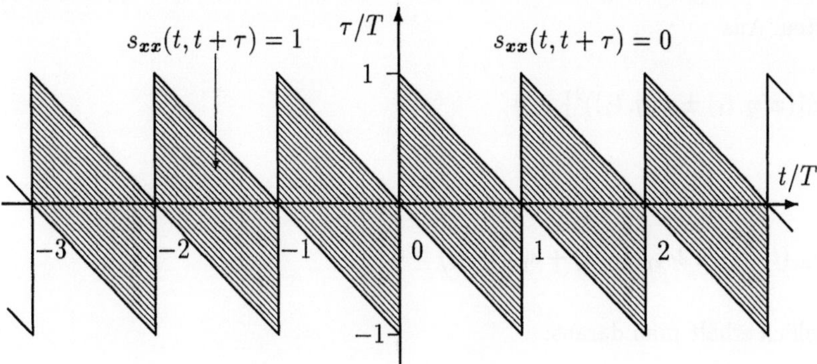

Abb. 3.9: Autokorrelationsfunktion eines binären Zufallsprozesses (siehe Beispiel 3.12)

Funktion in t periodisch ist, wird über eine Periode integriert. Der Grenzwert entfällt dann. Man erhält:

$$\bar{s}_{xx}(\tau) = \begin{cases} 1 - |\tau|/T & |\tau| < T \\ 0 & |\tau| \geq T \end{cases}.$$

Diese mittlere Autokorrelationsfunktion stimmt damit mit der Autokorrelationsfunktion in Beispiel 3.7 überein. Die dort um die Zufallsgröße $d(\eta)$ angenommene Verschiebung der einzelnen Musterfunktionen wirkt somit bezüglich der Autokorrelationsfunktion wie eine Mittelung.

3.6.3   Eigenschaften der Kreuzkorrelationsfunktion

Für zwei reelle Zufallsprozesse $x(\eta, t)$ und $y(\eta, t)$ haben wir als Kreuzkorrelationsfunktion

$$s_{xy}(t_1, t_2) = \mathrm{E}\{x(\eta, t_1)\, y(\eta, t_2)\}$$

definiert (Definition 3.14). Daraus folgt unmittelbar:

$$s_{xy}(t_2, t_1) = s_{yx}(t_1, t_2). \tag{3.39}$$

Mit ähnlichen Überlegungen wie bei der Autokorrelationsfunktion (siehe Herleitung der Ungleichung 3.32) erhält man eine Abschätzung für die Kreuzkorrelationsfunktion:

$$s^2_{xy}(t_1, t_2) \leq s_{xx}(t_1, t_1)\, s_{yy}(t_2, t_2). \tag{3.40}$$

Eine andere Ungleichung läßt sich wieder mit einem vollständigen Quadrat als Ansatz herleiten. Aus

$$\mathrm{E}\{(\boldsymbol{x}(\eta,t_1) \pm \boldsymbol{y}(\eta,t_2))^2\} \geq 0 \tag{3.41}$$

folgt:

$$s_{\boldsymbol{xx}}(t_1,t_1) \pm 2s_{\boldsymbol{xy}}(t_1,t_2) + s_{\boldsymbol{yy}}(t_2,t_2) \geq 0. \tag{3.42}$$

Schließlich erhält man daraus:

$$2|s_{\boldsymbol{xy}}(t_1,t_2)| \leq s_{\boldsymbol{xx}}(t_1,t_1) + s_{\boldsymbol{yy}}(t_2,t_2). \tag{3.43}$$

Sind beide Zufallsprozesse *verbunden stationär*, so ist die Kreuzkorrelationsfunktion nur von der Differenz der beiden Argumente abhängig (siehe Gleichung 3.12). Im Gegensatz zur Autokorrelationsfunktion spielt hier jedoch die Reihenfolge, in der t_1 und t_2 in diese Differenz eingehen, eine Rolle. Aus Gleichung 3.12 folgt:

$$s_{\boldsymbol{xy}}(-\tau) = s_{\boldsymbol{yx}}(\tau). \tag{3.44}$$

3.6.4   Messung von Korrelationsfunktionen

Korrelationsfunktionen sind mathematisch und nicht durch eine (physikalische) Meßvorschrift definiert. Durch Messungen lassen sich daher immer nur *Schätzwerte* (Näherungswerte) bestimmen. Hierbei tritt eine Reihe von Schwierigkeiten auf, die in dem Gegensatz zwischen mathematischer Definition und meßtechnischen Möglichkeiten begründet liegen:

1. Aus der Schar der Realisierungen eines Zufallsprozesses ist in aller Regel nur eine einzelne Realisierung für eine Messung verfügbar.

2. Anstelle des *Schar*mittelwertes muß folglich ein *Zeit*mittelwert gemessen werden.

3. Bei Messungen in Echtzeit, d.h. nicht mit vorher aufgezeichneten Signalen, lassen sich die momentanen Signalwerte nur mit Werten aus der Vergangenheit verknüpfen; es lassen sich also nur negative Werte von τ realisieren.

4. Die Messung muß in endlicher Zeit durchgeführt werden.

Der erste Punkt dieser Einschränkungen bereitet formal dann keine Schwierigkeiten, wenn der Zufallsprozeß, für den die Korrelationsfunktion gemessen werden soll, als ergodischer Prozeß angenommen werden kann. In diesem Fall kann eine *beliebige* Musterfunktion für die Messung benutzt werden. Darf für den Prozeß Ergodizität nicht angenommen werden, so schließt das nicht aus, daß *einzelne* Musterfunktionen – aber (mit Wahrscheinlichkeit Eins) eben nicht alle Musterfunktionen – repräsentativ für den Prozeß sind. Es ist daher eine "intelligente" Auswahl notwendig. Der zweite Punkt hängt eng mit dem ersten zusammen: Für einzelne Musterfunktionen lassen sich nur *Zeit*mittelwerte messen. Auch hier entstehen bei Ergodizität formal keine Schwierigkeiten. Es bedeutet aber, daß Korrelationsfunktionen nur für *stationäre* Prozesse gemessen werden können. Soll die Messung in Echtzeit stattfinden, so sind nur vergangene Datenwerte bekannt. Bezogen auf die in den Gleichungen 3.11 und 3.12 festgelegte positive Verschiebungsrichtung lassen sich daher Messungen nur mit negativen Werten von τ bzw. bei zeitdiskreten Prozessen von l (siehe Gleichung 3.37) durchführen [4]. Da es jedoch für Autokorrelationsfunktionen und für Kreuzkorrelationen einfache Zusammenhänge zwischen den Funktionswerten bei positivem und negativem Argument gibt (siehe Gleichungen 3.34 und 3.44), treten hierdurch keine Schwierigkeiten auf. Der vierte Punkt enthält das schwerwiegendste Problem bei der Messung aller statistischen Kenngrößen: Die Messung muß nach *endlicher Zeit* abgebrochen werden. Bei der Messung von Korrelationsfunktionen bedeutet dies, daß nur *Kurzzeitkorrelationsfunktionen* gemessen werden können. Bei zeitdiskreten Zufallsprozessen lautet die Meßvorschrift für einen Schätzwert der Autokorrelationsfunktion dann:

$$\widehat{\boldsymbol{s}}_{\boldsymbol{xx}}(\eta, l) = \frac{1}{M} \sum_{k=0}^{M-1} \boldsymbol{x}(\eta, k)\, \boldsymbol{x}(\eta, k+l) \tag{3.45}$$

Bei kontinuierlichen Zufallsprozessen tritt an die Stelle der Summe ein Integral über eine endliche Zeit:

$$\widehat{\boldsymbol{s}}_{\boldsymbol{xx}}(\eta, \tau) = \frac{1}{T_M} \int_{0}^{T_M} \boldsymbol{x}(\eta, t)\, \boldsymbol{x}(\eta, t+\tau)\, dt. \tag{3.46}$$

Beide Größen sind selbst bei ergodischen Zufallsprozessen wieder Zufallsprozesse, da die Unabhängigkeit von η, d.h. der ausgewählten Musterfunktion, erst für den Grenzwert M bzw. T_M gegen unendlich sichergestellt ist.

Die Messung enthält daher einen Fehler

$$s_{\boldsymbol{xx}}(l) - \widehat{\boldsymbol{s}}_{\boldsymbol{xx}}(\eta, l) \quad bzw. \quad s_{\boldsymbol{xx}}(\tau) - \widehat{\boldsymbol{s}}_{\boldsymbol{xx}}(\eta, \tau),$$

dessen Varianz etwas über die Güte der Messung aussagt. Die Berechnung der Fehlervarianz kann im Einzelfall jedoch recht schwierig sein.

---

4 Es gibt daher Autoren, die die positive Verschiebungsrichtung entgegengesetzt zu der hier vereinbarten Richtung festlegen.

Beispiel 3.13 Meßfehler einer Autokorrelationsfunktion

$x(\eta, t)$ sei ein Zufallsprozeß mit periodischen Musterfunktionen (siehe Beispiel 3.10). Seine Autokorrelationsfunktion ist

$$s_{xx}(\tau) = 0,5\, A^2 \cos\omega_0\tau.$$

Durch eine Messung läßt sich hierfür ein Schätzwert nur mit endlicher Integrationsdauer bestimmen:

$$\begin{aligned}
\widehat{s}_{xx}(\eta, \tau) &= \frac{1}{T}\int_0^T x(\eta, t)\, x(\eta, t+\tau)dt \\
&= \frac{A^2}{2}\cos\omega_0\tau - \frac{A^2}{2\omega_0 T}\cos(\omega_0(T+\tau)+2\alpha(\eta))\sin\omega_0 T.
\end{aligned}$$

Der zweite Summand in diesem Ergebnis stellt einen Fehler dar, der mit wachsender Meßdauer T gegen Null strebt. In dem hier vorliegenden Sonderfall periodischer Musterfunktionen verschwindet dieser Fehler bereits für alle T, die ganzzahlige Vielfache der halben Periodendauer sind, d.h. für die $\omega_0 T = n\pi$, $n \in \mathbb{Z}$, ist.

Als *Korrelatoren*, d.h. Geräte zur Messung von Korrelationsfunktionen, ausschließlich in Analogtechnik ausgeführt werden mußten, waren diese groß und sehr teuer. Entsprechend selten wurden Korrelationsverfahren eingesetzt. Die Digitaltechnik erlaubt es dagegen, Programme zur Bestimmung von Korrelationsfunktionen auf kleinen und preiswerten Prozessoren zu implementieren. Zu unterscheiden ist hierbei, ob alle Meßwerte zunächst gespeichert werden können und dann die Korrelationsfunktion berechnet wird, oder ob die Meßwerte während der Aufnahme auch ausgewertet werden.

Sind im ersten Fall M (Abtast–) Werte gespeichert, so können für $s_{xx}(l)$ nur $M - l$ Produkte gebildet werden. Gleichung 3.45 muß daher für diesen Fall wie folgt modifiziert werden:

$$\widehat{s}_{xx}(\eta, l) = \frac{1}{M-l}\sum_{k=0}^{M-1-l} x(\eta, k)\, x(\eta, k+l). \tag{3.47}$$

Bei einer "on–line"–Messung unterscheidet man zwischen dem Serienverfahren und dem Serien-Parallelverfahren. Beim *Serienverfahren* (Abbildung 3.10) werden Schätzwerte einer Auto- oder auch einer Kreuzkorrelationsfunktion *nacheinander* für verschiedene Werte von l berechnet. Das *Serien-Parallelverfahren* (Abbildung 3.11) setzt einen leistungsfähigeren Prozessor voraus. Soll eine Korrelationsfunktion für L Werte von l bestimmt werden, so sind während eines Abtastintervalls jeweils L Multiplikationen und L Additionen zu bilden. Durch eine Speicherung der L letzten Signalwerte und der L Teilsummen lassen sich alle L Werte der Korrelationsfunktion *parallel* bestimmen. Der

Vorteil dieses Verfahrens gegenüber dem Serienverfahren beruht darin, daß hier durch Ausnutzung der Leistungsfähigkeit eines Prozessors das Meßergebnis bereits nach $M+L$ Abtastwerten vorliegt, während das Serienverfahren dafür $M \cdot L$ Abtastwerte benötigt. Bei Prozessoren gleicher Leistung fallen beim Serienverfahren erhebliche Wartezeiten an, während derer der Prozessor jedoch für andere Aufgaben genutzt werden kann.

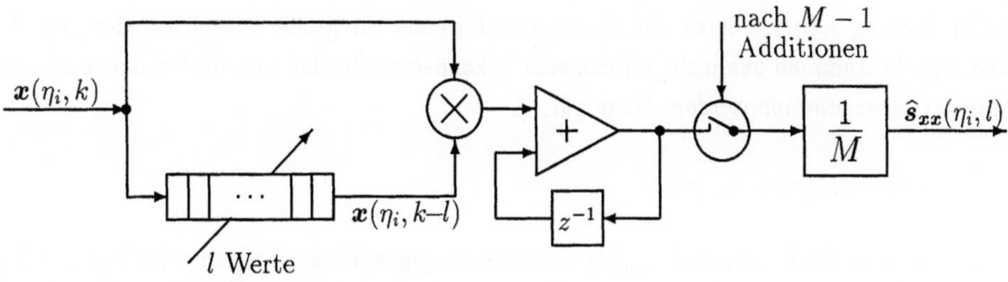

Abb. 3.10: Serienverfahren zur Bestimmung eines Schätzwertes der Autokorrelationsfunktion

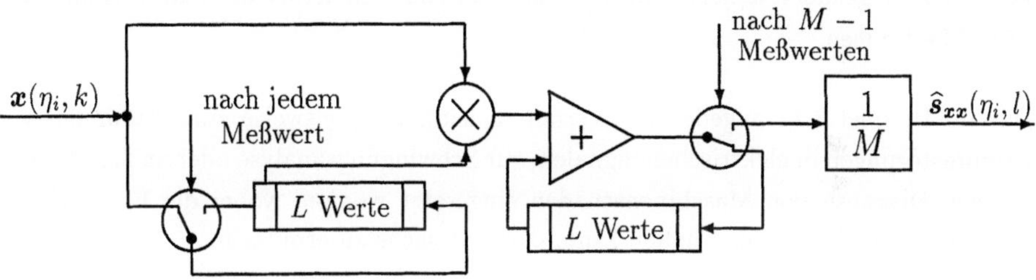

Abb. 3.11: Serien-Parallelverfahren zur Bestimmung eines Schätzwertes der Autokorrelationsfunktion

3.6.5   Anwendungen

Korrelationsverfahren werden heute für zahlreiche Aufgaben in der Meßtechnik eingesetzt. Sie nutzen die Eigenschaften der Auto- bzw. Kreuzkorrelationsfunktion aus, und sie machen ferner davon Gebrauch, daß Störungen, sofern sie orthogonal zu den Signalprozessen sind (siehe Definition 3.17), sich durch Korrelationsverfahren auch dann unterdrücken lassen, wenn beide im selben Frequenzband liegen.

Im Folgenden sollen einige Beispiele typischer Anwendungen von Korrelationsverfahren zeigen.

Beispiel 3.14 Auffinden periodischer Anteile

Es sei

$$y(\eta, t) = x(\eta, t) + n(\eta, t)$$

eine Summe aus einem periodischen Prozeß $x(\eta, t)$ und einer aperiodischen, mittelwertfreien Störung $n(\eta, t)$, deren Autokorrelationsfunktion für große τ verschwindet. $x(\eta, t)$ und $n(\eta, t)$ stammen aus nicht miteinander gekoppelten Quellen und dürfen daher als unkorreliert angenommen werden. Dann gilt:

$$s_{yy}(\tau) = s_{xx}(\tau) + s_{nn}(\tau).$$

$s_{xx}(\tau)$ ist periodisch, während $s_{nn}(\tau)$ voraussetzungsgemäß für großes τ verschwindet. Es gilt daher für große τ:

$$s_{yy}(\tau) \approx s_{xx}(\tau).$$

Durch Messen von $s_{yy}(\tau)$ lassen sich damit periodische Anteile in $y(\eta, t)$ nachweisen, auch wenn diese gegenüber $n(\eta, t)$ sehr klein sind. Es läßt sich ferner die Periodendauer von $x(\eta, t)$ bestimmen.

Das im Beispiel 3.14 angedeutete Verfahren kann beispielsweise zum Auffinden von Brummstörungen in elektrischen Signalen, zur Schwingungsanalyse oder auch zur rechtzeitigen Diagnose von Maschinenschäden eingesetzt werden, wobei die Kenntnis der Periodendauer der Störung helfen kann, deren Ursache zu ermitteln.

Beispiel 3.15 Bestimmung der Phasenlage einer periodischen Schwingung

Es sei:

$$y(\eta, t) = u(t) + n(\eta, t)$$

eine Summe aus einem periodischen Signal

$$u(t) = A_0 \sin(\omega_0 t + \alpha_0)$$

und einer aperiodischen, mittelwertfreien Störung. Die Kreisfrequenz ω_0 sei bekannt, zu bestimmen sei der Phasenwinkel α_0. Bildet man hier die Autokorrelierte von $y(\eta, t)$, so geht dabei die Phaseninformation verloren (siehe Beispiel 3.8). Da ω_0 bekannt ist, kann hier jedoch ein Modellsignal

$$m(t) = \cos \omega_0 t$$

gebildet werden. Berechnet man das Zeitmittel

$$s_{ym}(\tau) = \lim_{T \to \infty} \frac{1}{2T} \int_{-T}^{+T} \boldsymbol{y}(\eta_0, t)\, m(t + \tau)dt,$$

mit $\boldsymbol{y}(\eta_0, t)$ einer beliebig ausgewählten Musterfunktion, so erhält man

$$s_{ym}(\tau) = -\frac{A_0}{2} \sin(\omega_0 \tau - \alpha_0),$$

da $\boldsymbol{n}(\eta_0, t)$ vorraussetzungsgemäß keine periodische Komponente mit der Kreisfrequenz ω_0 enthält. Hieraus kann α_0 bestimmt werden.

Beispiel 3.16 Laufzeitmessung

Es seien

$$\boldsymbol{x}(\eta, t) = \boldsymbol{u}(\eta, t) + \boldsymbol{v}(\eta, t) \quad \text{und} \quad \boldsymbol{y}(\eta, t) = \boldsymbol{u}(\eta, t - t_0) + \boldsymbol{w}(\eta, t)$$

zwei Zufallsprozesse, die neben stationären Störungen $\boldsymbol{v}(\eta, t)$ und $\boldsymbol{w}(\eta, t)$ einen stationären Prozeß $\boldsymbol{u}(\eta, t)$ enthalten, der in $\boldsymbol{y}(\eta, t)$ um eine Laufzeit t_0 verzögert ist. $\boldsymbol{u}(\eta, t), \boldsymbol{v}(\eta, t)$ und $\boldsymbol{w}(\eta, t)$ seien mittelwertfrei und orthogonal zueinander. Für die Kreuzkorrelationsfunktion $s_{xy}(\tau)$ erhält man:

$$s_{xy}(\tau) = s_{uu}(\tau - t_0).$$

Diese erreicht ihr Maximum für $\tau = t_0$.

Das im Beispiel 3.16 beschriebene Verfahren kann angewendet werden, um Geschwindigkeiten zu messen. $\boldsymbol{x}(\eta, t)$ und $\boldsymbol{y}(\eta, t)$ sind die Ausgänge zweier Sonden, die in bekanntem Abstand voneinander über einem bewegten Medium angebracht sind. Der Prozeß $\boldsymbol{u}(\eta, t)$ bildet die Oberfläche des Mediums ab. Aus Abstand und Laufzeit läßt sich die Geschwindigkeit des Mediums (oder der Sonden bei festem Medium) berechnen. Für eine Reihe von Anwendungen kann es wesentlich sein, daß eine derartige Messung *berührungsfrei* ist (Abbildung 3.12). In gleicher Weise läßt sich auch die Durchflußgeschwindigkeit einer Zweiphasenströmung messen, wenn geeignete Sonden vorhanden sind. Durch Einsatz von Optimalfiltern lassen sich die gewonnenen Meßergebnisse verbessern [52].

3.7   Spektrale Leistungsdichte

Ähnlich wie bei Rechnungen mit Signalen lassen sich auch bei Zufallsprozessen durch geeignete Transformationen Vereinfachungen erzielen. Da es formal nicht möglich oder

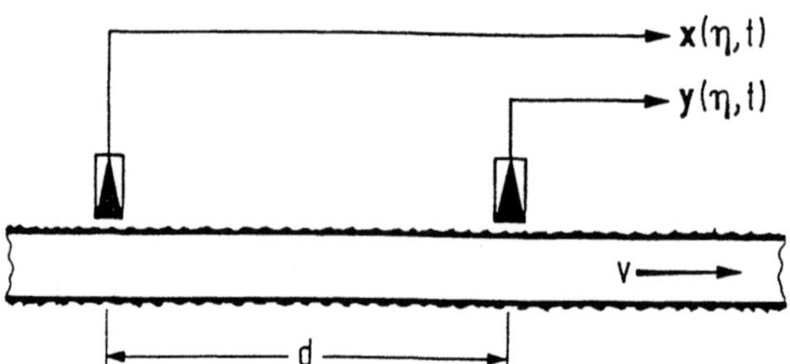

Abb. 3.12: Geschwindigkeitsmessung durch Korrelation

doch sehr unzweckmäßig ist, einzelne Musterfunktionen zu transformieren, bietet sich hier die Auto– bzw. Kreuzkorrelationsfunktion für eine Transformation an, da diese Eigenschaften des Prozesses (oder der Prozesse) enthalten. Schwierig und unhandlich werden Transformationen dieser Prozesse allerdings dann, wenn instationäre Zufallsprozesse vorliegen, da die Korrelationsfunktionen derartiger Prozesse Funktionen von *zwei* Variablen sind. Man wird daher in diesem Fall zunächst versuchen, mit einem stationären Zufallsprozeß als Modell für einen Vorgang auszukommen, oder sich auf mittlere Spektren zu beschränken.

Im folgenden Abschnitt sollen zunächst die Zusammenhänge zwischen Korrelationsfunktionen und Leistungsdichtespektren für stationäre zeitkontinuierliche und zeitdiskrete Prozesse eingeführt und diskutiert werden. Es wird dann kurz auf Erweiterungen für instationäre Zufallsprozesse eingegangen.

3.7.1   Stationäre Zufallsprozesse

Es seien $x(\eta,t)$ und $y(\eta,t)$ mindestens schwach stationäre, zeitkontinuierliche, reelle Zufallsprozesse. Sie seien auch verbunden stationär, so daß ihre Kreuzkorrelierte nur von der Verschiebung τ abhängt.

Definition 3.20 Autoleistungsdichtespektrum
Das Autoleistungsdichtespektrum eines zeitkontinuierlichen, mindestens schwach stationären Zufallsprozesses ist die Fouriertransformierte der Autokorrelationsfunktion:

$$S_{xx}(\omega) = \int_{-\infty}^{+\infty} s_{xx}(\tau)e^{-j\omega\tau}d\tau.$$

Definition 3.21 Kreuzleistungsdichtespektrum

Das Kreuzleistungsdichtespektrum zweier zeitkontinuierlicher, verbunden stationärer Zufallsprozesse ist die Fouriertransformierte der Kreuzkorrelationsfunktion:

$$S_{xy}(\omega) = \int_{-\infty}^{+\infty} s_{xy}(\tau) e^{-j\omega\tau}\, d\tau.$$

Der Zusammenhang zwischen der Autokorrelationsfunktion und dem Autoleistungsdichtespektrum ist in der Literatur auch als *Transformation von Wiener und Khintchine* bekannt. Diese drückt eine Fouriertransformation aus. Für die Umkehrung der Definitionen 3.20 und 3.21 erhält man nach den Regeln der Fouriertransformation:

$$s_{xx}(\tau) = \frac{1}{2\pi} \int_{-\infty}^{+\infty} S_{xx}(\omega) e^{j\omega\tau}\, d\omega, \tag{3.48}$$

$$s_{xy}(\tau) = \frac{1}{2\pi} \int_{-\infty}^{+\infty} S_{xy}(\omega) e^{j\omega\tau}\, d\omega. \tag{3.49}$$

Benutzt man als Variable im Frequenzbereich nicht die Kreisfrequenz ω sondern die Frequenz f (mit $\omega = 2\pi f$) und führt die Integration über f aus, so entfällt bei der Rücktransformation der Faktor $1/2\pi$. Da Korrelationsfunktion und Leistungsdichtespektrum durch Fouriertransformation bzw. –rücktransformation ineinander überführbar sind, sind beide gleichwertig bezüglich ihren Aussagen über den Prozeß bzw. die Prozesse, für die sie bestimmt wurden.

Das Autoleistungsdichtespektrum eines reellen Zufallsprozesses hat folgende Eigenschaften :

1. $S_{xx}(\omega)$ ist eine *gerade* Funktion:

$$S_{xx}(\omega) = S_{xx}(-\omega). \tag{3.50}$$

2. $S_{xx}(\omega)$ ist *reell* für alle ω:

$$S_{xx}(\omega) = S_{xx}^{*}(\omega). \tag{3.51}$$

Beide Eigenschaften folgen daraus, daß die Autokorrelationsfunktion eines reellen, mindestens schwach stationären Zufallsprozesses selbst reell und gerade ist.

3. $S_{xx}(\omega)$ ist nicht negativ für alle ω:

$$S_{xx}(\omega) \geq 0. \tag{3.52}$$

Diese Eigenschaft soll erst später im Zusammenhang mit Systemen bewiesen werden. Sie besagt, daß die Autokorrelationsfunktion eine *nichtnegativ definite Funktion* ist.

4. Integriert man $S_{xx}(\omega)$ über einen Frequenzbereich $\omega_1 \leq \omega \leq \omega_2$, so ist das Ergebnis proportional der *mittleren Leistung* des Prozesses in diesem Bereich. Insbesondere gilt:

$$\frac{1}{2\pi} \int_{-\infty}^{+\infty} S_{xx}(\omega)d\omega = s_{xx}(0). \tag{3.53}$$

Wir haben in den Definitionen 3.20 und 3.21 die Leistungsdichtespektren als *zweiseitige* Spektren definiert. Es gibt Autoren, die diese Funktionen nur *einseitig* definieren. In diesem Fall ist für $\omega > 0$ das einseitige Spektrum doppelt so groß wie das hier verwendete zweiseitige Spektrum.

Für Kreuzleistungsdichtespektren reeller Zufallsprozesse ergeben sich folgende Eigenschaften:

$$1. \qquad S_{xy}(\omega) = S_{yx}(-\omega), \tag{3.54}$$

$$2. \qquad S_{xy}(\omega) = S_{xy}^*(-\omega). \tag{3.55}$$

Nach Definition 3.20 sind für die Bestimmung des Autoleistungsdichtespektrums die Operationen Erwartungswert und Fouriertransformation – in dieser Reihenfolge – erforderlich. Die von Wiener [127] und Khintchine [60] entwickelte *verallgemeinerte harmonische Analyse* zeigt, wenn bestimmte Voraussetzungen erfüllt sind, einen Weg zur Berechnung des Leistungsdichtespektrums, bei dem diese mathematischen Operationen in umgekehrter Reihenfolge auszuführen sind. Dieser Weg soll hier kurz skizziert werden, da er die physikalische Interpretation der Funktion "Leistungsdichtespektrum" erleichtern kann. Einzelheiten finden sich beispielsweise in [83].

Es sei $x(\eta, t)$ ein mindestens schwach stationärer Zufallsprozeß mit endlicher mittlerer Leistung. $x_T(\eta, t)$ sei ein endlich langer Ausschnitt aus diesem Prozeß:

$$x_T(\eta, t) = \begin{cases} x(\eta, t) & |t| \leq T \\ 0 & \text{sonst.} \end{cases} \tag{3.56}$$

Für die Musterfunktionen dieses Zufallsprozesses können die Fourierspektren bestimmt werden:

$$X_T(\eta, \omega) = \int_{-\infty}^{+\infty} x_T(\eta, t)e^{-j\omega t}dt = \int_{-T}^{+T} x(\eta, t)e^{-j\omega t}dt. \tag{3.57}$$

Der Grenzwert von $X_T(\eta,\omega)$ für T gegen unendlich existiert im allgemeinen nicht. Dagegen kann der folgende Grenzwert existieren:

$$\lim_{T\to\infty}\frac{1}{2T}\mathrm{E}\{|X_T(\eta,\omega)|^2\}$$

$$= \lim_{T\to\infty}\frac{1}{2T}E\{\int_{-T}^{+T}\int_{-T}^{+T} x(\eta,u)\,x(\eta,v)\,e^{-j\omega u}\,e^{j\omega v}\,dv\,du\}$$

$$= \lim_{T\to\infty}\frac{1}{2T}\int_{-T}^{+T}\int_{-T}^{+T} s_{xx}(u-v)\,e^{-j\omega(u-v)}\,dv\,du \tag{3.58}$$

$$= \lim_{T\to\infty}\int_{-2T}^{+2T}(1-|\tau|/2T)\,s_{xx}(\tau)\,e^{-j\omega\tau}\,d\tau\,.$$

Dieser Grenzwert ist nur dann gleich dem Leistungsdichtespektrum $S_{xx}(\omega)$, wenn der Zufallsprozeß $x(\eta,t)$ so beschaffen ist, daß gilt:

$$\lim_{T\to\infty}\int_{-2T}^{+2T}(|\tau|/2T)\,s_{xx}(\tau)\,e^{-j\omega\tau}\,d\tau = 0\,.$$

Bei den Umformungen in Gleichung 3.58 wurden die Reihenfolge von Erwartungswert und Integration vertauscht und $u-v=\tau$ substituiert. Bild 3.13 zeigt, wie sich dabei das Integrationsgebiet verformt. Nach der Substitution läßt sich das Integral über v auswerten.

Dieser zweite Weg zur Bestimmung eines Leistungsdichtespektrums ist die Grundlage für Verfahren zur *numerischen* Berechung eines Schätzwertes des Autoleistungsdichtespektrums eines Zufallsprozesses $x(\eta,t)$ aus seinen Abtastwerten. Bei Verwendung der schnellen Fouriertransformation (FFT) erfordert er eine kleinere Anzahl von Multiplikationen als Verfahren, die zunächst eine Näherung für die Autokorrelationsfunktion berechnen und diese dann fouriertransformieren [54].

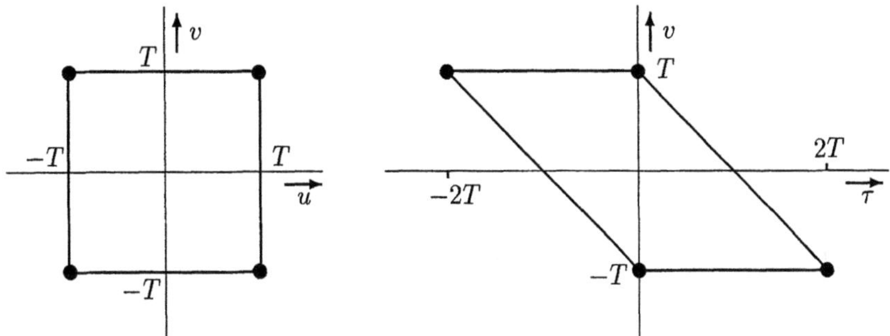

Abb. 3.13: Umformung des Integrationsgebiets bei der Substitution $u-v=\tau$

Bei *zeitdiskreten*, mindestens schwach stationären *Zufallsprozessen* existiert die Autokorrelationsfunktion $s_{xx}(\tau)$ nur für diskrete Werte τ_l des Argumentes. Wir schreiben dafür vereinfachend $s_{xx}(l)$. Definition 3.20 muß daher für diesen Fall modifiziert werden. Man definiert das Autoleistungsdichtespektrum zeitdiskreter Zufallsprozesse als Fourier*summe*:

$$S_{xx}(\Omega) = \sum_{l=-\infty}^{+\infty} s_{xx}(l)\, e^{-j\Omega l}. \tag{3.59}$$

Das nach Gleichung 3.59 bestimmte Leistungsdichtespektrum ist *periodisch* mit der Periode 2π. Ω kann als normierte Kreisfrequenz $\Omega = \omega T$ angesehen werden. Zu beachten ist schließlich, daß die Leistungsdichtespektren zeitkontinuierlicher und zeitdiskreter Zufallsprozesse in den hier definierten Formen verschiedene physikalische Dimensionen haben, wenn τ eine physikalische Größe (hier immer eine Zeit) ist.

Wenn es notwendig oder zweckmäßig ist, daß das Leistungsdichtespektrum eines zeitdiskreten Zufallsprozesses dieselbe Dimension hat wie das eines zeitkontinuierlichen Prozesses, so kann in Gleichung 3.59 ein Faktor mit der Dimension der Größe τ – beispielsweise der Abstand T zwischen zwei Abtastzeitpunkten – hinzugenommen werden.

Die Bezeichnung *Leistungs*dichtespektrum ist im Hinblick auf die physikalische Dimension meist nicht korrekt. Für die Dimension des Autoleistungsspektrums gilt bei *zeitkontinuierlichen* Prozessen

$$[\text{Leistungsdichtespektrum}] = [\,\text{Zufallsprozeß}]^2 \cdot [\tau]\,,$$

bei *zeitdiskreten* Prozessen

$$[\text{Leistungsdichtespektrum}] = [\text{Zufallsprozeß}]^2\,.$$

Auch hier kann durch Hinzunahme einer geeigneten physikalischen Größe die Dimension einer Leistung erzeugt werden.

Beispiel 3.17 Kontinuierliches Autoleistungsdichtespektrum

Es sei

$$s_{xx}(\tau) = \begin{cases} 1 - |\tau|/T & |\tau| < T \\ 0 & |\tau| \geq T. \end{cases}$$

Für das Autoleistungsdichtespektrum gilt dann:

$$S_{xx}(\omega) = T \left(\frac{\sin(\omega T/2)}{\omega T/2} \right)^2.$$

Enthält die Korrelationsfunktion periodische Anteile, so treten im Leistungsdichtespektrum δ-Distributionen auf.

Beispiel 3.18 Diskretes Autoleistungsdichtespektrum

Es sei

$$s_{xx}(\tau) = \frac{1}{2} A^2 \cos \omega_0 \tau\,.$$

Für das Autoleistungsdichtespektrum gilt dann:

$$S_{xx}(\omega) = \frac{\pi}{2} A^2 (\delta(\omega - \omega_0) + \delta(\omega + \omega_0))\,.$$

Ein letztes Beispiel soll den Zusammenhang zwischen den Leistungsdichtespektren eines zeitkontinuierlichen Zufallsprozesses und des daraus durch Abtastung gewonnenen zeitdiskreten Prozesses zeigen:

Beispiel 3.19 Autoleistungsdichtespektrum eines zeitdiskreten Zufallsprozesses

Es sei $x(\eta, t)$ ein stationärer Zufallsprozeß mit der Autokorrelationsfunktion $s_{xx}(\tau)$. Es gelte:

$$y(\eta, k) = x(\eta, kT)\,.$$

Dann ist:

$$s_{yy}(l) = s_{xx}(lT)\,.$$

Für das Autoleistungsdichtespektrum erhält man:

$$S_{yy}(\Omega) = \sum_{l=-\infty}^{+\infty} s_{yy}(l)\, e^{-j\Omega l} = \sum_{l=-\infty}^{+\infty} s_{xx}(lT)\, e^{-j\Omega l}$$

$$= \sum_{l=-\infty}^{+\infty} \frac{1}{2\pi} \int_{-\infty}^{+\infty} S_{xx}(\omega)\, e^{j\omega l T}\, d\omega\, e^{-j\Omega l} = \frac{1}{2\pi} \int_{-\infty}^{+\infty} S_{xx}(\omega) \sum_{l=-\infty}^{+\infty} e^{-j(\Omega - \omega T)l}\, d\omega$$

$$= \frac{1}{2\pi} \int_{-\infty}^{+\infty} S_{xx}(\omega)\, \frac{2\pi}{T} \sum_{\mu=-\infty}^{+\infty} \delta(\frac{\Omega}{T} - \omega - \mu\omega_0)\, d\omega = \frac{1}{T} \sum_{\mu=-\infty}^{+\infty} S_{xx}(\frac{\Omega}{T} - \mu\omega_0)\,,$$

mit $\omega_0 T = 2\pi$. Man erkennt deutlich, wie aus dem aperiodischen Leistungsdichtespektrum des zeitkontinuierlichen Zufallsprozesses ein periodisches Spektrum des zeitdiskreten Prozesses wird.

Die Vorschrift für die Berechnung der *Rücktransformierten* des Leistungsdichtespektrums zeitdiskreter Zufallsprozesse entspricht der Formel zur Berechnung von Fourierkoeffizienten, da $S_{xx}(\Omega)$ gemäß Gleichung 3.59 als Fourierreihe mit den Koeffizienten $s_{xx}(l)$ interpretiert werden kann:

$$s_{xx}(l) = \frac{1}{2\pi} \int_{-\pi}^{+\pi} S_{xx}(\Omega)\, e^{j\Omega l}\, d\Omega \;. \tag{3.60}$$

Eine Sonderstellung unter den stationären Zufallsprozessen nehmen Prozesse mit *konstantem Leistungsdichtespektrum* ein. Man nennt sie *weißes Rauschen*. Für *zeitkontinuierliche Prozesse* gilt:

$$S_{xx}(\omega) = S_0. \tag{3.61}$$

Berechnet man hierzu die Autokorrelationsfunktion (siehe Gleichung 3.48), so erhält man:

$$s_{xx}(\tau) = S_0\, \delta(\tau). \tag{3.62}$$

Dies besagt, daß die mittlere Leistung dieses Prozesses über alle Grenzen groß ist. Zeitkontinuierliches weißes Rauschen ist somit physikalisch *nicht* realisierbar. Es ist ein Modellprozeß, der insbesondere Störungen, deren Leistungsdichtespektrum in einem interessierenden Frequenzbereich konstant ist und außerhalb dieses Bereiches abfällt, ausreichend gut beschreibt und dessen mathematische Handhabung sehr einfach ist. Die Form der Autokorrelationsfunktion (siehe Gleichung 3.62) besagt, daß Abtastwerte des Prozesses bereits bei beliebig kleinem Abstand voneinander nicht mehr korreliert sind.

Für *zeitdiskrete Zufallsprozesse* gilt:

$$S_{xx}(\Omega) = S_0. \tag{3.63}$$

Im Gegensatz zum zeitkontinuierlichen Prozeß erfordert hier die Rücktransformation zur Bestimmung der Autokorrelationsfunktion nur eine Integration über 2π (siehe Gleichung 3.60). Somit existiert das Integral für alle l :

$$s_{xx}(l) = \begin{cases} S_0 & l = 0 \\ 0 & \text{sonst.} \end{cases} \tag{3.64}$$

Zeitdiskretes weißes Rauschen weist somit eine *endliche* mittlere Leistung auf und ist daher auch physikalisch realisierbar.

Stellt man sich einen zeitdiskreten Zufallsprozeß als abgetasteten (nicht weißen) zeitkontinuierlichen Prozeß vor, so läßt sich das unterschiedliche Verhalten von zeitkontinuierlichem und zeitdiskretem weißen Rauschen erklären: Während beim kontinuierlichen weißen Rauschen bereits sehr dicht benachbarte Werte unkorreliert sein müssen, gilt dies für den diskreten Prozeß nur für benachbarte Abtastwerte, d.h. Werte des abgetasteten Zufallsprozesses im Abstand der (endlich großen) Abtastzeit.

Die hier benutzte Definition des weißen Rauschens über das Autoleistungsdichtespektrum ist auf stationäre Zufallsprozesse beschränkt. Sie schließt ein, dass der Prozeß *mittelwertfrei* ist. Eine allgemeinere Definition findet sich beispielsweise in [96].

3.7.2   Instationäre Zufallsprozesse

Bei instationären Zufallsprozessen ist die Autokorrelationsfunktion von *zwei* Parametern – hier meist mit t_1 und t_2 bezeichnet – abhängig (siehe Definition 3.12). Ist für einen derartigen Prozeß eine Spektraldarstellung wünschenswert, so bieten sich drei Wege an:

- Elimination eines Parameters durch Mittelung. Anschließend kann über den zweiten Parameter transformiert werden. Man kommt so zu einem mittleren Leistungsdichtespektrum.

- Transformation über einen der beiden Parameter und Beibehaltung des zweiten Parameters. Man erhält dann eine Zeit–Frequenzdarstellung.

- Transformation über beide Parameter. Man berechnet so ein zweidimensionales Leistungsdichtespektrum.

Es hängt von den Aussagen, die man gewinnen möchte, und den numerischen und graphischen Hilfsmitteln ab, welche Art von Transformation zweckmäßig ist.

Am wenigsten aussagekräftig – aber am einfachsten zu berechnen – ist das *mittlere Leistungsdichtespektrum*. Es geht von einer mittleren Autokorrelationsfunktion aus (siehe Gleichung 3.38) und weist im übrigen alle Eigenschaften eines Leistungsdichtespektrums auf. Bei Zufallsprozessen, bei denen die Autokorrelationsfunktion $s_{xx}(t, t + \tau)$ in t periodisch ist (siehe Beispiel 3.11), ist eine Mittelung über eine Periode ausreichend.

Beispiel 3.20 Mittleres Leistungsdichtespektrum

Es sei $a(\eta, t)$ ein stationärer reeller Zufallsprozeß mit der Autokorrelationsfunktion $s_{aa}(\tau)$. $a(\eta, t)$ werde moduliert:

$$x(\eta, t) = a(\eta, t) \cos \omega_0 t.$$

Es sind:

$$s_{xx}(t, t + \tau) = s_{aa}(\tau) \cos \omega_0 t \cos \omega_0 (t + \tau) = 0,5\, s_{aa}(\tau)(\cos \omega_0 \tau + \cos \omega_0 (2t + \tau)),$$

$$\overline{s}_{xx}(\tau) = 0,5\, s_{aa}(\tau) \cos \omega_0 \tau,$$

$$\overline{S}_{xx}(\omega) = 0,25\, (S_{aa}(\omega - \omega_0) + S_{aa}(\omega + \omega_0)).$$

Einen Weg, ein *Zeit-Frequenzspektrum* zu gewinnen, zeigt die sog. *Wigner-Transformation* [15, 16, 17, 77, 114, 80].

Es gilt bei zeitkontinuierlichem Zufallsprozeß:

$$W_{xx}(t, \omega) = \int_{-\infty}^{+\infty} s_{xx}(t + \frac{\tau}{2}, t - \frac{\tau}{2}) e^{-j\omega\tau} d\tau. \tag{3.65}$$

Bei zeitdiskretem Zufallsprozeß läßt sich die bei der Bestimmung der Autokorrelationsfunktion sonst übliche Verschiebung um l nur in Stufen von $2l$ realisieren:

$$W_{xx}(k, \Omega) = 2 \sum_{l=-\infty}^{+\infty} s_{xx}(k + l, k - l)\, e^{-j2\Omega l}. \tag{3.66}$$

Für die Rücktransformationen gelten:

$$s_{xx}(t + \frac{\tau}{2}, t - \frac{\tau}{2}) = \frac{1}{2\pi} \int_{-\infty}^{+\infty} W_{xx}(t, \omega)\, e^{j\omega\tau}\, d\omega, \tag{3.67}$$

$$2s_{xx}(k + l, k - l) = \frac{1}{2\pi} \int_{-\pi}^{+\pi} W_{xx}(k\frac{\Omega}{2})\, e^{j\Omega l}\, d\Omega. \tag{3.68}$$

Beispiel 3.21 Wigner-Transformation

Es gelte $x(\eta, t)$ aus Beispiel 3.20. Dann sind:

$$s_{xx}(t + \frac{\tau}{2}, t - \frac{\tau}{2}) = s_{aa}(\tau) \cos \omega_0 (t + \frac{\tau}{2}) \cos \omega_0 (t - \frac{\tau}{2})$$
$$= 0,5\, s_{aa}(\tau)(\cos \omega_0 \tau + \cos 2\omega_0 t),$$

$$W_{xx}(t, \omega) = \frac{1}{4}(S_{aa}(\omega - \omega_0) + S_{aa}(\omega + \omega_0)) + \frac{1}{2} S_{aa}(\omega) \cos 2\omega_0 t.$$

Im Gegensatz zum mittleren Leistungsdichtespektrum ist hier ein mit doppelter Frequenz periodisch schwankender Anteil vorhanden.

Ein Frequenz–Frequenzspektrum erhält man schließlich durch *zweidimensionale Fouriertransformation* :

$$\Gamma_{xx}(\omega_1,\omega_2) = \int_{-\infty}^{+\infty} \int_{-\infty}^{+\infty} s_{xx}(t_1,t_2) e^{-j\omega_1 t_1} e^{-j\omega_2 t_2} dt_1 dt_2. \tag{3.69}$$

Die zugehörige Rücktransformierte lautet:

$$s_{xx}(t_1,t_2) = \frac{1}{4\pi^2} \int_{-\infty}^{+\infty} \int_{-\infty}^{+\infty} \Gamma_{xx}(\omega_1,\omega_2) e^{+j\omega_1 t_1} e^{+j\omega_2 t_2} d\omega_1 d\omega_2. \tag{3.70}$$

Beispiel 3.22 Zweidimensionales Leistungsdichtespektrum

Es gelte $x(\eta,t)$ aus Beispiel 3.20. Dann ist:

$$s_{xx}(t_1,t_2) = s_{aa}(t_1 - t_2) \cos\omega_0 t_1 \cos\omega_0 t_2.$$

Durch zweidimensionale Fouriertransformation erhält man:

$$\begin{aligned}
S_{xx}(\omega_1,\omega_2) &= \int_{-\infty}^{+\infty} \int_{-\infty}^{+\infty} s_{xx}(t_1,t_2)\, e^{-j\omega_1 t_1}\, e^{-j\omega_2 t_2}\, dt_1\, dt_2 \\
&= \frac{\pi}{2}\left((S_{aa}(\omega_2 + \omega_0) + S_{aa}(\omega_2 - \omega_0))\right)\delta(\omega_1 + \omega_2) \\
&\quad + S_{aa}(\omega_2 + \omega_0)\,\delta(\omega_1 + \omega_2 + 2\omega_0) + S_{aa}(\omega_2 - \omega_0)\,\delta(\omega_1 + \omega_2 - 2\omega_0)) \ .
\end{aligned}$$

Einen mindestens schwach stationären Zufallsprozeß erhält man für $\omega_0 = 0$:

$$S_{xx}(\omega_1,\omega_2) = 2\pi S_{aa}(\omega_2)\,\delta(\omega_1 + \omega_2) = 2\pi S_{aa}(\omega_1)\,\delta(\omega_1 + \omega_2) \ .$$

Das Leistungsdichtespektrum eines stationären Zufallsprozesses findet sich in der zweidimensionalen Transformation als "δ–Linie" entlang der Geraden $w_1 + w_2 = 0$ (siehe Beispiel 3.22).

Neben den hier angeführten Beispielen von Spektraldarstellungen bei instationären Zufallsprozesses sind weitere Verfahren möglich [20, 50]. Es gibt keine strengen Regeln für die Bevorzugung eines bestimmten Verfahrens bei einer konkreten Anwendung.

3.8   Spezielle Zufallsprozesse

Wir diskutieren hier Zufallsprozesse unter dem Gesichtspunkt, diese als Modelle für reale Vorgänge – vorwiegend Signale – einzusetzen. Gesichtspunkte für die Auswahl eines speziellen Prozesses oder einer speziellen Klasse von Prozessen sind einerseits die notwendige Wirklichkeitstreue des Modells und andererseits die Komplexität des Modellansatzes. *Gaußprozeß* und *Poissonprozeß* sind zwei Prozesse, die oft benutzt werden, da sie zahlreiche Anwendungsfälle ausreichend wirklichkeitsgetreu beschreiben und für die Modellanalyse eine Reihe von Vereinfachungen erlauben. Als Markovprozesse oder in zeitdiskreter Form als *Markovketten* bezeichnet man eine Klasse von Zufallsprozessen mit besonders gut überschaubarer zeitlicher Entwicklung der Musterfunktionen. Prozesse dieser Klasse sind daher häufig benutzte Signalmodelle. Für korrelierte Vorgänge werden oft auch *ARMA–Prozesse* eingesetzt. Schließlich kann man bei zahlreichen Anwendungen annehmen, daß die zu modellierenden Vorgänge *bandbegrenzt* sind. Wir wollen in diesem Abschnitt die wichtigsten Eigenschaften der genannten Zufallsprozesse zusammenstellen.

3.8.1   Gaußprozeß

Bevor wir einen Gaußprozeß – oder *Normalprozeß* – definieren, müssen wir einige Eigenschaften von Zufallsvariablen mit Gaußdichte – oder Normaldichte – diskutieren.

3.8.1.1   Gaußdichte

Definition 3.22 Gaußdichte

$$f_x(x) = \frac{1}{\sqrt{2\pi}\sigma_x} \exp\left(-\frac{(x - m_x^{(1)})^2}{2\sigma_x^2}\right)$$

Diese Dichte wird durch den Mittelwert $m_x^{(1)}$ und die Varianz σ_x^2 vollständig beschrieben. Sie ist glockenförmig, symmetrisch zu ihrem Mittelwert $m_x^{(1)}$ und ihre Wendepunkte liegen bei $m_x^{(1)} - \sigma_x$ und $m_x^{(1)} + \sigma_x$ (siehe Abbildung 3.14). Im Bereich $m_x^{(1)} \pm 3\sigma_x$ liegen $99,7\%$ aller Werte einer Zufallsvariablen mit Gaußscher Amplitudendichte.

Aus Mittelwert und Varianz lassen sich alle Momente einer Gaußschen Zufallsvariablen berechnen. Es gilt für *zentrale Momente* :

$$\mu_x^{(n)} = \mathrm{E}\{(x(\eta) - m_x^{(1)})^n\} = \int_{-\infty}^{+\infty} (x - m_x^{(1)})^n f_x(x)dx$$
$$= \begin{cases} 0 & n \text{ ungerade} \\ 1 \cdot 3 \cdot 5 \cdot \ldots \cdot (n-1)\sigma_x^n & n \text{ gerade.} \end{cases} \tag{3.71}$$

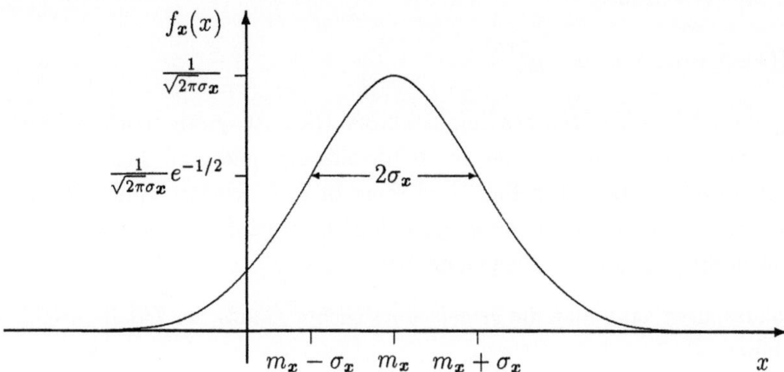

Abb. 3.14: Gauß- oder Normaldichte

Die Wahrscheinlichkeitsverteilungsfunktion kann aus der Dichte durch Integration berechnet werden:

$$F_x(x) = \frac{1}{\sqrt{2\pi}\sigma_x} \int_{-\infty}^{x} \exp\left(-\frac{(u - m_x^{(1)})^2}{2\sigma_x^2}\right) du. \tag{3.72}$$

Dieses Integral läßt sich nicht geschlossen lösen. Es ist jedoch (meist) in der Form

$$\operatorname{erf}(x) = \frac{2}{\sqrt{\pi}} \int_0^x e^{-u^2}\, du \tag{3.73}$$

als *Gaußsches Fehlerintegral* in Tafeln enthalten (siehe beispielsweise [1]).

Zur Beschreibung der gemeinsamen Dichte mehrerer Zufallsvariablen $\boldsymbol{x}_i(\eta), i = 1, \ldots, n$, faßt man diese zweckmäßig in einem Spaltenvektor zusammen:

$$\underline{\boldsymbol{x}}(\eta) = (\boldsymbol{x}_1(\eta), \ldots, \boldsymbol{x}_n(\eta))^T . \tag{3.74}$$

$(\ldots)^T$ bedeutet hierbei die Transponierte des Vektors. Der Erwartungswert eines Vektors oder einer Matrix ist als Erwartungswert der einzelnen Elemente definiert. Daher erhält man für die linearen Mittelwerte ebenfalls einen Spaltenvektor:

$$\underline{m}_x^{(1)} = \mathrm{E}\{\underline{\boldsymbol{x}}(\eta)\} = (m_{x_1}^{(1)}, \ldots, m_{x_n}^{(1)})^T . \tag{3.75}$$

Die gemeinsamen quadratischen Momente

$$\mathrm{E}\{(\boldsymbol{x}_i(\eta) - m_{x_i}^{(1)})(\boldsymbol{x}_j(\eta) - m_{x_j}^{(1)})\}$$

lassen sich als Matrix anordnen:

$$\underline{c}_{\boldsymbol{xx}} = \mathrm{E}\{(\underline{\boldsymbol{x}}(\eta) - \underline{m}_{\boldsymbol{x}}^{(1)})(\underline{\boldsymbol{x}}(\eta) - \underline{m}_{\boldsymbol{x}}^{(1)})^T\} \ . \tag{3.76}$$

Man nennt $\underline{c}_{\boldsymbol{xx}}$ die *Kovarianzmatrix* des Zufallsvektors. Diese ist symmetrisch und nicht negativ definit. Sind die Zufallsvariablen linear unabhängig, und sind ihre Varianzen größer als Null, so ist $\underline{c}_{\boldsymbol{xx}}$ positiv definit, und seine Inverse existiert. Sind die $\boldsymbol{x}_i(\eta)$ schließlich unkorreliert, so verschwinden in $\underline{c}_{\boldsymbol{xx}}$ alle Elemente außerhalb der Hauptdiagonalen: $\underline{c}_{\boldsymbol{xx}}$ ist in diesem Fall eine Diagonalmatrix.

Mit diesen Abkürzungen kann man die *gemeinsame Dichte* Gaußscher Zufallsvariablen wie folgt schreiben:

$$f_{\underline{\boldsymbol{x}}}(\underline{x}) = \frac{|\underline{c}_{\boldsymbol{xx}}|^{-1/2}}{(2\pi)^{n/2}} \ \exp(-\frac{1}{2}(\underline{x} - \underline{m}_{\boldsymbol{x}}^{(1)})^T \underline{c}_{\boldsymbol{xx}}^{-1}(\underline{x} - \underline{m}_{\boldsymbol{x}}^{(1)})). \tag{3.77}$$

Hierbei ist $|\underline{c}_{\boldsymbol{xx}}|$ die Determinante der Matrix $\underline{c}_{\boldsymbol{xx}}$.

Für den Sonderfall von *unkorrelierten* Gaußschen Zufallsvariablen erhält man aus Gleichung 3.77:

$$
\begin{aligned}
f_{\underline{\boldsymbol{x}}}(\underline{x}) \ \ &= \frac{\prod_{i=1}^{n} \sigma_{\boldsymbol{x}_i}^{-1}}{(2\pi)^{n/2}} \exp\Big(-\sum_{i=1}^{n} \frac{(x_i - m_{\boldsymbol{x}_i}^{(1)})^2}{2\sigma_{\boldsymbol{x}_i}^2}\Big) \\
&= \prod_{i=1}^{n} \frac{1}{\sqrt{2\pi}\sigma_{\boldsymbol{x}_i}} \exp\Big(-\frac{(x_i - m_{\boldsymbol{x}_i}^{(1)})^2}{2\sigma_{\boldsymbol{x}_i}^2}\Big) = \prod_{i=1}^{n} f_{\boldsymbol{x}_i}(x_i) \ .
\end{aligned}
\tag{3.78}
$$

Damit ist gezeigt, daß unkorrelierte Gaußsche Zufallsvariable auch *statistisch unabhängig* sind. Diese spezielle Eigenschaft Gaußscher Zufallsvariablen darf jedoch für andere Zufallsvariablen *nicht* verallgemeinert werden.

Eine weitere, für viele Anwendungen wichtige Eigenschaft Gaußscher Zufallsvariablen ist die Tatsache, daß die *Summe*

$$\boldsymbol{z}(\eta) = \boldsymbol{x}(\eta) + \boldsymbol{y}(\eta)$$

zweier Gaußscher Zufallsvariablen wieder eine Gaußsche Zufallsvariable mit dem Mittelwert $m_{\boldsymbol{z}}^{(1)}$ und der Varianz $\sigma_{\boldsymbol{z}}^2$ ist:

$$m_{\boldsymbol{z}}^{(1)} = \mathrm{E}\{\boldsymbol{x}(\eta) + \boldsymbol{y}(\eta)\} = m_{\boldsymbol{x}}^{(1)} + m_{\boldsymbol{y}}^{(1)}, \tag{3.79}$$

$$
\begin{aligned}
\sigma_{\boldsymbol{z}}^2 \ &= \mathrm{E}\{(\boldsymbol{x}(\eta) - m_{\boldsymbol{x}}^{(1)} + \boldsymbol{y}(\eta) - m_{\boldsymbol{y}}^{(1)})^2\} \\
&= \mathrm{E}\{(\boldsymbol{x}(\eta) - m_{\boldsymbol{x}}^{(1)})^2\} + 2\mathrm{E}\{(\boldsymbol{x}(\eta) - m_{\boldsymbol{x}}^{(1)})(\boldsymbol{y}(\eta) - m_{\boldsymbol{y}}^{(1)})\} \\
&\quad + \mathrm{E}\{(\boldsymbol{y}(\eta) - m_{\boldsymbol{y}}^{(1)})^2\} \\
&= \sigma_{\boldsymbol{x}}^2 + 2\sigma_{\boldsymbol{x}}\sigma_{\boldsymbol{y}}\varrho_{\boldsymbol{xy}} + \sigma_{\boldsymbol{y}}^2 \ .
\end{aligned}
\tag{3.80}
$$

Hierbei ist ϱ_{xy} der Korrelationskoeffizient (siehe Definition 2.14).

Für die Herleitung der Dichte einer Summe $z(\eta)$ aus zwei Zufallsvariablen $x(\eta)$ und $y(\eta)$ kann man von der Wahrscheinlichkeitsverteilung $F_z(z)$ der Summe ausgehen:

$$F_z(z) = \int\!\!\int_{x+y\leq z} f_{xy}(x,y)\,dy\,dx = \int_{-\infty}^{+\infty}\int_{-\infty}^{z-x} f_{xy}(x,y)\,dy\,dx\ . \tag{3.81}$$

Die Wahrscheinlichkeitsdichte $f_z(z)$ erhält man daraus durch Ableitung nach z (siehe Definition 2.7):

$$f_z(z) = \int_{-\infty}^{+\infty} f_{xy}(x, z-x)\,dx. \tag{3.82}$$

Sind beide Zufallsvariablen statistisch unabhängig, so vereinfacht sich dies wieder zu (siehe Gleichung 2.75)

$$f_z(z) = \int_{-\infty}^{+\infty} f_x(x)\,f_y(z-x)\,dx. \tag{3.83}$$

Die Dichte der Summe zweier statistisch unabhängiger Zufallsvariablen erhält man somit durch *Faltung* der Dichten der einzelnen Zufallsvariablen.

Wir gehen nun zurück zu Gleichung 3.82 und werten diese für *Gaußsche Zufallsvariablen* aus. Gleichung 3.77 lautet für zwei Zufallsvariablen $x(\eta) = x_1(\eta)$ und $y(\eta) = x_2(\eta)$:

$$\begin{aligned}
f_{xy}(x,y) \ &= \frac{1}{2\pi\sigma_x\sigma_y\sqrt{1-\varrho_{xy}^2}}\,\exp(-\frac{1}{2(1-\varrho_{xy}^2)}\cdot\\
&\quad \cdot\left(\frac{(x-m_x^{(1)})^2}{\sigma_x^2} - 2\varrho_{xy}\frac{(x-m_x^{(1)})(y-m_y^{(1)})}{\sigma_x\sigma_y} + \frac{(y-m_y^{(1)})^2}{\sigma_y^2}\right))\ .
\end{aligned} \tag{3.84}$$

Diese Funktion ist gemäß Gleichung 3.82 über x zu integrieren. Zur Vereinfachung beschränken wir uns hier auf den Sonderfall $m_x^{(1)} = m_y^{(1)} = 0$ und $\sigma_x^2 = \sigma_y^2 = 1$:

$$f_{xy}(x,y) = \frac{1}{2\pi\sqrt{1-\varrho_{xy}^2}}\,\exp(-\frac{x^2 - 2\varrho_{xy}xy + y^2}{2(1-\varrho_{xy}^2)}). \tag{3.85}$$

Für $y = z - x$ läßt sich der Zähler im Exponenten wie folgt umformen:

$$x^2 - 2\varrho_{xy}x(z-x) + (z-x)^2 = 2(1+\varrho_{xy})(x-\frac{z}{2})^2 + (1-\varrho_{xy})\frac{z^2}{2}. \tag{3.86}$$

Bei der Integration wird der erste Summand durch Variablensubstitution $x - z/2 = u$ unabhängig von z, und es verbleibt daher nach der Integration eine Abhängigkeit von z in der Form $\exp(-\alpha z^2)$, also eine Gaußdichte in z:

$$f_z(z) = \frac{1}{\sqrt{2\pi}\,\sigma_z} \exp\left(-\frac{z^2}{2\sigma_z^2}\right), \tag{3.87}$$

mit der Varianz

$$\sigma_z^2 = 2\,(1 + \varrho_{xy})\,. \tag{3.88}$$

Eine Herleitung dieses Ergebnisses über die Charakteristische Funktion findet sich beispielsweise in [120].

Zufallsvariablen mit Gaußscher Wahrscheinlichkeitsdichte sind wirklichkeitsnahe Modelle für sehr viele physikalische Größen. Dies gilt insbesondere dann, wenn sich eine Größe aus einer großen Anzahl voneinander unabhängiger Beiträge additiv zusammensetzt. Mathematisch wird diese Eigenschaft durch den *Zentralen Grenzwertsatz* ausgedrückt. Dieser besagt, daß – unter sehr allgemeinen Bedingungen – die Wahrscheinlichkeitsverteilungsfunktion einer Summe aus statistisch unabhängigen Zufallsvariablen mit zunehmender Anzahl der Summanden gegen eine Gaußsche Wahrscheinlichkeitsverteilungsfunktion konvergiert.

Es gibt zahlreiche Formulierungen des zentralen Grenzwertsatzes. *Hinreichend* für seine Gültigkeit sind folgende Bedingungen: Es seien $\boldsymbol{x}_i(\eta)$ statistisch unabhängige Zufallsvariablen mit *beliebigen* Wahrscheinlichkeitsverteilungen. Die linearen Mittelwerte existieren und es gibt zwei positive Konstanten a und A derart, daß

$$\sigma_{\boldsymbol{x}_i} > a > 0 \tag{3.89}$$

und

$$\mathrm{E}\{|\boldsymbol{x}_i(\eta) - m_{\boldsymbol{x}_i}^{(1)}|^3\} < A < \infty \tag{3.90}$$

für alle i erfüllt sind. Dann strebt die Wahrscheinlichkeitsverteilung der Zufallsvariablen

$$\boldsymbol{y}_n(\eta) = \left(\sum_{i=1}^{n}(\boldsymbol{x}_i(\eta) - m_{\boldsymbol{x}_i}^{(1)})\right) \Big/ \sqrt{\sum_{i=1}^{n}\sigma_{\boldsymbol{x}_i}^2} \tag{3.91}$$

mit wachsendem n gegen die Wahrscheinlichkeitsverteilung einer Gaußschen Zufallsvariablen mit dem linearen Mittelwert Null und der Varianz Eins. Die Bedingungen 3.89 und 3.90 bedeuten, daß keine der Zufallsvariablen $\boldsymbol{x}_i(\eta)$ dominierend gegenüber den übrigen sein darf. Hervorgehoben sei schließlich noch, daß der zentrale Grenzwertsatz Konvergenz für die Wahrscheinlichkeits*verteilung*, nicht für die Wahrscheinlichkeits*dichte* formuliert. Dies bedeutet, daß unter den Zufallsvariablen $x_i(\eta)$ auch diskrete Zufallsvariablen sein können.

Beweise verschiedener Formen des zentralen Grenzwertsatzes finden sich u.a. in [22] und [23].

3.8.1.2   Zufallsprozeß

Nach der Diskusion der Gaußdichte im vorangegangenen Abschnitt und mit dem Wissen, daß Zufallsprozesse für jeden Wert ihres Parameters t, für den sie definiert sind, eine Zufallsvariable darstellen, können wir nun den Gaußprozeß wie folgt definieren:

Definition 3.23 Gaußprozeß
Ein Zufallsprozeß heißt Gaußprozeß, wenn alle seine ein- und mehrdimensionalen Wahrscheinlichkeitsdichten Gaußsche Wahrscheinlichkeitsdichten sind.

Sind zwei Zufallsprozesse Gaußprozesse und sind auch ihre gemeinsamen Dichten Gaußsche Wahrscheinlichkeitsdichten, so nennt man diese *verbundene Gaußprozesse*.

Da sich alle Momente Gaußscher Zufallsvariablen aus dem Mittelwert und der Varianz berechnen lassen, bedeutet bei Zufallsprozessen die Invarianz dieser Momente gegenüber Zeitverschiebungen auch die Invarianz aller höheren Momente gegenüber Verschiebungen der Zeitachse. Aus schwacher Stationarität folgt daher für den Gaußprozeß auch strenge Stationarität.

Eine wichtige Eigenschaft von Gaußprozessen ist ihr Verhalten beim Durchgang durch *lineare Systeme*. Wie wir noch zeigen werden, läßt sich der Ausgang eines derartigen zeitdiskreten Systems als Summe über die gewichteten Werte der Eingangsfolge darstellen[5]. Ist daher der Eingangsprozeß ein Gaußprozeß, so ist auch der Ausgang ein Gaußprozeß, dessen Parameter mit einfachen Mitteln berechnet werden können. Im allgemeinen Fall ist die Berechnung der Dichte eines Ausgangsprozesses in Abhängigkeit von dem Eingangsprozeß und den Systemeigenschaften schwierig. Nur bei Gaußprozessen gilt dieser einfache Zusammenhang. Für die Analyse linearer Systeme spielt daher der Gaußprozeß eine ähnliche Rolle wie sinusförmige Schwingungen beim Arbeiten mit determinierten Signalmodellen.

Ein Beispiel für die Modellierung eines physikalischen Vorgangs durch einen Gaußprozeß ist das *Wärmerauschen* elektrischer Bauelemente. Dieses kann als *weißes Gaußsches Rauschen*, d.h. als Gaußprozeß mit konstantem Autoleistungsdichtespektrum, model-

---

5 Bei zeitkontinuierlichen Systemen ergibt sich ein Integral, das durch eine Summe angenähert werden kann.

liert werden. Sind R die Größe eines Ohmschen Widerstandes, T die absolute Temperatur und

$$k = 1{,}381 \cdot 10^{-23} \, J \, K^{-1}$$

die Boltzmannkonstante, so gilt für das Autoleistungsdichtespektrum der Rauschspannung des Widerstandes:

$$S_{\boldsymbol{nn}}(\omega) = 2kTR.$$

3.8.2   Poissonprozeß

Der Poissonprozeß ist ein amplitudendiskreter Zufallsprozeß. Ähnlich wie der Gaußprozeß weist er eine Reihe von Eigenschaften auf, die das Arbeiten mit ihm wesentlich erleichtern. Er ist daher ein oft angewandtes Modell für Vorgänge, bei denen Ereignisse zu unregelmäßigen Zeiten eintreten. Beispiele sind der Ausfall von Bauelementen, die Belegung von Fernsprechleitungen, der Zugriff zu peripheren Einheiten eines Rechners oder das Eintreffen von Datenpaketen bei einem Knoten eines Datennetzes.

Wir bezeichnen mit $\boldsymbol{x}(\eta, t)$ für $t \geq 0$ die Anzahl der Ereignisse in einem Intervall der Dauer t und setzen $\boldsymbol{x}(\eta, t) = 0$ für $t < 0$:

$$\boldsymbol{x}(\eta, t) = \begin{cases} 0 & t < 0 \\ \text{Anzahl } k \text{ der Ereignisse in einem Intervall der Dauer } t & t \geq 0. \end{cases} \tag{3.92}$$

Für die Herleitung einer Wahrscheinlichkeit

$$P(\{\eta | \boldsymbol{x}(\eta, t) = k\}) = P(k, t)$$

geht man von einem kleinen, aber nicht verschwindenden Intervall der Dauer Δt aus und macht eine Reihe von *Annahmen*:

1. Die Wahrscheinlichkeit, daß in Δt genau ein Ereignis stattfindet, sei proportional zu Δt:

   $$P(\{\eta | \boldsymbol{x}(\eta, \Delta t) = 1\}) = P(1, \Delta t) = \lambda \Delta t. \tag{3.93}$$

   λ ist eine Konstante, deren Bedeutung wir noch kennenlernen werden.

2. Die Wahrscheinlichkeit, daß in Δt mehr als ein Ereignis stattfindet, sei vernachlässigbar klein. Folglich ist

   $$P(\{\eta | \boldsymbol{x}(\eta, \Delta t) = 0\}) = P(0, \Delta t) = 1 - \lambda \Delta t. \tag{3.94}$$

3. Die Wahrscheinlichkeit, daß in Δt ein Ereignis eintritt, sei unabhängig von der Lage von Δt auf der Zeitachse.

4. Ereignisse in disjunkten Intervallen seien statistisch unabhängig.

Die Wahrscheinlichkeit $P(k,t)$, $k \geq 0$, bestimmt man durch Rekursion. Es gilt unter den genannten Annahmen:

$$P(k, t + \Delta t) = \begin{cases} P(k,t)\,P(0,\Delta t) + P(k-1,t)\,P(1,\Delta t) & k > 0 \\ P(0,t)\,P(0,\Delta t) & k = 0. \end{cases} \tag{3.95}$$

Durch Einsetzen und einfache Umformung erhält man daraus die folgende Differenzengleichung:

$$\frac{P(k, t + \Delta t) - P(k,t)}{\Delta t} = \begin{cases} -\lambda(P(k,t) - P(k-1,t)) & k > 0 \\ -\lambda\,P(0,t) & k = 0. \end{cases} \tag{3.96}$$

Für $\Delta t \to 0$ wird daraus eine Differentialgleichung, die unter der Beachtung der Randbedingung

$$P(k,0) = \begin{cases} 1 & k = 0 \\ 0 & k > 0 \end{cases} \tag{3.97}$$

durch Induktion lösbar ist. Man erhält:

$$P(k,t) = P(\{\eta | \boldsymbol{x}(\eta,t) = k\}) = \frac{(\lambda t)^k}{k!}\,e^{-\lambda t} \quad \text{für} \quad t \geq 0. \tag{3.98}$$

Die Abbildungen 3.15, 3.16, 3.17 und 3.18 zeigen diese Wahrscheinlichkeit für einige Werte von k. Mit Gleichung 3.98 können wir einen Poissonprozeß definieren.

Definition 3.24 Poissonprozeß
Ein Zufallsprozeß $\boldsymbol{x}(\eta,t)$,

$$\boldsymbol{x}(\eta,t) = \begin{cases} 0 & t < 0 \\ \text{Anzahl } k \text{ der Ereignisse in einem Intervall der Dauer } t & t \geq 0, \end{cases}$$

heißt Poissonprozeß, wenn für alle $t \geq 0$ und alle $k \geq 0$ folgende Wahrscheinlichkeit gilt:

$$P(k,t) = P(\{\eta | \boldsymbol{x}(\eta,t) = k\}) = \frac{(\lambda t)^k}{k!}\,e^{-\lambda t}.$$

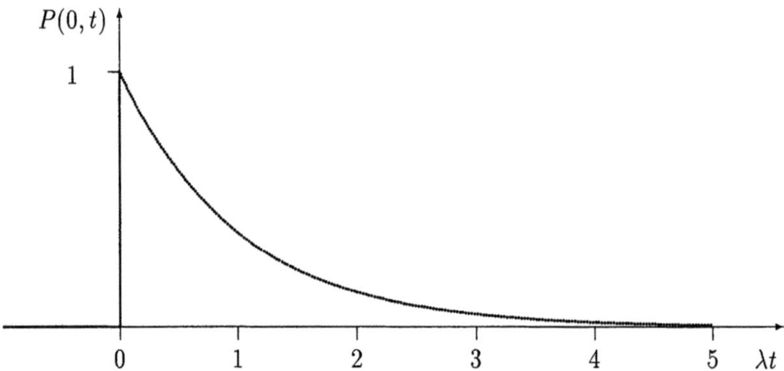

Abb. 3.15: Wahrscheinlichkeit beim Poissonprozeß für $k = 0$

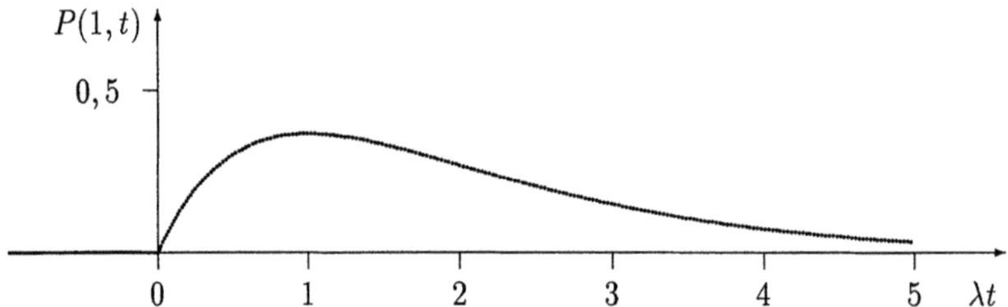

Abb. 3.16: Wahrscheinlichkeit beim Poissonprozeß für $k = 1$

Die Musterfunktionen eines Poissonprozesses sind für $t > 0$ *Treppenfunktionen* mit der Stufenhöhe Eins und zufälligen Stufenbreiten, die der Zeitspanne zwischen jeweils zwei aufeinanderfolgenden Ereignissen entsprechen. Für den linearen und den quadratischen Mittelwert, sowie die Varianz eines Poissonprozesses erhält man für $t \geq 0$:

$$m_x^{(1)}(t) = \mathrm{E}\{\boldsymbol{x}(\eta, t)\} = \sum_{k=0}^{\infty} k \frac{(\lambda t)^k}{k!} e^{-\lambda t} = \lambda t, \tag{3.99}$$

$$m_x^{(2)}(t) = \mathrm{E}\{\boldsymbol{x}^2(\eta, t)\} = \sum_{k=0}^{\infty} k^2 \frac{(\lambda t)^k}{k!} e^{-\lambda t} = \lambda t(1 + \lambda t), \tag{3.100}$$

$$\sigma_x^2(t) = m_x^{(2)}(t) - (m_x^{(1)}(t))^2 = \lambda t. \tag{3.101}$$

Der Prozeß ist somit *instationär*, sein Mittelwert und seine Varianz steigen linear mit der Zeit an.

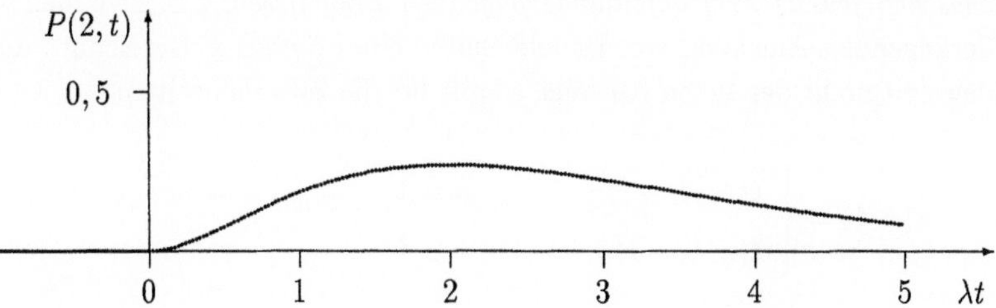

Abb. 3.17: Wahrscheinlichkeit beim Poissonprozeß für $k = 2$

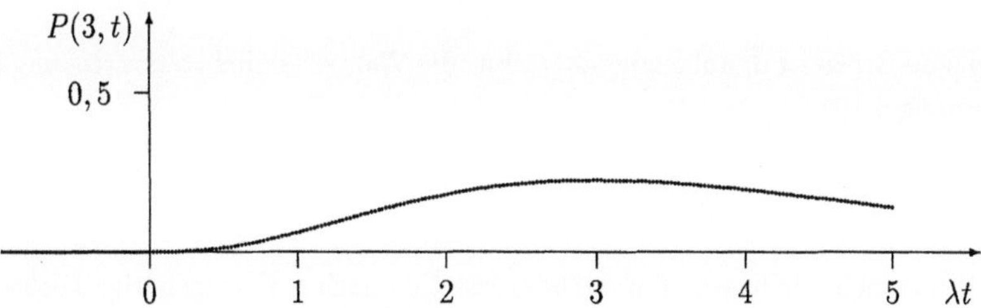

Abb. 3.18: Wahrscheinlichkeit beim Poissonprozeß für $k = 3$

Für die Berechnung der *Autokorrelationsfunktion*

$$s_{xx}(t_1, t_2) = \mathrm{E}\{\boldsymbol{x}(\eta, t_1)\,\boldsymbol{x}(\eta, t_2)\}$$

nehmen wir an, $\boldsymbol{x}(\eta, t_i)$ sei die Anzahl der Ereignisse im Zeitintervall $[0, t_i)$, und erweitern – zunächst für $t_2 > t_1$ – diesen Ausdruck:

$$\begin{aligned}
s_{xx}(t_1, t_2) &= \mathrm{E}\{\boldsymbol{x}(\eta, t_1)\,(\boldsymbol{x}(\eta, t_2) - \boldsymbol{x}(\eta, t_1) + \boldsymbol{x}(\eta, t_1))\} \\
&= \mathrm{E}\{\boldsymbol{x}(\eta, t_1)\,(\boldsymbol{x}(\eta, t_2) - \boldsymbol{x}(\eta, t_1))\} + \mathrm{E}\{\boldsymbol{x}^2(\eta, t_1)\}.
\end{aligned}$$

Im ersten Erwartungswert steht nun das Produkt aus den Anzahlen der Ereignisse in disjunkten Intervallen. Gemäß den Annahmen sind somit $\boldsymbol{x}(\eta, t_1)$ und $\boldsymbol{x}(\eta, t_2) - \boldsymbol{x}(\eta, t_1)$ statistisch unabhängig, und man erhält mit 3.99 und 3.100:

$$s_{xx}(t_1, t_2) = \lambda t_1(1 + \lambda t_2) \quad \text{für } 0 \leq t_1 \leq t_2. \tag{3.102}$$

Das Ergebnis für $0 \leq t_2 \leq t_1$ erhält man durch Vertauschen von t_1 und t_2 auf der rechten Seite.

Für eine Reihe von Anwendungen interessiert die *Wahrscheinlichkeitsdichte der Zeiten zwischen jeweils zwei aufeinanderfolgenden Ereignissen*, z.B. zwischen zwei aufeinanderfolgenden Ausfällen von Bauelementen eines Systems. Bezeichnet man mit $t(\eta, k)$ den Zeitpunkt des k–ten Ausfalls, so gilt für die Zwischenzeiten:

$$z(\eta, k) = \begin{cases} t(\eta, 1) & k = 1 \\ t(\eta, k) - t(\eta, k - 1) & k > 1. \end{cases} \qquad (3.103)$$

Genau wie die Ausfallzeiten beschreiben diese Zwischenzeiten einen Zufallsprozeß. Für die Wahrscheinlichkeit, daß $z(\eta, k)$ größer als t ist, gilt:

$$P(\{\eta | z(\eta, k) > t\}) = P(\{\eta | x(\eta, t) = 0\}) = e^{-\lambda t} \qquad t \geq 0. \qquad (3.104)$$

Diese Größe ist unabhängig von k. Für die Wahrscheinlichkeitsverteilung folgt aus Gleichung 3.104:

$$F_z(t) = P(\{\eta | z(\eta, k) \leq t\}) = 1 - e^{-\lambda t} \qquad t \geq 0. \qquad (3.105)$$

Schließlich erhält man durch Differentiation nach t die zugehörige Dichte:

$$f_z(t) = \lambda e^{-\lambda t} \qquad t \geq 0. \qquad (3.106)$$

Für alle $t < 0$ verschwindet $f_z(t)$ (siehe Abbildung 3.19). Aus Gleichung 3.106 läßt sich die *mittlere Zeit zwischen zwei aufeinanderfolgenden Ereignissen* berechnen:

$$m_z^{(1)} = \mathrm{E}\{z(\eta, k)\} = \int_0^\infty \lambda t e^{-\lambda t} dt = \frac{1}{\lambda}. \qquad (3.107)$$

$1/\lambda$ ist somit die mittlere Zeit zwischen zwei Ereignissen. Der Parameter λ selbst ist die mittlere Anzahl von Ereignissen in der Zeiteinheit.

Poissonprozesse haben ähnlich wie Gaußprozesse eine Reihe von *Eigenschaften*, die eine Modellanalyse wesentlich erleichtern können. Wir wollen drei dieser Eigenschaften betrachten:

1. *Gedächtnisfreiheit*:

   Diese besagt, daß die Zeit, die noch bis zum nächsten Ereignis vergeht, unabhängig von der seit dem letzten Ereignis bereits vergangen Zeit ist. Dies ist eine Folge der Annahme, daß Ereignisse in sich nicht überschneidenden Intervallen statistisch unabhängig sind.

   Es sei $z(\eta, t)$ wieder die Zeit zwischen zwei aufeinanderfolgenden Ereignissen. Dann gilt für die Wahrscheinlichkeit, daß die Zeit zwischen zwei Ereignissen kleiner oder

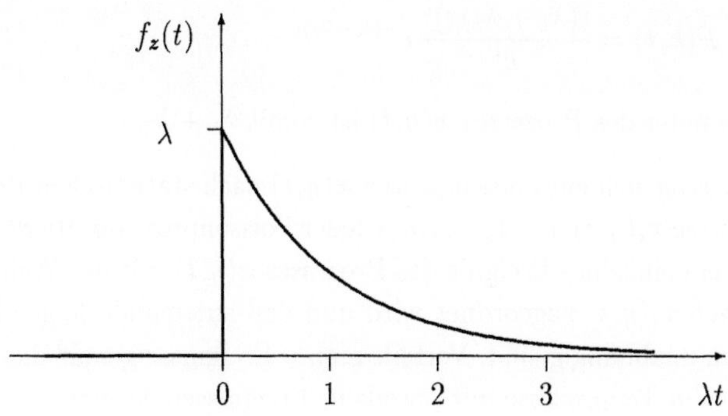

Abb. 3.19: Dichte der Zeiten zwischen zwei aufeinanderfolgenden Ereignissen beim Poissonprozeß

gleich $t + \tau$ ist, unter der Bedingung, daß seit dem letzten Ereignis bereits die Zeit t vergangen ist:

$$P(\{\eta | \boldsymbol{z}(\eta, k) \le t + \tau\} | \{\eta | \boldsymbol{z}(\eta, k) > t\})$$

$$= \frac{P(\{\eta | \boldsymbol{z}(\eta, k) \le t + \tau\} \cap \{\eta | \boldsymbol{z}(\eta, k) > t\})}{P(\{\eta | \boldsymbol{z}(\eta, k) > t\})}$$

$$= \frac{P(\{\eta | t < \boldsymbol{z}(\eta, k) \le t + \tau\})}{P(\{\eta | \boldsymbol{z}(\eta, k) > t\})}$$

$$= \frac{P(\{\eta | \boldsymbol{z}(\eta, k) > t\}) - P(\{\eta | \boldsymbol{z}(\eta, k) > t + \tau\})}{P(\{\eta | \boldsymbol{z}(\eta, k) > t\})} \qquad (3.108)$$

$$= \frac{exp(-\lambda t) - exp(-\lambda(t + \tau))}{exp(-\lambda t)}$$

$$= 1 - e^{-\lambda \tau} = P(\{\eta | \boldsymbol{z}(\eta, k) \le \tau\}) \quad \text{für } t \ge 0 \text{ und } \tau \ge 0$$

(siehe Gleichung 3.105). Diese bedingte Wahrscheinlichkeit ist somit unabhängig von der bereits vergangenen Zeitspanne t.

2. Die *Summe* $\boldsymbol{x}(\eta, t)$ aus zwei statistisch unabhängigen Poissonprozessen $\boldsymbol{x_1}(\eta, t)$ und $\boldsymbol{x_2}(\eta, t)$ mit den Parametern λ_1 und λ_2 ist wieder ein Poissonprozeß:

$$\boldsymbol{x}(\eta, t) = \boldsymbol{x_1}(\eta, t) + \boldsymbol{x_2}(\eta, t)$$

Für die Wahrscheinlichkeit $P(k, t)$ gilt dann mit Gleichung 3.98:

$$P(k, t) = \sum_{l=0}^{k} P_1(l, t)\, P_2(k - l, t) = \sum_{l=0}^{k} \frac{(\lambda_1 t)^l}{l!}\, e^{-\lambda_1 t}\, \frac{(\lambda_2 t)^{k-l}}{(k - l)!}\, e^{-\lambda_2 t}. \qquad (3.109)$$

Nach einigen Umformungen folgt daraus:

$$P(k,t) = \frac{((\lambda_1 + \lambda_2)\,t)^k}{k!}\, e^{-(\lambda_1+\lambda_2)t}. \tag{3.110}$$

Parameter des Prozesses $\boldsymbol{x}(\eta, t)$ ist somit $\lambda_1 + \lambda_2$.

3. *Verzweigt* sich ein Poissonprozeß $\boldsymbol{x}(\eta, t)$ nach statistischen Regeln, so sind die Teilprozesse $\boldsymbol{x_i}(\eta, t)$, $i = 1, \ldots, m$, wieder Poissonprozesse. Hierzu muß man annehmen, daß ein einzelnes Ereignis des Prozesses $\boldsymbol{x}(\eta, t)$ mit der Wahrscheinlichkeit p_i dem Prozeß $\boldsymbol{x_i}(\eta, t)$ zugeordnet wird und daß aufeinanderfolgende Zuordnungen statistisch unabhängig sind. Verteilt man n Ereignisse gemäß den Wahrscheinlichkeiten p_i auf m Teilprozesse mit jeweils n_i Ereignissen, so sind

$$\sum_{i=1}^{m} n_i = n \quad \text{und} \quad \sum_{i=1}^{m} p_i = 1. \tag{3.111}$$

Nach Regeln der Kombinatorik gibt es dann genau

$$\frac{n!}{n_1!\, n_2! \cdots n_m!}$$

Möglichkeiten, eine Aufteilung genau in $n_1, n_2, \ldots, n_m$ zu erreichen. Daher gilt für die Wahrscheinlichkeit dieser Aufteilung:

$$
\begin{aligned}
P(\{\eta|\boldsymbol{x_1}(\eta, t) &= n_1\} \cap \ldots \cap \{\eta|\boldsymbol{x_m}(\eta, t) = n_m\}) \\
&= P(\{\eta|\boldsymbol{x_1}(\eta, t) = n_1\} \cap \ldots \cap \{\eta|\boldsymbol{x_m}(\eta, t) = n_m\} \\
&\quad |\{\eta|\boldsymbol{x}(\eta, t) = n\}) P(\{\eta|\boldsymbol{x}(\eta, t) = n\}) \\
&= \frac{n!}{n_1! \cdots n_m!}\, p_1^{n_1} \cdots p_m^{n_m}\, \frac{(\lambda t)^n}{n!} e^{-\lambda t} = \prod_{i=1}^{m} \frac{(p_i \lambda t)^{n_i}}{n_i!}\, e^{-p_i \lambda t}\,.
\end{aligned}
\tag{3.112}
$$

Die Teilprozesse sind somit *statistisch unabhängige Poissonprozesse* mit den Parametern $p_i \lambda$.

Weitere Überlegungen zum Poissonprozeß finden sich in [132]. Ein wichtiges Anwendungsgebiet von Poissonprozessen ist die Analyse der Vorgänge in den Knoten von Kommunikationsnetzen [110].

Beispiel 3.23 Bediensystem (M/M/1)

Es liege ein Bediensystem vom Typ M/M/1 vor. Die Abkürzung M/M/1 ist eine vereinbarte Kurzbezeichung. Sie bedeutet: Ankunft der Kunden gemäß einem Poissonprozeß/Bedienung gemäß einem Poissonprozeß/eine Bedienstation.

Die Ankunft der Kunden werde durch einen Poissonprozeß mit dem Parameter λ_a, die Zeit, die für die Bedienung eines Kunden benötigt wird, durch einen Poissonprozeß mit dem

Parameter λ_b beschrieben. Ankunftsprozeß und Bedienprozeß seien statistisch unabhängig. $n(\eta, t)$ sei die Anzahl der Kunden im System zum Zeitpunkt t. Setzt man voraus, daß hierfür ein stationärer Zustand existiert, so erhält man folgende Gleichgewichtsbedingung:

$$(\lambda_a + \lambda_b)\, P_n(n) = \lambda_a\, P_n(n-1) + \lambda_b\, P_n(n+1) \qquad \text{für } n \geq 1\,.$$

Hierbei ist $P_n(n)$ die Wahrscheinlichkeit, daß n Kunden im System sind. Multipliziert man beide Seiten dieser Gleichung mit Δt, so beschreibt sie auf ihrer linken Seite die Wahrscheinlichkeit, daß der Zustand "n Kunden im System" verlassen wird. Die rechte Seite gibt die Wahrscheinlichkeit an, daß dieser Zustand von den beiden benachbarten Zuständen aus erreicht wird. Als Anfangsbedingung gilt:

$$\lambda_a\, P_n(0) = \lambda_b\, P_n(1)\,.$$

Unter der Nebenbedingung

$$\sum_{n=0}^{\infty} P_n(n) = 1$$

kann das Gleichungssystem rekursiv gelöst werden. Man erhält für $n \geq 0$:

$$P_n(n) = (1 - \varrho)\, \varrho^n\,,$$

mit der Abkürzung $\varrho = \lambda_a / \lambda_b$ für die *Verkehrsintensität*. Ein stationärer Zustand existiert nur dann, wenn $\varrho < 1$ ist.

Für die mittlere Anzahl der Kunden im System folgt daraus:

$$m_n^{(1)} = \mathrm{E}\{n(\eta, t)\} = \sum_{n=0}^{\infty} n\, P_n(n) = \frac{\varrho}{1 - \varrho}\,.$$

Für ϱ gegen Eins wächst somit die mittlere Anzahl der Kunden im System über alle Grenzen (siehe Abbildung 3.20).

3.8.3   Erlangprozeß

Beim Poissonprozeß gilt für die Zeiten zwischen zwei Ereignissen die Wahrscheinlichkeitsdichte

$$f_z(t) = \lambda\, e^{-\lambda t} \qquad \text{für } t \geq 0$$

(siehe Gleichung 3.106). Es ist dies der Sonderfall eines Erlangprozesses. Zur Wahrscheinlichkeitsdichte der Zeiten zwischen zwei Ereignissen eines Erlangprozesses kommt man mit der folgenden Überlegung:

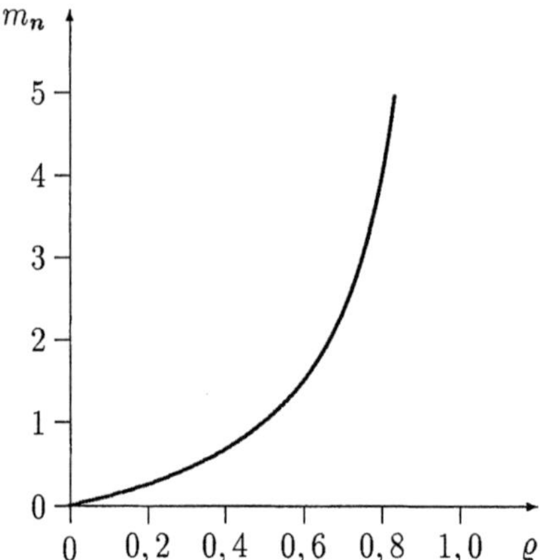

Abb. 3.20: Mittlere Anzahl von Kunden in einem M/M/1–System als Funktion der Verkehrsintensität ϱ (siehe Beispiel 3.23)

Es sei $\kappa\lambda$ der Parameter eines Poissonprozesses. Für den Erlangprozeß zähle jedoch nun nur jedes κ-te Ereignis. Dann sind die Zeiten $\boldsymbol{w}(\eta,k)$ zwischen zwei Ereignissen des Erlangprozesses jeweils die Summe aus κ aufeinanderfolgenden Zwischenzeiten des Poissonprozesses. Die Wahrscheinlichkeit, daß $\boldsymbol{w}(\eta,k)$ größer ist als t, d.h. $P(\{\eta|\boldsymbol{w}(\eta,k) > t\})$, ist damit gleich der Wahrscheinlichkeit, daß in der Zeitspanne von der Dauer t weniger als κ Ereignisse des Poissonprozesses stattfinden:

$$P(\{\eta|\boldsymbol{w}(\eta,k) > t\}) = \sum_{i=0}^{\kappa-1} \frac{(\kappa\lambda t)^i}{i!}\, e^{-\kappa\lambda t} \qquad \text{für } t \geq 0\,. \tag{3.113}$$

Dann gilt aber für die Wahrscheinlichkeitsverteilung der Zwischenzeiten des Erlangprozesses:

$$F_{\boldsymbol{w}}(t) = P(\{\eta|\boldsymbol{w}(\eta,k) \leq t\}) = 1 - \sum_{i=0}^{\kappa-1} \frac{(\kappa\lambda t)^i}{i!}\, e^{-\kappa\lambda t} \qquad \text{für } t \geq 0\,. \tag{3.114}$$

Die Dichte erhält man daraus durch Ableitung nach der Variablen t:

$$f_{\boldsymbol{w}}(t) = \kappa\lambda\, \frac{(\kappa\lambda t)^{\kappa-1}}{(\kappa-1)!}\, e^{-\kappa\lambda t} \qquad t \geq 0\,. \tag{3.115}$$

Dies ist die Wahrscheinlichkeitsdichte für die Zeiten zwischen zwei Ereignissen eines Erlangprozesses der Ordnung κ (siehe Abbildung 3.21). Ein derartiger Prozeß kann ein geeignetes Modell für die Bedienung eines Kunden sein, die sich aus κ gleichartigen Einzelvorgängen zusammensetzt. Für $\kappa = 1$ ergibt sich wieder ein Poissonprozeß.

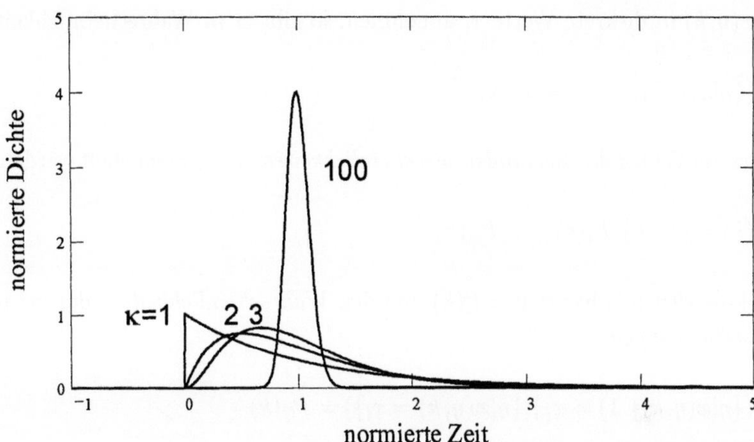

Abb. 3.21: Normierte Erlangdichte $f_x(x, k)/\lambda$ als Funktion der normierten Zeit λt mit κ als Parameter

3.8.4   Markovketten

Es soll nun eine Klasse von Zufallsprozessen betrachtet werden, die sich dadurch auszeichnet, daß ihre Zukunft nur von der Gegenwart und einer begrenzten Zeitspanne bzw. Anzahl von Zeitpunkten der Vergangenheit abhängt. Wir beschränken uns hier auf den einfachsten Typ dieser Prozesse: auf *Markovketten erster Ordnung*. Diese sind zeit- und wertdiskrete Zufallsprozesse. Mit der Abkürzung

$$\{\eta \,|\, x(\eta, k) = x\} = \{x_k = x\}$$

gilt die folgende Definition:

Definition 3.25 Markovkette erster Ordnung
Einen zeit- und wertdiskreten Zufallsprozeß $x(\eta, k)$ mit der Eigenschaft

$$P(\{x_i = x_{l_i}\} \,|\, (\{x_{i-1} = x_{l_{i-1}}\} \cap \{x_{i-2} = x_{l_{i-2}}\} \cap \cdots))$$
$$= P(\{x_i = x_{l_i}\} \,|\, \{x_{i-1} = x_{l_{i-1}}\})$$

nennt man eine Markovkette erster Ordnung.

Erstreckt sich die Abhängigkeit der bedingten Wahrscheinlichkeit nicht nur über einen einzigen sondern über n benachbarte Werte, so spricht man von einer *Markovkette der Ordnung n*. Bei Markovketten der Ordnung Null sind benachbarte Werte statistisch unabhängig. Gilt $\boldsymbol{x}(\eta, k) = x_i$, so sagt man auch, daß sich der Prozeß zum Zeitpunkt k im *Zustand i* befindet.

Kann $\boldsymbol{x}(\eta, k)$ m diskrete Werte x_i annehmen, so gibt es m Wahrscheinlichkeiten

$$P(\{\eta | \boldsymbol{x}(\eta, k) = x_i\}) = P_i(k),$$

die zu einem Vektor der *Zustandswahrscheinlichkeiten* zusammengefaßt werden können:

$$\underline{P}(k) = (P_1(k), P_2(k), \ldots, P_m(k))^T. \tag{3.116}$$

Der Vektor $\underline{P}(k+1)$ hängt von $\underline{P}(k)$ und den *Wahrscheinlichkeiten* der m^2 möglichen *Zustandsübergängen*

$$P(\{\eta | \boldsymbol{x}(\eta, k+1) = x_j\} | \{\eta | \boldsymbol{x}(\eta, k) = x_l\}) = P_{lj}(k)$$

ab. Diese lassen sich zu einer *Zustandsübergangsmatrix* zusammenfassen:

$$\underline{Q}(k) = (P_{lj}(k)). \tag{3.117}$$

Dies ist eine sog. *stochastische Matrix*, denn für ihre Elemente gilt:

$$P_{lj}(k) \geq 0, \qquad \text{und} \qquad \sum_{j=1}^{m} P_{lj}(k) = 1 .$$

Die mit der Übergangsmatrix ausgedrückten Eigenschaften einer Markovkette lassen sich in einem (Zustands-) **Übergangsgraphen** darstellen. Dieser ist ein gerichteter Graph, dessen Knoten die Zustände der Kette darstellen. Die Kanten des Graphen kennzeichnen die von Null verschiedenen Übergangswahrscheinlichkeiten, deren Zahlenwerte als Gewichte der Kanten eingetragen werden (siehe Beispiel 3.24).

Beispiel 3.24 Zustandsübergangsgraph einer Markovkette erster Ordnung

$$\text{Übergangsmatrix } \underline{Q}(k) = \begin{pmatrix} 0 & 0,5 & 0,5 \\ 0,2 & 0,8 & 0 \\ 0 & 0,6 & 0,4 \end{pmatrix}$$

Abbildung 3.22 zeigt den zugehörigen Zustandsübergangsgraphen.

Die Wahrscheinlichkeit, daß sich der Prozeß zum Zeitpunkt $k+1$ im Zustand l befindet, setzt sich additiv zusammen aus den Wahrscheinlichkeiten $P_i(k)$ multipliziert mit den

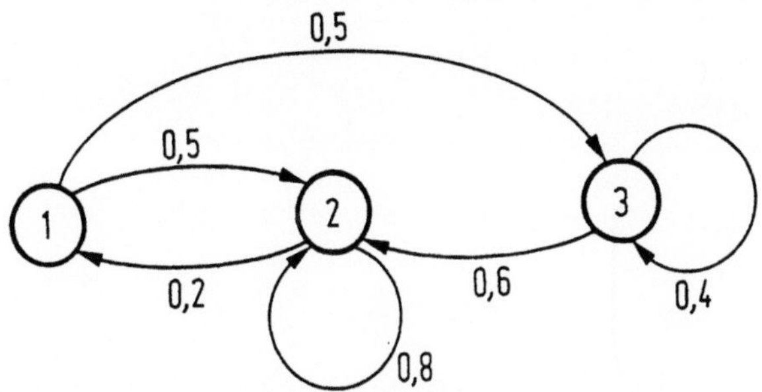

Abb. 3.22: Zustandsübergangsgraph einer Markovkette erster Ordnung (siehe Beispiel 3.24)

Wahrscheinlichkeiten der Übergänge aus den Zuständen i, $i = 1, \ldots, m$, in den Zustand l:

$$P_l(k + 1) = \sum_{i=1}^{m} P_i(k)\, P_{il}(k). \tag{3.118}$$

Mit den Gleichungen 3.116 und 3.117 läßt sich dies in folgender Form schreiben:

$$\underline{P}(k + 1) = \underline{Q}^T(k)\underline{P}(k). \tag{3.119}$$

Wendet man diese Gleichung wiederholt an, so erhält man für $\underline{P}(k + 1)$:

$$\underline{P}(k + 1) = \underline{Q}^T(k)\,\underline{Q}^T(k - 1) \cdots \underline{Q}^T(0)\,\underline{P}(0). \tag{3.120}$$

Bei *stationären* oder *homogenen* Markovketten ist $\underline{Q}(k)$ unabhängig von k, und man schreibt vereinfacht $\underline{Q}$. Damit erhält man für Gleichung 3.120:

$$\underline{P}(k + 1) = (\underline{Q}^{k+1})^T\, \underline{P}(0). \tag{3.121}$$

$\underline{P}(0)$ ist der Vektor der *Anfangswahrscheinlichkeiten* der Zustände der Markovkette. Bei einer *regulären Markovkette* erreichen die Zustandswahrscheinlichkeiten $\underline{P}(k)$ einen Endwert $\underline{P}$, der unabhängig von $\underline{P}(0)$ und von k ist und für den folglich gilt:

$$\underline{P} = \underline{Q}^T \underline{P}. \tag{3.122}$$

Zur Bestimmung von $\underline{P}$ ist diese Gleichung unter der Nebenbedingung

$$\sum_{i=1}^{m} P_i = 1 \tag{3.123}$$

zu lösen. Man definiert hierzu einen Vektor $\underline{I}$ und eine Matrix $\underline{U}$, die beide ausschließlich Einsen enthalten:

$$\underline{I} = (1, 1, \cdots, 1)^T ,\tag{3.124}$$

$$\underline{U} = \begin{pmatrix} 1, & 1, & \cdots & 1 \\ \cdot & \cdot & \cdots & \cdot \\ 1, & 1, & \cdots & 1 \end{pmatrix} . \tag{3.125}$$

Dann läßt sich die Nebenbedingung 3.123 wie folgt formulieren:

$$\underline{U}\,\underline{P} = \underline{I} . \tag{3.126}$$

Nun lassen sich die Gleichungen 3.122 und 3.126 zusammenfassen und – falls die inverse Matrix existiert – nach dem Vektor $\underline{P}$ auflösen:

$$\underline{P} = (\underline{Q}^T + \underline{U} - \underline{1})^{-1}\underline{I} . \tag{3.127}$$

Darin bezeichnet ”$\underline{1}$” die Einheitsmatrix.

Beispiel 3.25 Binärer Zufallsprozeß

$x(\eta, k)$ sei ein zeitdiskreter binärer Zufallsprozeß mit den Werten $x_1 = 0$ und $x_2 = 1$. Es gelten folgende Zustandsübergangswahrscheinlichkeiten:

$$P_{il} = \begin{cases} 1 - q & i = 1, l = 1 \\ q & i = 1, l = 2 \\ p & i = 2, l = 1 \\ 1 - p & i = 2, l = 2. \end{cases}$$

Für die Endwerte der Zustandswahrscheinlichkeiten muß folglich gelten:

$$\begin{pmatrix} P_1 \\ P_2 \end{pmatrix} = \begin{pmatrix} 1 - q & p \\ q & 1 - p \end{pmatrix} \begin{pmatrix} P_1 \\ P_2 \end{pmatrix} .$$

Die Nebenbedingung lautet:

$$P_1 + P_2 = 1 .$$

Dies ergibt folgende Lösung:

$$P_1 = \frac{p}{p+q} \quad \text{und} \quad P_2 = \frac{q}{p+q}.$$

Mittelwerte des Zufallsprozesses $\boldsymbol{x}(\eta, k)$:

$$\begin{aligned}
m_{\boldsymbol{x}}^{(1)} &= \mathrm{E}\{\boldsymbol{x}(\eta, k)\} = 0 \cdot P_1 + 1 \cdot P_2 = q/(p+q) \\
m_{\boldsymbol{x}}^{(2)} &= \mathrm{E}\{\boldsymbol{x}^2(\eta, k)\} = q/(p+q) \\
\sigma_{\boldsymbol{x}}^2 &= m_{\boldsymbol{x}}^{(2)} - (m_{\boldsymbol{x}}^{(1)})^2 = pq/(p+q)^2
\end{aligned}$$

Die Autokorrelationsfunktion kann punktweise berechnet werden:

$$\begin{aligned}
s_{\boldsymbol{xx}}(0) &= m_{\boldsymbol{x}}^{(2)} = q/(p+q), \\
s_{\boldsymbol{xx}}(1) &= \mathrm{E}\{\boldsymbol{x}(\eta, k)\,\boldsymbol{x}(\eta, k+1)\} \\
&= x_1^2 P_1 P_{11} + x_1 x_2 P_1 P_{12} + x_2 x_1 P_2 P_{21} + x_2^2 P_2 P_{22} \\
&= (1-p)q/(p+q).
\end{aligned}$$

Da $x_1 = 0$ ist, gehen nur Folgen, die ausschließlich x_2 enthalten, in das Ergebnis ein.

$$\begin{aligned}
s_{\boldsymbol{xx}}(2) &= x_2^2 P_2(P_{21}P_{12} + P_{22}P_{22}) = (pq + (1-p)^2)q/(p+q) , \\
s_{\boldsymbol{xx}}(3) &= x_2^2 P_2(P_{21}P_{11}P_{12} + P_{21}P_{12}P_{22} + P_{22}P_{21}P_{12} + P_{22}P_{22}P_{22}) \\
&= (pq(1-q) + 2pq(1-p) + (1-p)^3)q/(p+q) .
\end{aligned}$$

Sonderfall: $p = q = 0,5$:

$$\begin{aligned}
s_{\boldsymbol{xx}}(l) &= \begin{cases} 0,5 & l = 0 \\ 0,25 & l \neq 0 , \end{cases} \\
S_{\boldsymbol{xx}}(\Omega) &= 0,25\,(1 + \sum_{l=-\infty}^{+\infty} e^{-j\Omega l}) = 0,25\,(1 + 2\pi \sum_{l=-\infty}^{+\infty} \delta(\Omega - 2\pi l)) .
\end{aligned}$$

Bevor wir Voraussetzungen für die Regularität einer Markovkette formulieren können, müssen wir die Zustände der Kette klassifizieren.

Eine Art der Klassifizierung richtet sich nach der Wahrscheinlichkeit, mit der die Markovkette von einem Zustand j innerhalb unendlich vieler Schritte einen Zustand k erreicht. Bezeichnet man mit $p_{jk}(n)$ die Wahrscheinlichkeit des *ersten* Übergangs vom

Zustand j in den Zustand k nach n Schritten, so erhält man für die Wahrscheinlichkeit, daß die Kette ausgehend vom Zustand j *irgendwann* den Zustand k erreicht:

$$p_{jk} = \sum_{n=1}^{\infty} p_{jk}(n)\,. \tag{3.128}$$

Die Größe p_{jk} nennt man für $k \neq j$ die *Prozeßübergangswahrscheinlichkeit* und für $k = j$ die *Prozeßrückkehrwahrscheinlichkeit*. Entsprechend den Werten von p_{jj}, $j = 1, \cdots, m$, lassen sich die Zustände einer Markovkette in zwei Klassen einteilen:

1. Bei $p_{jj} < 1$ wird ein Zustand j möglicherweise niemals wieder erreicht. Man nennt derartige Zustände *transient*.

2. Bei $p_{jj} = 1$ wird ein Zustand sicher – d.h. mit Wahrscheinlichkeit Eins – wieder erreicht. Man nennt ihn *rekurrent*.

Bei rekurrenten Zuständen ist die Anzahl der Schritte (bzw. die Zeit) zwischen zwei Durchgängen durch einen Zustand j, die *Rückkehrzeit*, eine diskrete Zufallsvariable $\boldsymbol{n}_{jj}(\eta)$ mit den Wahrscheinlichkeiten

$$P(\{\eta | \boldsymbol{n}_{jj}(\eta) = n\}) = p_{jj}(n)\,. \tag{3.129}$$

Die mittlere Anzahl von Schritten, die für einen Übergang von einem Zustand j in einen Zustand k benötigt wird, kann wie folgt bestimmt werden:

$$m_{jk} = \begin{cases} \displaystyle\sum_{n=1}^{\infty} n\, p_{jk}(n) & \text{bei} \quad p_{jk} = 1 \\[2mm] \infty & \text{bei} \quad p_{jk} < 1\,. \end{cases} \tag{3.130}$$

Bei $p_{jk} = 1$ kann diese Größe rekursiv berechnet werden:

$$m_{jk} = P_{jk} + \sum_{i \neq k} (m_{ji} + 1)\, P_{ik}\,. \tag{3.131}$$

Dieser Gleichung liegt die Überlegung zugrunde, daß die Markovkette im Mittel nach m_{ji} Schritten vom Zustand j in den Zustand i übergeht und im folgenden Schritt mit der Übergangswahrscheinlichkeit P_{ik} vom Zustand i den Zustand k erreicht.

Abhängig von der Größe von m_{jj} unterscheidet man zwei Typen von rekurrenten Zuständen:

1. Bei *null rekurrenten* Zuständen ist die mittlere Schrittzahl für die Rückkehr in den Ausgangszustand unendlich groß. Dies ist jedoch nur bei Markovketten mit unendlich großer Anzahl von Zuständen möglich.

2. Bei *positiv rekurrenten* Zuständen ist die mittlere Schrittzahl für die Rückkehr endlich.

Positiv rekurrente Zustände können *aperiodisch* oder *periodisch* sein. Bei periodischen Zuständen ist eine Rückkehr nur nach ik Schritten, $i, k \in \mathsf{IN}, k > 1$, möglich. Einen positiv rekurrenten, aperiodischen Zustand nennt man *ergodisch*.

Ein weiteres wesentliches Kriterium für die Eigenschaften einer Markovkette ist die *Erreichbarkeit* der einzelnen Zustände untereinander. Ein Zustand k ist von einem Zustand j aus erreichbar, wenn es eine endliche ganze Zahl n gibt derart, daß das Element $P_{jk}^{(n)}$ der n–ten Potenz der Zustandsübergangsmatrix Q größer als Null ist. In diesem Fall gibt es im Zustandsübergangsgraphen einen n Kanten durchlaufenden Pfad von j nach k. Ist sowohl k von j als auch j von k aus erreichbar, so sagt man, daß beide Zustände *kommunizieren*. Kommunizieren alle möglichen Zustandspaare einer Markovkette miteinander, so nennt man diese Kette *irreduzibel*. In einer derartigen Markovkette gehören *alle* Zustände derselben Klasse an, d.h. alle Zustände sind entweder transient oder nullrekurrent oder positiv rekurrent und entweder periodisch oder aperiodisch.

Beispiel 3.26 Periodische Markovkette

Eine homogene Markovkette habe folgende Zustandsübergangsmatrix Q:

$$Q = \begin{pmatrix} 0 & 0,5 & 0,5 & 0 & 0 \\ 0 & 0 & 0 & 0,5 & 0,5 \\ 0 & 0 & 0 & 0,5 & 0,5 \\ 1 & 0 & 0 & 0 & 0 \\ 1 & 0 & 0 & 0 & 0 \end{pmatrix}$$

Diese Markovkette ist periodisch mit der Periode 3 (siehe Abbildung 3.23).

Ist eine Markovkette *irreduzibel* und *ergodisch*, so existiert ein zeitunabhängiger eindeutiger Vektor P der Zustandswahrscheinlichkeiten. Für die Elemente P_i dieses Vektors gilt:

$$P_i = 1/m_{ii} \qquad i = 1, \cdots, m \,. \tag{3.132}$$

Markovketten werden zur Analyse zahlreicher technischer und nicht–technischer Vorgänge benutzt. Beispiele sind u.a. Nachrichtenquellen und Bediensysteme. Auch Zufallsprozesse, die gegenüber Definition 3.25 allgemeiner definiert sind, können die Eigenschaften einer Markovkette haben. Beispiele für die Anwendung allgemeinerer Prozeßmodelle sind die Analyse von Texten und Musikstücken. Im ersten Fall entsprechen den Zuständen der Markovkette Buchstaben, Satzzeichen oder Zwischenräume,

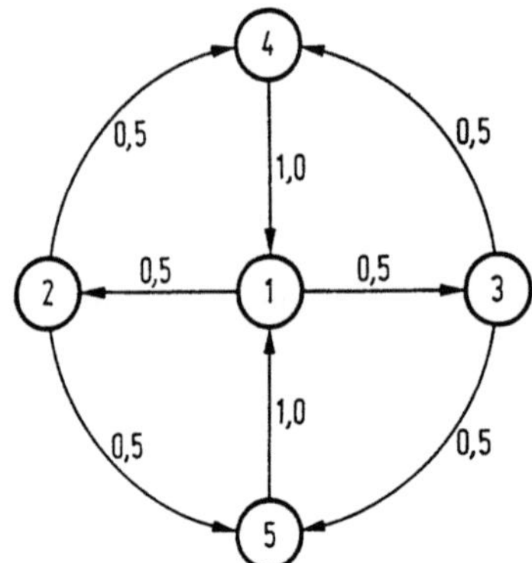

Abb. 3.23: Zustandsübergangsgraph einer periodischen Markovkette (siehe Beispiel 3.26)

im zweiten Fall Noten und Pausen. Bei Kenntnis der Übergangswahrscheinlichkeiten (etwa bis zur dritten Ordnung) kann man versuchen, Texte einem bestimmten Autor zuzuordnen oder Musikstücke nach den Gesetzen einer bestimmten Epoche durch einen Rechner "komponieren" zu lassen. Weitere Überlegungen zu Markovketten finden sich beispielsweise in [104].

Beispiel 3.27 Bediensystem

Ein Bediensystem habe zwei Warteplätze. Die Bedienung wartender Kunden beginne immer zu Zeiten kT. Es sei a die Wahrscheinlichkeit, daß ein Kunde zwischen iT und $(i+1)T$ eintrifft, b die Wahrscheinlichkeit, daß ein Kunde bedient ist und das System verläßt. In jedem Intervall $[iT,\ (i+1)T)]$ komme und gehe jeweils höchstens ein Kunde. Sind alle Warteplätze besetzt, so werden weitere Kunden abgewiesen.

Die Anzahl der wartenden Kunden kann als Markovkette modelliert werden. Es gibt drei Zustände: $0, 1$ und 2. Abbildung 3.24 zeigt den Zustandsübergangsgraphen. Für die Übergangsmatrix erhält man:

$$\underline{Q} = \begin{pmatrix} 1-a & a & 0 \\ b(1-a) & ab+(1-a)(1-b) & a(1-b) \\ 0 & b & 1-b \end{pmatrix} .$$

Es seien $a = 1/4$, $b = 1/2$. Dann ist:

$$\underline{Q} = \frac{1}{8} \begin{pmatrix} 6 & 2 & 0 \\ 3 & 4 & 1 \\ 0 & 4 & 4 \end{pmatrix}.$$

Für die stationären Zustandswahrscheinlichkeiten erhält man:

$$\underline{P} = \frac{1}{11} \begin{pmatrix} 6 \\ 4 \\ 1 \end{pmatrix}.$$

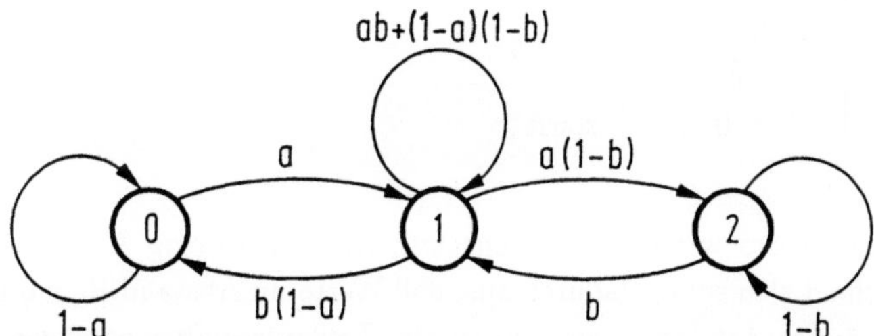

Abb. 3.24: Zustandsübergangsgraph eines Bediensystems (siehe Beispiel 3.27)

3.8.5   ARMA–Prozesse

Für die Analyse von Meßreihen oder zur Identifizierung eines linearen Systems auf der Grundlage von Messungen seines Eingangs und seines Ausgangs benötigt man Modellprozesse, die einerseits genügend anpassungsfähig sind, die sich andererseits aber auch mit einfachen Mitteln analysieren lassen. Eine in diesem Zusammenhang oft verwendete Klasse von Zufallsprozessen sind die sog. **A**uto**R**egressiven **M**oving **A**verage–Prozesse. Man versteht hierunter die Zusammenfassung von **A**uto**R**egressiven und von **M**oving **A**verage Prozessen, die hier zunächst einzeln diskutiert werden.

Wir beschränken uns hier auf zeitdiskrete Zufallsprozesse. Es sei $\boldsymbol{w}(\eta, k)$ ein stationärer weißer Zufallsprozeß (siehe die Gleichungen 3.63 und 3.64). Dann ist

$$\boldsymbol{x}(\eta, k) = \sum_{i=0}^{q} a_i\, \boldsymbol{w}(\eta, k - i) \tag{3.133}$$

mit (willkürlich) $a_0 = 1$ und $a_q \neq 0$ ein *Moving Average-Prozeß der Ordnung q*. Für den linearen Mittelwert, die Varianz und die Autokorrelationsfunktion dieses Prozesses gelten:

$$m_x^{(1)} = \mathrm{E}\{\boldsymbol{x}(\eta,k)\} = \sum_{i=0}^{q} a_i\, \mathrm{E}\{\boldsymbol{w}(\eta,k-i)\} = 0\,, \tag{3.134}$$

$$\begin{aligned}
\sigma_x^2 &= \mathrm{E}\{(\boldsymbol{x}(\eta,k) - m_x^{(1)})^2\} \\
&= \sum_{i=0}^{q}\sum_{j=0}^{q} a_i\, a_j\, \mathrm{E}\{\boldsymbol{w}(\eta,k-i)\,\boldsymbol{w}(\eta,k-j)\} = \sigma_w^2 \sum_{i=0}^{q} a_i^2\,,
\end{aligned} \tag{3.135}$$

$$\begin{aligned}
s_{xx}(l) &= \mathrm{E}\{\boldsymbol{x}(\eta,k)\,\boldsymbol{x}(\eta,k+l)\} \\
&= \sum_{i=0}^{q}\sum_{j=0}^{q} a_i\, a_j\, \mathrm{E}\{\boldsymbol{w}(\eta,k-i)\,\boldsymbol{w}(\eta,k-j+l)\} \\
&= \begin{cases} \sigma_w^2 \displaystyle\sum_{i=0}^{q-|l|} a_i a_{i+|l|} & |l| \leq q \\[2ex] 0 & \text{sonst}\,, \end{cases}
\end{aligned} \tag{3.136}$$

mit σ_w^2 als Varianz des weißen Rauschens $\boldsymbol{w}(\eta,k)$. Ein Moving Average-Prozeß der Ordnung q zeichnet sich somit dadurch aus, daß Werte im Abstand $|l| > q$ unkorreliert sind. Prozesse dieser Art lassen sich durch ein *Transversalfilter* erzeugen, das durch weißes Rauschen angeregt wird (siehe Abbildung 3.25).

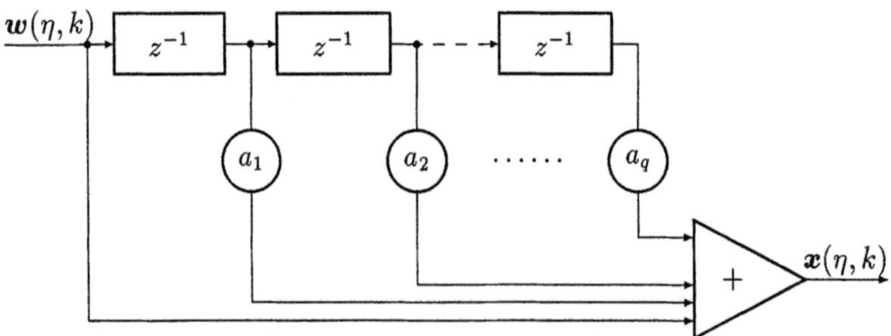

Abb. 3.25: Transversalfilter zur Erzeugung eines Moving Average-Prozesses

Beispiel 3.28 Moving Average-Prozeß

Es sei $\boldsymbol{x}(\eta,k)$ ein Moving Average-Prozeß der Ordnung 2 mit $a_0 = 1$, $a_1 = 0{,}5$, $a_2 = 0{,}25$ und $\sigma_w^2 = 1$.

Dann gilt für die Autokorrelationsfunktion dieses Prozesses:

$$
s_{\boldsymbol{xx}}(l) = \begin{cases}
1,3125 & l = 0 \\
0,625 & |l| = 1 \\
0,25 & |l| = 2 \\
0 & \text{sonst.}
\end{cases}
$$

Für das Autoleistungsdichtespektrum erhält man daraus:

$$
S_{\boldsymbol{xx}}(\Omega) = 1,3125 + 1,25 \, \cos\Omega + 0,5 \, \cos 2\Omega \,.
$$

Ein *Autoregressiver Zufallsprozeß* der Ordnung p wird durch folgende Gleichung beschrieben:

$$
\boldsymbol{x}(\eta,k) = \sum_{i=1}^{p} b_i \, \boldsymbol{x}(\eta, k-i) + \boldsymbol{w}(\eta,k)\,, \tag{3.137}
$$

mit $b_p \neq 0$ und $\boldsymbol{w}(\eta,k)$ wieder einem stationären weißen Zufallsprozeß. Derartige Prozesse lassen sich durch ein *rekursives Filter* der Ordnung p, das durch weißes Rauschen angeregt wird, erzeugen (siehe Abbildung 3.26). Das Filter selbst hat dabei den Frequenzgang

$$
G(e^{j\Omega}) = \frac{1}{1 - \displaystyle\sum_{i=1}^{p} b_i \, e^{-ji\Omega}} \,. \tag{3.138}
$$

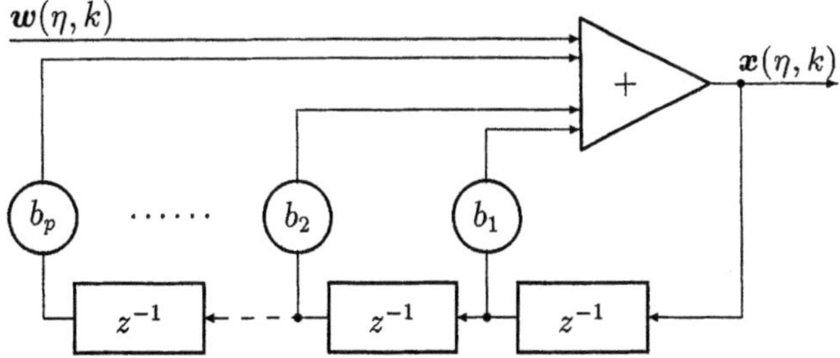

Abb. 3.26: Rekursives Filter zur Erzeugung eines **A**uto**R**egressiven Prozesses

Entsprechend der Rückkopplung des Ausgangsprozesses verschwindet die Autokorrelationsfunktion $s_{\boldsymbol{xx}}(l)$ auch bei endlicher Ordnung p des Prozesses für endliche Werte von l *nicht*. Dies sei am Beispiel eines autoregressiven Prozesses der Ordnung 1 gezeigt. Es sei

$$
\boldsymbol{x}(\eta,k) = b_1 \, \boldsymbol{x}(\eta, k-1) + \boldsymbol{w}(\eta,k)\,. \tag{3.139}
$$

Durch Rekursion erhält man:

$$\boldsymbol{x}(\eta, k) = \sum_{i=0}^{\infty} b_1^i \, \boldsymbol{w}(\eta, k - i) \, . \tag{3.140}$$

Hierbei muß $|b_1| < 1$ angenommen werden. Außerdem gelte als Anfangsbedingung:

$$\boldsymbol{x}(\eta, 0) = \boldsymbol{w}(\eta, 0) \, . \tag{3.141}$$

Dann gelten für den linearen Mittelwert, die Varianz und die Autokorrelationsfunktion:

$$m_{\boldsymbol{x}}^{(1)} = \mathrm{E}\{\boldsymbol{x}(\eta, k)\} = 0 \, , \tag{3.142}$$

$$\begin{aligned}
\sigma_{\boldsymbol{x}}^2 &= \mathrm{E}\{(\boldsymbol{x}(\eta, k) - m_{\boldsymbol{x}}^{(1)})^2\} = \sum_{i=0}^{\infty} \sum_{j=0}^{\infty} b_1^i \, b_1^j \, \mathrm{E}\{\boldsymbol{w}(\eta, k - i) \, \boldsymbol{w}(\eta, k - j)\} \\
&= \sigma_{\boldsymbol{w}}^2 \sum_{i=0}^{\infty} b_1^{2i} = \sigma_{\boldsymbol{w}}^2 \frac{1}{1 - b_1^2} \, ,
\end{aligned} \tag{3.143}$$

$$\begin{aligned}
s_{\boldsymbol{xx}}(l) &= \mathrm{E}\{\boldsymbol{x}(\eta, k) \, \boldsymbol{x}(\eta, k + l)\} \\
&= \sum_{i=0}^{\infty} \sum_{j=0}^{\infty} b_1^i \, b_1^j \, \mathrm{E}\{\boldsymbol{w}(\eta, k - i) \, \boldsymbol{w}(\eta, k - j + l)\} \\
&= \sigma_{\boldsymbol{w}}^2 \, b_1^{|l|} \sum_{i=0}^{\infty} b_1^{2i} = \sigma_{\boldsymbol{w}}^2 \, \frac{b_1^{|l|}}{1 - b_1^2} \, .
\end{aligned} \tag{3.144}$$

Vergleicht man 3.133 und 3.140 miteinander, so fällt auf, daß zur Modellierung eines autoregressiven Prozesses endlicher – hier erster – Ordnung ein Moving Average–Prozeß unendlicher Ordnung notwendig ist. Wesentlich verschieden ist hierbei jedoch die Anzahl der einstellbaren Parameter. Prozesse mit langsam abklingenden Korrelationsfunktionen sind daher nur dann günstiger durch autoregressive Prozesse zu modellieren, wenn die Anzahl der benötigten freien Parameter gering sein kann.

Für die Autokorrelationsfunktion eines autoregressiven Prozesses der Ordnung p läßt sich eine Rekursionsgleichung angeben. Man schreibt dazu Gleichung 3.137 in der Form

$$\sum_{i=0}^{p} \beta_i \, \boldsymbol{x}(\eta, k - i) = \boldsymbol{w}(\eta, k) \, , \tag{3.145}$$

mit $\beta_0 = 1$ und $\beta_i = -b_i$, $i = 1, \cdots, p$. Multipliziert man nun beide Seiten dieser Gleichung mit $\boldsymbol{x}(\eta, k - l)$ und bildet die Erwartungswerte, so erhält man

$$\sum_{i=0}^{p} \beta_i \, \mathrm{E}\{\boldsymbol{x}(\eta, k - i) \, \boldsymbol{x}(\eta, k - l)\} = \mathrm{E}\{\boldsymbol{w}(\eta, k) \, \boldsymbol{x}(\eta, k - l)\} \, . \tag{3.146}$$

Der Erwartungswert auf der rechten Seite verschwindet für alle $l > 0$, da $\boldsymbol{w}(\eta, k)$ als weißes Rauschen vorausgesetzt wurde und $\boldsymbol{x}(\eta, k - l)$ für alle $l > 0$ orthogonal zu $\boldsymbol{w}(\eta, k)$ ist. Daher gilt:

$$\sum_{i=0}^{p} \beta_i \, s_{\boldsymbol{xx}}(l - i) = 0 \quad \text{für } l > 0 \,. \tag{3.147}$$

Die Autokorrelationsfunktion genügt somit der folgenden Differenzengleichung:

$$s_{\boldsymbol{xx}}(l) = \sum_{i=1}^{p} b_i \, s_{\boldsymbol{xx}}(l - i) \quad \text{für } l > 0 \,. \tag{3.148}$$

Für $l = 0$ ergibt die rechte Seite von Gleichung 3.146 den Wert $\sigma_{\boldsymbol{w}}^2$. Dies folgt aus Gleichung 3.137 und wieder der Überlegung, daß $\boldsymbol{w}(\eta, k)$ nur mit $\boldsymbol{x}(\eta, k)$ und nicht mit $\boldsymbol{x}(\eta, k - i)$, $i > 0$, korreliert ist. Für $s_{\boldsymbol{xx}}(0)$ gilt daher folgende Differenzengleichung:

$$s_{\boldsymbol{xx}}(0) = \sum_{i=1}^{p} b_i \, s_{\boldsymbol{xx}}(i) + \sigma_{\boldsymbol{w}}^2 \,. \tag{3.149}$$

Aus 3.148 und 3.149 erhält man ein System von $p + 1$ Gleichungen zur Bestimmung der $s_{\boldsymbol{xx}}(l)$ für $l = 0, \cdots, p$.

Einen *ARMA-Prozeß* der Ordnung (p, q) erhält man schließlich durch die Zusammenfassung beider Prozesse aus den Gleichungen 3.133 und 3.137:

$$\boldsymbol{x}(\eta, k) = \sum_{i=1}^{p} b_i \, \boldsymbol{x}(\eta, k - i) + \sum_{j=0}^{q} a_j \, \boldsymbol{w}(\eta, k - j) \,, \tag{3.150}$$

mit der (willkürlichen) Normierung $a_0 = 1$, sowie $a_q \neq 0$ und $b_p \neq 0$.

Weitere Überlegungen zu ARMA–Prozessen finden sich beispielsweise in [96] oder [48].

3.8.6 Bandbegrenzte Zufallsprozesse

Die Definition eines stationären bandbegrenzten Zufallsprozesses stützt sich auf das Autoleistungsdichtespektrum (siehe Definition 3.20), da dieses auch dann Aussagen über die Frequenzeigenschaften eines stationären Zufallsprozesses ermöglicht, wenn die Fourierspektren einzelner Musterfunktionen nicht existieren. Man nennt einen Zufallsprozeß *tiefpaßbegrenzt*, wenn sein Autoleistungsdichtespektrum oberhalb einer Grenzfrequenz ω_g verschwindet:

$$S_{\boldsymbol{xx}}(\omega) = 0 \quad \text{für alle } |\omega| > \omega_g > 0 \,. \tag{3.151}$$

Da die Autokorrelationsfunktion und das Autoleistungsdichtespektrum Fouriertransformierte sind, so folgt aus Gleichung 3.151, daß für die Darstellung der Autokorrelationsfunktion eines tiefpaßbegrenzten Zufallsprozesses das *Abtastgesetz* (siehe beispielsweise [94]) angewendet werden kann. Es besagt, daß $s_{xx}(\tau)$ durch seine Abtastwerte $s_{xx}(kT)$ vollständig bestimmt ist, wenn für den Zusammenhang zwischen der Grenzfrequenz ω_g und dem Abstand T zwischen zwei Abtastwerten gilt:

$$\omega_g T = \pi \,. \tag{3.152}$$

Man erhält $s_{xx}(\tau)$, wenn man $s_{xx}(kT)$ durch Funktionen der Form $\sin\alpha/\alpha$ interpoliert:

$$s_{xx}(\tau) = \sum_{k=-\infty}^{+\infty} s_{xx}(kT)\, \frac{\sin\omega_g(\tau - kT)}{\omega_g(\tau - kT)} \,. \tag{3.153}$$

Verschiebt man $s_{xx}(\tau)$ um eine Zeit u, d.h. bildet man $s_{xx}(\tau - u)$, so bedeutet dies eine Multiplikation des Leistungsdichtespektrums mit dem Faktor $e^{-j\omega u}$. Damit ist auch dieses Leistungdichtespektrum tiefpaßbegrenzt, und es gilt mit den neuen Abtastwerten der verschobenen Funktion:

$$s_{xx}(\tau - u) = \sum_{k=-\infty}^{+\infty} s_{xx}(kT - u)\, \frac{\sin\omega_g(\tau - kT)}{\omega_g(\tau - kT)} \,. \tag{3.154}$$

Es soll nun untersucht werden, wie weit auch die Musterfunktionen des Zufallsprozesses $\boldsymbol{x}(\eta, t)$ durch Abtastwerte im Abstand T dargestellt werden können. Es sei $\tilde{\boldsymbol{x}}(\eta, t)$ ein aus den Abtastwerten $\boldsymbol{x}(\eta, kT)$ rekonstruierter Zufallsprozeß:

$$\tilde{\boldsymbol{x}}(\eta, t) = \sum_{k=-\infty}^{+\infty} \boldsymbol{x}(\eta, kT)\, \frac{\sin\omega_g(t - kT)}{\omega_g(t - kT)} \,. \tag{3.155}$$

Es bleibt nun zu prüfen, in welchem Sinne $\boldsymbol{x}(\eta, t)$ und $\tilde{\boldsymbol{x}}(\eta, t)$ übereinstimmen. Für das zweite Moment der Differenz zwischen beiden Prozessen erhält man:

$$\begin{aligned}
\mathrm{E}&\{(\boldsymbol{x}(\eta, t) - \tilde{\boldsymbol{x}}(\eta, t))^2\} \\
&= \mathrm{E}\{(\boldsymbol{x}(\eta, t) - \tilde{\boldsymbol{x}}(\eta, t))\,\boldsymbol{x}(\eta, t)\} \\
&\quad - \sum_{k=-\infty}^{+\infty} \mathrm{E}\{(\boldsymbol{x}(\eta, t) - \tilde{\boldsymbol{x}}(\eta, t))\,\boldsymbol{x}(\eta, kT)\}\, \frac{\sin\omega_g(t - kT)}{\omega_g(t - kT)} = 0 \,,
\end{aligned} \tag{3.156}$$

denn aus Gleichung 3.154 und Gleichung 3.155 folgt für beliebige u:

$$\begin{aligned}
\mathrm{E}&\{(\boldsymbol{x}(\eta, t) - \tilde{\boldsymbol{x}}(\eta, t))\,\boldsymbol{x}(\eta, u)\} \\
&= s_{xx}(t - u) - \sum_{k=-\infty}^{+\infty} s_{xx}(kT - u)\, \frac{\sin\omega_g(t - kT)}{\omega_g(t - kT)} = 0 \,.
\end{aligned} \tag{3.157}$$

Dieses Ergebnis besagt, daß ein stationärer tiefpaßbegrenzter Zufallsprozeß *im quadratischen Mittel* aus seinen Abtastwerten rekonstruiert werden kann. "Im quadratischen Mittel" bedeutet dabei, daß es eine Reihe von Musterfunktionen geben kann, für die die Rekonstruktion nicht möglich ist. Alle diese Funktionen zusammen treten jedoch nur mit Wahrscheinlichkeit Null auf.

Einen *Sonderfall* bildet ein stationärer tiefpaßbegrenzter Zufallsprozeß, dessen Autoleistungsdichtespektrum innerhalb der Grenzfrequenz *konstant* ist:

$$S_{xx}(\omega) = \begin{cases} S_0 & |\omega| \leq \omega_g \\ 0 & \text{sonst}. \end{cases} \tag{3.158}$$

In diesem Fall ist

$$s_{xx}(\tau) = \frac{1}{2\pi} \int_{-\omega_g}^{+\omega_g} S_0 \, e^{j\omega\tau} \, d\omega = \frac{S_0}{T} \frac{\sin\omega_g\tau}{\omega_g\tau}, \qquad \omega_g T = \pi. \tag{3.159}$$

Daraus folgt schließlich, daß Abtastwerte dieses Zufallsprozesses im Abstand $kT, k \neq 0$, *orthogonale Zufallsvariablen* sind.

Genau wie bei Signalen bedeutet die Bandbeschränkung für Zufallsprozesse eine Einschränkung der Änderungsgeschwindigkeit der Musterfunktionen. Für den quadratischen Mittelwert dieser Änderungen, die sog. *Schwankungsbreite*, lassen sich Schranken herleiten. Eine einfache *obere Schranke für die Schwankungsbreite* eines stationären tiefpaßbegrenzten Zufallsprozesses erhält man aus folgenden Umformungen:

$$\begin{aligned} \mathrm{E}\{(x(\eta, t + \tau) - x(\eta, t))^2\} &= 2(s_{xx}(0) - s_{xx}(\tau)) \\ &= \frac{1}{\pi} \int_{-\omega_g}^{+\omega_g} S_{xx}(\omega)(1 - e^{j\omega\tau})d\omega = \frac{2}{\pi} \int_{-\omega_g}^{+\omega_g} S_{xx}(\omega)\sin^2(\omega\tau/2) \, d\omega. \end{aligned} \tag{3.160}$$

Mit $\sin^2\alpha \leq \alpha^2$ folgt daraus:

$$\mathrm{E}\{(x(\eta, t + \tau) - x(\eta, t))^2\} \leq \omega_g^2\tau^2 s_{xx}(0). \tag{3.161}$$

Eine Aussage über die Wahrscheinlichkeit, daß der Betrag der Änderung zwischen $x(\eta, t)$ und $x(\eta, t + \tau)$ eine Schranke ϵ überschreitet, erhält man aus Gleichung 3.161 und der *Ungleichung von Tschebyscheff*. Zur Herleitung dieser Ungleichung, die ebenfalls nur eine sehr grobe Abschätzung darstellt, setzen wir

$$y(\eta, t) = x(\eta, t + \tau) - x(\eta, t). \tag{3.162}$$

Dann gelten für den Erwartungswert und die Varianz:

$$\mathrm{E}\{y(\eta, t)\} = 0, \tag{3.163}$$

$$\sigma_{\boldsymbol{y}}^2 = \mathrm{E}\{\boldsymbol{y}(\eta,t)^2\} = \int_{-\infty}^{+\infty} y^2 f_{\boldsymbol{y}}(y)\, dy \geq \int_{|y|\geq\epsilon} y^2 f_{\boldsymbol{y}}(y)\, dy$$

$$\geq \epsilon^2 \int_{|y|\geq\epsilon} f_{\boldsymbol{y}}(y)\, dy = \epsilon^2 P(\{\eta|\ |\boldsymbol{y}(\eta,t)| \geq \epsilon\})\,. \tag{3.164}$$

Setzt man Gleichung 3.161 in Gleichung 3.164 ein, so folgt endlich:

$$P(\{\eta|\ |\boldsymbol{x}(\eta,t+\tau) - \boldsymbol{x}(\eta,t)| \geq \epsilon\}) \leq \omega_g^2 \tau^2 s_{\boldsymbol{xx}}(0)/\epsilon^2\,. \tag{3.165}$$

Genauere Abschätzungen finden sich beispielsweise in [96].

Für die Autokorrelationsfunktion eines stationären tiefpaßbeschränkten Zufallsprozesses kann für den Bereich $|\omega_g\tau| \leq \pi$ eine *untere Schranke* angegeben werden:

$$s_{\boldsymbol{xx}}(\tau) = \frac{1}{2\pi}\int_{-\omega_g}^{+\omega_g} S_{\boldsymbol{xx}}(\omega)e^{j\omega\tau}\,d\omega = \frac{1}{\pi}\int_0^{+\omega_g} S_{\boldsymbol{xx}}(\omega)\,\cos\omega\tau\,d\omega\,. \tag{3.166}$$

Nun gilt aber für $0 \leq \omega\tau \leq \omega_g\tau \leq \pi$:

$$\cos\omega\tau \geq \cos\omega_g\tau\,. \tag{3.167}$$

Damit folgt aus Gleichung 3.166:

$$s_{\boldsymbol{xx}}(\tau) \geq \cos\omega_g\tau\,\frac{1}{\pi}\int_0^{+\omega_g} S_{\boldsymbol{xx}}(\omega)\,d\omega = \cos\omega_g\tau\,s_{\boldsymbol{xx}}(0) \tag{3.168}$$

für $|\omega_g\tau| \leq \pi$ (siehe Abbildung 3.27). Gleichzeitig gilt auch die Ungleichung 3.33, die keinerlei Bandbegrenzung voraussetzt. Sie besagt, daß $s_{\boldsymbol{xx}}(\tau)$ größer oder gleich $-s_{\boldsymbol{xx}}(0)$ für alle τ sein muß. Für $|\omega_g\tau| = \pi$ stimmen beide Ungleichungen überein. Eine Bandbegrenzung bedeutet somit nur für $|\tau| \leq \pi/\omega_g$ eine Beschränkung des Wertebereiches der Autokorrelationsfunktion. Diese Aussage steht im Einklang mit dem Abtastgesetz [94].

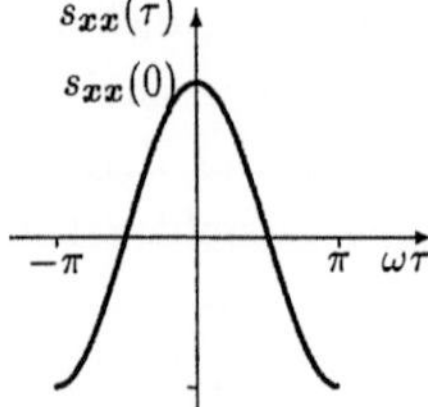

Abb. 3.27: Untere Schranke für die Autokorrelationsfunktion eines stationären tiefpaßbegrenzten Zufallsprozesses

4 Transformation von Zufallsprozessen durch Systeme

Nachdem bisher Zufallsprozesse als Signalmodelle behandelt wurden, soll nun die Wirkung von Übertragungssystemen auf Zufallsprozesse betrachtet werden. Da diese in der Regel sehr viele – meist sogar mehr als abzählbar unendlich viele – Musterfunktionen aufweisen, ist die Berechnung der Verformung einzelner Musterfunktionen beim Durchgang durch ein System von untergeordneter Bedeutung. Vielmehr interessiert der Einfluß des Systems auf die statistischen Kenngrößen eines Zufallsprozesses, also beispielsweise auf die Wahrscheinlichkeitsdichte, den linearen Mittelwert, die Varianz, die Autokorrelationsfunktion oder auf das Autoleistungsdichtespektrum.

Dieses Kapitel beginnt mit einer kurzen Zusammenfassung einiger Begriffe aus der Systemtheorie. Ausführliche Darstellungen hierzu finden sich beispielsweise in [122, 109]. Für die Transformation der Prozeßeigenschaften ist es entscheidend, ob das durchlaufene System ein Gedächtnis hat oder nicht. Wir werden in diesem Kapitel daher zwei Klassen von Systemen unterscheiden: *Systeme ohne Gedächtnis* und Systeme mit Gedächtnis, die man im allgemeinen *dynamische Systeme* nennt. Wir werden dann die gefundenen Zusammenhänge für die *Systemidentifikation* und den Entwurf von *Formfiltern* anwenden. In einem weiteren Abschnitt werden wir für eine Klasse von nichtlinearen Systemen die *äquivalente Verstärkung* bestimmen. Abschließend werden die Zusammenhänge um ein lineares zeitinvariantes System auf *Momente höherer Ordnung* erweitert. Es werden Autokorrelations– und Kumulantenfunktionen höherer Ordnung und deren Spektren eingeführt. Es wird gezeigt, daß mit Hilfe dieser Funktionen Systeme "blind" identifiziert werden können.

4.1 Begriff des Systems

In der Elektrotechnik versteht man unter einem System einen handgreiflichen Gegenstand mit einer Reihe von Eingangs– und einer Reihe von Ausgangsklemmen, den oft zitierten "schwarzen Kasten". In der *Systemtheorie* ist ein System immer ein Systemmodell, beschrieben durch eine mathematische Vorschrift, die eine Reihe von Eingangsgrößen auf eine Reihe von Ausgangsgrößen abbildet. Abhängig davon, ob diese Größen zeitdiskret oder zeitkontinuierlich sind, unterscheidet man zwischen *zeitdiskreten* und *zeitkontinuierlichen* Systemen. Es sind jedoch auch gemischte Formen, beispielsweise mit kontinuierlichem Eingang und diskretem Ausgang (Abtaster) oder diskretem Eingang und kontinuierlichem Ausgang (Interpolator) möglich.

Wir werden hier nur sehr einfache Zusammenhänge betrachten und uns daher auf Systeme mit *einem* Eingang und *einem* Ausgang beschränken (Abbildung 4.1).

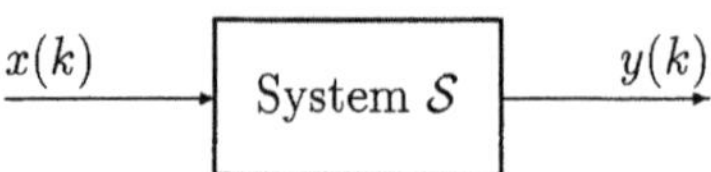

Abb. 4.1: System mit einem Eingang und einem Ausgang

4.2   Einige Begriffe aus der Systemtheorie

Bei der Beschreibung des Zusammenhanges zwischen dem Eingang $x(k)$ und dem Ausgang $y(k)$ eines Systems spielen drei Größen eine Rolle:

1. die *Folge der Eingangswerte* $x(k)$,

2. der *Zustand* des Systems zum Einschaltzeitpunkt, und

3. der *Einschaltzeitpunkt.*

Um möglichst einfache Systemmodelle benutzen zu können, werden hier meist Systeme betrachtet, deren Eingangssignale von $-\infty$ bis $+\infty$, d.h. für alle Zeiten, definiert sind. In diesem Fall kann der Einschaltzeitpunkt nach $-\infty$ gelegt werden und es kann – von einigen Sonderfällen abgesehen – angenommen werden, daß bei endlichen Zeiten alle Einschwingvorgänge bereits abgeklungen sind. Unter diesen Voraussetzungen hängt der Systemausgang (bei endlichen Zeiten) nur noch vom Systemeingang ab.

Ein System, das seine Übertragungseigenschaften mit der Zeit nicht ändert, nennt man ein *zeitinvariantes System.* Ein derartiges System kann mit einer Totzeit vertauscht werden, ohne daß sich der Ausgang des Gesamtsystems ändert (siehe Abbildung 4.2).

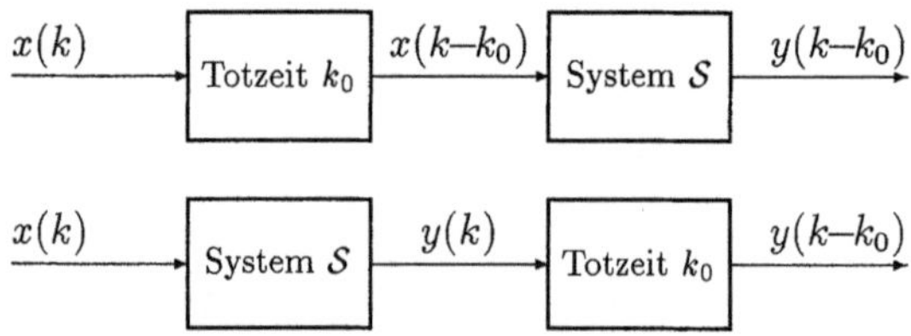

Abb. 4.2: Vertauschbarkeit eines zeitinvarianten Systems mit einer Totzeit

Ein System, bei dem alle Zustandsgrößen zum Einschaltzeitpunkt den Wert Null haben, nennt man *in Ruhe.* Dies bedeutet, daß bei analogen Systemen alle Kondensatoren entladen und alle Spulen stromlos sind. Bei digitalen Systemen haben alle Signalspeicher den Wert Null. Wir werden derartige Systeme gelegentlich als "ruhende" Systeme bezeichnen. Bei einem zeitinvarianten "ruhenden" System ist der Systemausgang somit nur noch vom Systemeingang abhängig. Die folgenden Überlegungen beziehen sich nur noch auf derartige Systeme.

Die wichtigste Klasse unter den zeitinvarianten "ruhenden" Systemen sind die *linearen Systeme*: Ihre Ausgangsfolge geht aus ihrer Eingangsfolge durch *lineare Operationen* hervor. Es gelten dann das Verstärkungsprinzip und das Überlagerungsprinzip. Das *Verstärkungsprinzip* besagt, daß eine um einen Faktor a verstärkte Eingangsfolge eine um a verstärkte Ausgangsfolge erzeugt, d.h., daß Verstärkung und System vertauschbar sind (Abbildung 4.3):

$$\mathcal{S}[a\{x(l)\}] = a\mathcal{S}[\{x(l)\}]. \tag{4.1}$$

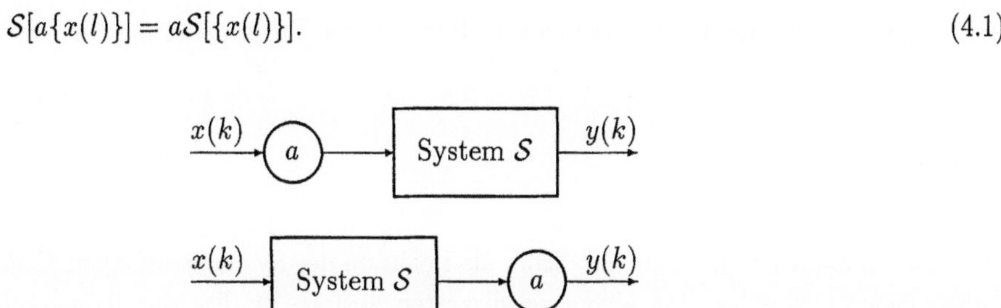

Abb. 4.3: Verstärkungsprinzip

Das *Überlagerungsprinzip* besagt, daß es bei einem linearen System gleichgültig ist, ob zwei (oder mehr) Eingänge vor dem System, oder ob die Systemantworten auf diese Eingangsfolgen überlagert werden (Abbildung 4.4):

$$\mathcal{S}[\{x_1(l)\} + \{x_2(l)\}] = \mathcal{S}[\{x_1(l)\}] + \mathcal{S}[\{x_2(l)\}]. \tag{4.2}$$

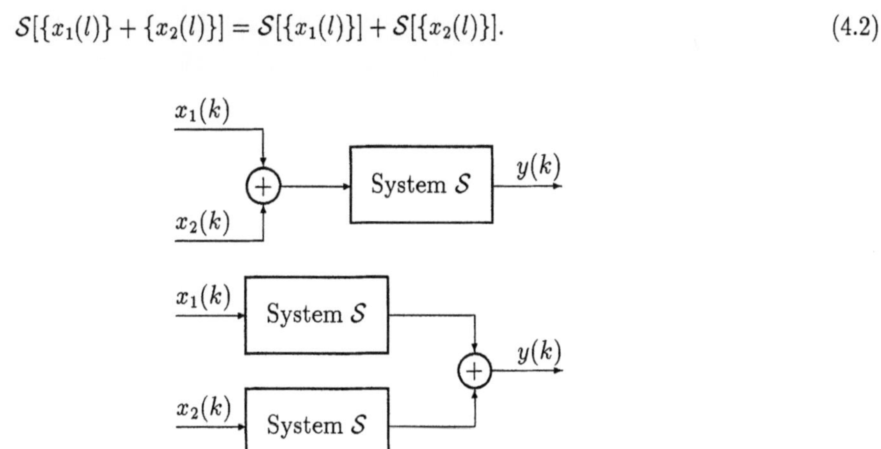

Abb. 4.4: Überlagerungsprinzip

Bei dem Verstärkungs– und dem Überlagerungsprinzip wird deutlich, daß Systeme hier *mathematische* Systeme sind, da bei physikalischen Systemen der Aussteuerbereich immer beschränkt ist. Als lineare Systeme lassen sich physikalische Systeme nur beschreiben, solange bestimmte maximale Amplituden nicht überschritten werden.

Der Ausgang eines linearen "ruhenden" zeitinvarianten Systems läßt sich durch eine *Faltung* des für alle k bzw. alle t definierten Einganges mit einer die Übertragungseigenschaften des Systems bestimmenden *Gewichtsfunktion* beschreiben:

$$y(k) = \sum_{l=-\infty}^{+\infty} g(l)\, x(k-l). \tag{4.3}$$

Bei zeitkontinuierlichen Größen tritt an die Stelle dieser Faltungssumme ein Faltungsintegral:

$$y(t) = \int_{-\infty}^{+\infty} g(u)\, x(t-u)\, du. \tag{4.4}$$

Die Gewichtsfunktion $g(l)$ bzw. $g(t)$ kann als Reaktion des Systems auf einen *Einheitsimpuls* gedeutet werden. Bei einem zeitdiskreten System ist dies der *Kroneckersche Deltaimpuls*:

$$\delta_K(k) = \begin{cases} 1 & \text{für } k = 0 \\[2mm] 0 & \text{für } k \neq 0. \end{cases} \tag{4.5}$$

Bei zeitkontinuierlichen Systemen beschreibt die Gewichtsfunktion $g(t)$ die Systemantwort auf eine *Diracsche δ-Distribution* (siehe Gleichung 2.18). Es gelten die folgenden Zusammenhänge:

$$g(k) = \sum_{l=-\infty}^{+\infty} g(l)\, \delta_K(k-l), \tag{4.6}$$

$$g(t) = \int_{-\infty}^{+\infty} g(u)\, \delta(t-u)\, du. \tag{4.7}$$

Es sollen jetzt abschließend noch zwei Begriffe der Systemtheorie eingeführt werden. Man nennt ein System *stabil*, wenn für jedes beschränkte Eingangssignal auch der Ausgang beschränkt ist:

$$\text{Aus } |x(k)| \leq M < \infty \ \text{ für alle } k \text{ folgt } \ |y(k)| \leq \alpha M < \infty \ \text{ für alle } k\,. \tag{4.8}$$

Für die Gewichtsfunktion $g(k)$ des Systems bedeutet dies:

$$\sum_{k=-\infty}^{+\infty} |g(k)| \leq \alpha < \infty\,. \tag{4.9}$$

Man spricht von einem *kausalen System*, wenn der Systemausgang $y(k)$ unabhängig von dem zukünftigen Systemeingang $x(l)$, $l > k$, ist. Bei kausalen Systemen gilt für die Gewichtsfunktion:

$$g(k) = 0 \quad \text{für alle } k < 0. \tag{4.10}$$

Folglich läßt sich für kausale Systeme die Faltung wie folgt schreiben:

$$y(k) = \sum_{l=0}^{\infty} g(l)\, x(k - l). \tag{4.11}$$

Durch eine Variablensubstitution kann man diese Gleichung auch in folgende Form bringen:

$$y(k) = \sum_{l=-\infty}^{k} g(k - l)\, x(l). \tag{4.12}$$

Reale Systeme sind immer kausal. Trotzdem verzichtet man bei der Modellierung von Systemen oft auf diese Forderung an das (System–) Modell und läßt auch nichtkausale Systeme zu. Man erreicht dadurch eine wesentliche Vereinfachung und kann Ergebnisse der Modellanalyse als Grenzwerte für kausale Systeme interpretieren. Wenn die mathematischen Voraussetzungen gegeben sind [122], läßt sich die Gewichtsfunktion in einen $z-$ bzw. einen $s-$Bereich transformieren. Für zeitdiskrete Systeme erhält man als zweiseitige $z-$*Übertragungsfunktion*:

$$G(z) = \sum_{k=-\infty}^{+\infty} g(k)\, z^{-k}. \tag{4.13}$$

Existiert diese Transformation für $z = e^{j\Omega}$, d.h. auf dem Einheitskreis der komplexen $z-$Ebene, so ist

$$G(e^{+j\Omega}) = \sum_{k=-\infty}^{+\infty} g(k)\, e^{-j\Omega k} \tag{4.14}$$

der $z-$*Frequenzgang* des Systems. Bei zeitkontinuierlichen Systemen tritt an die Stelle der zweiseitigen $z-$Transformation die zweiseitige Laplacetransformation. Man erhält als $s-$*Übertragungsfunktion*:

$$G(s) = \int_{-\infty}^{+\infty} g(t)\, e^{-st}\, dt. \tag{4.15}$$

Existiert diese für die komplexe Achse $s = j\omega$, so ist die Fouriertransformierte

$$G(j\omega) = \int_{-\infty}^{+\infty} g(t)\, e^{-j\omega t}\, dt \tag{4.16}$$

der $s-Frequenzgang$ des Systems. Läßt sich auch die Eingangsfolge $x(k)$ transformieren, so kann der Systemausgang als Produkt dieser Transformierten mit der Transformierten der Gewichtsfunktion dargestellt werden. Es gilt für diskrete Systeme:

$$Y(z) = G(z)\,X(z)\,. \tag{4.17}$$

Für zeitkontinuierliche Systeme lautet der analoge Zusammenhang:

$$Y(s) = G(s)\,X(s)\,. \tag{4.18}$$

Einzelheiten zu Transformationen können beispielsweise [41, 92, 95, 122] entnommen werden.

4.3 Zeitinvariante gedächtnisfreie Systeme

Als erste Klasse betrachten wir nun Systeme, bei denen der momentane Ausgang $y(k)$ nur vom Momentanwert $x(k)$ des Eingangs abhängt. Derartige Systeme speichern somit keine Informationen über vorangegangene Eingangswerte $x(l)$, $l < k$, oder vorangegangene Ausgangswerte $y(i)$, $i < k$. Zu dieser Systemklasse zählen beispielsweise die Modelle von Bauelementen mit nichtlinearen $Kennlinien$ wie Gleichrichter, Quadrierer oder Begrenzer. Man kann diese durch eine (zeitunabhängige) Funktion

$$y = g(x) \tag{4.19}$$

beschreiben, die jedoch nicht zu verwechseln ist mit der Gewichtsfunktion $g(k)$ bzw. $g(t)$ (siehe Gleichung 4.3 bzw. 4.4). Liegt am Eingang eines derartigen Systems ein Zufallsprozeß $\boldsymbol{x}(\eta, k)$ (siehe Abbildung 4.5), so gilt für den Ausgang:

$$\boldsymbol{y}(\eta, k) = g(\boldsymbol{x}(\eta, k))\,. \tag{4.20}$$

Da für Eingang und Ausgang nur Zufallsprozesse zu jeweils einem einzelnen Zeitpunkt maßgebend sind, müssen wir hier nur Zusammenhänge zwischen Zufalls$variablen$ betrachten.

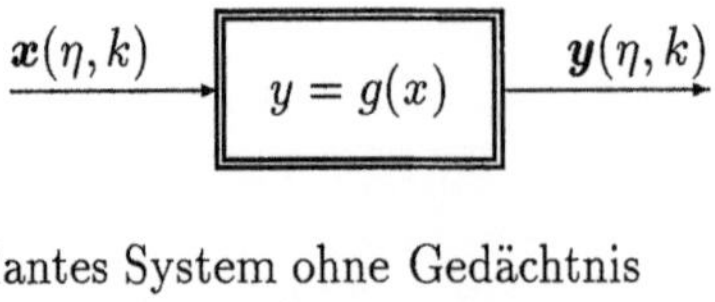

$$\boldsymbol{x}(\eta, k) \longrightarrow \boxed{\; y = g(x) \;} \longrightarrow \boldsymbol{y}(\eta, k)$$

Abb. 4.5: Zeitinvariantes System ohne Gedächtnis
(Der doppelte Rahmen soll anzeigen, daß das System nichtlinear sein kann und gedächtnisfrei ist.)

4.3.1   Transformation der Wahrscheinlichkeitsverteilungsfunktion

Zur Bestimmung des Zusammenhangs zwischen den Wahrscheinlichkeitsverteilungs-funktionen $F_x(x, k)$ und $F_y(y, k)$ der Zufallsprozesse $x(\eta, k)$ und $y(\eta, k)$ am Eingang bzw. Ausgang eines zeitinvarianten gedächtnisfreien Systems mit der Kennlinie $y = g(x)$ geht man von einem Intervall $I(y)$ aus, das wie folgt definiert sei:

$$I(y) = \{x | g(x) \leq y\}. \tag{4.21}$$

Für $y = y_0$ enthält $I(y_0)$ somit alle Werte von x, die durch das System auf Werte kleiner oder gleich y_0 abgebildet werden (siehe Abbildung 4.6). Die Gestalt dieses Intervalls – ob es beispielsweise zusammenhängt oder aus mehreren getrennten Teilintervallen besteht – hängt von der Kennlinie $y = g(x)$ ab. Für das Ereignis $\{\eta | y(\eta, k) \leq y\}$ gilt:

$$\{\eta | y(\eta, k) \leq y\} = \{\eta | g(x(\eta, k)) \leq y\} = \{\eta | x(\eta, k) \in I(y)\}. \tag{4.22}$$

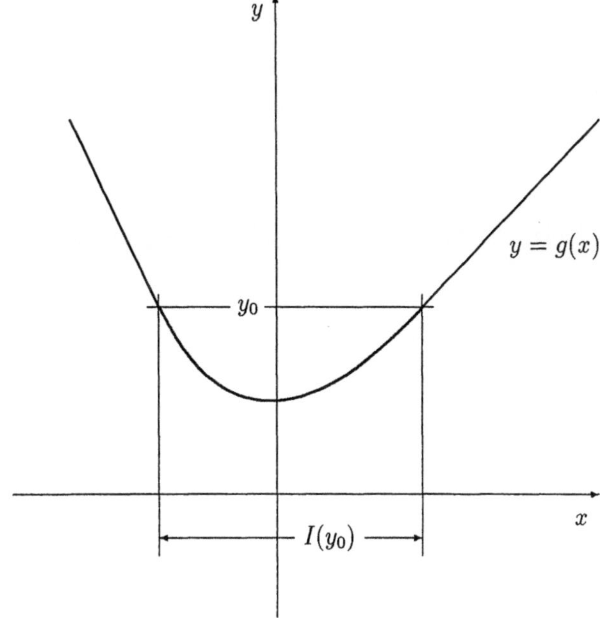

Abb. 4.6: Zur Definition des Intervalls $I(y_0) = \{x | g(x) \leq y_0\}$

Damit kann die Wahrscheinlichkeitsverteilung des Ausgangsprozesses als Funktion der Wahrscheinlichkeitsverteilung des Eingangsprozesses und der Kennlinie des Systems angegeben werden:

$$F_y(y, k) = P(\{\eta | y(\eta, k) \leq y\}),$$

oder

$$F_y(y, k) = P(\{\eta | \boldsymbol{x}(\eta, k) \in I(y)\}) \,. \tag{4.23}$$

Ein Sonderfall liegt vor, wenn $y = g(x)$ eine streng *monoton wachsende Funktion* ist, d. h. wenn aus $x_2 > x_1$ immer $g(x_2) > g(x_1)$ und somit auch $F_y(g(x_2), k) \geq F_y(g(x_1), k)$ folgen. In diesem Fall hängt $I(y)$ zusammen und es ist

$$F_y(g(x), k) = F_x(x, k) \,. \tag{4.24}$$

Dieser Zusammenhang kann ausgenutzt werden, wenn beispielsweise aus einem stationären Zufallsprozeß $\boldsymbol{x}(\eta, k)$, dessen Amplituden im Intervall $0 \leq x \leq 1$ gleichverteilt sind, durch Transformation mit einer streng monoton wachsenden Funktion ein stationärer Zufallsprozeß $\boldsymbol{y}(\eta, k)$ erzeugt werden soll, der eine gegebene Wahrscheinlichkeitsverteilung $F_y(y)$ aufweist. Wegen der Gleichverteilung von $\boldsymbol{x}(\eta, k)$ gilt für die Wahrscheinlichkeitsverteilung $F_x(x)$:

$$F_x(x) = \begin{cases} 0 & x < 0 \\ x & 0 \leq x \leq 1 \\ 1 & x > 1 \,. \end{cases}$$

Damit folgt aus Gleichung 4.24 für die Wahrscheinlichkeitsverteilung des Prozesses $\boldsymbol{y}(\eta, k)$:

$$F_y(y) = F_y(g(x)) = x \quad \text{für } 0 \leq x \leq 1 \,.$$

Für die gesuchte Kennlinie erhält man daraus endlich:

$$g(x) = F_y^{-1}(x) \,. \tag{4.25}$$

$F_y^{-1}(y)$ ist dabei die Umkehrfunktion von $F_y(y)$.

Beispiel 4.1 Wahrscheinlichkeitsverteilung am Ausgang eines Verstärkers
Es sei $y = ax + b$ die Kennlinie eines Verstärkers mit verschobenem Nullpunkt. Der Verstärkungsfaktor a sei zunächst positiv: $a > 0$. Dann sind für jeden Ausgangswert y:

$$I(y) = \{x | ax + b \leq y\} = \{x | x \leq (y - b)/a\} \,,$$

$$F_y(y, k) = P(\{\eta | \boldsymbol{x}(\eta, k) \leq (y - b)/a\}) = F_x((y - b)/a, k) \,.$$

Bei negativem Verstärkungsfaktor, $a < 0$, erhält man dagegen:

$$I(y) = \{x | ax + b \leq y\} = \{x | x \geq (y - b)/a\},$$

$$\begin{aligned}
F_y(y, k) &= P(\{\eta | \boldsymbol{x}(\eta, k) \geq (y - b)/a\} \\
&= 1 - P(\{\eta | \boldsymbol{x}(\eta, k) < (y - b)/a\}) \\
&= 1 - F_x((y - b)/a, k) + P(\{\eta | \boldsymbol{x}(\eta, k) = (y - b)/a\}).
\end{aligned}$$

Die Wahrscheinlichkeit $P(\{\eta | \boldsymbol{x}(\eta, k) = (y - b)/a\})$ ist nur dann von Null verschieden, wenn $F_x(x, k)$ bei $x = (y - b)/a$ einen Sprung enthält. Sie ist gleich der Höhe dieses Sprunges.

4.3.2   Transformation der Wahrscheinlichkeitsdichtefunktion

Die Wahrscheinlichkeitsdichte $f_y(y, k)$ eines Zufallsprozesses kann als (verallgemeinerte) Ableitung aus der Wahrscheinlichkeitsverteilung $F_y(y, k)$ bestimmt werden. Oft ist es jedoch einfacher, $f_y(y, k)$ direkt aus $f_x(x, k)$ und der Systemkennlinie $y = g(x)$ zu berechnen. Die folgenden Überlegungen gehen davon aus, daß $f_x(x, k)$ frei von Distributionen ist. Ursprünglich in $f_x(x, k)$ enthaltene Distributionen können abgespalten und über die Kennlinie unmittelbar auf $f_y(y, k)$ abgebildet werden: Aus einem Anteil $a_i \delta(x - x_i)$ in $f_x(x, k)$ wird ein Anteil $a_i \delta(y - g(x_i))$ in $f_y(y, k)$.

Für die Umrechnung der Wahrscheinlichkeitsdichte $f_x(x, k)$ setzt man voraus, daß die Kennlinie $y = g(x)$ für $y = y_0$ und für $y = y_0 + \Delta y_0$, $\Delta y_0 > 0$, jeweils n einfache Lösungen aufweist:

$$y_0 = g(x_{0i}) \qquad i = 1, ..., n, \tag{4.26}$$

$$y_0 + \Delta y_0 = g(x_{0i} + \Delta x_{0i}) \qquad i = 1, ..., n. \tag{4.27}$$

(Abbildung 4.7). Möglicherweise auftretende Doppellösungen lassen sich dabei durch Grenzübergänge berücksichtigen. Damit können folgende Ereignisse definiert werden:

$$A_y(y_0, k) = \{\eta | y_0 < \boldsymbol{y}(\eta, k) \leq y_0 + \Delta y_0\}, \tag{4.28}$$

$$A_x(x_{0i}, k) = \begin{cases} \{\eta | x_{0i} < \boldsymbol{x}(\eta, k) \leq x_{0i} + \Delta x_{0i}\} & \Delta x_{0i} > 0 \\ \{\eta | x_{0i} + \Delta x_{0i} \leq \boldsymbol{x}(\eta, k) < x_{0i}\} & \Delta x_{0i} < 0. \end{cases} \tag{4.29}$$

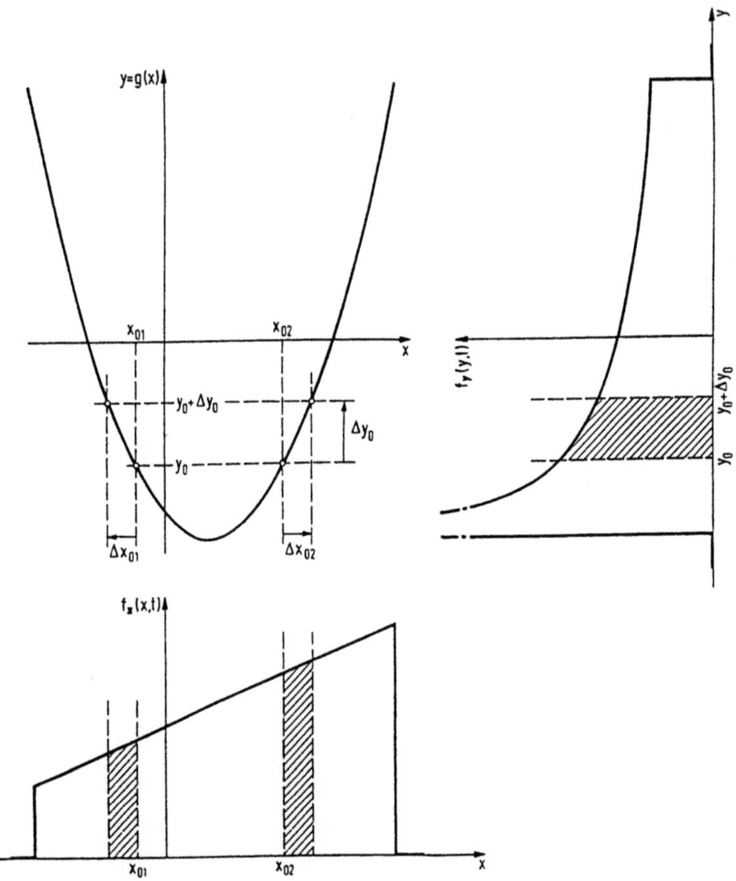

Abb. 4.7: Zur Bestimmung der Wahrscheinlichkeitsdichtefunktion $f_y(y,k)$ aus $f_x(x,k)$ und $y = g(x)$

Für ein hinreichend kleines Δy_0 sind die Ereignisse $A_x(x_{0i}, k)$ disjunkt, und es gilt daher für deren Wahrscheinlichkeiten:

$$P(A_y(y_0, k)) = P(\bigcup_{i=1}^{n} A_x(x_{0i}, k)) = \sum_{i=1}^{n} P(A_x(x_{0i}, k)).\tag{4.30}$$

Ferner gelten näherungsweise:

$$P(A_y(y_0, k)) \approx f_y(y_0, k)\,|\Delta y_0|,\tag{4.31}$$

$$P(A_x(x_{0i}, k)) \approx f_x(x_{0i}, k)\,|\Delta x_{0i}|.\tag{4.32}$$

Gleichung 4.30 lautet dann:

$$f_{\boldsymbol{y}}(y_0,k)\,|\Delta y_0| \approx \sum_{i=1}^{n} f_{\boldsymbol{x}}(x_{0i},k)\,|\Delta x_{0i}|\,. \tag{4.33}$$

Ist $y = g(x)$ schließlich differenzierbar, so geht Gleichung 4.33 für $\Delta y_0 \to 0$ über in

$$f_{\boldsymbol{y}}(y_0,k)|dy_0| = \sum_{i=1}^{n} f_{\boldsymbol{x}}(x_{0i},k)\,|dx_{0i}|\,. \tag{4.34}$$

Mit

$$g'(x_{0i}) = \left.\frac{dy}{dx}\right|_{x=x_{0i}} \tag{4.35}$$

folgt endlich:

$$f_{\boldsymbol{y}}(y_0,k) = \sum_{i=1}^{n} f_{\boldsymbol{x}}(x_{0i},k)\,/\,|g'(x_{0i})|\,. \tag{4.36}$$

Abbildung 4.7 erläutert diesen Zusammenhang. Das Auftreten von Beträgen der Ableitung der Kennlinie läßt sich anschaulich damit erklären, daß Gleichheit zwischen Wahrscheinlichkeiten, d.h. zwischen *Flächen* unter den Wahrscheinlichkeitsdichtefunktionen, bestehen muß. Bei vorausgesetztem $\Delta y_0 > 0$ hängt es aber von der Steigung der Kennlinie ab, ob die zugehörigen Δx_{0i} positiv oder negativ sind.

Ist $y = g(x)$ für ein Intervall $x_0 \leq x \leq x_1$ konstant und gleich y_c,

$$y_c = g(x) \qquad\qquad \text{für alle } x_0 \leq x \leq x_1\,, \tag{4.37}$$

so werden alle Werte x aus diesem Intervall auf die Werte y_c abgebildet. Die Wahrscheinlichkeitsverteilung $F_{\boldsymbol{y}}(y,k)$ weist daher bei $y = y_c$ einen Sprung auf. Die Höhe des Sprungs ist gleich der Wahrscheinlichkeit, daß $\boldsymbol{x}(\eta,k)$ Werte im Intervall $x_0 \leq x \leq x_1$ annimmt:

$$P(\{\eta|x_0 \leq \boldsymbol{x}(\eta,k) \leq x_1\}) = \int_{x_0}^{x_1} f_{\boldsymbol{x}}(x,k)\,dx\,. \tag{4.38}$$

Die Wahrscheinlichkeitsdichte $f_{\boldsymbol{y}}(y,k)$ enthält folglich bei $y = y_c$ einen δ–Impuls mit dem Gewicht

$$\int_{x_0}^{x_1} f_{\boldsymbol{x}}(x,k)\,dx$$

Beispiel 4.2 Wahrscheinlichkeitsdichte am Ausgang eines Verstärkers

Es sei $y = ax+b$ die Kennlinie eines Verstärkers mit verschobenem Nullpunkt (siehe Beispiel 4.1). Dann hat $y = g(x)$ für jedes y genau eine Lösung $x = (y-b)/a$ und es folgen:

$$g'(x) = a \,, \quad f_y(y,k) = f_x((y-b)/a, k)/|a| \,.$$

Im Gegensatz zur Wahrscheinlichkeitsverteilungsfunktion (siehe Beispiel 4.1) muß bei diesem Ergebnis nicht zwischen $a < 0$ und $a > 0$ unterschieden werden.

Beispiel 4.3 Cauchy–Dichte

Es sei $y = 1/x$. Dann hat $y = g(x)$ für jedes x genau eine Lösung $x = 1/y$. Ferner ist

$$g'(x) = \frac{dy}{dx} = -\frac{1}{x^2}.$$

Damit erhält man:

$$f_y(y,k) = \frac{1}{y^2} \, f_x(\frac{1}{y}, k).$$

Ist $x(\eta, k)$ ein stationärer Zufallsprozeß mit Cauchy–Dichte mit dem Parameter α, d.h. ist

$$f_x(x,k) = \frac{\alpha/\pi}{x^2 + \alpha^2}$$

(siehe Abbildung 4.8), so hat $y(\eta, k)$ eine Cauchy–Dichte mit dem Parameter $1/\alpha$:

$$f_y(y,k) = \frac{1/\alpha\pi}{y^2 + 1/\alpha^2} \ \cdot$$

Beispiel 4.4 Logarithmische Normaldichte

Es sei $y = e^x$. Dann hat $y = g(x)$ keine Lösung für $y < 0$ und genau eine Lösung $x = \ln y$ für jedes $y > 0$. Ferner ist

$$g'(x) = \frac{dy}{dx} = e^x \,.$$

Somit erhält man:

$$f_y(y,k) = \begin{cases} 0 & y < 0 \\ \dfrac{1}{y} f_x(\ln y, k) & y > 0 \,. \end{cases}$$

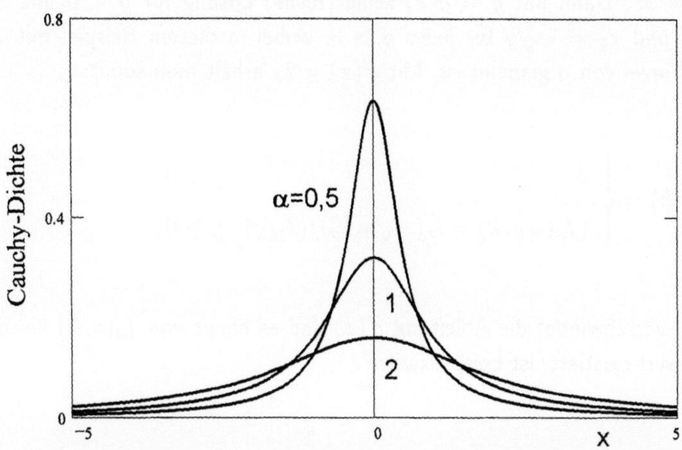

Abb. 4.8: Cauchy-Dichte $f_x(x, k)$ als Funktion von x mit α als Parameter (siehe Beispiel 4.3)

Ist $x(\eta, k)$ ein stationärer Gaußprozeß (siehe Definition 3.23), so hat der Prozeß $y(\eta, k)$ eine logarithmische Normaldichte (siehe Abbildung 4.9):

$$f_y(y, k) = \begin{cases} 0 & y < 0 \\[2ex] \dfrac{1}{\sqrt{2\pi}\, y\, \sigma_x} \exp\!\left(-\dfrac{(\ln y - m_x^{(1)})^2}{2\,\sigma_x^2}\right) & y \geq 0 \,. \end{cases}$$

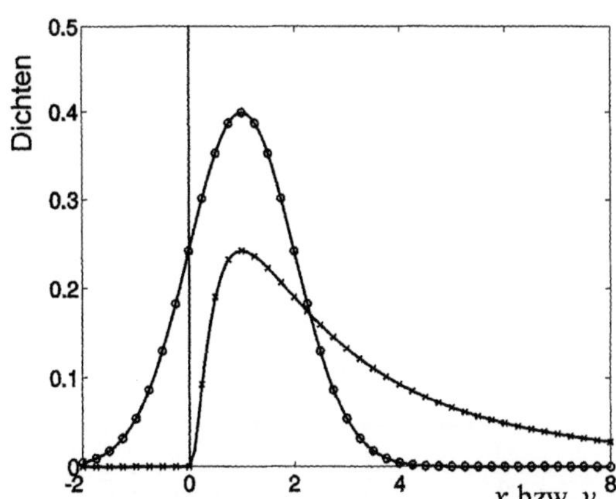

Abb. 4.9: Normaldichte ($\circ$) und logarithmische Normaldichte ($\times$) als Funktion von x bzw. y ($m_x^{(1)} = 1$ und $\sigma_x = 1$) (siehe Beispiel 4.4)

Beispiel 4.5 Wahrscheinlichkeitsdichte am Ausgang eines Quadrierers

Es sei $y = x^2$. Dann hat $y = g(x)$ keine (reelle) Lösung für $y < 0$ und zwei Lösungen $x_1 = \sqrt{y}$ und $x_2 = -\sqrt{y}$ für jedes $y > 0$, wobei in diesem Beispiel mit $\sqrt{y}$ immer die positive Wurzel von y gemeint ist. Mit $g'(x) = 2x$ erhält man somit:

$$f_y(y, k) = \begin{cases} 0 & y < 0 \\ (f_x(\sqrt{y}, k) + f_x(-\sqrt{y}, k))/(2\sqrt{y}) & y > 0 \,. \end{cases}$$

Bei $y = 0$ verschwindet die Ableitung $g'(x)$ und es hängt von $f_x(x, k)$ ab, ob für $f_y(y, k)$ ein Grenzwert existiert. Ist beispielsweise

$$f_x(x, k) = \begin{cases} 0,5 & -1 \leq x \leq 1 \\ 0 & \text{sonst}, \end{cases}$$

so wird

$$f_y(y, k) = \begin{cases} 0,5\, y^{-1/2} & 0 < y \leq 1 \\ 0 & \text{sonst}\,. \end{cases}$$

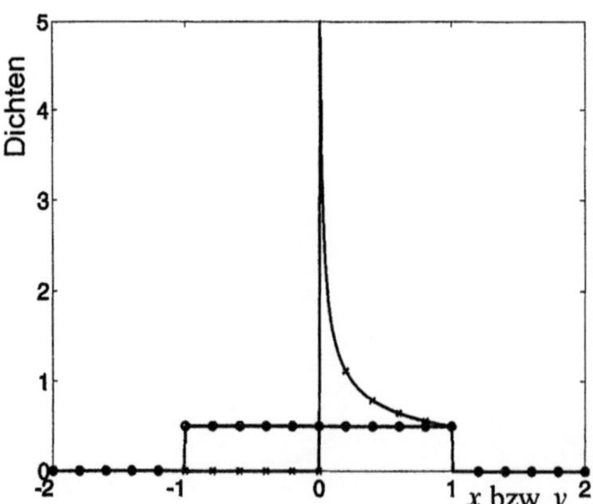

Abb. 4.10: Gleichdichte ($\circ$) und zugehörige Dichte am Ausgang eines Quadrierers ($\times$) als Funktion von x bzw. y (siehe Beispiel 4.5)

Die Dichte $f_y(0, k)$ wächst somit über alle Grenzen (siehe Abbildung 4.10). $f_y(y, k)$ enthält jedoch bei $y = 0$ keine δ–Distribution, die zu einer Sprungstelle in $F_y(y, k)$ bei $y = 0$ führen würde. Man erhält vielmehr für die zugehörige Wahrscheinlichkeitsverteilung:

$$F_y(y, k) = \begin{cases} 0 & y < 0 \\ \sqrt{y} & 0 \le y \le 1 \\ 1 & y > 1 \,. \end{cases}$$

Diese Funktion ist somit überall stetig. Ist $\boldsymbol{x}(\eta, k)$ ein mittelwertfreier stationärer Gaußprozeß mit

$$f_x(x, k) = \frac{1}{\sqrt{2\pi}\,\sigma_x} \exp\left(\frac{-x^2}{2\sigma_x^2}\right),$$

so erhält man für die Wahrscheinlichkeitsdichte des Quadriererausgangs:

$$f_y(y, k) = \begin{cases} 0 & y < 0 \\ \dfrac{1}{\sqrt{2\pi y}\,\sigma_x} \exp\left(\dfrac{-y}{2\sigma_x^2}\right) & y \ge 0 \end{cases}$$

(siehe Abbildung 4.11).

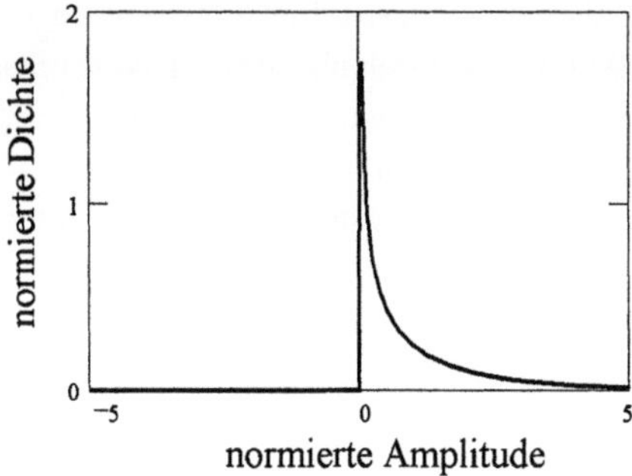

Abb. 4.11: Normierte Dichte $\sigma_x^2\, f_y(y)$ am Ausgang eines Quadrierers als Funktion von y/σ_x^2 bei einem Gaußprozeß am Eingang (siehe Beispiel 4.5)

4.3.3   Transformation der Momente

Den Erwartungswert der Funktion $g(\boldsymbol{x}(\eta))$ einer Zufalls*variablen* haben wir bereits in den Gleichungen 2.48 und 2.49 ohne Erklärung angegeben. Wir können diesen Zusammenhang hier auf Zufalls*prozesse* übertragen, wenn wir uns daran erinnern, daß ein

Zufallsprozeß $\boldsymbol{x}(\eta, k)$ für jeden festen Wert k, für den der Prozeß definiert ist, eine Zufallsvariable ist. Wir erhalten daher für den linearen Mittelwert des Ausgangsprozesses eines zeitinvarianten gedächtnisfreien Systems:

$$m_{\boldsymbol{y}}^{(1)}(k) = E\{\boldsymbol{y}(\eta, k)\} = E\{g(\boldsymbol{x}(\eta, k))\} = \int_{-\infty}^{+\infty} g(x)\, f_{\boldsymbol{x}}(x, k)\, dx\,. \tag{4.39}$$

Gleichung 4.39 kann mit Hilfe des Lebesgueschen Integralbegriffs allgemein bewiesen werden [22]. Ist im Sonderfall $y = g(x)$ eine streng monoton wachsende Funktion, so hat diese für jedes y_0 genau eine Lösung x_0 und es ist $g'(x) = dy/dx > 0$ für alle x. Aus Gleichung 4.34 folgt dann $f_{\boldsymbol{y}}(y, k)\, dy = f_{\boldsymbol{x}}(x, k)\, dx$ und daraus schließlich Gleichung 4.39.

Für die Autokorrelationsfunktion $s_{\boldsymbol{yy}}(k_1, k_2)$ des Ausgangsprozesses eines zeitinvarianten gedächtnisfreien Systems gilt endlich:

$$\begin{aligned}
s_{\boldsymbol{yy}}(k_1, k_2) &= \mathrm{E}\{\boldsymbol{y}(\eta, k_1)\boldsymbol{y}(\eta, k_2)\} = \mathrm{E}\{g(\boldsymbol{x}(\eta, k_1))g(\boldsymbol{x}(\eta, k_2))\} \\
&= \int_{-\infty}^{+\infty} \int_{-\infty}^{+\infty} g(x_1)g(x_2) f_{\boldsymbol{xx}}(x_1, x_2, k_1, k_2)\, dx_1 dx_2\,.
\end{aligned} \tag{4.40}$$

Bei der Frage nach der *Stationarität* des Ausgangsprozesses $\boldsymbol{y}(\eta, k)$ eines zeitinvarianten gedächtnisfreien Systems muß zwischen strenger und schwacher Stationarität des Eingangsprozesses $\boldsymbol{x}(\eta, k)$ unterschieden werden. Ist $\boldsymbol{x}(\eta, k)$ *streng stationär*, so ist auch $\boldsymbol{y}(\eta, k)$ streng stationär. Dies folgt aus der Tatsache, daß bei einem streng stationären Zufallsprozeß *alle* statistischen Eigenschaften invariant gegenüber Zeitverschiebungen sind und dies bei einer Abbildung durch ein zeitinvariantes System nicht geändert wird. Ist dagegen der Zufallsprozeß am Eingang nur *schwach stationär*, so ist über die Stationarität des Ausgangsprozesses *keine allgemeine Aussage* möglich. Es hängt von der Kennlinie $y = g(x)$ ab, ob der Ausgangsprozeß stationär oder instationär ist.

4.4 Zeitinvariante lineare dynamische Systeme

In diesem Abschnitt diskutieren wir nun die Transformation einiger Eigenschaften von Zufallsprozessen durch Systeme, die – im Gegensatz zum vorangehenden Abschnitt – gedächtnisbehaftet sein können. Dies bedeutet, daß ein momentaner Ausgangswert – im Grenzfall und bei Verzicht auf Kausalität – von der *gesamten* Folge der Eingangswerte abhängt. Wir beschränken uns andererseits aber auf lineare Systeme. Beispiele für Systeme, die hier behandelt werden sollen, sind lineare Filter oder lineare Regler.

Ein grundsätzlicher Unterschied zwischen den Abbildungseigenschaften gedächtnisfreier und gedächtnisbehafteter Systeme liegt darin, daß bei der zweiten Systemklasse die gegenseitige Abhängigkeit aufeinanderfolgender Eingangswerte für die Abbildung von Bedeutung ist. Diese Abhängigkeit wird durch *Verbundwahrscheinlichkeiten* ausgedrückt.

Eine Berechnung der Wahrscheinlichkeitsverteilung oder der Wahrscheinlichkeitsdichte des Ausganges *nur* aus den entsprechenden Funktionen des Einganges ist daher nicht mehr möglich. Eine Ausnahme bilden hier *Gaußprozesse*. Wie bereits im entsprechenden Abschnitt diskutiert wurde, ist die Summe Gaußscher Zufallsvariablen wieder eine Gaußsche Zufallsvariable. Da der Ausgang eines linearen zeitinvarianten "ruhenden" Systems aus seinem Eingang durch eine Faltungs*summe* – bzw. durch ein Faltungsintegral, das als Grenzwert einer Summe angesehen werden kann – zu berechnen ist (siehe 4.3 und 4.4), ist der Ausgangsprozeß eines linearen dynamischen Systems ein Gaußprozeß, wenn der Eingang ein derartiger Prozeß ist. Die Wahrscheinlichkeitsdichte ist damit durch den linearen Mittelwert und die Varianz des Ausgangs vollständig bestimmt. In den folgenden Abschnitten bestimmen wir – ohne die Beschränkung auf Gaußprozesse – die Transformation des linearen Mittelwertes, der Korrelationsfunktion und des Leistungsdichtespektrums.

4.4.1   Transformation des linearen Mittelwertes

Für die Musterfunktionen des Zufallsprozesses $\boldsymbol{y}(\eta, k)$ am Ausgang eines linearen "ruhenden" zeitinvarianten Systems mit der Gewichtsfunktion $g(k)$ gilt gemäß Gleichung 4.3:

$$\boldsymbol{y}(\eta, k) = \sum_{l=-\infty}^{+\infty} g(l)\, \boldsymbol{x}(\eta, k - l)\,. \tag{4.41}$$

Wir nehmen an, daß die Summe für alle Musterfunktionen existiert. (Diese Bedingung ist hinreichend). Für den *linearen Mittelwert* folgt daraus:

$$m_{\boldsymbol{y}}^{(1)}(k) = \mathrm{E}\{\boldsymbol{y}(\eta, k)\} = \mathrm{E}\{\sum_{l=-\infty}^{+\infty} g(l)\boldsymbol{x}(\eta, k - l)\}\,. \tag{4.42}$$

Vertauscht man Erwartungswert und Summe, so erhält man:

$$m_{\boldsymbol{y}}^{(1)}(k) = \sum_{l=-\infty}^{+\infty} g(l)\, \mathrm{E}\{\boldsymbol{x}(\eta, k - l)\} = \sum_{l=-\infty}^{+\infty} g(l)\, m_{\boldsymbol{x}}^{(1)}(k - l)\,. \tag{4.43}$$

Ist $\boldsymbol{x}(\eta, k)$ mindestens schwach stationär, so folgt schließlich:

$$m_{\boldsymbol{y}}^{(1)} = m_{\boldsymbol{x}}^{(1)} \sum_{l=-\infty}^{+\infty} g(l) = m_{\boldsymbol{x}}^{(1)} G(e^{j0}) = m_{\boldsymbol{x}}^{(1)} G(1)\,. \tag{4.44}$$

Für *zeitkontinuierliche* Prozesse und Systeme gilt bei mindestens schwach stationärem Eingangsprozeß analog:

$$m_y^{(1)} = m_x^{(1)} \int_{-\infty}^{+\infty} g(t)\, dt = m_x^{(1)} G(j0) = m_x^{(1)} G(0)\,. \tag{4.45}$$

Beispiel 4.6 Mittelwert des Ausgangsprozesses eines RC–Gliedes

Für die Gewichtsfunktion eines RC–Gliedes (siehe Abbildung 4.12) gilt:

$$g(t) = \begin{cases} 0 & t < 0 \\ \dfrac{1}{RC}\, e^{-t/RC} & t \ge 0\,. \end{cases}$$

Somit erhält man für den Mittelwert des Ausgangsprozesses bei stationärem Eingangsprozeß:

$$m_y^{(1)} = m_x^{(1)} \int_0^{+\infty} \frac{1}{RC}\, e^{-t/RC} dt = m_x^{(1)}\,.$$

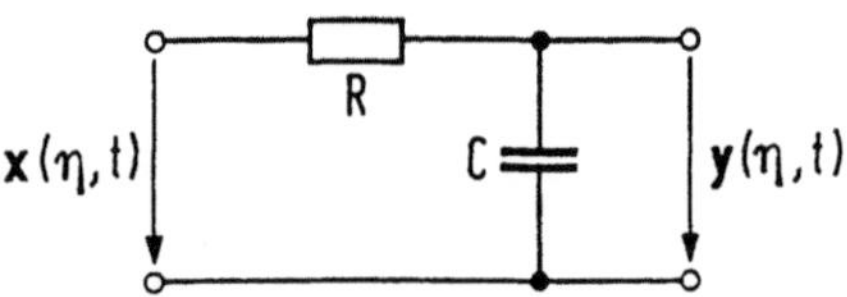

Abb. 4.12: RC–Glied (siehe Beispiel 4.6)

Beispiel 4.7 Mittelwert des Ausgangsprozesses eines RL–Gliedes

Für die Gewichtsfunktion eines RL–Gliedes (siehe Abbildung 4.13) gilt:

$$g(t) = \begin{cases} 0 & t < 0 \\ \delta(t) - \dfrac{R}{L}\, e^{-Rt/L} & t \ge 0\,. \end{cases}$$

Somit gilt für den Mittelwert des Ausgangsprozesses bei stationärem Eingangsprozeß:

$$m_y^{(1)} = m_x^{(1)} \int_0^{+\infty} \left(\delta(t) - \frac{R}{L}\, e^{-Rt/L}\right) dt = 0\,.$$

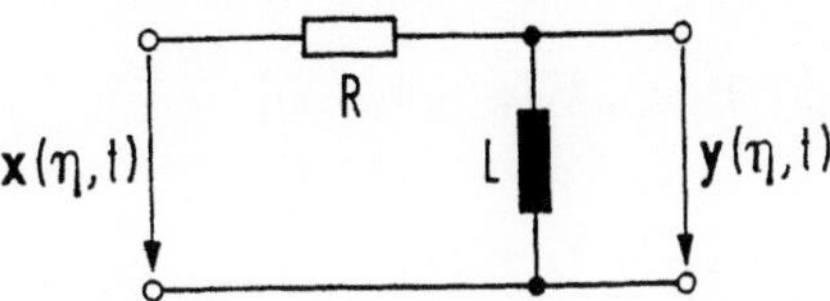

Abb. 4.13: RL–Glied (siehe Beispiel 4.7)

Beispiel 4.8 Mittelwert des Ausgangsprozesses eines zeitdiskreten rekursiven Filters erster Ordnung
Für die Gewichtsfolge eines rekursiven Filters erster Ordnung (siehe Abbildung 4.14) gilt:

$$
g(k) = \begin{cases} 0 & k < 0 \\ a^k & k \geq 0, \end{cases}
$$

mit $|a| < 1$. Somit erhält man für den Mittelwert des Ausgangsprozesses bei stationärem Eingangsprozeß:

$$
m_y^{(1)} = m_x^{(1)} \sum_{k=-\infty}^{+\infty} g(k) = m_x^{(1)}/(1-a) \; .
$$

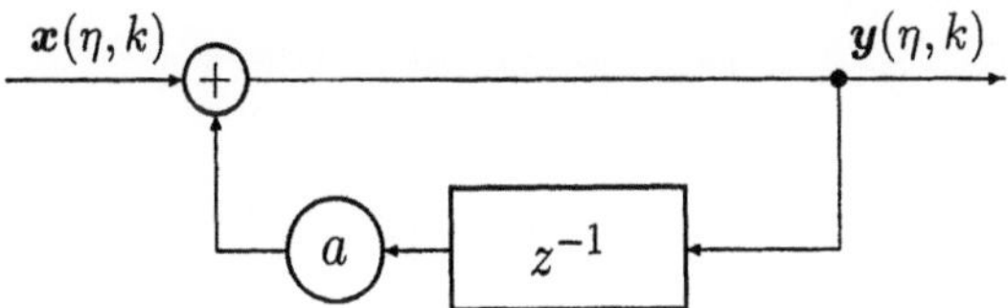

Abb. 4.14: Rekursives Filter erster Ordnung (siehe Beispiel 4.8 und Beispiel 4.11)

4.4.2   Transformation der Autokorrelationsfunktion

Ähnlich wie für den Mittelwert läßt sich durch Anwendung der Faltung auch die Transformation der Autokorrelationsfunktion $s_{xx}(k_1, k_2)$ des Eingangsprozesses $x(\eta, k)$ herleiten. Wir bestimmen zunächst die Kreuzkorrelationsfunktionen $s_{xy}(k_1, k_2)$ und $s_{yx}(k_1, k_2)$ zwischen Eingang und Ausgang. Es gilt:

$$
\begin{aligned}
s_{xy}(k_1, k_2) &= \mathrm{E}\{x(\eta, k_1)y(\eta, k_2)\} \\
&= \mathrm{E}\{x(\eta, k_1) \sum_{l=-\infty}^{+\infty} g(l)x(\eta, k_2 - l)\} \; .
\end{aligned} \tag{4.46}
$$

Vertauscht man wieder Erwartungswert und Summe, so erhält man weiter:

$$
\begin{aligned}
s_{xy}(k_1, k_2) &= \sum_{l=-\infty}^{+\infty} g(l)\, \mathrm{E}\{\boldsymbol{x}(\eta, k_1)\, \boldsymbol{x}(\eta, k_2 - l)\} \\
&= \sum_{l=-\infty}^{+\infty} g(l)\, s_{xx}(k_1, k_2 - l)\,.
\end{aligned}
\tag{4.47}
$$

Für mindestens schwach stationäres $\boldsymbol{x}(\eta, k)$ vereinfacht sich dies wieder zu:

$$
s_{xy}(k) = \sum_{l=-\infty}^{+\infty} g(l)\, s_{xx}(k - l)\,.
\tag{4.48}
$$

Der Zusammenhang zwischen $s_{xx}(k)$ und $s_{xy}(k)$ wird damit genauso durch eine *Faltung* beschrieben, wie der Zusammenhang zwischen $\boldsymbol{x}(\eta, k)$ und $\boldsymbol{y}(\eta, k)$ (siehe Abbildung 4.15). Ganz analog zu den Gleichungen 4.47 und 4.48 läßt sich ein Ausdruck für $s_{yx}(k)$ herleiten:

$$
s_{yx}(k) = \sum_{l=-\infty}^{+\infty} g(-l)\, s_{xx}(k - l)\,.
\tag{4.49}
$$

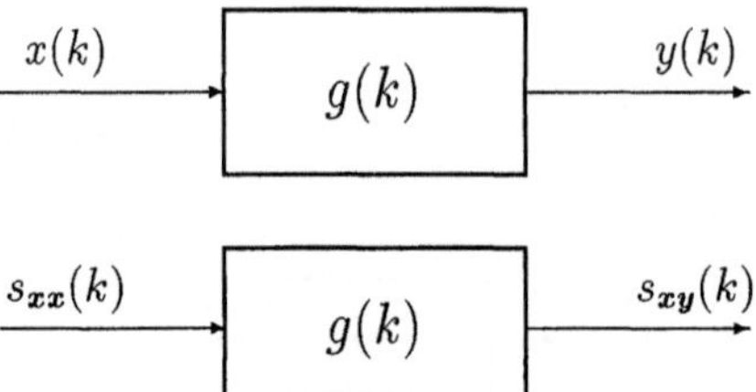

Abb. 4.15: Zusammenhang zwischen Eingangs- und Ausgangssignal bzw. Autokorrelationsfunktion des Eingangsprozesses und Kreuzkorrelationsfunktion zwischen Eingangs- und Ausgangsprozeß eines linearen zeitinvarianten Systems

Diese Kreuzkorrelierte erhält man somit durch eine Faltung der Autokorrelierten mit der *gespiegelten* Gewichtsfunktion $g(-k)$ (siehe Abbildung 4.16).

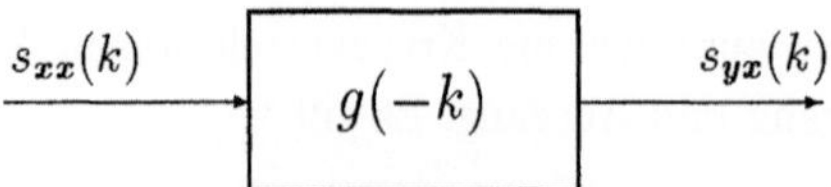

Abb. 4.16: Zusammenhang zwischen der Autokorrelationsfunktion des Eingangsprozesses und der Kreuzkorrelationsfunktion zwischen Ausgangs- und Eingangsprozeß eines linearen zeitinvarianten Systems

Bei mindestens schwach stationären zeitkontinuierlichen Prozessen und zeitkontinuierlichen Systemen tritt wieder an die Stelle der Faltungssumme ein Faltungsintegral:

$$s_{xy}(\tau) = \int_{-\infty}^{+\infty} g(u)s_{xx}(\tau - u)\,du\,, \tag{4.50}$$

$$s_{yx}(\tau) = \int_{-\infty}^{+\infty} g(-u)s_{xx}(\tau - u)\,du\,. \tag{4.51}$$

Die *Autokorrelationsfunktion* $s_{yy}(k_1, k_2)$ erhält man schließlich dadurch, daß man die Autokorrelationsfunktion des Eingangs nacheinander mit $g(k)$ und mit $g(-k)$ – in beliebiger Reihenfolge – faltet:

$$\begin{aligned} s_{yy}(k_1, k_2) &= \mathrm{E}\{\boldsymbol{y}(\eta, k_1)\boldsymbol{y}(\eta, k_2)\} \\ &= \sum_{l=-\infty}^{+\infty} \sum_{m=-\infty}^{+\infty} g(-l)g(m)s_{xx}(k_1 + l, k_2 - m)\,. \end{aligned} \tag{4.52}$$

Bei stationären Zufallsprozessen vereinfacht sich dies wieder:

$$\boxed{s_{yy}(k) = \sum_{l=-\infty}^{+\infty} \sum_{m=-\infty}^{+\infty} g(-l)\,g(m)\,s_{xx}(k - l - m)\,.} \tag{4.53}$$

Abbildung 4.17 veranschaulicht diesen Zusammenhang. Bei zeitkontinuierlicher Betrachtung lauten die den Gleichungen 4.52 und 4.53 entsprechenden Beziehungen:

$$s_{yy}(t_1, t_2) = \int_{-\infty}^{+\infty} \int_{-\infty}^{+\infty} g(-u)\,g(v)s_{xx}(t_1 + u, t_2 - v)\,dv\,du \tag{4.54}$$

$$s_{yy}(\tau) = \int_{-\infty}^{+\infty} \int_{-\infty}^{+\infty} g(-u)\,g(v)s_{xx}(\tau - u - v)\,dv\,du \tag{4.55}$$

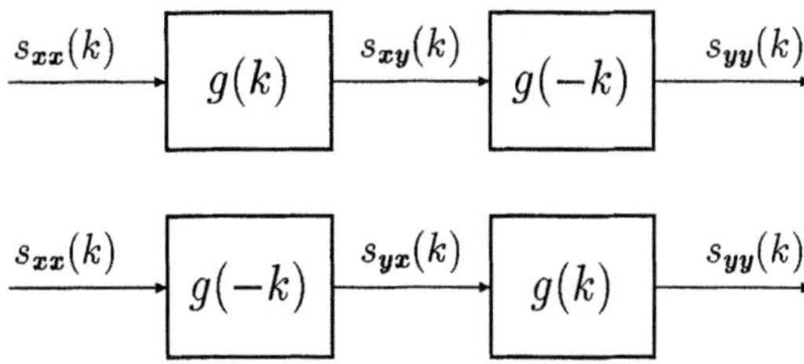

Abb. 4.17: Zusammenhang zwischen den Autokorrelationsfunktionen am Eingang und am Ausgang eines linearen zeitinvarianten Systems

Beispiel 4.9 Differenzierer

Für ein lineares zeitinvariantes System gelte:

$$y(t) = \frac{d\,x(t)}{d\,t}\;.$$

Dieses System werde durch einen Zufallsprozeß $x(\eta,t)$ angeregt. Dann gelten für den Ausgangsprozeß $y(\eta,t)$:

$$m_y^{(1)}(t) = \mathrm{E}\{y(\eta,t)\} = E\{\frac{d}{dt}x(\eta,t)\} = \frac{d}{dt}\,\mathrm{E}\{x(\eta,t)\} = \frac{d}{dt}\,m_x^{(1)}(t)\;.$$

(Für die Ableitung des Zufallsprozesses $x(\eta,t)$ nach der Zeit t ist es hinreichend anzunehmen, daß die Ableitung für jede Musterfunktion des Prozesses existiert.)

$$
\begin{aligned}
s_{xy}(t_1,t_2) &= \mathrm{E}\{x(\eta,t_1)\,y(\eta,t_2)\} = E\{x(\eta,t_1)\,\frac{\partial}{\partial t_2}\,x(\eta,t_2)\} \\[2mm]
&= \frac{\partial}{\partial t_2}\,\mathrm{E}\{x(\eta,t_1)\,x(\eta,t_2)\} = \frac{\partial}{\partial t_2}\,s_{xx}(t_1,t_2)\;.
\end{aligned}
$$

Analog gelten:

$$s_{yx}(t_1,t_2) = \frac{\partial}{\partial t_1}\,s_{xx}(t_1,t_2)\;,\qquad s_{yy}(t_1,t_2) = \frac{\partial^2}{\partial t_1\,\partial t_2}\,s_{xx}(t_1,t_2)\;.$$

Ist der Zufallsprozeß $x(\eta,t)$ stationär, so erhält man mit $\tau = t_2 - t_1$:

$$m_y = 0\;,\qquad\qquad s_{xy}(\tau) = \frac{\partial}{\partial\tau}s_{xx}(\tau)\;,$$

$$s_{yx}(\tau) = -\frac{\partial}{\partial\tau}s_{xx}(\tau)\;,\qquad s_{yy}(\tau) = -\frac{\partial^2}{\partial\tau^2}s_{xx}(\tau)\;.$$

Beispiel 4.10 Korrelationsfunktionen an einem RC–Glied (siehe Abbildung 4.12)

Es seien:

$$g(t) = \begin{cases} 0 & t < 0 \\[2mm] \dfrac{1}{RC}\,e^{-t/RC} & t \geq 0 \end{cases}\;,$$

$$s_{xx}(\tau) = S_0\,\delta(\tau)\;.$$

Dann sind:

$$s_{xy}(\tau) = \begin{cases} 0 & \tau < 0 \\ \dfrac{S_0}{RC}\, e^{-\tau/RC} & \tau \geq 0 \end{cases} \;,\qquad s_{yx}(\tau) = \begin{cases} \dfrac{S_0}{RC}\, e^{\tau/RC} & \tau \leq 0 \\ 0 & \tau > 0 \end{cases} \;,$$

$$s_{yy}(\tau) = \frac{S_0}{2RC}\, e^{-|\tau|/RC}\,.$$

Beispiel 4.11 Korrelationsfunktionen an einem zeitdiskreten rekursiven Filter erster Ordnung (siehe Abbildung 4.14)
Es seien:

$$g(k) = \begin{cases} 0 & k < 0 \\ a^k & k \geq 0 \;\; \text{mit}\; |a| < 1 \end{cases} \;,\qquad s_{xx}(k) = \begin{cases} 1 & k = 0 \\ 0 & \text{sonst} \end{cases} \;.$$

Dann sind:

$$s_{xy}(k) = \begin{cases} 0 & k < 0 \\ a^k & k \geq 0 \end{cases} \;,\qquad s_{yx}(k) = \begin{cases} a^{-k} & k \leq 0 \\ 0 & k > 0 \end{cases} \;,$$

$$s_{yy}(k) = a^{|k|}/(1 - a^2)\,.$$

Als Sonderfall enthält Gleichung 4.53 bzw. 4.55 die Vorschrift für den quadratischen Mittelwert des Ausgangsprozesses:

$$\begin{aligned} m_y^{(2)} &= s_{yy}(0) &= \sum_{l=-\infty}^{+\infty} \sum_{m=-\infty}^{+\infty} g(-l)\, g(m)\, s_{xx}(-l - m) \\ &&= \sum_{l=-\infty}^{+\infty} \sum_{m=-\infty}^{+\infty} g(l)\, g(m)\, s_{xx}(l - m)\,. \end{aligned} \qquad (4.56)$$

Für zeitkontinuierliche Zusammenhänge lautet dies:

$$m_y^{(2)} = s_{yy}(0) = \int_{-\infty}^{+\infty} \int_{-\infty}^{+\infty} g(u)\, g(v)\, s_{xx}(u - v)\, dv\, du\,. \qquad (4.57)$$

Die Varianz des Ausgangsprozesses kann aus den Gleichungen 2.58, 4.44 und Gleichung 4.56 berechnet werden. Abschließend sei hier noch eine allgemeinere Form der Gleichungen 4.48 und 4.49 angegeben: Hierbei nehmen wir an, daß $x(\eta, k)$ und $z(\eta, k)$ verbunden stationäre Zufallsprozesse sind und daß $x(\eta, k)$ durch ein lineares zeitinvariantes System mit der Gewichtsfunktion $g(k)$ in den Prozeß $y(\eta, k)$ transformiert wird (siehe Abbildung 4.18).

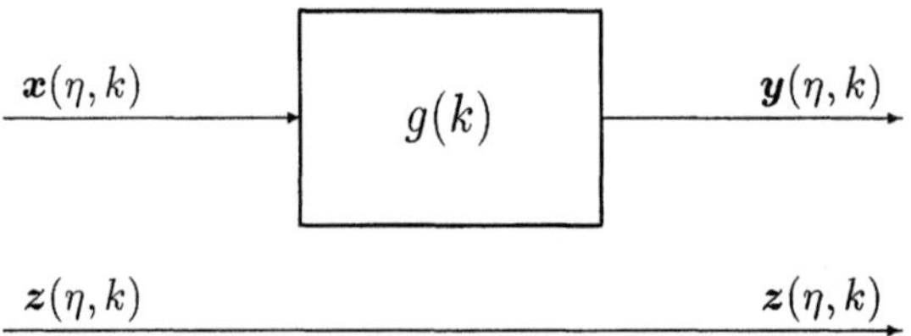

Abb. 4.18: Zur Bestimmung der Kreuzkorrelationsfunktionen $s_{zy}(k)$ und $s_{yz}(k)$

Es gelten dann:

$$s_{zy}(k) = \sum_{l=-\infty}^{+\infty} g(l) s_{zx}(k-l) \,, \tag{4.58}$$

$$s_{yz}(k) = \sum_{l=-\infty}^{+\infty} g(-l) s_{xz}(k-l) \,. \tag{4.59}$$

Setzt man $z(\eta, k) = x(\eta, k)$ in den Gleichungen 4.58 und 4.59 ein, so erhält man daraus wieder die Gleichungen 4.48 und 4.49. Für zeitkontinuierliche Prozesse und ein zeitkontinuierliches System lassen sich zu den Gleichungen 4.58 und 4.59 analoge Zusammenhänge angeben.

4.4.3   Transformation des Leistungsdichtespektrums

Auto– und Kreuzleistungsdichtespektren sind als Fouriertransformierte der entsprechenden Auto– und Kreuzkorrelationsfunktionen definiert (siehe Definitionen 3.20 und 3.21 für zeitkontinuierliche Zufallsprozesse und Gleichung 3.59 für zeitdiskrete Zufallsprozesse). Die Gleichungen für die Zusammenhänge zwischen den Leistungsdichtespektren um ein lineares System erhält man folglich durch Transformation der Gleichungen für die entsprechenden Korrelationsfunktionen. Es seien

$$G(j\omega) = \int_{-\infty}^{+\infty} g(t)\, e^{-j\omega t}\, dt \tag{4.60}$$

der Frequenzgang eines linearen zeitkontinuierlichen Systems mit der Gewichtsfunktion $g(t)$ und

$$G(e^{j\Omega}) = \sum_{k=-\infty}^{+\infty} g(k)\, e^{-j\Omega k} \tag{4.61}$$

die entsprechende Funktion für ein lineares zeitdiskretes System. Dann erhält man durch Transformation der Gleichungen 4.50, 4.51 und 4.55 für mindestens schwach stationäre zeitkontinuierliche Zufallsprozesse:

$$S_{xy}(\omega) = G(j\omega)S_{xx}(\omega)\,, \tag{4.62}$$

$$S_{yx}(\omega) = G^*(j\omega)S_{xx}(\omega)\,, \tag{4.63}$$

$$S_{yy}(\omega) = G(j\omega)\,G^*(j\omega)\,S_{xx}(\omega)\,. \tag{4.64}$$

Für zeitdiskrete Zufallsprozesse lauten die entsprechenden Gleichungen (siehe Gleichung 4.48, 4.49 und 4.53):

$$S_{xy}(\Omega) = G(e^{j\Omega})S_{xx}(\Omega)\,, \tag{4.65}$$

$$S_{yx}(\Omega) = G^*(e^{j\Omega})S_{xx}(\Omega)\,, \tag{4.66}$$

$$S_{yy}(\Omega) = G(e^{j\Omega})\,G^*(e^{j\Omega})S_{xx}(\Omega)\,. \tag{4.67}$$

Durch Transformation der Gleichungen 4.58 und 4.59 erhält man schließlich:

$$S_{zy}(\Omega) = G(e^{j\Omega})S_{zx}(\Omega)\,,$$

$$S_{yz}(\Omega) = G^*(e^{j\Omega})S_{xz}(\Omega)\,.$$

Das Autoleistungsdichtespektrum des Ausgangsprozesses eines linearen Systems ist das Produkt des Autoleistungsdichtespektrums des Eingangsprozesses mit dem Quadrat des *Betrages* des Frequenzgangs des Systems. Man nennt die Größe $G(j\omega)G^*(j\omega) = |G(j\omega)|^2$ bzw. $G(e^{j\Omega})G^*(e^{j\Omega}) = |G(e^{j\Omega})|^2$ den *Leistungsübertragungsfaktor* des Systems. Dieser enthält keine Information über die Phase des Frequenzgangs. Entsprechend enthält auch das Autoleistungsdichtespektrum des Systemausgangs *keine* Phaseninformation. Die *Stationaritätseigenschaften* des Eingangsprozesses übertragen sich bei linearen zeitinvarianten dynamischen Systemen unverändert auf den Ausgangsprozeß. Dies bedeutet, daß ein streng stationärer Eingangsprozeß zu einem streng stationären Ausgangsprozeß führt. Ist der Eingangsprozeß nur schwach stationär, so ist auch der Ausgangsprozeß schwach stationär.

Durch Widerspruch kann an dieser Stelle bewiesen werden, daß das Autoleistungsdichtespektrum eine nichtnegative Funktion ist (siehe Gleichung 3.52):

$$S_{xx}(\omega) \geq 0 \quad \text{für alle } \omega\,.$$

Wir nehmen dazu an, daß ein Intervall $\omega_1 \leq |\omega| \leq \omega_2$ existiere, in dem $S_{xx}(\omega)$ negativ ist:

$$S_{xx}(\omega) \begin{cases} < 0 & \text{für } \omega_1 \leq |\omega| \leq \omega_2 \\[2mm] \geq 0 & \text{sonst} \end{cases} .$$

Es sei ferner $G(j\omega)$ der Frequenzgang eines Filters mit

$$|G(j\omega)| = \begin{cases} 1 & \text{für } \omega_1 \leq |\omega| \leq \omega_2 \\[2mm] 0 & \text{sonst} \end{cases} .$$

Wird dieses Filter durch einen Zufallsprozeß $\boldsymbol{x}(\eta, t)$ mit dem Autoleistungsdichtespektrum $S_{xx}(\omega)$ angeregt, so gilt für das Autoleistungsdichtespektrum $S_{yy}(\omega)$ des Ausgangsprozesses $\boldsymbol{y}(\eta, t)$:

$$S_{yy}(\omega) = |G(j\omega)|^2 S_{xx}(\omega) = \begin{cases} S_{xx}(\omega) < 0 & \text{für } \omega_1 \leq |\omega| \leq \omega_2 \\[2mm] 0 & \text{sonst} \end{cases} .$$

Damit folgt aber für die mittlere Leistung des Ausgangsprozesses:

$$\frac{1}{2\pi} \int_{-\infty}^{+\infty} S_{yy}(\omega)d\omega = s_{yy}(0) < 0 .$$

Dies steht im Widerspruch zur Definition von $s_{yy}(0)$ als quadratischem Mittelwert:

$$s_{yy}(0) = \mathrm{E}\{\boldsymbol{y}^2(\eta, t)\} \geq 0 .$$

Damit ist die getroffene Annahme nicht zulässig und die Gültigkeit von Gleichung 3.52 gezeigt.

Beispiel 4.12 Leistungsdichtespektrum an einem RC–Glied (siehe Abbildung 4.12)

Es seien:

$$g(t) = \begin{cases} 0 & t < 0 \\[2mm] \dfrac{1}{RC}\, e^{-t/RC} & t \geq 0 \end{cases} , \qquad s_{xx}(\tau) = S_0\, \delta(\tau) .$$

Dann erhält man:

$$G(j\omega) = \frac{1}{1 + j\omega RC},$$

$$S_{xx}(\omega) = S_0, \qquad\qquad S_{xy}(\omega) = \frac{S_0}{1 + j\omega RC},$$

$$S_{yx}(\omega) = \frac{S_0}{1 - j\omega RC}, \qquad S_{yy}(\omega) = \frac{S_0}{1 + (\omega RC)^2}.$$

Beispiel 4.13 Leistungsdichtespektrum an einem zeitdiskreten rekursiven Filter erster Ordnung (siehe Abbildung 4.14)

Es seien mit $|a| < 1$:

$$g(k) = \begin{cases} 0 & k < 0 \\ a^k & k \geq 0 \end{cases}, \qquad s_{xx}(k) = \begin{cases} S_0 & k = 0 \\ 0 & k \neq 0 \end{cases}.$$

Dann erhält man:

$$G(e^{j\Omega}) = \frac{1}{1 - a\,e^{-j\Omega}},$$

$$S_{xx}(\Omega) = S_0, \qquad\qquad S_{xy}(\Omega) = \frac{S_0}{1 - a\,e^{-j\Omega}},$$

$$S_{yx}(\Omega) = \frac{S_0}{1 - a\,e^{j\Omega}}, \qquad S_{yy}(\Omega) = \frac{S_0}{1 - 2a\cos\Omega + a^2}.$$

Beispiel 4.14 Leistungsdichtespektren in einem Regelkreis

Gegeben sei ein Regelkreis gemäß Abbildung 4.19. Die Gewichtsfunktionen von Regler und Regelstrecke seien $f_R(t)$ und $f_S(t)$, die Frequenzgänge $F_R(j\omega)$ und $F_S(j\omega)$. Als Führungsfrequenzgang $F_W(j\omega)$ und Störungsfrequenzgang $F_Z(j\omega)$ erhält man [91]:

$$F_W(j\omega) = \frac{F_R(j\omega)\,F_S(j\omega)}{1 - F_0(j\omega)},$$

$$F_Z(j\omega) = \frac{F_S(j\omega)}{1 - F_0(j\omega)}, \quad \text{mit } F_0(j\omega) = -F_R(j\omega)F_S(j\omega).$$

Damit gelten:

$$S_{uu}(\omega) = |F_W(j\omega)|^2 S_{ww}(\omega), \qquad S_{uv}(\omega) = F_W^*(j\omega)F_Z(j\omega)S_{wz}(\omega),$$

$$S_{vu}(\omega) = F_W(j\omega)F_Z^*(j\omega)S_{zw}(\omega), \quad S_{vv}(\omega) = |F_Z(j\omega)|^2 S_{zz}(\omega).$$

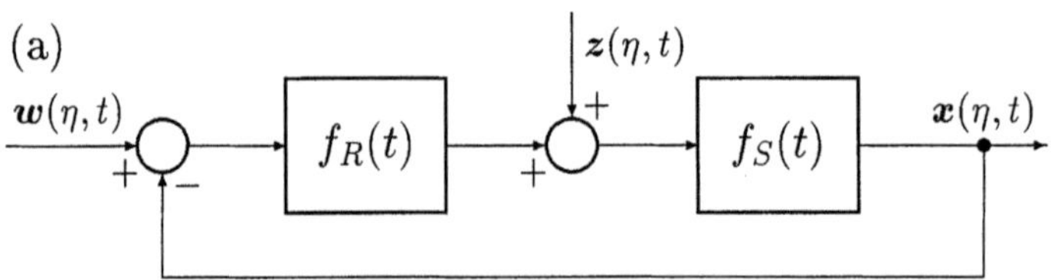

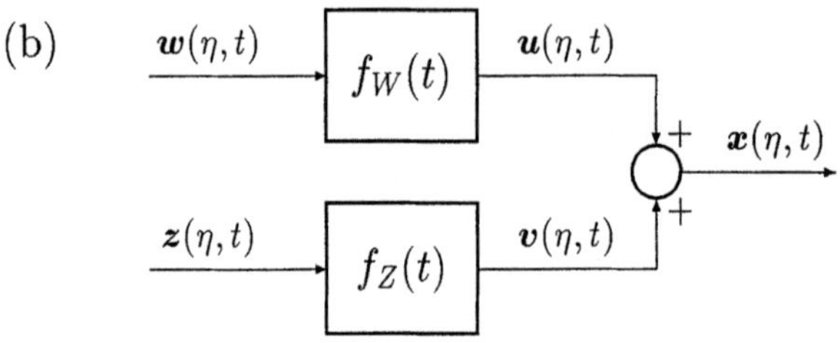

Abb. 4.19: Regelkreis (a) und seine Ersatzschaltung (b) (siehe Beispiel 4.14)

und schließlich:

$$S_{xx}(\omega) = \frac{|F_0(j\omega)|^2 S_{ww}(\omega) + |F_S(j\omega)|^2 S_{zz}(\omega)}{|1 - F_0(j\omega)|^2}$$

$$- \frac{F_0^*(j\omega) F_S(j\omega) S_{wz}(\omega) + F_0(j\omega) F_S^*(j\omega) S_{zw}(\omega)}{|1 - F_0(j\omega)|^2} \, .$$

Sind der Führungsprozeß $w(\eta, t)$ und die Störung $z(\eta, t)$ orthogonal zueinander, so vereinfacht sich dieses Ergebnis zu:

$$S_{xx}(\omega) = \frac{|F_0(j\omega)|^2 S_{ww}(\omega) + |F_S(j\omega)|^2 S_{zz}(\omega)}{|1 - F_0(j\omega)|^2} \, .$$

Ist die Verstärkung des Reglers groß, d.h. $|F_R(j\omega)| \gg 1$, und ist gleichzeitig die Verstärkung der Strecke so, daß $|F_0(j\omega)| \gg 1$ ist, so gilt näherungsweise:

$$S_{xx}(\omega) \approx S_{ww}(\omega) \, .$$

4.4.4　　　Anwendungsbeispiele

Die beiden folgenden Abschnitte zeigen Anwendungen der gerade hergeleiteten Zusammenhänge: im Zeitbereich die Identifikation eines linearen Systems auch bei Störungen und im Frequenzbereich den Entwurf eines Filters zur Formung des Leistungsdichtespektrums.

4.4.4.1   Systemidentifikation

Der durch Gleichung 4.48 bzw. Gleichung 4.50 beschriebene Zusammenhang zwischen der Autokorrelationsfunktion $s_{xx}(k)$ und der Kreuzkorrelationsfunktion $s_{xy}(k)$ läßt sich dafür benutzen, die Gewichtsfunktion $g(k)$ eines Systems zu identifizieren. Gegenüber einer Identifikation mit einem Testsignal wird bei statistischen Verfahren der Einfluß additiver Störungen unterdrückt.

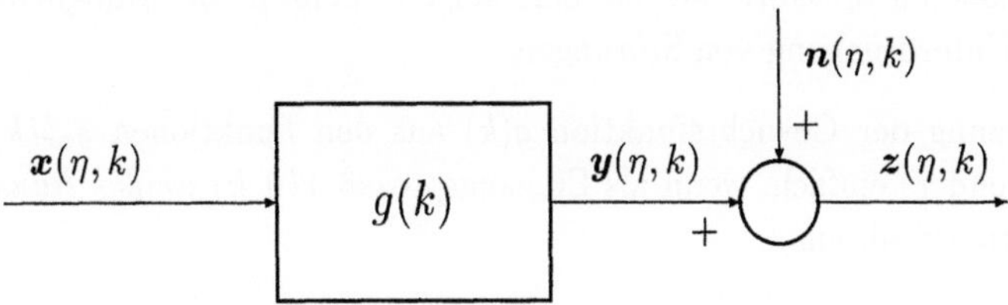

Abb. 4.20: Lineares System mit additiv gestörtem Ausgang

Wir nehmen an, daß der meßbare Ausgangsprozeß $z(\eta, k)$ eines zu identifizierenden Systems sich aus dem tatsächlichen Ausgangsprozeß $y(\eta, k)$ und einer additiven Störung $n(\eta, k)$ zusammensetzt (Abbildung 4.20):

$$z(\eta, k) = y(\eta, k) + n(\eta, k)\,. \tag{4.68}$$

$x(\eta, k)$ und $n(\eta, k)$ seien stationäre Zufallsprozesse. Dann erhält man für die Kreuzkorrelationsfunktion $s_{xz}(l)$:

$$
\begin{aligned}
s_{xz}(l) &= \mathrm{E}\{x(\eta, k)z(\eta, k + l)\} \\
&= \mathrm{E}\{x(\eta, k)(y(\eta, k + l) + n(\eta, k + l))\} \\
&= s_{xy}(l) + s_{xn}(l)\,.
\end{aligned}
\tag{4.69}
$$

Sind der Eingangsprozeß $x(\eta, k)$ und die Störung $n(\eta, k)$ unkorreliert, so vereinfacht sich Gleichung 4.69 zu:

$$s_{xz}(l) = s_{xy}(l) + m_x^{(1)}m_n^{(1)}\,. \tag{4.70}$$

Die Kreuzkorrelationsfunktion wird somit nur noch durch eine additive Konstante gestört. Diese Konstante verschwindet, wenn mindestens einer der beiden Prozesse – der Eingangsprozeß oder die Störung – mittelwertfrei ist. Dann erhält man:

$$s_{xz}(l) = s_{xy}(l)\,. \tag{4.71}$$

In diesem Fall, der bei realen Systemen fast immer angenommen werden kann, hat die additive Störung keinen Einfluß auf die Kreuzkorrelationsfunktion $s_{xz}(l)$. Allerdings ist

zu beachten, daß diese Aussage nur dann gilt, wenn $s_{xz}(l)$ die als Scharmittelwert –
oder bei ergodischen Prozessen die durch Mittelung über ein unendliches Intervall –
bestimmte Kreuzkorrelationsfunktion ist. Anders verhält es sich bei *Schätzwerten* für
$s_{xz}(l)$, die durch *Messungen* bestimmt werden. Durch die notwendigerweise endliche
Meßzeit wird das Meßergebnis auch durch die Störung beeinflußt. Dieser Einfluß kann
aber durch Vergrößerung der Meßzeit beliebig reduziert werden. Die Anwendung statistischer Verfahren bei der Identifikation linearer zeitinvarianter Systeme bedeutet daher
zwar einen höheren Meßaufwand und eine längere Meßzeit, sie ermöglicht andererseits
jedoch eine Unterdrückung von Störungen.

Die Bestimmung der Gewichtsfunktion $g(k)$ aus den Funktionen $s_{xx}(k)$ und $s_{xy}(k)$
ist dann besonders einfach, wenn als Eingangsprozeß $x(\eta, k)$ *weißes Rauschen* mit der
Autokorrelationsfunktion

$$s_{xx}(k) = \begin{cases} R_0 & k = 0 \\ 0 & \text{sonst} \end{cases}$$

verwendet werden kann. Dann folgt aus Gleichung 4.48 unmittelbar:

$$s_{xy}(k) = R_0\, g(k)\,. \tag{4.72}$$

Wird das zu identifizierende System durch sein normales Betriebssignal angeregt und
muß für dieses ein *farbiger* Zufallsprozeß angenommen werden, so ist $g(k)$ aus einer
Faltungssumme zu bestimmen. Dies bedeutet, daß für $m + 1$ Werte der Gewichtsfolge
ein System von (mindestens) $m + 1$ Gleichungen aufzulösen ist. Mit

$$g(k) = 0 \ \text{ für } k < 0 \text{ und } k > m$$

erhält man aus Gleichung 4.48:

$$s_{xy}(i) = \sum_{k=0}^{m} g(k) s_{xx}(i - k)\,. \tag{4.73}$$

Da die Autokorrelationsfunktion $s_{xx}(i)$ eine gerade Funktion ist, wertet man das Gleichungssystem vorteilhaft im Bereich $0 \leq i \leq m$ aus. In diesem Fall werden nur $m + 1$
Meßwerte von $s_{xx}(i)$ benötigt. Aus Gleichung 4.73 erhält man dann folgendes System
von Gleichungen:

$$\begin{aligned}
s_{xy}(0) &= g(0)s_{xx}(0) &+& \ g(1)s_{xx}(-1) &+& \cdots &+& \ g(m)s_{xx}(-m) \\
s_{xy}(1) &= g(0)s_{xx}(1) &+& \ g(1)s_{xx}(0) &+& \cdots &+& \ g(m)s_{xx}(1-m) \\
\cdots &= \cdots &+& \cdots &+& \cdots + & & \cdots \\
s_{xy}(m) &= g(0)s_{xx}(m) &+& \ g(1)s_{xx}(m-1) &+& \cdots &+& \ g(m)s_{xx}(0)\,.
\end{aligned} \tag{4.74}$$

Faßt man $s_{xy}(i)$, $i = 0, \cdots, m$, in einem Vektor

$$\underline{s}_{xy} = (s_{xy}(0),\; s_{xy}(1),\; \cdots,\; s_{xy}(m))^T \tag{4.75}$$

zusammen und bildet mit den Werten $s_{xx}(i)$, $i = 0, \cdots, m$, eine quadratische Matrix

$$\underline{s}_{xx} = \begin{pmatrix} s_{xx}(0) & s_{xx}(-1) & \cdots & s_{xx}(-m) \\ s_{xx}(1) & s_{xx}(0) & \cdots & s_{xx}(1-m) \\ \cdots & \cdots & \cdots & \cdots \\ s_{xx}(m) & s_{xx}(m-1) & \cdots & s_{xx}(0) \end{pmatrix}, \tag{4.76}$$

so erhält man für den Vektor

$$\underline{g} = (g(0),\; g(1),\; \cdots,\; g(m))^T \tag{4.77}$$

der Gewichtsfolge des zu identifizierenden Systems endlich:

$$\boxed{\underline{g} = \underline{s}_{xx}^{-1}\,\underline{s}_{xy}\,.} \tag{4.78}$$

Liegen für die Bestimmung von $m+1$ Werten der Gewichtsfolge $g(i)$ $m+1+k$ Meßwerte, $k > 0$, von $s_{xy}(i)$ und von $s_{xx}(i)$ vor, so kann anstelle des Gleichungssystems 4.74 ein überbestimmtes Gleichungssystem mittels Gaußscher Ausgleichsrechnung aufgelöst werden. Für $\underline{s}_{xx}$ ist dann eine rechteckige Matrix mit $m+1$ Spalten und $m+1+k$ Zeilen anzunehmen. In Gleichung 4.78 tritt folglich die verallgemeinerte Inverse $(\underline{s}_{xx}^T\underline{s}_{xx})^{-1}\underline{s}_{xx}^T$ dieser Matrix auf [42].

4.4.4.2   Formfilter

Die folgenden Überlegungen gehen von der Gleichung 4.64 bzw. 4.67 aus, die einen Zusammenhang zwischen den Autoleistungsdichtespektren des stationären Eingangs- und des stationären Ausgangsprozesses eines linearen Systems herstellt. Man kann diesen Zusammenhang ausnutzen, um ein Filter zu entwerfen, das aus einem Eingangs- prozeß mit gegebenem Autoleistungsdichtespektrum einen Ausgangsprozeß mit einem bestimmten gewünschten Autoleistungsdichtespektrum formt. Man spricht dann von ei- nem *Formfilter*. Man verwendet Formfilter, um entweder aus einem weißen Prozeß einen farbigen Prozeß zu erzeugen, oder aus einem farbigen Prozeß einen weißen Prozeß zu formen. Im zweiten Fall spricht man auch von einem *Dekorrelationsfilter*. Filter dieser Art werden beispielsweise in der Sprachcodierung eingesetzt [115].

Charakteristisch für das Entwurfsproblem eines Formfilters ist es, daß aus der Gleichung 4.64,

$$S_{yy}(\omega) = |G(j\omega)|^2 S_{xx}(\omega) \,,$$

bzw. aus der Gleichung 4.67,

$$S_{yy}(\Omega) = |G(e^{j\Omega})|^2 S_{xx}(\Omega) \,,$$

nur eine Bedingung für den *Betrag* des Frequenzgangs des gesuchten Filters folgt, nicht jedoch für dessen Phase. Für diese können daher zusätzliche Bedingungen berücksichtigt werden. Für die folgenden Überlegungen gehen wir davon aus, daß die benötigten Leistungsdichtespektren und damit auch der Quotient

$$S(\omega) = \frac{S_{yy}(\omega)}{S_{xx}(\omega)} \qquad \text{bzw.} \qquad S(\Omega) = \frac{S_{yy}(\Omega)}{S_{xx}(\Omega)}$$

als gebrochen rationale Funktionen in ω bzw. in $e^{j\Omega}$ darstellbar sind. Als Nebenbedingung für den Filterentwurf fordern wir, daß das Filter *kausal* und *phasenminimal* sein soll. Phasenminimal ist ein kausales Filter mit dem Frequenzgang $G(j\omega)$ dann, wenn das Filter mit dem inversen Frequenzgang $1/G(j\omega)$ ebenfalls kausal ist.

Eine Aussage darüber, ob zu einem gegebenen Amplitudenverlauf $|G(j\omega)|$ bzw. $|G(e^{j\Omega})|$ ein Filter mit einer *kausalen* Gewichtsfunktion $g(t)$ bzw. $g(k)$ angegeben werden kann, macht das *Paley–Wiener–Kriterium* [122]. Es besagt, daß es ein kausales $g(t)$ bzw. $g(k)$ gibt, wenn für zeitkontinuierliche Filter das folgende Integral existiert:

$$\int_{-\infty}^{+\infty} \frac{|\ln S(\omega)|}{1+\omega^2}\, d\omega < \infty \,. \tag{4.79}$$

ω ist hier eine normierte Kreisfrequenz, $S(\omega)$ ein normiertes Leistungsdichtespektrum. (Zur Normierung können eine beliebige Kreisfrequenz und beispielsweise $S(0)$ benutzt werden.) Für zeitdiskrete Filter lautet das Kriterium:

$$\int_{-\pi}^{+\pi} |\ln S(\Omega)|\, d\Omega < \infty \,. \tag{4.80}$$

Auch $S(\Omega)$ ist hierbei z.B. auf $S(0)$ zu normieren. Kausalität und Phasenminimalität eines Filters sind durch die Lage der Pole und Nullstellen seiner *Übertragungsfunktion* $G(s)$ bzw. $G(z)$ und deren Konvergenzbereich bestimmt. Die Übertragungsfunktion ist definiert als die *Laplace-* bzw. *z–Transformierte* der Gewichtsfunktion $g(t)$ bzw. $g(k)$. Da hier auch die Autokorrelationsfunktionen des Eingangs- und des Ausgangsprozesses in gleicher Weise transformiert werden müssen und diese für negatives Argument nicht verschwinden, müssen wir hier die *zweiseitige* Laplace– bzw. z–Transformation anwenden [122]. Es seien für zeitkontinuierliche Vorgänge:

$$L_G(s) = \int_{-\infty}^{+\infty} g(t)\, e^{-st}\, dt \,, \tag{4.81}$$

$$L_{xx}(s) = \int_{-\infty}^{+\infty} s_{xx}(\tau)\, e^{-s\tau}\, d\tau \,, \tag{4.82}$$

$$L_{yy}(s) = \int_{-\infty}^{+\infty} s_{yy}(\tau)\, e^{-s\tau}\, d\tau \,. \tag{4.83}$$

Da die Autokorrelationsfunktionen $s_{xx}(\tau)$ und $s_{yy}(\tau)$ symmetrisch in τ sind, sind auch $L_{xx}(s)$ und $L_{yy}(s)$ symmetrisch in s. Konvergenz bei $s = \sigma_0 + j\omega_0$ bedeutet daher auch Konvergenz bei $s = -\sigma_0 - j\omega_0$. Existiert für die Integrale in den Gleichungen 4.82 und 4.83 ein Konvergenzgebiet, so ist dies ein Streifen, der die $j\omega$–Achse enthält, und die *Leistungsdichtespektren* $S_{xx}(\omega)$ und $S_{yy}(\omega)$ existieren:

$$S_{xx}(\omega) = L_{xx}(j\omega)\,, \tag{4.84}$$

$$S_{yy}(\omega) = L_{yy}(j\omega)\,. \tag{4.85}$$

Der *s–Frequenzgang*

$$G(j\omega) = L_G(j\omega) \tag{4.86}$$

existiert, wenn die $j\omega$–Achse im Konvergenzgebiet des Integrals 4.81 liegt. Bei zeitdiskreten Vorgängen gelten:

$$L_G(z) = \sum_{k=-\infty}^{+\infty} g(k) z^{-k}\,, \tag{4.87}$$

$$L_{xx}(z) = \sum_{k=-\infty}^{+\infty} s_{xx}(k) z^{-k}\,, \tag{4.88}$$

$$L_{yy}(z) = \sum_{k=-\infty}^{+\infty} s_{yy}(k) z^{-k}\,. \tag{4.89}$$

Die Symmetrie der Autokorrelationsfunktionen bezüglich k bildet sich in $L(z) = L(1/z)$ ab. Liegt daher $z = \exp(\Sigma_0 + j\Omega_0)$ im Konvergenzgebiet einer der Summen in der Gleichung 4.88 oder 4.89, so liegt auch $z = \exp(-\Sigma_0 - j\Omega_0)$ in diesem Gebiet. Existieren daher für diese Summen Konvergenzgebiete, so enthalten sie den *Einheitskreis*. Damit existieren die Autoleistungsdichtespektren:

$$S_{xx}(\Omega) = L_{xx}(e^{j\Omega}), \tag{4.90}$$

$$S_{yy}(\Omega) = L_{yy}(e^{j\Omega}). \tag{4.91}$$

Der *z–Frequenzgang*

$$G(e^{j\Omega}) = L_G(e^{j\Omega}) \tag{4.92}$$

existiert nur, wenn der Einheitskreis im Konvergenzgebiet der Summe 4.87 liegt. In der $s = \sigma + j\omega$- bzw. der $z = \exp(\Sigma + j\Omega)$-Ebene lauten die Zusammenhänge um ein lineares System nun:

$$L_{yy}(s) = L_G(s)L_G(-s)\,L_{xx}(s), \tag{4.93}$$

$$L_{yy}(z) = L_G(z)L_G(\frac{1}{z})\,L_{xx}(z). \tag{4.94}$$

Gleichung 4.93 gilt wieder für zeitkontinuierliche und Gleichung 4.94 für zeitdiskrete Prozesse. Nach der gesuchten Übertragungsfunktion des Formfilters aufgelöst, erhält man:

$$L_G(s)L_G(-s) = L_{yy}(s)/L_{xx}(s), \tag{4.95}$$

$$L_G(z)L_G(\frac{1}{z}) = L_{yy}(z)/L_{xx}(z). \tag{4.96}$$

Für die Lage der Pole und Nullstellen der als gebrochen rational angenommenen Funktionen $L_{xx}(s)$ und $L_{yy}(s)$ sind die Eigenschaften der Autoleistungsdichtespektren maßgebend: Da aus $s_{xx}(\tau) = s_{xx}(-\tau)$ im s–Bereich $L_{xx}(s) = L_{xx}(-s)$ folgt, gehört zu einem Pol bzw. einer Nullstelle bei $\sigma_0 + j\omega_0$ immer auch ein Pol bzw. eine Nullstelle bei $-\sigma_0 - j\omega_0$. Da die Autokorrelationsfunktion eine reelle Funktion ist, ist $L_{xx}^*(s) = L_{xx}(s^*)$. Folglich gehört zu einem Pol bzw. einer Nullstelle bei $\sigma_0 + j\omega_0$ auch immer ein Pol bzw. eine Nullstelle bei $\sigma_0 - j\omega_0$. Pole oder Nullstellen von $L_{xx}(s)$ oder $L_{yy}(s)$ (oder eines Quotienten aus beiden Funktionen) erscheinen daher

  –   als Paare symmetrisch zu $\sigma = 0$ auf der σ-Achse oder

  –   als Quadrupel in der s-Ebene symmetrisch zu beiden Achsen oder schließlich

  –   symmetrisch zu $\omega = 0$ auf der $j\omega$-Achse.

Da $S_{xx}(\omega)$ und $S_{yy}(\omega)$ jedoch nicht negativ sein dürfen, sind Nullstellen auf der $j\omega$-Achse immer von geradzahliger Vielfalt (siehe Abbildung 4.21). Im Falle von zeitdiskreten Zufallsprozessen übernimmt der Einheitskreis der z-Ebene die Rolle der $j\omega$-Achse der s-Ebene, wobei die Symmetriebedingung hier bedeutet, daß aus einer Singularität bei z_0 eine Singularität bei $1/z_0^*$ folgt.

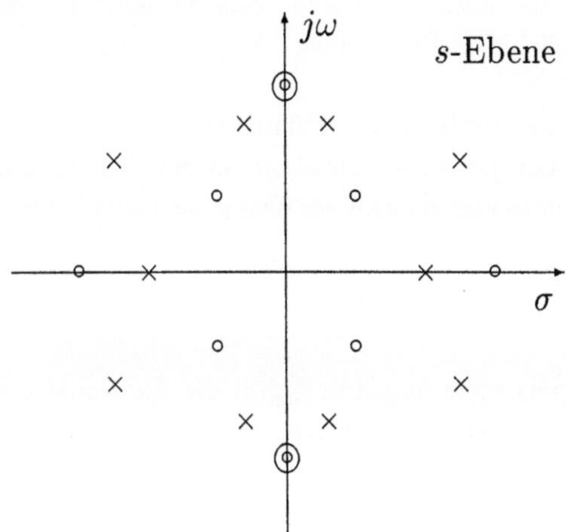

Abb. 4.21: Mögliche Anordnung von Polen ($\times$) und Nullstellen ($\circ$) der Funktionen $L_{xx}(s)$ und $L_{yy}(s)$

Diese durch die Eigenschaften des Autoleistungsdichtespektrums vorgegebenen möglichen Anordnungen von Polen und Nullstellen erlauben es, den Quotienten $L_{yy}(s)/L_{xx}(s)$ bzw. $L_{yy}(z)/L_{xx}(z)$ in das Produkt aus zwei Funktionen,

$$L_{yy}(s)/L_{xx}(s) = \Psi(s)\Psi(-s)\,, \tag{4.97}$$

$$L_{yy}(z)/L_{xx}(z) = \Psi(z)\Psi(\frac{1}{z})\,, \tag{4.98}$$

so zu zerlegen, daß $\Psi(s)$ alle Pole und Nullstellen *links der $j\omega$-Achse*, bzw. $\Psi(z)$ alle Pole und Nullstellen *innerhalb des Einheitskreises* enthält. $\Psi(s)$ bzw. $\Psi(z)$ ist dann kausal und phasenminimal. Für die gesuchte Übertragungsfunktion $L_G(s)$ bzw. $L_G(z)$ des Formfilters gilt dann:

$$L_G(s) = \Psi(s)\,, \tag{4.99}$$

$$L_G(z) = \Psi(z)\,. \tag{4.100}$$

Durch die Zuordnung der Pole und Nullstellen ist $L_G(s)$ bzw. $L_G(z)$ bis auf einen Faktor bestimmt. Dieser kann im zeitkontinuierlichen Fall beispielsweise aus

$$|L_G(0)|^2 = S_{yy}(0)/S_{xx}(0)\,, \tag{4.101}$$

im zeitdiskreten Fall aus

$$|L_G(e^{j0})|^2 = S_{yy}(0)/S_{xx}(0) \qquad\qquad (4.102)$$

bestimmt werden. Als allgemeine Lösung – ohne die Forderung nach Phasenminimalität – kann dieses Filter noch durch einen *Allpaß* – ein Filter mit $|L_A(j\omega)| = 1$ bzw. $|L_A(e^{j\Omega})| = 1$ und beliebigem Phasengang – ergänzt werden.

Beispiel 4.15 Zeitkontinuierliches Formfilter

Es sei $x(\eta, t)$ ein stationärer weißer Zufallsprozeß mit dem Autoleistungsdichtespektrum $S_{xx}(\omega) = 1$. Zu bestimmen sei ein kausales phasenminimales Formfilter derart, daß

$$S_{yy}(\omega) = \frac{\omega^2 T^2 + 4}{\omega^4 T^4 + 4}$$

ist. Die zweiseitige Laplacetransformierte $L_{yy}(s)$ der Autokorrelationsfunktion $s_{yy}(\tau)$, die für $s = j\omega$ mit $S_{yy}(\omega)$ übereinstimmt, lautet:

$$L_{yy}(s) = \frac{-s^2 T^2 + 4}{s^4 T^4 + 4}\,.$$

Diese Funktion hat zwei Nullstellen und vier Pole (Abbildung 4.22):

$$s_{01} = 2/T \qquad\quad ,\quad s_{02} = -2/T\,,$$
$$s_{\infty 1} = (1+j)/T \quad ,\quad s_{\infty 2} = (-1+j)/T\,,$$
$$s_{\infty 3} = (1-j)/T \quad ,\quad s_{\infty 4} = (-1-j)/T\,.$$

Die Nullstelle s_{02} und die Pole $s_{\infty 2}$ und $s_{\infty 4}$ haben negative Realteile, sie liegen in der linken s–Halbebene. Als Übertragungsfunktion des Formfilters erhält man daher:

$$L_G(s) = K\frac{s - s_{02}}{(s - s_{\infty 2})(s - s_{\infty 4})} = KT\frac{sT + 2}{s^2 T^2 + 2sT + 2}\,.$$

Den Faktor K bestimmt man aus

$$|L_G(0)|^2 = S_{yy}(0)/S_{xx}(0)$$

zu $K = 1/T$. Der Frequenzgang des Formfilters lautet dann:

$$L_G(j\omega) = G(j\omega) = \frac{2 + j\omega T}{2 + 2j\omega T - \omega^2 T^2}\,.$$

Abbildung 4.23 zeigt den Betrag und die Phase von $G(j\omega)$ aufgetragen über der normierten Frequenz ωT.

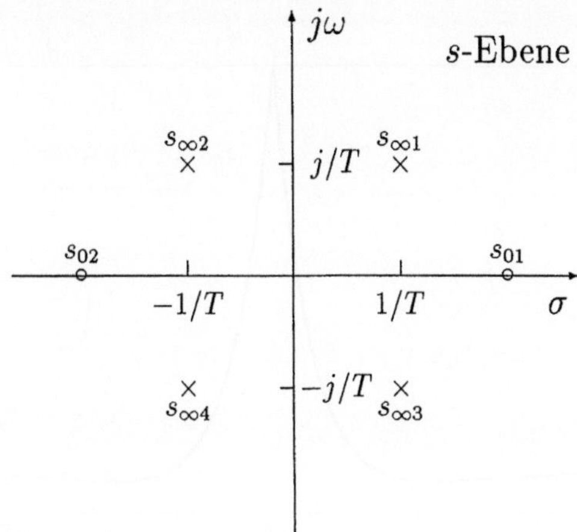

Abb. 4.22: Pole ($\times$) und Nullstellen ($\circ$) der Funktion $L_{yy}(s)$ (siehe Beispiel 4.15)

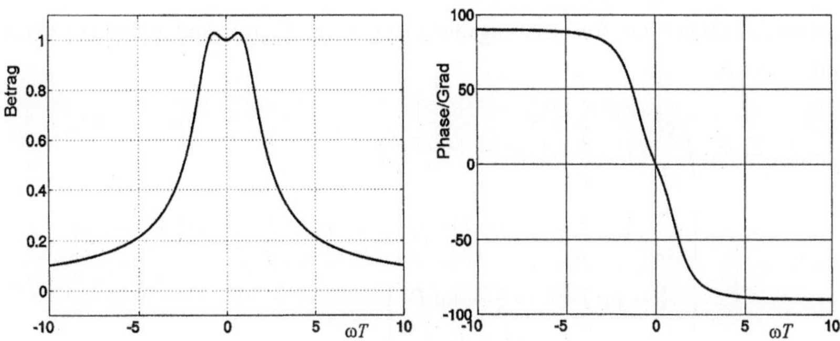

Abb. 4.23: Betrag und Phase des Frequenzgangs des Formfilters aufgetragen über der normierten Frequenz ωT (siehe Beispiel 4.15)

Beispiel 4.16 Zeitkontinuierliches Formfilter

Es soll ein Formfilter entworfen werden, das aus stationärem weißem Rauschen mit dem Autoleistungsdichtespektrum

$$S_{xx}(\omega) = S_0$$

einen Zufallsprozeß mit der Autokorrelationsfunktion

$$s_{yy}(\tau) = \frac{1}{T}\left(1 - \frac{1}{2}\frac{|\tau|}{T}\right) e^{-\frac{|\tau|}{T}} S_0 \ , \quad T > 0 \ ,$$

erzeugt (siehe Bild 4.24).

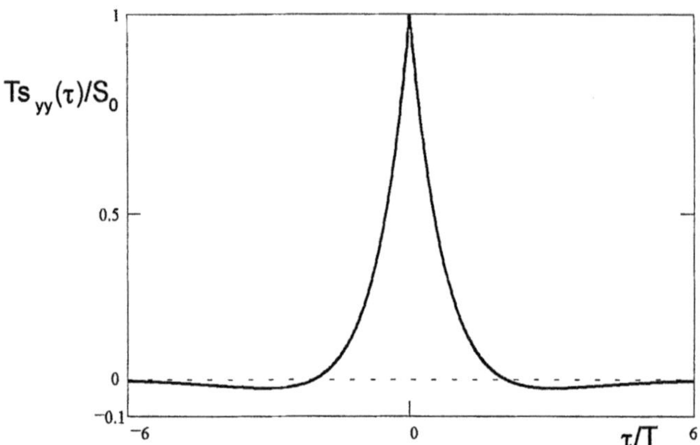

Abb. 4.24: Autokorrelationsfunktion $s_{yy}(\tau)$ (siehe Beispiel 4.16)

Wir berechnen zunächst das Autoleistungsdichtespektrum $S_{yy}(\omega)$ und schreiben dabei zur Abkürzung $x = \tau/T$:

$$
\begin{aligned}
S_{yy}(\omega) &= S_0 \int_{-\infty}^{+\infty} (1 - \frac{1}{2}|x|)\, e^{-|x|}\, e^{-j\omega T x}\, dx \\
&= S_0 \left[\int_{-\infty}^{0} (1 + \frac{1}{2}x)\, e^{(1-j\omega T)x}\, dx + \int_{0}^{\infty} (1 - \frac{1}{2}x)\, e^{-(1+j\omega T)x}\, dx \right] \\
&= S_0 \left[\frac{\frac{1}{2} - j\omega T}{(1 - j\omega T)^2} + \frac{\frac{1}{2} + j\omega T}{(1 + j\omega T)^2} \right] \\
&= S_0 \frac{1 + 3\omega^2 T^2}{(1 + \omega^2 T^2)^2} \ .
\end{aligned}
$$

Wir gehen jetzt zur zweiseitigen Laplace-Transformierten $L_{yy}(s)$ über. Mit $s = \sigma + j\omega$ gilt:

$$
L_{yy}(j\omega) = S_{yy}(\omega) = S_0 \frac{1 - 3\,(j\omega)^2\, T^2}{(1 - (j\omega)^2\, T^2)^2} \ .
$$

Folglich erhält man:

$$
L_{yy}(s) = S_0 \frac{1 - 3\,s^2 T^2}{(1 - s^2 T^2)^2} \ .
$$

Diese Funktion hat vier Pole,

$$
s_{\infty 1} = \frac{1}{T} \ , \quad s_{\infty 2} = -\frac{1}{T} \ , \quad s_{\infty 3} = \frac{1}{T} \ , \quad s_{\infty 4} = -\frac{1}{T} \ ,
$$

und zwei Nullstellen,

$$s_{01} = \frac{1}{\sqrt{3}\,T} \quad , \quad s_{02} = -\frac{1}{\sqrt{3}\,T} \quad .$$

Die Übertragungsfunktion $L_G(s)$ eines kausalen und phasenminimalen Formfilters erhält man, indem man diesem die links von der $j\omega$-Achse liegenden Pole und Nullstellen zuordnet:

$$L_G(s) = K\,\frac{s - s_{02}}{(s - s_{\infty 2})(s - s_{\infty 4})} \quad .$$

K ist dabei eine Konstante, die noch zu bestimmen ist. Als Frequenzgang $G(j\omega)$ erhält man:

$$G(j\omega) = L_G(j\omega) = K\,\frac{j\omega + \frac{1}{\sqrt{3}\,T}}{(j\omega + \frac{1}{T})^2} = \frac{T\,K}{\sqrt{3}}\,\frac{1 + j\sqrt{3}\,\omega\,T}{(1 + j\omega\,T)^2} \quad .$$

Für das Autoleistungsdichtespektrum des Prozesses $y(\eta, t)$ gilt dann:

$$S_{yy}(\omega) = |G(j\omega)|^2\,S_{xx}(\omega) = \frac{T^2 K^2}{3}\,\frac{1 + 3\omega^2 T^2}{(1 + \omega^2 T^2)^2}\,S_0 \quad .$$

Ein Vergleich mit dem gewünschten Autoleistungsdichtespektrum ergibt:

$$K = \frac{\sqrt{3}}{T} \quad .$$

Der Frequenzgang des kausalen Formfilters lautet damit:

$$G(j\omega) = \frac{1 + j\sqrt{3}\,\omega\,T}{(1 + j\omega\,T)^2} \quad .$$

Die zugehörige Gewichtsfunktion ist dann gegeben durch:

$$g(t) = \begin{cases} 0 & t < 0 \\[2mm] \frac{1}{T}\left(\sqrt{3} - (\sqrt{3} - 1)\frac{t}{T}\right) e^{-t/T} & t \geq 0 \end{cases}$$

(siehe Bild 4.25).

Beispiel 4.17 Zeitdiskretes Formfilter
Es sei $x(\eta, i)$ ein stationärer zeitdiskreter weißer Zufallsprozeß mit dem Autoleistungsdich-

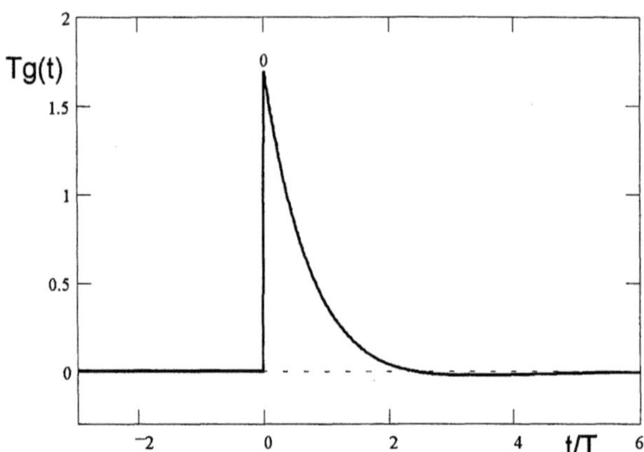

Abb. 4.25: Gewichtsfunktion des kausalen phasenminimalen Formfilters $g(t)$ (siehe Beispiel 4.16)

tespektrum $S_{xx}(\Omega) = 1$. Zu bestimmen sei ein kausales phasenminimales Formfilter derart, daß

$$s_{yy}(k) = \begin{cases} 1 & k = 0 \\ 0,3 & |k| = 1 \\ 0 & \text{sonst} \end{cases}$$

ist. Man erhält:

$$S_{yy}(\Omega) = 0,3e^{j\Omega} + 1 + 0,3e^{-j\Omega} = 1 + 0.6\cos\Omega,$$
$$L_{yy}(z) = 0,3z + 1 + 0,3z^{-1}.$$

$L_{yy}(z)$ hat zwei Nullstellen und zwei Pole (siehe Abbildung 4.26):

$$z_{01} = -3, \quad z_{02} = -1/3, \quad z_{\infty1} = \infty, \quad z_{\infty2} = 0.$$

Innerhalb des Einheitskreises liegen z_{02} und $z_{\infty2}$. Als z–Übertragungsfunktion des gesuchten Formfilters erhält man dann:

$$L_G(z) = (3 + \frac{1}{z})/\sqrt{10}.$$

Somit ist schließlich:

$$L_G(e^{j\Omega}) = G(e^{j\Omega}) = (3 + e^{-j\Omega})/\sqrt{10}.$$

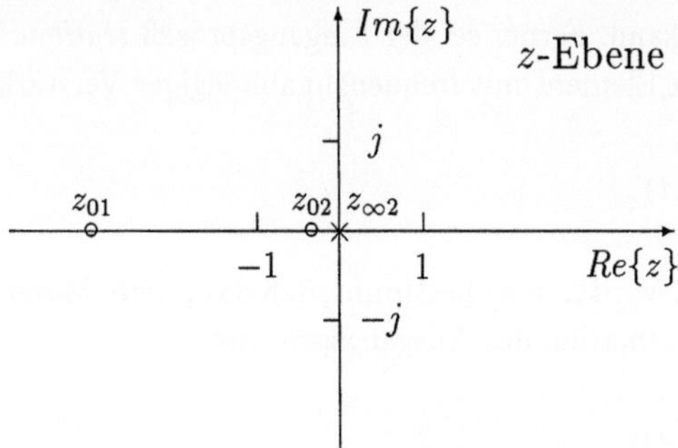

Abb. 4.26: Pole ($\times$) und Nullstellen ($\circ$) der Funktion $L_{yy}(z)$ (siehe Beispiel 4.17)

Die Rücktransformation in den Zeitbereich ergibt:

$$
g(k) = \begin{cases}
3/\sqrt{10} & k = 0 \\
1/\sqrt{10} & k = 1 \\
0 & \text{sonst}
\end{cases}
$$

Somit gilt für den Ausgangsprozeß $y(\eta, k)$ folgende Differenzengleichung:

$$
3\,x(\eta, k) + x(\eta, k - 1) = \sqrt{10}\,y(\eta, k) \ .
$$

Das Filter kann durch ein nichtrekursives Filter realisiert werden.

4.5   Äquivalente Verstärkung

In diesem Abschnitt wird gezeigt, wie für ein einfaches nichtlineares System eine äquivalente Verstärkung bestimmt werden kann oder, mit anderen Worten, wie ein einfaches nichtlineares System durch ein lineares Systeme mit frequenzunabhängiger Verstärkung angenähert werden kann. Man nennt diesen Vorgang auch *statistische Linearisierung* [107]. Überlegungen dieser Art sind angebracht, wenn ein System – beispielsweise ein geschlossener Regelkreis – bis auf ein Element linear ist. Nähert man dieses bei einer Systemanalyse durch ein lineares Element an, so vereinfacht sich die Analyse wesentlich. Die Ergebnisse gelten dann allerdings nur näherungsweise.

Wir setzen voraus, daß das nichtlineare System *zeitinvariant* und *gedächtnisfrei* ist, so daß es durch eine Kennlinie

$$
y = g(x)
$$

beschrieben werden kann. Ferner sei der Eingangsprozeß *stationär*. Als lineares Ersatzsystem sehen wir ein Element mit frequenzunabhängiger Verstärkung K vor:

$$z(\eta, t) = K x(\eta, t)\,. \tag{4.103}$$

Diese Verstärkung K wird nun so bestimmt, daß das zweite Moment des Fehlers $e(\eta, t)$, der durch die Approximation des Ausgangsprozesses

$$y(\eta, t) = g(x(\eta, t)) \tag{4.104}$$

des nichtlinearen Systems durch den Zufallsprozeß $z(\eta, t)$ entsteht, minimal ist (siehe Abbildung 4.27). Für $e(\eta, t)$ gilt:

$$e(\eta, t) = y(\eta, t) - z(\eta, t) = g(x(\eta, t)) - K x(\eta, t)\,. \tag{4.105}$$

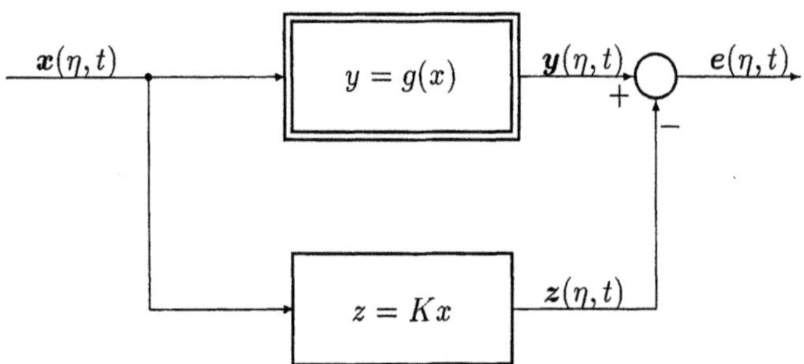

Abb. 4.27: Zur Bestimmung der äquivalenten Verstärkung K für ein gedächtnisfreies nichtlineares System

Für das zweite Moment des Fehlers erhält man daraus:

$$\overline{e^2(\eta, t)} = \mathrm{E}\{e^2(\eta, t)\} = \mathrm{E}\{(y(\eta, t) - K x(\eta, t))^2\}\,. \tag{4.106}$$

Die Minimierung des *mittleren quadratischen Fehlers* ist ein bei der Optimierung linearer Systeme sehr oft angewandtes Kriterium. Wir gehen darauf später näher ein. Die *optimale äquivalente Verstärkung* kann aus Gleichung 4.106 durch Ableitung nach K bestimmt werden:

$$\left.\frac{\partial \overline{e^2(\eta, t)}}{\partial K}\right|_{K=K_{opt}} = -2\mathrm{E}\{(y(\eta, t) - K_{opt}\, x(\eta, t))\, x(\eta, t)\} = 0\,. \tag{4.107}$$

Löst nach K_{opt} auf, so folgt:

$$K_{opt} = s_{xy}(0)/s_{xx}(0) \,. \tag{4.108}$$

Existiert für den stationär angenommenen Prozeß $x(\eta, t)$ die Dichte $f_x(x)$, so können die beiden Erwartungswerte durch Integrale dargestellt werden (siehe Gleichung 2.49):

$$K_{opt} = \frac{\displaystyle\int_{-\infty}^{+\infty} x\,g(x)\,f_x(x)\,dx}{\displaystyle\int_{-\infty}^{+\infty} x^2 f_x(x)\,dx} \,. \tag{4.109}$$

Setzt man in Gleichung 4.106 die optimale äquivalente Verstärkung ein, so erhält man für den minimalen mittleren quadratischen Fehler:

$$\overline{e_{min}^2(\eta, t)} = \mathrm{E}\{(y(\eta, t) - K_{opt}x(\eta, t))^2\} = s_{yy}(0) - \frac{s_{xy}^2(0)}{s_{xx}(0)} \,. \tag{4.110}$$

Beispiel 4.18 Äquivalente Verstärkung bei gleichverteiltem Eingangsprozeß

Es seien

$$y = h\,\mathrm{sgn}(x)$$

die Kennlinie eines nichtlinearen gedächtnisfreien Systems und

$$f_x(x) = \begin{cases} 1/2a & -a \le x \le a \\ 0 & \text{sonst} \end{cases}$$

die Wahrscheinlichkeitsdichte des stationären Eingangsprozesses $x(\eta, t)$.

Dann gelten:

$$s_{xx}(0) = a^2/3 \,, \quad s_{yy}(0) = h^2 \,, \qquad s_{xy}(0) = 0,5\,a\,h \,,$$

$$K_{opt} = 1,5\,h/a \,, \quad \overline{e_{min}^2(\eta, t)} = 0,25\,h^2 \,.$$

Beispiel 4.19 Äquivalente Verstärkung bei sinusförmigem Eingangsprozeß

Es seien $x(\eta, t) = \sin(\omega_0 t + a(\eta))$ mit

$$f_a(a) = \begin{cases} \dfrac{1}{2\pi} & -\pi < a \le \pi \\ 0 & \text{sonst} \end{cases}$$

und $g(x) = h\,\mathrm{sgn}(x)$. Gesucht ist die optimale äquivalente Verstärkung.

Man bestimmt zunächst $s_{xx}(0)$:

$$s_{xx}(0) = \mathrm{E}\{\sin^2(\omega_0 t + \boldsymbol{a}(\eta))\} = 0,5\,(1 - \mathrm{E}\{\cos 2(\omega_0 t + \boldsymbol{a}(\eta)\})\,.$$

Da $\boldsymbol{a}(\eta)$ in $(-\pi, \pi]$ gleich verteilt ist, verschwindet der Erwartungswert für alle t und man erhält:

$$s_{xx}(0) = 0,5\,.$$

Für die Berechnung von $s_{xy}(0)$ benötigt man die Wahrscheinlichkeitsdichte $f_x(x)$. Um diese zu bestimmen, nimmt man den Zusammenhang zwischen $\boldsymbol{a}(\eta)$ und $\boldsymbol{x}(\eta, t)$ für einen beliebigen *festen* Wert $t = t_0$ als Abbildung durch ein gedächtnisfreies System mit der Kennlinie

$$x = g(a) = \sin(\omega_0 t_0 + a)$$

an. Für jedes $x = x_0 \in (-1, 1)$ und $a \in (-\pi, \pi]$ hat diese Funktion zwei Lösungen a_1 und a_2 (siehe Abbildung 4.28):

$$x_0 = \sin(\omega_0 t_0 + a_1) = \sin(\omega_0 t_0 + a_2)\,.$$

Für die Ableitungen der Kennlinie an diesen Stellen gelten:

$$g'(a_1) = \cos(\omega_0 t_0 + a_1)\,, \qquad g'(a_2) = \cos(\omega_0 t_0 + a_2)\,.$$

Für die Beträge der Ableitungen erhält man damit:

$$|g'(a_1)| = \ |\cos(\omega_0 t_0 + a_1)| = |\sqrt{1 - \sin^2(\omega_0 t_0 + a_1)}\,| = |\sqrt{1 - x_0^2}\,|\,,$$
$$|g'(a_2)| = \ |\cos(\omega_0 t_0 + a_2)| = |\sqrt{1 - x_0^2}\,|\,.$$

Beide Beträge sind somit gleich und unabhängig von t_0. Da $\boldsymbol{a}(\eta)$ gleich verteilt ist, erhält man für die gesuchte Wahrscheinlichkeitsdichte:

$$f_x(x) = \begin{cases} 1/(\pi\sqrt{1 - x^2}) & |x| < 1 \\[2mm] 0 & |x| > 1 \end{cases}\,.$$

Bei $|x| = 1$ wächst diese Funktion über alle Grenzen, sie ist jedoch integrierbar. Für $s_{xy}(0)$ erhält man nun:

$$s_{xy}(0) = \frac{h}{\pi}\int_{-1}^{+1} \frac{x\,\mathrm{sgn}(x)}{\sqrt{1 - x^2}}\,dx = \frac{2h}{\pi}\,.$$

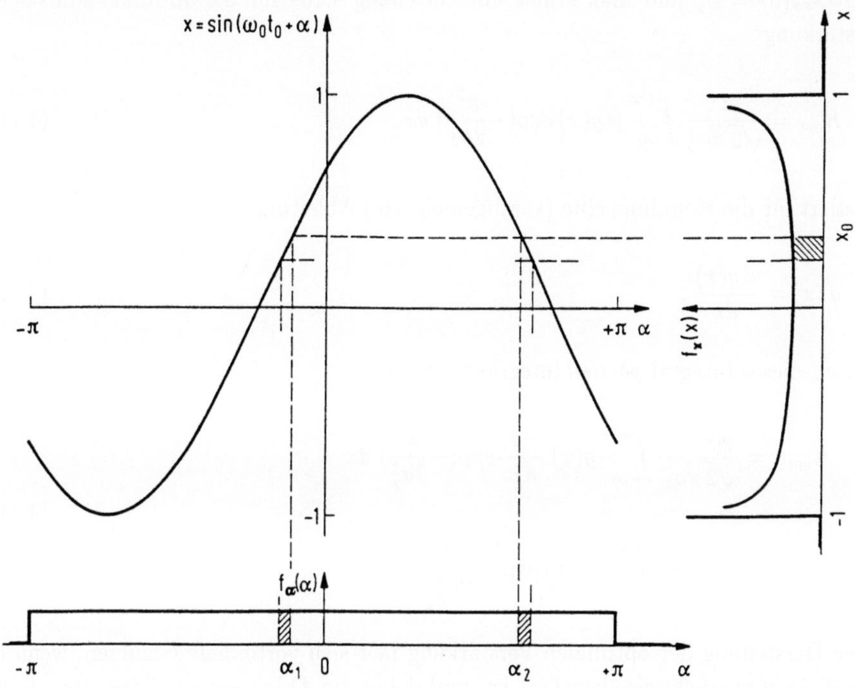

Abb. 4.28: Wahrscheinlichkeitsdichtefunktion eines Zufallsprozesses mit sinusförmigen Musterfunktionen und gleichverteiltem Phasenwinkel (siehe Beispiel 4.19)

Damit lautet die Gleichung für die optimale äquivalente Verstärkung endlich:

$$K_{opt} = 4h/\pi \,.$$

Dieses Ergebnis stimmt mit der Beschreibungsfunktion [108] eines Zweipunktschalters mit der Kennlinie $y = h\,\mathrm{sgn}(x)$ überein, der durch ein sinusförmiges Signal angesteuert wird.

Sind der lineare Mittelwert $m_x^{(1)}$ des Eingangsprozesses und/oder der lineare Mittelwert $m_y^{(1)}$ des Ausgangsprozesses der Nichtlinearität von Null verschieden, so kann der mittlere quadratische Fehler der Näherung dadurch verkleinert werden, daß die äquivalente Verstärkung für $x(\eta,t) - m_x^{(1)}$ und $y(\eta,t) - m_y^{(1)}$ bestimmt und am Ausgang des Ersatzsystems die Größe $m_y^{(1)} - K m_x^{(1)}$ addiert wird. Hierdurch werden die Mittelwerte angepaßt.

Ist der Eingangsprozeß $x(\eta,t)$ der Nichtlinearität ein *mittelwertfreier stationärer Gaußprozeß* mit der Dichte

$$f_x(x) = \frac{1}{\sqrt{2\pi}\sigma_x} \ \exp(-\frac{x^2}{2\sigma_x^2}), \qquad\qquad (4.111)$$

so ist $s_{xx}(0) = \sigma_x^2$ und man erhält mit Gleichung 4.109 für die optimale äquivalente Verstärkung:

$$K_{opt} = \frac{1}{\sqrt{2\pi}\sigma_x^3} \int_{-\infty}^{+\infty} x\, g(x) \exp(-\frac{x^2}{2\sigma_x^2})\, dx\,. \tag{4.112}$$

Existiert für die Kennlinie eine (verallgemeinerte) Ableitung

$$g'(x) = \frac{d\,g(x)}{dx}\,, \tag{4.113}$$

so kann dieses Integral *partiell* integriert werden:

$$
\begin{aligned}
K_{opt} &= \frac{-1}{\sqrt{2\pi}\sigma_x} \int_{-\infty}^{+\infty} g(x)\,\frac{-x}{\sigma_x^2}\,\exp(-\frac{x^2}{2\sigma_x^2})\, dx \\[2ex]
&= \frac{1}{\sqrt{2\pi}\sigma_x} \int_{-\infty}^{+\infty} g'(x)\exp(-\frac{x^2}{2\sigma_x^2})\, dx\,.
\end{aligned}
\tag{4.114}
$$

Diese Darstellung der optimalen Verstärkung läßt sich vorteilhaft benutzen, wenn die Kennlinie $g(x)$ stückweise konstant ist, und daher die Ableitung $g'(x)$ fast überall verschwindet.

Beispiel 4.20 Äquivalente Verstärkung bei Anregung durch einen Gaußprozeß

Es sei $x(\eta, t)$ ein stationärer Gaußprozeß mit dem Mittelwert $m_x^{(1)} = 0$ und der Varianz σ_x^2. Das nichtlineare System sei ein Dreipunktschalter mit der Kennlinie

$$y = g(x) = \begin{cases} -1 & x < -a \\ 0 & -a \le x \le a\,, \quad \text{mit } a > 0\,. \\ 1 & x > a \end{cases}$$

Als (verallgemeinerte) Ableitung der Kennlinie erhält man dann:

$$g'(x) = \delta(x + a) + \delta(x - a)\,.$$

Die optimale äquivalente Verstärkung berechnet sich schließlich zu:

$$K_{opt} = \sqrt{\frac{2}{\pi}}\,\frac{1}{\sigma_x}\,\exp(-\frac{a^2}{2\sigma_x^2})\,.$$

4.6   Momente höherer Ordnung

Für Zufallsprozesse wurden bisher ausschließlich der lineare Mittelwert sowie Korrelationsfunktionen bzw. Leistungsdichtespektren, d.h. Momente erster und zweiter Ordnung, betrachtet. Insbesondere die Gleichungen 4.64 und 4.67 zeigen, daß das Autoleistungsdichtespektrum eines stationären reellen Zufallsprozesses am Ausgang eines linearen zeitinvarianten Systems keine Phaseninformation enthält. Für die Identifizierung des Betrages und der Phase des Frequenzgangs $G(j\omega)$ bzw. $G(e^{j\Omega})$ eines derartigen Systems ist daher die Kenntnis des Kreuzleistungsdichtespektrums zwischen dem Eingangs– und dem Ausgangsprozeß erforderlich (siehe die Gleichungen 4.62 und 4.65). Eine Ausnahme bilden hier *minimalphasige Systeme*, bei denen alle Pole und Nullstellen ihrer Übertragungsfunktion in der linken s–Halbebene bzw. innerhalb des Einheitskreises liegen. Für sie gibt es einen eindeutigen Zusammenhang zwischen dem Betrag und der Phase des Frequenzgangs. Bei *gemischtphasigen* Systemen ist dieser Zusammenhang nicht eindeutig, denn die Spiegelung eines Pols oder einer Nullstelle an der $j\omega$–Achse bzw. am Einheitskreis verändert zwar die Phase, nicht aber den Betrag des Frequenzgangs.

Beispiel 4.21 System mit zwei Nullstellen
Gegeben sei ein System, dessen Übertragungsfunktion $G(z)$ zwei Nullstellen aufweist. Je nach Lage dieser Nullstellen sind vier verschiedene Phasenverläufe möglich. Es seien a und b reell und ferner $|a| < 1$ sowie $|b| < 1$:

1. Beide Nullstellen liegen innerhalb des Einheitskreises. Es handelt sich um ein minimalphasiges System:

$$G_1(z) = (1 - a\,z^{-1})(1 - b\,z^{-1}) \ .$$

Für die Impulsantwort gilt dann:

$$g_1(k) = \begin{cases} 1 & k = 0 \\ -(a + b) & k = 1 \\ a\,b & k = 2 \\ 0 & \text{sonst} \end{cases} \ .$$

2. Eine Nullstelle liegt innerhalb und eine Nullstelle liegt außerhalb des Einheitskreises. Das System ist gemischtphasig:

$$G_2(z) = (1 - a\,z)(1 - b\,z^{-1}) \ .$$

Für die Impulsantwort gilt dann:

$$g_2(k) = \begin{cases} -a & k = -1 \\ 1 + a\,b & k = 0 \\ -b & k = 1 \\ 0 & \text{sonst} \end{cases} \quad ,$$

$$G_3(z) = (1 - a\,z^{-1})(1 - b\,z) \ ,$$

$$g_3(k) = \begin{cases} -b & k = -1 \\ 1 + a\,b & k = 0 \\ -a & k = 1 \\ 0 & \text{sonst} \end{cases} \quad .$$

3. Beide Nullstellen liegen außerhalb des Einheitskreises. Das System ist maximalphasig:

$$G_4(z) = (1 - a\,z)(1 - b\,z) \ ,$$

$$g_4(k) = \begin{cases} a\,b & k = -2 \\ -(a + b) & k = -1 \\ 1 & k = 0 \\ 0 & \text{sonst} \end{cases} \quad .$$

Die nichtminimalphasigen Systeme sind nichtkausal. Durch die Hinzunahme einer Totzeit von einem Schritt bzw. von zwei Schritten werden diese Systeme jedoch kausal.

Ist $x(\eta, k)$ ein streng stationärer reeller Eingangsprozeß dieser Systeme, so gilt in allen Fällen für das Autoleistungsdichtespektrum des Ausgangsprozesses:

$$\begin{aligned} S_{yy}(\Omega) \ &= |G(e^{j\Omega})|^2 \, S_{xx}(\Omega) \\ &= \left[1 + (a + b)^2 + a^2 b^2 - (a + b)(1 + a\,b)(e^{j\Omega} + e^{-j\Omega}) \right. \\ &\quad \left. + a\,b\,(e^{j2\Omega} + e^{-j2\Omega}) \right] S_{xx}(\Omega) \ . \end{aligned}$$

Ist $x(\eta, k)$ weiß mit dem Autoleistungsdichtespektrum $S_{xx}(\Omega) = S_0$, so gilt für die Autokorrelationsfunktion $s_{yy}(l)$ des Ausgangsprozesses:

$$
\frac{s_{yy}(l)}{S_0} = \begin{cases}
a\,b & |l| = 2 \\
-(a+b)\,(1+a\,b) & |l| = 1 \\
1 + (a+b)^2 + a^2 b^2 & l = 0 \\
0 & \text{sonst}
\end{cases}.
$$

Die Bestimmung der Kreuzkorrelierten $s_{xy}(l)$ bzw. des Kreuzleistungsdichtespektrums $S_{xy}(\Omega)$ setzt voraus, daß der Prozeß $x(\eta, k)$ am Systemeingang bekannt ist oder geschätzt (gemessen) werden kann. Dies ist beispielsweise bei einem Nachrichtenkanal, dessen Eingang räumlich weit entfernt ist, nicht möglich. Weitere Beispiele finden sich in der Medizin und in der Seismik. Die Identifizierung eines linearen Systems ohne die Kenntnis der Kreuzkorrelationsfunktion oder des Kreuzleistungsdichtespektrums ist möglich, wenn man dafür Momente der Ordnung höher als Zwei verwendet. Es sollen hier zunächst Korrelationsfunktionen und Leistungsdichtespektren der Ordnung Drei und Vier definiert und deren wichtigste Eigenschaften diskutiert werden. Es werden dann eine Kumulantfunktion und deren Transformierte eingeführt. Schließlich wird gezeigt, wie Spektren höherer Ordnung für die Identifizierung linearer zeitinvarianter Systeme angewendet werden können. Einzelheiten zu diesen Themen finden sich u.a. in [86, 81, 102, 88]. Eine umfangreiche Bibliographie enthält [24].

4.6.1 Korrelationsfunktionen und Leistungsdichtespektren höherer Ordnung

In den folgenden Abschnitten gehen wir immer von reellen, streng stationären Zufallsprozessen aus und setzen ferner voraus, daß die angegebenen Momente existieren. Schließlich beschränken wir uns auf die Betrachtung zeitdiskreter Zufallsprozesse, da ausschließlich diese für Verfahren der digitalen Signalverarbeitung von Bedeutung sind. Das Konzept der Momente höherer Ordnung ist jedoch auch auf zeitkontinuierliche Zufallsprozesse anwendbar.

Analog den Korrelationsfunktionen lassen sich Funktionen definieren, die man als Auto- oder Kreuzkorrelationsfunktionen höherer Ordnung bezeichnet:

Definition 4.1 Autokorrelationsfunktion der Ordnung n

$$
s_{xx\cdots x}(l_1, l_2, \ldots, l_{n-1}) = \mathrm{E}\{x(\eta, k)\, x(\eta, k + l_1) \cdots x(\eta, k + l_{n-1})\}
$$

Von praktischem Interesse sind neben der Funktion der Ordnung Zwei die Funktionen der Ordnungen Drei und Vier:

$$s_{xxx}(l_1, l_2) = \mathrm{E}\{\, \boldsymbol{x}(\eta, k)\, \boldsymbol{x}(\eta, k + l_1)\, \boldsymbol{x}(\eta, k + l_2)\,\} \ , \qquad (4.115)$$

$$s_{xxxx}(l_1, l_2, l_3) = \mathrm{E}\{\boldsymbol{x}(\eta, k)\boldsymbol{x}(\eta, k + l_1)\boldsymbol{x}(\eta, k + l_2)\boldsymbol{x}(\eta, k + l_3)\} \ . \qquad (4.116)$$

(Den linearen Mittelwert $m_x^{(1)}$ könnte man in diesem Zusammenhang als Autokorrelationsfunktion der Ordnung Eins bezeichnen.)

Die Autokorrelationsfunktion dritter Ordnung $s_{xxx}(l_1, l_2)$ weist eine Reihe von Symmetrien auf, die sich aus der vorausgesetzten strengen Stationarität und der damit verbundenen Unabhängigkeit von dem Parameter k ergeben:

$$\begin{aligned}
s_{xxx}(l_1, l_2) \ &= s_{xxx}(l_2, l_1) & &= s_{xxx}(-l_2, l_1 - l_2) \\
&= s_{xxx}(-l_1, l_2 - l_1) & &= s_{xxx}(l_2 - l_1, -l_1) \\
&= s_{xxx}(l_1 - l_2, -l_2) \ .
\end{aligned} \qquad (4.117)$$

Für die Berechnung oder Schätzung dieser Funktion bedeutet dies, daß diese beispielsweise durch ihre Werte in dem durch $l_1 \geq 0$ und $0 \leq l_2 \leq l_1$ gekennzeichneten Teil des ersten Quadranten einer l_1–l_2–Ebene vollständig bestimmt ist (siehe Abbildung 4.29). Analoge Symmetrien lassen sich auch für die Autokorrelationsfunktionen höherer Ordnungen angeben.

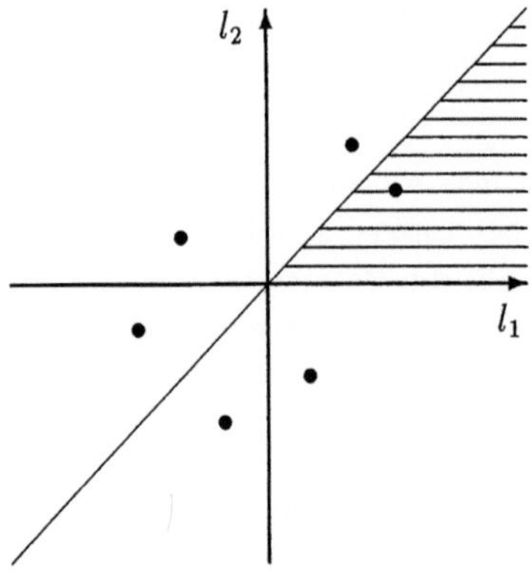

Abb. 4.29: Symmetrie der Autokorrelationsfunktion dritter Ordnung $s_{xxx}(l_1, l_2)$: Die Punkte markieren Stellen gleicher Funktionswerte (siehe Gleichung 4.117)

Die Transformation einer Korrelationsfunktion n-ter Ordnung eines streng stationären Zufallsprozesses in den Frequenzbereich erfordert eine $n-1$-dimensionale Fouriertransformation. Man kommt so zu einem Leistungsdichtespektrum der Ordnung n:

Definition 4.2 Autoleistungsdichtespektrum der Ordnung n

$$S_{xx\cdots x}(\Omega_1, \Omega_2, \cdots, \Omega_{n-1})$$

$$= \sum_{l_1=-\infty}^{+\infty} \sum_{l_2=-\infty}^{+\infty} \cdots \sum_{l_{n-1}=-\infty}^{+\infty} s_{xx\cdots x}(l_1, l_2, \cdots, l_{n-1})$$

$$\exp(-j(\Omega_1 l_1 + \Omega_2 l_2 + \cdots + \Omega_{n-1} l_{n-1}))$$

Speziell für die dritte und die vierte Ordnung erhält man ein sogenanntes *Biautoleistungsdichtespektrum* bzw. ein *Triautoleistungsdichtespektrum*

$$S_{xxx}(\Omega_1, \Omega_2) = \sum_{l_1=-\infty}^{+\infty} \sum_{l_2=-\infty}^{+\infty} s_{xxx}(l_1, l_2) \exp(-j(\Omega_1 l_1 + \Omega_2 l_2)) \; , \tag{4.118}$$

$$S_{xxxx}(\Omega_1, \Omega_2, \Omega_3) = \sum_{l_1=-\infty}^{+\infty} \sum_{l_2=-\infty}^{+\infty} \sum_{l_3=-\infty}^{+\infty} s_{xxxx}(l_1, l_2, l_3)$$
$$\exp(-j(\Omega_1 l_1 + \Omega_2 l_2 + \Omega_3 l_3)) \; . \tag{4.119}$$

Auch diese Funktionen weisen eine Vielzahl von Symmetrien auf, die sich aus den Symmetrien der Korrelationsfunktionen der entsprechenden Ordnung ergeben. Für die dritte Ordnung gelten:

$$\begin{aligned}
S_{xxx}(\Omega_1, \Omega_2) \; &= S_{xxx}(\Omega_2, \Omega_1) &&= S_{xxx}(\Omega_1, -\Omega_1 - \Omega_2) \\
&= S_{xxx}(-\Omega_1 - \Omega_2, \Omega_1) &&= S_{xxx}(\Omega_2, -\Omega_1 - \Omega_2) \\
&= S_{xxx}(-\Omega_1 - \Omega_2, \Omega_2) \; .
\end{aligned} \tag{4.120}$$

Ferner gilt für reelle Zufallsprozesse:

$$S^*_{xxx}(\Omega_1, \Omega_2) = S_{xxx}(-\Omega_1, -\Omega_2) \tag{4.121}$$

Geht man von einem *instationären* Zufallsprozeß aus, so ist die Autokorrelationsfunktion der Ordnung n auch eine Funktion der Variablen k. Man kann schreiben:

$$s_{xx\cdots x}(k, l_1, l_2, \ldots, l_{n-1}) = \mathrm{E}\{x(\eta, k)\, x(\eta, k + l_1) \cdots x(\eta, k + l_{n-1})\} \; . \tag{4.122}$$

Die Transformation erfordert nun eine n-dimensionale Fouriertransformation:

$$S_{\boldsymbol{xx\cdots x}}(\Omega_0, \Omega_1, \Omega_2, \cdots, \Omega_{n-1})$$

$$= \sum_{k=-\infty}^{+\infty} \sum_{l_1=-\infty}^{+\infty} \sum_{l_2=-\infty}^{+\infty} \cdots \sum_{l_{n-1}=-\infty}^{+\infty} s_{\boldsymbol{xx\cdots x}}(k, l_1, l_2, \cdots, l_{n-1})$$

$$\exp(-j(\Omega_0 k + \Omega_1(k + l_1) + \Omega_2(k + l_2) + \cdots + \Omega_{n-1}(k + l_{n-1}))) \qquad (4.123)$$

$$= \sum_{k=-\infty}^{+\infty} \sum_{l_1=-\infty}^{+\infty} \sum_{l_2=-\infty}^{+\infty} \cdots \sum_{l_{n-1}=-\infty}^{+\infty} s_{\boldsymbol{xx\cdots x}}(k, l_1, l_2, \cdots, l_{n-1})$$

$$\exp(-j(\sum_{i=0}^{n-1} \Omega_i k + \Omega_1 l_1 + \Omega_2 l_2 + \cdots + \Omega_{n-1} l_{n-1}))\ .$$

Setzt man jetzt wieder *Stationarität* voraus, so ist $S_{\boldsymbol{xx\cdots x}}(\Omega_0, \Omega_1, \Omega_2, \cdots, \Omega_{n-1})$ unabhängig von Ω_0. Dies ist für alle Ω_0 nur dann erfüllt, wenn

$$\sum_{i=0}^{n-1} \Omega_i = 0 \quad \mathrm{mod}\, 2\pi \qquad (4.124)$$

oder

$$\Omega_0 = -\sum_{i=1}^{n-1} \Omega_i = 0 \quad \mathrm{mod}\, 2\pi \qquad (4.125)$$

ist. Für das Autoleistungsdichtespektrum dritter Ordnung bedeutet dies

$$\Omega_0 = -(\Omega_1 + \Omega_2) \quad \mathrm{mod}\, 2\pi\ . \qquad (4.126)$$

Da das Autoleistungsdichtespektrum auch für Ω_0 periodisch mit der Periode 2π ist, wird für $-\pi \le \Omega_0 \le \pi$ das Bispektrum somit durch seine Werte in dem durch $\Omega_2 \ge 0$, $\Omega_2 \le \Omega_1$ und $\Omega_1 + \Omega_2 \le \pi$ bestimmten Dreieck vollständig bestimmt (siehe Abbildung 4.30).

Genau wie die eindimensionale Fouriertransformation lassen sich auch mehrdimensionale Fouriertransformationen umkehren. Folglich können aus den Spektren höherer Ordnung die Korrelationsfunktionen der entsprechenden Ordnung berechnet werden.

Bei *komplexen* Zufallsprozessen kann es vorteilhaft sein, in Definition 4.1 einige der Faktoren innerhalb des Erwartungswertes durch die konjugiert komplexen Größen zu ersetzen. Bei geradzahliger Ordnung tut man dies in der Regel bei der Hälfte der Faktoren. Allgemeine Regeln für besonders vorteilhafte Definitionen gibt es – insbesondere für ungeradzahlige Ordnungen – hierfür jedoch nicht.

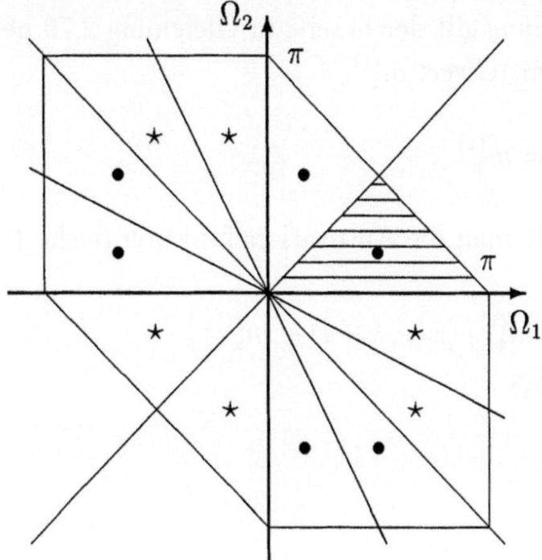

Abb. 4.30: Symmetrie des Autoleistungsdichtespektrums dritter Ordnung $S_{xxx}(\Omega_1, \Omega_2)$: Die Punkte markieren Stellen gleicher ($\bullet$) bzw. konjugiert komplexer ($\star$) Funktionswerte (siehe Gleichung 4.120 und Gleichung 4.121)

Die Begriffe Bisprektrum und Trispektrum werden in der Literatur auch für die Fouriertransformierten von Kumulanten höherer Ordnung (siehe Abschnitt 4.6.2) gebraucht.

4.6.2   Kumulantfunktionen und Kumulantspektren

Kumulanten wurden im Abschnitt 2.2.6.3 als Ableitungen des Logarithmus der Momenterzeugenden Funktion definiert (siehe Gleichung 2.78). Dieses Konzept läßt sich auf gemeinsame Kumulanten erweitern. Sind schließlich die Zufallsvariablen $x_1(\eta)$, $x_2(\eta), \ldots, x_n(\eta)$ die (Abtast)–Werte $x(\eta, k)$, $x(\eta, k + l_1), \ldots, x(\eta, k + l_{n-1})$ eines streng stationären Zufallsprozesses, so erhält man *Kumulantfunktionen* $c_{xx\cdots x}(l_1, l_2, \ldots, l_{n-1})$. Mit

$$\Psi_{xx\cdots x}(s_1, s_2, \ldots, s_n)$$
$$= \mathrm{E}\{\exp(s_1 x(\eta, k) + s_2 x(\eta, k + l_1) + \ldots + s_n x(\eta, k + l_{n-1}))\} \tag{4.127}$$

und

$$\Xi_{xx\cdots x}(s_1, s_2, \ldots, s_n) = \ln \Psi_{xx\cdots x}(s_1, s_2, \ldots, s_n) \tag{4.128}$$

erhält man:

$$c_{xx\cdots x}(l_1, l_2, \ldots, l_{n-1}) = \left. \frac{\partial^n \Xi_{xx\cdots x}(s_1, s_2, \ldots, s_n)}{\partial s_1 \, \partial s_2 \cdots \partial s_n} \right|_{s_1 = s_2 = \cdots = s_n = 0} . \tag{4.129}$$

Für die Funktion *erster Ordnung* gilt der bereits in Gleichung 2.79 hergeleitete Zusammenhang mit dem linearen Mittelwert $m_x^{(1)}$:

$$c_x = \kappa_x^{(1)} = \mathrm{E}\{\, \boldsymbol{x}(\eta, k)\,\} = m_x^{(1)} \ . \tag{4.130}$$

Für die *zweite Ordnung* erhält man die Autovarianzfunktion (siehe Definition 3.13):

$$\begin{aligned} c_{\boldsymbol{xx}}(l) &= \mathrm{E}\{\, (\boldsymbol{x}(\eta, k) - m_x^{(1)})\,(\boldsymbol{x}(\eta, k + l) - m_x^{(1)})\,\} \\ &= s_{\boldsymbol{xx}}(l) - (m_x^{(1)})^2 \ . \end{aligned} \tag{4.131}$$

Für die *dritte Ordnung* gilt:

$$\begin{aligned} c_{\boldsymbol{xxx}}(l_1, l_2) = \ &s_{\boldsymbol{xxx}}(l_1, l_2) \\ &- m_x^{(1)}\,(s_{\boldsymbol{xx}}(l_1) + s_{\boldsymbol{xx}}(l_2) + s_{\boldsymbol{xx}}(l_2 - l_1)) + 2\,(m_x^{(1)})^3 \ . \end{aligned} \tag{4.132}$$

Schließlich lautet die Kumulantfunktion der *vierten Ordnung*:

$$\begin{aligned} c_{\boldsymbol{xxxx}}(l_1, l_2, l_3) = \ &s_{\boldsymbol{xxxx}}(l_1, l_2, l_3) - s_{\boldsymbol{xx}}(l_1)\,s_{\boldsymbol{xx}}(l_3 - l_2) \\ &- s_{\boldsymbol{xx}}(l_2)\,s_{\boldsymbol{xx}}(l_3 - l_1) - s_{\boldsymbol{xx}}(l_3)\,s_{\boldsymbol{xx}}(l_2 - l_1) \\ &- m_x^{(1)}\,(\,s_{\boldsymbol{xxx}}(l_2 - l_1, l_3 - l_1) + s_{\boldsymbol{xxx}}(l_2, l_3) + s_{\boldsymbol{xxx}}(l_1, l_3) + s_{\boldsymbol{xxx}}(l_1, l_2)\,) \\ &+ 2(m_x^{(1)})^2\,(s_{\boldsymbol{xx}}(l_1) + s_{\boldsymbol{xx}}(l_2) + s_{\boldsymbol{xx}}(l_3) + s_{\boldsymbol{xx}}(l_3 - l_1) + s_{\boldsymbol{xx}}(l_3 - l_2) + s_{\boldsymbol{xx}}(l_2 - l_1)) \\ &- 6\,(m_x^{(1)})^4 \ . \end{aligned} \tag{4.133}$$

Ist der Zufallsprozeß $\boldsymbol{x}(\eta, k)$ *mittelwertfrei*, so vereinfachen sich diese Zusammenhänge wesentlich:

$$c_x = 0 \ , \tag{4.134}$$

$$c_{\boldsymbol{xx}}(l) = s_{\boldsymbol{xx}}(l) \ , \tag{4.135}$$

$$c_{\boldsymbol{xxx}}(l_1, l_2) = s_{\boldsymbol{xxx}}(l_1, l_2) \ , \tag{4.136}$$

$$\begin{aligned} c_{\boldsymbol{xxxx}}(l_1, l_2, l_3) = \ &s_{\boldsymbol{xxxx}}(l_1, l_2, l_3) - s_{\boldsymbol{xx}}(l_1)\,s_{\boldsymbol{xx}}(l_3 - l_2) \\ &- s_{\boldsymbol{xx}}(l_2)\,s_{\boldsymbol{xx}}(l_3 - l_1) - s_{\boldsymbol{xx}}(l_3)\,s_{\boldsymbol{xx}}(l_2 - l_1) \ . \end{aligned} \tag{4.137}$$

Setz man endlich $l_1 = l_2 = \cdots = l_{n-1} = 0$, so erhält man die *Kumulanten* der entsprechenden Ordnung:

$$\kappa_x^{(n)} = c_{\boldsymbol{xx}\cdots\boldsymbol{x}}(0, 0, \ldots, 0) \ . \tag{4.138}$$

Für die *zweite Ordnung* ist dies wieder die *Varianz* des – mittelwertfreien – Zufallsprozesses:

$$\kappa_x^{(2)} = c_{xx}(0) = s_{xx}(0) = \sigma_x^2 \ . \tag{4.139}$$

Die Kumulante *dritter Ordnung* nennt man die *Schiefe* des Zufallsprozesses:

$$\kappa_x^{(3)} = c_{xxx}(0,0) = s_{xxx}(0,0) \ . \tag{4.140}$$

Die Kumulante *vierter Ordnung* bezeichnet man schließlich als die *Kurtosis* oder *Wölbung* des Zufallsprozesses:

$$\kappa_x^{(4)} = c_{xxxx}(0,0,0) = s_{xxxx}(0,0,0) - 3\,s_{xx}^2(0) \ . \tag{4.141}$$

Genau wie bei Korrelationsfunktionen lassen sich auch für Kumulantfunktionen durch Fouriertransformation Spektren definieren. Im speziellen Fall setzt dies voraus, daß die betreffende Fouriertransformation existiert. Die so gewonnenen Funktionen kann man *Kumulantspektren* nennen:

$$C_{xx\cdots x}(\Omega_1, \Omega_2, \cdots, \Omega_{n-1}) = \sum_{l_1=-\infty}^{+\infty} \sum_{l_2=-\infty}^{+\infty} \cdots \sum_{l_{n-1}=-\infty}^{+\infty} c_{xx\cdots x}(l_1, l_2, \cdots, l_{n-1})$$
$$\exp(-j(\Omega_1 l_1 + \Omega_2 l_2 + \cdots + \Omega_{n-1} l_{n-1})) \ . \tag{4.142}$$

In der Literatur werden diese Spektren auch als *Polyspektren* bezeichnet.

Die *Symmetrie-Eigenschaften* von Kumulantfunktionen und –spektren entsprechen denen der Korrelationsfunktionen bzw. Leistungsdichtespektren. Die bereits im Abschnitt 2.2.6.3 für Kumulanten gezeigten Eigenschaften gelten auch für Kumulantfunktionen und deren Spektren:

1. Kumulantfunktionen und die zugehörigen Spektren sind invariant gegenüber additiven Konstanten, also auch gegenüber Änderungen des linearen Mittelwertes des Zufallsprozesses $x(\eta, k)$.

2. Entsteht ein Zufallsprozeß $x(\eta, k)$ durch Addition einer Reihe von statistisch unabhängigen Teilprozessen, so ergeben sich die Kumulantfunktionen bzw. die Kumulantspektren aus der Addition der entsprechenden Funktionen der Teilprozesse.

3. Für Gaußprozesse verschwinden die Kumulantfunktionen bzw. die zugehörigen Spektren für alle Ordnungen $n \geq 3$.

4. Für Nicht-Gaußprozesse gelten für die dritte und die vierte Ordnung:

$$c_{xxx}(l_1, l_2) = s_{xxx}(l_1, l_2) - s_{ggg}(l_1, l_2) \ , \tag{4.143}$$

$$c_{xxxx}(l_1, l_2, l_3) = s_{xxxx}(l_1, l_2, l_3) - s_{gggg}(l_1, l_2, l_3) \ . \tag{4.144}$$

Hierbei ist $g(\eta, k)$ ein äquivalenter Gaußprozeß. Dies ist ein Zufallsprozeß, dessen linearer Mittelwert $m_g^{(1)}$ und dessen Varianz σ_g^2 mit den entsprechenden Größen des Prozesses $x(\eta, k)$ übereinstimmen.

5. Lassen sich die Größen im Erwartungswert in zwei Gruppen zerlegen, die statistisch unabhängig voneinander sind, so verschwindet die Kumulantfunktion und damit auch das Kumulantspektrum. Beispielsweise gilt für die Ordnung Zwei unter der Annahme, daß $x(\eta, k)$ und $x(\eta, k + l)$ statistisch unabhängig voneinander sind:

$$
\begin{aligned}
c_{xx}(l) \ &= \ \frac{\partial^2}{\partial s_1 \, \partial s_2} \ \ln \mathrm{E}\{\exp(s_1 \, x(\eta, k) + s_2 \, x(\eta, k + l))\}\Big|_{s_1 = s_2 = 0} \\[2mm]
&= \ \frac{\partial^2}{\partial s_1 \, \partial s_2} \ \ln \mathrm{E}\{\exp(s_1 \, x(\eta, k))\} \, \mathrm{E}\{\exp(s_2 \, x(\eta, k + l))\}\Big|_{s_1 = s_2 = 0} \\[2mm]
&= \ \frac{\partial^2}{\partial s_1 \, \partial s_2} \ [\ln \mathrm{E}\{\exp(s_1 \, x(\eta, k))\} + \ln \mathrm{E}\{\exp(s_2 \, x(\eta, k + l))\}]\Big|_{s_1 = s_2 = 0} \\[2mm]
&= \ 0 \ .
\end{aligned}
\tag{4.145}
$$

Insbesondere für die Systemidentifizierung begründen diese Eigenschaften eine Reihe von Vorteilen gegenüber Korrelationsfunktionen oder Leistungsdichtespektren. Die Kumulantfunktionen und –spektren dritter Ordnung verschwinden für alle Zufallsprozesse mit symmetrischer Dichte. Versucht man wegen des geringeren Aufwands in der Regel mit Kumulantfunktionen dritter Ordnung zu arbeiten, so müssen bei symmetrischen Prozessen Kumulantfunktionen vierter Ordnung angewendet werden.

4.6.3 Identifizierung linearer Systeme mit Hilfe von Spektren höherer Ordnung

Es soll nun zunächst der in Gleichung 4.67 angegebenen Zusammenhang zwischen den Autoleistungsdichtespektren zweiter Ordnung des Eingangs– und des Ausgangsprozesses eines linearen, zeitinvarianten Systems für Spektren höherer Ordnung abgeleitet werden. Der Eingangsprozeß $x(\eta, k)$ sei wieder streng stationär und reell. Die Gewichtsfolge des Systems sei $g(k)$, der zugehörige Frequenzgang $G(e^{j\Omega})$. Für die Autokorrelations-funktion der Ordnung n des Ausgangsprozesses gilt dann:

$$
\begin{aligned}
s_{\boldsymbol{yy}\cdots\boldsymbol{y}}&(l_1, l_2, \cdots, l_{n-1})\\
&= \mathrm{E}\{\,\boldsymbol{y}(\eta, k)\,\boldsymbol{y}(\eta, k+l_1)\cdots \boldsymbol{y}(\eta, k+l_{n-1})\,\}\\
&= \mathrm{E}\{\sum_{m_1=-\infty}^{+\infty}\sum_{m_2=-\infty}^{+\infty}\cdots\sum_{m_n=-\infty}^{+\infty} g(m_1)g(m_2)\cdots g(m_n)\\
&\qquad \boldsymbol{x}(\eta, k-m_1)\boldsymbol{x}(\eta, k+l_1-m_2)\cdots\boldsymbol{x}(\eta, k+l_{n-1}-m_n)\,\}\ .
\end{aligned}
\tag{4.146}
$$

Vertauscht man Summation und Erwartungswert und nützt ferner die Eigenschaft der strengen Stationarität, so folgt daraus:

$$
\begin{aligned}
s_{\boldsymbol{yy}\cdots\boldsymbol{y}}&(l_1, l_2, \cdots, l_{n-1})\\
&= \sum_{m_1=-\infty}^{+\infty}\sum_{m_2=-\infty}^{+\infty}\cdots\sum_{m_n=-\infty}^{+\infty} g(m_1)g(m_2)\cdots g(m_n)\\
&\quad \mathrm{E}\{\,\boldsymbol{x}(\eta, k-m_1))\boldsymbol{x}(\eta, k+l_1-m_2))\cdots\boldsymbol{x}(\eta, k+l_{n-1}-m_n))\,\}\\
&= \sum_{m_1=-\infty}^{+\infty}\sum_{m_2=-\infty}^{+\infty}\cdots\sum_{m_n=-\infty}^{+\infty} g(m_1)g(m_2)\cdots g(m_n)\\
&\quad s_{\boldsymbol{xx}\cdots\boldsymbol{x}}(l_1+m_1-m_2, l_2+m_1-m_3, \cdots, l_{n-1}+m_1-m_n)\ .
\end{aligned}
\tag{4.147}
$$

Durch Fouriertransformation erhält man daraus schließlich:

$$
\begin{aligned}
S_{\boldsymbol{yy}\cdots\boldsymbol{y}}&(\Omega_1, \Omega_2, \cdots, \Omega_{n-1})\\
&= \sum_{l_1=-\infty}^{+\infty}\sum_{l_2=-\infty}^{+\infty}\cdots\sum_{l_{n-1}=-\infty}^{+\infty}\sum_{m_1=-\infty}^{+\infty}\sum_{m_2=-\infty}^{+\infty}\cdots\sum_{m_n=-\infty}^{+\infty} g(m_1)g(m_2)\cdots g(m_n)\\
&\quad s_{\boldsymbol{xx}\cdots\boldsymbol{x}}(l_1+m_1-m_2, l_2+m_1-m_3, \cdots, l_{n-1}+m_1-m_n)\\
&\quad \exp(-j(\Omega_1 l_1 + \Omega_2 l_2 + \cdots + \Omega_{n-1} l_{n-1}))\ .
\end{aligned}
\tag{4.148}
$$

Vertauscht man die Reihenfolge der Summation und substituiert im Exponenten der Exponentialfunktion, so erhält man endlich:

$$
\begin{aligned}
S_{\boldsymbol{yy}\cdots\boldsymbol{y}}&(\Omega_1, \Omega_2, \cdots, \Omega_{n-1})\\
&= \prod_{i=1}^{n-1} G(e^{j\Omega_i})\, G^*(e^{j\sum_{l=1}^{n-1}\Omega_l})\, S_{\boldsymbol{xx}\cdots\boldsymbol{x}}(\Omega_1, \Omega_2, \cdots, \Omega_{n-1})\ .
\end{aligned}
\tag{4.149}
$$

Dieses Ergebnis enthält für $n = 2$ den bereits in Gleichung 4.67 angegebenen Zusammenhang:

$$
S_{\boldsymbol{yy}}(\Omega) = G(e^{j\Omega})\, G^*(e^{j\Omega})\, S_{\boldsymbol{xx}}(\Omega)\ .
$$

Für das Autoleistungsdichtespektrum dritter Ordnung gilt:

$$S_{yyy}(\Omega_1, \Omega_2) = G(e^{j\Omega_1})\, G(e^{j\Omega_2})\, G^*(e^{j(\Omega_1+\Omega_2)})\, S_{xxx}(\Omega_1, \Omega_2) \ . \tag{4.150}$$

Im Gegensatz zur zweiten Ordnung enthalten die Autoleistungsdichtespektren dritter und höher Ordnung zusätzlich Informationen über die *Phase* des Frequenzgangs des Systems. Aus den Autoleistungsdichtespektren dritter und höherer Ordnung der Prozesse am Eingang und am Ausgang eines linearen zeitinvarianten Systems lassen sich daher der Betrag und die Phase seines Frequenzgangs bestimmen. Kann man den Eingangsprozeß als *weiß* bis zur benötigten Ordnung voraussetzen,

$$S_{xx\cdots x}(\Omega_1, \Omega_2, \cdots, \Omega_{n-1}) = S_0^{(n)} \ , \tag{4.151}$$

so läßt sich das System *"blind"*, d.h. nur mit Kenntnis seines Ausgangsprozesses, identifizieren. Ausgehend von dem Autoleistungsdichtespektrum dritter Ordnung, einem weißen Eingangsprozeß,

$$S_{xxx}(\Omega_1, \Omega_2) = S_0^{(3)} \ ,$$

und einer Darstellung des Frequenzgangs in der Form

$$G(e^{j\Omega}) = |G(e^{j\Omega})|\, e^{j\varphi_G(\Omega)} \ ,$$

lautet Gleichung 4.150:

$$|S_{yyy}(\Omega_1, \Omega_2)|\, e^{j\varphi_S(\Omega_1,\Omega_2)} = |G(e^{j\Omega_1})|\, |G(e^{j\Omega_2})|\, |G(e^{j\Omega_1+\Omega_2})|$$
$$e^{j(\varphi_G(\Omega_1)+\varphi_G(\Omega_2)-\varphi_G(\Omega_1+\Omega_2))}\, S_0^{(3)} \ . \tag{4.152}$$

Für den Logarithmus des Betrags des Autoleistungsdichtespektrums dritter Ordnung gilt somit:

$$\ln|S_{yyy}(\Omega_1, \Omega_2)| - \ln S_0^{(3)}$$
$$= \ln|G(e^{j\Omega_1})| + \ln|G(e^{j\Omega_2})| + \ln|G(e^{j(\Omega_1+\Omega_2)})| \ . \tag{4.153}$$

Für die Phase $\varphi_S(\Omega_1, \Omega_2)$ erhält man:

$$\varphi_S(\Omega_1, \Omega_2) = \varphi_G(\Omega_1) + \varphi_G(\Omega_2) - \varphi_G(\Omega_1 + \Omega_2) \ . \tag{4.154}$$

Betrag und Phase des Frequenzgangs lassen sich somit mit gleichartigen Verfahren bestimmen. Für die Phase kann jedoch zusätzlich das Problem der Mehrdeutigkeit auftreten, denn erfüllt $\varphi_G(\Omega)$ die Gleichung 4.154, so wird diese auch für $\varphi_G(\Omega) + \alpha\,\Omega$ (bei beliebigem α) erfüllt. Setzt man $\Omega_1 = \Omega$ und $\Omega_2 = 0$, so folgt aus Gleichung 4.153:

$$|G(e^{j\Omega})|^2 = \frac{S_{yyy}(\Omega, 0)}{S_0^{(3)}\,|G(e^{j0})|} \; .\qquad (4.155)$$

Für $\Omega_1 = \Omega_2 = 0$ erhält man:

$$\cdot\,|G(e^{j0})|^3 = |G(1)|^3 = \frac{S_{yyy}(0,0)}{S_0^{(3)}} \; . \qquad (4.156)$$

Zur Bestimmung des Phasenwinkels leitet man Gleichung 4.154 nach Ω_2 ab und setzt dann $\Omega_2 = 0$:

$$\left.\frac{\partial\,\varphi_S(\Omega_1,\Omega_2)}{\partial\,\Omega_2}\right|_{\Omega_2=0} = \varphi_G'(0) - \varphi_G'(\Omega_1) \; . \qquad (4.157)$$

Setzt man (aufgrund der Mehrdeutigkeit des Phasenwinkels willkürlich) $\varphi_G'(0) = 0$, so vereinfacht sich dies zu

$$\varphi_G'(\Omega_1) = -\left.\frac{\partial\,\varphi_S(\Omega_1,\Omega_2)}{\partial\,\Omega_2}\right|_{\Omega_2=0} \; . \qquad (4.158)$$

Durch Integration erhält man schließlich

$$\varphi_G(\Omega) = -\int_0^\Omega \left.\frac{\partial\,\varphi_S(\Omega_1,\Omega_2)}{\partial\,\Omega_2}\right|_{\Omega_2=0} d\Omega_1 \; . \qquad (4.159)$$

Es sind zahlreiche *numerische Verfahren* bekannt, mit denen Betrag und Phase des Frequenzgangs eines linearen zeitinvarianten Systems aus dem Autoleistungsspektrum dritter oder vierter Ordnung bestimmt werden können [87]. Wegen der bereits genannten Ähnlichkeit der Gleichungen 4.153 und 4.154 lassen sich diese Verfahren jeweils auf den Betrag oder den Phasenwinkel anwenden. Es sollen hier zwei Verfahren, die vom Autoleistungsdichtespektrum dritter Ordnung ausgehen, skizziert werden. Zunächst wird ein *rekursiver Algorithmus* für die Berechnung des Phasenwinkels betrachtet[13]: Gleichung 4.154 kann für diskrete Werte Λ_i der normierten Kreisfrequenzen Ω_1 und Ω_2 geschrieben werden. Setzt man

$$\Lambda_i = \frac{\pi}{N}\,i \; ,$$

so ist $\Lambda_N = \pi$ und es gilt für Gleichung 4.154 für $\Omega_1 = \Lambda_i$ und $\Omega_2 = \Lambda_{k-i}$:

$$\varphi_S(\Lambda_i,\Lambda_{k-i}) = \varphi_G(\Lambda_i) + \varphi_G(\Lambda_{k-i}) - \varphi_G(\Lambda_k) \; . \qquad (4.160)$$

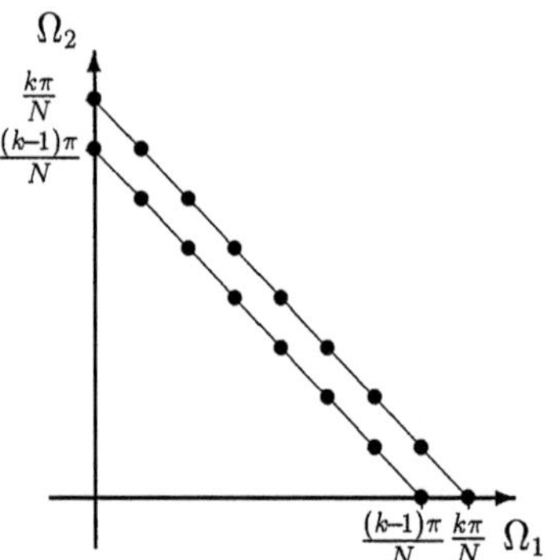

Abb. 4.31: Stützstellen der Funktion $\varphi_S(\Omega_1, \Omega_2)$ zur rekursiven Lösung eines Gleichungssystems zur Identifizierung der Phase des Frequenzgangs eines linearen zeitinvarianten Systems (siehe Gleichung 4.160)

Die Stützstellen liegen damit auf Geraden $\Omega_1 + \Omega_2 = k\,\pi/N$ in der Ω_1–Ω_2–Ebene (siehe Abbildung 4.31). Für $i = 0, 1, \ldots, k$ ergeben sich $k+1$ Gleichungen, die jeweils über i summiert werden können:

$$
\begin{aligned}
\sum_{i=0}^{k} \varphi_S(\Lambda_i, \Lambda_{k-i}) &= 2 \sum_{i=0}^{k} \varphi_G(\Lambda_i) - (k+1)\,\varphi_G(\Lambda_k) \\
&= 2 \sum_{i=0}^{k-1} \varphi_G(\Lambda_i) - (k-1)\,\varphi_G(\Lambda_k) \ .
\end{aligned}
\tag{4.161}
$$

Diese Gleichung kann nach $\varphi_G(\Lambda_k)$ aufgelöst werden:

$$
\varphi_G(\Lambda_k) = \frac{1}{k-1} \left[2 \sum_{i=0}^{k-1} \varphi_G(\Lambda_i) - \sum_{i=0}^{k} \varphi_S(\Lambda_i, \Lambda_{k-i}) \right] \ .
\tag{4.162}
$$

Sie gilt für $k = 2, 3, \ldots, N$. Die Rekursion ist ausführbar, wenn $\varphi_G(0)$ und $\varphi_G(\Lambda_1)$ bekannt sind. Die Kenntnis von $\varphi_G(\Lambda_1)$ läßt sich durch eine Annahme über

$\varphi_G(\Lambda_N) = \varphi_G(\pi)$ ersetzen: Schreibt man Gleichung 4.161 für k und $k-1$ und zieht beide Gleichungen voneinander ab, so erhält man:

$$
\begin{aligned}
\sum_{i=0}^{k} \varphi_S(\Lambda_i, \Lambda_{k-i}) \; &- \sum_{i=0}^{k-1} \varphi_S(\Lambda_i, \Lambda_{k-1-i}) \\
&= 2 \sum_{i=0}^{k-1} \varphi_G(\Lambda_i) - (k-1)\, \varphi_G(\Lambda_k) \\
&\quad - 2 \sum_{i=0}^{k-2} \varphi_G(\Lambda_i) + (k-2)\, \varphi_G(\Lambda_{k-1}) \\
&= k\, \varphi_G(\Lambda_{k-1}) - (k-1)\, \varphi_G(\Lambda_k) \; .
\end{aligned}
\tag{4.163}
$$

Eine Summation über k ergibt:

$$
\begin{aligned}
\sum_{k=2}^{N} \frac{1}{k\,(k-1)} & \left[\sum_{i=0}^{k} \varphi_S(\Lambda_i, \Lambda_{k-i}) - \sum_{i=0}^{k-1} \varphi_S(\Lambda_i, \Lambda_{k-1-i}) \right] \\
&= \sum_{k=2}^{N} \left[\frac{\varphi_G(\Lambda_{k-1})}{k-1} - \frac{\varphi_G(\Lambda_k)}{k} \right] = \varphi_G(\Lambda_1) - \frac{\varphi_G(\pi)}{N} \; .
\end{aligned}
\tag{4.164}
$$

Hieraus kann $\varphi_G(\Lambda_1)$ in Abhängigkeit von $\varphi_G(\pi)$ bestimmt werden. Liegen keine besseren Kenntnisse vor, so setzt man in der Regel

$$
\varphi_G(\pi) = 0 \; .
$$

Als rekursives Verfahren ist der beschriebene Algorithmus anfällig gegen Fehler in den geschätzten Werten des Autoleistungsdichtespektrums dritter Ordnung und der Anfangswerte.

Als zweites Verfahren sei daher ein *nichtrekursiver Algorithmus* kurz diskutiert [79]. Dieser geht wieder aus von Gleichung 4.154. Wieder mit $\Lambda_i = \pi i/N$ und folglich $\Lambda_N = \pi$ kann diese Gleichung für alle Paare (Λ_i, Λ_j), $i = 1, \ldots, N/2$ und $j = i, i+1, \ldots, N-i$, N gerade, geschrieben werden (siehe Abbildung 4.32).

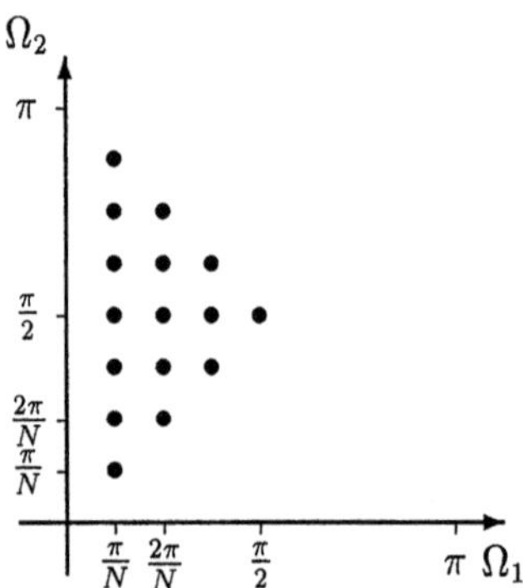

Abb. 4.32: Stützstellen der Funktion $\varphi_S(\Omega_1, \Omega_2)$ für ein Gleichungssystem zur Identifizierung der Phase des Frequenzgangs eines linearen zeitinvarianten Systems (siehe Gleichung 4.165) (Beispiel mit $N = 8$)

$$
\begin{aligned}
\varphi_S\!\left(\frac{\pi}{N},\frac{\pi}{N}\right) &= 2\,\varphi_G\!\left(\frac{\pi}{N}\right) - \varphi_G\!\left(\frac{2\pi}{N}\right), \\[1ex]
\varphi_S\!\left(\frac{\pi}{N},\frac{2\pi}{N}\right) &= \varphi_G\!\left(\frac{\pi}{N}\right) + \varphi_G\!\left(\frac{2\pi}{N}\right) - \varphi_G\!\left(\frac{3\pi}{N}\right), \\[0.5ex]
&\ \ \vdots \qquad\qquad \vdots \qquad\qquad \vdots \qquad , \\[0.5ex]
\varphi_S\!\left(\frac{\pi}{N},\pi-\frac{\pi}{N}\right) &= \varphi_G\!\left(\frac{\pi}{N}\right) + \varphi_G\!\left(\pi-\frac{\pi}{N}\right) - \varphi_G(\pi), \\[1ex]
\varphi_S\!\left(\frac{2\pi}{N},\frac{2\pi}{N}\right) &= 2\,\varphi_G\!\left(\frac{2\pi}{N}\right) - \varphi_G\!\left(\frac{4\pi}{N}\right), \\[0.5ex]
&\ \ \vdots \qquad\qquad \vdots \qquad\qquad \vdots \qquad , \\[0.5ex]
\varphi_S\!\left(\frac{2\pi}{N},\pi-\frac{2\pi}{N}\right) &= \varphi_G\!\left(\frac{2\pi}{N}\right) + \varphi_G\!\left(\pi-\frac{2\pi}{N}\right) - \varphi_G(\pi), \\[0.5ex]
&\ \ \vdots \qquad\qquad \vdots \qquad\qquad \vdots \qquad , \\[0.5ex]
\varphi_S\!\left(\frac{\pi}{2},\frac{\pi}{2}\right) &= 2\,\varphi_G\!\left(\frac{\pi}{2}\right) - \varphi_G(\pi).
\end{aligned}
\tag{4.165}
$$

Unter der Annahme $\varphi_G(\pi) = 0$ hat dieses Gleichungssystem den vollen Rang und kann mit der Methode der kleinsten Fehlerquadrate nach $\varphi_G(\Lambda_i)\ i = 1,\dots,N-1$, aufgelöst werden.

Teil II

Anwendungen

5 Optimale Systeme

In den folgenden Kapiteln soll nun gezeigt werden, wie Verfahren der statistischen Signaltheorie für den Entwurf und die Analyse optimaler Systeme angewendet werden. Wir werden mehrere Klassen von Optimierungsproblemen betrachten. Man unterscheidet zunächst einmal zwischen *Schätzproblemen* und *Entscheidungsproblemen.* Bei Schätzproblemen soll eine einzelne Größe oder eine Funktion möglichst genau rekonstruiert werden. Beispiele sind Filterprobleme, bei denen ein Signal von einer Störung befreit werden soll. Auch Probleme, bei denen einzelne *Parameter* eines Signals – beispielsweise sein Mittelwert oder seine mittlere Leistung – oder eines Systems geschätzt werden sollen, zählen zu dieser Klasse. Bei *Entscheidungsproblemen* gilt es "nur" festzustellen, welcher aus einer endlichen Anzahl von möglichen Fällen (oder Zuständen) aktuell vorliegt. Der Empfang von Binärsignalen, aber auch Mustererkennungsprobleme, gehören zu dieser Problemklasse. Wir betrachten zunächst Filterprobleme und beschränken uns dabei auf *lineare Filter*, d.h. auf Systeme, bei denen das Verstärkungsprinzip und das Überlagerungsprinzip gelten. Optimal ist ein System dann, wenn eine vorher definierte Kenngröße einen Extremwert – je nach Definition ein Maximum oder ein Minimum – annimmt. Allgemein ist dabei die Art der Kenngröße nicht eingeschränkt. Neben signalbezogenen Größen können dies beispielsweise auch die Anzahl der Bauelemente oder die benötigte Fläche einer integrierten Schaltung sein. Im engeren Sinne – und darauf werden wir uns hier beschränken – versteht man unter einem optimalen System, insbesondere einem *Optimalfilter*, ein System, bei dessen Entwurf signalbezogene *statistische Kenngrößen* im Vordergrund stehen. In den folgenden Kapiteln sollen die beim Entwurf und der Analyse von optimalen Systemen auftretenden Probleme und die zu deren Lösung einzusetzenden Methoden beispielhaft an einfachen Anwendungen gezeigt werden.

5.1 Klassifizierung von Schätzwerten

Ein System, das nicht direkt meßbare Größen rekonstruiert, nennt man allgemein einen *Schätzer.* Die Ausgangsgröße eines Schätzers bezeichnet man als *Schätzwert.* Dieser hat bestimmte Eigenschaften, die entweder bereits als Randbedingungen beim Entwurf des optimalen Systems vorgegeben werden, oder die sich als Folge eines bestimmten Verfahrens oder der Eigenschaften der Eingangsgrößen ergeben. Es sollen hier zwei dieser Eigenschaften formuliert werden. Wir gehen dabei davon aus, daß Zufallsprozesse geschätzt werden sollen. Weitere Begriffe werden im Zusammenhang mit der Schätzung determinierter oder zufälliger Parameter eingeführt.

Es sei $\boldsymbol{x}(\eta, k)$ die zu schätzende Größe, $\widehat{\boldsymbol{x}}(\eta, k)$ der Schätzwert und $e(\eta, k)$ der Schätzfehler:

$$e(\eta, k) = \boldsymbol{x}(\eta, k) - \widehat{\boldsymbol{x}}(\eta, k) \ . \tag{5.1}$$

Der Begriff *Erwartungstreue* wurde bereits im Abschnitt 2.2.7 benutzt. Ein Schätzwert ist erwartungstreu, wenn sein linearer Mittelwert mit dem linearen Mittelwert der zu schätzenden Größe übereinstimmt:

Definition 5.1 Erwartungstreue

$$\mathrm{E}\{\widehat{\boldsymbol{x}}(\eta, k)\} = \mathrm{E}\{\boldsymbol{x}(\eta, k)\}$$

Die hier für zeitdiskrete Vorgänge formulierte Bedingung gilt entsprechend auch für zeitkontinuierliche Prozesse oder für Zufallsvariablen. Einen erwartungstreuen Schätzwert nennt man auch *unverzerrt*.

Ein nichterwartungstreuer Schätzwert weist einen *systematischen Fehler* auf, den man (in Anlehnung an die englische Literatur) auch einen *Bias* nennt:

$$b(k) = \mathrm{E}\{\boldsymbol{x}(\eta, k)\} - \mathrm{E}\{\widehat{\boldsymbol{x}}(\eta, k)\} \ . \tag{5.2}$$

Erwartungstreue alleine ist noch keine ausreichende Charakterisierung eines Schätzwertes, denn diese sagt nichts darüber aus, wie groß die Abweichungen vom wahren Wert im Einzelfall sind. Ein Maß hierfür ist die *Varianz* eines Schätzwertes:

$$\sigma_{\widehat{\boldsymbol{x}}}^2(k) = \mathrm{E}\{((\boldsymbol{x}(\eta, k) - m_{\boldsymbol{x}}^{(1)}(k)) - (\widehat{\boldsymbol{x}}(\eta, k) - m_{\widehat{\boldsymbol{x}}}^{(1)}(k))^2\} \ . \tag{5.3}$$

Ist der Schätzwert erwartungstreu, so vereinfacht sich dies zu

$$\sigma_{\widehat{\boldsymbol{x}}}^2(k) = \mathrm{E}\{(\boldsymbol{x}(\eta, k) - \widehat{\boldsymbol{x}}(\eta, k))^2\} \ . \tag{5.4}$$

Sind $\boldsymbol{x}(\eta, k)$ und $\widehat{\boldsymbol{x}}(\eta, k)$ stationäre Zufallsprozesse, so entfällt die Abhängigkeit der (Fehler-)Varianz von dem Parameter k bzw. dem Parameter t bei zeitkontinuierlichen Prozeßen. Erwartungstreue und minimale Fehlervarianz sind in aller Regel die Bedingungen an die Ausgangsgrößen linearer Optimalfilter.

5.2   Optimierungskriterien

Der erste Schritt beim Entwurf eines Schätzers ist die Festlegung eines Maßes für die Bewertung des zu entwerfenden Systems. Bei optimalen Filtern kann sich dieses Maß auf das Verhältnis der mittleren Leistung des Signals zu der mittleren Leistung der Störung oder auf die Abweichung eines Signals von seinem gewünschten Wert beziehen. Die Formulierung eines Kriteriums – einer *Zielfunktion* – ist Bestandteil der Modellbildung und damit der erste Schritt zur Lösung eines Problems. Es gelten daher alle im Zusammenhang mit der Modellbildung angestellten Überlegungen. Insbesondere gilt es auch hier zwischen *Wirklichkeitsnähe* und *Komplexität* abzuwägen. Wirklichkeitsnähe bedeutet beispielsweise die möglichst exakte Berücksichtigung der Eigenschaften der Eingangs- und Ausgangssignale des zu optimierenden Systems. Von der Komplexität des Kriteriums und des Signalmodells hängt es ab, ob das zu entwerfende System analytisch hergeleitet werden kann, ob numerische Optimierungsverfahren oder Simulationen eingesetzt werden müssen. Besonders Simulationen können außerordentlich (rechen-) zeitaufwendig sein, ohne daß deren Ergebnisse Einsichten in allgemeine Zusammenhänge vermitteln. Im Einzelfall kann es daher angebracht sein, ein vereinfachtes Kriterium anzuwenden, wenn dadurch eine analytische Lösung möglich wird. Wesentlich ist bei der Auswahl des Kriteriums auch, welche *Vorkenntnisse* über die Eingangs- und die gewünschten Ausgangsgrößen vorhanden sind und bei der Optimierung eingesetzt werden sollen. Zu unterscheiden ist hier insbesondere, ob und welche statistischen Eigenschaften der Eingangsgrößen bekannt sind oder zumindest mit ausreichender Sicherheit geschätzt werden können. Fehlen solche Kenntnisse, so kann ein Optimierungskriterium auf der Basis eines Modells, das Gesetze der Statistik verwendet, keine anwendbaren Ergebnisse erbringen.Wir benutzen im folgenden statistische Modelle und setzen voraus, daß alle auftretenden statistischen Größen bekannt sind.

Geht das Optimierungskriterium von einer Abweichung $e(t)$ eines gewünschten Systemausgangs $d(t)$ von dem tatsächlichen Ausgang $y(t)$ aus,

$$e(t) = d(t) - y(t) \ , \tag{5.5}$$

so lassen sich für eine Fehlerfunktion $F(e)$, d.h. für eine Funktion, die festlegt, wie eine Abweichung e das gesuchte Optimum beeinflußt, zwei allgemeine Grundsätze formulieren:

1. Positive und negative Abweichungen sollen sich nicht gegenseitig aufheben können. Zweckmäßigerweise ist

$$F(e) = F(-e) . \tag{5.6}$$

2. Nimmt der Betrag der Abweichung e zu, so soll der Wert der Fehlerfunktion $F(e)$ nicht abnehmen:

$$F(e_1) \geq F(e_2) \quad \text{für alle } |e_1| > |e_2| . \tag{5.7}$$

Diese Forderungen werden von einer großen Anzahl von Funktionen erfüllt. Hierzu gehören auch alle Funktionen der Form

$$F(e) = |e|^n , \tag{5.8}$$

mit $n > 0$. Eine Fehlerfunktion dieser Art hat die – meist wünschenswerte – Eigenschaft, daß mit wachsendem Exponent n große Fehler ein immer stärkeres, kleine Fehler ein immer schwächeres Gewicht erhalten.

Legt man, wie hier angenommen, für die Signale statistische Modelle zu Grunde, so kommt zu beiden bereits formulierten Gesichtspunkten noch ein dritter hinzu: Es ist unzweckmäßig, ein System für einzelne Signale zu optimieren. Die Systemeigenschaften sollen *im Mittel* über alle bei der besonderen Anwendung vorkommenden Signale optimal sein. Dies kann dadurch erreicht werden, daß die Abweichung als Zufallsprozeß $e(\eta, t)$ modelliert wird und die Fehlerfunktion den Erwartungswert enthält. Gleichung 5.8 ergibt dann:

$$F(e(\eta, t)) = \mathrm{E}\{|e(\eta, t)|^n\}. \tag{5.9}$$

Eine Entscheidung für einen bestimmten Wert von n hängt nun wesentlich davon ab, welche Kenntnisse über die statistischen Eigenschaften der auftretenden Signale der resultierende Systementwurf erfordert. Wählt man $n = 2$, so sind dies Momente höchstens der Ordnung zwei, die sich als Mittelwerte und Korrelationsfunktionen oder Leistungsdichtespektren in aller Regel angeben oder ausreichend genau messen oder schätzen lassen. Diese Überlegungen haben dazu geführt, daß der *mittlere quadratische Fehler*

$$\boxed{F(e(\eta, t)) = \overline{e^2(\eta, t)} = \mathrm{E}\{|e(\eta, t)|^2\} \tag{5.10}}$$

das am häufigsten angewendete Optimierungskriterium für den Entwurf linearer Systeme ist. Bei *reellen Signalprozessen* kann der Betrag entfallen, und die Gleichung für den *mittleren quadratischen Fehler* lautet dann:

$$F(e(\eta, t)) = \overline{e^2(\eta, t)} = \mathrm{E}\{e^2(\eta, t)\}. \tag{5.11}$$

Wir wollen hier zunächst noch einige allgemeine Zusammenhänge zwischen dem Eingangs–, dem Ausgangs– und dem Fehlerprozeß eines linearen Systems formulieren, das mit diesem Kriterium optimiert wurde. Wir betrachten dazu ein zeitkontinuierliches System (siehe Abbildung 5.1), die Ergebnisse lassen sich jedoch ohne Schwierigkeiten auf zeitdiskrete Systeme übertragen. Für den Ausgangsprozeß $y(\eta, t)$ des Systems mit der Gewichtsfunktion $g(t)$ gilt:

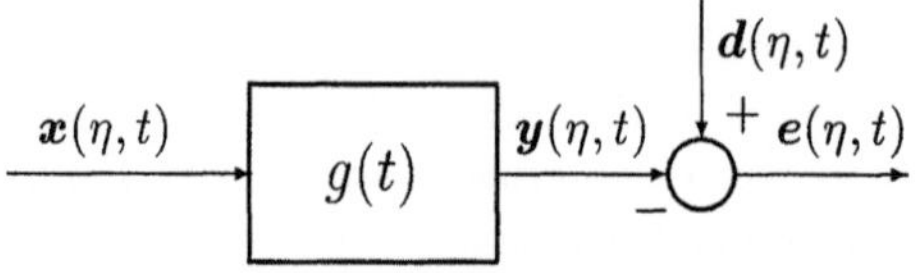

Abb. 5.1: Lineares System mit Ausgangsfehler

$$\boldsymbol{y}(\eta,t) = \int_{-\infty}^{+\infty} g(u)\boldsymbol{x}(\eta,t-u)du\,. \tag{5.12}$$

Es sei nun $g_{opt}(t)$ die optimale Gewichtsfunktion, von der eine beliebige nicht optimale Gewichtsfunktion $g(t)$ um $\alpha\Delta g(t)$ abweicht:

$$g(t) = g_{opt}(t) + \alpha\Delta g(t)\,. \tag{5.13}$$

Dabei sei α ein reeller Faktor. Erfüllt $g_{opt}(t)$ bestimmte Nebenbedingungen (beispielsweise Kausalität), so sei $\Delta g(t)$ so, daß auch $g(t)$ für alle α diese Nebenbedingungen erfüllt, d.h. $g(t)$ sei für $\alpha \neq 0$ eine zwar nicht optimale, aber hinsichtlich der Nebenbedingungen *zugelassene* Gewichtsfunktion. Es gilt für den Systemausgang:

$$\begin{aligned}
\boldsymbol{y}(\eta,t) &= \int_{-\infty}^{+\infty} g_{opt}(u)\boldsymbol{x}(\eta,t-u)\,du + \alpha\int_{-\infty}^{+\infty}\Delta g(u)\boldsymbol{x}(\eta,t-u)\,du \\
&= \boldsymbol{y}_{opt}(\eta,t) + \alpha\boldsymbol{y}_\Delta(\eta,t)\,.
\end{aligned} \tag{5.14}$$

Für den mittleren quadratischen Fehler des nichtoptimalen Systems erhält man damit

$$e^2(\eta,t) = \mathrm{E}\{(\boldsymbol{d}(\eta,t) - \boldsymbol{y}_{opt}(\eta,t) - \alpha\boldsymbol{y}_\Delta(\eta,t))^2\}\,. \tag{5.15}$$

Hierbei ist $\boldsymbol{d}(\eta,t)$ wieder der gewünschte Systemausgang. Es hängt von der speziellen Anwendung ab, welcher Zusammenhang zwischen $\boldsymbol{d}(\eta,t)$ und dem Systemeingang $\boldsymbol{x}(\eta,t)$ besteht. In vielen Fällen wird für $\boldsymbol{x}(\eta,t)$ ein additiv gestörter Nachrichtenprozeß $\boldsymbol{u}(\eta,t)$ angenommen (siehe Abbildung 5.2). $\boldsymbol{d}(\eta,t)$ kann ein Prozeß sein, der durch Anregung eines linearen Systems mit $\boldsymbol{u}(\eta,t)$ entsteht. Im einfachsten Fall ist $\boldsymbol{d}(\eta,t) = \boldsymbol{u}(\eta,t)$. Ein mit dieser Annahme optimiertes Filter versucht die Störung $\boldsymbol{n}(\eta,t)$ zu unterdrücken. Ist $\boldsymbol{d}(\eta,t)$ beispielsweise die Ableitung von $\boldsymbol{u}(\eta,t)$, so ist $g_{opt}(t)$ die Gewichtsfunkton eines optimalen Differenzierers für einen gestörten Eingang.

Bezeichnet man mit

$$e_{min}(\eta,t) = \boldsymbol{d}(\eta,t) - \boldsymbol{y}_{opt}(\eta,t) \tag{5.16}$$

den Fehler bei optimalem System, so erhält man für den minimalen mittleren quadratischen Fehler $\overline{e_{min}^2(\eta,t)}$ die Gleichung

$$\overline{e_{min}^2(\eta,t)} = \mathrm{E}\{(\boldsymbol{d}(\eta,t) - \boldsymbol{y}_{opt}(\eta,t))^2\}\,, \tag{5.17}$$

und Gleichung 5.15 läßt sich wie folgt darstellen:

$$\overline{e^2(\eta,t)} = \overline{e_{min}^2(\eta,t)} - 2\alpha\mathrm{E}\{e_{min}(\eta,t)\boldsymbol{y}_\Delta(\eta,t)\} + \alpha^2\mathrm{E}\{\boldsymbol{y}_\Delta^2(\eta,t)\}\,. \tag{5.18}$$

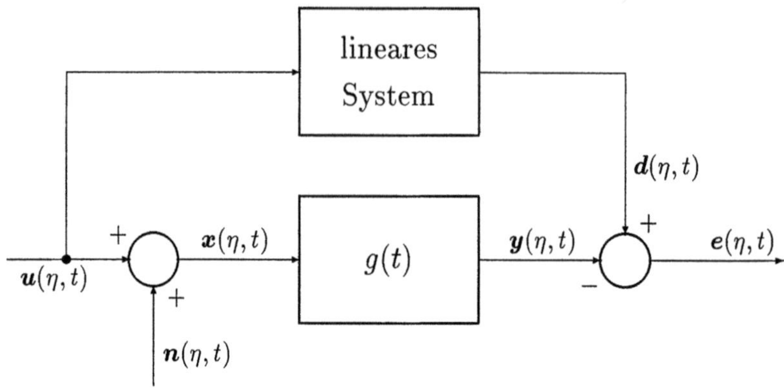

Abb. 5.2: Zur Optimierung eines linearen Systems

Wenn das optimale System definitionsgemäß die Gewichtsfunktion $g_{opt}(t)$ hat, so ist $\overline{e^2(\eta,t)}$ bei jeder im Rahmen der Nebenbedingungen zugelassenen Abweichung der tatsächlichen Gewichtsfunktion $g(t)$ von der optimalen Gewichtsfunktion $g_{opt}(t)$ größer oder höchstens gleich $\overline{e^2_{min}(\eta,t)}$:

$$\overline{e^2(\eta,t)} - \overline{e^2_{min}(\eta,t)} = -2\alpha \mathrm{E}\{\boldsymbol{e}_{min}(\eta,t)\boldsymbol{y}_\Delta(\eta,t)\} + \alpha^2 \mathrm{E}\{\boldsymbol{y}^2_\Delta(\eta,t)\} \geq 0\,. \qquad (5.19)$$

Diese Ungleichung muß für jeden beliebigen Wert des reellen Faktors α erfüllt sein. Dies ist aber dann und nur dann möglich, wenn der linear von α abhängende Term verschwindet:

$$\mathrm{E}\{\boldsymbol{e}_{min}(\eta,t)\boldsymbol{y}_\Delta(\eta,t)\} = \dot{0}\,. \qquad (5.20)$$

Anderenfalls wird beispielsweise bei $\mathrm{E}\{\boldsymbol{e}_{min}(\eta,t)\boldsymbol{y}_\Delta(\eta,t)\} > 0$ für

$$0 < \alpha < 2\,\frac{\mathrm{E}\{\boldsymbol{e}_{min}(\eta,t)\boldsymbol{y}_\Delta(\eta,t)\}}{\mathrm{E}\{\boldsymbol{y}^2_\Delta(\eta,t)\}} \qquad (5.21)$$

die Ungleichung 5.19 verletzt. Eine ähnliche Bedingung läßt sich auch bei negativem $\mathrm{E}\{\boldsymbol{e}_{min}(\eta,t)\boldsymbol{y}_\Delta(\eta,t)\}$ finden.

Setzt man $\boldsymbol{y}_\Delta(\eta,t)$ in Gleichung 5.20 gemäß Gleichung 5.14 ein und vertauscht die Reihenfolge von Erwartungswert und Integration, so erhält man:

$$\int_{-\infty}^{+\infty} \Delta g(u)\mathrm{E}\{\boldsymbol{e}_{min}(\eta,t)\boldsymbol{x}(\eta,t-u)\}\,du = 0 \qquad (5.22)$$

für *alle* im Rahmen von Nebenbedingungen zugelassenen Funktionen $\Delta g(u)$. Nebenbedingungen für eine Optimierung können insbesondere vorsehen, daß die Gewichtsfunktion $g_{opt}(t)$ für bestimmte Werte von t gleich Null sein muß. Für ein kausales System sind dies alle $t < 0$. Diese Bedingung muß auch auf $\Delta g(t)$ angewendet werden.

Die Gleichung 5.22 ist nur dann für *alle* zugelassenen $\Delta g(u)$ erfüllt, wenn für jedes u im Integrationsbereich mindestens einer der Faktoren des Integranden gleich Null ist. Dies bedeutet, daß der Erwartungswert gleich Null sein muß für alle Werte von u, für die die Nebenbedingungen ein $\Delta g(u)$ verschieden von Null zulassen. Damit folgt aus Gleichung 5.22 als Bedingung für Optimalität:

$$
\begin{aligned}
&\mathrm{E}\{e_{min}(\eta,t)\boldsymbol{x}(\eta,t-u)\} = 0\,, \\
&\quad \text{für alle } u, \text{ für die die Nebenbedingungen ein} \\
&\quad \Delta g(u) \neq 0 \text{ zulassen.}
\end{aligned}
\tag{5.23}
$$

Es ist dies eine allgemeinere Form des bereits in Gleichung 2.98 hergeleiteten *Orthogonalitätstheorems*. Die Orthogonalität gilt auch für den minimalen Fehler und den Ausgang des optimalen Filters:

$$
\begin{aligned}
\mathrm{E}\{e_{min}(\eta,t)\,\boldsymbol{y}_{opt}(\eta,t)\} &= \mathrm{E}\{e_{min}(\eta,t)\int_{\infty}^{\infty} g_{opt}(u)\,\boldsymbol{x}(\eta,t-u)\,du\} \\
&= \int_{\infty}^{\infty} g_{opt}(u)\,\mathrm{E}\{e_{min}(\eta,t)\,\boldsymbol{x}(\eta,t-u)\}\,du = 0\,.
\end{aligned}
\tag{5.24}
$$

Für die hier gefundene Orthogonalität läßt sich ein geometrisches Analogon angeben: Ein Vektor $\underline{d}$ ist durch einen Vektor $\underline{y}_{opt}$, der parallel zu einem Vektor $\underline{x}$ verläuft, möglichst gut anzunähern. Die Länge des Fehlervektors $\underline{e}$ ist minimal, wenn dieser senkrecht auf $\underline{x}$ steht, d.h. *orthogonal* zu $\underline{x}$ ist (siehe Abbildung 5.3).

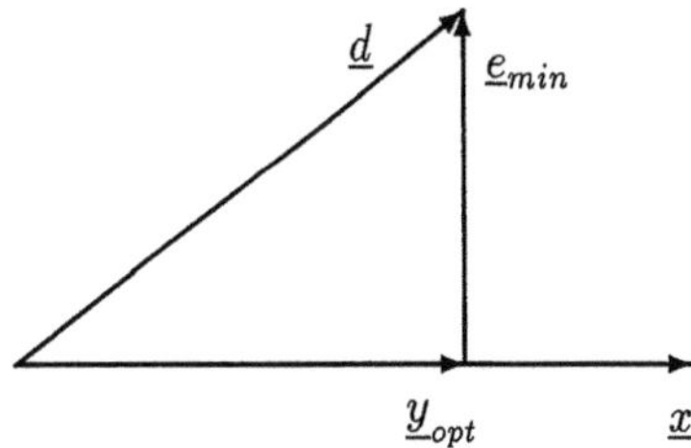

Abb. 5.3: Geometrische Analogie zum Orthogonalitätstheorem

Auch wenn die in Abbildung 5.2 dargestellten Annahmen gelten, ist der Fehler $e_{min}(\eta,t)$ bei optimalem Systemen nicht notwendig mittelwertfrei. Läßt man jedoch zu, daß zu $\boldsymbol{y}(\eta,t)$ eine Konstante y_0 addiert werden darf (siehe Abbildung 5.4), so läßt sich auch in diesen Fällen ein erwartungstreuer Schätzwert erreichen. Es gilt dann:

$$
y_0 = \mathrm{E}\{\boldsymbol{d}(\eta,t) - \boldsymbol{y}(\eta,t)\}\,.
\tag{5.25}
$$

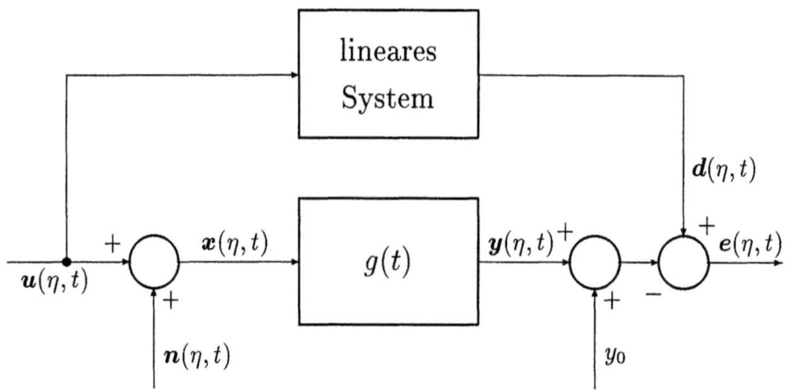

Abb. 5.4: Addition einer Konstanten zur Erreichung der Erwartungstreue

Eine einfache Überlegung zeigt, daß in diesem Fall der mittlere quadratische Fehler verkleinert wird: Wir nehmen an, daß ein lineares Filter einen Ausgangsprozeß ergibt, dessen Fehler $\boldsymbol{e}(\eta, t)$ einen von Null verschiedenen Mittelwert aufweist:

$$m_e^{(1)} = \mathrm{E}\{\boldsymbol{e}(\eta, t)\} \neq 0 \, . \tag{5.26}$$

Der mittlere quadratische Fehler läßt sich dann aber dadurch vermindern, daß man am Filterausgang diesen Mittelwert abzieht:

$$\mathrm{E}\{(\boldsymbol{e}(\eta, t) - m_e^{(1)})^2\} = \mathrm{E}\{\boldsymbol{e}(\eta, t)^2\} - (\mathrm{E}\{\boldsymbol{e}(\eta, t)\})^2 \leq \mathrm{E}\{\boldsymbol{e}(\eta, t)^2\} \, . \tag{5.27}$$

Aus den Gleichungen 5.23 und 5.25 folgt schließlich auch, daß $\boldsymbol{e}_{min}(\eta, t)$ und $\boldsymbol{x}(\eta, t - u)$ für alle u, für die Orthogonalität gilt, *unkorreliert* sind:

$$\mathrm{E}\{\boldsymbol{e}_{min}(\eta, t)\boldsymbol{x}(\eta, t - u)\} = \mathrm{E}\{\boldsymbol{e}_{min}(\eta, t)\}\mathrm{E}\{\boldsymbol{x}(\eta, t - u)\} = 0 \, ,$$
$$\text{für alle } u, \text{ für die } g_{opt}(u) \neq 0 \text{ zugelassen ist.} \tag{5.28}$$

Handelt es sich bei $\boldsymbol{e}_{min}(\eta, t)$ und $\boldsymbol{x}(\eta, t)$ um *Gaußprozesse*, so folgt aus der Unkorreliertheit auch die *statistische Unabhängigkeit*.

Dies läßt einen weiteren Schluß zu: Auch wenn man anstelle eines optimalen linearen Systems (mit gegebenenfalls der Addition einer Konstanten am Ausgang) ein optimales *nicht*lineares System zuläßt, kann dadurch bei Gaußprozessen der mittlere quadratische Fehler nicht weiter verringert werden. Es seien $\boldsymbol{y}_{opt}(\eta, t)$ der Ausgang des optimalen *linearen* Systems und $\tilde{\boldsymbol{y}}(\eta, t)$ der Ausgang eines *nichtlinearen* Systems, die beide durch einen Gaußprozeß $\boldsymbol{x}(\eta, t)$ angeregt werden. Für den mittleren quadratischen Fehler des Ausgangs des nichtlinearen Systems gilt:

$$
\begin{aligned}
\mathrm{E}\{(\boldsymbol{d}(\eta,t) - \tilde{\boldsymbol{y}}(\eta,t))^2\} &= \mathrm{E}\{(\boldsymbol{d}(\eta,t) - \boldsymbol{y}_{opt}(\eta,t) + \boldsymbol{y}_{opt}(\eta,t) - \tilde{\boldsymbol{y}}(\eta,t))^2\} \\
&= \overline{e_{min}^2(\eta,t)} - 2\mathrm{E}\{e_{min}(\eta,t)(\boldsymbol{y}_{opt}(\eta,t) - \tilde{\boldsymbol{y}}(\eta,t))\} \\
&\quad + \mathrm{E}\{(\boldsymbol{y}_{opt}(\eta,t) - \tilde{\boldsymbol{y}}(\eta,t))^2\} \, .
\end{aligned}
\tag{5.29}
$$

$\boldsymbol{y}_{opt}(\eta,t)$ und $\tilde{\boldsymbol{y}}(\eta,t)$ sind beide voraussetzungsgemäß Funktionen von $\boldsymbol{x}(\eta, t - u), u \in T_u$. Das Intervall T_u drückt hierbei das "Gedächtnis" des Systems aus. Für einen aussagefähigen Vergleich muß dieses bei beiden Systemen gleich sein. Es ist für das lineare System durch $g(u) \neq 0$ für alle $u \in T_u$ bestimmt. Für das optimale lineare System sind $e_{min}(\eta,t)$ und $\boldsymbol{x}(\eta, t - u), u \in T_u$, unkorreliert (siehe Gleichung 5.28) und somit für Gaußprozesse *statistisch unabhängig*. Während Unkorreliertheit bei nichtlinearer Filterung verloren gehen kann, gilt die statistische Unabhängigkeit auch für jeden *nichtlinear* gefilterten Wert von $\boldsymbol{x}(\eta, t - u), u \in T_u$. Damit verschwindet der mittlere Ausdruck auf der rechten Seite von Gleichung 5.29:

$$
\mathrm{E}\{e_{min}(\eta,t)(\boldsymbol{y}_{opt}(\eta,t) - \tilde{\boldsymbol{y}}(\eta,t))\} = \mathrm{E}\{e_{min}(\eta,t)\}\,\mathrm{E}\{\boldsymbol{y}_{opt}(\eta,t) - \tilde{\boldsymbol{y}}(\eta,t)\} = 0 \, .
\tag{5.30}
$$

Da der letzte Ausdruck in Gleichung 5.29 nichtnegativ ist, kann somit auch bei einem nichtlinearen System, dessen Eingangsprozeß ein Gaußprozeß ist, der mittlere quadratische Fehler nicht kleiner als der mittlere quadratische Fehler $\overline{e_{min}^2(\eta,t)}$ eines optimalen linearen Systems werden.

Neben dem mittleren quadratischen Fehler gibt es andere Optimierungskriterien für den Entwurf optimaler Systeme. Beispiele sind das Maximum Likelihood Kriterium oder das Minimum der mittleren Kosten [123]. Beide setzen jedoch zusätzliche Kenntnisse, insbesondere über die Wahrscheinlichkeitsdichten der auftretenden Signale und Störungen, voraus. Nur im Falle Gaußscher Prozesse lassen sich diese aus den Momenten erster und zweiter Ordnung bestimmen. Im Abschnitt "Signalangepaßtes Filter" werden wir als Optimierungskriterium einen Quotienten zweier mittlerer Leistungen benutzen. Die damit gefundene Lösung setzt wie die mit dem Kriterium des minimalen mittleren quadratischen Fehlers bestimmten Lösungen nur Vorkenntnisse über Momente bis zur zweiten Ordnung voraus.

Existieren keinerlei Vorkenntnisse über auftretende Größen, so kann man diese als *determinierte Signale* modellieren und an die Stelle der Erwartungswerte *Zeitmittelwerte* setzen. Ein Ansatz kann dann darin bestehen, ein System so zu optimieren, daß die (geeignet normierte) Summe der Fehlerquadrate

$$
\overline{e^2(k)} = \sum_{i=0}^{k} e^2(i)
\tag{5.31}
$$

minimal wird. Die Summation beginnt dabei bei einem Einschaltzeitpunkt $i = 0$ und endet beim aktuellen Zeitpunkt k. Die Anwendung dieses Kriteriums setzt keinerlei Vorkenntnisse über auftretende Signale voraus.

Sind andererseits neben Momenten auch die Wahrscheinlichkeitsdichten auftretender Größen bekannt, so können auch diese (verbesserten) Vorkenntnisse in die Optimierung eingebracht werden.

6 Linearer Prädiktor

Mit dem Entwurf eines linearen Prädiktors soll nun ein erstes Beispiel für eine Systemoptimierung vorgestellt werden. Wie der Name besagt, versucht man mit einem Prädiktor den weiteren Verlauf eines Signals vorherzusagen, d.h. den Signalverlauf zu extrapolieren. Bei Nachrichtensignalen ist dies nur dort möglich, wo sich ein Signalverlauf – z.B. durch die beschränkte Signalbandbreite – nicht beliebig verändern kann. Benutzt man einen Zufallsprozeß als Modell für ein Nachrichtensignal, so werden vorhandene Bindungen durch eine von Null verschiedene Korrelationsfunktion ausgedrückt. Die Korrelationsfunktion des Eingangsprozesses wird daher bei dem Entwurf eines Prädiktors eine wesentliche Rolle spielen.

Prädiktoren sind wichtige Hilfsmittel bei der effizienten Codierung beispielsweise von Sprach– oder Bildsignalen. Gelingt es nämlich, deren Verlauf bis auf einen Prädiktionsfehler aus vergangenen Werten vorherzusagen, so genügt es, diesen Fehler für eine Übertragung oder eine Speicherung zu codieren. Dies kann zu einer Einsparung bei der notwendigen Übertragungs– oder Speicherkapazität oder bei der Sendeleistung führen.

Prädiktoren werden in der hier betrachteten Form digital realisiert. Wir betrachten daher in diesem Kapitel nur zeitdiskrete Zufallsprozesse und Systeme. Die Prädiktion eines zeitkontinuierlichen Vorgangs wird als Sonderfall eines Wiener–Kolmogoroff–Filters diskutiert.

6.1 Problemstellung und Voraussetzungen

Wie der Name bereits besagt, soll ein Prädiktor zukünftige Werte eines Signals aus bereits bekannten Werten vorhersagen. Man nennt den Prädiktor *linear*, wenn der vorhergesagte Wert ausschließlich mit linearen Rechenoperationen aus den bekannten Werten gebildet wird. Wir bezeichnen mit $\hat{x}(\eta, k)$ den vorhergesagten Wert für den zeitdiskreten Zufallsprozeß $x(\eta, k)$ und wir nehmen zunächst an, daß $x(\eta, k)$ nur um einen Schritt vorhergesagt werden soll. Dies ist der einfachste Fall eines Prädiktors. Allgemein können auch nichtlineare Operationen und Vorhersagen um mehr als einen Schritt zugelassen werden. Die Beschränkung auf einen linearen Prädiktor erlaubt folgenden Ansatz:

$$\hat{x}(\eta, k) = \sum_{i=1}^{L} a_i x(\eta, k - i).$$

(6.1)

Die Größe L nennt man die *Ordnung* des Prädiktors. Sie gibt an, wieviele Werte aus der unmittelbaren Vergangenheit des Prozesses für die Prädiktion benutzt werden. Die Faktoren a_i, $i = 1, \cdots, L$, sind die Gewichte, mit denen diese Werte in den vorherzusagenden Wert eingehen. Abbildung 6.1 zeigt ein *Transversalfilter*, das einen derartigen Prädiktor realisiert. Aus den in einem Register gespeicherten Werten $\boldsymbol{x}(\eta, k)$ bis $\boldsymbol{x}(\eta, k + 1 - L)$ wird ein Schätzwert $\widehat{\boldsymbol{x}}(\eta, k + 1)$ für $\boldsymbol{x}(\eta, k + 1)$ gebildet.

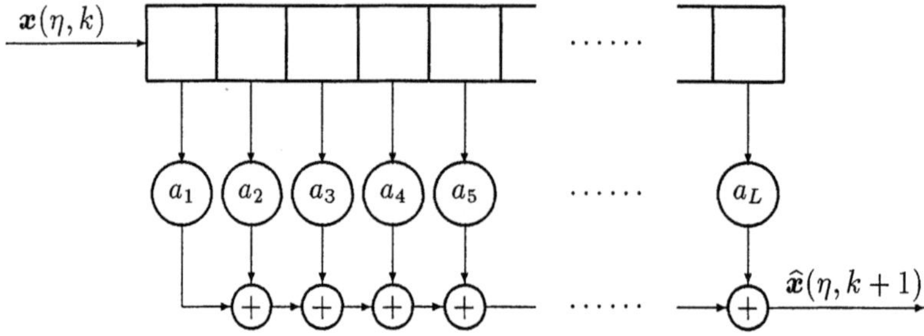

Abb. 6.1: Transversalfilter als linearer Prädiktor

Die Prädiktorkoeffizienten $a_i, i = 1, \cdots, L$, sind so zu bestimmen, daß ein zu definierendes Gütemaß – eine Zielfunktion – optimiert wird. Wir wählen hier als Gütekriterium den *mittleren quadratischen Vorhersagefehler* $\overline{e^2(\eta, k)}$,

$$\overline{e^2(\eta, k)} = \mathrm{E}\{(\boldsymbol{x}(\eta, k) - \widehat{\boldsymbol{x}}(\eta, k))^2\}, \tag{6.2}$$

und bestimmen die Gewichte a_i so, daß diese Größe minimal wird. Setzt man Gleichung 6.1 in Gleichung 6.2 ein, so lautet die Aufgabenstellung:

$$\overline{e^2(\eta, k)} = \mathrm{E}\{(\boldsymbol{x}(\eta, k) - \sum_{i=1}^{L} a_i \boldsymbol{x}(\eta, k - i))^2\} \to \min_{a_i}. \tag{6.3}$$

Bezogen auf Abbildung 5.2, ist bei diesem Ansatz der gewünschte Ausgang $\boldsymbol{d}(\eta, k) = \boldsymbol{x}(\eta, k)$, während der Prädiktoreingang gleich $\boldsymbol{x}(\eta, k - 1)$ ist. Der Ausgang $\boldsymbol{y}(\eta, k)$ entspricht dem Schätzwert $\widehat{\boldsymbol{x}}(\eta, k)$. Das lineare System ist hier ein zeitdiskretes nichtkausales System mit der Gewichtsfunktion $\delta_K(k + 1)$. Die Störung $\boldsymbol{n}(\eta, k)$ ist gleich Null.

6.2   Normal–Gleichung

Die optimalen Prädiktorkoeffizienten $a_i, i = 1, \cdots, L$, lassen sich aus Gleichung 6.3 durch Bildung der Ableitung jeweils nach einem der Koeffizienten bestimmen:

$$\frac{\partial}{\partial a_j} \overline{e^2(\eta, k)} = -2\mathrm{E}\{(\boldsymbol{x}(\eta, k) - \sum_{i=1}^{L} a_i \boldsymbol{x}(\eta, k - i))\boldsymbol{x}(\eta, k - j)\} = 0$$
$$\text{für } j = 1, \cdots, L. \tag{6.4}$$

Man erhält so ein System aus L linearen Gleichungen für die gesuchten Koeffizienten:

$$E\{(\boldsymbol{x}(\eta,k) - \sum_{i=1}^{L} a_i\boldsymbol{x}(\eta,k-i))\boldsymbol{x}(\eta,k-j)\} = 0 \quad \text{für } j = 1,\cdots,L\,. \tag{6.5}$$

Mit

$$s_{\boldsymbol{xx}}(k_1,k_2) = E\{\boldsymbol{x}(\eta,k_1)\boldsymbol{x}(\eta,k_2)\}$$

als Autokorrelationsfunktion des Prozesses $\boldsymbol{x}(\eta,t)$ folgt daraus:

$$s_{\boldsymbol{xx}}(k,k-j) - \sum_{i=1}^{L} a_i s_{\boldsymbol{xx}}(k-i,k-j) = 0 \quad \text{für } j = 1,\cdots,L\,. \tag{6.6}$$

Beschränkt man sich auf einen *stationären* Prozeß $\boldsymbol{x}(\eta,t)$, so erhält man endlich:

$$s_{\boldsymbol{xx}}(j) = \sum_{i=1}^{L} a_i s_{\boldsymbol{xx}}(j-i) \quad \text{für } j = 1,\cdots,L\,. \tag{6.7}$$

Dieses Gleichungssystem tritt in ähnlicher Form bei der Lösung zahlreicher linearer Optimierungsprobleme auf. Es ist daher unter mehreren Bezeichnungen bekannt. Man nennt es die Normal–Gleichung, die Yule–Walker–Prädiktionsgleichung oder die Wiener–Hopf–Gleichung [53, 48, 58].

Gleichung 6.5 bedeutet, daß der Prädiktionsfehler

$$e(\eta,k) = \boldsymbol{x}(\eta,k) - \sum_{i=1}^{L} a_i\boldsymbol{x}(\eta,k-i)$$

bei optimalen Koeffizienten $a_i,\ i = 1,\cdots,L$, *orthogonal* ist zu allen Werten $\boldsymbol{x}(\eta,k-j),\ j = 1,\cdots,L$, die für die Prädiktion benutzt werden. Mit Kenntnis des Orthogonalitätstheorems (siehe Gleichung 5.23) kann Gleichung 6.5 somit auch unmittelbar formuliert werden. Das Gleichungssystem 6.7 läßt sich formal vereinfachen, wenn man eine Matrix $\underline{s}$ und Vektoren $\underline{q}$ und $\underline{a}$ wie folgt definiert:

$$\underline{s} = \begin{pmatrix} s_{\boldsymbol{xx}}(0) & s_{\boldsymbol{xx}}(-1) & \cdots & s_{\boldsymbol{xx}}(1-L) \\ s_{\boldsymbol{xx}}(1) & s_{\boldsymbol{xx}}(0) & \cdots & s_{\boldsymbol{xx}}(2-L) \\ \vdots & \vdots & & \vdots \\ s_{\boldsymbol{xx}}(L-1) & s_{\boldsymbol{xx}}(L-2) & \cdots & s_{\boldsymbol{xx}}(0) \end{pmatrix}, \tag{6.8}$$

$$\underline{q} = (s_{\boldsymbol{xx}}(1),\ s_{\boldsymbol{xx}}(2),\ \cdots,\ s_{\boldsymbol{xx}}(L))^T, \tag{6.9}$$

$$\underline{a} = (a_1, a_2, \cdots, a_L)^T \, . \tag{6.10}$$

$\underline{s}$ ist die *Korrelationsmatrix* des stationär vorausgesetzten Prozesses $\boldsymbol{x}(\eta, k)$. $\underline{s}$ ist bei reellen Zufallsprozessen symmetrisch und enthält parallel zu seiner Hauptdiagonalen jeweils dieselben Werte. Eine derartige Matrix nennt man *Toeplitz–Matrix*. Für die Inversion einer Toeplitz–Matrix gibt es besondere Algorithmen, die deren Eigenschaften ausnutzen [42] und dadurch mit geringem Aufwand auskommen.

Ist der Prozeß $\boldsymbol{x}(\eta, k)$ *weiß*, so ist $s_{\boldsymbol{xx}}(k) = 0$ für alle $k \neq 0$ und $\underline{s}$ ist eine Diagonalmatrix. Der Vektor $\underline{q}$ enthält Werte der Autokorrelationsfunktion des Prozesses $\boldsymbol{x}(\eta, k)$ für die Abstände 1 bis L zwischen dem vorherzusagenden Wert und den (bereits bekannten) Werten, aus denen die Vorhersage gebildet wird. Ist $\boldsymbol{x}(\eta, k)$ weiß, so sind alle Elemente des Vektors $\underline{q}$ gleich Null und die Koeffizienten a_i erhalten alle ebenfalls die Werte Null. Die Vorhersage $\hat{\boldsymbol{x}}(\eta, k)$ ergibt daher in diesem Sonderfall immer den Wert Null. Eine bessere Vorhersage ist hier wegen der fehlenden Korrelation, d.h. wegen fehlender statistischer Bindungen zwischen aufeinanderfolgenden Werten des Prozesses $\boldsymbol{x}(\eta, k)$, nicht möglich. Der Vektor $\underline{a}$ enthält schließlich die gesuchten Prädiktorkoeffizienten. Gleichung 6.7 läßt sich nun wie folgt schreiben:

$$\underline{s}\,\underline{a} = \underline{q} \, . \tag{6.11}$$

Die Auflösung nach $\underline{a}$ erfordert die Inversion der Matrix $\underline{s}$. Falls $\underline{s}^{-1}$ existiert, lautet damit endlich die Bedingung für die optimalen Prädiktorkoeffizienten:

$$\boxed{\underline{a} = \underline{s}^{-1}\underline{q} \, .} \tag{6.12}$$

Beispiel 6.1 Prädiktor der Ordnung $L = 2$
Für einen stationären Prozeß $\boldsymbol{x}(\eta, k)$ mit der Autokorrelationsfunktion $s_{\boldsymbol{xx}}(k)$ sollen die Koeffizienten a_1 und a_2 eines linearen Prädiktors der Ordnung $L = 2$ bestimmt werden.

Mit $s_0 = s_{\boldsymbol{xx}}(0)$, $s_1 = s_{\boldsymbol{xx}}(1) = s_{\boldsymbol{xx}}(-1)$ und $s_2 = s_{\boldsymbol{xx}}(2) = s_{\boldsymbol{xx}}(-2)$ gelten:

$$\underline{q} = \begin{pmatrix} s_1 \\ s_2 \end{pmatrix}, \quad \underline{s} = \begin{pmatrix} s_0 & s_1 \\ s_1 & s_0 \end{pmatrix},$$

$$\underline{s}^{-1} = \frac{\begin{pmatrix} s_0 & -s_1 \\ -s_1 & s_0 \end{pmatrix}}{s_0^2 - s_1^2} \, .$$

Damit erhält man für die optimalen Prädiktorkoeffizienten:

$$a_1 = \frac{s_0 s_1 - s_1 s_2}{s_0^2 - s_1^2}, \quad a_2 = \frac{s_0 s_2 - s_1^2}{s_0^2 - s_1^2}.$$

Es sei nun

$$\boldsymbol{x}(\eta, k) = m + \boldsymbol{z}(\eta, k).$$

$\boldsymbol{z}(\eta, k)$ sei eine weiße mittelwertfreie Störung mit $s_{\boldsymbol{zz}}(0) = 1$. Dann ist:

$$s_{\boldsymbol{xx}}(k) = \begin{cases} 1 + m^2 & k = 0 \\[2mm] m^2 & k \neq 0 \end{cases}.$$

Somit gilt für die Prädiktorkoeffizienten:

$$a_1 = a_2 = \frac{m^2}{1 + 2m^2}.$$

Der Prädiktor wirkt hier als Filter, das aus zwei benachbarten Werten die Summe bildet und diese mit $m^2/(1+2m^2) < 0.5$ bewertet. Es versucht damit, die weiße Störung zu reduzieren.

Entsprechend ihrer Herleitung sind die Elemente der Matrix $\underline{s}$ (siehe Gleichung 6.8) und des Vektors $\underline{q}$ (siehe Gleichung 6.9) Scharmittelwerte. Beim praktischen Einsatz eines Prädiktors kann man nur mit numerisch bestimmten Größen arbeiten. Man geht dabei davon aus, daß eine Folge von Daten x_k für $k = 0, \cdots, N - 1$ bekannt ist und bildet daraus zunächst ein Signal

$$x(k) = \begin{cases} x_k & \text{für } k = 0, \cdots, N - 1 \\[2mm] 0 & \text{sonst} \end{cases}, \tag{6.13}$$

das als Musterfunktion eines Zufallsprozesses angesehen werden kann:

$$\boldsymbol{x}(\eta_0, k) = x(k).$$

In Gleichung 6.5 lassen sich dann die Scharmittelwerte durch Summen über k ersetzen. Da hier mit $x(k)$ ein *Energiesignal* vorliegt, entfällt die bei Zeitmittelwerten notwendige Division durch die Anzahl der jeweiligen Summanden (siehe Gleichung 3.28).

Da das bekannte Signal durch Nullen fortgesetzt wurde (siehe Gleichung 6.13), kann über alle Grenzen summiert werden. Man erhält zum Beispiel:

$$\breve{s}_{\boldsymbol{xx}}(i, j) = \sum_{k=-\infty}^{\infty} x(k - i)\, x(k - j) = \sum_{k=-\infty}^{\infty} x(k)\, x(k + i - j) = \breve{s}_{\boldsymbol{xx}}(i - j). \tag{6.14}$$

Bei dieser Wahl der Grenzen der Summe hängt das Ergebnis der Summation nur von $i - j$ ab, es ergeben sich somit ähnliche Eigenschaften wie bei Stationarität. Tatsächlich berechnet werden muß die Summe nur über Produkte, die keine zu Null angenommenen Daten enthalten:

$$\check{s}_{\boldsymbol{xx}}(i - j) = \sum_{k=k_u}^{k_o} x(k)\, x(k + i - j)\,, \tag{6.15}$$

wobei für die Grenzen der Summation gelten:

$$k_u = \begin{cases} 0 & \text{für} \ \ i - j \geq 0 \\ -(i - j) & \text{für} \ \ i - j < 0 \end{cases} \quad \text{und} \ \ k_o = \begin{cases} N - 1 - (i - j) & \text{für} \ \ i - j \geq 0 \\ N - 1 & \text{für} \ \ i - j < 0 \end{cases}.$$

Man nennt diese Vorgehensweise *Korrelationsverfahren*. Charakteristisch dafür ist, daß die Anzahl der Summanden in der Summe 6.15 von der gegenseitigen Verschiebung der beiden Folgen abhängt. Vorteilhaft ist es, daß bei diesem Verfahren die für $\underline{s}$ geschätzte Matrix $\underline{\check{s}}$ weiterhin eine Toeplitzmatrix ist und somit mit aufwandsgünstigen Verfahren invertiert werden kann.

Beim sog. *Kovarianzverfahren* werden die Grenzen der Summe so gewählt, daß diese immer dieselbe Anzahl von Summanden enthält, und daß nicht über "fortgesetzte" Elemente der Datenfolge x_k, $k = 0, \cdots, N - 1$ summiert werden muß. Berücksichtigt man, daß gemäß Gleichung 6.5 neben dem Erwartungswert für $\boldsymbol{x}(\eta, k - i)\, \boldsymbol{x}(\eta, k - j)$ auch der Erwartungswert für $\boldsymbol{x}(\eta, k)\, \boldsymbol{x}(\eta, k - j)$, $i, j = 1, \cdots, L$, geschätzt werden muß, so ergibt sich als Schätzgleichung:

$$\check{s}_{\boldsymbol{xx}}(i, j) = \sum_{k=L}^{N-1} x(k - i)\, x(k - j)\,. \tag{6.16}$$

Die aus den Elementen $\check{s}_{\boldsymbol{xx}}(i, j)$ gebildete Matrix $\underline{\check{s}}$ ist zwar symmetrisch, sie ist aber *keine* Toeplitzmatrix mehr. Dies folgt daraus, daß beispielsweise $\check{s}_{\boldsymbol{xx}}(1, 1)$ ungleich $\check{s}_{\boldsymbol{xx}}(2, 2)$ ist:

$$\check{s}_{\boldsymbol{xx}}(1, 1) = \sum_{k=L}^{N-1} x(k - 1)^2 = x(L - 1)^2 + \cdots + x(N - 2)^2\,,$$

$$\check{s}_{\boldsymbol{xx}}(2, 2) = \sum_{k=L}^{N-1} x(k - 2)^2 = x(L - 2)^2 + \cdots + x(N - 3)^2\,.$$

Bei $N \gg L$ verschwinden die Unterschiede zwischen beiden Verfahren. Die Bezeichnungen "Korrelationsverfahren" und "Kovarianzverfahren" sind *nicht* von der Autokorrelationsfunktion und der Kovarianzfunktion abgeleitet [124].

6.3   Prädiktionsfehler

Entsprechend unseren bisherigen Betrachtungen bildet der Prädiktor aus den Werten $x(\eta, k - l)$, $l = 1, \cdots, L$, einen Schätzwert $\hat{x}(\eta, k)$ für den Wert $x(\eta, k)$. Dabei entsteht ein Fehler $e(\eta, k)$:

$$e(\eta, k) = x(\eta, k) - \hat{x}(\eta, k) \tag{6.17}$$

(siehe auch Gleichung 6.2). Setzt man für den Schätzwert Gleichung 6.1 ein, so erhält man:

$$e(\eta, k) = x(\eta, k) - \sum_{i=1}^{L} a_i x(\eta, k - i) \,. \tag{6.18}$$

Der Prädiktionsfehler $e(\eta, k)$ kann damit als Ausgang eines linearen Filters mit der Gewichtsfolge $g_e(k)$ angesehen werden,

$$e(\eta, k) = \sum_{i=-\infty}^{+\infty} g_e(i) x(\eta, k - i) \,, \tag{6.19}$$

wenn für diese gilt:

$$g_e(k) = \begin{cases} 1 & k = 0 \\ -a_k & 1 \le k \le L \\ 0 & \text{sonst} \end{cases} \,. \tag{6.20}$$

Man nennt dieses Filter das *Prädiktor–Fehlerfilter* (siehe Abbildungen 6.2 und 6.3).

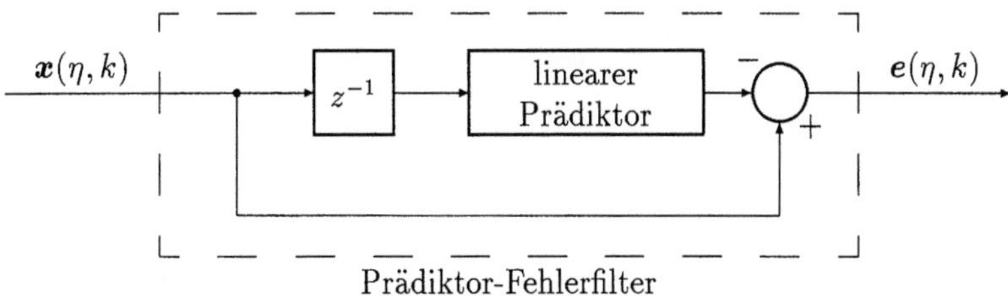

Abb. 6.2: Zusammenhang Prädiktor und Prädiktor-Fehlerfilter

Durch Transformation erhält man schließlich die z–Übertragungsfunktion (siehe Gleichung 4.13) des Prädiktor-Fehlerfilters:

$$G_e(z) = \sum_{k=-\infty}^{+\infty} g_e(k) \, z^{-k} \,. \tag{6.21}$$

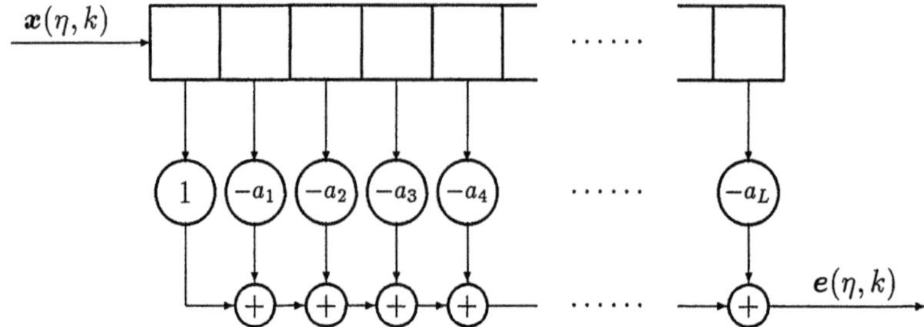

Abb. 6.3: Prädiktor-Fehlerfilter

Mit Gleichung 6.20 lautet dieser Ausdruck:

$$G_e(z) = 1 - \sum_{i=1}^{L} a_i\, z^{-i}. \tag{6.22}$$

Wir berechnen nun den mittleren quadratischen Fehler bei optimalem Prädiktor und gehen dafür von Gleichung 6.3 aus. Beschränkt man sich wieder auf einen stationären Zufallsprozeß $x(\eta, k)$, so erhält man mit den Größen $\underline{s}$, $\underline{q}$ und $\underline{a}$ nach Ausrechnen des Quadrates:

$$\overline{e^2(\eta, k)} = s_{xx}(0) - 2\underline{a}^T \underline{q} + \underline{a}^T \underline{s}\, \underline{a}. \tag{6.23}$$

Hierin kann schließlich für $\underline{a}$ der optimale Vektor gemäß Gleichung 6.12 eingesetzt werden. Wir tun dies zunächst nur teilweise, um zu einem Ausdruck zu kommen, der später noch benötigt wird:

$$P_{min} = \overline{e^2_{min}(\eta, k)} = s_{xx}(0) - \underline{a}^T \Big|_{opt} \underline{q}. \tag{6.24}$$

Endlich erhält man:

$$P_{min} = s_{xx}(0) - \underline{q}^T \underline{s}^{-1} \underline{q}. \tag{6.25}$$

Meist ist es zweckmäßig, diese Größe auf die mittlere Leistung $E\{x^2(\eta, k)\} = s_{xx}(0)$ des Eingangsprozesses zu normieren:

$$\frac{\overline{e^2_{min}(\eta, k)}}{s_{xx}(0)} = 1 - \frac{\underline{q}^T \underline{s}^{-1} \underline{q}}{s_{xx}(0)}. \tag{6.26}$$

Diese Größe ist immer größer oder gleich Null und kleiner oder gleich Eins. Sie sagt etwas über die Wirkung eines Prädiktors aus, ohne daß vorher die optimalen

Prädiktorkoeffizienten explizit berechnet werden müssen. Läßt sich der Prozeß gut vorhersagen, so ist der normierte Prädiktionsfehler wesentlich kleiner als Eins. Ist der Prozeß dagegen schlecht vorhersagbar, so ist diese Größe nur wenig kleiner als Eins. Bei weißem Rauschen als Eingangsprozeß des Prädiktors ist schließlich der normierte Prädiktionsfehler gleich Eins.

Den Kehrwert des normierten mittleren quadratischen Prädiktionsfehlers bezeichnet man als den *Prädiktionsgewinn* [124]:

$$G_P = \frac{s_{xx}(0)}{e^2_{min}(\eta, k)} = \frac{s_{xx}(0)}{P_{min}} = \frac{s_{xx}(0)}{s_{xx}(0) - \underline{q}^T \underline{s}^{-1} \underline{q}} \,. \tag{6.27}$$

Beispiel 6.2 Fehler eines Prädiktors der Ordnung $L = 2$
Es gelten die Ergebnisse aus Beispiel 6.1. Der mittlere Fehler bei optimalem Prädiktor ist dann gegeben durch:

$$\overline{e^2_{min}(\eta, k)} = s_0 - \frac{s_0(s_1^2 + s_2^2) - 2s_1^2 s_2}{s_0^2 - s_1^2} \,.$$

Wir berechnen nun die Autokorrelationsfunktion $s_{ee}(k)$ des Fehlers $e_{min}(\eta, k)$ bei optimalem Prädiktor:

$$s_{ee}(j) = \mathrm{E}\{e_{min}(\eta, k)\, e_{min}(\eta, k + j)\} \,. \tag{6.28}$$

Hierbei setzen wir wieder einen stationären Prozeß $\boldsymbol{x}(\eta, t)$ voraus. Man erhält:

$$\begin{aligned}
s_{ee}(j) \; &= E\{(\boldsymbol{x}(\eta, k) - \sum_{i=1}^{L} a_i \boldsymbol{x}(\eta, k - i)) \\
&\quad \cdot (\boldsymbol{x}(\eta, k + j) - \sum_{i=1}^{L} a_i \boldsymbol{x}(\eta, k + j - i))\} \\
&= s_{xx}(j) - \sum_{i=1}^{L} a_i s_{xx}(j + i) - \sum_{i=1}^{L} a_i s_{xx}(j - i) \\
&\quad + \sum_{i_1=1}^{L} \sum_{i_2=1}^{L} a_{i_1} a_{i_2} s_{xx}(j + i_1 - i_2) \,.
\end{aligned} \tag{6.29}$$

Setzt man hier Gleichung 6.7 ein und läßt die Prädiktorordnung L gegen unendlich gehen, so folgt:

$$s_{ee}(j) = 0 \quad \text{für } |j| > 0 \,. \tag{6.30}$$

Dieses Ergebnis besagt, daß bei einem Prädiktor mit der Ordnung unendlich aufeinanderfolgende Werte des Prädiktionsfehlers *orthogonal* zueinander sind. Dies setzt jedoch voraus, daß das Gleichungssystem 6.11 für $L \to \infty$ lösbar ist.

Für $s_{ee}(0)$ ergibt sich aus Gleichung 6.29 der bereits in Gleichung 6.24 bzw. 6.25 berechnete Wert:

$$s_{ee}(0) = P_{min} = s_{xx}(0) - \underline{q}^T \, \underline{s}^{-1} \, \underline{q} \, .$$

6.4 Rekursive Berechnung der Prädiktorkoeffizienten (Durbin–Algorithmus)

Die Berechnung der optimalen Prädiktorkoeffizienten nach Gleichung 6.12 erfordert die Inversion der Matrix $\underline{s}$. Ohne die Ausnutzung der besonderen Eigenschaften dieser Matrix ist die hierfür notwendige Anzahl von Rechenschritten von der Ordnung L^3, wobei L die Ordnung der Matrix $\underline{s}$ ist. Da wir für die Herleitung einen *stationären* Prozeß $\boldsymbol{x}(\eta, t)$ vorausgesetzt haben, sind diese Matrix $\underline{s}$ und auch der Vektor $\underline{q}$, die beide Werte der Autokorrelationsfunktion $s_{xx}(k)$ enthalten, unabhängig vom momentanen Prozeßverlauf. Der einmal berechnete Vektor $\underline{a}$ der Prädiktorkoeffizienten ist optimal während der gesamten Dauer des Prozesses. Für viele praktische Anwendungen – beispielsweise für Sprach– oder Bildsignale – ist ein stationärer Zufallsprozeß jedoch nur ein sehr ungenaues Modell, da die Eigenschaften des Signals in Abhängigkeit von der Zeit sehr stark wechseln. Man kann sich hier damit behelfen, daß man das Signal in Abschnitte unterteilt und für jeden dieser Abschnitte – bei einem Sprachsignal sind 20 ms eine geeignete Abschnittsdauer – die optimalen Prädiktorkoeffizienten neu berechnet werden. Die nach kurzen Zeitabschnitten zu wiederholende Inversion der Matrix $\underline{s}$ kann eine unzulässig hohe Belastung eines Prozessors bedeuten. Außerdem können durch die endliche Genauigkeit der Elemente der Matrix $\underline{s}$ und die begrenzte Rechengenauigkeit numerische Probleme auftreten. Es wurden daher Verfahren entwickelt, die die Besonderheiten der Matrix $\underline{s}$ ausnutzen und die optimalen Prädiktorkoeffizienten berechnen, ohne die Matrix $\underline{s}$ explizit zu invertieren [42]. Wir wollen ein derartiges Verfahren, den Durbin–Algorithmus, betrachten [70, 29]. Dieses Verfahren bestimmt die Prädiktorkoeffizienten durch eine *Rekursion über die Ordnung* des Prädiktors. Dies bedeutet, daß die Koeffizienten für einen Prädiktor der Ordnung L aus den Koeffizienten eines Prädiktors der Ordnung $L-1$ berechnet werden. Das Verfahren nutzt dabei die Toeplitz–Eigenschaften der Matrix $\underline{s}$ aus und reduziert die Anzahl der notwendigen Rechenschritte auf die Ordnung L^2. Für die Herleitung des Verfahrens müssen wir die Prädiktorkoeffizienten mit der Ordnung des Prädiktors kennzeichnen, für die sie gelten. Wir tun dies durch einen in Klammern geschriebenen Exponenten: $\underline{a}^{(L)}$. Ferner müssen wir bei der Matrix $\underline{s}$ und bei dem Vektor $\underline{q}$ deren Ordnung angeben. Auch hierfür benutzen wir einen in Klammern gesetzten Exponenten: $\underline{s}^{(L)}$ bzw. $\underline{q}^{(L)}$. Gleichung 6.11 lautet dann für einen Prädiktor der Ordnung L:

$$\underline{s}^{(L)}\underline{a}^{(L)} = \underline{q}^{(L)} \, . \tag{6.31}$$

Mit der Abkürzung

$$s_k = s_{xx}(k) = s_{xx}(-k) \tag{6.32}$$

lautet das Gleichungssystem 6.31 dann:

$$
\begin{array}{ccccccccc}
s_0\, a_1^{(L)} & + & s_1\, a_2^{(L)} & + & \cdots & + & s_{L-1}\, a_L^{(L)} & = & s_1 \\[4pt]
\vdots & & \vdots & & & & \vdots & & \vdots \\[4pt]
s_{L-2}\, a_1^{(L)} & + & s_{L-3}\, a_2^{(L)} & + & \cdots & + & s_1\, a_L^{(L)} & = & s_{L-1} \\[4pt]
s_{L-1}\, a_1^{(L)} & + & s_{L-2}\, a_2^{(L)} & + & \cdots & + & s_0\, a_L^{(L)} & = & s_L \, .
\end{array}
\tag{6.33}
$$

Dieses Gleichungssystem spalten wir nun auf in ein Gleichungssystem, das die ersten $L-1$ Zeilen enthält,

$$
\begin{array}{ccccccccc}
s_0\, a_1^{(L)} & + & s_1\, a_2^{(L)} & + & \cdots & + & s_{L-2}\, a_{L-1}^{(L)} & = & s_1 - s_{L-1}\, a_L^{(L)} \\[4pt]
\vdots & & \vdots & & & & \vdots & & \vdots \\[4pt]
s_{L-2}\, a_1^{(L)} & + & s_{L-3}\, a_2^{(L)} & + & \cdots & + & s_0\, a_{L-1}^{(L)} & = & s_{L-1} - s_1\, a_L^{(L)} \, ,
\end{array}
\tag{6.34}
$$

und eine Gleichung, die die letzte Zeile enthält:

$$s_{L-1}\, a_1^{(L)} + s_{L-2}\, a_2^{(L)} + \cdots + s_1\, a_{L-1}^{(L)} = s_L - s_0\, a_L^{(L)} \, . \tag{6.35}$$

Das Gleichungssystem 6.34 enthält nun auf seiner linken Seite die Matrix $\underline{s}^{(L-1)}$, die aus $\underline{s}^{(L)}$ durch Weglassen der letzten Zeile und der letzten Spalte hervorgeht. Mit einem Vektor $\tilde{\underline{q}}^{(L)}$,

$$\tilde{\underline{q}}^{(L)} = \left(s_{xx}(L),\, s_{xx}(L-1),\, \cdots,\, s_{xx}(1)\right)^T = \left(s_L,\, s_{L-1},\, \cdots, s_1\right)^T , \tag{6.36}$$

der dem "auf dem Kopf gestellten" Vektor $\underline{q}^{(L)}$ (siehe Gleichung 6.9) entspricht, erhält man dann:

$$
\underline{s}^{(L-1)}
\begin{pmatrix}
a_1^{(L)} \\
a_2^{(L)} \\
\vdots \\
a_{L-1}^{(L)}
\end{pmatrix}
= \underline{q}^{(L-1)} - a_L^{(L)}\, \tilde{\underline{q}}^{(L-1)} \, .
\tag{6.37}
$$

Gleichung 6.35 lautet in dieser Schreibweise:

$$\tilde{q}^{(L-1)^T} \begin{pmatrix} a_1^{(L)} \\ a_2^{(L)} \\ \vdots \\ a_{L-1}^{(L)} \end{pmatrix} = s_L - a_L^{(L)} s_0 \,. \tag{6.38}$$

Zunächst wird Gleichung 6.37 von links mit der Inversen der Matrix $\underline{s}^{(L-1)}$ multipliziert:

$$\begin{pmatrix} a_1^{(L)} \\ a_2^{(L)} \\ \vdots \\ a_{L-1}^{(L)} \end{pmatrix} = \underline{s}^{(L-1)^{-1}} \underline{q}^{(L-1)} - a_L^{(L)} \underline{s}^{(L-1)^{-1}} \tilde{\underline{q}}^{(L-1)} \,. \tag{6.39}$$

Für die weitere Umformung definieren wir auch den zu $\underline{a}^{(L)}$ "auf den Kopf gestellten" Vektor $\tilde{\underline{a}}^{(L)}$:

$$\tilde{\underline{a}}^{(L)} = (a_L^{(L)}, \, a_{L-1}^{(L)}, \, \cdots, \, a_1^{(L)})^T \,. \tag{6.40}$$

Zusammen mit Gleichung 6.31 und unter Ausnutzung der darin enthaltenen Symmetrie,

$$\underline{s}^{(L)} \tilde{\underline{a}}^{(L)} = \tilde{\underline{q}}^{(L)} \,, \tag{6.41}$$

ergibt Gleichung 6.39 dann:

$$\begin{pmatrix} a_1^{(L)} \\ a_2^{(L)} \\ \vdots \\ a_{L-1}^{(L)} \end{pmatrix} = \underline{a}^{(L-1)} - a_L^{(L)} \tilde{\underline{a}}^{(L-1)} \,. \tag{6.42}$$

Dies ist die Vorschrift für die Berechnung der Koeffizienten $a_i^{(L)}$, $i = 1, \cdots, L-1$, eines Prädiktors der Ordnung L aus den Koeffizienten eines Prädiktors der Ordnung $L-1$ und dem Koeffizienten $a_L^{(L)}$. Für die einzelnen Koeffizienten lautet Gleichung 6.42:

$$a_i^{(L)} = a_i^{(L-1)} - a_L^{(L)} a_{L-i}^{(L-1)} \qquad \text{für } i = 1, \cdots, L-1 \,. \tag{6.43}$$

Man bezeichnet diese Vorschrift als *Levinson–Rekursion* und den – bisher noch nicht berechneten – Koeffizienten $a_L^{(L)}$ als *Reflexions-* oder *PARCOR-Koeffizienten* (von "partial correlation coefficient") [42].

$a_L^{(L)}$ kann aus Gleichung 6.38 bestimmt werden. Setzt man hier die Rekursionsbedingung aus Gleichung 6.42 ein, so erhält man:

$$a_L^{(L)}\left(s_0 - \underline{\tilde{q}}^{(L-1)^T}\underline{\tilde{a}}^{(L-1)}\right) = s_L - \underline{\tilde{q}}^{(L-1)^T}\underline{a}^{(L-1)} \,. \tag{6.44}$$

Nach $a_L^{(L)}$ aufgelöst, ergibt dies:

$$a_L^{(L)} = \frac{s_L - \underline{\tilde{q}}^{(L-1)^T}\underline{a}^{(L-1)}}{s_0 - \underline{\tilde{q}}^{(L-1)^T}\underline{\tilde{a}}^{(L-1)}} \,. \tag{6.45}$$

Mit den Gleichungen 6.45 und 6.43 lassen sich alle Koeffizienten eines Prädiktors der Ordnung L rekursiv aus den Koeffizienten eines Prädiktors der Ordnung $L-1$ und Werten der Autokorrelationsfunktion des Eingangsprozesses oder deren Schätzwerten berechnen. Hierbei muß die Matrix $\underline{s}$ nicht explizit invertiert werden.

Auch der Prädiktionsfehler kann rekursiv berechnet werden. Dies kann zweckmäßig sein, wenn die benötigte Prädiktorordnung nicht vorgegeben ist und beispielsweise so bestimmt werden soll, daß der mittlere quadratische Prädiktionsfehler eine gegebene Schranke unterschreitet. Wir gehen von Gleichung 6.24 aus, die mit den vereinbarten Notationen nunmehr lautet:

$$P_{min}^{(L)} = s_0 - \underline{a}^{(L)^T}\Big|_{opt}\underline{q}^{(L)} = s_0 - \underline{q}^{(L)^T}\,\underline{a}^{(L)}\Big|_{opt} \,. \tag{6.46}$$

Auch hier kann man zunächst $a_L^{(L)}$ isolieren:

$$P_{min}^{(L)} = s_0 - s_L\,a_L^{(L)} - \underline{q}^{(L-1)^T}\begin{pmatrix} a_1^{(L)} \\ a_2^{(L)} \\ \vdots \\ a_{L-1}^{(L)} \end{pmatrix} \,. \tag{6.47}$$

Setzt man nun Gleichung 6.42 ein, so folgt:

$$P_{min}^{(L)} = s_0 - \underline{q}^{(L-1)^T}\underline{a}^{(L-1)} - a_L^{(L)}\left(s_L - \underline{q}^{(L-1)^T}\underline{\tilde{a}}^{(L-1)}\right) \,. \tag{6.48}$$

Mit den Gleichungen 6.46 und 6.45 und unter Beachtung von $\underline{\tilde{q}}^{(L-1)^T}\,\underline{\tilde{a}}^{(L-1)} = \underline{q}^{(L-1)^T}\,\underline{a}^{(L-1)}$ und $\underline{\tilde{q}}^{(L-1)^T}\,\underline{a}^{(L-1)} = \underline{q}^{(L-1)^T}\,\underline{\tilde{a}}^{(L-1)}$ folgt daraus endlich:

$$P_{min}^{(L)} = P_{min}^{(L-1)}(1 - a_L^{(L)^2}) . \qquad (6.49)$$

Der mittlere quadratische Prädiktionsfehler P_{min} kann (von seinem Ansatz her) nicht negativ sein. Damit ist auch $|a_L^{(L)}| \leq 1$ und $P_{min}^{(L)}$ nimmt mit zunehmender Prädiktorordnung nicht zu. Die Beobachtung der Entwicklung der Größe $P_{min}^{(L)}$ während der Rekursion kann daher Hinweise auf die geeignete Ordnung des Prädiktors geben. Außerdem läßt das Verhalten von $P_{min}^{(L)}$ bei wachsendem L – beispielsweise wenn $P_{min}^{(L)}$ zunimmt oder negativ wird – numerische Probleme erkennen. Wie in Gleichung 6.26 kann es auch hier angebracht sein, den mittleren quadratischen Prädiktionsfehler auf die mittlere Leistung $s_{xx}(0) = s_0$ des Zufallsprozesses $x(\eta, k)$ zu normieren. Dies ist besonders dann zweckmäßig, wenn die Größen s_i, $i = 0, \cdots, L$, durch nichtnormierte Schätzwerte gemäß Gleichung 6.15 ersetzt werden.

Auch für die z–Übertragungsfunktion des Prädiktor–Fehlerfilters (siehe Gleichung 6.21) läßt sich eine Rekursionsvorschrift über die Prädiktorordnung angeben. Zur Herleitung setzt man in Gleichung 6.22 die Geichung 6.43, d.h. die Rekursionsvorschrift für die Präditorkoeffizienten, ein:

$$\begin{aligned}
G_e^{(L)}(z) &= 1 - \sum_{i=1}^{L-1} a_i^{(L)} z^{-i} - a_L^{(L)} z^{-L} \\
&= 1 - \sum_{i=1}^{L-1} a_i^{(L-1)} z^{-i} + a_L^{(L)} \left(\sum_{i=1}^{L-1} a_{L-i}^{(L-1)} z^{-i} - z^{-L} \right) .
\end{aligned} \qquad (6.50)$$

Die ersten beiden Summanden entsprechen der z–Übertragungsfunktion eines Fehlerfilters der Ordnung $L - 1$ mit der Gewichtsfolge $g_e^{(L-1)}(k)$:

$$g_e^{(L-1)}(k) = \begin{cases} 1 & k = 0 \\ -a_k^{(L-1)} & 1 \leq k \leq L - 1 \\ 0 & \text{sonst} \end{cases} . \qquad (6.51)$$

Die beiden letzten Summanden enthalten ein Filter mit der Gewichtsfolge $g_{er}^{(L-1)}(k)$:

$$g_{er}^{(L-1)}(L - k) = \begin{cases} 1 & k = 0 \\ -a_k^{(L-1)} & 1 \leq k \leq L - 1 \\ 0 & \text{sonst} \end{cases} . \qquad (6.52)$$

Dies ist ein Fehlerfilter für einen "Rückwärts–Prädiktor" der Ordnung $L - 1$, der aus den Werten $x(\eta, k - L + 1)$ bis $x(\eta, k - 1)$ einen Schätzwert $\hat{x}(\eta, k - L)$ für $x(\eta, k - L)$ bestimmt. (Um die Symmetrie der beiden Gewichtsfolgen in den Gleichungen 6.51 und

6.52 deutlich zu machen, wird $g_{er}^{(L-1)}(L-k)$ anstelle von $g_{er}^{(L-1)}(k)$ angegeben.) Als Rekursionsvorschrift erhält man damit endlich:

$$G_e^{(L)}(z) = G_e^{(L-1)}(z) + a_L^{(L)} G_{er}^{(L-1)}(z)\,. \tag{6.53}$$

Hierbei sind $G_e^{(L-1)}(z)$ und $G_{er}^{(L-1)}(z)$ die z–Übertragungsfunktionen der Filter mit den Gewichtsfolgen $g_e^{(L-1)}(k)$ und $g_{er}^{(L-1)}(k)$.

Beispiel 6.3 Rekursive Berechnung der Prädiktorkoeffizienten
Für einen stationären Zufallsprozeß $x(\eta,k)$ mit der Autokorrelationsfunktion

$$s_{xx}(k) = r^{|k|}, \; |r| < 1\,,$$

sollen die Koeffizienten eines Prädiktors nach dem Durbin–Algorithmus berechnet werden. Es sind:

$$s_0 = 1, \quad s_1 = r, \quad s_2 = r^2, \quad \text{und} \quad s_3 = r^3\,.$$

Prädiktor der Ordnung 1:

$$a_1^{(1)} = r\,, \qquad P_{min}^{(1)} = 1 - r^2\,.$$

Prädiktor der Ordnung 2:

$$a_2^{(2)} = 0\,, \qquad a_1^{(2)} = r\,, \qquad P_{min}^{(2)} = 1 - r^2\,.$$

Prädiktor der Ordnung 3:

$$a_3^{(3)} = 0\,, \quad a_2^{(3)} = 0\,, \quad a_1^{(3)} = r\,, \quad P_{min}^{(3)} = 1 - r^2\,.$$

Offenbar ist auch bei Prädiktoren höherer Ordnung nur der erste Koeffizient von Null verschieden. Dieses Ergebnis läßt sich erklären: Ein Zufallsprozeß mit der gegebenen Autokorrelationsfunktion kann aus weißem Rauschen mit dem Autoleistungsdichtespektrum

$$S_{ww}(\Omega) = 1 - r^2$$

durch ein rekursives Filter mit der Differenzengleichung

$$x(\eta,k) - r x(\eta,k-1) = w(\eta,k)$$

erzeugt werden (siehe Abbildung 6.4). Der z–Frequenzgang dieses Filters lautet:

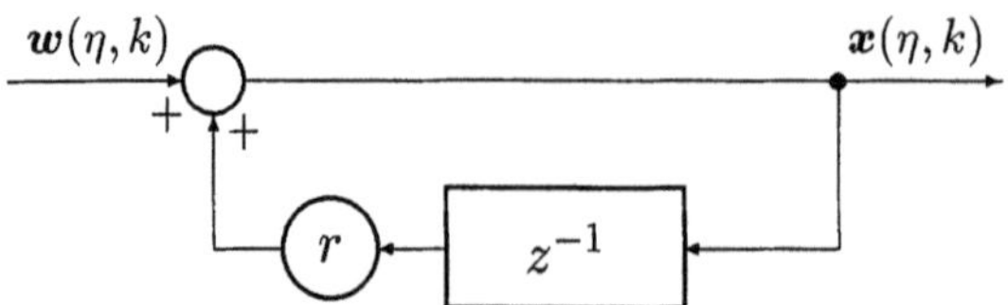

Abb. 6.4: Rekursives Filter erster Ordnung zur Erzeugung eines Prozesses $\boldsymbol{x}(\eta,k)$ mit der Autokorrelationsfunktion $s_{\boldsymbol{xx}}(k) = r^{|k|}$ aus weißem Rauschen (siehe Beispiel 6.3)

$$F(e^{j\Omega}) = \frac{1}{1 - re^{-j\Omega}}\,.$$

Folglich lautet das Autoleistungsdichtespektrum des Ausgangsprozesses $\boldsymbol{x}(\eta,k)$:

$$S_{\boldsymbol{xx}}(\Omega) = |F(e^{j\Omega})|^2 S_{\boldsymbol{ww}}(\Omega) = \frac{1 - r^2}{1 - 2r\cos\Omega + r^2}\,.$$

Daraus ergibt sich durch Rücktransformation

$$s_{\boldsymbol{xx}}(k) = r^{|k|}\,.$$

In dem Prozeß $\boldsymbol{x}(\eta,k)$ sind nur die durch das rekursive Filter erster Ordnung erzeugten Anteile vorhersagbar, da diese aus vergangenen Prozeßwerten erzeugt werden. Für die Vorhersage reicht daher ein Prädiktor erster Ordnung aus. Prädiktoren höherer Ordnungen bringen keine Verbesserungen.

Wir haben bisher nur den Fall eines Prädiktors betrachtet, der aus L aufeinanderfolgenden Werten $\boldsymbol{x}(\eta, k - L)$ bis $\boldsymbol{x}(\eta, k - 1)$ den Wert $\boldsymbol{x}(\eta, k)$ vorhersagt. Es handelt sich damit um eine Vorhersage um einen Schritt in "Vorwärtsrichtung". Möglich sind auch Ansätze für eine Vorhersage um mehr als einen Schritt. Darüberhinaus kann man die Richtung, in die Werte geschätzt werden sollen, auch umkehren: Aus den Werten $\boldsymbol{x}(\eta, k)$ bis $\boldsymbol{x}(\eta, k - L + 1)$ soll ein Wert für $\boldsymbol{x}(\eta, k - L)$ bestimmt werden. Man spricht dann von einer "Vorhersage in Rückwärtsrichtung".

Prädiktoren werden beispielsweise bei der Übertragung von Sprachsignalen eingesetzt. Anstelle des Sprachsignals $\boldsymbol{x}(\eta,k)$ überträgt man hier das Differenzsignal $e(\eta,k)$,

$$e(\eta,k) = \boldsymbol{x}(\eta,k) - \hat{\boldsymbol{x}}(\eta,k)\,.$$

Treten keine Übertragungsfehler auf, so rekonstruiert im Empfänger ein Prädiktor gleicher Ordnung und mit gleichen Koeffizienten den Prozeß $\hat{\boldsymbol{x}}(\eta,k)$, so daß am Empfängerausgang $\boldsymbol{x}(\eta,k)$ wieder verfügbar wird (siehe Abbildung 6.5). Werden die Prädiktorkoeffizienten auf der Senderseite abschnittsweise dem zu übertragenden

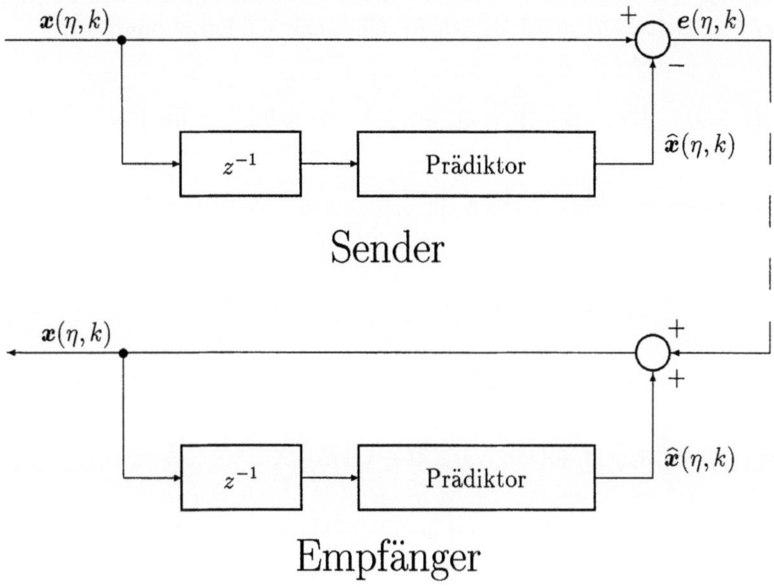

Sender

Empfänger

Abb. 6.5: Übertragung mit Prädiktion

Signal angepaßt, so müssen die jeweils neuen Koeffizienten ebenfalls übertragen werden. Man erreicht mit einem derartigen Verfahren entweder bei gleichbleibender Übertragungsqualität eine Verminderung des Datenflusses oder bei gleichbleibendem Datenfluß eine Erhöhung der Übertragungsqualität.

6.5   Prädiktion um M Schritte

Bisher waren wir immer davon ausgegangen, daß ein Prädiktor aus den Werten $x(\eta, k - l), l = 1, \cdots, L$, den Wert $x(\eta, k)$ vorhersagen soll. Dies bedeutet eine Vorhersage um einen Schritt. Für den linearen Prädiktor, den wir hier ausschließlich betrachten, läßt sich dies leicht auf eine Vorhersage um M Schritte verallgemeinern. Es gilt dann:

$$\hat{x}(\eta, k + M - 1) = \sum_{i=1}^{L} a_i x(\eta, k - i) . \tag{6.54}$$

M kann positiv oder auch negativ sein. Für $1 - L \leq M \leq 0$ ist die Aufgabenstellung allerdings trivial, da in diesem Fall der zu schätzende Wert als bekannt vorausgesetzt wird. Für $M \leq -L$ bedeutet dies, daß ein vergangener Wert aus den (noch) bekannten Werten rekonstruiert werden soll. Man nennt dies "Rückwärts–Prädiktion".

Die Herleitung der optimalen Prädiktorkoeffizienten verläuft ganz analog zur Herleitung bei einer Prädiktion um nur einen Schritt. Gleichung 6.6 lautet nunmehr:

$$s_{xx}(k + M - 1, k - j) - \sum_{i=1}^{L} a_i s_{xx}(k - i, k - j) = 0 \qquad \text{für } j = 1, \cdots, L. \quad (6.55)$$

Für einen stationären Zufallsprozeß gilt nun analog Gleichung 6.7:

$$s_{xx}(M - 1 + j) = \sum_{i=1}^{L} a_i s_{xx}(j - i) \qquad \text{für } j = 1, \cdots, L. \quad (6.56)$$

Dies bedeutet, daß sich nur der Vektor $\underline{q}$ (siehe Gleichung 6.9) verändert:

$$\underline{q} = (s_{xx}(M), s_{xx}(M + 1), \cdots, s_{xx}(M - 1 + L))^T. \quad (6.57)$$

Da die Autokorrelationsfunktion eine gerade Funktion ist, enthält $\underline{q}$ bei $M = -L$ dieselben Werte wie bei $M = 1$, jedoch in umgekehrter Reihenfolge. Dies bedeutet schließlich, daß ein Prädiktor, der aus den Werten $\boldsymbol{x}(\eta, k - L)$ bis $\boldsymbol{x}(\eta, k - 1)$ einen Schätzwert für $\boldsymbol{x}(\eta, k - L - 1)$ bestimmen soll, dieselben Koeffizienten in umgekehrter Reihenfolge erhält, wie ein Prädiktor, der einen Schätzwert für $\boldsymbol{x}(\eta, k)$ bildet.

Mit diesem Ergebnis können wir abschließend auch die Rekursionsformel für die Prädiktorkoeffizienten (siehe Gleichung 6.43) anschaulich machen. Wir setzen dazu zunächst Gleichung 6.43 in Gleichung 6.1 ein:

$$\begin{aligned}
\hat{\boldsymbol{x}}(\eta, k) &= \sum_{i=1}^{L-1} \left(a_i^{(L-1)} - a_L^{(L)} a_{L-i}^{(L-1)} \right) \boldsymbol{x}(\eta, k - i) + a_L^{(L)} \boldsymbol{x}(\eta, k - L) \\
&= \sum_{i=1}^{L-1} a_i^{(L-1)} \boldsymbol{x}(\eta, k - i) \\
&\quad + a_L^{(L)} \left(\boldsymbol{x}(\eta, k - L) - \sum_{i=1}^{L-1} a_{L-i}^{(L-1)} \boldsymbol{x}(\eta, k - i) \right).
\end{aligned} \quad (6.58)$$

Bezeichnet man den "rückwärts" geschätzten Wert für $\boldsymbol{x}(\eta, k - L)$ mit $\hat{\boldsymbol{x}}_r(\eta, k - L)$,

$$\hat{\boldsymbol{x}}_r(\eta, k - L) = \sum_{i=1}^{L-1} a_{L-i}^{(L-1)} \boldsymbol{x}(\eta, k - i), \quad (6.59)$$

so lautet Gleichung 6.58:

$$\hat{\boldsymbol{x}}(\eta, k) = \sum_{i=1}^{L-1} a_i^{(L-1)} \boldsymbol{x}(\eta, k - i) + a_L^{(L)} \left(\boldsymbol{x}(\eta, k - L) - \hat{\boldsymbol{x}}_r(\eta, k - L) \right). \quad (6.60)$$

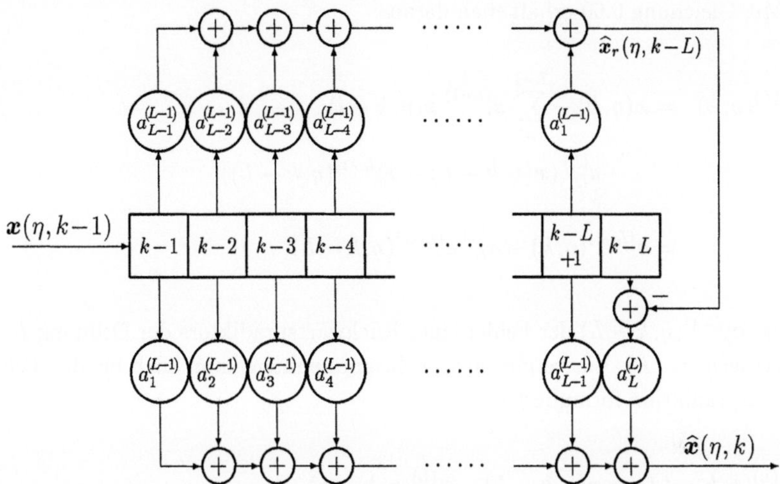

Abb. 6.6: Zur Rekursion der Prädiktorkoeffizienten (siehe Gleichung 6.60)

Abbildung 6.6 stellt diesen Zusammenhang dar. In Gleichung 6.60 entspricht die Summe einer Schätzung mit einem Prädiktor der Ordnung $L-1$. Erweitert man den Prädiktor auf die Ordnung L, so trägt nur der Anteil von $x(\eta, k - L)$ zum Ergebnis bei, der nicht bereits aus den Werten $x(\eta, k - 1)$ bis $x(\eta, k - L + 1)$ geschätzt werden kann. Die Differenz $x(\eta, k - L) - \widehat{x}_r(\eta, k - L)$ stellt damit die zusätzliche Information dar, die ein Prädiktor der Ordnung L gegenüber einem Prädiktor der Ordnung $L-1$ auswerten kann. Insbesondere im Zusammenhang mit rekursiven Algorithmen wird für die Differenz zwischen dem tatsächlichen Wert und seinem Schätzwert der Begriff *Innovation* gebraucht.

6.6 Rekursion des Prädiktionsfehlers

Ausgehend von Gleichung 6.60 läßt sich eine Rekursionsgleichung für den Prädiktionsfehler formulieren. Dieser hängt nun ebenfalls von dem Grad L des Prädiktors ab. Wir schreiben daher

$$e^{(L)}(\eta, k) = x(\eta, k) - \widehat{x}^{(L)}(\eta, k) \tag{6.61}$$

und bezeichnen mit $\widehat{\boldsymbol{x}}^{(L)}(\eta, k)$ den mit einem Prädiktor der Ordnung L geschätzten Wert. Mit Gleichung 6.60 erhält man daraus:

$$
\begin{aligned}
e^{(L)}(\eta, k) \ &= \boldsymbol{x}(\eta, k) - \sum_{i=1}^{L-1} a_i^{(L-1)} \, \boldsymbol{x}(\eta, k - i) \\
&\quad - a_L^{(L)} \left(\boldsymbol{x}(\eta, k - L) - \widehat{\boldsymbol{x}}_r^{(L-1)}(\eta, k - L) \right) \\
&= e^{(L-1)}(\eta, k) - a_L^{(L)} \, e_r^{(L-1)}(\eta, k - L) \ .
\end{aligned}
\tag{6.62}
$$

Hierin ist $e_r^{(L-1)}(\eta, k - L)$ der Fehler eines Rückwärtsprädiktors der Ordnung $L - 1$ für den Wert $\boldsymbol{x}(\eta, k - L)$. Ein vergleichbarer Zusammenhang kann auch für den Fehler bei Rückwärtsprädiktion formuliert werden:

$$
\begin{aligned}
e_r^{(L)}(\eta, k - L) \ &= \boldsymbol{x}(\eta, k - L) - \widehat{\boldsymbol{x}}_r^{(L)}(\eta, k - L) \\
&= \boldsymbol{x}(\eta, k - L) - \sum_{i=1}^{L} a_i^{(L)} \, \boldsymbol{x}(\eta, k - L + i) \\
&= \boldsymbol{x}(\eta, k - L) - \sum_{i=1}^{L-1} a_i^{(L-1)} \, \boldsymbol{x}(\eta, k - L + i) \\
&\quad - a_L^{(L)} \left(\boldsymbol{x}(\eta, k) - \sum_{i=1}^{L-1} a_{L-i}^{(L-1)} \, \boldsymbol{x}(\eta, k - L + i) \right) \\
&= e_r^{(L-1)}(\eta, k - L) - a_L^{(L)} \, e^{(L-1)}(\eta, k) \ .
\end{aligned}
\tag{6.63}
$$

Bei den Umformungen wurden die Rekursionsvorschrift 6.43 für die Prädiktorkoeffizienten benutzt und in der letzten Summe $L - i$ durch i substituiert. Zu Rekursionsgleichungen für beide Fehler kommt man, wenn man L durch $L + 1$ ersetzt:

$$
e^{(L+1)}(\eta, k) = e^{(L)}(\eta, k) - a_{L+1}^{(L+1)} \, e_r^{(L)}(\eta, k - L - 1) \ ,
\tag{6.64}
$$

$$
e_r^{(L+1)}(\eta, k - L - 1) = e_r^{(L)}(\eta, k - L - 1) - a_{L+1}^{(L+1)} \, e^{(L)}(\eta, k) \ .
\tag{6.65}
$$

Diese Zusammenhänge lassen sich durch ein Netzwerk mit Gitterstruktur (*Lattice*) realisieren (siehe Abbildung 6.7).

Die Anfangsbedingungen erhält man für $L = 0$:

$$
e^{(1)}(\eta, k) = e^{(0)}(\eta, k) - a_1^{(1)} \, e_r^{(0)}(\eta, k - 1) \ ,
\tag{6.66}
$$

$$
e_r^{(1)}(\eta, k - 1) = e_r^{(0)}(\eta, k - 1) - a_1^{(1)} \, e^{(0)}(\eta, k) \ .
\tag{6.67}
$$

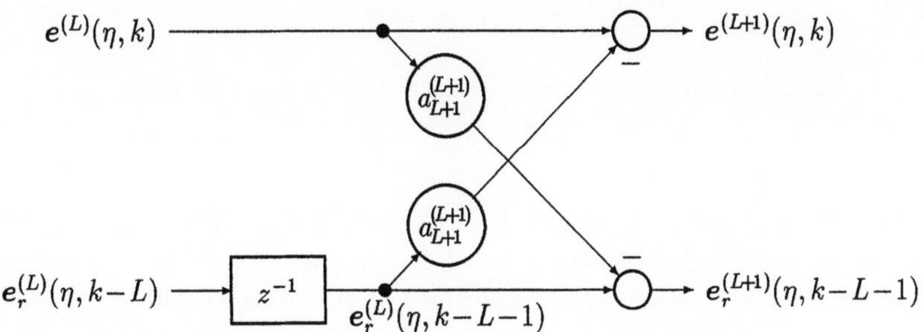

Abb. 6.7: Stufe eines Lattice-Filters zur Realisierung der Rekursion der Fehler bei Vorwärts- und bei Rückwärtsprädiktion (siehe Gleichungen 6.64 und 6.65)

Bei einem Prädiktor der Ordnung Null ist der Fehler gleich dem Eingangsprozeß:

$$e^{(0)}(\eta, k) = x(\eta, k) \quad , \qquad e_r^{(0)}(\eta, k-1) = x(\eta, k-1) \quad . \tag{6.68}$$

Somit lauten die Anfangsbedingungen:

$$e^{(1)}(\eta, k) = x(\eta, k) - a_1^{(1)} x(\eta, k-1) \quad , \tag{6.69}$$

$$e_r^{(1)}(\eta, k-1) = x(\eta, k-1) - a_1^{(1)} x(\eta, k) \quad . \tag{6.70}$$

Abbildung 6.8 zeigt die ersten zwei Stufen eines *Lattice-Filters*, das diese Zusammenhänge nachbildet. Im Gegensatz zu einer Realisierung durch ein Transversalfilter müssen hier bei einer Erhöhung des Prädiktionsgrades L die alten Filterkoeffizienten nicht umgerechnet werden.

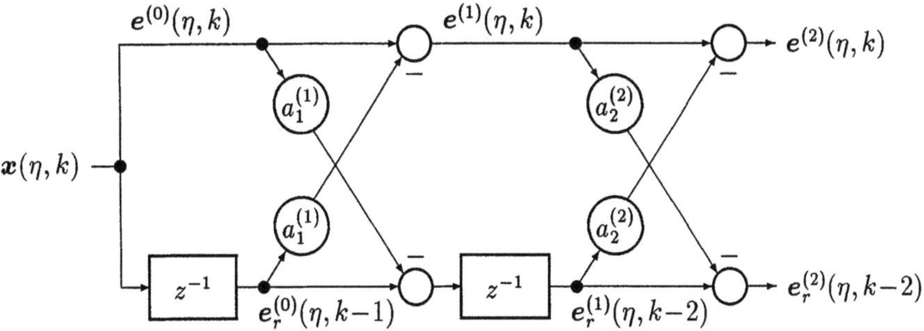

Abb. 6.8: Zweistufiges Lattice-Filter zur Realisierung eines Prädiktor-Fehlerfilters der Ordnung $L = 2$

7 Signalangepaßtes Filter

7.1 Einführung

Mit dem signalangepaßten Filter (engl. "matched filter") soll nun ein Beispiel für die Lösung eines *Entscheidungsproblems* behandelt werden. Soll beim "normalen" Empfangsproblem ein Nachrichtensignal möglichst gut aus einem gestörten Empfangssignal rekonstruiert werden, so geht man beim Einsatz eines signalangepaßten Filters davon aus, daß im Empfänger die *Form* des Nachrichtensignals bekannt ist und daß am Empfängerausgang "nur" entschieden werden soll, ob das Empfangssignal dieses Nachrichtensignal enthält oder nicht. Hierbei kann das Nachrichtensignal allerdings von einer starken Störung überdeckt sein.

Es gibt zahlreiche Anwendungen, bei denen die beschriebene Problematik auftritt. Ein Beispiel ist die digitale Übertragung von Nachrichten. Hier wird eine Nachricht durch eine Folge von Zeichen dargestellt, denen durch ein Modulationsverfahren jeweils ein bestimmter Signalimpuls zugeordnet wird. Vereinfachend können wir hier zunächst annehmen, daß dem Zeichen "1" ein Impuls und dem Zeichen "0" kein Impuls entspricht. Die Zeit zwischen den einzelnen Binärzeichen sei so groß, daß Überlagerungseffekte zwischen aufeinanderfolgenden Impulsen vernachlässigt werden können. Im Empfänger ist zwischen "Signalimpuls empfangen" und "Signalimpuls nicht empfangen" zu unterscheiden.

Eine weitere Anwendung ist der Empfang von Echoimpulsen in einem Radarsystem. Auch hier ist die Impulsform bekannt und der Empfang eines Signals, das neben (starken) Störungen diesen Impuls enthält, zeigt an, daß eine Reflexion beispielsweise an einem Flugzeug stattgefunden hat. Wenn es hier zusätzlich gelingt, die Zeit zwischen dem Senden eines Impulses und dessen Empfang zu messen, kann daraus die Entfernung des reflektierenden Objektes bestimmt werden. Wir werden auf dieses Problem eingehen und nach hierfür besonders geeigneten Impulsformen suchen.

Auch zur Rahmensynchronisation eines Empfängers werden signalangepaßte Filter eingesetzt. Zur Sicherung gegen Übertragungsfehler kann ein Datenstrom in einzelne Abschnitte – Blöcke genannt – unterteilt werden. Zu dieser eigentlichen Nutzinformation werden weitere Zeichenfolgen, beispielsweise zur Erkennung von Übertragungsfehlern und zur Kennzeichnung des Absenders und des Empfängers, hinzugefügt. Alle Teile zusammen bilden einen Rahmen, dessen Anfang und Ende durch eine besonders vereinbarte Folge von Impulsen gekennzeichnet werden. Damit im Empfänger die einzelnen Teile eines Rahmens entsprechend ihrem Inhalt bearbeitet werden können, muß der Anfang eines Rahmens – d.h. das Auftreten der vereinbarten Impulsfolge – zuverlässig erkannt werden. Abbildung 7.1 zeigt als Beispiel einen derartigen Rahmen, wie er zur Nachrichtenübertragung in Netzen mit Paketvermittlung verwendet wird [118]. Beginn und Ende des Rahmens wird hier durch die Folge "01111110" gekennzeichnet. Durch eine besondere Codiervorschrift für den Rahmeninhalt wird sichergestellt, daß die Folge "01111110" ausschließlich für die Rahmenbegrenzung reserviert ist.

01111110	Adressfeld	Steuerfeld	Informa-tionsfeld	Prüffeld	01111110

Abb. 7.1: Rahmen für paketvermittelte Nachrichten

Als weitere mögliche Anwendung sei noch das Problem der Mustererkennung genannt. Ein bestimmtes Muster, beispielsweise ein Buchstabe, erzeugt – wenn man ihn abtastet – ein ganz bestimmtes Signal. Andere Muster (Buchstaben) erzeugen andere Signale. Mustererkennung bedeutet eine Entscheidung darüber, welches Muster momentan vorliegt. Diese Entscheidung zwischen mehreren verschiedenen Signalen kann man als eine Folge von Entscheidungen auffassen, bei der jeweils festgestellt wird, ob das aktuelle Signal ein ganz bestimmtes Signal enthält oder nicht. Als Ergebnis wird schließlich dasjenige Muster angezeigt, für das – nach einem festgelegten Maß – mit höchster Sicherheit entschieden wurde.

Zunächst bestimmen wir ein signalangepaßtes Filter für den Fall eines einzelnen, isolierten Impulses, der bei $t = 0$ bzw. $k = 0$ gesendet wird. Später werden wir dann die Lösung für den Fall erweitern, daß ein Impuls aus mehreren möglichen Impulsen verschiedener Form ausgewählt und gesendet werden kann. Der Empfänger muß folglich zwischen mehreren Impulsen entscheiden. Wir gehen dabei immer davon aus, daß im Empfänger nur ein einzelner Impuls auftritt, so daß keine Störungen durch aufeinanderfolgende Impulse – sogenannte Impuls–Interferenzen (engl. intersymbol interference) – auftreten können.

7.2   Problemstellung

Wir formulieren das Problem des signalangepaßten Filters zunächst zeitkontinuierlich. Wir nehmen an, daß $s(t)$ ein bekannter Nachrichtenimpuls sei und $n(\eta, t)$ eine Störung, die durch einen stationären Zufallsprozeß beschrieben werden kann. Am Eingang eines Empfängers können zwei Situationen auftreten:

1. Das Empfangssignal $x(\eta, t)$ enthält nur die Störung $n(\eta, t)$. Wir nennen dies die *Hypothese* H_0:

$$x(\eta, t | H_0) = n(\eta, t) . \tag{7.1}$$

2. Das Eingangssignal $\boldsymbol{x}(\eta,t)$ setzt sich additiv aus der Störung $\boldsymbol{n}(\eta,t)$ und dem Nachrichtenimpuls $s(t)$ zusammen. Wir nennen dies die *Hypothese H_1*:

$$\boldsymbol{x}(\eta,t|H_1) = \boldsymbol{n}(\eta,t) + s(t)\,. \tag{7.2}$$

Es soll nun ein *lineares zeitinvariantes Filter* mit der Gewichtsfunktion $g(t)$ so entworfen werden, daß sein Ausgangssignal zu einem festzulegenden Zeitpunkt t_0 eine möglichst sichere Entscheidung darüber ermöglicht, welche der beiden Hypothesen wahr ist, d.h. also ob der Nachrichtenimpuls $s(t)$ empfangen wurde oder nicht. Abbildung 7.2 skizziert diese Problemstellung. Die Hypothese H_1 ist wahr, wenn der linke Schalter geschlossen ist. Zum Auswertezeitpunkt t_0 werde der rechte Schalter kurzzeitig geschlossen.

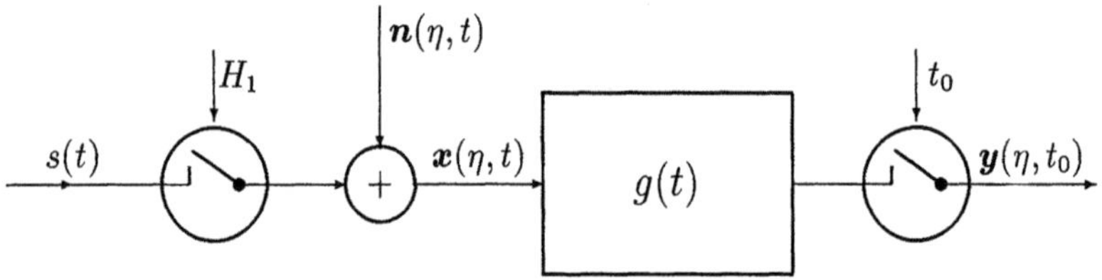

Abb. 7.2: Zum Problem des signalangepaßten Filters

Als erster Schritt zur Lösung der Optimierungsaufgabe ist nun wieder ein Maß zu bestimmen, mit dem die Güte des Filters gemessen werden soll. Wir legen fest, daß im Falle H_1 die Ausgangsamplitude $\boldsymbol{y}(\eta,t_0)$ möglichst groß und im Fall H_0 möglichst klein sein soll. Da $\boldsymbol{n}(\eta,t)$ eine *zufällige* Störung ist, ist eine Erfüllung dieser Forderungen nur *im Mittel* über alle Realisierungen der Störung sinnvoll. Die Anwendung *quadratischer Mittelwerte* führt auch hier wieder zu einer Lösung, die nur Kenntnisse über die Statistik der Störung bis zur zweiten Ordnung – d.h. über den linearen Mittelwert und die Autokorrelationsfunktion bzw. das Autoleistungsdichtespektrum – voraussetzt.

Es sind mehrere Ansätze bekannt, die zum selben Ergebnis führen. Wir wollen hier *zwei Wege* diskutieren. Der erste Ansatz maximiert das *Verhältnis von zwei quadratischen Mittelwerten*. Dies ist der übliche Weg, die optimale Gewichtsfunktion eines signalangepaßten Filters herzuleiten. Ein zweiter Ansatz führt über die Minimierung eines *mittleren quadratischen Fehlers* zu der gesuchten Gewichtsfunktion.

7.2.1   Maximierung eines Quotienten

Wie bereits erläutert, ist es zweckmäßig, *quadratische Mittelwerte* zu optimieren. Wir fordern für das optimale signalangepaßte Filter mit der Gewichtsfunktion $g_{opt}(t)$, daß einerseits

$$\mathrm{E}\{\boldsymbol{y}^2(\eta,t_0|H_1)\} \quad \text{maximal}$$

und andererseits

$$\mathrm{E}\{\boldsymbol{y}^2(\eta, t_0|H_0)\} \quad \text{minimal}$$

werden. Dies entspricht dem Wunsch nach einer möglichst großen Ausgangsamplitude im Fall H_1, d.h. wenn $s(t)$ empfangen wurde, und einer kleinen Ausgangsamplitude, wenn nur die Störung am Filtereingang auftritt, d.h. wenn die Hypothese H_0 wahr ist. Beide Forderungen lassen sich zusammenfassen in der Bedingung, daß das Filter so entworfen werden soll, daß der Quotient

$$\Gamma = \frac{\mathrm{E}\{\boldsymbol{y}^2(\eta, t_0|H_1)\}}{\mathrm{E}\{\boldsymbol{y}^2(\eta, t_0|H_0)\}} \tag{7.3}$$

maximal ist.

Wir formen zunächst den *Zähler* des Quotienten Γ in Gleichung 7.3 um. Es gilt mit Gleichung 7.2:

$$\begin{aligned}
\mathrm{E}\{\boldsymbol{y}^2(\eta, t_0|H_1)\} &= \mathrm{E}\{\int_{-\infty}^{+\infty}\int_{-\infty}^{+\infty} g(u)\,g(v)\,\boldsymbol{n}(\eta, t_0-u)\,\boldsymbol{n}(\eta, t_0-v)\,du\,dv\} \\
&\quad + 2\,\mathrm{E}\{\int_{-\infty}^{+\infty}\int_{-\infty}^{+\infty} g(u)\,g(v)\,\boldsymbol{n}(\eta, t_0-u)\,s(t_0-v)\,du\,dv\} \\
&\quad + \int_{-\infty}^{+\infty}\int_{-\infty}^{+\infty} g(u)\,g(v)\,s(t_0-u)\,s(t_0-v)\,du\,dv \\
&= \int_{-\infty}^{+\infty}\int_{-\infty}^{+\infty} g(u)\,g(v)s_{\boldsymbol{nn}}(u-v)\,du\,dv \\
&\quad + 2\,m_{\boldsymbol{n}}^{(1)}\int_{-\infty}^{+\infty} g(u)\,du\int_{-\infty}^{+\infty} g(v)s(t_0-v)\,dv \\
&\quad + (\int_{-\infty}^{+\infty} g(u)\,s(t_0-u)\,du)^2\,.
\end{aligned} \tag{7.4}$$

Bei den Umformungen in Gleichung 7.4 wurden berücksichtigt, daß $\boldsymbol{n}(\eta, t)$ stationär vorausgesetzt wird, und daß $s(t)$ ein *nicht*zufälliges Signal ist, der Erwartungswert über $s(t)$ also wieder $s(t)$ ergibt. Es sind ferner $m_{\boldsymbol{n}}^{(1)}$ der lineare Mittelwert und $s_{\boldsymbol{nn}}(\tau)$ die Autokorrelationsfunktion der Störung:

$$m_{\boldsymbol{n}}^{(1)} = \mathrm{E}\{\boldsymbol{n}(\eta, t)\}\,, \tag{7.5}$$

$$s_{\boldsymbol{nn}}(\tau) = \mathrm{E}\{\boldsymbol{n}(\eta, t)\,\boldsymbol{n}(\eta, t+\tau)\}\,. \tag{7.6}$$

Der Faktor $\int_{-\infty}^{+\infty} g(u)du$ entspricht dem Frequenzgang $G(jw)$ bei $w = 0$:

$$\int_{-\infty}^{+\infty} g(u)\,du = G(0)\,. \tag{7.7}$$

Zur Vereinfachung nehmen wir für die weiteren Überlegungen an, daß die Störung $\boldsymbol{n}(\eta, t)$ *mittelwertfrei* sei:

$$m_{\boldsymbol{n}}^{(1)} = 0\,. \tag{7.8}$$

Damit entfällt der mittlere Summand auf der rechten Seite der Gleichung 7.4.

Im *Nenner* von Gleichung 7.3 entfällt gegenüber dem Zähler der Beitrag von $s(t)$. Er lautet daher:

$$\mathrm{E}\{\boldsymbol{y}^2(\eta, t_0|H_0)\} = \int_{-\infty}^{+\infty} \int_{-\infty}^{+\infty} g(u)\, g(v)\, s_{\boldsymbol{nn}}(u - v)\, du\, dv\,. \tag{7.9}$$

Der Quotient Γ läßt sich damit in folgende Form bringen:

$$\Gamma = 1 + \frac{\left(\displaystyle\int_{-\infty}^{+\infty} g(u)\, s(t_0 - u)\, du\right)^2}{\displaystyle\int_{-\infty}^{+\infty} \int_{-\infty}^{+\infty} g(u)\, g(v)\, s_{\boldsymbol{nn}}(u - v)\, du\, dv}\,. \tag{7.10}$$

Der Zähler des Bruches auf der rechten Seite dieser Gleichung enthält das Quadrat der Amplitude, die $s(t)$ zum Zeitpunkt t_0 am Ausgang des signalangepaßten Filters erzeugt. Der Nenner enthält den quadratischen Mittelwert der Störung am Filterausgang. Dieser hängt nicht von t_0 ab, da $\boldsymbol{n}(\eta, t)$ als *stationärer* Zufallsprozeß angenommen wurde. Er kann über die Fourierrücktransformation auch in Abhängigkeit des Autoleistungsdichtespektrums der Störung $\boldsymbol{n}(\eta, t)$ dargestellt werden:

$$\begin{aligned}
\int_{-\infty}^{+\infty} &\int_{-\infty}^{+\infty} g(u)\, g(v)\, s_{\boldsymbol{nn}}(u - v)\, du\, dv \\
&= \frac{1}{2\pi} \int_{-\infty}^{+\infty} \int_{-\infty}^{+\infty} \int_{-\infty}^{+\infty} g(u)\, g(v) S_{\boldsymbol{nn}}(\omega)\, e^{j\omega(u-v)} du\, dv\, d\omega \\
&= \frac{1}{2\pi} \int_{-\infty}^{+\infty} G^*(j\omega) G(j\omega)\, S_{\boldsymbol{nn}}(\omega)\, d\omega\,.
\end{aligned} \tag{7.11}$$

Die Gleichung 7.10 läßt sich weiter vereinfachen, wenn $\boldsymbol{n}(\eta, t)$ als *weißes Rauschen* angenommen wird. Dann ist

$$s_{\boldsymbol{nn}}(\tau) = S_0\, \delta(\tau)\,, \tag{7.12}$$

und wir erhalten für Gleichung 7.10:

$$\Gamma = 1 + \frac{\left(\displaystyle\int_{-\infty}^{+\infty} g(u)\, s(t_0 - u)\, du\right)^2}{S_0 \displaystyle\int_{-\infty}^{+\infty} g^2(u)\, du}\,. \tag{7.13}$$

Wenn wir hier – unter der Annahme des weißen Rauschens – auf alle einschränkenden Bedingungen für die Gewichtsfunktion $g(t)$ des signalangepaßten Filters – insbesondere auf die Kausalität – verzichten, bietet sich mit der *Ungleichung von Schwarz* (siehe beispielsweise [82, 122]) eine einfache Möglichkeit zur Bestimmung der optimalen Gewichtsfunktion $g_{opt}(t)$ an. Mit dieser Ungleichung kann für das Integral im Zähler des Bruches auf der rechten Seite der Gleichung 7.13 eine obere Schranke angegeben werden:

$$\left(\int_{-\infty}^{+\infty} g(u)\, s(t_0 - u)\, du\right)^2 \leq \int_{-\infty}^{+\infty} g^2(u)\, du \int_{-\infty}^{+\infty} s^2(t_0 - u)\, du\,. \tag{7.14}$$

Das Gleichheitszeichen gilt dann und nur dann, wenn

$$g(u) = \alpha\, s(t_0 - u) \tag{7.15}$$

ist. Dabei ist α ein beliebiger reeller Faktor. Setzt man die Ungleichung 7.14 in Gleichung 7.13 ein, so gilt:

$$\Gamma \leq 1 + \frac{\displaystyle\int_{-\infty}^{+\infty} s^2(t_0 - u)\, du}{S_0} = 1 + \frac{\displaystyle\int_{-\infty}^{+\infty} s^2(t)\, dt}{S_0}\,. \tag{7.16}$$

Γ wird damit maximal, wenn in 7.14 das Gleichheitszeichen gilt. Damit lautet die optimale Gewichtsfunktion bei weißer Störung:

$$\boxed{g_{opt}(t) = \alpha\, s(t_0 - t)\,. \tag{7.17}}$$

Dies bedeutet, daß die Gewichtsfunktion des signalangepaßten Filters dem *gespiegelten Signalimpuls* entspricht. Ist der Signalimpuls bei t_0 noch nicht auf Null abgeklungen, so ist $g_{opt}(t)$ auch für negative Zeiten von Null verschieden (siehe Abbildung 7.3). Das signalangepaßte Filter ist in diesem Fall *nichtkausal*. Der Faktor α bedeutet eine frequenzunabhängige Verstärkung. Diese ist beliebig wählbar, da sie Signalimpuls und Störung in gleicher Weise beeinflußt und damit die Güte einer Entscheidung zwischen beiden Hypothesen nicht verändert. Bei praktischen Anwendungen kann α so bestimmt werden, daß am Filterausgang bestimmte Pegel eingehalten werden.

Ist

$$S(j\omega) = \int_{-\infty}^{+\infty} s(t)\, e^{-j\omega t}\, dt\,, \tag{7.18}$$

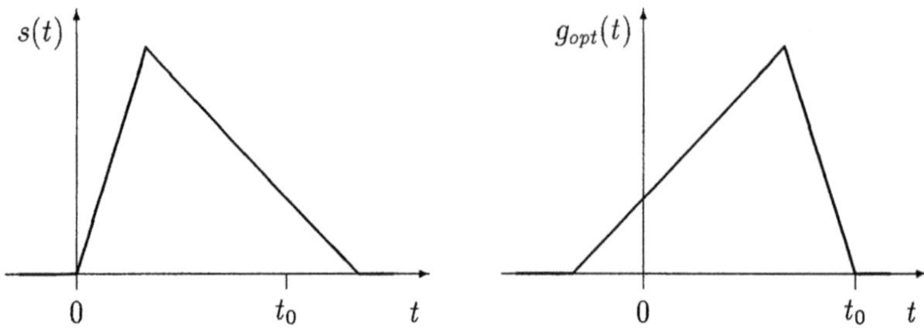

Abb. 7.3: Signalimpuls $s(t)$ und Gewichtsfunktion $g_{opt}(t)$ des *nichtkausalen* signalangepaßten Filters bei weißer Störung

die Fouriertransformierte des Signalimpulses $s(t)$, so erhält man aus Gleichung 7.17 als Frequenzgang des nichtkausalen signalangepaßten Filters bei weißer Störung:

$$
\begin{aligned}
G_{opt}(j\omega) &= \alpha \int_{-\infty}^{+\infty} s(t_0 - t)\, e^{-j\omega t}\, dt \\[2mm]
&= \alpha\, S^*(j\omega)\, e^{-j\omega t_0} \quad .
\end{aligned}
\tag{7.19}
$$

Hierin drücken der Faktor $e^{-j\omega t_0}$ die Zeitverschiebung um t_0 und der konjugiert komplexe Wert von $S(j\omega)$ die Spiegelung des Signalimpulses aus.

Beispiel 7.1 Signalangepaßtes Filter bei rechteckförmigem Signalimpuls

Es seien:

$$
s(t) = \begin{cases} 1 & 0 \le t < T \\ 0 & \text{sonst} \end{cases} \quad , \quad s_{nn}(\tau) = S_0\, \delta(\tau) \quad \text{und } t_0 = T \; .
$$

Dann erhält man für die Gewichtsfunktion des signalangepaßten Filters:

$$
g_{opt}(t) = \begin{cases} \alpha & 0 < t \le T \\ 0 & \text{sonst} \end{cases} \quad .
$$

Wir setzen (willkürlich) $\alpha = 1/T$ und erhalten dann:

$$
g_{opt}(t) = \begin{cases} 1/T & 0 < t \le T \\ 0 & \text{sonst} \end{cases} \quad .
$$

Für den Signalimpuls $y_s(t)$ am Ausgang des Filters erhält man schließlich:

$$y_s(t) = \int_{-\infty}^{+\infty} g_{opt}(u)s(t-u)\,du = \begin{cases} t/T & 0 \le t < T \\ 2 - t/T & T \le t < 2T \\ 0 & \text{sonst} \end{cases}$$

(siehe Abbildung 7.4). Wegen der Rechteckform des Signalimpulses $s(t)$ und der Wahl $t_0 = T$ haben $s(t)$ und $g_{opt}(t)$ die gleiche Form.

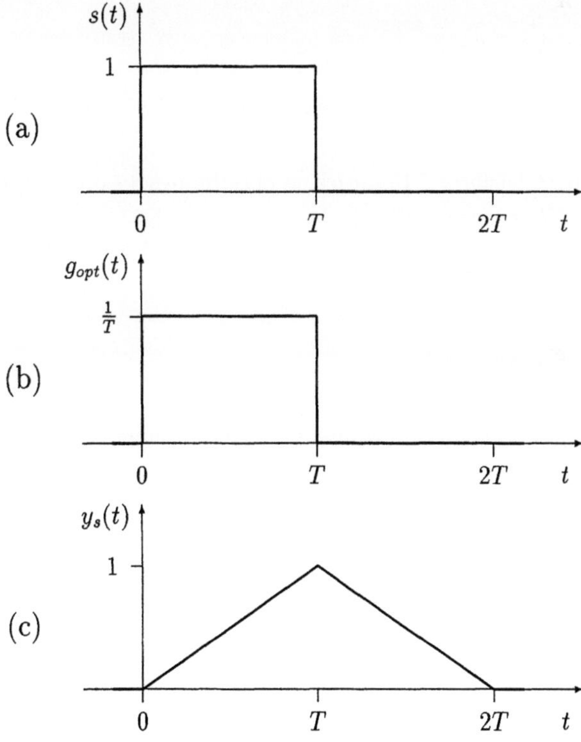

Abb. 7.4: Signalimpuls $s(t)$ (a), Gewichtsfunktion $g_{opt}(t)$ des optimalen Filters (b) und Signalimpuls $y_s(t)$ am Filterausgang (c) (siehe Beispiel 7.1)

Beispiel 7.2 Signalangepaßtes Filter bei bipolarem Signalimpuls

Es seien:

$$s(t) = \begin{cases} 1 & 0 \le t < T/2 \\ -1 & T/2 \le t < T \\ 0 & \text{sonst} \end{cases} , \qquad s_{nn}(\tau) = S_0\, \delta(\tau) \quad \text{und } t_0 = T \,.$$

Mit (willkürlich) $\alpha = 1/T$ gilt für die Gewichtsfunktion des signalangepaßten Filters:

$$g_{opt}(t) = \begin{cases} -1/T & 0 < t \le T/2 \\ 1/T & T/2 < t \le T \\ 0 & \text{sonst} \end{cases} .$$

Den Signalimpuls $y_s(t)$ am Ausgang des signalangepaßten Filters zeigt Abbildung 7.5(c).

Wir gehen nun zur Gleichung 7.10 zurück und bestimmen die optimale Gewichtsfunktion durch einen *Variationsansatz*. Dies bedeutet, daß wir eine beliebige Gewichtsfunktion $g(t)$ darstellen als eine Summe aus der optimalen Gewichtsfunktion $g_{opt}(t)$ und einer *Variation* $\Delta g(t)$:

$$g(t) = g_{opt}(t) + \Delta g(t) \,. \tag{7.20}$$

Wenn wir für $g_{opt}(t)$ bestimmte *Nebenbedingungen* formulieren, so werden dadurch auch die *zulässigen* Variationen $\Delta g(t)$ so eingeschränkt, daß auch $g(t)$ diese Nebenbedingungen erfüllt. Dies ist notwendig, da das Prinzip der Variationsrechnung darauf beruht, den Ausgang des optimalen Filters mit dem Ausgang eines Filters mit der Gewichtsfunktion $g(t)$ zu vergleichen und daraus eine Vorschrift für die optimale Gewichtsfunktion abzuleiten. Dieser Vergleich ist jedoch nur dann sinnvoll ("fair"), wenn das zum Vergleich herangezogene Filter denselben Einschränkungen unterliegt wie das optimale Filter. Wir werden hier als eine Nebenbedingung die *Kausalität* des signalangepaßten Filters fordern. Dies bedeutet, daß

$$g_{opt}(t) = 0 \quad \text{für alle } t < 0 \tag{7.21}$$

sein muß. Daraus folgt, daß im Fall der kausalen Lösung nur Variationen $\Delta g(t)$ zugelassen sind, für die ebenfalls gilt:

$$\Delta g(t) = 0 \quad \text{für alle } t < 0 \,. \tag{7.22}$$

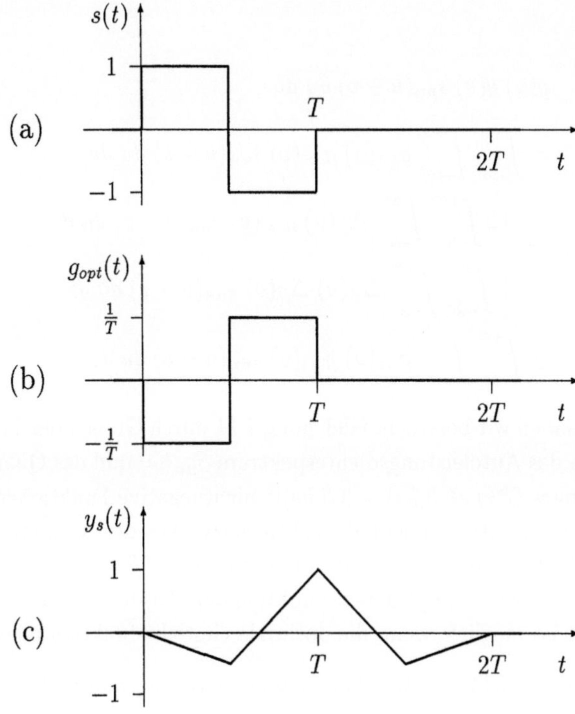

Abb. 7.5: Signalimpuls $s(t)$ (a), Gewichtsfunktion $g_{opt}(t)$ des optimalen Filters (b) und Signalimpuls $y_s(t)$ am Filterausgang (c) (siehe Beispiel 7.2)

Den Quotienten in Gleichung 7.10 können wir nun dadurch maximieren, daß wir durch Variation der Gewichtsfunktion den Nenner minimieren, aber gleichzeitig nur solche Variationen zulassen, die den Zähler nicht verändern. Gleichung 7.20 in den Zähler eingesetzt, ergibt:

$$(\int_{-\infty}^{+\infty} g(u)\, s(t_0 - u)\, du)^2$$

$$= (\int_{-\infty}^{+\infty} g_{opt}(u)\, s(t_0 - u)\, du + \int_{-\infty}^{+\infty} \Delta g(u)\, s(t_0 - u) du)^2. \tag{7.23}$$

Zur Variation lassen wir nur solche $\Delta g(t)$ zu, für die gilt:

$$\int_{-\infty}^{+\infty} \Delta g(u)\, s(t_0 - u)\, du = 0. \tag{7.24}$$

Diese Nebenbedingung werden wir sowohl bei der nichtkausalen als auch bei der kausalen Lösung einhalten. Bei der kausalen Lösung gilt zusätzlich noch die in Gleichung

7.22 formulierte Bedingung. Wir variieren nun den Nenner des Quotienten in Gleichung 7.10:

$$\int_{-\infty}^{+\infty} \int_{-\infty}^{+\infty} g(u)\,g(v)\,s_{nn}(u-v)\,du\,dv$$

$$= \int_{-\infty}^{+\infty} \int_{-\infty}^{+\infty} g_{opt}(u)\,g_{opt}(v)\,s_{nn}(u-v)\,du\,dv$$

$$+2\int_{-\infty}^{+\infty} \int_{-\infty}^{+\infty} \Delta g(u)\,g_{opt}(v)\,s_{nn}(u-v)\,du\,dv \qquad (7.25)$$

$$+\int_{-\infty}^{+\infty} \int_{-\infty}^{+\infty} \Delta g(u)\,\Delta g(v)\,s_{nn}(u-v)\,du\,dv$$

$$\geq \int_{-\infty}^{+\infty} \int_{-\infty}^{+\infty} g_{opt}(u)\,g_{opt}(v)\,s_{nn}(u-v)\,du\,dv \ .$$

Diesen Nenner haben wir bereits in Gleichung 7.11 durch Größen des Frequenzbereiches ausgedrückt. Da das Autoleistungsdichtespektrum $S_{nn}(\omega)$ und das Quadrat des Betrags des Frequenzganges $G^*(j\omega)G(j\omega) = |G(j\omega)|^2$ nichtnegative Funktionen von ω bzw. $j\omega$ sind, ist der Nennerausdruck ebenfalls nichtnegativ. Aus der Annahme, daß $g_{opt}(t)$ die optimale Gewichtsfunktion ist, folgt die Ungleichung in 7.25. Sie besagt, daß jede zugelassene Abweichung von der optimalen Funktion den Ausdruck nicht weiter verkleinern kann. Gleichheit ist möglich, wenn die optimale Gewichtsfunktion mehrdeutig ist.

Für die optimale Gewichtsfunktion läßt sich aus 7.25 folgende Bedingung aufstellen:

$$2\int_{-\infty}^{+\infty} \int_{-\infty}^{+\infty} \Delta g(u)\,g_{opt}(v)\,s_{nn}(u-v)\,du\,dv$$

$$+\int_{-\infty}^{+\infty} \int_{-\infty}^{+\infty} \Delta g(u)\,\Delta g(v)\,s_{nn}(u-v)\,du\,dv \geq 0\ . \qquad (7.26)$$

Wesentlich ist dabei, daß diese Ungleichung für *alle* $\Delta g(t)$ erfüllt sein muß, die im Rahmen der Nebenbedingungen zur Variation zugelassen sind. Der zweite Summand auf der linken Seite der Ungleichung 7.26 kann ganz analog zu Gleichung 7.11 umgeformt werden. Er ist nichtnegativ. Die Ungleichung ist daher sicher erfüllt, wenn der erste Summand *für alle zugelassenen* $\Delta g(t)$ verschwindet:

$$\int_{-\infty}^{+\infty} \Delta g(u) \int_{-\infty}^{+\infty} g_{opt}(v)s_{nn}(u-v)\,dv\,du = 0 \quad \text{für alle zugelassenen } \Delta g(u)\,. \qquad (7.27)$$

Gegenüber Gleichung 7.26 wurde hier die Reihenfolge der Integration vertauscht. Das innere Integral ist eine Funktion von u. Vergleicht man Gleichung 7.27 mit der Nebenbedingung 7.24, so muß für das innere Integral gelten:

$$\boxed{\ \begin{aligned} &\int_{-\infty}^{+\infty} g_{opt}(v)s_{nn}(u-v)dv = \beta s(t_0 - u) \\[4pt] &\qquad \text{für alle } u,\ \text{für die } \Delta g(u) \neq 0 \text{ zugelassen ist.} \end{aligned}\ } \qquad (7.28)$$

Damit haben wir eine *Integralgleichung* für die gesuchte Gewichtsfunktion des signal-angepaßten Filters gefunden. β ist wieder ein beliebiger Faktor. Im Fall einer *weißen Störung*, d.h. mit $s_{nn}(\tau)$ gemäß Gleichung 7.12 läßt diese sich leicht lösen. Man erhält:

$$g_{opt}(t) = \frac{\beta}{S_0}\, s(t_0 - t) \qquad \text{für alle } t, \text{ für die } \Delta g(t) \neq 0 \text{ zugelassen ist.} \qquad (7.29)$$

Gegenüber Gleichung 7.17 ist dieses Ergebnis nun nicht auf den nichtkausalen Fall beschränkt. Wie bereits oben erläutert, stimmt der Bereich, in dem $\Delta g(t)$ verschieden von Null sein darf, überein mit dem Bereich, in dem die optimale Gewichtsfunktion von Null verschiedene Werte annehmen darf. Bei *Verzicht auf Kausalität* sind dies alle (positiven und negativen) Zeiten t und Gleichung 7.29 ist für $\alpha = \beta/S_0$ gleich dem Ergebnis in Gleichung 7.17. Fordert man als Nebenbedingung ein *kausales Filter*, so ist $g_{opt}(t) \neq 0$ und damit auch $\Delta g(t) \neq 0$ nur für $t \geq 0$ zugelassen, während $g_{opt}(t) = 0$ für alle negativen Werte von t gilt. Die für *weißes Rauschen* gültige *kausale* Lösung lautet damit:

$$g_{opt}(t) = \begin{cases} 0 & t < 0 \\[2mm] \dfrac{\beta}{S_0}\, s(t_0 - t) & t \geq 0 \end{cases} . \qquad (7.30)$$

Die kausale Gewichtsfunktion unterscheidet sich somit von der nichtkausalen nur dadurch, daß $g_{opt}(t)$ bei negativen Zeiten gleich Null gesetzt wird (siehe Abbildung 7.6). Dieser einfache Zusammenhang gilt jedoch *nur bei weißer Störung*.

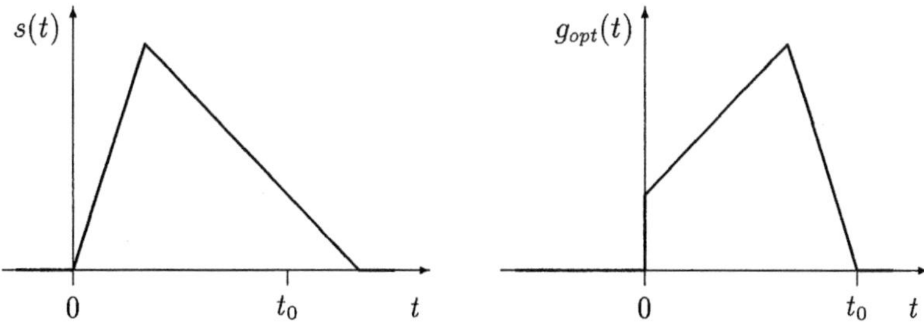

Abb. 7.6: Signalimpuls $s(t)$ und Gewichtsfunktion $g_{opt}(t)$ des *kausalen* signalangepaß-ten Filters bei weißer Störung (vergleiche auch Abbildung 7.3)

Es verbleibt nun noch, eine Lösung für *farbiges Rauschen* zu suchen. Hier muß wieder zwischen dem nichtkausalen Fall und dem kausalen Fall unterschieden werden. Läßt man ein *nichtkausales Filter* zu, so gilt die Integralgleichung 7.28 für alle u. Sie kann damit durch Fouriertransformation gelöst werden:

$$\int_{-\infty}^{+\infty} \int_{-\infty}^{+\infty} g_{opt}(v)\, s_{nn}(u - v)\, e^{-j\omega u} dv\, du = \beta \int_{-\infty}^{+\infty} s(t_0 - u)\, e^{-j\omega u} du\,. \tag{7.31}$$

Auf der linken Seite ist ein Faltungsintegral zu transformieren. Das Ergebnis ist das Produkt der Fouriertransformierten der beiden Funktionen. Bezeichnet man mit $S(j\omega)$ die Fouriertransformierte des Nachrichtenimpulses $s(t)$ (siehe Gleichung 7.18), so folgt aus Gleichung 7.31 als Frequenzgang des nichtkausalen signalangepaßten Filters bei farbiger Störung:

$$G_{opt}(j\omega) = \beta\, \frac{S^*(j\omega)}{S_{nn}(\omega)}\, e^{-j\omega t_0}\,. \tag{7.32}$$

Bei weißer Störung mit $S_{nn}(\omega) = S_0$ entspricht dies Gleichung 7.19, durch Rücktransformation gewinnt man daraus wieder Gleichung 7.29.

Beispiel 7.3 Kausales signalangepaßtes Filter bei weißer Störung

Es seien:

$$s(t) = \begin{cases} 0 & t < 0 \\ e^{-at} & t \geq 0 \end{cases}\,, \qquad s_{nn}(\tau) = S_0\, \delta(\tau)\,.$$

Dann erhält man für die Gewichtsfunktion des kausalen signalangepaßten Filters mit (willkürlich) $\beta/S_0 = a$:

$$g_{opt}(t) = \begin{cases} ae^{-a(t_0-t)} & 0 \leq t \leq t_0 \\ 0 & \text{sonst} \end{cases}\,.$$

Für den Signalimpuls am Ausgang des optimalen Filters gilt:

$$y_s(t) = \begin{cases} 0 & t < 0 \\ 0,5\, e^{-at_0}(e^{at} - e^{-at}) & 0 \leq t \leq t_0 \\ 0,5\, e^{-at}(e^{at_0} - e^{-at_0}) & t_0 < t \end{cases}\,.$$

$y_s(t)$ erreicht sein Maximum bei $t = t_0$:

$$y_s(t_0) = 0,5\,(1 - e^{-2at_0})\,.$$

Mit wachsendem t_0 nähert sich die Gewichtsfunktion des kausalen Filters der eines nichtkausalen Filters mit einer Totzeit t_0. Abbildung 7.7 zeigt den Signalimpuls, die Gewichtsfunktion des kausalen signalangepaßten Filters und den Signalimpuls am Filterausgang.

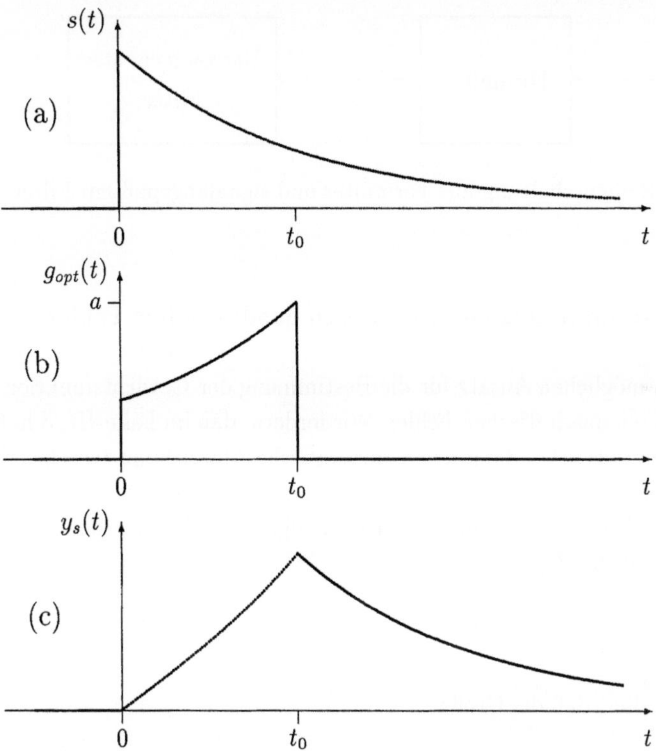

Abb. 7.7: Signalimpuls $s(t)$ (a), Gewichtsfunktion des kausalen signalangepaßten Filters bei weißem Rauschen (b) und Signalimpuls am Filterausgang (c) (siehe Beispiel 7.3)

Fordert man schließlich eine *kausale Lösung* bei *farbiger Störung*, so gilt Gleichung 7.28 nur für $u \geq 0$, während der Wert des Integrals für negative u nicht bekannt ist. Damit kann Gleichung 7.28 nicht fouriertransformiert werden, da das zu transformierende Integral hier für alle u bekannt sein muß. Auch eine *einseitige* Laplacetransformation ist nicht möglich, da hierfür die zu transformierende Funktion für negatives Argument gleich Null sein muß, was hier nicht gegeben ist. Es existiert eine Lösungsmöglichkeit mit Hilfe der *zweiseitigen* Laplacetransformation, die wir jedoch erst im Zusammenhang mit der kausalen Lösung des Optimalfilterproblems nach Wiener und Kolmogoroff diskutieren wollen. Eine kausale Lösung bei farbigem Rauschen kann jedoch über einen Umweg gewonnen werden: Man schaltet vor das signalangepaßte Filter ein *Formfilter* (siehe Abbildung 7.8). Dieses ist so zu entwerfen, daß die Störung an seinem Ausgang weiß ist (siehe Abschnitt 4.4.4.2). Allerdings ist dann zu beachten, daß der Nachrichtenimpuls $s(t)$ durch das Formfilter ebenfalls verändert wird und folglich das signalangepaßte Filter an den *veränderten* Signalimpuls anzupassen ist.

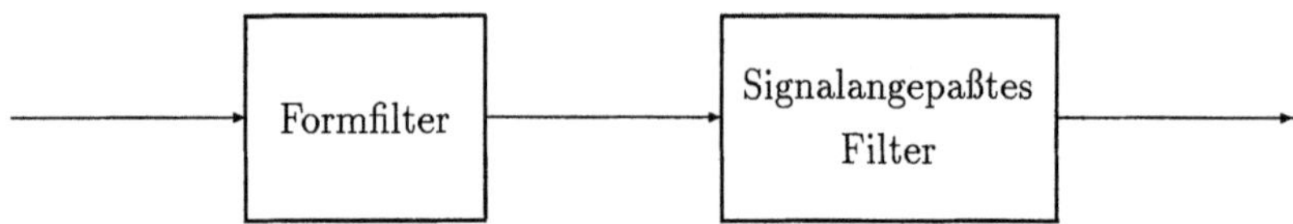

Abb. 7.8: Reihenschaltung aus Formfilter und signalangepaßtem Filter

7.2.2   Minimierung eines mittleren quadratischen Fehlers

Als zweiten möglichen Ansatz für die Bestimmung der Gewichtsfunktion benutzen wir einen mittleren quadratischen Fehler. Wir fordern, daß im Falle H_1, d.h. bei empfangenem Signalimpuls $s(t)$, die mittlere quadratische Abweichung zwischen der Amplitude $\boldsymbol{y}(\eta, t_0 | H_1)$ des Filterausgangs zum Auswertezeitpunkt t_0 und einem gegebenen Wert y_0 minimal sei. Damit formulieren wir die Aufgabe als Schätzproblem. Bezeichnet man den Fehler mit $\boldsymbol{e}(\eta, t_0)$,

$$e(\eta, t_0) = y_0 - \boldsymbol{y}(\eta, t_0 | H_1) \,, \tag{7.33}$$

so bedeutet dies, daß die Größe

$$\overline{e^2(\eta, t_0)} = \mathrm{E}\{(y_0 - \boldsymbol{y}(\eta, t_0 | H_1))^2\} \tag{7.34}$$

zu minimieren ist. Dies kann durch Anwendung des *Orthogonalitätstheorems* (siehe Gleichung 5.23) erreicht werden. Es fordert hier:

$$\mathrm{E}\{e(\eta, t_0)\boldsymbol{x}(\eta, t_0 - u | H_1)\} = 0 \,, \tag{7.35}$$

für alle u, für die $g_{opt}(u) \neq 0$ zugelassen ist.

Mit Gleichung 7.2 und

$$\boldsymbol{y}(\eta, t_0 | H_1) = \int_{-\infty}^{+\infty} g_{opt}(v)\, \boldsymbol{x}(\eta, t_0 - v | H_1)\, dv \tag{7.36}$$

erhält man hieraus:

$$\mathrm{E}\{(y_0 - \int_{-\infty}^{+\infty} g_{opt}(v)(\boldsymbol{n}(\eta, t_0 - v) + s(t_0 - v))\, dv)(\boldsymbol{n}(\eta, t_0 - u) + s(t_0 - u))\} = 0 \,. \tag{7.37}$$

Nimmt man schließlich für die Störung wieder Mittelwertfreiheit an (siehe Gleichung 7.8) und vertauscht die Reihenfolge von Erwartungswert und Integration, so folgt daraus:

$$\left(y_0 - \int_{-\infty}^{+\infty} g_{opt}(v)\, s(t_0 - v)\, dv\right) s(t_0 - u) - \int_{-\infty}^{+\infty} g_{opt}(v) s_{nn}(u - v)\, dv = 0\,. \qquad (7.38)$$

Die Gleichungen 7.37 und 7.38 gelten beide wieder nur für diejenigen u, für die $g_{opt}(u) \neq 0$ zugelassen ist. Der Ausdruck

$$y_0 - \int_{-\infty}^{+\infty} g_{opt}(v)\, s(t_0 - v)\, dv \qquad (7.39)$$

bezeichnet die Abweichung der durch den Signalimpuls $s(t)$ am Filterausgang erzeugten Amplitude zum Zeitpunkt t_0 von dem geforderten Wert y_0. Sie ist von u unabhängig. Kürzen wir diese Amplitude mit β ab, so stimmen die Gleichungen 7.28 und 7.38 überein.

Die Wirkung des zuletzt diskutierten Ansatzes läßt sich dadurch erklären, daß eine *nichtzufällige* Amplitude y_0 am Ausgang eines linearen Filters nur durch einen *nichtzufälligen* Filtereingang möglichst genau erreicht werden kann. Ein Filter, dessen Ausgang den mittleren quadratischen Fehler gemäß Gleichung 7.34 minimiert, muß daher den nichtzufälligen Nachrichtenimpuls möglichst gut und die Störung möglichst schlecht übertragen.

7.3   Zeitdiskretes Filter

Nachdem wir nun verschiedene Techniken der Herleitung und die grundlegenden Ergebnisse am Beispiel des zeitkontinuierlichen Filters gezeigt haben, gehen wir zur *zeitdiskreten* Betrachtung über, die die Basis für die heute meist angewandte digitale Realisierung ist. Es lassen sich hier alle bisherigen Ergebnisse übertragen, wenn man die kontinuierliche Zeit durch eine diskrete Zeit, das Faltungsintegral durch eine Faltungssumme (siehe Gleichung 4.3) und die Fouriertransformation durch eine Fouriersumme (siehe die Gleichung 3.59 und 4.14) ersetzt. Für eine Störung durch *weißes Rauschen* erhält man in Analogie zu Gleichung 7.29:

$$g_{opt}(k) = \frac{\beta}{S_0}\, s(k_0 - k) \qquad \text{für alle } k, \text{ für die } \Delta g(k) \neq 0 \text{ zugelassen ist.} \qquad (7.40)$$

Hier sind nun $s(k)$ der Nachrichtenimpuls und

$$S_{nn}(\Omega) = S_0 \qquad (7.41)$$

das Autoleistungsdichtespektrum der Störung.

Bei *nichtkausalem* Filter sind wieder von Null verschiedene Variationen bei allen k zugelassen, so daß man für die optimale Gewichtsfunktion erhält:

$$g_{opt}(k) = \frac{\beta}{S_0}\, s(k_0 - k)\,. \tag{7.42}$$

β ist wieder ein beliebiger Verstärkungsfaktor, der auch mit S_0 zusammengefaßt werden kann. Häufig wird zur Vereinfachung der Quotient β/S_0 gleich Eins gesetzt, so daß er in der Formel entfällt. Bei physikalischer Betrachtung können hier jedoch Probleme mit den Einheiten entstehen, da $s(k)$ beispielsweise eine Spannung mit der Einheit Volt und $g(k)$ die Gewichtsfunktion eines zeitdiskreten Systems mit der Einheit Eins sein können.

Bei *kausalem* Filter ist $\Delta g(k) \neq 0$ nur für $k \geq 0$ zugelassen und es gilt daher in Analogie zu Gleichung 7.30:

$$g_{opt}(k) = \begin{cases} 0 & k < 0 \\[2mm] \dfrac{\beta}{S_0}\, s(k_0 - k) & k \geq 0 \end{cases}\,. \tag{7.43}$$

Abbildung 7.9 zeigt am Beispiel eines zeitdiskreten Signalimpulses die Gewichtsfunktionen des nichtkausalen und des kausalen signalangepaßten Filters bei weißer Störung.

Bei *farbigem Rauschen* lautet die der Gleichung 7.32 entsprechende Lösung für das *nichtkausale* zeitdiskrete Filter:

$$G_{opt}(e^{j\Omega}) = \beta\, \frac{S^*(e^{j\Omega})}{S_{nn}(\Omega)}\, e^{-j\Omega k_0}\,. \tag{7.44}$$

Hierin sind $S_{nn}(\Omega)$ das Autoleistungsdichtespektrum der stationären zeitdiskreten Störung $\boldsymbol{n}(\eta, k)$ und $S(e^{j\Omega})$ die zweiseitige z-Transformierte des Nachrichtenimpulses für $z = e^{j\Omega}$,

$$S(e^{j\Omega}) = \sum_{k=-\infty}^{+\infty} s(k)\, e^{-j\Omega k}\,, \tag{7.45}$$

mit

$$S^*(e^{j\Omega}) = S(e^{-j\Omega}) \tag{7.46}$$

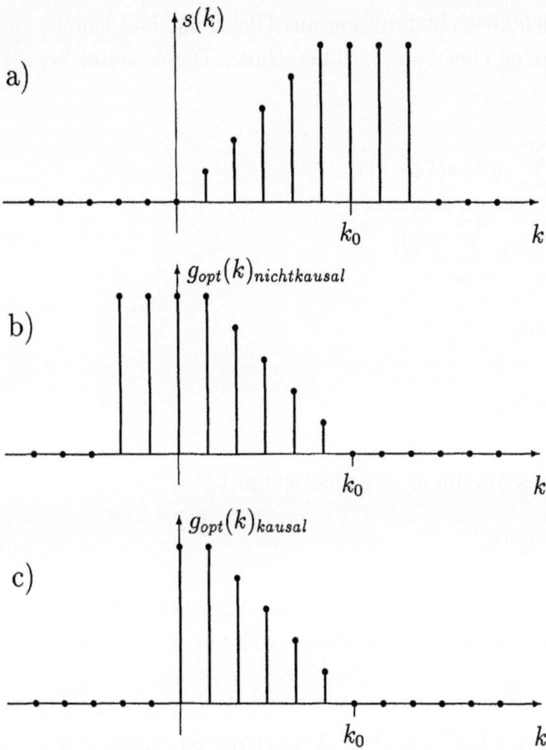

Abb. 7.9: Signalimpuls (a), Gewichtsfunktion des nichtkausalen signalangepaßten Filters (b) und Impulsantwort des kausalen signalangepaßten Filters (c) bei weißer Störung

als konjugiert komplexem Wert und schließlich

$$G_{opt}(e^{j\Omega}) = \sum_{k=-\infty}^{+\infty} g_{opt}(k)\, e^{-j\Omega k} \,. \tag{7.47}$$

Das Produkt $S^*(e^{j\Omega})\, e^{-j\Omega k_0}$ in Gleichung 7.44 ist die Transformierte des bei k_0 gespiegelten Signalimpulses:

$$\begin{aligned}
\sum_{k=-\infty}^{+\infty} s(k_0 - k)\, e^{-j\Omega k} &= e^{-j\Omega k_0} \sum_{k=-\infty}^{+\infty} s(k_0 - k)\, e^{-j\Omega(k-k_0)} \\
&= e^{-j\Omega k_0} \sum_{k=-\infty}^{+\infty} s(k)\, e^{j\Omega k} \\
&= e^{-j\Omega k_0}\, S(e^{-j\Omega}) = e^{-j\Omega k_0}\, S^*(e^{j\Omega}) \,.
\end{aligned} \tag{7.48}$$

Mit der optimalen Gewichtsfunktion aus Gleichung 7.42 kann man das Maximum des Quotienten Γ analog Gleichung 7.13 berechnen. Dieses lautet bei zeitdiskreter Betrachtung:

$$\Gamma = 1 + \frac{(\sum\limits_{l=-\infty}^{+\infty} g(l)\, s(k_0 - l))^2}{S_0 \sum\limits_{l=-\infty}^{+\infty} g^2(l)}\,. \tag{7.49}$$

Mit der Abkürzung

$$E_b = \sum_{k=-\infty}^{+\infty} s^2(k) \tag{7.50}$$

erhält man für das Maximum des Quotienten Γ:

$$\Gamma_{max} = 1 + E_b/S_0\,. \tag{7.51}$$

Es sei allerdings daran erinnert, daß dieser Ausdruck für weiße Störung und nichtkausales Filter hergeleitet wurde und damit auch nur für diese Randbedingungen gilt.

7.4 Eigenschaften des Ausgangssignals eines signalangepaßten Filters

Für alle folgenden Überlegungen beschränken wir uns auf ein zeitdiskretes, nichtkausales signalangepaßtes Filter mit weißer Eingangsstörung. Für die Gewichtsfunktion gilt dann Gleichung 7.42. Zur weiteren Vereinfachung setzen wir $\beta/S_0 = 1$. Den Signalimpuls am Ausgang des angepaßten Filters erhält man durch Faltung des Eingangsimpulses $s(k)$ mit der optimalen Gewichtsfunktion $g_{opt}(k)$:

$$y_s(k) = \sum_{l=-\infty}^{+\infty} g_{opt}(l)s(k - l)\,. \tag{7.52}$$

Mit Gleichung 7.42 und $\beta/S_0 = 1$ folgt daraus:

$$y_s(k) = \sum_{l=-\infty}^{+\infty} s(k_0 - l)s(k - l)\,. \tag{7.53}$$

Das Filter ist so entworfen, daß bei $k = k_0$ eine optimale Entscheidung möglich sein soll. Für den Signalimpuls am Filterausgang gilt für diesen Zeitpunkt:

$$y_s(k_0) = \sum_{l=-\infty}^{+\infty} s^2(k_0 - l) = \sum_{l=-\infty}^{+\infty} s^2(l)\,. \tag{7.54}$$

Dies bedeutet, daß die Amplitude des Signalimpulses am Filterausgang der Impuls*energie* proportional ist und damit nur indirekt von der Impulsform abhängt. Dies
heißt weiter, daß bei der in der Praxis immer beschränkten Amplitude von $s(k)$ der
Wert $y_s(k_0)$ durch Verlängerung der *Dauer* von $s(k)$ vergrößert werden kann (siehe Abbildung 7.10). Mit anderen Worten bedeutet dies, daß beim Entwurf des Signalimpulses
$s(k)$ eine geringere Amplitude durch eine längere Dauer aufgewogen werden kann.

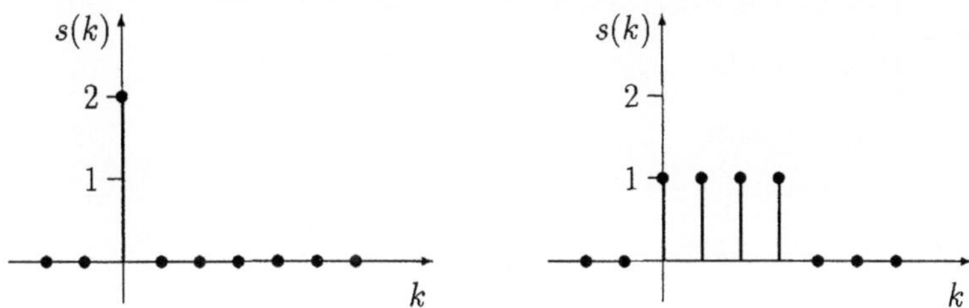

Abb. 7.10: Signalimpulse mit gleicher Energie

Aus Gleichung 7.53 kann man $y_s(k + k_0)$ berechnen:

$$y_s(k + k_0) = \sum_{l=-\infty}^{+\infty} s(l)s(k + l). \tag{7.55}$$

Das signalangepaßte Filter bildet somit die *Impulskorrelationsfunktion* des Signalimpulses (siehe Gleichung 3.28). Die bei einem Korrelator für beliebige Eingangssignale
vorgesehene Speicherung des Eingangs wird beim signalangepaßten Filter durch die
dem Eingang angepaßte Gewichtsfunktion ersetzt. Das Filter wirkt als *Korrelator*. Es
bildet für den Impuls, an den es angepaßt ist, die um k_0 verschobene Autokorrelierte.
Die Impulskorrelationsfunktion $y_s(k + k_0)$ in Gleichung 7.55 erreicht für $k = 0$ ihr
Maximum. Folglich ist $y_s(k)$ bei $k = k_0$ maximal.

Beispiel 7.4 Signalangepaßtes Filter
Es sei $s(k)$ ein Signalimpuls:

$$s(k) = \begin{cases} k & 0 \le k \le 3 \\ 0 & \text{sonst} \end{cases}.$$

Der Auswertezeitpunkt sei $k_0 = 4$. Die Störung sei weiß mit $s_{nn}(0) = S_0$. Dann gilt für die
Gewichtsfolge des signalangepaßten Filters:

$$g_{opt}(k) = \begin{cases} (4 - k) & 1 \le k \le 4 \\ 0 & \text{sonst} \end{cases}.$$

Es sind ferner (siehe Abbildung 7.11):

$$\Gamma = 1 + 14/S_0 \, ,$$

$$y_s(k) = \begin{cases} 3 & k = 2 \text{ oder } k = 6 \\ 8 & k = 3 \text{ oder } k = 5 \\ 14 & k = 4 \\ 0 & \text{sonst} \end{cases}$$

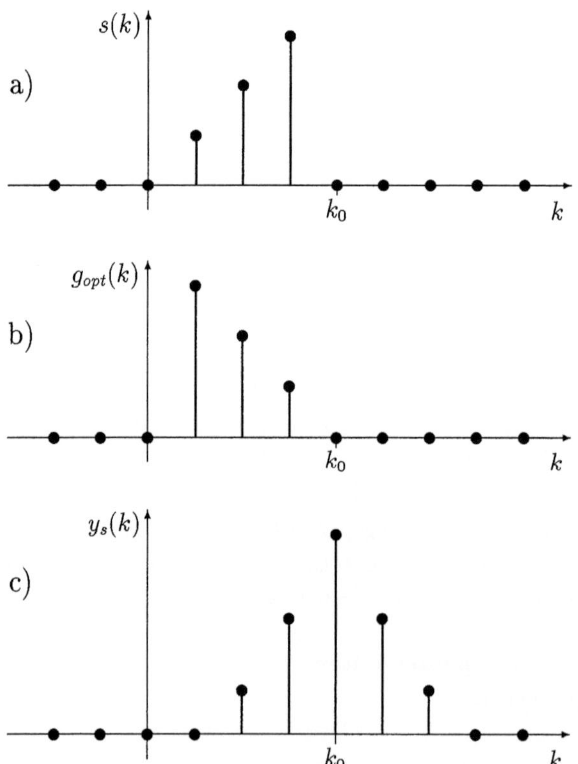

Abb. 7.11: Signalimpuls (a), Gewichtsfunktion des signalangepaßten Filters (b) und signalabhängiger Ausgang des Filters (c) (siehe Beispiel 7.4)

Der Signalanteil $y_s(k)$ im Ausgang eines nichtkausalen signalangepaßten Filters, dessen Eingang durch weißes Rauschen gestört wird, hat die Eigenschaften einer um k_0 verschobenen Autokorrelationsfunktion. Dies bedeutet, daß $y_s(k + k_0)$ *symmetrisch* zu $k = 0$ ist. Ist ferner der Nachrichtenimpuls $s(k)$ so zeitlich begrenzt, daß $s(k)$ bei höchstens m aufeinanderfolgenden Werten von k verschieden von Null ist, so kann $y_s(k)$

bei höchstens $2m - 1$ aufeinanderfolgenden Werten von Null verschieden sein. Dies bedeutet, daß ein signalangepaßtes Filter eine *Impulsverbreiterung* bewirkt. Wird nicht ein einzelner Impuls, sondern eine Folge von Impulsen gesendet, so kann es folglich am Ausgang des signalangepaßten Filters zur Überlagerung aufeinanderfolgender Impulse, zur "intersymbol interference" (ISI) kommen. Empfänger für Impuls*folgen* weisen daher nach einem signalangepaßten Filter ein weiteres Filter auf, das die durch Überlagerung entstandenen Störungen vermindert.

Bei der Formulierung des Problems des signalangepaßten Filters wurde ursprünglich nur gefordert, daß das Filter einen Ausgang liefern soll, der zu einem *bekannten* Zeitpunkt k_0 eine optimale Entscheidung darüber zuläßt, welche der beiden Hypothesen H_0 oder H_1 wahr ist. Für den hier betrachteten einfachen Fall der weißen Störung und des nichtkausalen Filters ist die signalbedingte Ausgangsamplitude $y_s(k_0)$ von der Signalenergie und damit nur indirekt von der Signalform abhängig. Da bei den bisherigen Überlegungen der Zeitpunkt k_0 als gegeben angenommen und der Filterausgang nur zu diesem Zeitpunkt abgetastet wurde, war der Verlauf des Signalimpulses am Filterausgang für $k \neq k_0$ ohne Bedeutung.

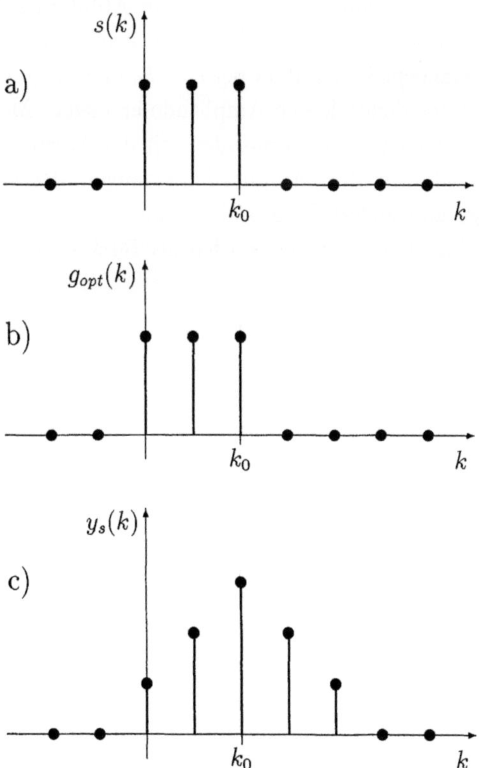

Abb. 7.12: Signalimpuls (a), Gewichtsfunktion des signalangepaßten Filters (b) und signalabhängiger Ausgang des Filters (c)

Dies ändert sich dann, wenn nicht nur der Empfang des Impulses selbst, sondern auch der *Zeitpunkt* des Maximums der Ausgangsamplitude erkannt werden soll. Dadurch können die *Laufzeit* eines Impulses – beispielsweise beim Radar – gemessen oder die *Synchronisation* eines Decodierers – beispielsweise bei blockweiser Codierung zur Datenübertragung – gesteuert werden. Wünschenswert ist in diesem Fall ein möglichst schmaler Ausgangsimpuls des signalangepaßten Filters. Da für die Maximalamplitude des Ausgangsimpulses nur die Signal*energie* maßgebend ist, kann man versuchen, bei der Festlegung der *Form* des Nachrichtenimpulses $s(k)$ diese zusätzliche Bedingung zu berücksichtigen. Die Abbildungen 7.12 und 7.13 zeigen zwei gleichlange verschiedene Nachrichtenimpulse mit gleicher Impulsenergie, die Gewichtsfunktionen der zugehörigen signalangepaßten Filter und die Nachrichtenimpulse am Filterausgang. Da die Impulsenergie in beiden Fällen gleich ist, sind folglich auch die Maximalamplituden beider Ausgangsimpulse gleich. Verschieden sind dagegen die Amplituden vor und nach diesen Ausgangswerten. Während im ersten Fall die Impulsamplitude bis zum Maximum linear zunimmt und dann wieder linear abfällt, zeigt der Ausgangsimpuls im zweiten Fall eine wesentlich ausgeprägtere Spitze. Ein Nachrichtenimpuls entsprechend dem zweiten Beispiel ist damit für eine Empfängersynchronisation oder eine Laufzeitmessung wesentlich besser geeignet als ein Nachrichtenimpuls, wie er in Abbildung 7.12 gezeigt wird. Es ist somit für derartige Anwendungen wünschenswert, Nachrichtenimpulse zu finden, die am Ausgang des signalangepaßten Filters bei $k = k_0$ eine möglichst große Amplitude und sonst überall eine möglichst kleine Amplitude erzeugen. Möglich sind Nachrichtenimpulse, die aus einer Folge von Amplituden mit den Werten ± 1 bestehen und die am Ausgang des angepaßten Filters Amplituden erzeugen, deren Werte im Maximum gleich der Impulslänge und außerhalb des Maximums höchstens ± 1 sind. Man kennt solche Folgen bis zu einer Länge 13. Sie werden als *Barker–Folgen* bezeichnet [3],[43], [73].

Es sind dies:

Länge 2:	1	−1										
Länge 3:	1	1	−1									
Länge 4:	1	1	1	−1								
Länge 5:	1	1	1	−1	1							
Länge 7:	1	1	1	−1	−1	1	−1					
Länge 11:	1	1	1	−1	−1	−1	1	−1	−1	1	−1	
Länge 13:	1	1	1	1	1	−1	−1	1	1	−1	1	−1 1

Weitere Folgen können nur für die Längen $N = 4\,c^2$, c ganzzahlig, existieren. Es ist bekannt, daß Barker–Folgen für $c \leq 55$ oder $N \leq 12\,100$ nicht existieren [6].

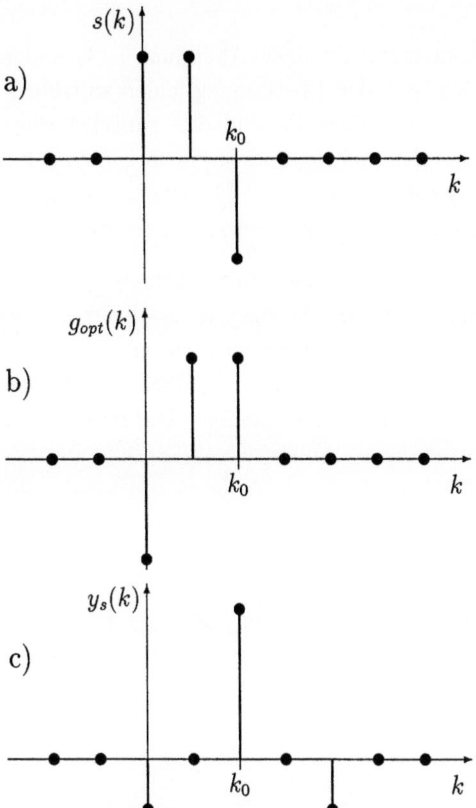

Abb. 7.13: Signalimpuls (a), Gewichtsfunktion des signalangepaßten Filters (b) und signalabhängiger Ausgang des Filters (c)

Die Entwurfsaufgabe für ein signalangepaßtes Filter fordert für den Ausgangsimpuls bei Anpassung einen möglichst hohen Hauptwert. Von Null verschiedene Nebenwerte sind dabei unvermeidbar. Durch geeignete Impulsformen können diese zwar klein, aber nicht beliebig klein gehalten werden. Dies führt zu der Überlegung, ein Filter zu entwerfen, das einen Ausgangsimpuls ergibt, dessen Hauptwert zwar groß – aber nicht maximal – ist, dessen Nebenwerte aber unter einer Schranke liegen. Man spricht dann von einem *fehlangepaßten Filter* (mismatched filter). Für die Impulsantwort oder den Frequenzgang derartiger Filter gibt es allgemein keine geschlossene Lösung. Das erreichbare Verhältnis von Hauptwert zu maximalem Nebenwert des Ausgangsimpulses hängt u.a. auch davon ab, welche Länge für die gesuchte Impulsantwort zugelassen ist.

7.5 Fehlerwahrscheinlichkeit bei binärer Entscheidung

Für einen einfachen Binärempfänger (siehe Abbildung 7.14) wollen wir nun die Wahrscheinlichkeit bestimmen, mit der Übertragungsfehler auftreten. Wir müssen dabei zusätzliche Kenntnisse voraussetzen. Es sind dies zunächst eine Annahme über die Wahrscheinlichkeitsdichte der Störung und in einem späteren Kapitel bei der Suche nach einer optimalen Schwelle "Kosten" für die einzelnen Entscheidungen. Wir formulieren und lösen dort ein Entscheidungsproblem mit einem Ansatz nach *Bayes*.

Wir gehen davon aus, daß der Empfänger ein zeitdiskretes gegebenenfalls nichtkausales signalangepaßtes Filter enthält. Die Störung sei stationär und weiß, so daß für das optimale Filter Gleichung 7.42 gilt. Wir setzen wieder $\alpha = 1$. Zusätzlich nehmen wir für die Störung nun jedoch an, daß es sich um *Gaußsches* weißes Rauschen handelt, d.h. daß für die Amplitude der Störung eine Gaußsche Wahrscheinlichkeitsdichte gilt:

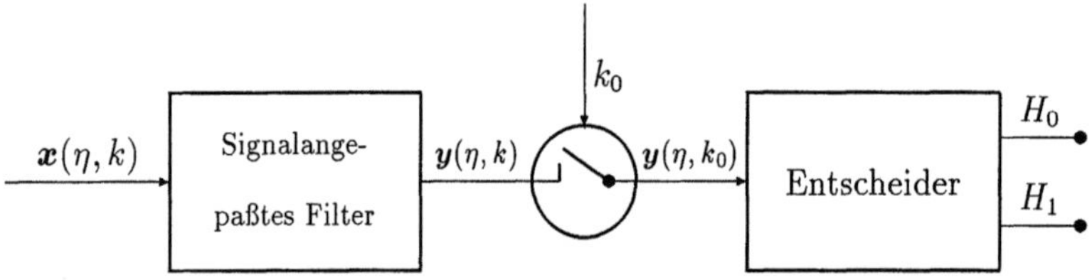

Abb. 7.14: Signalangepaßtes Filter und Entscheider als Binärempfänger

$$f_n(n) = \frac{1}{\sqrt{2\,\pi}\,\sigma_n}\,\exp\left(-\frac{n^2}{2\sigma_n^2}\right) \tag{7.56}$$

(siehe hierzu auch Definition 3.22). Die Störung $y_n(\eta, k)$ am Ausgang des linearen Empfangsfilters ist damit ebenfalls ein Gaußsches Rauschen. Zur vollständigen Bestimmung seiner Wahrscheinlichkeitsdichte müssen nur der Mittelwert und die Varianz des Rauschens berechnet werden. Der Mittelwert ergibt sich aus der Annahme, daß die Störung am Filtereingang weiß und damit mittelwertfrei ist, und Gleichung 4.44 zu:

$$m_{y_n}^{(1)} = m_n^{(1)} \sum_{k=-\infty}^{+\infty} g_{opt}(k) = 0\,. \tag{7.57}$$

Die Varianz $\sigma_{y_n}^2$ ist wegen des verschwindenden linearen Mittelwertes gleich dem quadratischen Mittelwert und es gilt gemäß Gleichung 4.56:

$$\sigma_{y_n}^2 = \sum_{k=-\infty}^{+\infty} \sum_{l=-\infty}^{+\infty} g_{opt}(k)\, g_{opt}(l)\, s_{nn}(k - l)\,. \tag{7.58}$$

Mit

$$s_{nn}(k) = \begin{cases} S_0 & k = 0 \\ 0 & \text{sonst} \end{cases} \tag{7.59}$$

als Autokorrelationsfunktion der weißen Störung, vereinfacht sich Gleichung 7.58 zu

$$\sigma_{yn}^2 = S_0 \sum_{k=-\infty}^{+\infty} g_{opt}^2(k). \tag{7.60}$$

Mit Gleichung 7.42 erhält man endlich:

$$\sigma_{yn}^2 = S_0 \sum_{k=-\infty}^{+\infty} s^2(k) = S_0\, E_b \tag{7.61}$$

(siehe auch Gleichung 7.50). Der Faktor E_b entspricht wieder der Energie des Nachrichtenimpulses, auf den das Empfangsfilter angepaßt ist.

Zunächst nehmen wir an, daß die beiden Binärzeichen durch das *Fehlen* (Fall H_0) und das *Vorhandensein* eines Impulses (Fall H_1) dargestellt werden. Der Empfänger sei ideal synchronisiert. Im Zeitpunkt k_0 erzeugt der Nachrichtenimpuls am Filterausgang die Amplitude

$$y_s(k_0) = \sum_{k=-\infty}^{+\infty} s^2(k) = E_b \tag{7.62}$$

(siehe Gleichung 7.54). Für die bedingten Wahrscheinlichkeitsdichten der Amplituden $y(\eta, k_0)$ der Filterausgangsspannung zum Zeitpunkt k_0 gelten daher:

$$f_y(y, k_0 | H_0) = \frac{1}{\sqrt{2\pi}\,\sqrt{S_0\, E_b}} \quad \exp\left(-\frac{y^2}{2 S_0\, E_b}\right), \tag{7.63}$$

$$f_y(y, k_0 | H_1) = \frac{1}{\sqrt{2\pi}\,\sqrt{S_0\, E_b}} \quad \exp\left(-\frac{(y - E_b)^2}{2 S_0\, E_b}\right). \tag{7.64}$$

Im ersten Fall, d.h. wenn die Hypothese H_0 wahr ist, tritt am Filterausgang ausschließlich weißes Gaußsches Rauschen mit der Varianz $S_0 E_b$ auf. Ist die Hypothese H_1 richtig, so addiert sich zur Störung die Amplitude $y_s(k_0)$ des Signalimpulses. Dies entspricht einer Verschiebung der Wahrscheinlichkeitsdichte um den Wert E_b (siehe Abbildung 7.15).

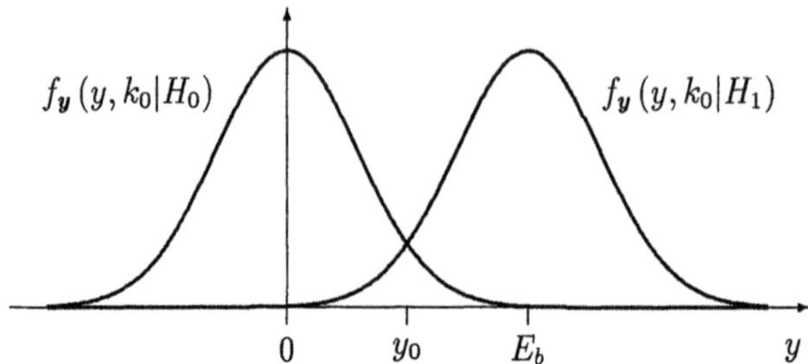

Abb. 7.15: Zur Berechnung der Fehlerwahrscheinlichkeit bei signalangepaßtem Filter, Gaußscher Störung und *unsymmetrischer* Darstellung der beiden Binärzeichen

Dem signalangepaßten Filter sei nun ein *Entscheider* nachgeschaltet (siehe Abbildung 7.14), der zum Zeitpunkt k_0 die Ausgangsamplitude $y(\eta, k_0)$ mit einer Schwelle y_0 vergleicht und wie folgt entscheidet:

$$\begin{aligned}
y(\eta, k_0) < y_0 : \quad & H_0 \text{ ist wahr} , \\
y(\eta, k_0) \geq y_0 : \quad & H_1 \text{ ist wahr} .
\end{aligned} \tag{7.65}$$

Das Ergebnis $y(\eta, k_0) = y_0$ kommt nur mit der Wahrscheinlichkeit Null vor und wird hier (willkürlich) der Entscheidung für H_1 zugeordnet.

Falschentscheidungen und damit Übertragungsfehler treten auf, wenn die Störung den Nachrichtenimpuls so überlagert, daß entweder $y(\eta, k_0) \geq y_0$ ist, obwohl kein Impuls gesendet wurde, oder $y(\eta, k_0) < y_0$ ist, trotzdem ein Impuls vorhanden war. Wird mit der Wahrscheinlichkeit p_1 ein Impuls gesendet und fehlt der Impuls mit der Wahrscheinlichkeit $p_0 = 1 - p_1$, so erhält man für die Wahrscheinlichkeit der beiden Fehlerarten:

1. Kein Impuls gesendet, aber H_1 entschieden:

$$P_{01} = p_0 \int_{y_0}^{\infty} f_y(y, k_0|H_0)\, dy . \tag{7.66}$$

2. Impuls gesendet, aber H_0 entschieden:

$$P_{10} = p_1 \int_{-\infty}^{y_0} f_y(y, k_0|H_1)\, dy . \tag{7.67}$$

Beide Ausdrücke enthalten Integrale über die *bedingten* Wahrscheinlichkeitsdichten jeweils über den "falschen" Amplitudenbereich. Die Integrale ergeben somit die *bedingten* Fehlerwahrscheinlichkeiten. Multipliziert man diese mit den Wahrscheinlichkeiten, daß kein Impuls bzw. ein Impuls gesendet wurde, folgen daraus die Wahrscheinlichkeiten für die beiden möglichen Fehlerarten. Beide Integrale sind Gaußsche Fehlerintegrale (siehe Gleichung 3.73). Durch Transformation der Integralgrenzen erhält man:

$$P_{01} = \frac{1}{2} \ (1 - \mathrm{erf}\,(\frac{y_0}{\sqrt{2S_0 E_b}}))\, p_0 \,, \tag{7.68}$$

$$P_{10} = \frac{1}{2} \ (1 - \mathrm{erf}\,(\frac{E_b - y_0}{\sqrt{2S_0 E_b}}))\, p_1 \,. \tag{7.69}$$

Legt man zunächst einmal die Schwelle in die Mitte zwischen beiden Idealwerten 0 und E_b, d.h.

$$y_0 = E_b/2 \,,$$

so lauten diese Ausdrücke:

$$P_{01} = \frac{1}{2} \ (1 - \mathrm{erf}\,(\frac{1}{2\sqrt{2}} \ \sqrt{\frac{E_b}{S_0}}))\, p_0 \,, \tag{7.70}$$

$$P_{10} = \frac{1}{2} \ (1 - \mathrm{erf}\,(\frac{1}{2\sqrt{2}} \ \sqrt{\frac{E_b}{S_0}}))\, p_1 \,. \tag{7.71}$$

Setzt man beispielsweise

$$p_0 = p_1 = \frac{1}{2} \,,$$

so erhält man folgende Fehlerwahrscheinlichkeit:

$$P_{Fehler} = P_{01} + P_{10} = \frac{1}{2} \ (1 - \mathrm{erf}\,(\frac{1}{2} \ \sqrt{\frac{E_b}{2S_0}})) \,. \tag{7.72}$$

Benutzt man zur Übertragung der Binärzeichen die Impulse $s(k)$ und $-s(k)$, und paßt das Filter auf $s(k)$ an, so erreicht die ungestörte Ausgangsspannung im Zeitpunkt k_0 den Wert E_b bzw. $-E_b$. Für die bedingte Wahrscheinlichkeitsdichte des gestörten Ausgangs im Falle H_0 gilt dann:

$$f_y\,(y, k_0|H_0) = \frac{1}{\sqrt{2\pi}\sqrt{S_0 E_b}} \exp(-\frac{(y + E_b)^2}{2S_0 E_b}) \,. \tag{7.73}$$

Für $f_y\,(y, k_0|H_1)$ gilt weiter Gleichung 7.64. Der Abstand der beiden Sollwerte hat sich damit verdoppelt (siehe Abbildung 7.16). Für die Fehlerwahrscheinlichkeiten gilt in diesem Fall:

1. Negativer Impuls gesendet, aber H_1 entschieden:

$$P_{01} = p_0 \int_{y_0}^{\infty} f_y\,(y, k_0|H_0)\, dy \; . \tag{7.74}$$

2. Positiver Impuls gesendet, aber H_0 entschieden:

$$P_{10} = p_1 \int_{-\infty}^{y_0} f_y\,(y, k_0|H_1)\, dy \; . \tag{7.75}$$

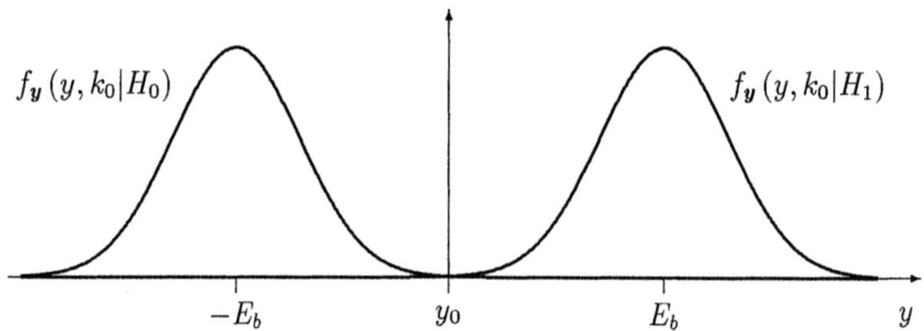

Abb. 7.16: Zur Berechnung der Fehlerwahrscheinlichkeit bei signalangepaßtem Filter, Gaußscher Störung und *symmetrischer* Darstellung der beiden Binärzeichen

Mit Gleichung 3.73 und einer Transformation der Integralgrenzen erhält man:

$$P_{01} = \frac{1}{2}\,(1 - \mathrm{erf}\,(\frac{E_b + y_0}{\sqrt{2S_0 E_b}}))\,p_0 \; , \tag{7.76}$$

$$P_{10} = \frac{1}{2}\,(1 - \mathrm{erf}\,(\frac{E_b - y_0}{\sqrt{2S_0 E_b}}))\,p_1 \; . \tag{7.77}$$

Setzt man wieder

$$p_0 = p_1 = \frac{1}{2}$$

und legt die Schwelle in die Mitte zwischen die beiden ungestörten Werte, hier also bei $y_0 = 0$, so gilt für die Fehlerwahrscheinlichkeit:

$$P_{Fehler} = P_{01} + P_{10} = \frac{1}{2}\,(1 - \mathrm{erf}\,(\sqrt{\frac{E_b}{2S_0}}))\; . \tag{7.78}$$

Durch die Lage der Schwelle in der Mitte zwischen beiden Sollwerten wird bei gleichwahrscheinlichen Zeichen die Fehlerwahrscheinlichkeit minimiert. Es kann zweckmäßig sein, hiervon abzuweichen, wenn die möglichen richtigen und falschen Entscheidungen

verschiedenes Gewicht haben, man sagt auch, *verschiedene Kosten* verursachen. Ein
Beispiel hierfür ist der Verlust oder das falsche Erkennen eines Radarechos. Man kann
bei derartigen Fällen die Entscheidungsschwelle so legen, daß die mittleren Kosten –
man sagt auch das *Risiko* – der Entscheidung minimiert wird (siehe beispielsweise [123]).
Wir werden darauf im Zusammenhang mit einem Ansatz nach *Bayes* zur Lösung von
Entscheidungsproblemen näher eingehen.

7.6   Impulse verschiedener Form

Man kann signalangepaßte Filter auch dafür benutzen, um zwischen Nachrichtenimpulsen $s_i(k)$ verschiedener Form zu unterscheiden. In diesem Falle schaltet man eine Reihe
von Filtern parallel, von denen jedes an einen der möglichen Impulse angepaßt ist (siehe
Abbildung 7.17). Bei entsprechender Normierung ergibt zum Zeitpunkt k_0 dasjenige Filter die maximale Signalausgangsamplitude, das auf den empfangenen Impuls angepaßt
ist. Durch die überlagerte Störung sind jedoch trotzdem Fehlentscheidungen möglich.

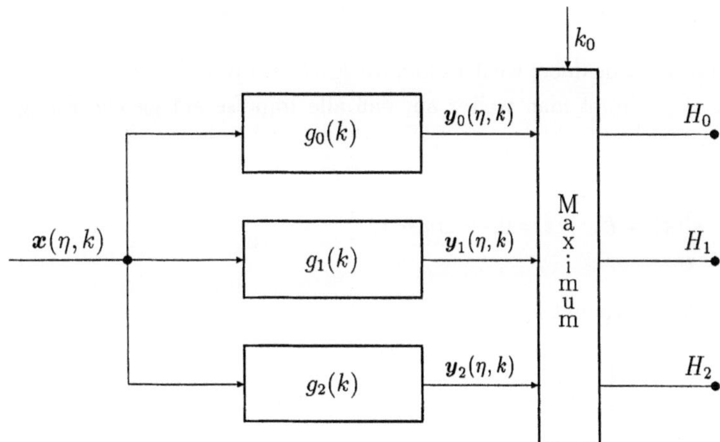

Abb. 7.17: Parallelschaltung signalangepaßter Filter zur Unterscheidung zwischen drei
Nachrichtenimpulsen verschiedener Form

Für die folgenden formelmäßigen Betrachtungen gehen wir wieder davon aus, daß die
Störung $n(\eta,k)$ durch *stationäres weißes Rauschen* beschrieben wird. Wir betrachten
ferner nur den Fall des *nichtkausalen* signalangepaßten Filters. Es gelte für die Filter-
eingänge:

$$x(\eta,k|H_i) = n(\eta,k) + s_i(k), \qquad i = 0,\cdots,m-1. \tag{7.79}$$

Die Gewichtsfunktionen der signalangepaßten Filter seien $g_i(k)$, $\quad i = 0,\cdots,m-1$,
wobei $g_i(k)$ auf $s_i(k)$ angepaßt sei.

Für den Ausgang $\boldsymbol{y}_i(\eta, k|H_j)$ des auf $s_i(k)$ angepaßten Filters bei Empfang des gestörten Nachrichtenimpulses $s_j(k)$ gilt dann:

$$
\begin{aligned}
\boldsymbol{y_i}(\eta, k|H_j) &= \sum_{l=\infty}^{+\infty} g_i(l)\, \boldsymbol{x}(\eta, k - l|H_j) \\
&= \sum_{l=\infty}^{+\infty} g_i(l)\, (\boldsymbol{n}(\eta, k - l) + s_j(k - l)) \,.
\end{aligned}
\tag{7.80}
$$

Der signalabhängige Anteil $y_{s,i}(k|H_j)$ lautet dabei:

$$
y_{s,i}(k|H_j) = \sum_{l=\infty}^{+\infty} g_i(l)\, s_j(k - l) \,.
\tag{7.81}
$$

Setzt man hier die signalangepaßte Gewichtsfunktion ein, so folgt:

$$
y_{s,i}(k|H_j) = \sum_{l=\infty}^{+\infty} s_i(k_0 - l)\, s_j(k - l) \,.
\tag{7.82}
$$

(Der Faktor α wurde dabei wieder ohne Rücksicht auf physikalische Dimensionen gleich Eins gesetzt.) Nimmt man weiter an, daß alle Impulse auf gleiche Energie normiert sind,

$$
\sum_{k=-\infty}^{+\infty} s_i^2(k) = E_b \qquad i = 0, \cdots, m - 1,
\tag{7.83}
$$

so gilt für den Zeitpunkt k_0:

$$
y_{s,i}(k_0|H_j) =
\begin{cases}
\displaystyle\sum_{l=-\infty}^{+\infty} s_i^2(l) & = E_b & i = j \\[4mm]
\displaystyle\sum_{l=-\infty}^{+\infty} s_i(l)\, s_j(l) & < E_b & i \neq j
\end{cases} .
\tag{7.84}
$$

Die Ungleichung folgt aus der Ungleichung von Cauchy (siehe beispielsweise [96]):

$$
\sum_{k=-\infty}^{+\infty} s_i(k)\, s_j(k) \leq \sqrt{\sum_{k=-\infty}^{+\infty} s_i^2(k) \sum_{k=-\infty}^{+\infty} s_j^2(k)} \,.
\tag{7.85}
$$

Wie bei der Ungleichung von Schwarz (siehe Gleichung 7.14) gilt Gleichheit hier dann und nur dann, wenn die beiden Impulse bis auf einen Faktor identisch sind.

Da sich der Signalamplitude eine Störung überlagert, ist es zweckmäßig, die Nachrichtensignale so zu entwerfen, daß der Signalanteil im Ausgang der nichtangepaßten Filter zum Zeitpunkt k_0 möglichst klein ist. Im Idealfall sollten daher alle möglichen Nachrichtenimpulse $s_i(k), i = 0, \cdots, m - 1$, *orthogonal* zueinander sein:

$$\sum_{k=-\infty}^{+\infty} s_i(k)\, s_j(k) = 0 \quad \text{für alle } i \neq j\,. \tag{7.86}$$

Bei einem derartigen Entwurf verschwinden im Zeitpunkt k_0 die signalabhängigen Anteile der Ausgangsamplituden der nichtangepaßten Filter. Zumindest bei Gaußscher Störung wird dadurch die Wahrscheinlichkeit einer Fehlentscheidung minimiert.

Beispiel 7.5 Signalangepaßte Filter für zwei orthogonale Impulse

Es seien:

$$s_0(k) = \begin{cases} 1 & k = 0, 1 \\ 0 & \text{sonst} \end{cases}, \qquad s_1(k) = \begin{cases} 1 & k = 0 \\ -1 & k = 1 \\ 0 & \text{sonst} \end{cases}\,.$$

Ferner seien $k_0 = 1$ und die Störung weiß. Abbildung 7.18 zeigt diese Nachrichtenimpulse, die Gewichtsfunktionen der zugehörigen signalangepaßten Filter und die ungestörten Ausgangsimpulse jeweils bei Anpassung und bei Fehlanpassung.

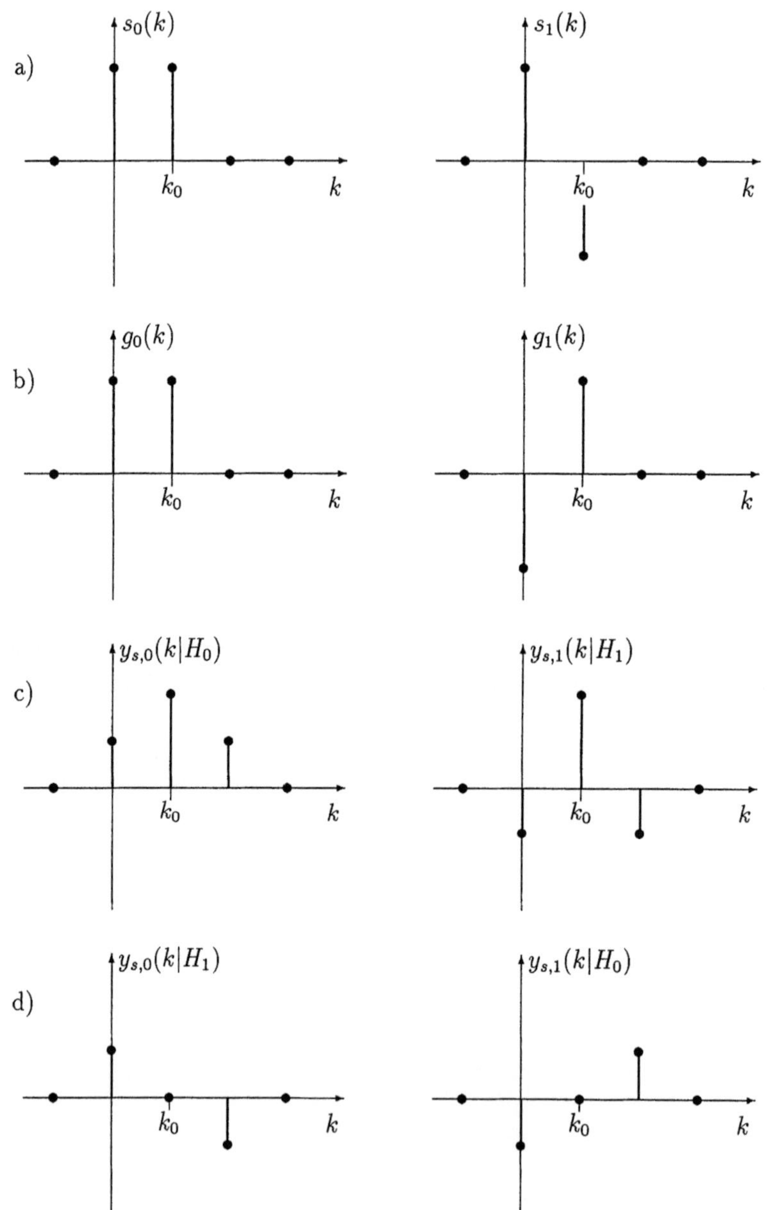

Abb. 7.18: Unterscheidung von zwei orthogonalen Nachrichtenimpulsen: Signalimpulse (a), Gewichtsfunktionen der signalangepaßten Filter (b), ungestörte Ausgangsimpulse bei Anpassung (c) und ungestörte Ausgangsimpulse bei Fehlanpassung (d) (siehe Beispiel 7.5)

8   Optimalfilter nach Wiener und Kolmogoroff

8.1   Problemstellung

Mit dem Optimalfilter nach Wiener und Kolmogoroff betrachten wir nun eine "klassische" Anwendung der statistischen Signaltheorie für den Filterentwurf. Beide Wissenschaftler haben in den Jahren 1942 und 1941 unabhängig voneinander das Problem, ein Filter zu entwerfen, mit statistischen Voraussetzungen bearbeitet und gelöst [128, 62]. Sie haben dabei die Übertragungsfunktion eines Filters hergeleitet, das ein Nachrichtensignal im Sinne des mittleren quadratischen Fehlers (siehe Gleichung 5.17) optimal von einer additiven Störung trennt. Vorausgesetzt haben sie dabei Kenntnisse über die statistischen Eigenschaften von Nachricht und Störung bis zur zweiten Ordnung, d.h. über lineare Mittelwerte, Auto– und Kreuzkorrelationsfunktionen. Dies weicht von sonst üblichen Voraussetzungen beim Filterentwurf ab. Insbesondere in der Trägerfrequenztechnik ist es üblich, Filter nach Voraussetzungen über den Betrag und die Phase ihres Frequenzgangs zu entwerfen. Hierbei werden insbesondere ein Durchlaßbereich und ein Sperrbereich festgelegt. Im Durchlaßbereich wird dann gefordert, daß Abweichungen des Betrages des Frequenzgangs von dem idealen Wert Eins innerhalb eines gegebenen Toleranzbereiches bleiben. Für den Sperrbereich verlangt man dagegen eine Mindestdämpfung, d.h. daß der Betrag des Frequenzgangs eine zweite Schranke nicht überschreitet. Zwischen Durchlaß– und Sperrbereich gibt es einen Übergangsbereich, für den ebenfalls Forderungen vorgegeben werden. Derart entworfene Filter werden je nach Lage des Durchlaßbereiches als *Tiefpässe*, *Hochpässe*, *Bandpässe* oder *Bandsperren* bezeichnet. Ihre Anwendung ist dort sinnvoll, wo es bei einem Signal–Störungsgemisch Frequenzbereiche gibt, die überwiegend durch das Signal belegt sind, und andere Bereiche, in denen die Störung dominiert. Dies ist in Trägerfrequenzsystemen der Fall, wo für einen bestimmten Kanal alle anderen Kanäle als Störung anzusehen sind.

Dieses traditionelle Entwurfsverfahren versagt dort, wo Signal und Störung *nicht* in getrennten Frequenzbereichen liegen, sondern beide sich so überlagern, daß sich beispielsweise die Grenzfrequenz zwischen einem Durchlaßbereich und einem Sperrbereich nicht eindeutig vorab festlegen läßt. Das Problem der *Geräuschunterdrückung* stellt einen solchen Fall dar. Hier soll ein Sprachsignal von den es überlagernden Umgebungsgeräuschen befreit werden. Beide, Signal und störendes Geräusch, liegen im selben Frequenzband und weisen gleiche oder ähnliche Spektren auf.

Die Trennung eines Signals von einer Störung ist nur eine – wenn auch meist die wesentliche – Filteraufgabe. Daneben kann es wünschenswert sein, das Nachrichtensignal umzuformen. Da das in diesem Abschnitt zu betrachtende Optimalfilter ein *lineares* Filter ist, kommen hier nur lineare Umformungen in Betracht. Vorstellbar ist beispielsweise die *Differentiation* oder die *Integration* des Nachrichtensignals. Besonders die Differentiation eines Nachrichtensignals, dem eine Störung überlagert ist, ist kein triviales Problem, da hierbei die Störung verstärkt werden kann. Mit einem Optimalfilteransatz ist dieses Problem jedoch lösbar.

Eine andere Form der linearen Umformung des Nachrichtensignals ist eine Zeitverschiebung. Läßt man eine Totzeit zu, so gibt das Filter das Nachrichtensignal gegenüber dem Originalsignal verspätet aus. Soll das Filter zusätzlich eine Störung unterdrücken, so bedeutet dies, daß hierfür auch Anteile des Signals und der Störung ausgewertet werden können, die zeitlich nach dem aktuellen Wert empfangen werden, ohne daß dabei die Kausalität verletzt wird. Fordert man dagegen von dem Filter eine Vorhersage ("negative Totzeit") der Nachricht, so wirkt das Filter als *Prädiktor* für ein gestörtes Nachrichtensignal. Wir werden beide Fälle betrachten.

Wir lösen auch hier wieder das Optimierungsproblem zunächst für ein *zeitkontinuierliches* Filter. Nach einem Ansatz entsprechend dem Orthogonalitätstheorem (siehe Gleichung 5.23) werden wir eine Integralgleichung finden, die für ein nichtkausales Filter durch Fouriertransformation lösbar ist. Für ein kausales Filter erfordert die Lösung zunächst die Annahme einer Zusatzfunktion. Die hiermit formulierte Gleichung kann dann wieder transformiert werden. Im Frequenzbereich ist eine Zerlegung in kausale und antikausale Faktoren möglich. Nach Rücktransformation in den Zeitbereich, Trennen von kausalem und antikausalem Anteil und erneuter Transformation in den Frequenzbereich, erhält man schließlich den Frequenzgang des kausalen Optimalfilters.

8.2 Integralgleichung nach Wiener–Hopf

Der Formulierung des Optimierungsproblems liege wieder das Schema nach Abbildung 5.2 zugrunde, die hier wiederholt wird (siehe Abbildung 8.1).

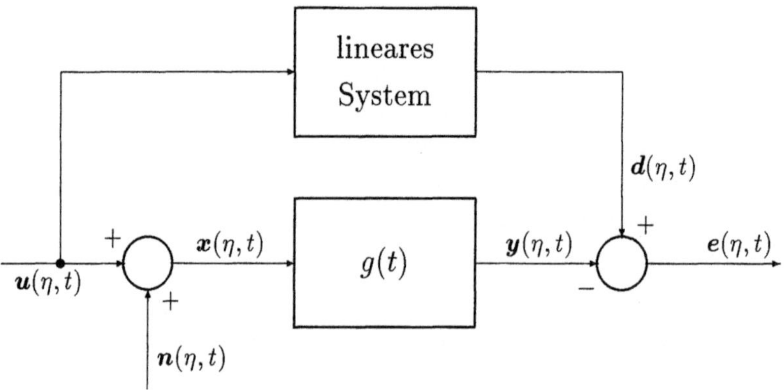

Abb. 8.1: Zur Optimierung eines linearen Systems (siehe auch Bild 5.2)

Es seien $u(\eta, t)$ eine reelle Nachricht und $n(\eta, t)$ eine reelle Störung, die durch verbunden stationäre Zufallsprozesse beschrieben werden. $u(\eta, t)$ und $n(\eta, t)$ seien mittelwertfrei:

$$m_u^{(1)} = \mathrm{E}\{u(\eta, t)\} = 0 \,, \tag{8.1}$$

$$m_n^{(1)} = \mathrm{E}\{n(\eta, t)\} = 0 \,. \tag{8.2}$$

Ferner sollen die Autokorrelationsfunktionen beider Prozesse und die Kreuzkorrelationsfunktion existieren:

$$s_{uu}(\tau) = \mathrm{E}\{u(\eta, t)\, u(\eta, t + \tau)\} \,, \tag{8.3}$$

$$s_{nn}(\tau) = \mathrm{E}\{n(\eta, t)\, n(\eta, t + \tau)\} \,, \tag{8.4}$$

$$s_{un}(\tau) = \mathrm{E}\{u(\eta, t)\, n(\eta, t + \tau)\} \,. \tag{8.5}$$

$x(\eta, t)$ sei der Eingangsprozeß des zu optimierenden linearen, zeitinvarianten Filters mit der Gewichtsfunktion $g(t)$. Nachricht und Störung überlagern sich additiv:

$$x(\eta, t) = u(\eta, t) + n(\eta, t) \,. \tag{8.6}$$

Die Gewichtsfunktion $g(t)$ des Filters soll so bestimmt werden, daß sein Ausgangsprozeß $y(\eta, t)$ einen Prozeß $d(\eta, t)$ möglichst gut im Sinne des *mittleren quadratischen Fehlers* wiedergibt (schätzt). $d(\eta, t)$ ist dabei ein Zufallsprozeß, der durch eine lineare Operation – in Abbildung 5.2 durch ein lineares System symbolisiert – aus der Nachricht $u(\eta, t)$ abgeleitet wird. Im einfachsten Fall kann $d(\eta, t) = u(\eta, t)$ sein. Wir entwerfen dann ein Filter, das ein Signal optimal von einer Störung trennt. Andere Annahmen für $d(\eta, t)$ können das auf der Zeitachse verschobene Signal, dessen Ableitung oder das Integral über das Signal sein. Der Schätzfehler sei $e(\eta, t)$:

$$e(\eta, t) = d(\eta, t) - y(\eta, t) \,. \tag{8.7}$$

Die Gewichtsfunktion $g(t)$ ist optimal, wenn der Erwartungswert des Quadrats dieses Fehlers minimal ist:

$$\overline{e_{min}^2(\eta, t)} = \mathrm{E}\{(d(\eta, t) - y_{opt}(\eta, t))^2\} = \mathrm{E}\{(d(\eta, t) - y(\eta, t))^2\}\Big|_{g(t) = g_{opt}(t)} \,. \tag{8.8}$$

Dabei gilt für den Filterausgang:

$$y(\eta, t) = \int_{-\infty}^{+\infty} g(u)\, x(\eta, t - u)\, du \,. \tag{8.9}$$

Unter diesen Annahmen sind die Voraussetzungen für die Anwendung des *Orthogonalitätstheorems* (siehe Gleichung 5.23) erfüllt: Bei optimalem Filter ist der Schätzfehler $e_{min}(\eta, t)$ orthogonal zu dem Filtereingang $x(\eta, t - u)$ für alle u, für die der Eingang den Fehler bei t beeinflußt. Welcher Wertebereich von u dies ist, hängt von der für das optimale Filter zugelassenen Gewichtsfunktion ab, wie man aus den Gleichungen 8.7 und 8.9 erkennen kann. Als Formel lautet das Orthogonalitätstheorem:

$$\mathrm{E}\{e_{min}(\eta, t)\, x(\eta, t - u)\} = 0$$

für alle u, für die $g_{opt}(u) \neq 0$ zugelassen ist. $\qquad\qquad$ (8.10)

Wir setzen hier die Gleichungen 8.7 und 8.9 ein:

$$\mathrm{E}\left\{\left(d(\eta, t) - \int_{-\infty}^{+\infty} g_{opt}(v)\, x(\eta, t - v)\, dv\right) x(\eta, t - u)\right\} = 0$$

für alle u, für die $g_{opt}(u) \neq 0$ zugelassen ist. $\qquad\qquad$ (8.11)

Mit

$$s_{xd}(\tau) = \mathrm{E}\{x(\eta, t)\, d(\eta, t + \tau)\} \qquad\qquad (8.12)$$

und nach Vertauschen der Reihenfolge von Integration und Erwartungswertbildung, erhält man daraus:

$$s_{xd}(u) - \int_{-\infty}^{+\infty} g_{opt}(v)\, s_{xx}(u - v)\, dv = 0$$

für alle u, für die $g_{opt}(u) \neq 0$ zugelassen ist. $\qquad\qquad$ (8.13)

Diese Gleichung bezeichnet man als *Wiener–Hopf–Integralgleichung*. Ihre linke Seite ist eine Funktion von u. Ihr Charakteristikum ist es, daß sie im allgemeinen *nur für bestimmte u* gilt. Folglich ist für alle anderen u der Wert der linken Seite unbekannt. Diese Eigenheit war bereits in Gleichung 7.27 aufgetreten. Unmittelbar lösbar ist die Integralgleichung dann, wenn $x(\eta, t)$ weiß ist:

$$s_{xx}(\tau) = S_x \delta(\tau)\ . \qquad\qquad (8.14)$$

Dies ist dann gegeben, wenn die Nachricht $u(\eta, t)$ und die Störung $n(\eta, t)$ weiß und untereinander unkorreliert sind. In diesem Fall ist dann auch

$$\begin{aligned}
s_{xd}(\tau) &= \mathrm{E}\{x(\eta, t)\, d(\eta, t + \tau)\} = \mathrm{E}\{(u(\eta, t) + n(\eta, t))\, d(\eta, t + \tau)\} \\
&= \mathrm{E}\{u(\eta, t)\, d(\eta, t + \tau)\} = s_{ud}(\tau),
\end{aligned} \qquad (8.15)$$

und Gleichung 8.13 lautet:

$$s_{xd}(u) - \int_{-\infty}^{+\infty} g_{opt}(v)\, S_x \delta(u-v)\, dv = 0$$

$$\text{für alle } u, \text{ für die } g_{opt}(u) \neq 0 \text{ zugelassen ist.} \tag{8.16}$$

Diese Gleichung kann unter Ausnutzung der Ausblendeigenschaft der δ–Distribution (siehe Gleichung 2.18) nach $g_{opt}(t)$ aufgelöst werden:

$$g_{opt}(t) = \frac{1}{S_x}\, s_{ud}(t) \qquad \text{für alle } t, \text{ für die } g_{opt}(t) \neq 0 \text{ zugelassen ist.} \tag{8.17}$$

Die optimale Gewichtsfunktion ist hier somit bis auf einen Faktor gleich der Kreuzkorrelierten zwischen der Nachricht und dem gewünschten Filterausgang. Ähnlich wie beim signalangepaßten Filter ist der Faktor $1/S_x$ nur bei physikalischer Betrachtung von Bedeutung, da er Gleichheit der Dimensionen auf beiden Seiten der Gleichung sichert.

In zwei Sonderfällen läß sich die optimale Gewichtsfunktion leicht angeben:

1. $\quad \boldsymbol{d}(\eta, t) = \boldsymbol{u}(\eta, t)$.

   In diesem Fall ist

   $$s_{xd}(\tau) = s_{uu}(\tau) \ .$$

   Der Eingangsprozeß ist aber weiß vorausgesetzt,

   $$s_{uu}(\tau) = S_u\, \delta(\tau) \ ,$$

   so daß die optimale Gewichtsfunktion einen frequenzunabhängigen Teiler beschreibt:

   $$g_{opt}(t) = \frac{S_u}{S_x}\, \delta(t) \ .$$

2. $\quad \boldsymbol{d}(\eta, t) = \int_{-\infty}^{t} \boldsymbol{u}(\eta, v)\, dv \ ,$

   d.h. der gewünschte Filterausgang ist das Integral des Signalprozesses. Es ist

   $$\begin{aligned}
   s_{xd} &= \mathrm{E}\{\boldsymbol{u}(\eta, t)\, \boldsymbol{d}(\eta, t + \tau)\} = \int_{-\infty}^{t+\tau} \mathrm{E}\{\boldsymbol{u}(\eta, t)\, \boldsymbol{u}(\eta, v)\}\, dv \\
   &= \int_{-\infty}^{t+\tau} s_{uu}(t - v)\, dv = \int_{-\infty}^{t+\tau} S_u\, \delta(t - v)\, dv \\
   &= \begin{cases} 0 & \tau < 0 \\ S_u & \tau \geq 0 \end{cases} \ .
   \end{aligned}$$

Damit wird

$$g_{opt}(t) = \begin{cases} 0 & t < 0 \\ \dfrac{S_u}{S_x} & t \geq 0 \end{cases} \; .$$

Dies beschreibt einen idealen Integrator, mit dem ein frequenzunabhängiger Teiler in Reihe geschaltet ist.

Wir werden nun die Integralgleichung 8.13 für zwei Fälle lösen: Zunächst verzichten wir auf die Kausalität des Filters und lassen folglich $g(t) \neq 0$ für *alle* t zu. Damit kann die Gleichung durch Fouriertransformation gelöst werden. Im zweiten Fall werden wir ein kausales Filter fordern und durch Annahme einer Hilfsfunktion die Integralgleichung lösen.

8.3   Nichtkausales Filter

8.3.1   Optimaler Frequenzgang

Bei einem nichtkausalen Filter kann die Gewichtsfunktion $g(t)$ für alle t von Null verschieden sein. Daher gilt die Integralgleichung 8.13 für alle u, und man kann die Fouriertransformation anwenden. Mit den Leistungsdichtespektren

$$S_{xd}(\omega) = \int_{-\infty}^{+\infty} s_{xd}(\tau) \, e^{-j\omega\tau} d\tau \, , \tag{8.18}$$

$$S_{xx}(\omega) = \int_{-\infty}^{+\infty} s_{xx}(\tau) \, e^{-j\omega\tau} d\tau \, , \tag{8.19}$$

und dem Frequenzgang

$$G_{opt}(j\omega) = \int_{-\infty}^{+\infty} g_{opt}(t) \, e^{-j\omega t} dt \, , \tag{8.20}$$

erhält man als Fouriertransformierte der Wiener–Hopf–Integralgleichung (siehe Gleichung 8.13)

$$\int_{-\infty}^{+\infty} \left[s_{xd}(u) - \int_{-\infty}^{+\infty} g_{opt}(u) \, s_{xx}(u - v) \, dv \right] e^{-j\omega u} \, du = 0 \; . \tag{8.21}$$

Diese Gleichung läßt sich wie folgt umformen:

$$\int_{-\infty}^{+\infty} s_{xd}(u) \, e^{-j\omega u} du - \int_{-\infty}^{+\infty} g_{opt}(v) \, e^{-j\omega v} \int_{-\infty}^{+\infty} s_{xx}(u - v) \, e^{-j\omega(u-v)} \, du \, dv = 0 \; . \tag{8.22}$$

Nach einer Substitution $u - v = w$ läßt sich das Doppelintegral als Produkt zweier Integrale schreiben und man erhält für den Frequenzgang des gesuchten nichtkausalen Optimalfilters:

$$G_{opt}(j\omega) = \frac{S_{xd}(\omega)}{S_{xx}(\omega)}. \qquad (8.23)$$

Hierbei ist $S_{xd}(\omega)$ das Kreuzleistungsdichtespektrum zwischen dem Filtereingang und dem aus der Nachricht linear abgeleiteten gewünschten Filterausgang (siehe Abbildung 8.1). Stellt man diesen Zusammenhang durch ein lineares Filter mit der Gewichtsfunktion $h(t)$ dar (siehe Abbildung 8.2), so gilt gemäß Gleichung 4.62:

$$S_{xd}(\omega) = H(j\omega)(S_{uu}(\omega) + S_{nu}(\omega)). \qquad (8.24)$$

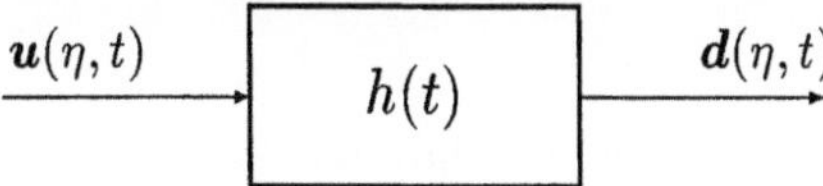

Abb. 8.2: Zusammenhang zwischen der Nachricht $u(\eta, t)$ und dem gewünschten Ausgang $d(\eta, t)$ des Optimalfilters

In Gleichung 8.23 eingesetzt, erhält man:

$$G_{opt}(j\omega) = H(j\omega)\frac{S_{uu}(\omega) + S_{nu}(\omega)}{S_{xx}(\omega)}. \qquad (8.25)$$

Der Frequenzgang des optimalen Filters entspricht damit dem Frequenzgang des Filters, das die gewünschte Umformung der Nachricht realisiert, bewertet aber mit einem frequenzabhängigen Faktor. Dieser enthält im Zähler die Summe aus dem Leistungsdichtespektrum der Nachricht und dem Kreuzleistungsdichtespektrum von Nachricht und Störung. Den Nenner bildet das Leistungsdichtespektrum der Summe aus Nachricht und Störung. Dies bedeutet, daß in denjenigen Frequenzbereichen, in denen die Leistung der Nachricht groß gegenüber der Leistung der Störung ist, $G_{opt}(j\omega)$ ungefähr gleich dem Frequenzgang $H(j\omega)$ ist und daß in Frequenzbereichen, in denen die Leistung der Störung gegenüber der Nachricht überwiegt, $G_{opt}(j\omega)$ gegen Null geht. Aus Gleichung 8.6 folgt für das Autoleistungsdichtespektrum des Filtereingangs:

$$S_{xx}(\omega) = S_{uu}(\omega) + S_{un}(\omega) + S_{nu}(\omega) + S_{nn}(\omega). \qquad (8.26)$$

Nimmt man vereinfachend an, daß Nachricht und Störung *orthogonal* zueinander sind, so entfallen die Kreuzleistungsdichtespektren. Vereinfacht man weiter, indem man zusätzlich annimmt, daß die Nachricht durch das Filter *nicht* verformt werden soll, so ist $H(j\omega) = 1$, und der Frequenzgang des Optimalfilters lautet:

$$G_{opt}(j\omega) = \frac{S_{uu}(\omega)}{S_{uu}(\omega) + S_{nn}(\omega)}\,. \tag{8.27}$$

Dies entspricht einem frequenzabhängigen Teiler im Verhältnis der mittleren Leistung der Nachricht $\boldsymbol{u}(\eta, t)$ zur Summe der mittleren Leistungen aus Nachricht $\boldsymbol{u}(\eta, t)$ und Störung $\boldsymbol{n}(\eta, t)$. Eine einfache lineare Umformung einer Nachricht $\boldsymbol{u}(\eta, t)$ ist eine *Verschiebung* auf der Zeitachse. In diesem Fall sind:

$$\boldsymbol{d}(\eta, t) = \boldsymbol{u}(\eta, t - t_0)\,, \tag{8.28}$$

$$h(t) = \delta(t - t_0)\,, \tag{8.29}$$

$$H(j\omega) = e^{-j\omega t_0}\,. \tag{8.30}$$

Die Gleichung für den Frequenzgang des Optimalfilters lautet dann:

$$G_{opt}(j\omega) = \frac{S_{uu}(\omega)}{S_{uu}(\omega) + S_{nn}(\omega)}\, e^{-j\omega t_0}\,. \tag{8.31}$$

Da das Optimalfilter nichtkausal ist, bedeutet eine gewünschte Verschiebung der Nachricht am Filterausgang nur eine Verschiebung der Gewichtsfunktion um t_0. Ist t_0 *positiv*, so erscheint die Nachricht am Filterausgang *verzögert*. Ist t_0 dagegen *negativ*, so wird vom Filter eine *Vorhersage* gefordert, die ein *nicht*kausales Filter leisten kann, da – dies bedeutet der Verzicht auf Kausalität im Ansatz dieses Filterentwurfs – das Filter die gesamte Zukunft des Eingangsprozesses kennt.

Beispiel 8.1 Zeitkontinuierliches nichtkausales Optimalfilter

Es seien $\boldsymbol{u}(\eta, t)$ eine Nachricht und $\boldsymbol{n}(\eta, t)$ eine additive Störung. Beide Prozesse seien orthogonal zueinander und verbunden stationär. Es gelte:

$$S_{uu}(\omega) = \frac{S_u}{1 + a^2\omega^2}\,, \qquad S_{nn}(\omega) = S_0\,.$$

Es sei ferner

$$\boldsymbol{d}(\eta, t) = \boldsymbol{u}(\eta, t - t_0)\,.$$

Dann lautet die Gleichung für den Frequenzgang des nichtkausalen Optimalfilters:

$$G_{opt}(j\omega) = \frac{S_{uu}(\omega)}{S_{uu}(\omega) + S_{nn}(\omega)}\, e^{-j\omega t_0} = \frac{S_u}{S_u + S_0 + a^2 S_0 \omega^2} e^{-j\omega t_0}\,.$$

Die Abbildung 8.3 zeigt die Leistungsdichtespektren von Signal und Störung und den Betrag des Frequenzgangs des zugehörigen optimalen Filters bei sehr starker Störung. Die Abbildung 8.4 zeigt die Leistungsdichtespektren des Signals sowie des Signals und der Störung am Ausgang des nichtkausalen Optimalfilters. Die Abbildungen 8.5 und 8.6 zeigen die selben Zusammenhänge bei schwacher Störung.

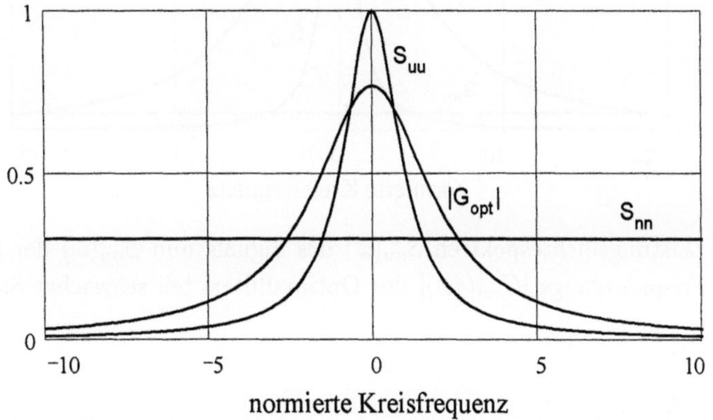

Abb. 8.3: Leistungsdichtespektren $S_{uu}(\omega)$ des Signals und $S_{nn}(\omega)$ der Störung und Betrag des Frequenzgangs $|G_{opt}(j\omega)|$ des Optimalfilters bei starker Störung (siehe Beispiel 8.1)

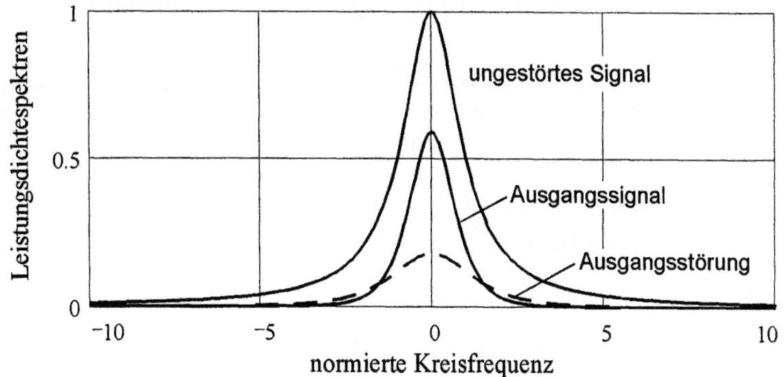

Abb. 8.4: Leistungsdichtespektren $S_{uu}(\omega)$ des Signals sowie des Signals und der Störung am Ausgang des Optimalfilters bei starker Störung (siehe Beispiel 8.1)

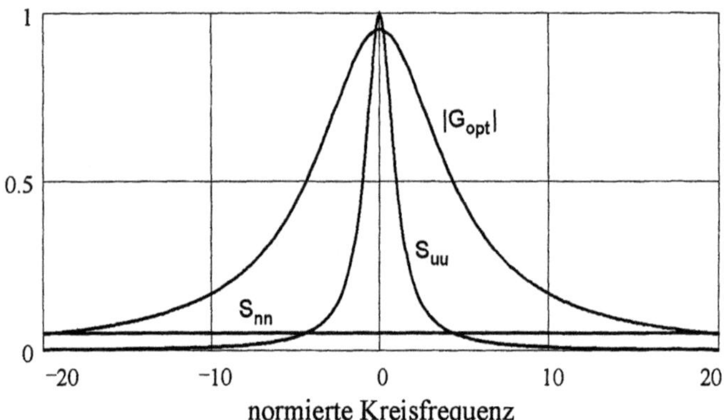

Abb. 8.5: Leistungsdichtespektren $S_{uu}(\omega)$ des Signals und $S_{nn}(\omega)$ der Störung und Betrag des Frequenzgangs $|G_{opt}(j\omega)|$ des Optimalfilters bei schwacher Störung (siehe Beispiel 8.1)

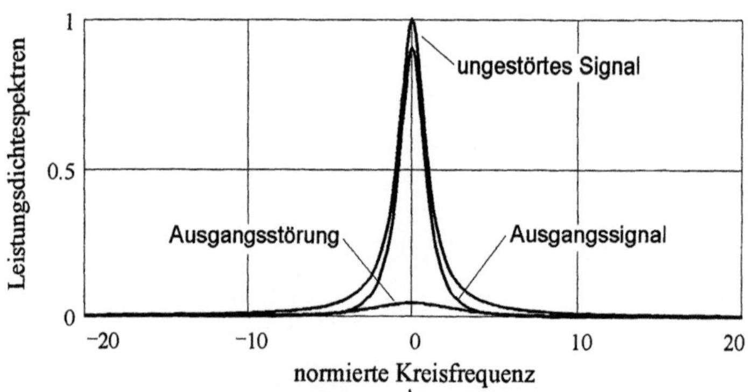

Abb. 8.6: Leistungsdichtespektren $S_{uu}(\omega)$ des Signals sowie des Signals und der Störung am Ausgang des Optimalfilters bei schwacher Störung (siehe Beispiel 8.1)

Der Ausdruck für den Frequenzgang des nichtkausalen Optimalfilters kann man wie folgt umformen:

$$G_{opt}(j\omega)\, e^{j\omega t_0} = \frac{2\alpha\beta}{\beta^2 + \omega^2} = \frac{\alpha}{\beta - j\omega} + \frac{\alpha}{\beta + j\omega},$$

mit den Abkürzungen

$$\alpha = \frac{1}{2a}\sqrt{\frac{S_u}{S_0}\frac{S_u}{S_u + S_0}}, \qquad \beta = \frac{1}{a}\sqrt{1 + \frac{S_u}{S_0}}.$$

Durch Fourierrücktransformation erhält man die Gewichtsfunktion:

$$g_{opt}(t + t_0) = \begin{cases} \alpha\,e^{\beta t} & t < 0 \\ \alpha\,e^{-\beta t} & t \geq 0 \end{cases}.$$

Schließlich folgt daraus:

$$g_{opt}(t) = \alpha\,e^{-\beta|t-t_0|}.$$

Diese Funktion ist symmetrisch zu $t = t_0$. Die Amplitude α strebt mit wachsendem S_0, d.h. mit wachsender Störung, gegen Null. Gleichzeitig strebt die Zeitkonstante $1/\beta$ gegen a. Nimmt dagegen die Störung ab, so wächst α und die Zeitkonstante $1/\beta$ strebt gegen Null. Im Grenzfall $S_0 = 0$ strebt die Gewichtsfunktion des Optimalfilters gegen

$$g_{opt}(t) = \delta(t - t_0),$$

der Gewichtsfunktion eines idealen Systems mit der Totzeit t_0. Die Abbildungen 8.7 und 8.8 zeigen die Gewichtsfunktion $g_{opt}(t)$ für den Fall einer Totzeit $(t_o > 0)$ und einer Prädiktion $(t_0 < 0)$.

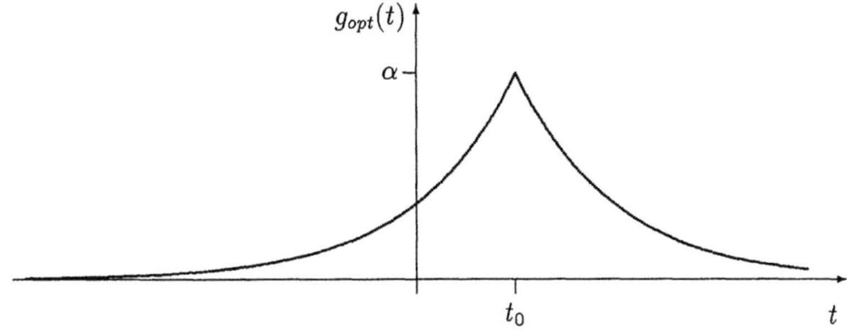

Abb. 8.7: Gewichtsfunktion des nichtkausalen Optimalfilters bei Totzeit $(t_0 > 0)$ (siehe Beispiel 8.1)

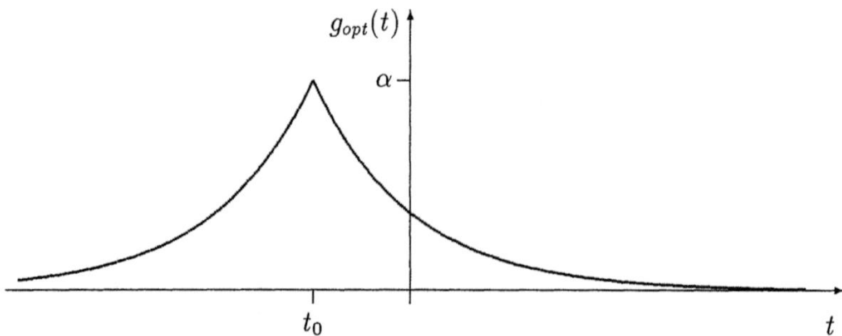

Abb. 8.8: Gewichtsfunktion des nichtkausalen Optimalfilters bei Prädiktion ($t_0 < 0$) (siehe Beispiel 8.1)

8.3.2   Minimaler mittlerer quadratischer Fehler

Ausgehend von Gleichung 8.8 berechnen wir nun den mittleren quadratischen Schätzfehler bei optimalem nichtkausalem Filter. Es gilt:

$$
\begin{aligned}
\overline{e^2_{min}(\eta,t)} &= \mathrm{E}\{(\boldsymbol{d}(\eta,t) - \boldsymbol{y}_{opt}(\eta,t))^2\} \\
&= \mathrm{E}\{(\boldsymbol{d}(\eta,t) - \int_{-\infty}^{+\infty} g_{opt}(u)\boldsymbol{x}(\eta,t-u)\,du)^2\}\,.
\end{aligned}
\tag{8.32}
$$

Dieser Ausdruck läßt sich vereinfachen. Hierzu formen wir ihn zunächst um:

$$
\begin{aligned}
\overline{e^2_{min}(\eta,t)} = E\{&(\boldsymbol{d}(\eta,t) - \int_{-\infty}^{+\infty} g_{opt}(u)\boldsymbol{x}(\eta,t-u)\,du)\,\boldsymbol{d}(\eta,t) \\
&- \int_{-\infty}^{+\infty} g_{opt}(u)(\boldsymbol{d}(\eta,t) - \int_{-\infty}^{+\infty} g_{opt}(v)\boldsymbol{x}(\eta,t-v)\,dv)\,\boldsymbol{x}(\eta,t-u)\,du\}\,.
\end{aligned}
\tag{8.33}
$$

Nun erfüllt aber der Erwartungswert über den zweiten Summanden genau die Orthogonalitätsbedingung für das optimale Filter (siehe Gleichung 8.11). Gleichung 8.33 vereinfacht sich daher zu:

$$
\begin{aligned}
\overline{e^2_{min}(\eta,t)} &= \mathrm{E}\{(\boldsymbol{d}(\eta,t) - \int_{-\infty}^{+\infty} g_{opt}(u)\,\boldsymbol{x}(\eta,t-u)\,du)\,\boldsymbol{d}(\eta,t)\} \\
&= s_{\boldsymbol{dd}}(0) - \int_{-\infty}^{+\infty} g_{opt}(u)\,s_{\boldsymbol{xd}}(u)\,du\,.
\end{aligned}
\tag{8.34}
$$

Die Größen auf der rechten Seite lassen sich nun durch ihre Fouriertransformierten ersetzen. Man erhält:

$$
\overline{e^2_{min}(\eta,t)} = \frac{1}{2\pi}\int_{-\infty}^{+\infty} (S_{\boldsymbol{dd}}(\omega) - G^*_{opt}(j\omega)S_{\boldsymbol{xd}}(\omega))\,d\omega\,.
\tag{8.35}
$$

Hier kann nun noch der optimale Frequenzgang eingesetzt werden (siehe Gleichung 8.23):

$$\overline{e_{min}^2(\eta,t)} = \frac{1}{2\pi} \int_{-\infty}^{+\infty} \left(S_{dd}(\omega) - \frac{S_{dx}(\omega)S_{xd}(\omega)}{S_{xx}(\omega)} \right) d\omega \,. \tag{8.36}$$

Dieser Ausdruck kann berechnet werden, ohne daß zuvor das optimale Filter bestimmt werden muß. Er gilt für das nichtkausale Filter. Läßt man jedoch eine beliebig große Totzeit zwischen der Nachricht und dem gewünschten Filterausgang zu (siehe hierzu Abbildung 8.7), so läßt sich die nichtkausale Gewichtsfunktion durch eine kausale Gewichtsfunktion beliebig gut annähern. Ein nach Gleichung 8.36 berechneter minimaler Schätzfehler stellt daher einen *unteren Grenzwert* auch für ein kausales Optimalfilter dar.

Drückt man nun wieder den Zusammenhang zwischen $u(\eta,t)$ und $d(\eta,t)$ durch ein lineares System mit dem Frequenzgang $H(j\omega)$ aus (siehe Abbildung 8.2), so folgt mit Gleichung 4.67,

$$S_{dd}(\omega) = |H(j\omega)|^2 S_{uu}(\omega) \,, \tag{8.37}$$

und Gleichung 8.26:

$$\overline{e_{min}^2(\eta,t)} = \frac{1}{2\pi} \int_{-\infty}^{+\infty} |H(j\omega)|^2 \frac{S_{uu}(\omega)S_{nn}(\omega) - S_{un}(\omega)S_{nu}(\omega)}{S_{uu}(\omega) + S_{un}(\omega) + S_{nu}(\omega) + S_{nn}(\omega)} \, d\omega \,. \tag{8.38}$$

Sind Nachricht und Störung schließlich orthogonal zueinander, so entfallen die Kreuzleistungsdichtespektren und der Ausdruck vereinfacht sich zu:

$$\overline{e_{min}^2(\eta,t)} = \frac{1}{2\pi} \int_{-\infty}^{+\infty} |H(j\omega)|^2 \frac{S_{uu}(\omega)S_{nn}(\omega)}{S_{uu}(\omega) + S_{nn}(\omega)} \, d\omega \,. \tag{8.39}$$

Unterscheiden sich $u(\eta,t)$ und $d(\eta,t)$ nur durch eine Zeitverschiebung, dann ist $|H(j\omega)| = 1$, und diese Verschiebung bleibt bei einem nichtkausalen Filter ohne Auswirkung auf den Schätzfehler.

In der Regel ist es zweckmäßig, Fehlerausdrücke zu normieren. Es bietet sich hier die mittlere Leistung des gewünschten Filterausgangs $d(\eta,t)$ an:

$$s_{dd}(0) = \frac{1}{2\pi} \int_{-\infty}^{+\infty} S_{dd}(\omega) \, d\omega = \frac{1}{2\pi} \int_{-\infty}^{+\infty} |H(j\omega)|^2 S_{uu}(\omega) \, d\omega \,. \tag{8.40}$$

Der minimale mittlere quadratische Fehler $\overline{e_{min}^2(\eta,t)}$ und $S_{dd}(0)$ unterscheiden sich somit nur durch den Faktor

$$0 \leq \frac{S_{nn}(\omega)}{S_{uu}(\omega) + S_{nn}(\omega)} \leq 1 \tag{8.41}$$

im Integranten. Für den normierten minimalen mittleren quadratischen Fehler gilt somit:

$$0 \le \frac{\overline{e_{min}^2(\eta, t)}}{s_{dd}(0)} \le 1 \ . \tag{8.42}$$

Beispiel 8.2 Minimaler Schätzfehler bei nichtkausalem Optimalfilter

Es gelten die Voraussetzungen und Ergebnisse von Beispiel 8.1.

Für den minimalen mittleren quadratischen Fehler erhält man daraus:

$$\overline{e_{min}^2(\eta, t)} = \frac{1}{2\pi} \int_{-\infty}^{+\infty} \frac{\frac{S_u}{1+a^2\omega^2} S_0}{\frac{S_u}{1+a^2\omega^2} + S_0} \, d\omega = \frac{S_u}{2a} \sqrt{\frac{S_0}{S_u + S_0}} \ .$$

Die mittlere Leistung des gewünschten Filterausgangs $d(\eta, t)$ ist gegeben durch $s_{dd}(0)$:

$$s_{dd}(0) = \mathrm{E}\{d^2(\eta, t)\} = \frac{1}{2\pi} \int_{-\infty}^{+\infty} S_{dd}(\omega) \, d\omega = \frac{1}{2\pi} \int_{-\infty}^{+\infty} |H(j\omega)|^2 S_{uu}(\omega) \, d\omega = \frac{S_u}{2a} \ .$$

Als normierten minimalen mittleren quadratischen Fehler erhält man daher:

$$\frac{\overline{e_{min}^2(\eta, t)}}{s_{dd}(0)} = \sqrt{\frac{S_0}{S_u + S_0}} \ .$$

Dieses Ergebnis läßt sich noch etwas verallgemeinern, wenn man für das Leistungsdichtespektrum der Nachricht $u(\eta, t)$ die folgende Form annimmt:

$$S_{uu}(\omega) = \frac{S_u}{1 + (a\,\omega)^{2m}} \ .$$

In diesem Fall konzentriert sich die Leistung der Nachricht mit wachsendem m im (Kreis–) Frequenzbereich $|a\,\omega| \le 1$ (siehe Abbildung 8.9). Man erhält dann:

$$\overline{e_{min}^2(\eta, t)} = \frac{1}{2\pi} \int_{-\infty}^{+\infty} \frac{\frac{S_u}{1+(a\,\omega)^{2m}} S_0}{\frac{S_u}{1+(a\,\omega)^{2m}} + S_0} \, d\omega = \frac{S_u}{2\,a\,m\,\sin\frac{\pi}{2m}} \left(\frac{S_0}{S_u + S_0}\right)^{1-\frac{1}{2m}} \ ,$$

$$s_{dd}(0) = s_{uu}(0) = \frac{1}{2\pi} \int_{-\infty}^{+\infty} \frac{S_u}{1 + (a\,\omega)^{2m}} \, d\omega = \frac{S_u}{2\,a\,m\,\sin\frac{\pi}{2m}} \ .$$

Für den normierten mittleren quadratischen Fehler gilt schließlich:

$$\frac{\overline{e_{min}^2(\eta, t)}}{s_{dd}(0)} = \left(\frac{S_0}{S_u + S_0}\right)^{1-\frac{1}{2m}} \ .$$

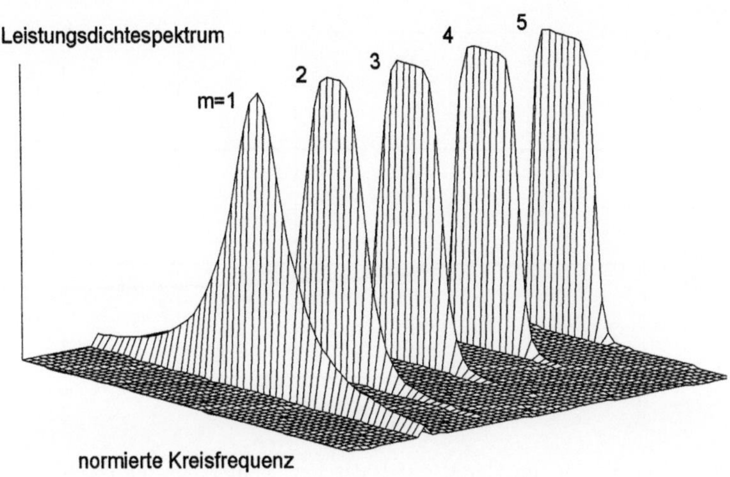

Abb. 8.9: Leistungsdichtespektren $S_{uu}(\omega)$ des Signals mit m als Parameter (siehe Beispiel 8.2)

Die normierten Fehlerwerte liegen zwischen $\sqrt{S_0/(S_u + S_0)}$ für $m = 1$ und $S_0/(S_u + S_0)$ für m gegen unendlich. Da ferner

$$0 \leq \frac{S_0}{S_u + S_0} \leq 1$$

gilt, führt die bereits genannte Konzentration der Leistung der Nachricht bei großem m zu einer Verkleinerung des normierten Fehlers. Die Abbildungen 8.10 und 8.11 zeigen den normierten mittleren quadratischen Fehler als Funktion von m für $S_u/S_0 = 10$ und $S_u/S_0 = 100$.

8.4   Kausales Filter

8.4.1   Optimaler Frequenzgang

Die Wiener–Hopf–Integralgleichung soll nun für ein *kausales* Optimalfilter gelöst werden. Dies bedeutet, daß wir $g_{opt}(t) = 0$ für alle $t < 0$ fordern. Damit gilt Gleichung 8.13 nur für $u \geq 0$. Um trotzdem zu einer Gültigkeit für alle u zu kommen und damit

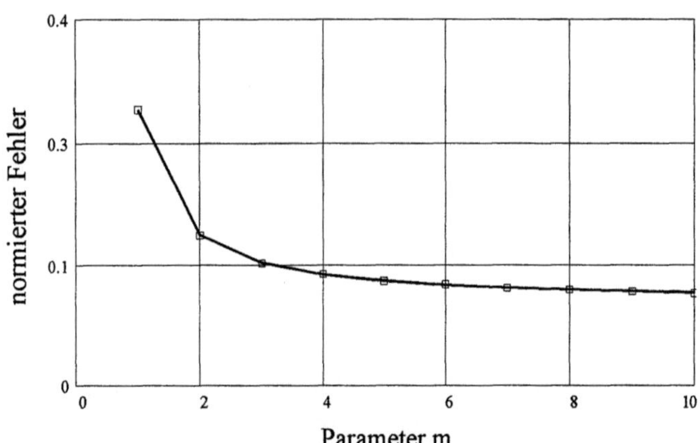

Abb. 8.10: Normierter mittlerer quadratischer Fehler als Funktion von m für $S_u/S_0 = 10$ (siehe Beispiel 8.2)

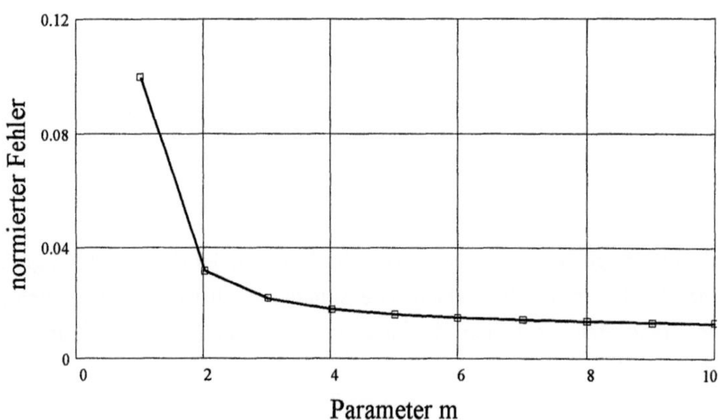

Abb. 8.11: Normierter mittlerer quadratischer Fehler als Funktion von m für $S_u/S_0 = 100$ (siehe Beispiel 8.2)

Transformationsverfahren anwenden zu können, führt man eine *Hilfsfunktion* $q(u)$ ein und schreibt:

$$s_{xd}(u) - \int_{-\infty}^{+\infty} g_{opt}(v)\, s_{xx}(u - v)\, dv = q(u) \quad \text{für alle } u \ . \tag{8.43}$$

Für diese Hilfsfunktion gilt nun:

$$
q(u) = \begin{cases} 0 & u \geq 0 \\ \text{unbekannt} & u < 0 \end{cases} .
\tag{8.44}
$$

Der Wert Null für $u \geq 0$ folgt aus dem Gültigkeitsbereich der Integralgleichung. Gleichung 8.43 kann nun transformiert werden. Wie beim Entwurf von Formfiltern (siehe Abschnitt 4.4.4.2) wenden wir auch hier die *zweiseitige Laplace–Transformation* an. Dies ist notwendig, da die zu transformierenden Funktionen für negative Argumente nicht verschwinden und wir eine Aussage über die Lage der Pole und Nullstellen dieser Funktionen in der komplexen Ebene benötigen. Wir transformieren die Gleichung somit in eine komplexe $s = \sigma + j\omega$–Ebene und nicht nur – wie bei der Fouriertransformation – auf die $j\omega$–Achse. Wir nehmen jedoch an, daß alle Funktionen derart sind, daß die $j\omega$–Achse im Konvergenzbereich der zweiseitigen Laplace–Transformation liegt. Für $s = j\omega$ stimmen dann Fouriertransformation und zweiseitige Laplace–Transformation überein. Für die zweiseitigen Laplace–Transformierten benutzen wir folgende Bezeichnungen:

$$
L_{G_{opt}}(s) = \int_{-\infty}^{+\infty} g_{opt}(t)\, e^{-st}\, dt \,,
\tag{8.45}
$$

$$
L_{H}(s) = \int_{-\infty}^{+\infty} h(t)\, e^{-st}\, dt \,,
\tag{8.46}
$$

$$
L_{Q}(s) = \int_{-\infty}^{+\infty} q(t)\, e^{-st}\, dt \,,
\tag{8.47}
$$

$$
L_{xx}(s) = \int_{-\infty}^{+\infty} s_{xx}(\tau)\, e^{-s\tau}\, d\tau \,,
\tag{8.48}
$$

$$
L_{xd}(s) = \int_{-\infty}^{+\infty} s_{xd}(\tau)\, e^{-s\tau}\, d\tau \,.
\tag{8.49}
$$

(Man vergleiche hierzu auch die Gleichungen 4.81, 4.82 und 4.83.) Für $s = j\omega$ gelten die den Gleichungen 4.84, 4.85 und 4.86 entsprechenden Zusammenhänge. Gleichung 8.43 lautet dann im s–Bereich:

$$
L_{xd}(s) - L_{G_{opt}}(s)\, L_{xx}(s) = L_{Q}(s) \,.
\tag{8.50}
$$

Diese Gleichung enthält nun *zwei* unbekannte Funktionen: die s–Übertragungsfunktion des gesuchten Optimalfilters $L_{G_{opt}}(s)$ und die zweiseitige Laplace–Transformierte $L_{Q}(s)$ der Zusatzfunktion $q(u)$. Man kommt trotzdem zu einer Lösung, wenn man Kenntnisse über die zugehörigen Zeitfunktionen ausnutzt:

$g_{opt}(t)$ ist kausal, d.h. $g_{opt}(t) = 0$ für $t < 0$,

$q(u)$ ist antikausal, d.h. $q(u) = 0$ für $u \geq 0$.

Für die weiteren Überlegungen nehmen wir an, daß die Funktionen $L_{G_{opt}}(s), L_{xx}(s)$ und $L_Q(s)$ in Gleichung 8.50 *gebrochen rationale Funktionen* in s seien. Dies bedeutet keine wesentliche Einschränkung der Allgemeinheit, da andere Funktionen durch gebrochen rationale Funktionen beliebig genau angenähert werden können, wobei allerdings die dafür benötigten Grade der Zähler- und Nennerpolynome hoch sein können. Aus den Kenntnissen über die Funktionen $g_{opt}(t)$ und $q(u)$ folgt dann für die zugehörigen Transformierten:

-   $L_{G_{opt}}(s)$ ist analytisch in der *rechten* s-Halbebene, d.h. seine Pole liegen in der linken s-Halbebene.

-   $L_Q(s)$ ist analytisch in der *linken* s-Halbebene, d.h. seine Pole liegen in der rechten s-Halbebene.

Zusätzlich benutzen wir die Tatsache, daß $L_{xx}(s)$ die Transformierte einer Autokorrelationsfunktion ist. Dies bedeutet, daß $L_{xx}(s)$ so in zwei Faktoren zerlegt werden kann,

$$L_{xx}(s) = \Phi(s)\,\Phi(-s)\,, \tag{8.51}$$

daß $\Phi(s)$ in der rechten s-Halbebene analytisch ist, d.h. Pole nur in der linken s-Halbebene aufweist. Die Rücktransformierte von $\Phi(s)$ ist dann eine *kausale* Funktion. Hat $L_{xx}(s)$ Nullstellen auf der $j\omega$-Achse, so müssen diese immer in geradzahliger Vielfalt vorkommen. Ohne $L_{xx}(s)$ wesentlich zu verändern, kann man diese Nullstellen je zur Hälfte geringfügig in Richtung $+\sigma$ und in Richtung $-\sigma$ verschieben, so daß eine Produktzerlegung von $L_{xx}(s)$ so möglich ist, daß $\Phi(s)$ Pole *und* Nullstellen nur in der *linken* s-Halbebene aufweist. Dies bedeutet, daß auch $1/\Phi(s)$ in der rechten s-Halbebene analytisch und somit seine Rücktransformierte kausal ist (siehe hierzu auch die Überlegungen in Abschnitt 4.4.4.2).

Wir betrachten nun Gleichung 8.50 nur noch für $s = j\omega$ und dividieren beide Seiten durch $\Phi(-j\omega)$, wobei wir für $L_{xd}(j\omega)$ wieder $S_{xd}(\omega)$ schreiben:

$$\frac{S_{xd}(\omega)}{\Phi(-j\omega)} - G_{opt}(j\omega)\,\Phi(j\omega) = \frac{Q(j\omega)}{\Phi(-j\omega)}\,. \tag{8.52}$$

Hierdurch sind nun zwei Ausdrücke entstanden, über deren Rücktransformierte man Aussagen machen kann:

-   $L_{G_{opt}}(s)\,\Phi(s)$ ist analytisch in der *rechten* s-Halbebene. Damit ist

$$a(t) = \frac{1}{2\pi} \int_{-\infty}^{+\infty} G_{opt}(j\omega)\,\Phi(j\omega)\,e^{j\omega t}d\omega \tag{8.53}$$

kausal, d.h. es ist

$$a(t) = 0 \qquad \text{für } t < 0\,. \tag{8.54}$$

- $Q(s)/\Phi(-s)$ ist analyisch in der *linken* s– Halbebene. Damit ist

$$b(t) = \frac{1}{2\pi} \int_{-\infty}^{+\infty} \frac{Q(j\omega)}{\Phi(-j\omega)}\, e^{j\omega t} d\omega \tag{8.55}$$

antikausal, d.h. es ist

$$b(t) = 0 \qquad \text{für } t \geq 0\,. \tag{8.56}$$

Keine derartige Aussage kann man über $L_{xd}(s)/\Phi(-s)$ machen. Damit kann

$$c(t) = \frac{1}{2\pi} \int_{-\infty}^{+\infty} \frac{S_{xd}(\omega)}{\Phi(-j\omega)} e^{j\omega t} d\omega \tag{8.57}$$

für alle Zeiten von Null verschieden sein. Man zerlegt daher $c(t)$ in zwei Funktionen $c_+(t)$ und $c_-(t)$ derart, daß die folgenden Bedingungen gelten:

$$c(t) = c_+(t) + c_-(t)\,, \tag{8.58}$$

$$c_+(t) = \begin{cases} c(t) & t \geq 0 \\ 0 & t < 0 \end{cases}, \tag{8.59}$$

$$c_-(t) = \begin{cases} 0 & t \geq 0 \\ c(t) & t < 0 \end{cases}. \tag{8.60}$$

Mit diesen Vereinbarungen lautet die Fourierrücktransformierte von Gleichung 8.52:

$$c_+(t) + c_-(t) - a(t) = b(t)\,. \tag{8.61}$$

Diese Gleichung gilt für alle t. Jede der darin auftretenden Funktionen verschwindet jedoch entweder für $t < 0$ oder für $t \geq 0$. Gleichung 8.61 läßt sich daher in *zwei Gleichungen* aufspalten:

$$c_+(t) = a(t)\,, \tag{8.62}$$

$$c_-(t) = b(t)\,. \tag{8.63}$$

Von diesen Gleichungen enthält nur 8.63 in $b(t)$ die in Gleichung 8.43 angenommene Hilfsfunktion $q(t)$ bzw. deren Fouriertransformierte $Q(j\omega)$. Der gesuchte Frequenzgang des kausalen Optimalfilters ist dagegen nur in Gleichung 8.62 in $a(t)$ enthalten. Für die weitere Rechnung wird nur diese Gleichung benötigt, und die Bestimmung von $q(t)$ kann hier entfallen.

Den gesuchten Frequenzgang $G_{opt}(j\omega)$ erhält man, wenn man Gleichung 8.62 wieder in den Frequenzbereich zurücktransformiert. Mit Gleichung 8.53 gilt:

$$G_{opt}(j\omega)\,\Phi(j\omega) = \int_{-\infty}^{+\infty} c_+(t)\,e^{-j\omega t}dt\,. \tag{8.64}$$

Mit Gleichung 8.59 folgt aber:

$$G_{opt}(j\omega)\,\Phi(j\omega) = \int_{0}^{\infty} c(t)\,e^{-j\omega t}dt\,. \tag{8.65}$$

Die Berechnung des Frequenzgangs des kausalen Optimalfilters verlangt daher, daß die Funktion $S_{xd}(\omega)/\Phi(-j\omega)$ zunächst in den Zeitbereich zurücktransformiert und dann anschließend der bei $t \geq 0$ liegende Anteil der Rücktransformierten wieder in den Frequenzbereich transformiert wird. Die Gleichung für den Frequenzgang des kausalen Optimalfilters lautet daher:

$$G_{opt}(j\omega) = \frac{1}{\Phi(j\omega)} \int_{0}^{\infty} \frac{1}{2\pi} \int_{-\infty}^{+\infty} \frac{S_{xd}(\nu)}{\Phi(-j\nu)}\,e^{j\nu t}d\nu\,e^{-j\omega t}dt\,. \tag{8.66}$$

Der optimale Frequenzgang läßt sich als Produkt aus zwei Funktionen darstellen. Wir kürzen diese mit $G_1(j\omega)$ und $C_+(j\omega)$ ab:

$$G_1(j\omega) = \frac{1}{\Phi(j\omega)}\,, \tag{8.67}$$

$$C_+(j\omega) = \int_{0}^{\infty} \frac{1}{2\pi} \int_{-\infty}^{+\infty} \frac{S_{xd}(\nu)}{\Phi(-j\nu)}\,e^{j\nu t}d\nu\,e^{-j\omega t}dt\,. \tag{8.68}$$

Somit kann das kausale Optimalfilter als Reihenschaltung aus zwei Filtern beschrieben werden, die beide kausal sind (siehe Abbildung 8.12):

$$G_{opt}(j\omega) = G_1(j\omega)\,C_+(j\omega)\,. \tag{8.69}$$

Bezeichnet man den Ausgangsprozeß des ersten und damit den Eingangsprozeß des zweiten Filters mit $z(\eta,t)$, so gilt für das Autoleistungsdichtespektrum $S_{zz}(\omega)$ dieses Prozesses gemäß Gleichung 4.64:

$$S_{zz}(\omega) = G_1(j\omega)\,G_1^*(j\omega)\,S_{xx}(\omega)\,. \tag{8.70}$$

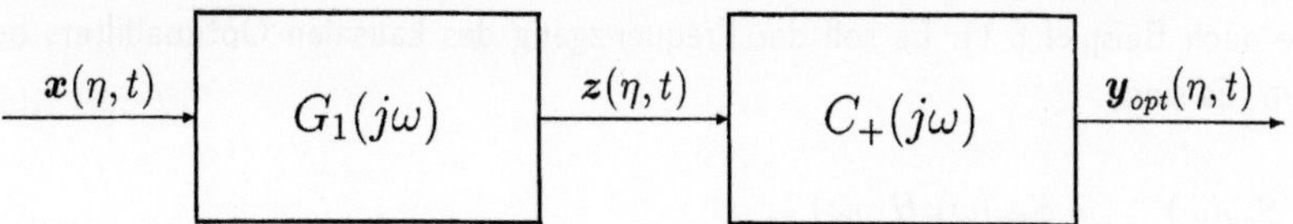

Abb. 8.12: Darstellung des kausalen Optimalfilters als Reihenschaltung aus zwei Filtern

Setzt man hier Gleichung 8.67 und Gleichung 8.51, die für $s = j\omega$

$$S_{xx}(\omega) = L_{xx}(j\omega) = \Phi(j\omega)\,\Phi(-j\omega)$$

lautet, ein, so erhält man:

$$S_{zz}(\omega) = 1\,. \tag{8.71}$$

Das erste Filter ist somit ein *Formfilter*, das den Eingangsprozeß $x(\eta, t)$ in einen *weißen Zufallsprozeß* $z(\eta, t)$ transformiert. Das zweite Filter mit dem Frequenzgang $C_+(j\omega)$ und gemäß Gleichung 8.64 der Gewichtsfunktion $c_+(t)$ wird von einem weißen Prozeß angeregt. Seine Kausalität wird dadurch erreicht, daß von der ursprünglich nichtkausalen Gewichtsfunktion $c(t)$ der nichtkausale Anteil abgeschnitten wird (siehe Gleichung 8.59). Dieser Vorgang ist vergleichbar der Konstruktion eines kausalen signalangepaßten Filters bei weißer Störung (siehe Gleichung 7.30).

Beispiel 8.3 Kausales Optimalfilter

Es seien $u(\eta, t)$ eine Nachricht und $n(\eta, t)$ eine additive Störung:

$$x(\eta, t) = u(\eta, t) + n(\eta, t)\,.$$

Nachricht und Störung seien orthogonal. Es gelte:

$$S_{uu}(\omega) = \frac{S_u}{1 + a^2\omega^2}\,, \qquad S_{nn}(\omega) = S_0\,.$$

Es sei ferner

$$d(\eta, t) = u(\eta, t - t_0)\,.$$

(Siehe auch Beispiel 8.1). Es soll der Frequenzgang des kausalen Optimalfilters bestimmt werden. Es sind:

$$S_{xd}(\omega) \quad = S_{uu}(\omega)\, H(j\omega)$$

$$= \frac{S_u}{1 + a^2\omega^2}\, e^{-j\omega t_0}\,,$$

$$S_{xx}(\omega) \quad = S_{uu}(\omega) + S_{nn}(\omega)$$

$$= \frac{S_u}{1 + a^2\omega^2} + S_0 = \frac{S_u + S_0 + S_0 a^2\omega^2}{1 + a^2\omega^2} = (S_u + S_0)\frac{1 + \gamma^2\omega^2}{1 + a^2\omega^2}\,,$$

$$\text{mit} \quad \gamma^2 \quad = \frac{S_0}{S_u + S_0}a^2 \le a^2\,.$$

$S_{xx}(\omega)$ wird so in zwei Faktoren zerlegt, daß $\Phi(j\omega)$ der Frequenzgang eines kausalen und phasenminimalen Filters ist, d.h. $\Phi(s)$ nur Pole und Nullstellen in der linken s–Halbebene enthält:

$$S_{xx}(\omega) \quad = \Phi(j\omega)\,\Phi(-j\omega) = \sqrt{S_u + S_0}\,\frac{1 + j\gamma\omega}{1 + ja\omega}\,\sqrt{S_u + S_0}\,\frac{1 - j\gamma\omega}{1 - ja\omega}\,,$$

$$\Phi(j\omega) = \sqrt{S_u + S_0}\,\frac{1 + j\gamma\omega}{1 + ja\omega}\,.$$

Damit lautet der Frequenzgang des kausalen Formfilters $G_1(j\omega)$:

$$G_1(j\omega) = \frac{1}{\sqrt{S_u + S_0}}\,\frac{1 + ja\omega}{1 + j\gamma\omega}\,.$$

Es wird nun der Integrand für die Rücktransformation berechnet:

$$\frac{S_{xd}(\omega)}{\Phi(-j\omega)} \quad = \frac{S_{uu}(\omega)}{\Phi(-j\omega)}\,e^{-j\omega t_0} = \frac{S_u}{1 + a^2\omega^2}\,\frac{1}{\sqrt{S_u + S_0}}\,\frac{1 - ja\omega}{1 - j\gamma\omega}\,e^{-j\omega t_0}$$

$$= \frac{S_u}{\sqrt{S_u + S_0}}\,\frac{e^{-j\omega t_0}}{(1 + ja\omega)(1 - j\gamma\omega)}$$

$$= \frac{S_u e^{-j\omega t_0}}{\sqrt{S_u + S_0}}\,\frac{1}{a + \gamma}\left[\frac{a}{1 + ja\omega} + \frac{\gamma}{1 - j\gamma\omega}\right].$$

Für die Rücktransformierte gilt:

$$c(t + t_0) = \frac{S_u}{\sqrt{S_u + S_0}}\,\frac{1}{a + \gamma}\begin{cases} e^{-t/a} & t \ge 0 \\[2mm] e^{t/\gamma} & t < 0 \end{cases}.$$

Für $c(t)$ folgt daraus schließlich (siehe Abbildung 8.13):

$$c(t) = \frac{S_u}{\sqrt{S_u + S_0}} \frac{1}{a+\gamma} \begin{cases} e^{-(t-t_0)/a} & t \geq t_0 \\ e^{(t-t_0)/\gamma} & t < t_0 \end{cases} .$$

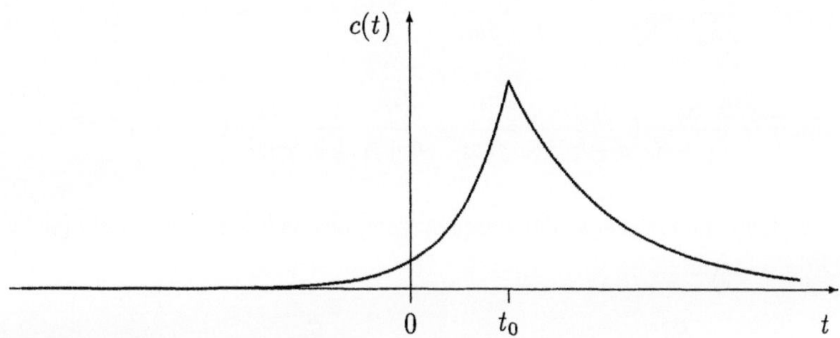

Abb. 8.13: Funktion $c(t)$ bei Totzeit ($t_0 > 0$) (siehe Beispiel 8.3)

Für die Rücktransformation des kausalen Anteils $c_+(t)$ unterscheiden wir drei Fälle:

1. $t_0 = 0$ (siehe Abbildung 8.14):

$$c_+(t) = \frac{S_u}{\sqrt{S_u + S_0}} \frac{1}{a+\gamma} e^{-t/a} \quad \text{für } t \geq 0 ,$$

$$C_+(j\omega) = \frac{S_u}{\sqrt{S_u + S_0}} \frac{a}{a+\gamma} \frac{1}{1+ja\omega} .$$

Zusammen mit $G_1(j\omega)$ erhält man:

$$\begin{aligned} G_{opt}(j\omega) &= \frac{S_u}{S_u + S_0} \frac{a}{a+\gamma} \frac{1}{1+j\gamma\omega} \\ &= \frac{S_u}{\sqrt{S_u + S_0} + \sqrt{S_0}} \frac{1}{1+j\gamma\omega} \frac{1}{\sqrt{S_u + S_0}} . \end{aligned}$$

2. $t_0 < 0$ (Prädiktion, siehe Abbildung 8.15):

$$c_+(t) = \frac{S_u}{\sqrt{S_u + S_0}} \frac{1}{a+\gamma} e^{-(t-t_0)/a} \quad \text{für } t \geq 0 ,$$

$$\begin{aligned} C_+(j\omega) &= \frac{S_u}{\sqrt{S_u + S_0}} \frac{a}{a+\gamma} \frac{e^{t_0/a}}{1+ja\omega} , \\ G_{opt}(j\omega) &= \frac{S_u}{S_u + S_0} \frac{a}{a+\gamma} \frac{e^{t_0/a}}{1+j\gamma\omega} , \end{aligned}$$

3. $t_0 > 0$ (Totzeit, siehe Abbildung 8.16):

$$c_+(t) = \frac{S_u}{\sqrt{S_u + S_0}} \frac{1}{a + \gamma} \begin{cases} e^{-(t-t_0)/a} & t \geq t_0 \\ e^{(t-t_0)/\gamma} & t < t_0 \end{cases}.$$

$$C_+(j\omega) = \frac{S_u}{\sqrt{S_u + S_0}} \frac{1}{a + \gamma}\left[\frac{ae^{-j\omega t_0}}{1 + ja\omega} - \frac{\gamma(e^{-t_0/\gamma} - e^{-j\omega t_0})}{1 - j\gamma\omega}\right],$$

$$G_{opt}(j\omega) = \frac{S_u}{S_u + S_0}\left[\frac{a}{a + \gamma} \frac{e^{-j\omega t_0}}{1 + j\gamma\omega} - \frac{\gamma}{a + \gamma} \frac{1 + ja\omega}{1 + \gamma^2\omega^2}(e^{-t_0/\gamma} - e^{-j\omega t_0})\right].$$

Für $t_0 \to \infty$ folgt daraus wieder der Frequenzgang des nichtkausalen Filters (siehe Beispiel 8.1):

$$G_{opt}(j\omega) = \frac{S_u}{S_u + S_0} \frac{1}{1 + \gamma^2\omega^2}e^{-j\omega t_0} = \frac{S_u}{S_u + S_0 + a^2 S_0\omega^2}e^{-j\omega t_0}.$$

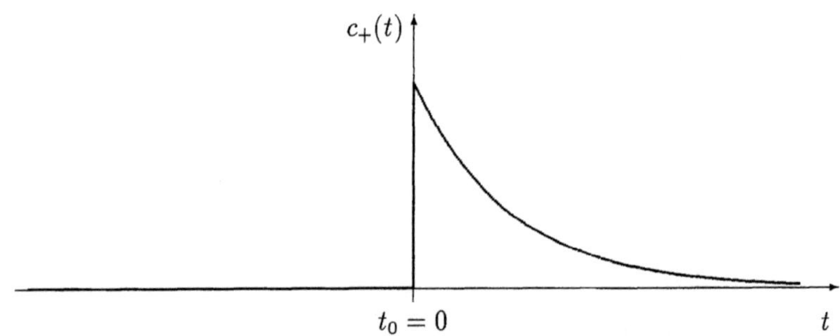

Abb. 8.14: Funktion $c_+(t)$ bei $t_0 = 0$ (siehe Beispiel 8.3)

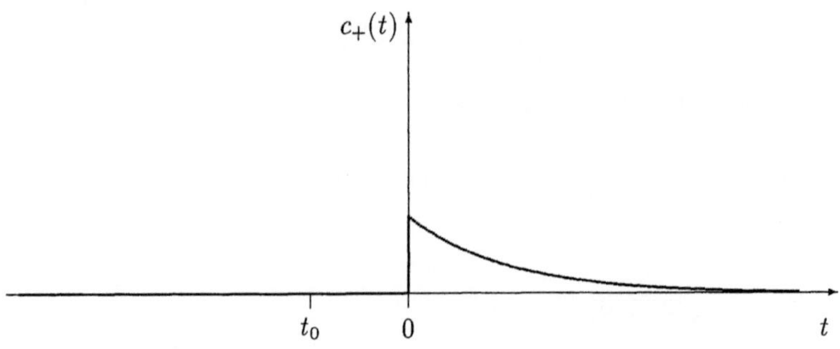

Abb. 8.15: Funktion $c_+(t)$ bei Prädiktion ($t_0 < 0$) (siehe Beispiel 8.3)

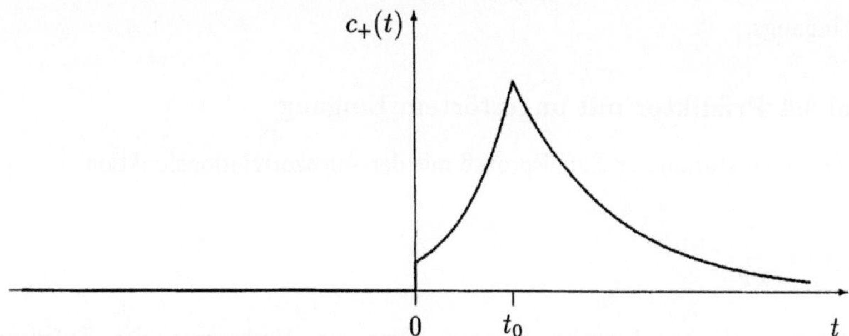

Abb. 8.16: Funktion $c_+(t)$ bei Totzeit ($t_0 > 0$) (siehe Beispiel 8.3)

Abschließend soll der Frequenzgang des kausalen Optimalfilters noch für den Sonderfall angegeben werden, daß Nachricht und Störung orthogonal sind und daß der gewünschte Filterausgang mit der um t_0 zeitverschobenen Nachricht übereinstimmt (siehe die Gleichungen 8.28, 8.29 und 8.30). Diese Annahme bedeutet, daß Nachricht und Störung aus Quellen kommen, die sich gegenseitig nicht beeinflussen und wenigstens die Störung mittelwertfrei ist. Darüberhinaus wird für den Frequenzgang eine Totzeit t_0 vorgeschrieben. In diesem Fall ist

$$S_{xd}(\omega) = S_{uu}(\omega)\, e^{-j\omega t_0}\,, \tag{8.72}$$

und Gleichung 8.66 lautet:

$$G_{opt}(j\omega) = \frac{1}{\Phi(j\omega)} \int_0^\infty \frac{1}{2\pi} \int_{-\infty}^{+\infty} \frac{S_{uu}(\nu)}{\Phi(-j\nu)}\, e^{j\nu(t-t_0)}\, d\nu\; e^{-j\omega t}\, dt\,. \tag{8.73}$$

Für $t_0 < 0$ beschreibt Gleichung 8.73 den kausalen Frequenzgang eines *Prädiktors* mit gestörtem Eingang. Setzt man

$$\boldsymbol{n}(\eta, t) = 0\,,$$

so erhält man daraus den Frequenzgang eines "reinen" Prädiktors. Es folgt aus Gleichung 8.26:

$$S_{xx}(\omega) = S_{uu}(\omega)\,.$$

Zusammen mit Gleichung 8.51 erhält man dann

$$S_{uu}(\omega) = \Phi(j\omega)\,\Phi(-j\omega)\,,$$

und Gleichung 8.73 vereinfacht sich zu

$$G_{opt}(j\omega) = \frac{1}{\Phi(j\omega)} \int_0^\infty \frac{1}{2\pi} \int_{-\infty}^{+\infty} \Phi(j\nu)\, e^{j\nu(t-t_0)}\, d\nu\; e^{-j\omega t}\, dt\,. \tag{8.74}$$

Für den Sonderfall $t_0 = 0$ wird $G_{opt}(j\omega) = 1$, das Filter bewirkt nur eine Durchschaltung seines Eingangs.

Beispiel 8.4 Prädiktor mit ungestörtem Eingang

Es sei $u(\eta, t)$ ein stationärer Zufallsprozeß mit der Autokorrelationsfunktion

$$s_{xx}(\tau) = \frac{S_0}{2T} e^{-|\tau|/T} .$$

Zu bestimmen sei ein kausales lineares Filter zur Vorhersage des Zufallsprozesses $u(\eta, t - t_0)$, $t_0 \leq 0$.

Man erhält für das Autoleistungsdichtespektrum:

$$S_{xx}(\omega) = S_{uu}(\omega) = \frac{S_0}{1 + \omega^2 T^2} .$$

Damit wird

$$\Phi(j\omega) = \frac{\sqrt{S_0}}{1 + j\omega T} ,$$

und es gilt im Zeitbereich:

$$c(t) = \frac{1}{2\pi} \int_{-\infty}^{+\infty} \frac{\sqrt{S_0}}{1 + j\omega T}\, e^{j\omega(t-t_0)} d\omega = \begin{cases} \dfrac{\sqrt{S_0}}{T}\, e^{t_0/T}\, e^{-t/T} & t \geq t_0 \\[2mm] 0 & t < t_0 \end{cases} .$$

Für den kausalen Anteil $c_+(t)$ folgt daraus:

$$c_+(t) = \begin{cases} \dfrac{\sqrt{S_0}}{T}\, e^{t_0/T} e^{-t/T} & t \geq 0 \\[2mm] 0 & t < 0 \end{cases} .$$

Diese Funktion wird in den Frequenzbereich zurücktransformiert:

$$C_+(j\omega) = \sqrt{S_0}\, e^{t_0/T} \frac{1}{1 + j\omega T} .$$

Die Funktionen $\Phi(j\omega)$ und $C_+(j\omega)$ unterscheiden sich somit nur durch den Faktor $e^{t_0/T} \leq 1$ (mit $t_0 \leq 0$). Damit werden:

$$G_{opt}(j\omega) = e^{t_0/T} , \qquad g_{opt}(t) = e^{t_0/T}\, \delta(t) .$$

Der Prädiktor ist in diesem Beispiel ein frequenzunabhängiger Teiler. Zur Erklärung dieses Ergebnisses können wir annehmen, daß der Zufallsprozeß $u(\eta, t)$ durch ein Formfilter erzeugt wird, das durch weißes Rauschen angeregt wird. Dieses Filter hat die Gewichtsfunktion

$$
g_F(t) = \begin{cases} 0 & t < 0 \\ \dfrac{1}{T}\, e^{-t/T} & t \geq 0 \end{cases}.
$$

Wird dieses Filter bei $t = 0$ durch einen Impuls $T\delta(t)$ angeregt, so ist sein Ausgang bei $t = -t_0$ (mit $t_0 < 0$) genau gleich $e^{t_0/T}$.

Die Gleichung 8.66 soll jetzt noch für den Fall der *linearen Signalwandlung* angegeben werden. In diesem Fall sei $d(\eta, t)$ durch eine lineare Operation aus $u(\eta, t)$ abgeleitet, die durch ein kausales Filter mit der Gewichtsfunktion $h(t)$ darstellbar sei (siehe auch Abbildung 8.2). Wir beschränken uns jedoch auf "zugelassene" Operationen, schließen also beispielsweise die Differentiation von weißem Rauschen aus. Nimmt man vereinfacht an, daß Nachricht und Störung wieder orthogonal sind, so folgt aus den Gleichungen 8.24 und 8.66:

$$
G_{opt}(j\omega) = \frac{1}{\Phi(j\omega)} \int_0^\infty \frac{1}{2\pi} \int_{-\infty}^{+\infty} \frac{S_{uu}(\nu)}{\Phi(-j\nu)}\, H(j\nu)\, e^{j\nu t}\, d\nu\, e^{-j\omega t}\, dt . \tag{8.75}
$$

Beispiel 8.5 Optimale Integration eines gestörten Zufallsprozesses

Es seien $u(\eta, t)$ und $n(\eta, t)$ stationäre zueinander orthogonale Zufallsprozesse:

$$
S_{uu}(\omega) = \frac{S_u}{1 + \omega^2 T^2} \quad \text{und} \quad S_{nn}(\omega) = S_0 .
$$

Zu bestimmen sei ein kausales Optimalfilter, das aus

$$
x(\eta, t) = u(\eta, t) + n(\eta, t)
$$

das Integral des Prozesses $u(\eta, t)$ schätzt.

Man erhält:

$$
L_{xx}(s) = \Phi(s)\Phi(-s) = (S_u + S_0)\, \frac{1 - s^2 \beta^2 T^2}{1 - s^2 T^2} ,
$$

mit der Abkürzung

$$
\beta^2 = \frac{S_0}{S_u + S_0} .
$$

Dann gilt für den kausalen und phasenminimalen Anteil:

$$\Phi(s) = \sqrt{S_u + S_0}\,\frac{1 + s\beta T}{1 + sT}\,.$$

Ferner sind:

$$L_{xu}(s) = \frac{S_u}{1 - s^2 T^2}\,,\quad L_H(s) = \frac{1}{sT}\,,\quad L_{xd}(s) = \frac{S_u}{1 - s^2 T^2}\,\frac{1}{sT}\,,$$

$$\frac{L_{xd}(s)}{\Phi(-s)} = \frac{S_u}{\sqrt{S_u + S_0}}\,\frac{1}{1 - s\beta T}\,\frac{1}{1 + sT}\,\frac{1}{sT} = \frac{S_u}{\sqrt{S_u + S_0}}\left(\frac{1 + \frac{\beta}{1+\beta}sT}{(1 + sT)sT} + \frac{\frac{\beta^2}{1+\beta}}{1 - s\beta T}\right).$$

Der Frequenzgang des optimalen Integrators enthält neben $1/\Phi(j\omega)$ nur noch den kausalen Anteil von $L_{xd}(j\omega)/\Phi(-j\omega)$. Man erhält:

$$G_{opt}(j\omega) = \frac{S_u}{S_u + S_0}\,\frac{1 + j\omega\frac{\beta}{1+\beta}T}{1 + j\omega\beta T}\,\frac{1}{j\omega T}$$

(siehe Abbildung 8.17). Der optimale Integrator läßt sich damit als Reihenschaltung aus einem idealen Integrator mit dem Frequenzgang

$$\frac{1}{j\omega T}$$

und einem Filter mit dem Frequenzgang

$$\frac{S_u}{S_u + S_0}\,\frac{1 + j\omega\frac{\beta}{1+\beta}T}{1 + j\omega\beta T}$$

darstellen. Bei fehlender Störung sind $S_0 = 0$ und folglich auch $\beta = 0$, und das zweite Filter entfällt. Bei vorhandener Störung nimmt der Betrag seines Frequenzgangs mit wachsender Frequenz gegen einen von Null verschiedenen Grenzwert ab.

8.4.2   Minimaler mittlerer quadratischer Fehler

Zur Berechnung des mittleren quadratischen Fehlers bei *kausalem* Optimalfilter kann man von Gleichung 8.35 ausgehen, die noch für nichtkausales und kausales Filter gilt. Den Frequenzgang des kausalen Optimalfilters $G_{opt}(j\omega)$ haben wir dargestellt durch das Produkt aus zwei Frequenzgängen $G_1(j\omega)$ und $C_+(j\omega)$ (siehe Gleichung 8.69), wobei $C_+(j\omega)$ die Fouriertransformierte von $c_+(t)$ ist (siehe die Gleichungen 8.57 und 8.59). Dies alles in Gleichung 8.35 eingesetzt, ergibt:

$$\overline{e^2_{min}(\eta, t)}\Big|_{kausal} = \frac{1}{2\pi}\int_{-\infty}^{+\infty} \left(S_{dd}(\omega) - G_1^*(j\omega)\,C_+^*(j\omega)\,S_{xd}(\omega)\right)d\omega\,. \tag{8.76}$$

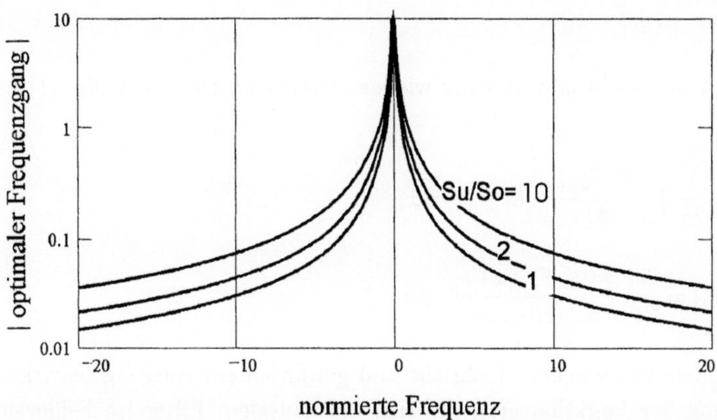

Abb. 8.17: Betrag des Frequenzgangs eines optimalen Integrators bei gestörtem Eingang mit S_u/S_0 als Parameter (siehe Beispiel 8.5)

Um den Zusammenhang mit dem minimalen mittleren quadratischen Fehler bei nichtkausalem Filter zu zeigen, stellen wir $C_+(j\omega)$ dar als

$$
\begin{aligned}
C_+(j\omega) &= C(j\omega) - C_-(j\omega) = \int_{-\infty}^{+\infty} c(t)\, e^{-j\omega t} dt - \int_{-\infty}^{0} c(t)\, e^{-j\omega t} dt \\
&= \frac{S_{xd}(\omega)}{\Phi(-j\omega)} - \int_{-\infty}^{0} c(t)\, e^{-j\omega t} dt\,.
\end{aligned}
\tag{8.77}
$$

Die letzte Umformung geht aus Gleichung 8.57 hervor. Dies kann nun in die Gleichung für den Fehler eingesetzt werden:

$$
\begin{aligned}
\overline{e^2_{min}(\eta,t)}\Big|_{kausal} &= \frac{1}{2\pi} \int_{-\infty}^{+\infty} \left(S_{dd}(\omega) - \frac{S_{dx}(\omega)S_{xd}(\omega)}{S_{xx}(\omega)} \right) d\omega \\
&\quad + \frac{1}{2\pi} \int_{-\infty}^{+\infty} \int_{-\infty}^{0} c(t) \frac{S_{xd}(\omega)}{\Phi(-j\omega)}\, e^{j\omega t} dt\, d\omega \\
&= \overline{e^2_{min}(\eta,t)}\Big|_{nichtkausal} + \int_{-\infty}^{0} c^2(t) dt\,.
\end{aligned}
\tag{8.78}
$$

Man erhält so eine Summe aus dem Fehler bei nichtkausalem Optimalfilter (siehe Gleichung 8.36) und einem nichtnegativen Summanden. Dies zeigt, daß der Fehler bei nichtkausalem Optimalfilter ein *unterer Grenzwert* für den Fehler bei kausalem Filter ist.

Nur wenn $c(t)$ für negative Werte von t merklich von Null verschieden ist, liegt der minimale mittlere quadratische Fehler bei kausalem Optimalfilter wesentlich über diesem Grenzwert. Erkennbar ist dies an dem Anteil von $c(t)$, der beim Übergang zu $c_+(t)$

abgeschnitten werden muß. Dieser Anteil ist umso kleiner, je größer die zugelassene Totzeit t_0 ist. Dies sei nun auch in Formelausdrücken gezeigt. Es gelte wieder

$$\boldsymbol{d}(\eta,t) = \boldsymbol{u}(\eta, t - t_0) \,.$$

Ferner seien Nachricht und Störung wieder orthogonal. Dann gilt für $c(t)$ gemäß Gleichung 8.57:

$$c(t) = \frac{1}{2\pi} \int_{-\infty}^{+\infty} \frac{S_{uu}(\omega)}{\Phi(-j\omega)} e^{j\omega(t-t_0)} d\omega \,,$$

$$c(t + t_0) = \frac{1}{2\pi} \int_{-\infty}^{+\infty} \frac{S_{uu}(\omega)}{\Phi(-j\omega)} e^{j\omega t} d\omega \,. \tag{8.79}$$

Eine Verschiebung zwischen Nachricht und gewünschtem Ausgang bewirkt somit eine Verschiebung der Funktion $c(t)$, die sich bei kausalem Filter im Fehlerausdruck als Veränderung der oberen Integralgrenze darstellen läßt:

$$\overline{e_{min}^2(\eta,t)}\Big|_{kausal} = \overline{e_{min}^2(\eta,t)}\Big|_{nichtkausal} + \int_{-\infty}^{-t_0} c^2(t + t_0)\, dt \,. \tag{8.80}$$

Die Funktion $c(t + t_0)$ ist nach Gleichung 8.79 unabhängig von t_0. Gleichung 8.80 zeigt daher, daß der Fehler mit wachsender Totzeit monoton abnimmt und bei $t_0 \to \infty$ den Wert des nichtkausalen Filters erreicht. Andererseits nimmt der Fehler mit wachsender Prädiktionszeit ($t_0 < 0$) monoton bis zum Wert der mittleren Leistung der Nachricht zu.

Beispiel 8.6 Minimaler Schätzfehler bei kausalem Optimalfilter

Es gelten die Voraussetzungen und Ergebnisse der Beispiele 8.2 und 8.3. Für das nichtkausale Optimalfilter ist der normierte mittlere quadratische Fehler gegeben durch

$$\frac{\overline{e_{min}^2(\eta,t)}}{s_{dd}(0)}\Bigg|_{nichtkausal} = \sqrt{\frac{S_0}{S_u + S_0}} \,.$$

Die Gleichung für die Funktion $c(t + t_0)$ lautet:

$$c(t + t_0) = \frac{S_u}{\sqrt{S_u + S_0}} \frac{1}{a + \gamma} \begin{cases} e^{-t/a} & t \geq 0 \\[2mm] e^{t/\gamma} & t < 0 \end{cases} \,.$$

Dann erhält man für das ebenfalls auf die Leistung der Nachricht normierte Quadrat dieser Funktion:

$$\frac{c^2(t + t_0)}{s_{dd}(0)} = \frac{S_u}{S_u + S_0} \frac{2a}{(a + \gamma)^2} \begin{cases} e^{-2t/a} & t \geq 0 \\[2mm] e^{2t/\gamma} & t < 0 \end{cases} \,.$$

Für das Integral über diese Funktion folgt:

$$\int_{-\infty}^{-t_0} \frac{c^2(t+t_0)}{s_{dd}(0)}\, dt = \frac{S_u}{S_u + S_0}\, \frac{a}{(a+\gamma)^2} \begin{cases} \gamma e^{-2t_0/\gamma} & t_0 \geq 0 \\[2mm] \gamma + a(1 - e^{2t_0/a}) & t_0 < 0 \end{cases}.$$

Als Grenzwert für $t_0 = -\infty$ erhält man:

$$\int_{-\infty}^{-t_0} \frac{c^2(t+t_0)}{s_{dd}(0)}\, dt = \frac{S_u}{S_u + S_0}\, \frac{a}{a+\gamma} = 1 - \sqrt{\frac{S_0}{S_u + S_0}}.$$

Damit wird in diesem Grenzfall der normierte Fehler nach Gleichung 8.80 gleich Eins. Die Abbildungen 8.18 und 8.19 zeigen zwei Beispiele des normierten mittleren quadratischen Fehlers als Funktion von t_0/a. Parameter ist der Quotient S_u/S_0.

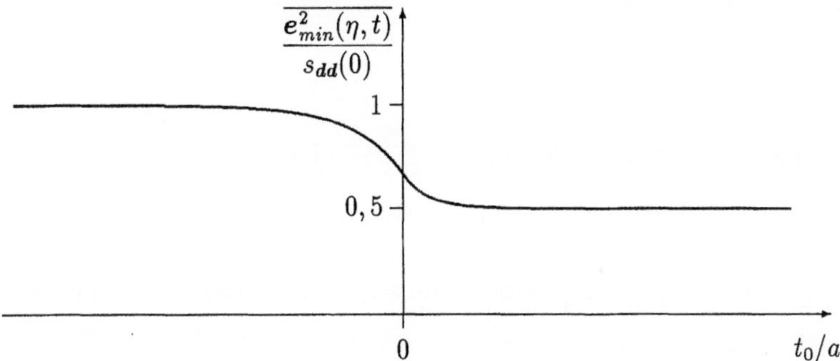

Abb. 8.18: Normierter minimaler mittlerer quadratischer Fehler bei kausalem Optimalfilter als Funktion von t_0/a für $S_u/S_0 = 3$ (siehe Beispiel 8.6)

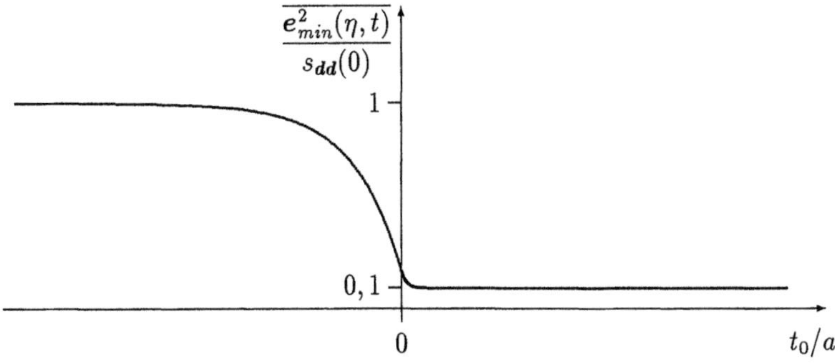

Abb. 8.19: Normierter minimaler mittlerer quadratischer Fehler bei kausalem Optimalfilter als Funktion von t_0/a für $S_u/S_0 = 99$ (siehe Beispiel 8.6)

8.5   Optimalfilter für pulsamplitudenmodulierte Signale

Ein einfaches Verfahren für die Übertragung von Daten benutzt als Sendesignal eine Folge äquidistanter Impulse, deren Amplituden mit den Datenwerten moduliert (=multipliziert) sind. Man nennt dieses Verfahren *Pulsamplitudenmodulation* (PAM). Mit den Mitteln der statistischen Signaltheorie lassen sich Daten als zeitdiskreter Zufallsprozeß beschreiben. Ein PAM–Signal kann dann ebenfalls als Zufallsprozeß dargestellt werden:

$$\boldsymbol{u}(\eta, t) = \sum_{k=-\infty}^{+\infty} \boldsymbol{a}(\eta, k) \, s(t - kT). \tag{8.81}$$

Hierbei ist $\boldsymbol{a}(\eta, k)$ ein zeitdiskreter Prozeß, der die Daten repräsentiert, und $s(t)$ ein Impuls, dessen Amplitude entsprechend den zu übertragenden Daten moduliert wird. Die Summe

$$\sum_{k=-\infty}^{+\infty} s(t - kT)$$

bedeutet, daß $s(t)$ periodisch im Abstand T wiederholt wird.

Wir werden hier vereinfachend annehmen, daß $\boldsymbol{a}(\eta, k)$ ein *reeller* Zufallsprozeß und $s(t)$ ein *reellwertiger* Impuls sind. Im einfachsten Fall sind $\boldsymbol{a}(\eta, k)$ ein binärer Zufallsprozeß, der nur die Werte $+1$ und -1 annimmt, und $s(t)$ ein rechteckförmiger Impuls der Dauer T:

$$s(t) = \begin{cases} 1 & 0 \leq t < T \\ 0 & \text{sonst} \end{cases} .$$

Im Hinblick auf die benötigte Übertragungsbandbreite besser geeignet sind "abgerundete" Impulse, beispielsweise in der Form

$$s(t) = \begin{cases} \sin^2 \dfrac{\pi\, t}{T} & 0 \leq t < T \\ 0 & \text{sonst} \end{cases} .$$

Besonders günstig wäre ein Impuls $s(t)$ in der Form

$$s(t) = \frac{\sin \pi \left(\frac{t}{T} - \frac{1}{2} \right)}{\pi \left(\frac{t}{T} - \frac{1}{2} \right)} .$$

Das Fourierspektrum dieses Impulses ist auf den Bereich $-\frac{\pi}{T} \leq \omega \leq \frac{\pi}{T}$ beschränkt. Der Impuls selbst hat bei $t = T/2$ den Wert Eins und bei $t = T/2 + lT$ den Wert Null für alle von Null verschiedenen l. Dies bedeutet, daß bei diesen (Abtast-) Zeitpunkten keine Störung durch Impulse $s(t - kT)$ eintritt. Nachteilig ist bei dieser Impulsform, daß sie im Zeitbereich unendlich weit ausgedehnt ist und nur mit dem Faktor $1/t$ gegen Null abklingt.

Für die Beschreibung moderner Übertragungsverfahren benutzt man hier auch komplexe Größen: Man spricht dann von *Quadraturverfahren*, beispielsweise von Quadraturamplitudenmodulation (QAM). Hier ist $\boldsymbol{a}(\eta, k)$ ein komplexer Zufallsprozeß, der beispielsweise die Werte eines regelmäßigen Rasters annehmen kann (siehe Abbildung 8.20). Eine sog. *Vierphasenmodulation* liegt vor, wenn $\boldsymbol{a}(\eta, k)$ nur die Werte 1, j, -1 und $-j$ oder die um 45° dazu gedrehten Werte annehmen darf (siehe Abbildung 8.21).

Wir nehmen weiter an, daß $\boldsymbol{a}(\eta, k)$ ein *stationärer* Zufallsprozeß ist. Für den das

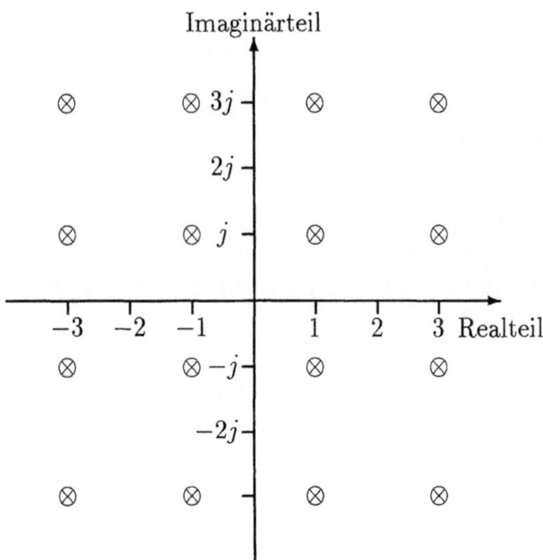

Abb. 8.20: Mögliche Signalwerte bei einem QAM–Verfahren

PAM–Signal beschreibenden Prozeß $\boldsymbol{u}(\eta, t)$ gelten dann:

$$
\begin{aligned}
m_{\boldsymbol{u}}^{(1)}(t) \;&= \mathrm{E}\{\boldsymbol{u}(\eta, t)\} = \mathrm{E}\{ \sum_{k=-\infty}^{+\infty} \boldsymbol{a}(\eta, k)\, s(t - kT)\} \\
&= m_{\boldsymbol{a}}^{(1)} \sum_{k=-\infty}^{+\infty} s(t - kT)\,,
\end{aligned}
\tag{8.82}
$$

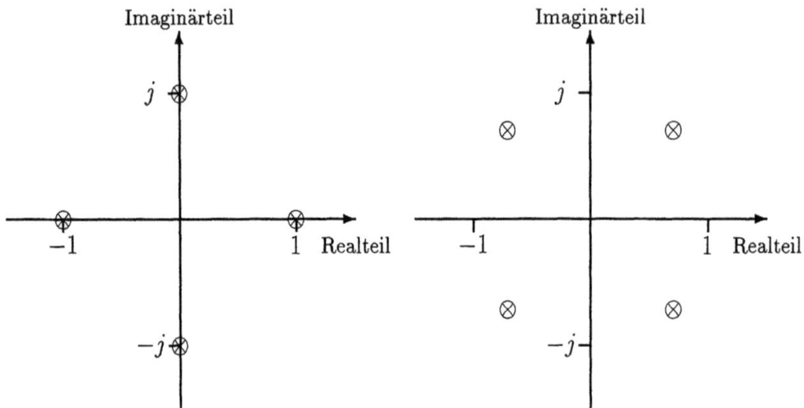

Abb. 8.21: Mögliche Signalwerte bei Vierphasenmodulationsverfahren

$$
\begin{aligned}
s_{uu}(t_1, t_2) \;&= \mathrm{E}\{\boldsymbol{u}(\eta, t_1)\boldsymbol{u}(\eta, t_2)\} \\[2mm]
&= \mathrm{E}\{\sum_{k_1=-\infty}^{+\infty} \sum_{k_2=-\infty}^{+\infty} \boldsymbol{a}(\eta, k_1)\,\boldsymbol{a}(\eta, k_2)\, s(t_1 - k_1 T)\, s(t_2 - k_2 T)\} \quad (8.83)\\[2mm]
&= \sum_{k_1=-\infty}^{+\infty} \sum_{k_2=-\infty}^{+\infty} s_{aa}(k_1 - k_2)\, s(t_1 - k_1 T)\, s(t_2 - k_2 T)\,.
\end{aligned}
$$

Für $s(t)$ müssen wir hier annehmen, daß es so beschaffen ist, daß die angegebenen Summen konvergieren. Dies ist dann gegeben, wenn $s(t)$ außerhalb eines Intervalls der Dauer T hinreichend schnell auf Null abklingt. Besonders einfach werden die Ausdrücke, wenn $s(t)$ nur für eine Dauer kleiner als T von Null verschieden ist. In diesem Fall überlagern sich im Abstand T gesendete Impulse nicht, und es tritt folglich keine Störung durch aufeinanderfolgende Impulse auf.

Von besonderen Impulsen $s(t)$ abgesehen, ist $\boldsymbol{u}(\eta, t)$ *kein* stationärer Zufallsprozeß, denn sein linearer Mittelwert hängt von t und seine Autokorrelationsfunktion von t_1 und t_2 (und nicht nur von $t_2 - t_1$) ab. Ersetzt man jedoch t durch $t + lT$, so gilt für den Mittelwert:

$$
\begin{aligned}
m_{\boldsymbol{u}}^{(1)}(t + lT) \;&= m_{\boldsymbol{a}}^{(1)} \sum_{k=-\infty}^{+\infty} s(t - (k - l)T) \\[2mm]
&= m_{\boldsymbol{a}}^{(1)} \sum_{k=-\infty}^{+\infty} s(t - kT) = m_{\boldsymbol{u}}^{(1)}(t)\,.
\end{aligned}
\qquad (8.84)
$$

Bei der Autokorrelationsfunktion kann man t_1 durch t_1+lT und t_2 durch t_2+lT ersetzen. Man erhält dann:

$$
\begin{aligned}
s_{uu}&(t_1 + lT, t_2 + lT) \\
&= \sum_{k_1=-\infty}^{+\infty} \sum_{k_2=-\infty}^{+\infty} s_{aa}(k_1 - k_2)\, s(t_1 - (k_1 - l)T)\, s(t_2 - (k_2 - l)T) \\
&= \sum_{k_1=-\infty}^{+\infty} \sum_{k_2=-\infty}^{+\infty} s_{aa}(k_1 - k_2)\, s(t_1 - k_1 T)\, s(t_2 - k_2 T) \\
&= s_{uu}(t_1, t_2)
\end{aligned}
\tag{8.85}
$$

Bei dieser Umformung wurden für $k_1 - l$ wieder k_1 und für $k_2 - l$ wieder k_2 substituiert. Die Summationsgrenzen verändern sich dadurch nicht. Der lineare Mittelwert und die Autokorrelationsfunktion sind somit periodisch mit der Periode T. Damit liegt ein Sonderfall einer Instationarität vor: Man nennt Prozesse mit der beschriebenen Eigenschaft *periodisch stationär* oder *zyklisch stationär*. Da wir dies in diesem Fall nur für den linearen Mittelwert und die Autokorrelationsfunktion gezeigt haben, müssen wir von (mindestens) *schwacher* zyklischer Stationarität sprechen. Tastet man einen zyklisch stationären Zufallsprozeß im Abstand seiner Periodendauer ab, so ist der so gewonnene zeitdiskrete Prozeß *stationär*:

$$
v(\eta, k) = u(\eta, kT + \tau_0)\,.
\tag{8.86}
$$

Hierbei ist τ_0 eine feste Zeitverschiebung, die zweckmäßigerweise auf Werte zwischen Null und T beschränkt wird:

$$
0 \leq \tau_0 < T \ .
$$

Es gelten für den linearen Mittelwert und die Autokorrelationsfunktion des Prozesses $v(\eta, k)$:

$$
\begin{aligned}
m_v^{(1)} &= \mathrm{E}\{v(\eta, k)\} = m_u^{(1)}(kT + \tau_0) = m_a^{(1)} \sum_{l=-\infty}^{+\infty} s((l - k)T + \tau_0) \\
&= m_a^{(1)} \sum_{l=-\infty}^{+\infty} s(lT + \tau_0)\,,
\end{aligned}
\tag{8.87}
$$

$$
\begin{aligned}
s_{vv}(l) &= \mathrm{E}\{v(\eta, k)\, v(\eta, k + l)\} = \mathrm{E}\{u(\eta, kT + \tau_0)\, u(\eta, kT + \tau_0 + lT)\} \\
&= \sum_{l_1=-\infty}^{+\infty} \sum_{l_2=-\infty}^{+\infty} s_{aa}(l_1 - l_2)\, s((k - l_1)T + \tau_0)\, s((k - l_2)T + \tau_0 + lT) \\
&= \sum_{l_1=-\infty}^{+\infty} \sum_{l_2=-\infty}^{+\infty} s_{aa}(l_1 - l_2)\, s(l_1 T + \tau_0)\, s(l_2 T + \tau_0 + lT)\,.
\end{aligned}
\tag{8.88}
$$

In beiden Fällen entfällt die Abhängigkeit vom aktuellen Zeitpunkt k, so daß für $v(\eta, k)$ mindestens schwache Stationarität vorliegt. Bestehen bleibt allerdings die – in den linken Seiten der Gleichungen nicht explizit ausgedrückte – Abhängigkeit von τ_0, der genauen Lage der Abtastzeitpunkte innerhalb einer Periode. Nur wenn $s(t)$ ein Impuls der Form

$$s(t) = \begin{cases} s_0 & 0 \leq t < T \\ 0 & \text{sonst} \end{cases}$$

ist, entfällt auch diese Abhängigkeit.

Beim Entwurf des Optimalfilters nach Wiener und Kolmogoroff waren wir davon ausgegangen, daß der Eingangsprozeß

$$x(\eta, t) = u(\eta, t) + n(\eta, t)$$

stationär ist. Wir werden auch hier für die Störung $n(\eta, t)$ weiter Stationarität voraussetzen. Da die pulsamplitudenmodulierte Nachricht jedoch instationär ist, ist auch die Summe aus beiden Prozessen instationär, und damit ist das genannte Filterentwurfsverfahren in der bisher diskutierten Form *nicht* anwendbar.

Eine Lösung des Filterproblems erhält man jedoch, wenn man fordert, daß der Filterausgang die Nachricht *nur zu Abtastzeitpunkten*, die den Abstand T haben, optimal im Sinne des quadratischen Fehlers wiedergibt. Bei stationärem Eingang konnten wir dagegen eine optimale Wiedergabe für *alle* Zeiten fordern. Wir ergänzen daher das Blockschaltbild für die Herleitung des Frequenzgangs des Optimalfilters durch einen Abtaster am Filterausgang (siehe Abbildung 8.22). Zur Vereinfachung der Herleitung verzichten wir hier auf eine Umformung der Nachricht und fordern, daß die Abtastwerte des Filterausgangs die Daten $a(\eta, k)$ möglichst gut wiedergeben sollen. Der Fehler lautet daher:

$$e(\eta, k) = a(\eta, k) - y(\eta, kT). \tag{8.89}$$

Wenn wir $a(\eta, k)$ und $y(\eta, k)$ als physikalische Größen annehmen, so müßen diese gleiche Dimensionen haben. Nehmen wir beide beispielsweise als Spannungen an, so erhält $s(t)$ die Einheit Eins.

Für die Herleitung des Frequenzgangs des Optimalfilters gehen wir wieder von einem Ansatz mit Hilfe des Orthogonalitätstheorems (siehe Gleichung 5.23) aus:

$$\mathrm{E}\{e_{min}(\eta, k)\, x(\eta, kT - u)\} = 0$$
$$\text{für alle } u, \text{ für die } g_{opt}(u) \neq 0 \text{ zugelassen ist.} \tag{8.90}$$

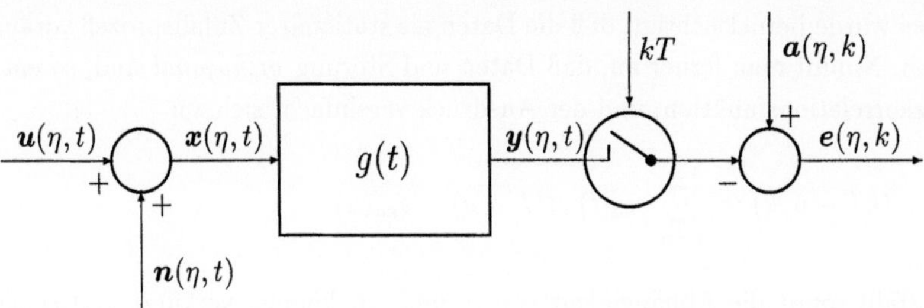

Abb. 8.22: Zur Herleitung eines linearen Optimalfilters für pulsamplitudenmodulierte Signale

Im Gegensatz zu Gleichung 8.10 werden hier nur noch *diskrete* Zeiten betrachtet. u ist jedoch weiterhin *kontinuierlich*, da wir ein *zeitkontinuierliches Filter* entwerfen, dessen Ausgang dann allerdings nur für den jeweiligen Abtastzeitpunkt optimal ist. In die Orthogonalitätsbedingung läßt sich der Fehler einsetzen:

$$
\begin{aligned}
\boldsymbol{e}_{min}(\eta,k) \;&=\; \boldsymbol{a}(\eta,k) - \boldsymbol{y}_{opt}(\eta,kT) \\[2mm]
&=\; \boldsymbol{a}(\eta,k) - \int_{-\infty}^{+\infty} g_{opt}(v)\boldsymbol{x}(\eta,kT-v)\,dv\,.
\end{aligned}
\tag{8.91}
$$

Dies ergibt:

$$
\begin{aligned}
&\mathrm{E}\{\boldsymbol{e}_{min}(\eta,k)\,\boldsymbol{x}(\eta,kT-u)\} \\[2mm]
&=\; \mathrm{E}\{(\boldsymbol{a}(\eta,k) - \int_{-\infty}^{+\infty} g_{opt}(v)\,\boldsymbol{x}(\eta,kT-v)\,dv)\,\boldsymbol{x}(\eta,kT-u)\} \\[2mm]
&=\; s_{\boldsymbol{x}a}(kT-u,k) - \int_{-\infty}^{+\infty} g_{opt}(v)s_{\boldsymbol{xx}}(kT-u,kT-v)\,dv = 0
\end{aligned}
\tag{8.92}
$$

$$
\text{für alle } u, \text{ für die } g_{opt}(u) \neq 0 \text{ zugelassen ist.}
$$

$s_{\boldsymbol{x}a}(t,k)$ ist darin die Kreuzkorrelationsfunktion zwischen dem zeitkontinuierlichen Eingangsprozeß $\boldsymbol{x}(\eta,t)$ und den zeitdiskreten Daten $\boldsymbol{a}(\eta,k)$:

$$
\begin{aligned}
s_{\boldsymbol{x}a}(kT-u,k) \;&=\; \mathrm{E}\{\boldsymbol{x}(\eta,kT-u)\,\boldsymbol{a}(\eta,k)\} \\[2mm]
&=\; \mathrm{E}\{(\sum_{l=-\infty}^{+\infty} \boldsymbol{a}(\eta,l)\,s(kT-u-lT) + \boldsymbol{n}(\eta,kT-u))\boldsymbol{a}(\eta,k)\} \\[2mm]
&=\; \sum_{l=-\infty}^{+\infty} s_{\boldsymbol{aa}}(k-l)\,s((k-l)T-u) + s_{\boldsymbol{n}a}(kT-u,k) \\[2mm]
&=\; \sum_{l=-\infty}^{+\infty} s_{\boldsymbol{aa}}(l)\,s(lT-u) + s_{\boldsymbol{n}a}(kT-u,k)\,.
\end{aligned}
\tag{8.93}
$$

Hierbei wurde berücksichtigt, daß die Daten als stationärer Zufallsprozeß vorausgesetzt werden. Nimmt man ferner an, daß Daten und Störung *orthogonal* sind, so entfällt die Kreuzkorrelationsfunktion, und der Ausdruck vereinfacht sich zu:

$$s_{xa}(kT - u, k) = \sum_{l=-\infty}^{+\infty} s_{aa}(l)\, s(lT - u) = s_{xa}(u)\,. \tag{8.94}$$

Es entfällt somit die Abhängigkeit von k, und wir können verkürzt $s_{xa}(u)$ schreiben. Ähnlich läßt sich die Autokorrelationsfunktion des Filtereingangs umformen:

$$s_{xx}(kT - u, kT - v) = \mathrm{E}\{\boldsymbol{x}(\eta, kT - u)\, \boldsymbol{x}(\eta, kT - v)\}$$

$$= E\{(\sum_{l_1=-\infty}^{+\infty} \boldsymbol{a}(\eta, l_1)\, s(kT - u - l_1 T) + \boldsymbol{n}(\eta, kT - u))$$

$$\cdot (\sum_{l_2=-\infty}^{+\infty} \boldsymbol{a}(\eta, l_2)\, s(kT - v - l_2 T) + \boldsymbol{n}(\eta, kT - v))\}$$

$$s_{xx}(kT - u, kT - v)$$

$$= \sum_{l_1=-\infty}^{+\infty} \sum_{l_2=-\infty}^{+\infty} s_{aa}(l_1 - l_2)\, s((k - l_1)T - u)\, s((k - l_2)T - v)$$

$$+ \sum_{l_1=-\infty}^{+\infty} s_{na}(kT - v, l_1)\, s((k - l_1)T - u)$$

$$+ \sum_{l_2=-\infty}^{+\infty} s_{na}(kT - u, l_2)\, s((k - l_2)T - v) + s_{nn}(u - v)$$

$$= \sum_{l_1=-\infty}^{+\infty} \sum_{l_2=-\infty}^{+\infty} s_{aa}(l_1 - l_2)\, s(l_1 T - u)\, s(l_2 T - v) + s_{nn}(u - v)$$

$$= s_{xx}(-u, -v)\,. \tag{8.95}$$

Auch hier verschwindet unter der Annahme, daß Daten und Störung orthogonal sind, die Abhängigkeit vom aktuellen Zeitpunkt k. Setzt man nun die Gleichungen 8.94 und 8.95 in die Integralgleichung 8.92 ein, so lautet diese:

$$\sum_{l=-\infty}^{+\infty} s_{aa}(l)\, s(lT - u)$$

$$- \int_{-\infty}^{+\infty} g_{opt}(v)\, [\sum_{l_1=-\infty}^{+\infty} \sum_{l_2=-\infty}^{+\infty} s_{aa}(l_1 - l_2)\, s(l_1 T - u)\, s(l_2 T - v) + s_{nn}(u - v)]\, dv = 0 \tag{8.96}$$

$$\text{für alle } u, \text{ für die } g_{opt}(u) \neq 0 \text{ zugelassen ist.}$$

Für die weiteren Überlegungen beschränken wir uns nun darauf, den Frequenzgang des *nichtkausalen* Optimalfilters zu bestimmen. Damit gilt die Integralgleichung 8.96 für alle u und läßt sich durch Fouriertransformation lösen. Für die Transformierten der einzelnen Ausdrücke erhält man:

$$\int_{-\infty}^{+\infty} \sum_{l=-\infty}^{+\infty} s_{aa}(l)\, s(lT - u)\, e^{-j\omega u}\, du$$

$$= \sum_{l=-\infty}^{+\infty} s_{aa}(l) e^{-j\omega lT} \int_{-\infty}^{+\infty} s(lT - u)\, e^{+j\omega(lT-u)}\, du \qquad (8.97)$$

$$= S_{aa}(\omega T)\, S^*(j\omega)\,.$$

Hierbei ist $S(j\omega)$ die Fouriertransformierte des Impulses $s(t)$ (siehe Gleichung 7.18). $S_{aa}(\omega T) = S_{aa}(\Omega)$ beschreibt das Autoleistungsdichtespektrum des zeitdiskreten Zufallsprozesses $a(\eta, k)$ (siehe Gleichung 3.59). Es ist periodisch mit der Periode $\omega_0 T = 2\pi$. Für das Integral über v in Gleichung 8.96 ergibt die Fouriertransformation:

$$\int_{-\infty}^{+\infty}\int_{-\infty}^{+\infty} g_{opt}(v)[\sum_{l_1=-\infty}^{+\infty} \sum_{l_2=-\infty}^{+\infty} s_{aa}(l_1-l_2)s(l_1T-u)s(l_2T-v)+s_{nn}(u-v)dv]e^{-j\omega u}\, du$$

$$= \int_{-\infty}^{+\infty}\int_{-\infty}^{+\infty} g_{opt}(v)e^{-j\omega v}$$

$$\cdot [\sum_{l_1=-\infty}^{+\infty} \sum_{l_2=-\infty}^{+\infty} s_{aa}(l_1-l_2)\, e^{-j\omega(l_1-l_2)T} s(l_1T-u)\, e^{j\omega(l_1T-u)} s(l_2T-v)\, e^{-j\omega(l_2T-v)} \qquad (8.98)$$

$$+ s_{nn}(u-v)\, e^{-j\omega(u-v)}]\, dv\, du$$

$$= \frac{1}{T} S_{aa}(\omega T)\, S^*(j\omega) \sum_{k=-\infty}^{+\infty} S(j(\omega - k\omega_0))G_{opt}(j(\omega - k\omega_0)) + S_{nn}(\omega)\, G_{opt}(j\omega)\,.$$

Bei der letzten Umformung wurde die *Poissonsche Summenformel* (siehe beispielsweise [95]) benutzt, die man in folgende Form bringen kann:

$$\sum_{l_2=-\infty}^{+\infty} s(l_2 T - v)\, e^{-j\omega l_2 T} = \frac{1}{T} \sum_{k=-\infty}^{+\infty} S(j(\omega - k\omega_0))\, e^{j(\omega-k\omega_0)v}\,. \qquad (8.99)$$

Gleichung 8.96 lautet damit im Frequenzbereich:

$$S_{aa}(\omega T)\, S^*(j\omega)[1 - \frac{1}{T} \sum_{k=-\infty}^{+\infty} S(j(\omega - k\omega_0))\, G_{opt}(j(\omega - k\omega_0))] = S_{nn}(\omega)G_{opt}(j\omega)\,. \qquad (8.100)$$

Zur Auflösung nach dem gesuchten Frequenzgang des Optimalfilters nehmen wir an, daß $S_{nn}(\omega) > 0$ für alle ω ist, so daß beide Seiten der Gleichung durch diese Funktion dividiert werden können. Ferner machen wir einen *Ansatz*:

$$G_{opt}(j\omega) = \frac{S^*(j\omega)}{S_{nn}(\omega)}\, S_{aa}(\omega T)\, B(j\omega)\,. \qquad (8.101)$$

Hierbei sei $B(j\omega)$ periodisch in ω mit Periode ω_0:

$$B(j(\omega - k\omega_0)) = B(j\omega) \qquad \text{für alle } k \, . \tag{8.102}$$

Den Ansatz 8.101 in Gleichung 8.100 eingesetzt, ergibt für $B(j\omega)$:

$$B(j\omega) = \cfrac{1}{1 + S_{aa}(\omega T)\dfrac{1}{T} \displaystyle\sum_{k=-\infty}^{+\infty} \dfrac{|S(j(\omega - k\omega_0))|^2}{S_{nn}(\omega - k\omega_0)}} \, . \tag{8.103}$$

Damit lautet der Frequenzgang des nichtkausalen Optimalfilters für pulsamplitudenmodulierte Nachrichten:

$$G_{opt}(j\omega) = \frac{S^*(j\omega)}{S_{nn}(\omega)} \, \cfrac{S_{aa}(\omega T)}{1 + S_{aa}(\omega T)\dfrac{1}{T} \displaystyle\sum_{k=-\infty}^{+\infty} \dfrac{|S(j(\omega - k\omega_0))|^2}{S_{nn}(\omega - k\omega_0)}} \, . \tag{8.104}$$

Das Optimalfilter läßt sich als Reihenschaltung aus zwei Filtern darstellen (siehe Abbildung 8.23).

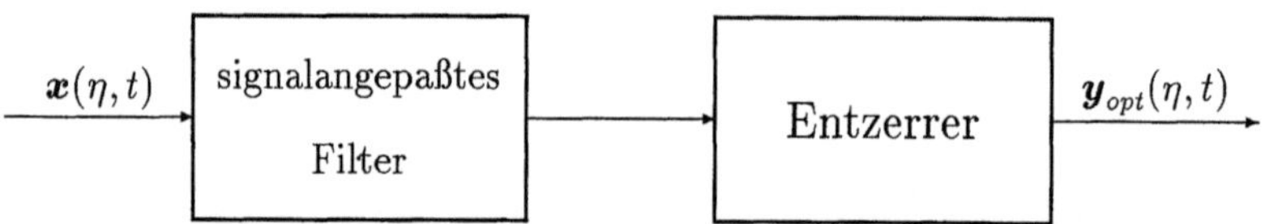

Abb. 8.23: Optimalfilter für pulsamplitudenmodulierte Signale als Reihenschaltung aus einem signalangepaßten Filter und einem Entzerrer

Das erste Filter ist ein *signalangepaßtes Filter* (siehe Gleichung 7.32). Es bewirkt eine optimale Filterung der gestörten Nachrichtenimpulse zum Abtastzeitpunkt. Gleichzeitig bewirkt es jedoch eine Verbreiterung der Impulse, so daß eine möglicherweise bereits vorhandene Störung durch aufeinanderfolgende Impulse noch verstärkt werden kann. Eine Verminderung dieser Impulsinterferenz bewirkt das zweite Filter. Sein Frequenzgang ist *periodisch* mit der Periode ω_0. Man nennt ein derartiges Filter einen *Entzerrer*. Man kann diesen beispielsweise durch ein *Transversalfilter* mit der Gewichtsfunktion

$$h(t) = \sum_{k=-\infty}^{+\infty} c_k \, \delta(t - kT) \tag{8.105}$$

realisieren. Die Gleichung für den Frequenzgang dieses Filters lautet

$$H(j\omega) = \sum_{k=-\infty}^{+\infty} c_k \, e^{-j\omega kT} \, . \tag{8.106}$$

Diese Funktion weist die geforderte Periodizität auf. Sie ist eine Fourierreihe mit den Koeffizienten c_k. Bei jeder praktischen Anwendung muß die Reihe nach einer *endlichen* Anzahl von Gliedern abgebrochen werden, so daß ein Abbruchfehler entsteht.

Abschließend sollen noch zwei Sonderfälle des Frequenzgangs des nichtkausalen Optimalfilters angegeben werden:

1. Das Fourierspektrum $S(j\omega)$ des Impulses $s(t)$ sei beschränkt auf das Band $-\omega_0/2 < \omega \leq \omega_0/2$ (mit $\omega_0 T = 2\pi$). Dann ist $G_{opt}(j\omega)$ ebenfalls auf dieses Band beschränkt, und von der Summe ist für $-\omega_0/2 < \omega \leq \omega_0/2$ nur der Summand mit $k = 0$ von Null verschieden. Es gilt somit:

$$G_{opt}(j\omega) = \begin{cases} \dfrac{S^*(j\omega)\, S_{aa}(\omega T)}{\frac{1}{T} S_{aa}(\omega T)\, |S(j\omega)|^2 + S_{nn}(\omega)} & -\dfrac{\omega_0}{2} < \omega \leq \dfrac{\omega_0}{2} \\ \\ 0 & \text{sonst} \end{cases} \qquad (8.107)$$

2. Sind die Daten und die Störung weiß,

$$S_{aa}(\omega T) = S_a\,, \qquad S_{nn}(\omega) = S_0\,,$$

so läßt sich der Frequenzgang wie folgt schreiben:

$$G_{opt}(j\omega) = S^*(j\omega) \frac{S_a/S_0}{1 + \dfrac{S_a}{T S_0} \displaystyle\sum_{k=-\infty}^{+\infty} |S(j(\omega - k\omega_0))|^2}\,. \qquad (8.108)$$

Beispiel 8.7 Optimalfilter für PAM–Signale

Es soll ein optimales Empfangsfilter für ein gestörtes pulsamplitudenmoduliertes Signal entworfen werden. Es gelten:

$$s(t) = \begin{cases} 0 & t < 0 \\ \\ e^{-t/T} & t \geq 0 \end{cases},$$

$$S_{aa}(\omega T) = S_a\,, \qquad S_{nn}(\omega) = S_0\,.$$

Daten und Störung seien orthogonal. Es sei T der Abstand zwischen aufeinanderfolgenden Impulsen. Für das Fourierspektrum des Impulses $s(t)$ erhält man:

$$S(j\omega) = \int_{-\infty}^{+\infty} s(t)\, e^{-j\omega t} dt = \int_0^\infty e^{-\frac{t}{T}} e^{-j\omega t} dt = \frac{1}{\frac{1}{T} + j\omega}\,.$$

Das Optimalfilter kann als Reihenschaltung aus einem signalangepaßten Filter und einem Entzerrer dargestellt werden. Bei der Aufteilung des Frequenzgangs des Optimalfilters in die Frequenzgänge beider Filter nehmen wir den frequenzunabhängigen Faktor $1/S_0$ zum Entzerrer und fügen zur Korrektur der Dimensionen einen Faktor $\frac{1}{T}$ ein:

$$G_{opt}(j\omega) = \frac{1}{T} S^*(j\omega) \cdot \frac{1}{\dfrac{S_0}{TS_a} + \dfrac{1}{T^2} \displaystyle\sum_{k=-\infty}^{+\infty} |S(j(\omega - k\omega_0))|^2} \; .$$

Damit lautet die Gewichtsfunktion des nichtkausalen signalangepaßten Filters:

$$g_1(t) = \frac{1}{T}\, s(-t) = \left\{ \begin{array}{ll} \dfrac{1}{T}\, e^{t/T} & t \leq 0 \\[2ex] 0 & t > 0 \end{array} \right. \; .$$

Der Impuls $s(t)$ erzeugt am Ausgang dieses Filters einen Impuls $z_s(t)$:

$$\begin{aligned} z_s(t) \;\; &= \int_{-\infty}^{+\infty} g_1(u)\, s(t-u)\, du = \left\{ \begin{array}{ll} \dfrac{1}{T} \displaystyle\int_{-\infty}^{t} e^{u/T} e^{-(t-u)/T} du & t \leq 0 \\[2ex] \dfrac{1}{T} \displaystyle\int_{-\infty}^{0} e^{u/T} e^{-(t-u)/T} du & t > 0 \end{array} \right. \\[2ex] &= \frac{1}{2}\, e^{-|t|/T} \; . \end{aligned}$$

Der Impuls $z_s(t)$ ist symmetrisch. Er überlagert nicht nur nachfolgende Impulse, sondern – als Folge daraus, daß wir ein nichtkausales Filter entwerfen – auch vorausgehende Impulse. Als Frequenzgang des Entzerrers erhalten wir mit der oben vorgenommenen Aufteilung:

$$C_+(j\omega) = \frac{1}{\dfrac{S_0}{TS_a} + \dfrac{1}{T^2} \displaystyle\sum_{k=-\infty}^{+\infty} |S(j(\omega - k\omega_0))|^2} \; .$$

Für seine Realisierung setzen wir ein rückgekoppeltes Filter an (siehe Abbildung 8.24): Im Vorwärtszweig liege die frequenzunabhängige Verstärkung TS_a/S_0, im Rückwärtszweig ein Filter mit der Gewichtsfunktion $g_R(t)$ bzw. dem Frequenzgang $G_R(j\omega)$. Das Vorzeichen der Rückkopplung sei negativ. Für den Frequenzgang des rückgekoppelten Filters gilt dann (siehe beispielsweise [91]):

$$G_E(j\omega) = \frac{1}{\dfrac{S_0}{TS_a} + G_R(j\omega)} \; .$$

Durch einen Vergleich mit $C_+(j\omega)$ erhält man als Bedingung für $G_R(j\omega)$:

$$G_R(j\omega) = \frac{1}{T^2} \sum_{k=-\infty}^{+\infty} |S(j(\omega - k\omega_0))|^2 \; .$$

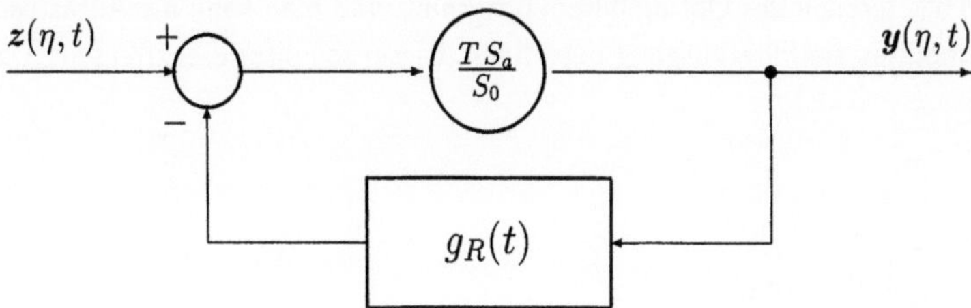

Abb. 8.24: Rekursives Filter als Ansatz zur Realisierung eines Entzerrers (siehe Beispiel 8.7)

Der Frequenzgang dieses Filters ist somit periodisch. Wir nehmen an, das Filter werde durch ein nichtkausales Transversalfilter realisiert, und setzen für seine Impulsantwort an:

$$g_R(t) = \sum_{k=-\infty}^{+\infty} r_k \delta(t - kT)\,.$$

Dann gilt für den Frequenzgang:

$$G_R(j\omega) = \sum_{k=-\infty}^{+\infty} r_k e^{-j\omega kT}\,.$$

Durch Vergleich erhält man:

$$\sum_{k=-\infty}^{+\infty} r_k e^{-j\omega kT} = \frac{1}{T^2} \sum_{k=-\infty}^{+\infty} |S(j(\omega - k\omega_0))|^2\,.$$

Die Faktoren r_k kann man nach den Regeln zur Berechnung der Koeffizienten einer Fourierreihe bestimmen:

$$\begin{aligned}
r_k &= \frac{1}{\omega_0} \int_{-\omega_0/2}^{+\omega_0/2} \frac{1}{T^2} \sum_{k=-\infty}^{+\infty} |S(j(\omega - k\omega_0))|^2 e^{j\omega kT} d\omega \\
&= \frac{1}{2\pi} \frac{1}{T} \int_{-\infty}^{+\infty} S(j\omega) S^*(j\omega) e^{j\omega kT} d\omega\,.
\end{aligned}$$

Hierbei ist immer $\omega_0 T = 2\pi$. Dem Produkt $\frac{1}{T} S(j\omega) S^*(j\omega)$ entspricht im Zeitbereich eine Faltung von $s(t)$ mit $\frac{1}{T} s(-t)$. Dies ist der Ausgangsimpuls $z_s(t)$ des signalangepaßten Filters. Das Integral bedeutet die Fourierrücktransformation des Integranden für die Abtastzeitpunkte $t = kT$. Damit gilt für die gesuchten Koeffizienten:

$$r_k = z_s(kT) = \frac{1}{2} e^{-|k|}\,.$$

Damit sind alle Größen des Optimalfilters bestimmt, und man kann die Abtastwerte $y_s(kT)$ des Signalimpulses am Filterausgang berechnen. Dieser soll interferenzfrei sein. Daher setzen wir

$$y_s(kT) = \begin{cases} y_0 & k = 0 \\ 0 & \text{sonst} \end{cases}$$

an und überprüfen diesen Ansatz (siehe Abbildung 8.25):

$$y_s(kT) = \frac{TS_a}{S_0}\left(z_s(kT) - \sum_{l=-\infty}^{+\infty} r_l\, y_s((k-l)T)\right) = \frac{TS_a}{2S_0}\left(e^{-|k|} - \sum_{l=-\infty}^{+\infty} e^{-|l|}\, y_s((k-l)T)\right).$$

Für $k = 0$ ergibt diese Gleichung:

$$y_0 = \frac{TS_a}{2S_0}(1 - y_0)\,, \qquad y_0 = \frac{TS_a}{2S_0 + TS_a}\,.$$

Auch für $k \neq 0$ erfüllt der Ansatz die Gleichung für $y_s(kT)$:

$$0 = \frac{TS_a}{2S_0}\left(e^{-|k|} - e^{-|k|}\right).$$

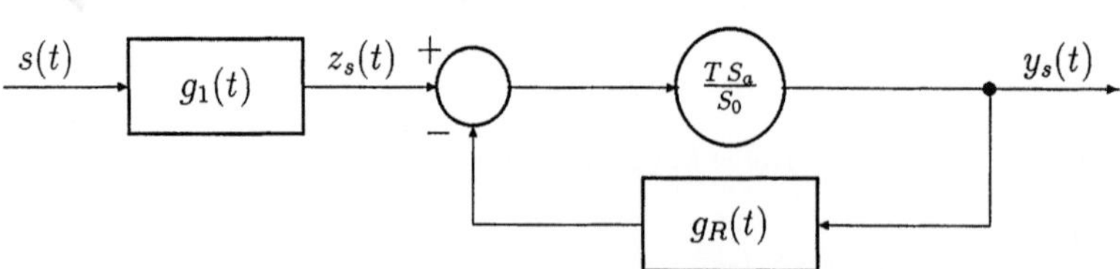

Abb. 8.25: Signale bei einem Optimalfilter für ein PAM–System (siehe Beispiel 8.7)

Der Entzerrer ist damit in diesem Beispiel in der Lage, die Impulsinterferenzen vollständig zu beseitigen. Mit abnehmender Leistung der weiß angenommenen Störung geht ferner $y_s(0)$ gegen Eins. Dieses Ergebnis setzt allerdings ein nichtkausales Optimalfilter voraus und ist daher nur bei Einführung einer hinreichend großen Totzeit realisierbar.

8.6   Zeitdiskretes Filter

Wie beim signalangepaßten Filter lassen sich auch für das Optimalfilter nach Wiener und Kolmogoroff die Herleitungen für das zeitdiskrete Filter ganz analog denen für das zeitkontinuierliche Filter führen. An die Stelle von Fourierintegralen treten Fouriersummen, an die Stelle der Laplace-Transformation die z-Transformation. Die Rolle der imaginären Achse der s-Ebene übernimmt der Einheitskreis der z-Ebene. Der linken s-Halbebene entspricht das Innere, der rechten s-Halbebene das Äußere des Einheitskreises. Einer Symmetrie zur imaginären Achse der s-Ebene, ausgedrückt beispielsweise durch die Lage zweier Pole oder Nullstellen bei s_0 und $-s_0^*$, entspricht eine Symmetrie zum Einheitskreis der z-Ebene, ausgedrückt durch eine Lage bei z_0 und $1/z_0^*$ [101].

Für die folgenden Überlegungen sollen alle Voraussetzungen der vorangehenden zeitkontinuierlichen Betrachtung sinngemäß gelten: Nachricht und Störung seien *stationäre* zeitdiskrete Zufallsprozesse, die beide *mittelwertfrei* sind und die sich *additiv* überlagern. Der gewünschte Filterausgang $\boldsymbol{d}(\eta, k)$ sei aus $\boldsymbol{u}(\eta, k)$ *linear* abgeleitet. Für den zeitdiskreten Schätzfehler gilt dann:

$$e(\eta, k) = \boldsymbol{d}(\eta, k) - \boldsymbol{y}(\eta, k)\,. \tag{8.109}$$

Bei optimalem Filter gilt die folgende Orthogonalität (siehe Gleichung 8.10):

$$\mathrm{E}\{\boldsymbol{e}_{min}(\eta, k)\,\boldsymbol{x}(\eta, k - l)\} = 0$$
$$\text{für alle } l, \text{ für die } g_{opt}(l) \neq 0 \text{ zugelassen ist.} \tag{8.110}$$

Setzt man für $\boldsymbol{e}_{min}(\eta, k)$ die entsprechenden Zusammenhänge ein, so folgt:

$$\mathrm{E}\{(\boldsymbol{d}(\eta, k) - \sum_{i=-\infty}^{+\infty} g_{opt}(i)\boldsymbol{x}(\eta, k - i))\boldsymbol{x}(\eta, k - l)\} = 0$$
$$\text{für alle } l \text{ für die } g_{opt}(l) \neq 0 \text{ zugelassen ist.} \tag{8.111}$$

Mit den Abkürzungen für die Erwartungswerte lautet diese Bedingung schließlich:

$$s_{xd}(l) - \sum_{i=-\infty}^{+\infty} g_{opt}(i)s_{xx}(l - i) = 0$$
$$\text{für alle } l, \text{ für die } g_{opt}(l) \neq 0 \text{ zugelassen ist.} \tag{8.112}$$

Diese Gleichung ist die diskrete Form der Wiener–Hopf–Integralgleichung (siehe Gleichung 8.13). Im Gegensatz zum kontinuierlichen Filter bietet sich hier die Bestimmung der optimalen Gewichtskoeffizienten $g_{opt}(k)$ durch die *Lösung eines linearen Gleichungssystems* an. Dies gilt insbesondere dann, wenn – durch praktische Überlegungen gestützt – $g_{opt}(k)$ nur für eine *endliche Anzahl* von Werten für k – beispielsweise für $k = 0, \cdots, L-1$ – von Null verschieden zugelassen ist. In diesem Fall sind L Werte von $g_{opt}(k)$ zu bestimmen, die durch Auflösen von L linearen Gleichungen berechnet werden können. Mit der Voraussetzung

$$g_{opt}(k) = 0 \quad \text{für alle } k < 0 \text{ und } k \geq L \tag{8.113}$$

werden aus Gleichung 8.112 L Gleichungen ausgewählt, die nach den fehlenden Werten für $g_{opt}(k)$ aufgelöst werden können. Zweckmäßig wählt man die Gleichungen für $l = 0, , \dots, L-1$ aus:

$$s_{xd}(l) - \sum_{i=0}^{L-1} g_{opt}(i)\, s_{xx}(l - i) = 0 \quad \text{für } l = 0 \dots, L-1 \; . \tag{8.114}$$

Dieses Gleichungssystem entspricht dem Gleichungssystem 6.7, aus dem die optimalen Prädiktorkoeffizienten $a_i, \; i = 1, \dots, L$, zu bestimmen sind. Definiert man hier

$$\underline{q} = \big(\, s_{xd}(0), s_{xd}(1), \dots, s_{xd}(L-1)\,\big)^T \; , \tag{8.115}$$

$$\underline{g}_{opt} = \big(\, g_{opt}(0), g_{opt}(1), \dots, g_{opt}(L-1)\,\big)^T \tag{8.116}$$

und $\underline{s}$ gemäß Gleichung 6.8, so läßt sich das Gleichungssystem 8.114 wie folgt schreiben:

$$\underline{s}\,\underline{g}_{opt} = \underline{q} \; . \tag{8.117}$$

Ist die Matrix $\underline{s}$ invertierbar, so lautet die Lösung

$$\underline{g}_{opt} = \underline{s}^{-1}\underline{q} \; . \tag{8.118}$$

Beschränkt man $g_{opt}(k)$ nicht auf nur endlich viele von Null verschiedene Werte, so kann das Gleichungssystem 8.112 durch Transformation in den z–Bereich gelöst werden. Verzichtet man zunächst auf Kausalität, so gilt Gleichung 8.112 für alle l und kann damit unmittelbar in den z–Bereich transformiert werden. Für $z = e^{j\Omega}$ gelten:

$$S_{xd}(\Omega) - G_{opt}(e^{j\Omega})S_{xx}(\Omega) = 0\,,$$

$$\boxed{G_{opt}(e^{j\Omega}) = \frac{S_{xd}(\Omega)}{S_{xx}(\Omega)}\,.} \tag{8.119}$$

Zu bemerken ist hier, daß das Kreuzleistungsdichtespektrum $S_{xd}(\Omega)$ und das Autoleistungsdichtespektrum $S_{xx}(\Omega)$ *periodische* Funktionen von Ω mit der Periode 2π sind.

Eine Lösung der Gleichung 8.112 für ein *kausales Filter* erfordert zunächst wieder die Einführung einer *Hilfsfunktion* $q(l)$:

$$s_{xd}(l) - \sum_{i=-\infty}^{+\infty} g_{opt}(i)\, s_{xx}(l-i) = q(l) \qquad \text{für alle } l. \tag{8.120}$$

Diese Gleichung kann transformiert werden:

$$L_{xd}(z) - L_{G_{opt}}(z)\, L_{xx}(z) = L_Q(z). \tag{8.121}$$

$L_{xx}(z)$ läßt sich als das Quadrat des Betrages einer Funktion $\Phi(z)$ darstellen. $\Phi(z)$ kann dabei so gewählt werden, daß $\Phi(z)$ und $1/\Phi(z)$ analytisch außerhalb des Einheitskreises sind. $\Phi(z)$ stellt damit den kausalen und phasenminimalen Anteil von $L_{xx}(z)$ dar:

$$L_{xx}(z) = \Phi(z)\Phi(z^{-1}). \tag{8.122}$$

Auf dem Einheitskreis gilt dann:

$$\frac{S_{xd}(\Omega)}{\Phi(e^{-j\Omega})} - G_{opt}(e^{j\Omega})\Phi(e^{j\Omega}) = \frac{Q(e^{j\Omega})}{\Phi(e^{-j\Omega})}. \tag{8.123}$$

Nach einer Rücktransformation in den Zeitbereich kann

- die Rücktransformierte des ersten Summanden der linken Seite *für alle k* von Null verschieden sein,

- die Rücktransformierte des zweiten Summanden der linken Seite *nur für $k \geq 0$* von Null verschieden sein,

- die Rücktransformierte der rechten Seite *nur für $k < 0$* von Null verschieden sein.

Zerlegt man daher den ersten Summanden so in eine Summe aus zwei Funktionen $C_+(e^{j\Omega})$ und $C_-(e^{j\Omega})$,

$$\frac{S_{xd}(\Omega)}{\Phi(e^{-j\Omega})} = C_+(e^{j\Omega}) + C_-(e^{j\Omega}), \tag{8.124}$$

daß die Rücktransformierte von $C_+(e^{j\Omega})$ nur für $k \geq 0$ von Null verschieden ist, so gilt für den gesuchten Frequenzgang des kausalen zeitdiskreten Optimalfilters:

$$G_{opt}(e^{j\Omega}) = \frac{1}{\Phi(e^{j\Omega})}\, C_+(e^{j\Omega}). \tag{8.125}$$

Dieses Ergebnis läßt sich wieder als Reihenschaltung aus einem Formfilter und einem Filter mit dem Frequenzgang $C_+(e^{j\Omega})$ darstellen. Die Zerlegung von $S_{xd}(\Omega)$ in $C_+(e^{j\Omega})$ und $C_-(e^{j\Omega})$ gemäß Gleichung 8.124 kann, wie für den Entwurf des kontinuierlichen Filters gezeigt, durch Rücktransformation in den Zeitbereich und erneute z-Transformation des kausalen Anteils erreicht werden.

Beispiel 8.8 Zeitdiskretes kausales Optimalfilter

Es seien $u(\eta, k)$ und $n(\eta, k)$ stationäre Zufallsprozesse, die orthogonal zueinander sind. Es seien ferner:

$$x(\eta, k) = u(\eta, k) + n(\eta, k), \quad d(\eta, k) = u(\eta, k).$$

Nachricht und Störung seien orthogonal. Ihre Autoleistungsdichtespektren seien:

$$s_{uu}(l) = S_u a^{|l|} \quad \text{mit } 0 < a < 1,$$

$$s_{nn}(l) = \begin{cases} S_0 & l = 0 \\ 0 & \text{sonst} \end{cases}.$$

Dann gilt für die z-Transformierten:

$$L_{uu}(z) = S_u \frac{\frac{1}{a} - a}{\frac{1}{a} + a - (z + z^{-1})} = S_u \frac{1 - a^2}{(a - z)(a - z^{-1})}, L_{nn}(z) = S_0.$$

Man erhält für die z-Transformierte des Autoleistungsdichtespektrums des Filtereingangs:

$$L_{xx}(z) = L_{uu}(z) + L_{nn}(z) = S_0 \frac{\frac{S_u}{S_0}(\frac{1}{a} - a) + (\frac{1}{a} + a) - (z + z^{-1})}{\frac{1}{a} + a - (z + z^{-1})}.$$

Zweckmäßig führt man folgende Abkürzung ein:

$$\frac{1}{c} + c = \frac{S_u}{S_0}(\frac{1}{a} - a) + (\frac{1}{a} + a).$$

Es gilt dann für eine Lösung dieser Gleichung nach c:

$$0 < c \leq a < 1.$$

Damit lautet $L_{xx}(z)$:

$$L_{xx}(z) = S_0 \frac{\frac{1}{c} + c - (z + z^{-1})}{\frac{1}{a} + a - (z + z^{-1})} = \Phi(z)\Phi(z^{-1}).$$

$\Phi(z)$ wird so gewählt, daß es analytisch außerhalb des Einheitskreises ist:

$$\Phi(z) = \sqrt{S_0 \frac{a}{c}} \, \frac{c-z}{a-z} \, .$$

Mit $d(\eta, k) = u(\eta, k)$ ist $L_H(z) = 1$, und man erhält weiter:

$$\frac{L_{xd}(z)}{\Phi(z^{-1})} = \frac{L_{uu}(z)}{\Phi(z^{-1})} = \frac{S_u}{\sqrt{S_0 \frac{a}{c}}} \, \frac{1-a^2}{(a-z)(c-z^{-1})}$$

$$= \frac{S_u}{\sqrt{S_0 \, a \, c}} \, \left(\frac{1}{a} - a\right) \frac{1}{(1 - z/a)(1 - z^{-1}/c)} \, .$$

Zur Abspaltung des kausalen Anteils führt man eine Partialbruchzerlegung durch:

$$\frac{L_{xd}(z)}{\Phi(z^{-1})} = \frac{S_u}{\sqrt{S_0 \frac{c}{a}}} \, \frac{\frac{1}{a} - a}{\frac{1}{c} - a} \left[\frac{z}{z-a} + \frac{cz}{1-cz}\right] \, .$$

Mit der Abkürzung

$$K = \frac{S_u}{\sqrt{S_0 \frac{c}{a}}} \, \frac{\frac{1}{a} - a}{\frac{1}{c} - a} = \sqrt{S_0 \frac{a}{c}} \, \left(1 - \frac{c}{a}\right)$$

lautet der kausale Anteil:

$$C_+(z) = K \frac{z}{z-a} \, .$$

Somit gilt für die z–Übertragungsfunktion des kausalen Optimalfilters:

$$G_{opt}(z) = \frac{C_+(z)}{\Phi(z)} = \left(1 - \frac{c}{a}\right) \frac{z}{z-c} \, .$$

Für die Gewichtsfunktion erhält man dann endlich:

$$g_{opt}(k) = \begin{cases} \left(1 - \dfrac{c}{a}\right) c^k & k \geq 0 \\[2ex] 0 & k < 0 \end{cases} \, .$$

Bei schlechtem Verhältnis von Signalleistung zur Leistung der Störung, d.h. bei $S_0 \gg S_u$, geht c gegen a und damit $g_{opt}(k)$ gegen Null für alle k.

Dem Filterentwurf nach *Wiener* und *Kolmogoroff* haftet ein wesentlicher Mangel an: Er setzt *stationäre* Eingangsprozesse voraus, und die Gewichtsfunktionen der so entworfenen kausalen Filter können *nicht auf endliche Dauer* begrenzt werden. Dies bedeutet insbesondere, daß der Filterausgang erst dann optimal ist, wenn der Einschwingvorgang abgeklungen ist. Die Ursache für diese notwendigen einschränkenden Voraussetzungen liegt in der Beschreibung des Filters durch seine Gewichtsfunktion bzw. seine Übertragungsfunktion und in dem Lösungsweg, der eine Transformation in den Frequenzbereich fordert.

8.7 Geräuschreduktion

Die Unterdrückung von Störgeräuschen bei der Sprachkommunikation ist ein Anwendungsgebiet des Optimalfilters nach Wiener und Kolmogoroff – kurz *Wiener-Filter* genannt – oder von Modifikationen davon. Die Notwendigkeit einer Geräuschreduktion entsteht, wenn ein Mikrofon neben dem Sprachsignal noch Umgebungsgeräusche aufnimmt, so daß am Mikrofonausgang die Summe beider auftritt. Diese Situation liegt beispielsweise bei Telefonaten aus dem fahrenden Auto vor, wenn eine sog. *Freisprecheinrichtung* benutzt wird. In diesem Fall ist das Mikrofon in einiger Entfernung vom Mund des Sprechers angebracht. Dadurch ist das Signal-Rausch-Verhältnis am Mikrofoneingang und folglich auch am Mikrofonausgang schlecht. Durch ein Filter kann man versuchen, dieses zu verbessern. Daß hier kein "klassisches" Filterproblem vorliegt, bei dem Signal und Störung in verschiedenen Frequenzbereichen liegen, zeigt ein Vergleich der (geschätzten) Autoleistungsdichtespektren von Sprache (siehe Abbildung 8.26) und dem Fahrgeräusch in einem Personenwagen (siehe Abbildung 8.27). Beide sind sehr

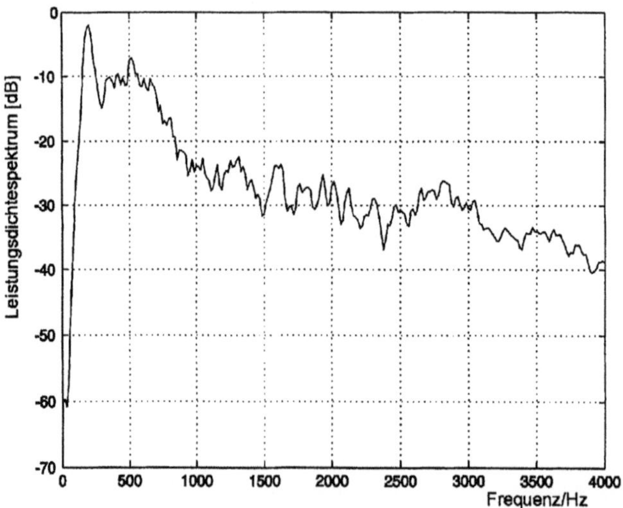

Abb. 8.26: Geschätztes Autoleistungsdichtespektrum eines Sprachsignals (Abtastfrequenz 8 kHz)

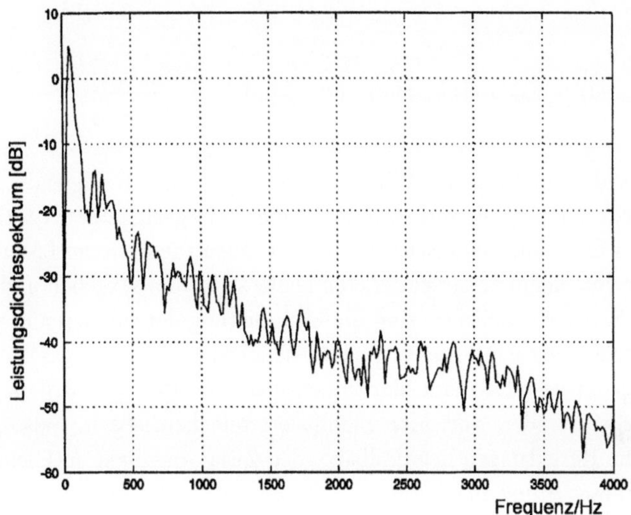

Abb. 8.27: Geschätztes Autoleistungsdichtespektrum des Fahrgeräusches im Innenraum eines Personenwagens (Abtastfrequenz 8 kHz)

ähnlich; ein Herausfiltern der Störung wird zwangsläufig zu einem Qualitätsverlust des Sprachsignals führen.

Sprache und Geräusch seien (zunächst) als reelle stationäre Zufallsprozesse modelliert. Beide seien orthogonal zueinander. Gemäß den Bezeichnungen des Abschnitts 8.2 bedeuten hier $u(\eta, t)$ das Sprachsignal, $n(\eta, t)$ das Geräusch und $x(\eta, t) = u(\eta, t) + n(\eta, t)$ das Mikrofonausgangssignal. Wunschgemäß soll am Filterausgang ein Schätzwert für das Sprachsignal vorliegen, d.h. $y(\eta, t) = \hat{u}(\eta, t)$. Schließlich ist $d(\eta, t) = u(\eta, t)$ (siehe Abbildung 8.1). Für den Frequenzgang des Wiener-Filters gilt dann gemäß Gleichung 8.27:

$$G_{opt}(j\omega) = \frac{S_{uu}(\omega)}{S_{xx}(\omega)} \; . \tag{8.126}$$

Problematisch bei der Anwendung dieses Zusammenhangs ist, daß weder das Sprachsignal $u(\eta, t)$ noch das Geräusch $n(\eta, t)$ bekannt sind, sondern nur deren Summe $x(\eta, t)$. Gleichung 8.126 wird daher zunächst umgeformt:

$$G_{opt}(j\omega) = \frac{S_{xx}(\omega) - S_{nn}(\omega)}{S_{xx}(\omega)} = 1 - \frac{S_{nn}(\omega)}{S_{xx}(\omega)} \; . \tag{8.127}$$

Mit dieser Darstellung erhält man für das Autoleistungsdichtespektrum des Filterausgangs:

$$S_{yy}(\omega) = S_{\hat{u}\hat{u}}(\omega) = S_{xx}(\omega)\,|\,G_{opt}(j\omega)\,|^2 = S_{xx}(\omega)\left[1 - \frac{S_{nn}(\omega)}{S_{xx}(\omega)}\right]^2 . \tag{8.128}$$

Experimente mit diesem "reinen" Wiener-Filter zeigen unbefriedigende Ergebnisse. Dies bedeutet, daß der mittlere quadratische Fehler kein geeignetes Kriterium für die Herleitung eines Filters zur Geräuschreduktion ist. Eine theoretische Lösung des Problems muß daher von einem besser geeigneten Fehlerkriterium ausgehen und daraus ein optimales Filter herleiten. Beispiele sind die Minimierung der mittleren quadratischen Abweichung zwischen den Amplituden des tatsächlichen und des des geschätzten Spektrums des Sprachsignals oder der Logarithmen dieser Größen [30, 31]. In der Praxis geht man vorwiegend anders vor: Man modifiziert rein heuristisch – also nicht mehr durch theoretische Herleitungen begründbar – den Zusammenhang in Gleichung 8.128 durch zwei Parameter α und β:

$$\tilde{S}_{yy}^{(\alpha,\beta)}(\omega) = S_{xx}(\omega)\left[1 - \left(\frac{S_{nn}(\omega)}{S_{xx}(\omega)}\right)^{\beta}\right]^{\alpha} . \tag{8.129}$$

Somit liegt für $\alpha = 2$ und $\beta = 1$ ein Wiener-Filter vor. Setzt man $\alpha = \beta = 1$, so werden zur Geräuschreduktion die Autoleistungsdichtespektren des Mikrofonausgangs und der Störung voneinander abgezogen:

$$\begin{aligned}
\tilde{S}_{yy}^{(1,1)}(\omega) &= S_{xx}(\omega) - S_{nn}(\omega) = S_{xx}(\omega)\left[1 - \frac{S_{nn}(\omega)}{S_{xx}(\omega)}\right]\\
&= S_{xx}(\omega)\,|\,\tilde{G}^{(1,1)}(j\omega)\,|^2 .
\end{aligned} \tag{8.130}$$

Damit gilt für den Betrag des Frequenzgangs des so modifizierten Filters:

$$|\,\tilde{G}^{(1,1)}(j\omega)\,| = \left|\sqrt{1 - \frac{S_{nn}(\omega)}{S_{xx}(\omega)}}\right| . \tag{8.131}$$

Mit $\alpha = 2$ und $\beta = 1/2$ erhält man schließlich die Subtraktion der Wurzeln der Autoleistungsdichtespektren von Mikrofonausgang und Geräusch:

$$\begin{aligned}
\tilde{S}_{yy}^{(2,1/2)}(\omega) &= S_{xx}(\omega)\left[1 - \sqrt{\frac{S_{nn}(\omega)}{S_{xx}(\omega)}}\right]^2 = \left[\sqrt{S_{xx}(\omega)} - \sqrt{S_{nn}(\omega)}\right]^2\\
&= S_{xx}(\omega)\,|\,\tilde{G}^{(2,1/2)}(j\omega)\,|^2 .
\end{aligned} \tag{8.132}$$

Da bei praktischer Anwendung für alle Größen nur Schätzwerte aus endlich langen Intervallen benutzt werden können, entsprechen die Wurzeln der Autoleistungsdichtespektren den Amplitudenspektren der entsprechenden Signale. Der Betrag des Frequenzgangs des modifizierten Filters folgt aus Gleichung 8.132:

$$ |\tilde{G}^{(2,1/2)}(j\omega)| = \left| 1 - \sqrt{\frac{S_{nn}(\omega)}{S_{xx}(\omega)}} \right| . \tag{8.133} $$

In allen Fällen liegen rein reelle Zusammenhänge vor. Dies bedeutet, daß die Phase des geräuschreduzierten Signals gleich der Phase des Ausgangssignals des Mikrofons ist. Die Abbildungen 8.28 und 8.29 zeigen den Betrag des Frequenzgangs der

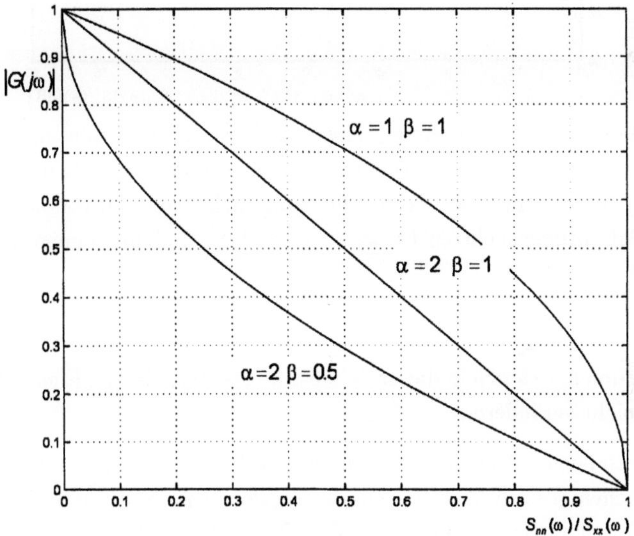

Abb. 8.28: Betrag des Filterfrequenzgangs zur Geräuschreduktion als Funktion des Quotienten der Autoleistungsdichtespektren der Störung und des gestörten Signals $S_{nn}(\omega)/S_{xx}(\omega)$ bei Subtraktion der Autoleistungsdichtespektren ($\alpha = \beta = 1$), Subtraktion der Amplitudenspektren ($\alpha = 2$, $\beta = 1/2$) und mit einem Wiener-Filter ($\alpha = 2$, $\beta = 1$)

Geräuschreduktionsfilter als Funktion der Verhältnisse der Autoleistungsdichtespektren von Störung und Gesamtsignal bzw. Störung und Summensignal für die oben diskutierten Parameterkombinationen.

Bisher nicht diskutiert wurde das Problem, das Autoleistungsdichtespektrum $S_{nn}(\omega)$ aus einer Musterfunktion $x(\eta_0, t)$ des Summensignals zu schätzen. Außerdem ist die Annahme stationärer Zufallsprozesse für Sprache und Geräusch unrealistisch. Beide Prozesse verändern ihre Eigenschaften ständig. Dies bedeutet, daß *Kurzzeitspektren* geschätzt werden müssen, wobei die Dauer der Schätzintervalle etwa 20 ms beträgt.

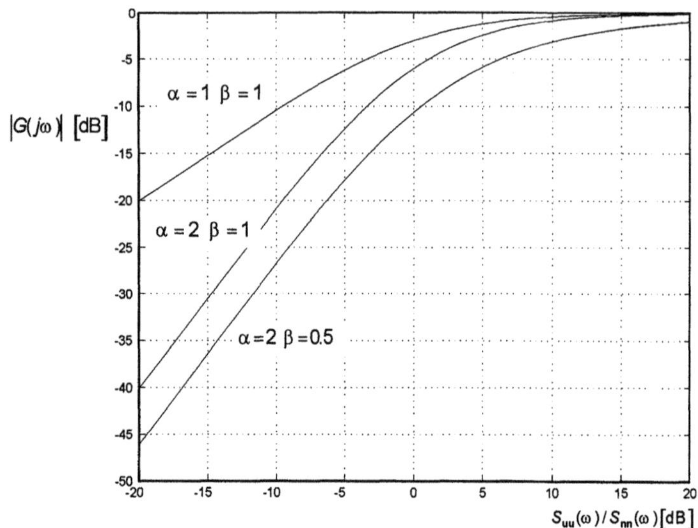

Abb. 8.29: Betrag des Filterfrequenzgangs zur Geräuschreduktion als Funktion des Quotienten der Autoleistungsdichtespektren des ungestörten Signals und der Störung $S_{uu}(\omega)/S_{nn}(\omega)$ bei Subtraktion der Autoleistungsdichtespektren ($\alpha = \beta = 1$), Subtraktion der Amplitudenspektren ($\alpha = 2$, $\beta = 1/2$) und mit einem Wiener-Filter ($\alpha = 2$, $\beta = 1$)

Man kann annehmen, daß sich in dieser Zeitspanne die statistischen Eigenschaften eines Sprachsignals nicht verändern.

Für einen endlich langen Ausschnitt aus der Musterfunktion eines Zufallsprozesses läßt sich die – gegebenenfalls zeitdiskrete – Fouriertransformierte bestimmen. Diese normiert man auf die Ausschnittlänge und bildet das Quadrat des Betrags. Die so erhaltene Funktion bezeichnet man als *Periodogramm* [58]. Dieses dient als Schätzwert für die Autokorrelationsfunktion des Zufallsprozesses.

Schätzwerte des Geräuschspektrums lassen sich aus dem Summensignal $x(\eta, t)$ nur für *Sprachpausen* bestimmen. Es gibt hierfür zwei Ansätze: Entweder man verwendet ein Verfahren, das fehlende Sprachaktivität anzeigt [124], oder man schätzt das Geräuschspektrum, indem man für jede Frequenzkomponente des Summensignals das Minimum über ein zurückliegendes Zeitintervall bestimmt [78].

Die Tatsache, daß nur *geschätzte* Größen benutzt werden können, führt zu einem weiteren Problem: Das geschätzte Autoleistungsdichtespektrum der Störung kann größer als das des Summensignals sein. In Gleichung 8.130 beispielsweise bedeutet dies, daß die Differenz negativ wird. Dies legt es nahe, eine untere Begrenzung s_f – einen sog. *Rauschteppich* (spectral floor) – für den Ausdruck in eckigen Klammern einzuführen. Zusammen mit einem weiteren heuristischen Parameter κ – dem sog. *Überschätzungsfaktor* (overestimation factor) – lautet die Vorschrift für eine Geräuschreduktion endlich [8, 10]:

$$\tilde{S}_{yy}^{(\alpha,\beta)}(\omega) = S_{xx}(\omega) \max \left[1 - \left(\kappa \, \frac{S_{nn}(\omega)}{S_{xx}(\omega)} \right)^{\beta} , s_f \right]^{\alpha} . \tag{8.134}$$

Gebräuchliche Werte für den Überschätzungsfaktor κ liegen zwischen 1 und 4, für den Rauschteppich s_f zwischen 0,05 und 0,5.

Durch den Rauschteppich wird die Wirkung eines Filters zur Geräuschreduktion begrenzt. Dies bewirkt gleichzeitig, daß unerwünschte Nebengeräusche, die durch Fehlschätzungen und durch die intervallweise Neueinstellung der Filterparameter entstehen – die sog. *Musical Tones* – abgeschwächt werden.

Abbildung 8.30 zeigt abschließend ein Beispiel. Ein gestörtes Sprachsignal wurde mit einem Filter mit dem sich für $\alpha = 2$ und $\beta = 1/2$ aus Gleichung 8.134 ergebenden Frequenzgang

$$\tilde{G}_{mod}^{(2,1/2)}(j\omega) = \max \left[1 - \sqrt{\kappa \, \frac{S_{nn}(\omega)}{S_{xx}(\omega)}} , s_f \right] \tag{8.135}$$

gefiltert. Angegeben sind das ungestörte Sprachsignal, das gestörte Signal und das gefilterte (geräuschreduzierte) Signal.

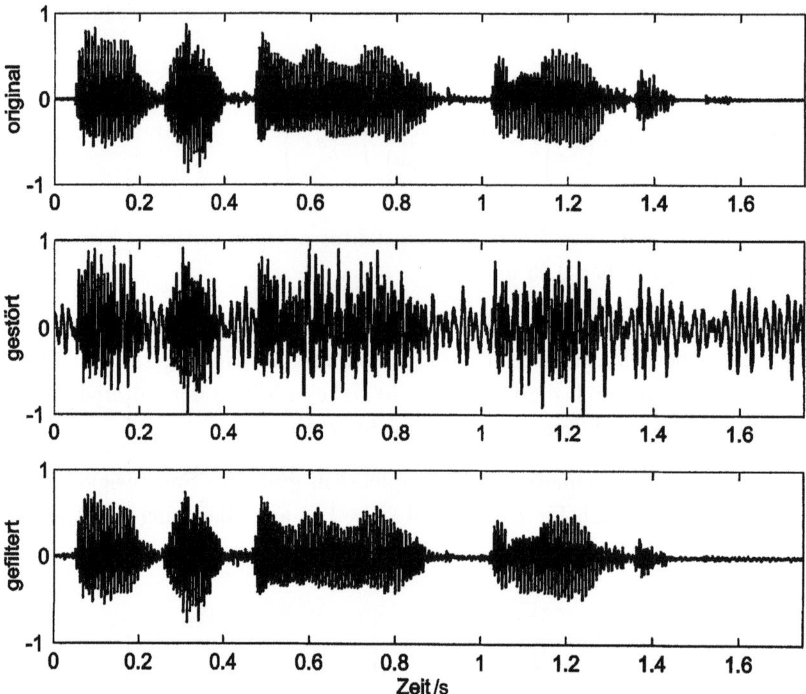

Abb. 8.30: Beispiel für eine Geräuschreduktion bei einem Sprachsignal ($s_f = 0{,}1$ und $\kappa = 2{,}3$ (siehe Gleichung 8.135))

9   Kalman–Filter

Bei dem in Kapitel 8 betrachteten Optimalfilter nach Wiener und Kolmogoroff gelingt eine Lösung der als Wiener-Hopf-Integralgleichung bezeichneten Gleichung 8.13 nur für eine unendlich lange Beobachtungsdauer – bei kausalem Filter beispielsweise von minus unendlich bis zur Gegenwart. Dies bedeutet, daß der Filterausgang erst nach Abklingen aller Einschwingvorgänge optimal ist. Eine weitere – oft wesentliche – Einschränkung liegt darin, daß das Filterproblem nur für *stationäre* Eingangsprozesse gelöst werden kann. Es hat zahlreiche Versuche gegeben, die Wiener-Hopf-Integralgleichung unter weniger einschränkenden Voraussetzungen zu lösen [116]. Kalman gelang zunächst eine Lösung des Optimalfilterproblems für zeitdiskrete Prozesse [56]. Kalman und Bucy fanden dann eine Lösung auch für zeitkontinuierliche Prozesse [57]. Beide Lösungen gehen von Prozeßmodellen aus, die mit Hilfe von Zustandsvariablen formuliert werden. Hergeleitet werden lineare rekursive Filter, die kausal sind und deren Ausgang bereits vom Einschaltzeitpunkt an optimal ist. Durch die Benutzung von Zustandsvariablen entfällt der bei der Bestimmung der Gewichtsfunktion des Wiener-Kolmogoroff-Filters notwendige Umweg über den Frequenzbereich und die für das kausale Filter notwendige Faktorisierung des Leistungsdichtespektrums des Filtereingangs.

Wir werden im folgenden das Filter nur für *zeitdiskrete* Zufallsprozesse betrachten. Dieses kann unmittelbar digital realisiert werden. Seine Bedeutung ist daher aus der Sicht des Anwenders größer als die des zeitkontinuierlichen Filters. Seine Herleitung ist darüber hinaus formal einfacher als die Herleitung des Filters für zeitkontinuierliche Zufallsprozesse. Wir beschränken uns weiter auf Filter mit skalarer Eingangs- und Ausgangsgröße. Eine Verallgemeinerung auf Systeme mit mehrdimensionaler Eingangs- und/oder mehrdimensionaler Ausgangsgröße ist jedoch möglich [14].

9.1   Zustandsvariablen

Der Zusammenhang zwischen der Eingangsfolge $u(i)$ und der Ausgangsfolge $x(i)$ eines linearen zeitdiskreten Systems (siehe Abbildung 9.2) kann durch eine *lineare Differenzengleichung* dargestellt werden:

$$
\begin{aligned}
x(i+1) &+ a_{m-1}(i)\, x(i) + \ldots + a_0(i)\, x(i+1-m) \\
&= d(i+1)\, u(i+1) + \beta_{m-1}(i)\, u(i) + \ldots + \beta_0(i)\, u(i+1-m)\,.
\end{aligned}
\tag{9.1}
$$

Diese Gleichung beschreibt ein lineares *zeitvariantes* System der Ordnung m. Sind die Koeffizienten $a_k(i), \beta_k(i), k = 0, \ldots, m-1$, und $d(i+1)$ zeitunabhängig, so liegt ein *zeitinvariantes* System vor (siehe Abbildung 9.1).

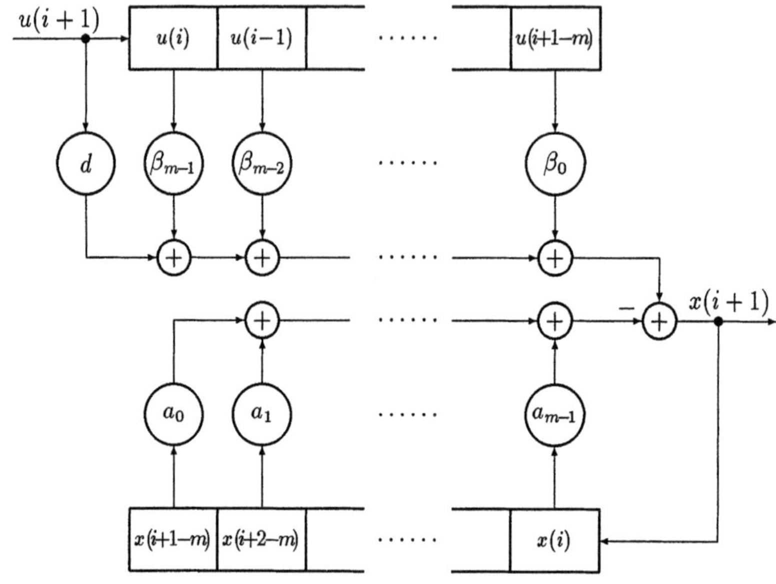

Abb. 9.1: Darstellung der Differenzengleichung eines linearen zeitinvarianten Systems als rekursives Filter (siehe Gleichung 9.1)

Gleichung 9.1 kann wie folgt umgeformt werden:

$$x(i+1) - d(i+1)u(i+1) = \quad -a_{m-1}(i)\,x(i) - ... - a_0(i)\,x(i+1-m)$$
$$+\beta_{m-1}(i)\,u(i) + ... + \beta_0(i)\,u(i+1-m)\,. \tag{9.2}$$

Damit beschreibt die rechte Seite dieser Differenzengleichung den Einfluß der *vergangenen* und *momentanen* Eingangs– und Ausgangswerte auf den nächsten *folgenden* Wert des Systemausgangs. Mit

$$x(i+1) - d(i+1)\,u(i+1) = v(i+1) \tag{9.3}$$

erhält man daraus:

$$v(i+1) = -a_{m-1}(i)\,v(i) - ... - a_0(i)\,v(i+1-m)$$
$$+[\beta_{m-1}(i)-d(i)\,a_{m-1}(i)]\,u(i)+...+[\beta_0(i)-d(i+1-m)\,a_0(i)]\,u(i+1-m)$$
$$= -a_{m-1}(i)\,v(i) - ... - a_0(i)\,v(i+1-m)$$
$$+b_{m-1}(i)\,u(i) + ... + b_0(i)\,u(i+1-m)\,. \tag{9.4}$$

Diese Umformung bedeutet, daß von dem ursprünglich angenommenen System ein System mit der Ausgangsfolge $v(i)$ abgespaltet wird, das auf eine Anregung $u(i)$ frühestens nach einer Totzeit von der Dauer eines Taktintervalls antwortet. Man sagt, der *Durchgriff* eines derartigen Systems sei gleich Null (oder das System sei nicht sprungfähig). Wir werden für die Herleitung des Kalman–Filters im Kapitel 9.3 immer annehmen, daß das System durchgriffsfrei ist, d.h.

$$d(i) = 0 \quad \text{für alle } i \,. \tag{9.5}$$

Abweichungen hiervon lassen sich durch ein parallel geschaltetes Proportionalsystem berücksichtigen (siehe Abbildung 9.2).

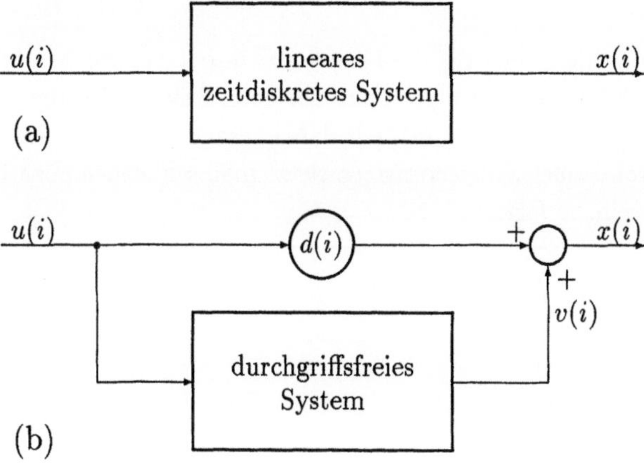

Abb. 9.2: Lineares zeitdiskretes System (a) und Abspaltung des Durchgriffs (b)

Zur Vereinfachung der Schreibweise von Gleichung 9.4 definieren wir folgende Spaltenvektoren:

$$\underline{u}(i) = (u(i+1-m), ..., u(i))^T \,, \tag{9.6}$$

$$\underline{v}(i) = (v(i+1-m), ..., v(i))^T \,, \tag{9.7}$$

$$\underline{a}(i) = (a_0(i), ..., a_{m-1}(i))^T \,, \tag{9.8}$$

$$\underline{b}(i) = (b_0(i), ..., b_{m-1}(i))^T \,. \tag{9.9}$$

Der Vektor $\underline{u}(i)$ enthält die m letzten Werte der Eingangsfolge, der Vektor $\underline{v}(i)$ die m letzten Werte der Ausgangsfolge des durchgriffsfreien Systems. Die Systemeigenschaften sind in den Vektoren $\underline{a}(i)$ und $\underline{b}(i)$ zusammengefaßt. Die Differenzengleichung 9.4 lautet nunmehr:

$$v(i+1) = -\underline{a}^T(i)\,\underline{v}(i) + \underline{b}^T(i)\,\underline{u}(i) \,. \tag{9.10}$$

Für den Zusammenhang zwischen $\underline{v}(i+1)$ und $\underline{v}(i)$ gilt:

$$\underline{v}(i+1) = \begin{pmatrix} 0 & 1 & 0 & & 0 \\ 0 & 0 & 1 & & 0 \\ . & . & . & \cdots & . \\ 0 & 0 & 0 & & 1 \\ 0 & 0 & 0 & & 0 \end{pmatrix} \underline{v}(i) + \begin{pmatrix} 0 \\ 0 \\ . \\ 0 \\ 1 \end{pmatrix} v(i+1)\,. \tag{9.11}$$

Somit erhält man den Vektor $\underline{v}(i+1)$ aus $\underline{v}(i)$ durch Verschieben aller Elemente um eine Stelle und Einsetzen von $v(i+1)$ an der dann freien untersten Stelle des Vektors. Das "älteste" Element $v(i+1-m)$ fällt dabei heraus. Gleichung 9.11 beschreibt somit die Wirkungsweise eines *Schieberegisters*. Setzt man schließlich noch Gleichung 9.10 in Gleichung 9.11 ein, so folgt:

$$\underline{v}(i+1) = \underline{A}(i)\,\underline{v}(i) + \underline{B}(i)\,\underline{u}(i)\,. \tag{9.12}$$

Hierbei sind:

$$\underline{A}(i) = \begin{pmatrix} 0 & 1 & 0 & \cdots & 0 \\ 0 & 0 & 1 & \cdots & 0 \\ . & . & . & \cdots & . \\ 0 & 0 & 0 & \cdots & 1 \\ -a_0(i) & -a_1(i) & -a_2(i) & \cdots & -a_{m-1}(i) \end{pmatrix}, \tag{9.13}$$

$$\underline{B}(i) = \begin{pmatrix} 0 & 0 & 0 & \cdots & 0 \\ 0 & 0 & 0 & \cdots & 0 \\ . & . & . & \cdots & . \\ 0 & 0 & 0 & \cdots & 0 \\ b_0(i) & b_1(i) & b_2(i) & \cdots & b_{m-1}(i) \end{pmatrix}. \tag{9.14}$$

Eine Gleichung für den Ausgangswert $x(i)$ des linearen Systems erhält man endlich aus Gleichung 9.3:

$$x(i) = \underline{c}^T(i)\,\underline{v}(i) + \underline{d}^T(i)\,\underline{u}(i) \tag{9.15}$$

mit den Vektoren

$$\underline{c}(i) = (0, 0, \cdots 0, 1)^T \,, \tag{9.16}$$

$$\underline{d}(i) = (0, 0, \cdots 0, d(i))^T \,. \tag{9.17}$$

Die durch die Gleichung 9.12 und 9.15 dargestellten Zusammenhänge lassen sich durch ein Blockschaltbild wiedergeben (siehe Abbildung 9.3). Darin bedeutet z^{-1} eine Totzeit von der Dauer eines Taktintervalls. Doppelte Linien kennzeichnen vektorielle Größen.

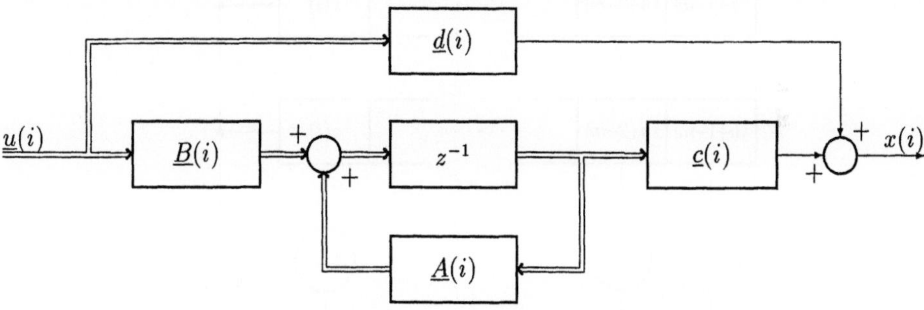

Abb. 9.3: Lineares zeitvariantes System in Zustandsraumdarstellung mit vektoriellem Eingang und skalarem Ausgang

Die Gleichungen 9.12 und 9.15 beschreiben zusammen das lineare zeitdiskrete System im *Zustandsraum*. Diese Beschreibung entspricht einem rekursiven Filter. Die Koeffizienten $d(i)$, $b_{m-1}(i)$, $\ldots$, $b_0(i)$ wirken im Vorwärtszweig, die Koeffizienten $a_{m-1}(i)$, $\ldots$, $a_0(i)$ in der Rückkopplung. Bei Anregung mit weißem Rauschen entsteht am Ausgang ein ARMA–Prozeß. Man nennt Gleichung 9.12 die *Systemgleichung* und Gleichung 9.15 die *Meßgleichung*. Der Vektor $\underline{v}(i)$ ist der *Zustandsvektor* des Systems. Die Matrix $\underline{A}(i)$ nennt man die *Systemmatrix*, die Matrix $\underline{B}(i)$ die *Steuermatrix* des Systems. $\underline{c}(i)$ ist der *Meßvektor* und $\underline{d}(i)$ der *Durchgriff*. Die hier gefundene Beschreibung eines linearen Systems ist eine spezielle Form der Zustandsraumdarstellung. Der Zustandsvektor enthält die m letzten Werte der Ausgangsfolge des durchgriffsfreien Systems. Die Systemmatrix liegt in der sogenannten *Regelungs–Normalform* vor [11]. Da die Ausgangsgröße skalar ist, sind $\underline{c}(i)$ und $\underline{d}(i)$ Vektoren. $\underline{c}(i)$ ist zeitunabhängig. Bei mehrdimensionalem Systemausgang treten auch an die Stellen von $\underline{c}(i)$ und $\underline{d}(i)$ Matrizen.

Wie man der Abbildung 9.1 entnehmen kann, beschreibt die Differenzengleichung 9.1 die Reihenschaltung eines nichtrekursiven und eines rekursiven linearen Systems. Grundsätzlich läßt sich diese Reihenfolge auch vertauschen (siehe Abbildung 9.4). Sind beide Systemteile zeitinvariant, d.h. hängt keiner der Koeffizienten von der Zeit ab, so wird durch das Vertauschen der Zusammenhang zwischen dem Eingang $u(i)$ und

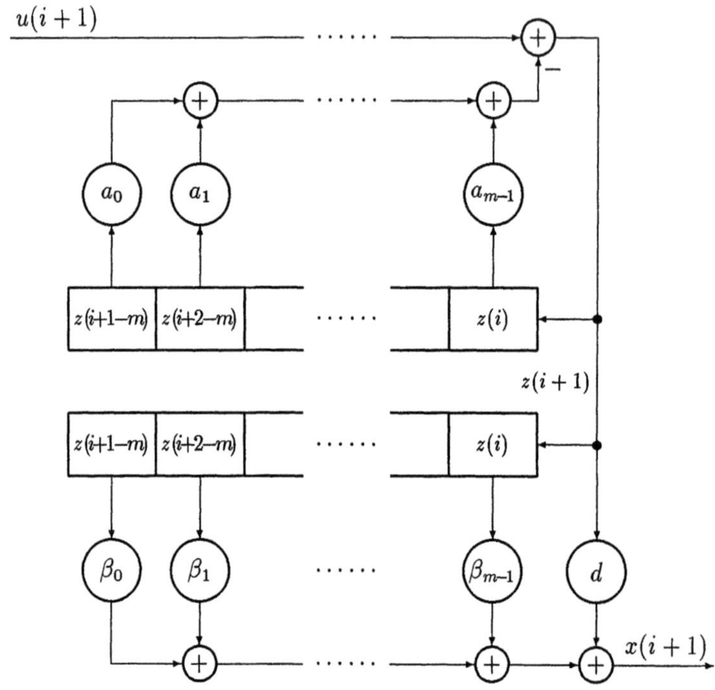

Abb. 9.4: Darstellung der Differenzengleichung eines linearen zeitinvarianten Systems
(transversaler und rekursiver Teil vertauscht) (siehe Gleichung 9.20)

dem Ausgang $x(i)$ nicht verändert. Enthält das System dagegen zeitvariante Anteile,
so ändert sich bei Vertauschung der Reihenfolge der Teilsysteme auch der Zusammenhang zwischen Systemeingang und –ausgang. Mit den Bezeichnungen aus Abbildung
9.4 lassen sich zwei Differenzengleichungen angeben:

$$z(i+1) = u(i+1) - a_{m-1}z(i) - \cdots - a_1 z(i+2-m) - a_0 z(i+1-m)\,, \qquad (9.18)$$

$$x(i+1) = d\,z(i+1) + \beta_{m-1}z(i) + \beta_{m-2}z(i-1) + \cdots + \beta_0 z(i+1-m)\,. \qquad (9.19)$$

Setzt man $z(i+1)$ in die zweite Gleichung ein, so erhält man:

$$
\begin{aligned}
x(i+1) \;&= d\,u(i+1) + (\beta_{m-1} - d\,a_{m-1})\,z(i) + (\beta_{m-2} - d\,a_{m-2})\,z(i-1) + \cdots \\
&\quad \cdots + (\beta_1 - d\,a_1)\,z(i+2-m) + (\beta_0 - d\,a_0)\,z(i+1-m) \\
&= d\,u(i+1) + b_{m-1}z(i) + b_{m-2}z(i-1) + \cdots \\
&\quad \cdots + b_1 z(i+2-m) + b_0 z(i+1-m)\ .
\end{aligned}
\qquad (9.20)
$$

Die Größen $z(i), \ldots, z(i+1-m)$ beschreiben somit den Zustand des Systems zum Zeitpunkt $i+1$. Sie können zu einem Vektor $\underline{z}(i+1)$ zusammengefaßt werden:

$$\underline{z}(i+1) = (\, z(i+1-m), z(i+2-m), \ldots, z(i-1), z(i)\,)^T \; . \tag{9.21}$$

Gleichung 9.18, die Zustandsgleichung des Systems, läßt sich dann wie folgt schreiben, wobei alle Argumente i in $u(i)$ und $z(i)$ um Eins erniedrigt werden:

$$\underline{z}(i+1) = \begin{pmatrix} 0 & 1 & 0 & \cdots & 0 \\ 0 & 0 & 1 & \cdots & 0 \\ . & . & . & \cdots & . \\ 0 & 0 & 0 & \cdots & 1 \\ -a_0 & -a_1 & -a_2 & \cdots & -a_{m-1} \end{pmatrix} \underline{z}(i) + \begin{pmatrix} 0 \\ 0 \\ \cdots \\ 0 \\ 1 \end{pmatrix} u(i) \; . \tag{9.22}$$

Für die Meßgleichung 9.20 erhält man:

$$x(i) = (\, b_0, b_1, \ldots, b_{m-2}, b_{m-1}\,) \underline{z}(i) + d\, u(i) \; . \tag{9.23}$$

Diese beiden Gleichungen stellen somit eine zweite Möglichkeit dar, ein lineares System mit skalarem Eingang und Ausgang im Zustandsraum zu beschreiben. Im Vergleich zu den Gleichungen 9.12 und 9.15 finden sich hier die Koeffizienten b_i, $i = 0, \ldots, m-1$, des transversalen Anteils im Meßvektor. Wie bereits weiter oben betont, stimmt der Zusammenhang zwischen $u(i)$ und $x(i)$ in beiden Darstellungen nur dann überein, wenn das System zeitinvariant ist, d.h. wenn alle Koeffizienten zeitunabhängig sind.

Die Zustandsdifferenzengleichung 9.12 kann rekursiv gelöst werden. Ist $i = 0$ der Anfangszeitpunkt, so erhält man folgendes Gleichungssystem:

$$\begin{aligned} \underline{v}(1) \;&= \underline{A}(0)\, \underline{v}(0) + \underline{B}(0)\, \underline{u}(0) \\ \underline{v}(2) \;&= \underline{A}(1)\, \underline{v}(1) + \underline{B}(1)\, \underline{u}(1) \\ &= \underline{A}(1)\, \underline{A}(0)\, \underline{v}(0) + \underline{A}(1)\, \underline{B}(0)\, \underline{u}(0) + \underline{B}(1)\, \underline{u}(1) \\[4pt] .. &\; \ldots\ldots\ldots\ldots\ldots.. \\[4pt] \underline{v}(i) \;&= \underline{A}(i-1)\, \underline{A}(i-2) \cdot \ldots \cdot \underline{A}(0)\, \underline{v}(0) \\ &\quad + \underline{A}(i-1)\, \underline{A}(i-2) \cdot \ldots \cdot \underline{A}(1)\, \underline{B}(0)\, \underline{u}(0) \\ &\quad + \underline{A}(i-1)\, \underline{A}(i-2) \cdot \ldots \cdot \underline{A}(2)\, \underline{B}(1)\, \underline{u}(1) \\ &\quad + \ldots + \underline{B}(i-1)\, \underline{u}(i-1) \; . \end{aligned} \tag{9.24}$$

Mit der Abkürzung

$$\underline{\Phi}_v(i_1, i_2) = \begin{cases} \underline{A}(i_1 - 1)\,\underline{A}(i_1 - 2) \cdot \ldots \cdot \underline{A}(i_2) & i_1 > i_2 \\[2ex] \underline{1} & i_1 = i_2 \end{cases} \tag{9.25}$$

($\underline{1}$ = Einheitsmatrix) lautet die allgemeine Lösung der Zustandsdifferenzengleichung:

$$\underline{v}(i) = \underline{\Phi}_v(i, 0)\,\underline{v}(0) + \sum_{k=1}^{i} \underline{\Phi}_v(i, i + 1 - k)\,\underline{B}(i - k)\,\underline{u}(i - k)\,, \; i > 0\,. \tag{9.26}$$

Die Matrix $\underline{\Phi}_v(i_1, i_2)$ nennt man die *Transitionsmatrix* oder die *Fundamentalmatrix* des linearen Systems. Sie genügt der homogenen Differenzengleichung:

$$\underline{\Phi}_v(i_1 + 1, i_2) = \underline{A}(i_1)\,\underline{\Phi}_v(i_1, i_2)\,. \tag{9.27}$$

Bei einem *zeitinvarianten* System sind $\underline{A}(i)$ und $\underline{B}(i)$ zeitunabhängig. Die Transitionsmatrix hängt dann nur noch von $i_1 - i_2$ ab:

$$\underline{\Phi}_v(i_1, i_2) = \underline{\Phi}_v(i_1 - i_2) = \underline{A}^{i_1 - i_2}\,, \; i_1 \geq i_2\,. \tag{9.28}$$

Die Lösung der Zustandsdifferenzengleichung vereinfacht sich dann zu:

$$\underline{v}(i) = \underline{A}^i\,\underline{v}(0) + \sum_{k=1}^{i} \underline{A}^{k-1}\underline{B}\,\underline{u}(i - k)\,, \; i > 0\,. \tag{9.29}$$

Die Lösung der Zustandsdifferenzengleichung setzt sich somit aus zwei Beiträgen zusammen: der vom Anfangswert des Zustandsvektors abhängigen *homogenen Lösung* und der von der Eingangsfolge abhängigen *partikulären Lösung*. Nimmt man an, daß der Anfangswert $\underline{v}(0)$ des Zustandsvektors gleich Null ist, oder daß der durch ihn bedingte Lösungsanteil abgeklungen ist, so vereinfacht sich Gleichung 9.29 weiter zu:

$$\underline{v}(i) = \sum_{k=1}^{i} \underline{A}^{k-1}\underline{B}\,\underline{u}(i - k)\,, \; i > 0\,. \tag{9.30}$$

Für die Ausgangsgröße des *zeitinvarianten* linearen Systems erhält man dann mit Gleichung 9.15:

$$\begin{aligned} x(0) &= \underline{d}^T\,\underline{u}(0)\,, \\ x(i) &= \underline{c}^T \sum_{k=1}^{i} \underline{A}^{k-1}\underline{B}\,\underline{u}(i - k) + \underline{d}^T\,\underline{u}(i)\,, \; i > 0\,. \end{aligned} \tag{9.31}$$

Diese Darstellung entspricht der Beschreibung des Zusammenhanges zwischen Eingangs– und Ausgangsfolge eines zeitdiskreten Systems durch eine Faltungssumme (siehe Gleichung 4.3). Die Gewichtsfolge $g(k)$ kann aus Gleichung 9.31 durch einen Koeffizientenvergleich bestimmt werden. Weitere Überlegungen zur Zustandsraumdarstellung finden sich beispielsweise in [101].

Beispiel 9.1 Zustandsraumdarstellung eines linearen zeitinvarianten Systems

Es sei:

$$x(i+1) - a\,x(i) = d\,u(i+1) + \beta\,u(i)$$

die Differenzengleichung eines zeitdiskreten Systems erster Ordnung (siehe Abbildung 9.5). Zu bestimmen sind die Zustandsdifferenzengleichung und die Gewichtsfolge. Man erhält:

$$x(i+1) - d\,u(i+1) = a\,x(i) + \beta\,u(i)\,.$$

Mit $v(i) = x(i) - d\,u(i)$ folgen daraus:

$$v(i+1) = a\,v(i) + (\beta + a\,d)\,u(i) \quad \text{und} \quad x(i) = v(i) + d\,u(i)\,.$$

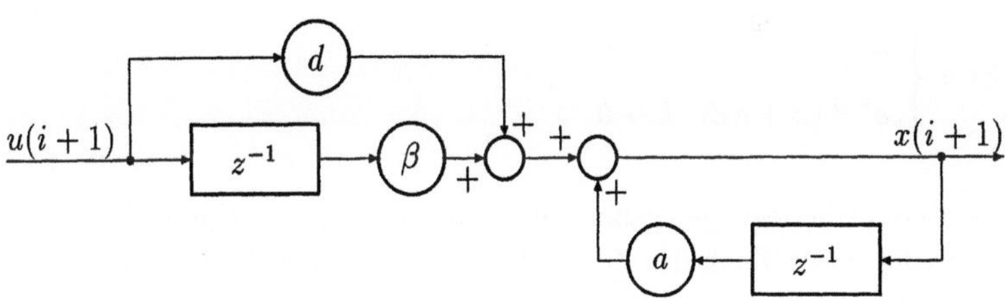

Abb. 9.5: Lineares zeitinvariantes System erster Ordnung (siehe Beispiel 9.1)

Beide Gleichungen sind skalar, da das System nur die Ordnung Eins hat. Für die Lösung der Zustandsdifferenzengleichung gilt:

$$v(i) = a^i v(0) + \sum_{k=1}^{i} a^{k-1}(\beta + a\,d)\,u(i-k), \quad i > 0\,.$$

Mit $v(0) = 0$ erhält man für die Ausgangsgröße:

$$x(i) = \begin{cases} d\,u(i) & i = 0 \\ d\,u(i) + \sum_{k=1}^{i} a^{k-1}(\beta + a\,d)\,u(i-k) & i > 0 \end{cases}$$

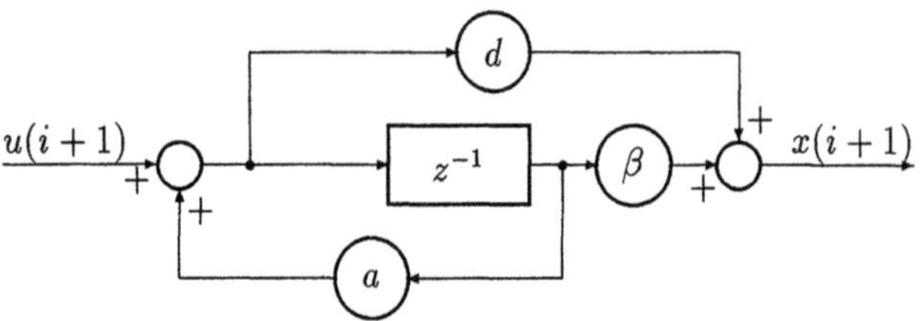

Abb. 9.6: Lineares zeitinvariantes System erster Ordnung (siehe Beispiel 9.1). Gegenüber Abbildung 9.5 wurden der transversale und der rekursive Teil vertauscht und die beiden Speicher zusammengefaßt.

(siehe Abbildung 9.6).

Stellt man andererseits $x(i)$ durch eine Faltungssumme dar, so gilt für $i \geq 0$ bei einem kausalen System (siehe Gleichung 4.11):

$$x(i) = \sum_{k=0}^{i} g(k)\, u(i - k)\,.$$

Ein Koeffizientenvergleich ergibt somit:

$$g(k) = \begin{cases} d & k = 0 \\ a^{k-1}\,(\beta + a\,d) & k > 0 \end{cases}\,.$$

Für die weiteren Überlegungen gehen wir wieder zu *Zufallsprozessen* über und zeigen als Beispiel für die Anwendung der Zustandsraumdarstellung die Herleitung der Systemmatrix $\underline{A}(i)$ eines *zeitvarianten kausalen Formfilters* (siehe auch Abschnitt 4.4.4.2), das aus einem weißen Eingangsprozeß einen autoregressiven Ausgangsprozeß erzeugt. Wir nehmen an, $\underline{x}(\eta, i)$ sei der Zustandsvektor eines zeitdiskreten Systems:

$$\underline{x}(\eta, i) = (\, x(\eta, i + 1 - m),\, \cdots,\, x(\eta, i)\,)^T\,. \tag{9.32}$$

Dieses werde durch einen Zufallsprozeß $\boldsymbol{u}(\eta, i)$ angeregt. Mit der für einen autoregressiven Prozeß speziellen Steuermatrix

$$\underline{B}(i) = \underline{B} = (0, 0, \cdots, 0, 1)^T \tag{9.33}$$

gelte:

$$\underline{x}(\eta, i + 1) = \underline{A}(i)\,\underline{x}(\eta, i) + \underline{B}\,\boldsymbol{u}(\eta, i)\,. \tag{9.34}$$

Zur Vereinfachung sei $\boldsymbol{u}(\eta,i)$ *weißes Rauschen* – das instationär sein kann – mit der Autokorrelationsfunktion

$$s_{\boldsymbol{uu}}(i_1,i_2) = \begin{cases} U(i_1) & i_1 = i_2 \\ 0 & i_1 \neq i_2 \end{cases} . \tag{9.35}$$

Ferner nehmen wir an, daß der Anfangswert des Zustandsvektors $\underline{\boldsymbol{x}}(\eta,0)$ und $\boldsymbol{u}(\eta,i)$ orthogonal für alle $i \geq 0$ sind:

$$\mathrm{E}\{\underline{\boldsymbol{x}}(\eta,0)\,\boldsymbol{u}(\eta,i)\} = \underline{0} \quad \text{für alle } i \geq 0 . \tag{9.36}$$

Für dieses vereinfachte System wollen wir nun den Zusammenhang zwischen der Kovarianzmatrix

$$\underline{s}_{\boldsymbol{xx}}(i_1,i_2) = \mathrm{E}\{\underline{\boldsymbol{x}}(\eta,i_1)\,\underline{\boldsymbol{x}}^T(\eta,i_2)\} \tag{9.37}$$

des (mittelwertfreien) Zustandsvektors, der Systemmatrix $\underline{A}(i)$ und der Autokorrelationsfunktion $s_{\boldsymbol{uu}}(i_1,i_2)$ der Anregung herleiten. Für $i_1 > i_2$ läßt sich $\underline{\boldsymbol{x}}(\eta,i_1)$ aus $\underline{\boldsymbol{x}}(\eta,i_2)$ und der Anregung mit Gleichung 9.26 berechnen:

$$\underline{\boldsymbol{x}}(\eta,i_1) = \underline{\Phi}_{\boldsymbol{x}}(i_1,i_2)\underline{\boldsymbol{x}}(\eta,i_2) + \sum_{k=1}^{i_1-i_2} \underline{\Phi}_{\boldsymbol{x}}(i_1,i_1+1-k)\,\underline{B}\,\boldsymbol{u}(\eta,i_1-k)\,,\; i_1 > i_2 . \tag{9.38}$$

Setzt man dies in Gleichung 9.37 ein und berücksichtigt Gleichung 9.36, so folgt:

$$\underline{s}_{\boldsymbol{xx}}(i_1,i_2) = \underline{\Phi}_{\boldsymbol{x}}(i_1,i_2)\,\underline{s}_{\boldsymbol{xx}}(i_2,i_2)\,,\; i_1 > i_2 . \tag{9.39}$$

Wegen $\underline{\Phi}(i,i) = \underline{1}$ (Gleichung 9.25) gilt diese Gleichung auch für $i_1 = i_2$. Mit $i_1 - 1 = i_2 = i$ und Gleichung 9.27 erhält man schließlich:

$$\underline{s}_{\boldsymbol{xx}}(i+1,i) = \underline{A}(i)\,\underline{s}_{\boldsymbol{xx}}(i,i) . \tag{9.40}$$

Durch eine analoge Rechnung erhält man:

$$\underline{s}_{\boldsymbol{xx}}(i,i+1) = \underline{s}_{\boldsymbol{xx}}(i,i)\,\underline{A}^T(i) . \tag{9.41}$$

Die Kovarianzmatrix $\underline{s}_{\boldsymbol{xx}}(i,i)$ ist symmetrisch und durch ihre Definition nichtnegativ definit. Ist der Prozeß $\boldsymbol{x}(\eta,i)$ derart, daß die Kovarianzmatrix positiv definit ist, so ist sie invertierbar und Gleichung 9.40 kann nach der Systemmatrix $\underline{A}(i)$ aufgelöst werden:

$$\underline{A}(i) = \underline{s}_{\boldsymbol{xx}}(i+1,i)\,\underline{s}_{\boldsymbol{xx}}(i,i)^{-1} . \tag{9.42}$$

Diese Gleichung hat ähnliche Bedeutung wie Gleichung 4.67: Sie ermöglicht die Bestimmung der Systemmatrix eines Formfilters, das aus weißem Rauschen einen Zustandsvektor (und damit über einen geeigneten Meßvektor einen Ausgangsprozeß) mit vorgegebenen Korrelationseigenschaften erzeugt. Zur Vervollständigung dieses Ergebnisses bestimmen wir noch $\underline{s}_{xx}(i+1, i+1)$:

$$
\begin{aligned}
\underline{s}_{xx}(i+1, i+1) &= \mathrm{E}\{\underline{x}(\eta, i+1)\,\underline{x}^T(\eta, i+1)\} \\
&= \underline{A}(i)\,\underline{s}_{xx}(i,i)\,\underline{A}^T(i) + \underline{B}\,U(i)\,\underline{B}^T\,.
\end{aligned}
\tag{9.43}
$$

Dies folgt aus der Systemgleichung 9.34 und den Annahmen über die darin enthaltenen Größen. Löst man Gleichung 9.43 nach $\underline{B}\,U(i)\,\underline{B}^T$ auf und setzt gleichzeitig Gleichung 9.42 ein, so erhält man endlich:

$$
\underline{B}\,U(i)\,\underline{B}^T = \underline{s}_{xx}(i+1, i+1) - \underline{s}_{xx}(i+1, i)\,\underline{s}_{xx}^{-1}(i,i)\,\underline{s}_{xx}(i, i+1)\,.
\tag{9.44}
$$

Aufgrund der speziellen Annahmen insbesondere für $\underline{B}$ (Gleichung 9.33) ist in $\underline{B}\,U(i)\,\underline{B}^T$ hier nur das Element in der rechten unteren Ecke der Matrix von Null verschieden. Aus Gleichung 9.44 kann daher $U(i)$ berechnet werden. Dieses bezeichnet die erforderliche mittlere Leistung der Anregung des Systems, wenn ein Zustandsvektor mit der Kovarianzmatrix $\underline{s}_{xx}(i_1, i_2)$ erzeugt werden soll.

Zu einem etwas allgemeineren Ergebnis kommt man, wenn man von der folgenden Systemgleichung ausgeht:

$$
\underline{x}(\eta, i+1) = \underline{A}(i)\,\underline{x}(\eta, i) + \underline{u}(\eta, i)\,.
\tag{9.45}
$$

In diesem Fall sind $\underline{B}(i)$ die Einheitsmatrix und $\underline{u}(\eta, i)$ ein Vektor. Es gelte für $\underline{u}(\eta, i)$:

$$
\underline{s}_{uu}(i_1, i_2) = \begin{cases} \underline{U}(i_1) & i_1 = i_2 \\ \underline{0} & i_1 \neq i_2 \end{cases}\,.
\tag{9.46}
$$

Dies besagt, daß aufeinanderfolgende Vektoren $\underline{u}(\eta, i)$ unkorreliert sind, d.h. $\underline{u}(\eta, i)$ ist weiß. Zu beachten ist dabei, daß $\underline{u}(\eta, i)$ nicht wie bisher angenommen aus $\underline{u}(\eta, i-1)$ durch eine Schiebeoperation und Anfügen nur eines neuen Wertes erzeugt werden kann. Es gelte wieder Orthogonalität zwischen dem Anfangswert des Zustandsvektors $\underline{x}(\eta, 0)$ und allen $\underline{u}(\eta, i)$:

$$
\mathrm{E}\{\,\underline{x}(\eta, 0)\,\underline{u}^T(\eta, i)\,\} = \underline{0}\quad\text{für alle } i \geq 0\,.
\tag{9.47}
$$

Für $i_1 > i_2$ läßt sich somit $\underline{x}(\eta, i_1)$ wieder aus $\underline{x}(\eta, i_2)$ berechnen:

$$\underline{x}(\eta, i_1) = \underline{\Phi}_x(i_1, i_2)\,\underline{x}(\eta, i_2) + \sum_{k=1}^{i_1-i_2} \underline{\Phi}_x(i_1, i_1+1-k)\,\underline{u}(\eta, i_1-k)\,,$$
$$\text{für}\quad i_1 > i_2\,.$$

Für die Autokorrelationsmatrix des Zustandsvektors gilt schließlich:

$$\begin{aligned}
&\underline{s}_{xx}(i+1, i+1)\\
&= \text{E}\{\,(\underline{A}(i)\,\underline{x}(\eta, i) + \underline{u}(\eta, i))\,(\underline{x}^T(\eta, i)\,\underline{A}^T(i) + \underline{u}^T(\eta, i))\,\}\,.
\end{aligned} \tag{9.48}$$

Auch hier entfallen die Kreuzkorrelierten, so daß endlich wieder gilt:

$$\underline{s}_{xx}(i+1, i+1) = \underline{A}(i)\,\underline{s}_{xx}(i, i)\,\underline{A}^T(i) + \underline{s}_{uu}(i, i)\,. \tag{9.49}$$

Hieraus läßt sich $\underline{s}_{uu}(i, i)$ bestimmen.

Die Gleichungen 9.42, 9.44 und 9.49 gelten für zeitvariante Systeme. Einschränkungen, wie bei der Herleitung der Gewichtsfunktion eines Formfilters über den Frequenzbereich (siehe Abschnitt 4.4.4.2), sind daher bei Verwendung von Zustandsvariablen nicht erforderlich.

9.2   Rekursive Schätzung – ein Beispiel

Zur Vorbereitung auf die Herleitung des Kalman–Algorithmus soll zunächst ein sehr einfaches Schätzproblem gelöst werden. Wir werden dabei sehr formal vorgehen, obgleich dieses Problem auch wesentlich einfacher lösbar ist. Lösungsweg und Lösung enthalten jedoch bereits wesentliche Elemente des Kalman–Algorithmus.

Es sei eine Konstante x_0 zu schätzen, die jedoch nur gestört gemessen werden kann. Die Messung werde n-mal wiederholt:

$$\underline{y}(\eta, k) = x_0 + \underline{n}(\eta, k)\quad \text{für}\quad k = 0, \ldots, n-1\,. \tag{9.50}$$

Somit ist $\underline{y}(\eta, k)$ die additiv gestörte Meßgröße, $\underline{n}(\eta, k)$ sei eine stationäre weiße Störung mit $m_n^{(1)} = 0$ und der Autokorrelationsfunktion $s_{nn}(l)$:

$$s_{nn}(l) = \begin{cases} \sigma_n^2 & l = 0 \\ 0 & l \neq 0 \end{cases}\,. \tag{9.51}$$

Wir wollen ein *rekursives* Verfahren herleiten, das aus den Meßwerten $\boldsymbol{y}(\eta, k)$ einen linearen, *erwartungstreuen* Schätzwert $\widehat{\boldsymbol{x}}(\eta, k)$ mit *minimaler Fehlervarianz* bestimmt.

Die Forderung nach *Linearität* erfüllen wir durch einen Ansatz, der zusätzlich noch eine Translation zuläßt (affin linear):

$$\widehat{\boldsymbol{x}}(\eta, k) = \sum_{l=0}^{k} a_l\, \boldsymbol{y}(\eta, l) + b \quad \text{für } 0 \le k \le n-1 \ . \tag{9.52}$$

Das Schätzproblem ist damit auf die Bestimmung optimaler Koeffizienten a_l, $l = 0, \dots, k$, und b zurückgeführt. Als zweiten Schritt stellen wir die *Erwartungstreue* sicher:

$$\mathrm{E}\{\widehat{\boldsymbol{x}}(\eta, k)\} = x_0 \ . \tag{9.53}$$

Hier setzen wir die Gleichungen 9.52 und 9.50 ein und formen den so erhaltenen Ausdruck um:

$$\mathrm{E}\{\widehat{\boldsymbol{x}}(\eta, k)\} = x_0 \sum_{l=0}^{k} a_l + \sum_{l=0}^{k} a_l\, \mathrm{E}\{\boldsymbol{n}(\eta, l)\} + b \ . \tag{9.54}$$

Da die Störung mittelwertfrei angenommen wird, vereinfacht sich dies zu

$$\mathrm{E}\{\widehat{\boldsymbol{x}}(\eta, k)\} = x_0 \sum_{l=0}^{k} a_l + b \ . \tag{9.55}$$

Hieraus ergeben sich für die Erwartungstreue zwei Bedingungen:

$$\sum_{l=0}^{k} a_l = 1 \ , \tag{9.56}$$

$$b = 0 \ . \tag{9.57}$$

Als dritten Schritt fordern wir, daß die Varianz des Schätzfehlers $e(\eta, k)$,

$$e(\eta, k) = x_0 - \widehat{\boldsymbol{x}}(\eta, k) \ , \tag{9.58}$$

minimal wird:

$$\begin{aligned}
\mathrm{E}\{(x_0 - \widehat{\boldsymbol{x}}(\eta, k))^2\} \ &= \mathrm{E}\{(x_0 - \sum_{l=0}^{k} a_l\, \boldsymbol{y}(\eta, l) - b)^2\} \\
&= x_0^2 - 2\,x_0 \sum_{l=0}^{k} a_l\, \mathrm{E}\{\boldsymbol{y}(\eta, l)\} + \sum_{l=0}^{k}\sum_{i=0}^{k} a_l\, a_i\, \mathrm{E}\{\boldsymbol{y}(\eta, l)\, \boldsymbol{y}(\eta, i)\} \ .
\end{aligned} \tag{9.59}$$

Hierbei wurde $b = 0$ bereits berücksichtigt. Mit

$$\mathrm{E}\{\boldsymbol{y}(\eta, k)\} = x_0 \tag{9.60}$$

und

$$\mathrm{E}\{\boldsymbol{y}(\eta, k)\,\boldsymbol{y}(\eta, l)\} = x_0^2 + \mathrm{E}\{\boldsymbol{n}(\eta, k)\,\boldsymbol{n}(\eta, l)\}$$
$$= \begin{cases} x_0^2 + \sigma_n^2 & k = l \\[2mm] x_0^2 & k \neq l \end{cases} \tag{9.61}$$

läßt sich dieser Ausdruck weiter umformen und vereinfachen:

$$\mathrm{E}\{(x_0 - \widehat{\boldsymbol{x}}(\eta, k))^2\} = \sigma_n^2 \sum_{l=0}^{k} a_l^2 \ . \tag{9.62}$$

Dieser Ausdruck wird minimal, wenn die Summe $\sum_{l=0}^{k} a_l^2$ minimal wird. Hierbei ist die oben formulierte Bedingung $\sum_{l=0}^{k} a_l = 1$ einzuhalten. Formal ist damit ein Variationsproblem mit Nebenbedingung zu lösen. Die Lösung ist bekannt (oder kann geraten werden):

$$a_{l,opt} = \frac{1}{k+1} \quad \text{für} \ \ l = 0, \ldots, k \ . \tag{9.63}$$

Die Vorschrift für den optimalen Schätzwert lautet somit:

$$\widehat{\boldsymbol{x}}(\eta, k) = \frac{1}{k+1} \sum_{l=0}^{k} \boldsymbol{y}(\eta, l) \ . \tag{9.64}$$

Der optimale Schätzwert ergibt sich damit als der arithmetische Mittelwert der Meßwerte. Das Ergebnis zeigt, daß dieser Schätzwert hier nur von der *Summe* der Meßwerte abhängt. Man bezeichnet in einem solchen Fall $\sum_{l=0}^{k} \boldsymbol{y}(\eta, l)$ als eine *hinreichende Statistik*.

Für die vollständige Lösung der gestellten Aufgabe verbleibt nun noch die *rekursive Formulierung* des Schätzverfahrens. Wir drücken daher $\widehat{\boldsymbol{x}}(\eta, k)$ durch $\widehat{\boldsymbol{x}}(\eta, k-1)$ aus:

$$\begin{aligned} \widehat{\boldsymbol{x}}(\eta, k) &= \frac{1}{k+1} \Big(\sum_{l=0}^{k-1} \boldsymbol{y}(\eta, l) + \boldsymbol{y}(\eta, k) \Big) \\ &= \frac{1}{k+1} \big(k\,\widehat{\boldsymbol{x}}(\eta, k-1) + \boldsymbol{y}(\eta, k) \big) \\ &= \widehat{\boldsymbol{x}}(\eta, k-1) + \frac{1}{k+1} \big(\boldsymbol{y}(\eta, k) - \widehat{\boldsymbol{x}}(\eta, k-1) \big) \ . \end{aligned} \tag{9.65}$$

Als Anfangsbedingung gilt

$$\widehat{\boldsymbol{x}}(\eta,0) = \boldsymbol{y}(\eta,0) \ . \tag{9.66}$$

Ansatz und Lösung dieses Problems lassen sich in einem Diagramm darstellen (siehe Abbildung 9.7). Es enthält ein Zustandsmodell für eine Konstante. Das Schätzverfahren bildet dieses Modell nach. Die Nachbildung wird angeregt durch die Differenz aus dem letzten Schätzwert und dem aktuellen Meßwert, die mit dem Faktor $1/(1+k)$ bewertet wird. Diese Struktur ist typisch für ein lineares Schätzverfahren. Der Faktor $1/(1+k)$ zeigt, daß mit wachsender Anzahl der Meßwerte der einzelne Meßwert immer geringeres Gewicht erhält, das Schätzverfahren somit schließlich "einfriert". Diese Eigenschaft ist eine Folge der Annahme, daß sich der zu schätzende Wert nicht verändert. Obwohl wir abweichend vom Kalman–Algorithmus die zu schätzende Größe hier determiniert vorausgesetzt haben, enthält das Verfahren bereits die wesentlichen Elemente dieses Verfahrens.

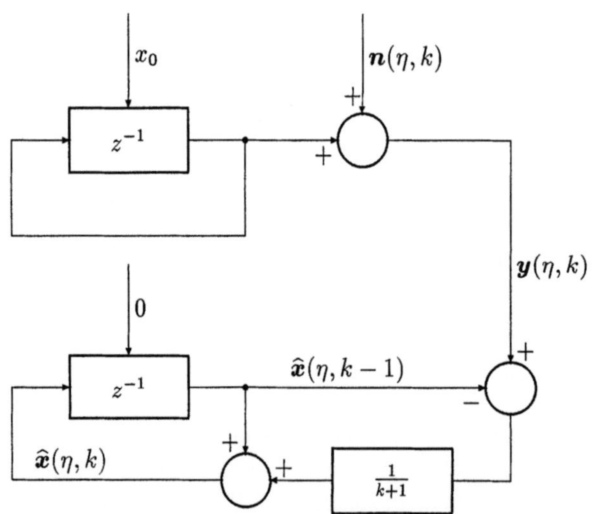

Abb. 9.7: Verfahren zur linearen Schätzung einer Konstanten x_0

9.3   Der Filteralgorithmus

Unter der Bezeichnung *Kalman–Filter* versteht man ein Rechenverfahren, das einen *linearen* Schätzwert für eine nur gestört meßbare Größe bestimmt. Dieser Schätzwert ist *erwartungstreu* und die *Varianz* des Schätzfehlers ist *minimal*. Im Gegensatz zum Wiener–Kolmogoroff–Filter wird beim Kalman–Filter der Schätzwert *rekursiv* bestimmt. Dies bedeutet, daß der momentane Schätzwert als lineare Funktion des momentanen Meßwertes und der vorangegangenen Schätzwerte dargestellt wird. Mit dem Kalman–Filteralgorithmus wird zu jedem Zeitpunkt nicht nur ein einzelner Wert eines zeitdiskreten Zufallsprozesses, sondern der *Zustandsvektor* eines linearen Systems geschätzt, das als *Modell* für die Erzeugung des zu schätzenden Zufallsprozesses aus weißem Rauschen angesehen werden kann.

Für die Herleitung des Kalman–Filters gehen wir von folgender *Problemstellung* aus: Ein zeitdiskreter Zufallsprozeß $\boldsymbol{x}(\eta, i)$ sei als Ausgangsprozeß eines linearen zeitdiskreten Systems der Ordnung m darstellbar, das durch einen Zufallsprozeß $\boldsymbol{u}(\eta, i)$ angeregt wird. Das System sei durchgriffsfrei (siehe Gleichung 9.5). Sein Zustandsvektor $\underline{\boldsymbol{x}}(\eta, i)$ enthalte die m letzten Ausgangswerte des Systems:

$$\underline{\boldsymbol{x}}(\eta, i) = (\boldsymbol{x}(\eta, i+1-m), \cdots, \boldsymbol{x}(\eta, i))^T \tag{9.67}$$

(siehe Abbildung 9.8). Für die Steuermatrix $\underline{B}(i)$ gelte wieder vereinfachend die Gleichung 9.33. Dies bedeutet, daß das System skalar angeregt wird und diese Anregung $\boldsymbol{u}(\eta, i)$ unmittelbar nur auf $\boldsymbol{x}(\eta, i+1)$, d.h. auf das letzte Element des Zustandsvektors $\underline{\boldsymbol{x}}(\eta, i+1)$ wirkt. Dem Systemausgang überlagere sich additiv eine Störung $\boldsymbol{n}(\eta, i)$. System– und Meßgleichung lauten daher:

$$\underline{\boldsymbol{x}}(\eta, i+1) = \underline{A}(i)\,\underline{\boldsymbol{x}}(\eta, i) + \underline{B}(i)\,\boldsymbol{u}(\eta, i)\,, \tag{9.68}$$

$$\boldsymbol{y}(\eta, i) \;\; = \underline{c}^T(i)\,\underline{\boldsymbol{x}}(\eta, i) + \boldsymbol{n}(\eta, i)\,. \tag{9.69}$$

Für $\underline{c}(i)$ nehmen wir an, daß es ein Vektor ist. Im einfachsten Fall gelte Gleichung 9.16. Zugelassen ist aber auch ein Vektor, wie er beispielsweise in Gleichung 9.23 auftritt. Die beiden Zufallsprozesse $\boldsymbol{u}(\eta, i)$ und $\boldsymbol{n}(\eta, i)$ werden in diesem Zusammenhang *Systemrauschen* und *Meßrauschen* genannt.

Das Kalman–Filter bestimmt aus den Meßwerten $\boldsymbol{y}(\eta, k)$, $0 \leq k \leq i$, einen optimalen Schätzwert $\widehat{\underline{\boldsymbol{x}}}(\eta, i)$ für den Zustandsvektor $\underline{\boldsymbol{x}}(\eta, i)$ des Prozeßmodells. Wir leiten das Filterverfahren zunächst unter sehr einschränkenden *Voraussetzungen* her. Einige dieser Voraussetzungen werden später verallgemeinert. Für den *Anfangswert des Zustandsvektors* $\underline{\boldsymbol{x}}(\eta, 0)$ nehmen wir an, daß dieser mittelwertfrei ist,

$$\mathrm{E}\{\underline{\boldsymbol{x}}(\eta, 0)\} = \underline{0}\,, \tag{9.70}$$

und daß seine Kovarianzmatrix

$$\underline{s}_{\boldsymbol{xx}}(0, 0) = \underline{P}(0) = \mathrm{E}\{\underline{\boldsymbol{x}}(\eta, 0)\,\boldsymbol{x}^T(\eta, 0)\} \tag{9.71}$$

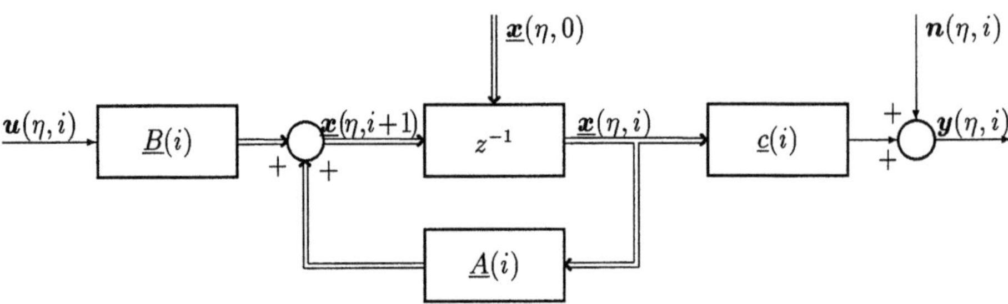

Abb. 9.8: Prozeßmodell zur Herleitung des Kalman–Filters

bekannt sei. *System–* und *Meßrauschen* seien weiße Zufallsprozesse mit bekannten Korrelations– bzw. Kovarianzfunktionen:

$$\mathrm{E}\{\boldsymbol{u}(\eta,i)\} = 0 \ \text{für alle } i\,, \tag{9.72}$$

$$s_{\boldsymbol{uu}}(i_1,i_2) = \mathrm{E}\{\boldsymbol{u}(\eta,i_1)\,\boldsymbol{u}(\eta,i_2)\} = \begin{cases} U(i_1) & i_1 = i_2 \\ 0 & i_1 \neq n_2 \end{cases}\,, \tag{9.73}$$

$$\mathrm{E}\{\boldsymbol{n}(\eta,i)\} = 0 \ \text{für alle } i\,, \tag{9.74}$$

$$s_{\boldsymbol{nn}}(i_1,i_2) = \mathrm{E}\{\boldsymbol{n}(\eta,i_1)\,\boldsymbol{n}(\eta,i_2)\} = \begin{cases} N(i_1) & i_1 = i_2 \\ 0 & i_1 \neq i_2 \end{cases}\,. \tag{9.75}$$

Das Systemrauschen, das Meßrauschen und der Anfangswert des Zustandsvektors seien orthogonal zueinander:

$$s_{\boldsymbol{un}}(i_1,i_2) = \mathrm{E}\{\boldsymbol{u}(\eta,i_1)\,\boldsymbol{n}(\eta,i_2)\} = 0 \ \ \text{für alle } i_1,i_2\,, \tag{9.76}$$

$$\underline{s}_{\boldsymbol{xu}}(0,i) = \mathrm{E}\{\underline{\boldsymbol{x}}(\eta,0)\,\boldsymbol{u}(\eta,i)\} = \underline{0} \ \ \ \ \text{für alle } i\,, \tag{9.77}$$

$$\underline{s}_{\boldsymbol{xn}}(0,i) = \mathrm{E}\{\underline{\boldsymbol{x}}(\eta,0)\,\boldsymbol{n}(\eta,i)\} = \underline{0} \ \ \ \ \text{für alle } i\,. \tag{9.78}$$

Wir gliedern den rekursiven Filteralgorithmus in *drei Schritte*: Zunächst bestimmen wir einen Schätzwert für den *Anfangswert* des Zustandsvektors $\underline{\boldsymbol{x}}(\eta,0)$. Die sich daran anschließende Rekursion teilen wir in zwei Schritte auf: *Vor* der Verfügbarkeit eines neuen Meßwertes, also zwischen den Zeitpunkten i und $i+1$, bestimmen wir einen *vorhergesagten Schätzwert* $\overset{*}{\underline{\boldsymbol{x}}}(\eta,i+1)$ des Zustandsvektors $\underline{\boldsymbol{x}}(\eta,i+1)$. *Nach* Vorliegen eines neuen Meßwertes, also nach dem Zeitpunkt $i + 1$, ermitteln wir schließlich einen *korrigierten Schätzwert* $\hat{\underline{x}}(\eta, i + 1)$ für $\underline{x}(\eta, i + 1)$. In jedem Fall fordern wir, daß die Varianzen der Schätzfehler minimal sind, d.h. die Fehler der optimalen Schätzwerte das *Orthogonalitätstheorem* (siehe Gleichung 5.23) erfüllen.

1. Schritt: **Anfangswert**

Für den Anfangszeitpunkt $i = 0$ lautet die Meßgleichung (Gleichung 9.69) des Prozeßmodells:

$$\underline{y}(\eta, 0) = \underline{c}^T(0)\, \underline{x}(\eta, 0) + \underline{n}(\eta, 0)\,. \tag{9.79}$$

Aus $\underline{y}(\eta, 0)$ ist ein linearer Schätzwert $\hat{\underline{x}}(\eta, 0)$ für $\underline{x}(\eta, 0)$ zu bestimmen. Wir machen dafür einen Ansatz:

$$\boxed{\hat{\underline{x}}(\eta, 0) = \underline{K}(0)\, \underline{y}(\eta, 0) + \underline{x}_A\,.} \tag{9.80}$$

$\underline{K}(0)$ bewirkt eine Gewichtung des Meßwertes, $\underline{x}_A$ ermöglicht eine bei allgemeineren Voraussetzungen möglicherweise notwendige Anpassung der Erwartungswerte. Aus der geforderten Erwartungstreue,

$$\mathrm{E}\{\hat{\underline{x}}(\eta, 0)\} = \mathrm{E}\{\underline{x}(\eta, 0)\}\,, \tag{9.81}$$

und den Voraussetzungen folgt hier unmittelbar:

$$\boxed{\underline{x}_A = \underline{0}\,.} \tag{9.82}$$

Die Varianz des Schätzfehlers

$$\tilde{\underline{x}}(\eta, i) = \underline{x}(\eta, i) - \hat{\underline{x}}(\eta, i) \tag{9.83}$$

ist minimal, wenn dieser orthogonal zu den Meßwerten ist. Für den Anfangszeitpunkt ist als Meßwert nur $\underline{y}(\eta, 0)$ verfügbar. Es gilt daher:

$$\mathrm{E}\{\tilde{\underline{x}}(\eta, 0)\, \underline{y}(\eta, 0)\} = \underline{0}\,. \tag{9.84}$$

Mit den Gleichungen 9.80, 9.82 und 9.83 kann daraus $\underline{K}(0)$ bestimmt werden:

$$\underline{K}(0)\, \mathrm{E}\{\underline{y}^2(\eta, 0)\} = \mathrm{E}\{\underline{x}(\eta, 0)\, \underline{y}(\eta, 0)\}\,. \tag{9.85}$$

Setzt man hier schließlich Gleichung 9.79 ein und beachtet die vorausgesetzte Orthogonalität zwischen dem Anfangswert $\underline{x}(\eta, 0)$ des Zustandsvektors und dem Meßrauschen $\underline{n}(\eta, i)$, so erhält man für den Anfangswert der sogenannten *Kalman–Verstärkung* endlich:

$$\underline{K}(0) = \underline{P}(0)\,\underline{c}(0)\,[\underline{c}^T(0)\,\underline{P}(0)\,\underline{c}(0) + N(0)]^{-1}\,, \tag{9.86}$$

mit $\underline{P}(0)$ gemäß Gleichung 9.71. Da die Zufallsprozesse $\boldsymbol{y}(\eta,i)$ und $\boldsymbol{n}(\eta,i)$ als *skalare* Prozesse vorausgesetzt werden, ist der Klammerausdruck hier skalar. Zur Vorbereitung des nächsten Schrittes bestimmen wir noch die Kovarianzmatrix $\tilde{\underline{P}}$ des Anfangswertes des Schätzfehlers:

$$\tilde{\underline{P}}(0) = \mathrm{E}\{\tilde{\underline{\boldsymbol{x}}}(\eta,0)\,\tilde{\underline{\boldsymbol{x}}}^T(\eta,0)\}\,. \tag{9.87}$$

Mit Gleichung 9.83 und dem optimalen Schätzwert erhält man:

$$\tilde{\underline{P}}(0) = \mathrm{E}\{\underline{\boldsymbol{x}}(\eta,0)\,\tilde{\underline{\boldsymbol{x}}}^T(\eta,0)\} - \underline{K}(0)\,\mathrm{E}\{\boldsymbol{y}(\eta,0)\,\tilde{\underline{\boldsymbol{x}}}^T(\eta,0)\}\,. \tag{9.88}$$

Da Fehler und Meßwert bei optimaler Schätzung orthogonal sind (Gleichung 9.84), verschwindet der zweite Erwartungswert und man erhält

$$\tilde{\underline{P}}(0) = \underline{P}(0) - \underline{K}(0)\,\underline{c}^T(0)\,\underline{P}(0)\,. \tag{9.89}$$

2. Schritt: **Vorhergesagter Schätzwert**

Wir nehmen nun an, daß für den Zeitpunkt i bereits ein optimaler Schätzwert $\hat{\underline{\boldsymbol{x}}}(\eta,i)$ des Zustandsvektors $\boldsymbol{x}(\eta,i)$ bestimmt wurde und daß die Kovarianzmatrix $\tilde{\underline{P}}(i)$ des Schätzfehlers $\tilde{\underline{\boldsymbol{x}}}(\eta,i)$ bekannt ist. Als Vorbereitung für die Berechung des nächsten Schätzwertes $\hat{\underline{\boldsymbol{x}}}(\eta,i+1)$ bestimmen wir aufgrund der Meßwerte $\boldsymbol{y}(\eta,k)$, $0 \le k \le i$, bzw. des daraus gewonnenen Schätzwertes $\hat{\underline{\boldsymbol{x}}}(\eta,i)$ zunächst einen *vorhergesagten Schätzwert* $\overset{*}{\underline{\boldsymbol{x}}}(\eta,i+1)$ des Zustandsvektors $\boldsymbol{x}(\eta,i+1)$. Auch für diesen Schätzwert machen wir einen linearen Ansatz:

$$\overset{*}{\underline{\boldsymbol{x}}}(\eta,i+1) = \underline{A}(i)\,\hat{\underline{\boldsymbol{x}}}(\eta,i) + \underline{x}_V(i+1)\,. \tag{9.90}$$

Aus der geforderten Erwartungstreue des Schätzwertes und den Voraussetzungen folgt hier wieder unmittelbar:

$$\underline{x}_V(i+1) = \underline{0}\,. \tag{9.91}$$

Die Varianz des Fehlers des vorhergesagten Schätzwertes ist minimal, wenn dieser Fehler orthogonal zu allen Meßwerten ist, die bis zum Schätzzeitpunkt i verfügbar sind:

$$\mathrm{E}\{(\underline{\boldsymbol{x}}(\eta,i+1) - \overset{*}{\underline{\boldsymbol{x}}}(\eta,i+1))\,\boldsymbol{y}(\eta,k)\} = \underline{0} \quad \text{für } 0 \le k \le i\,. \tag{9.92}$$

Mit der Systemgleichung 9.68 und den Gleichungen 9.90 und 9.91 lautet diese Bedingung:

$$\mathrm{E}\{\underline{A}(i)\,(\boldsymbol{x}(\eta,i) - \hat{\boldsymbol{x}}(\eta,i))\,\boldsymbol{y}(\eta,k)\} + \mathrm{E}\{\underline{B}(i)\,\boldsymbol{u}(\eta,i)\,\boldsymbol{y}(\eta,k)\}$$
$$= \underline{A}(i)\,\mathrm{E}\{\tilde{\boldsymbol{x}}(\eta,i)\,\boldsymbol{y}(\eta,k)\} + \underline{B}(i)\,\mathrm{E}\{\boldsymbol{u}(\eta,i)\,\boldsymbol{y}(\eta,k)\} \qquad (9.93)$$
$$= \underline{0} \qquad \text{für } 0 \le k \le i\,.$$

Der erste Erwartungswert in der zweiten Zeile von Gleichung 9.93 verschwindet aufgrund der Annahme, daß $\hat{\boldsymbol{x}}(\eta,i)$ ein optimaler Schätzwert und damit $\tilde{\boldsymbol{x}}(\eta,i)$ für $0 \le k \le i$ orthogonal zu $\boldsymbol{y}(\eta,i)$ ist. Der zweite Erwartungswert ist gleich Null, da wegen des fehlenden Durchgriffs frühestens $\boldsymbol{y}(\eta,i+1)$ von $\boldsymbol{u}(\eta,i)$ abhängt und der Anfangswert $\boldsymbol{x}(\eta,0)$ des Zustandsvektors und $\boldsymbol{u}(\eta,i)$ für alle i orthogonal vorausgesetzt wurden (Gleichung 9.77). Damit ist gezeigt, daß der Ansatz in Gleichung 9.90 zulässig ist. Für die Kovarianzmatrix $\overset{*}{\underline{P}}(i+1)$ des Fehlers des vorhergesagten Schätzwertes erhält man schließlich:

$$\overset{*}{\underline{P}}(i+1) \;\; = \mathrm{E}\{(\boldsymbol{x}(\eta,i+1) - \overset{*}{\hat{\boldsymbol{x}}}(\eta,i+1))\,(\boldsymbol{x}^T(\eta,i+1) - \overset{*}{\hat{\boldsymbol{x}}}{}^{T}(\eta,i+1))\}$$
$$= \mathrm{E}\{(\underline{A}(i)\,\tilde{\boldsymbol{x}}(\eta,i) + \underline{B}(i)\,\boldsymbol{u}(\eta,i))(\tilde{\boldsymbol{x}}^T(\eta,i)\,\underline{A}^T(i) + \boldsymbol{u}(\eta,i)\,\underline{B}^T(i))\}\,, \qquad (9.94)$$

$$\boxed{\;\overset{*}{\underline{P}}(i+1) = \underline{A}(i)\,\tilde{\underline{P}}(i)\,\underline{A}^T(i) + \underline{B}(i)\,U(i)\,\underline{B}^T(i)\,.\;} \qquad (9.95)$$

Aufgrund der speziellen Annahme der Steuermatrix $\underline{B}(i)$ (Gleichung 9.33) ist hier in dem zweiten Summanden der rechten Seite nur das Element in der rechten unteren Ecke von Null verschieden. Der Ansatz Gleichung 9.90 bedeutet eine Vorhersage des Zustandsvektors $\boldsymbol{x}(\eta,i+1)$ entsprechend der Systemgleichung 9.68, wobei der unbekannte Zustandsvektor $\boldsymbol{x}(\eta,i)$ durch seinen Schätzwert $\hat{\boldsymbol{x}}(\eta,i)$ ersetzt ist. Mit $\underline{x}_V(i+1)$ kann bei allgemeineren Voraussetzungen ein bekannter Anteil des Systemrauschens berücksichtigt werden.

3. Schritt: Korrigierter Schätzwert

Als letzten Schritt des Kalman–Verfahrens bestimmen wir nun einen Schätzwert $\hat{\boldsymbol{x}}(\eta,i+1)$ des Zustandsvektors $\boldsymbol{x}(\eta,i+1)$ unter Einbeziehung des Meßwertes $\boldsymbol{y}(\eta,i+1)$. Wir erhalten diesen Schätzwert durch eine Korrektur des vorhergesagten Schätzwertes $\overset{*}{\hat{\boldsymbol{x}}}(\eta,i+1)$. Auch hier machen wir einen linearen Ansatz:

$$\boxed{\begin{aligned} \hat{\boldsymbol{x}}(\eta,i+1) &= \overset{*}{\hat{\boldsymbol{x}}}(\eta,i+1) \\ &+ \underline{K}(i+1)[\,\boldsymbol{y}(\eta,i+1) - x_K(i+1) - \underline{c}^T(i+1)\overset{*}{\hat{\boldsymbol{x}}}(\eta,i+1)]\,. \end{aligned}} \qquad (9.96)$$

Der Klammerausdruck auf der rechten Seite dieses Ansatzes enthält den nicht vorhersagbaren Anteil des neuen Meßwertes $\boldsymbol{y}(\eta, i+1)$. Die Größen $x_K(i+1)$ und $\underline{K}(i+1)$ bestimmen wir wieder aus der geforderten Erwartungstreue und der geforderten minimalen Fehlervarianz. Aus der Erwartungstreue des Schätzwertes $\hat{\underline{\boldsymbol{x}}}(\eta, i+1)$ folgt unter den eingangs formulierten Voraussetzungen:

$$\boxed{x_K(i+1) = 0\,.} \tag{9.97}$$

Die Varianz des Schätzfehlers $\tilde{\underline{\boldsymbol{x}}}(\eta, i+1)$ (Gleichung 9.83) ist minimal, wenn dieser orthogonal zu allen verfügbaren Meßwerten $\boldsymbol{y}(\eta, k)$, $0 \leq k \leq i+1$, ist:

$$\mathrm{E}\{\tilde{\underline{\boldsymbol{x}}}(\eta, i+1)\,\boldsymbol{y}(\eta, k)\} = \underline{0} \qquad \text{für } 0 \leq k \leq i+1\,. \tag{9.98}$$

Für den Schätzfehler gilt:

$$\begin{aligned}
\tilde{\underline{\boldsymbol{x}}}(\eta, i+1) \;&= \underline{\boldsymbol{x}}(\eta, i+1) - \hat{\underline{\boldsymbol{x}}}(\eta, i+1)\\
&= (\underline{1} - \underline{K}(i+1)\,\underline{c}^T(i+1))\,(\underline{\boldsymbol{x}}(\eta, i+1) - \overset{*}{\underline{\boldsymbol{x}}}(\eta, i+1))\\
&\quad -\underline{K}(i+1)\,\boldsymbol{n}(\eta, i+1)\,.
\end{aligned} \tag{9.99}$$

Dies folgt aus dem Ansatz Gleichung 9.96 und der Meßgleichung 9.69. Setzt man Gleichung 9.99 in die Orthogonalitätsbedingung 9.98 ein, so erhält man die Bedingung:

$$\begin{aligned}
(\underline{1} - \underline{K}(i+1)\,\underline{c}^T(i+1))\,\mathrm{E}&\{(\underline{\boldsymbol{x}}(\eta, i+1) - \overset{*}{\underline{\boldsymbol{x}}}(\eta, i+1))\,\boldsymbol{y}(\eta, k)\}\\
-\underline{K}(i+1)\mathrm{E}&\{\boldsymbol{n}(\eta, i+1)\,\boldsymbol{y}(\eta, k)\} = \underline{0} \quad \text{für } 0 \leq k \leq i+1\,.
\end{aligned} \tag{9.100}$$

Für $0 \leq k \leq i$ verschwindet der erste Erwartungswert gemäß Gleichung 9.92 und der zweite aufgrund der Voraussetzungen 9.75, 9.76 und 9.78. Die bis jetzt noch unbekannte Kalman-Verstärkung $\underline{K}(i+1)$ bestimmt man schließlich so, daß Gleichung 9.100 auch für $k = i+1$ erfüllt ist. Mit der Meßgleichung 9.69 und der Orthogonalität zwischen $\underline{\boldsymbol{x}}(\eta, i+1)$ und dem Meßrauschen $\boldsymbol{n}(\eta, i+1)$, sowie dem Fehler des vorhergesagten Schätzwertes $\underline{\boldsymbol{x}}(\eta, i+1) - \overset{*}{\underline{\boldsymbol{x}}}(\eta, i+1)$ und $\boldsymbol{n}(\eta, i+1)$ folgt aus Gleichung 9.100 für $k = i+1$:

$$\begin{aligned}
(\underline{1} - \underline{K}(i+1)\,\underline{c}^T(i+1))\,\mathrm{E}&\{(\underline{\boldsymbol{x}}(\eta, i+1) - \overset{*}{\underline{\boldsymbol{x}}}(\eta, i+1))\,\underline{\boldsymbol{x}}^T(\eta, i+1)\}\,\underline{c}(i+1)\\
-\underline{K}(i+1)\,N(i+1) &= \underline{0}\,.
\end{aligned} \tag{9.101}$$

Den Erwartungswert in dieser Gleichung formen wir weiter um:

$$\begin{aligned}
&\mathrm{E}\{(\underline{x}(\eta,i+1) - \overset{*}{\underline{x}}(\eta,i+1))\,\underline{x}^T(\eta,i+1)\}\\
&\quad = \mathrm{E}\{(\underline{x}(\eta,i+1) - \overset{*}{\underline{x}}(\eta,i+1))\,(\underline{x}^T(\eta,i+1) - \overset{*}{\underline{x}}{}^T(\eta,i+1))\}\\
&\qquad + \mathrm{E}\{(\underline{x}(\eta,i+1) - \overset{*}{\underline{x}}(\eta,i+1))\,\overset{*}{\underline{x}}{}^T(\eta,i+1)\}\\
&\quad = \overset{*}{\underline{P}}(i+1) + \mathrm{E}\{(\underline{x}(\eta,i+1) - \overset{*}{\underline{x}}(\eta,i+1))\,\overset{*}{\underline{x}}{}^T(\eta,i+1)\}\,.
\end{aligned} \qquad (9.102)$$

Mit der Systemgleichung 9.68 und den Gleichungen 9.90 und 9.91 folgt ferner:

$$\begin{aligned}
&\mathrm{E}\{(\underline{x}(\eta,i+1) - \overset{*}{\underline{x}}(\eta,i+1))\overset{*}{\underline{x}}{}^T(\eta,i+1)\}\\
&\quad = \underline{A}(i)\,\mathrm{E}\{(\underline{x}(\eta,i) - \widehat{\underline{x}}(\eta,i))\widehat{\underline{x}}^T(\eta,i)\}\underline{A}^T(i)\\
&\qquad + \underline{B}(i)\,\mathrm{E}\{\boldsymbol{u}(\eta,i)\widehat{\underline{x}}^T(\eta,i)\}\underline{A}^T(i) = \underline{0}\,.
\end{aligned} \qquad (9.103)$$

Der erste Erwartungswert auf der rechten Seite dieser Gleichung verschwindet, da $\widehat{\underline{x}}(\eta,i)$ ein optimaler linearer Schätzwert ist. Der Schätzfehler $\underline{x}(\eta,i) - \widehat{\underline{x}}(\eta,i)$ ist daher orthogonal zu $\boldsymbol{y}(\eta,k)$ für $0 \leq k \leq i$ und somit auch zu jeder linearen Funktion aus diesen Meßwerten. Der zweite Erwartungswert ist gleich Null aufgrund der Voraussetzungen und der Tatsache, daß $\boldsymbol{u}(\eta,i)$ frühestens $\underline{x}(\eta,i+1)$ und damit auch frühestens $\widehat{\underline{x}}(\eta,i+1)$ beeinflußt. Aus den Gleichungen 9.101, 9.102 und 9.103 folgt daher endlich:

$$(\underline{1} - \underline{K}(i+1)\,\underline{c}^T(i+1))\,\overset{*}{\underline{P}}(i+1)\,\underline{c}(i+1) - \underline{K}(i+1)\,N(i+1) = \underline{0}\,. \qquad (9.104)$$

Nach $\underline{K}(i+1)$ aufgelöst, erhält man für die gesuchte *Kalman–Verstärkung*:

$$\boxed{\underline{K}(i+1) = \overset{*}{\underline{P}}(i+1)\,\underline{c}(i+1)[\underline{c}^T(i+1)\,\overset{*}{\underline{P}}(i+1)\,\underline{c}(i+1) + N(i+1)]^{-1}\,.} \qquad (9.105)$$

Da $\underline{c}(i)$ als *Vektor* angenommen wurde, ist der Klammerausdruck auf der rechten Seite von Gleichung 9.105 hier wieder skalar. Als letzte noch unbekannte Größe des Rechenverfahrens bestimmen wir abschließend die Kovarianzmatrix $\widetilde{\underline{P}}(i+1)$ des Schätzfehlers:

$$\widetilde{\underline{P}}(i+1) = \mathrm{E}\{(\underline{x}(\eta,i+1) - \widehat{\underline{x}}(\eta,i+1))(\underline{x}^T(\eta,i+1) - \widehat{\underline{x}}^T(\eta,i+1))\}\,. \qquad (9.106)$$

Setzt man Gleichung 9.99 in diese Gleichung ein und berücksichtigt die Orthogonalität zwischen $\underline{x}(\eta,i+1) - \overset{*}{\underline{x}}(\eta,i+1)$ und $\boldsymbol{n}(\eta,i+1)$, so erhält man nach einigen Umformungen:

$$\boxed{\widetilde{\underline{P}}(i+1) = (\underline{1} - \underline{K}(i+1)\,\underline{c}^T(i+1))\,\overset{*}{\underline{P}}(i+1)\,.} \qquad (9.107)$$

Zusammen mit dieser Gleichung kann der Ausdruck für die Kalman–Verstärkung $\underline{K}(i)$ noch umgeformt werden. Aus Gleichung 9.105 folgt:

$$\underline{K}(i)\,(\,\underline{c}^T(i)\,\overset{*}{\underline{P}}(i)\,\underline{c}(i) + N(i)\,) = \overset{*}{\underline{P}}(i)\,\underline{c}(i) \tag{9.108}$$

oder

$$\underline{K}(i)\,N(i) - (\,\underline{1} - \underline{K}(i)\,\underline{c}^T(i)\,)\,\overset{*}{\underline{P}}(i)\,\underline{c}(i) = \underline{0}\ . \tag{9.109}$$

Setzt man hier Gleichung 9.107 ein, so erhält man:

$$\underline{K}(i) = \tilde{\underline{P}}(i)\,\underline{c}(i)\,N^{-1}(i)\ . \tag{9.110}$$

Auch der Ausdruck für den Anfangswert der Kalman–Verstärkung (siehe Gleichung 9.86) läßt sich in diese Form bringen.

Damit ist der Kalman–Filteralgorithmus vollständig. Maßgebend für die Berechnung eines Schätzwertes $\hat{\underline{x}}(\eta, i)$ des Zustandsvektors $\underline{x}(\eta, i)$ sind die Gleichungen 9.80 und 9.82, 9.90 und 9.91 sowie 9.96 und 9.97. Die durch sie repräsentierten Zusammenhänge können durch ein Diagramm dargestellt werden (siehe Abbildung 9.9). Ein Vergleich mit Abbildung 9.8 zeigt, daß das Kalman–Filter das Prozeßmodell nachbildet. Diese Nachbildung wird angeregt durch die nicht vorhersagbaren Anteile der Meßwerte, die mit der Kalman–Verstärkung gewichtet werden. Diese erweist sich damit als die zentrale Größe des Verfahrens. Der Ablauf des Kalman–Filteralgorithmus (Abbildung 9.10) zeigt deutlich, daß diese Verstärkung nur von den statistischen Eigenschaften der das Prozeßmodell anregenden Größen, nicht jedoch von den Meßwerten selbst abhängt. Der vorhergesagte Schätzwert $\overset{*}{\underline{x}}(\eta, i)$ und die Kovarianzmatrizen der Schätzfehler $\tilde{\underline{P}}(i)$ und $\overset{*}{\underline{P}}(i)$ sind Zwischengrößen, die eine bessere Übersicht über den Ablauf des Rechenverfahrens erlauben und Aussagen über die Güte der Schätzwerte zulassen. Grundsätzlich könnten sie jedoch durch Einsetzen in die entsprechenden Gleichungen für $\hat{\underline{x}}(\eta, i)$ und $\underline{K}(i)$ eliminiert werden. Einige Eigenschaften der Kalman–Verstärkung sollen an zwei sehr einfachen Beispielen diskutiert werden.

Beispiel 9.2 Schätzung einer Konstanten

System– und Meßgleichung eines Modellsystems seien gegeben durch

$$\boldsymbol{x}(\eta, i+1) = \boldsymbol{x}(\eta, i)\,, \qquad \boldsymbol{y}(\eta, i) = \boldsymbol{x}(\eta, i) + \boldsymbol{n}(\eta, i)\,.$$

$\boldsymbol{x}(\eta, i)$ ist in diesem Fall skalar und für alle i konstant. Es soll aus den additiv gestörten Meßwerten $\boldsymbol{y}(\eta, i)$ geschätzt werden. Das Meßrauschen $\boldsymbol{n}(\eta, i)$ sei stationäres weißes Rauschen mit der Varianz $\sigma_n^2 = N$. $\boldsymbol{x}(\eta, i)$ sei mittelwertfrei, seine Varianz σ_x^2 sei gleich P. Dann gelten:

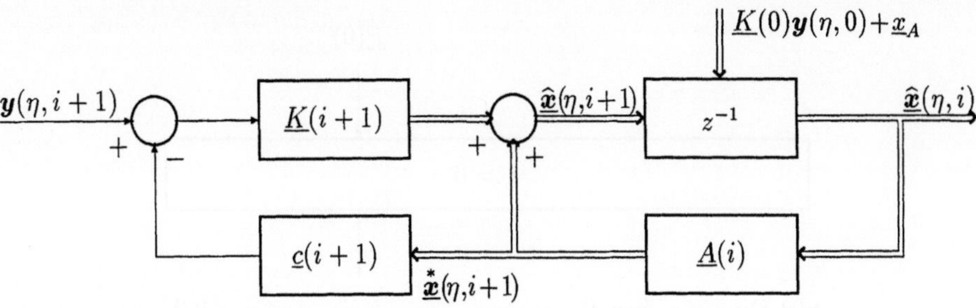

Abb. 9.9: Kalman–Filter

1. Anfangswerte:

$$K(0) = P/(P+N)\,, \quad \tilde{P}(0) = PN/(P+N)\,, \quad \widehat{\boldsymbol{x}}(\eta,0) = K(0)\,\boldsymbol{y}(\eta,0)\,.$$

2. Vorhersage:

$$\overset{*}{P}(i+1) = \tilde{P}(i)\,, \quad \overset{*}{\boldsymbol{x}}(\eta,i+1) = \widehat{\boldsymbol{x}}(\eta,i)\,.$$

3. Korrektur:

$$K(i+1) = \overset{*}{P}(i+1)/(\overset{*}{P}(i+1)+N)\,,$$
$$\tilde{P}(i+1) = \overset{*}{P}(i+1)\,N/(\overset{*}{P}(i+1)+N)\,,$$
$$\widehat{\boldsymbol{x}}(\eta,i+1) = \overset{*}{\boldsymbol{x}}(\eta,i+1) + K(i+1)[\boldsymbol{y}(\eta,i+1) - \overset{*}{\boldsymbol{x}}(\eta,i+1)]\,.$$

Mit

$$\frac{1}{\tilde{P}(i+1)} = \frac{1}{\tilde{P}(i)} + \frac{1}{N}$$

erhält man durch wiederholtes Einsetzen für die Kalman–Verstärkung:

$$K(i) = \frac{P}{(i+1)P+N}\,, \quad i \geq 0\,.$$

Da hier eine von i unabhängige Größe zu schätzen ist, d.h. eine Anregung des Prozeßmodells fehlt, strebt die Kalman–Verstärkung monoton gegen Null. Dies bedeutet, daß mit wachsender Anzahl der Meßwerte das Gewicht des einzelnen Meßwertes abnimmt. In gleicher Weise vermindert sich der Einfluß der Varianzen P und N auf die Kalman–Verstärkung. Für große Werte von i nähert sich der Schätzwert $\widehat{\boldsymbol{x}}(\eta,i)$ dem arithmetischen Mittel der Meßwerte.

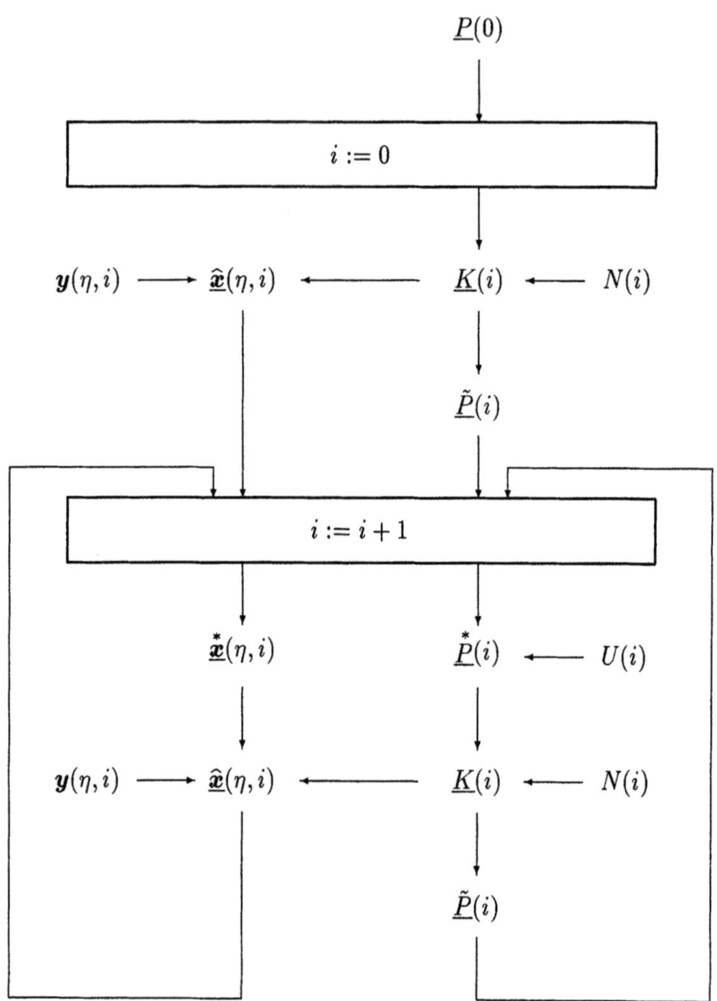

Abb. 9.10: Rechenschema zum Kalman–Filter

Beispiel 9.3 System erster Ordnung

Es sei $x(\eta, i)$ der Ausgangsprozeß eines zeitinvarianten linearen Systems erster Ordnung:

$$x(\eta, i+1) = b\, x(\eta, i) + u(\eta, i)\,.$$

$u(\eta, i)$ sei stationäres weißes Rauschen mit der Varianz

$$\sigma_u^2 = U = S_0(1 - b^2)\,.$$

$x(\eta, i)$ sei additiv von stationärem weißem Rauschen $n(\eta, i)$ überlagert:

$$y(\eta, i) = x(\eta, i) + n(\eta, i) \, .$$

Die Varianz von $n(\eta, i)$ sei $\sigma_n^2 = N = N_0$, die Varianz von $x(\eta, 0)$ sei P. Zu bestimmen ist die Kalman–Verstärkung $K(i)$ zur Schätzung von $x(\eta, i)$ aus den Meßwerten $y(\eta, k)$, $\ 0 \leq k \leq i$.

1. Anfangswerte:

$$K(0) = P/(P + N) \, , \quad \tilde{P}(0) = PN/(P + N) \, , \quad \hat{x}(\eta, 0) = K(0)\, y(\eta, 0) \, .$$

2. Vorhersage:

$$\overset{*}{P}(i + 1) = b^2 \tilde{P}(i) + U, \ \ \overset{*}{\hat{x}}(\eta, i + 1) = b\, \hat{x}(\eta, i) \, .$$

3. Korrektur:

$$K(i + 1) = \overset{*}{P}(i + 1)/(\overset{*}{P}(i + 1) + N) \, ,$$
$$\tilde{P}(i + 1) = \overset{*}{P}(i + 1)\, N/(\overset{*}{P}(i + 1) + N) \, ,$$
$$\hat{x}(\eta, i + 1) = \overset{*}{\hat{x}}(\eta, i + 1) + K(i + 1)[y(\eta, i + 1) - \overset{*}{\hat{x}}(\eta, i + 1)] \, .$$

Da das System zeitinvariant ist und $u(\eta, i)$ und $n(\eta, i)$ stationäre Zufallsprozesse sind, erreichen $K(i)$ und $\tilde{P}(i)$ mit wachsendem i stationäre Endwerte. Für diese gelten:

$$K(i + 1) = K(i) = K, \ \tilde{P}(i + 1) = \tilde{P}(i) = \tilde{P} \, .$$

Wir bestimmen zunächst $\tilde{P}$ und setzen dazu $\overset{*}{P}(i + 1)$ in die Gleichung für $\tilde{P}(i + 1)$ ein:

$$\tilde{P}(i + 1) = \frac{(b^2 \tilde{P}(i) + U)\, N}{b^2 \tilde{P}(i) + U + N} \, .$$

Für $K(i + 1)$ erhält man nach Einsetzen von $\overset{*}{P}(i + 1)$:

$$K(i + 1) = \frac{b^2 \tilde{P}(i) + U}{b^2 \tilde{P}(i) + U + N} \, .$$

Dann gilt für dieses Beispiel:

$$K(i + 1) = \tilde{P}(i + 1)/N \, .$$

Mit den Abkürzungen $\tilde{p} = \tilde{P}/N$ und $u = U/N$ folgt nun für den stationären Fall:

$$\tilde{p}^2 + \left(\frac{u+1}{b^2} - 1\right)\tilde{p} - \frac{u}{b^2} = 0\,.$$

Mit der Abkürzung

$$\frac{S_0}{N_0}\left(\frac{1}{b} - b\right) + \left(\frac{1}{b} + b\right) = \frac{1}{c} + c\,, \quad 0 < c < 1\,,$$

lautet die Lösung dieser Gleichung:

$$\tilde{p} = 1 - \frac{c}{b}\,.$$

Die zweite Lösung der quadratischen Gleichung ist wegen der Nebenbedingung $\tilde{p} \geq 0$ nicht zulässig. Für die stationäre Lösung der Kalman–Verstärkung erhält man dann:

$$K = 1 - \frac{c}{b}\,.$$

Abbildung 9.11 zeigt $K(i)$ mit $p = P/N$ als Parameter. $K(i)$ erreicht nach wenigen Schritten nahezu seinen stationären Endwert. Annahmen über p, die aufgrund mangelhafter Vorkenntnisse fehlerhaft sein können, wirken sich damit nur auf die ersten Schätzwerte in der Gleichung für den korrigierten Wert aus. Setzt man den vorhergesagten Schätzwert in die Gleichung für den korrigierten Wert ein, so erhält man folgende Differenzengleichung:

$$\hat{\boldsymbol{x}}(\eta, i+1) = L(i+1)\,\hat{\boldsymbol{x}}(\eta, i) + K(i+1)\,\boldsymbol{y}(\eta, i+1)\,, \qquad i \geq 0$$

mit der Abkürzung $L(i) = b\,(1 - K(i))$. Diese Gleichung kann rekursiv gelöst werden:

$$\begin{aligned}
\hat{\boldsymbol{x}}(\eta, 0) &= K(0)\,\boldsymbol{y}(\eta, 0) \quad \text{(aus der Anfangsbedingung)}\,, \\
\hat{\boldsymbol{x}}(\eta, 1) &= L(1)\,\hat{\boldsymbol{x}}(\eta, 0) + K(1)\,\boldsymbol{y}(\eta, 1) \\
&= L(1)\,K(0)\,\boldsymbol{y}(\eta, 0) + K(1)\,\boldsymbol{y}(\eta, 1)\,, \\
\hat{\boldsymbol{x}}(\eta, 2) &= L(2)\,L(1)\,K(0)\,\boldsymbol{y}(\eta, 0) + L(2)\,K(1)\,\boldsymbol{y}(\eta, 1) + K(2)\,\boldsymbol{y}(\eta, 2)\,, \\
\cdots \quad\ &= \cdots\cdots\cdots\cdots\cdots\cdots\cdots\cdots\cdots\,, \\
\hat{\boldsymbol{x}}(\eta, i) &= K(i)\,\boldsymbol{y}(\eta, i) + \sum_{k=1}^{i} L(i)\,L(i-1)\cdots L(i+1-k)\,K(i-k)\,\boldsymbol{y}(\eta, i-k)\,.
\end{aligned}$$

Für hinreichend großes i können anfängliche Abweichungen von $K(i)$ von seinem stationären Endwert vernachlässigt werden:

$$\hat{\boldsymbol{x}}(\eta, i) = \sum_{k=0}^{i} K\,L^k\boldsymbol{y}(\eta, i-k)\,, \quad i \geq 0\,.$$

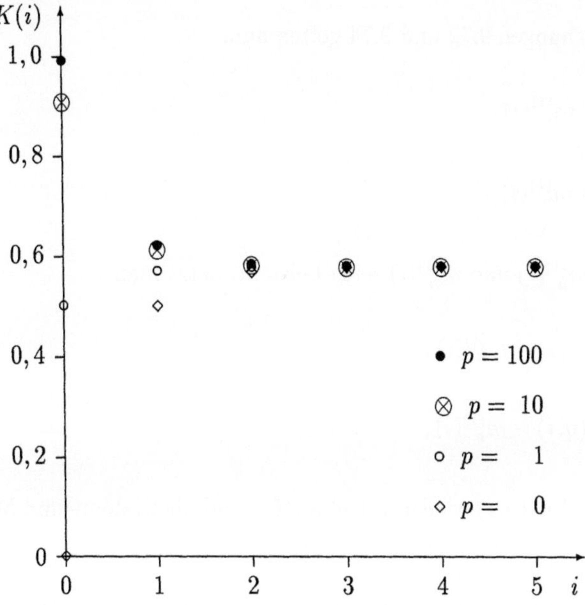

Abb. 9.11: Kalman–Verstärkung $K(i)$ mit $p = P/N$ als Parameter, $U/N = 1$, $b = 0,8$ (siehe Beispiel 9.3)

Diese Darstellung entspricht einer Faltungssumme:

$$\widehat{\boldsymbol{x}}(\eta, i) = \sum_{k=0}^{i} g(k)\, \boldsymbol{y}(\eta, i - k), \quad i \geq 0.$$

Ein Koeffizientenvergleich ergibt für die Gewichtsfolge $g(k)$:

$$g(k) = K\, L^k = K\, b^k (1 - K)^k = \left(1 - \frac{c}{b}\right) c^k, \quad 0 \leq k \leq i.$$

Dies ist die Gewichtsfolge des kausalen Wiener–Kolmogoroff–Filters ohne Totzeit für dasselbe Problem.

9.4   Verallgemeinerung der Voraussetzungen

Abschließend zur Betrachtung des Kalman–Filters soll in diesem Abschnitt gezeigt werden, wie einige allgemeinere Voraussetzungen auf die speziellen Voraussetzungen des vorangegangenen Abschnitts zurückgeführt werden können, so daß auch hier die hergeleitete Form des Kalman–Filters angewandt werden kann. Wir wollen drei Verallgemeinerungen diskutieren:

9.4.1   System– und Meßrauschen mit von Null verschiedenem Mittelwert

Anstelle der Gleichungen 9.72 und 9.74 gelten nun:

$$\mathrm{E}\{\boldsymbol{u}(\eta,i)\} = m_{\boldsymbol{u}}^{(1)}(i)\,, \tag{9.111}$$

$$\mathrm{E}\{\boldsymbol{n}(\eta,i)\} = m_{\boldsymbol{n}}^{(1)}(i)\,. \tag{9.112}$$

Die Mittelwerte $m_{\boldsymbol{u}}^{(1)}(i)$ und $m_{\boldsymbol{n}}^{(1)}(i)$ seien bekannt. Setzt man

$$\boldsymbol{u}_1(\eta,i) = \boldsymbol{u}(\eta,i) - m_{\boldsymbol{u}}^{(1)}(i)\,, \tag{9.113}$$

$$\boldsymbol{n}_1(\eta,i) = \boldsymbol{n}(\eta,i) - m_{\boldsymbol{n}}^{(1)}(i)\,, \tag{9.114}$$

so sind $\boldsymbol{u}_1(\eta,i)$ und $\boldsymbol{n}_1(\eta,i)$ wieder mittelwertfrei und die System- und Meßgleichungen lauten:

$$\underline{\boldsymbol{x}}(\eta,i+1) = \underline{A}(i)\,\underline{\boldsymbol{x}}(\eta,i) + \underline{B}(i)\,\boldsymbol{u}_1(\eta,i) + \underline{B}(i)\,m_{\boldsymbol{u}}^{(1)}(i)\,, \tag{9.115}$$

$$\boldsymbol{y}(\eta,i) = \underline{c}^T(i)\,\underline{\boldsymbol{x}}(\eta,i) + \boldsymbol{n}_1(\eta,i) + m_{\boldsymbol{n}}^{(1)}(i)\,. \tag{9.116}$$

Beide Gleichungen enthalten gegenüber den Gleichungen 9.68 und 9.69 zusätzlich je einen Summanden, dessen Wert als bekannt vorausgesetzt wird. Beide Summanden beeinflussen nur die in den Ansätzen für die zu schätzenden Größen enthaltenen Konstanten, die bei mittelwertfreiem Rauschen den Wert Null haben. Für den Anfangswert der Schätzung erhält man aus den Gleichungen 9.80 und 9.81:

$$\underline{x}_A = -\underline{K}(0)\,m_{\boldsymbol{n}}^{(1)}(0)\,. \tag{9.117}$$

Mit Gleichung 9.90 folgt für den vorhergesagten Schätzwert:

$$\underline{x}_V(i+1) = \underline{B}(i)\,m_{\boldsymbol{u}}^{(1)}(i)\,. \tag{9.118}$$

Bei dem korrigierten Schätzwert Gleichung 9.96 ändert sich schließlich nur die Größe $x_K(i+1)$. Anstelle von Gleichung 9.97 erhält man nun:

$$x_K(i+1) = m_{\boldsymbol{n}}^{(1)}(i+1)\,. \tag{9.119}$$

Alle weiteren Gleichungen des Rechenverfahrens gelten unverändert.

9.4.2   Korreliertes System- und Meßrauschen

System- und Meßrauschen seien nun korreliert. Anstelle von Gleichung 9.76 gelte nunmehr:

$$s_{un}(i_1, i_2) = \mathrm{E}\{\boldsymbol{u}(\eta, i_1)\,\boldsymbol{n}(\eta, i_2)\} = \begin{cases} S(i_1) & i_1 = i_2 \\ 0 & i_1 \neq i_2 \end{cases}. \tag{9.120}$$

Auch diese Voraussetzung kann auf den Fall unkorrelierter Störungen zurückgeführt werden, wenn man die Systemgleichung 9.68 wie folgt erweitert:

$$\begin{aligned} \underline{\boldsymbol{x}}(\eta, i+1) \;&= \underline{A}(i)\,\underline{\boldsymbol{x}}(\eta, i) + \underline{B}(i)\,\boldsymbol{u}(\eta, i) \\ &\quad + \gamma(i)\,\underline{B}(i)[\boldsymbol{y}(\eta, i) - \underline{c}^T(i)\,\underline{\boldsymbol{x}}(\eta, i) - \boldsymbol{n}(\eta, i)]. \end{aligned} \tag{9.121}$$

Der Klammerausdruck ist gleich Null, denn er entspricht der Meßgleichung 9.69. Daher ist der Faktor $\gamma(i)$ frei wählbar. Bevor wir hierfür einen Wert festlegen, formen wir Gleichung 9.121 um:

$$\begin{aligned} \underline{\boldsymbol{x}}(\eta, i+1) \;&= (\underline{A}(i) - \gamma(i)\,\underline{B}(i)\,\underline{c}^T(i))\,\underline{\boldsymbol{x}}(\eta, i) \\ &\quad + \underline{B}(i)\,(\boldsymbol{u}(\eta, i) - \gamma(i)\,\boldsymbol{n}(\eta, i)) + \gamma(i)\,\underline{B}(i)\,\boldsymbol{y}(\eta, i) \\ &= \underline{A}_1(i)\,\underline{\boldsymbol{x}}(\eta, i) + \underline{B}(i)\,\boldsymbol{u}_1(\eta, i) + \gamma(i)\,\underline{B}(i)\,\boldsymbol{y}(\eta, i), \end{aligned} \tag{9.122}$$

mit den Abkürzungen

$$\underline{A}_1(i) = \underline{A}(i) - \gamma(i)\,\underline{B}(i)\,\underline{c}^T(i), \tag{9.123}$$

$$\boldsymbol{u}_1(\eta, i) = \boldsymbol{u}(\eta, i) - \gamma(i)\,\boldsymbol{n}(\eta, i). \tag{9.124}$$

Gleichung 9.122 stellt eine neue Systemgleichung dar, bei der $\gamma(i)\underline{B}(i)\boldsymbol{y}(\eta, i)$ eine zusätzliche Anregung bedeutet. Da $\boldsymbol{y}(\eta, i)$ ein Meßwert ist, ist die Größe dieser zusätzlichen Anregung bekannt. Sie kann daher wie ein von Null verschiedener Mittelwert des Systemrauschens behandelt werden. $\boldsymbol{u}_1(\eta, i)$ schließlich bedeutet ein verändertes Systemrauschen, für das wir fordern, daß es orthogonal zu dem Meßrauschen $\boldsymbol{n}(\eta, i)$ ist:

$$\mathrm{E}\{\boldsymbol{u}_1(\eta, i_1)\,\boldsymbol{n}(\eta, i_2)\} = 0 \quad \text{für alle } i_1, i_2. \tag{9.125}$$

Aus dieser Bedingung bestimmen wir den bisher noch unbekannten Faktor $\gamma(i)$:

$$\mathrm{E}\{(\boldsymbol{u}(\eta, i_1) - \gamma(i_1)\,\boldsymbol{n}(\eta, i_1))\,\boldsymbol{n}(\eta, i_2)\} = \begin{cases} S(i_1) - \gamma(i_1)N(i_1) & i_1 = i_2 \\ 0 & i_1 \neq i_2 \end{cases}. \tag{9.126}$$

Daraus folgt endlich:

$$\gamma(i) = S(i)/N(i)\,. \tag{9.127}$$

Diese Umformungen lassen sich auch bei mehrdimensionalem Meß– und Systemrauschen durchführen. An die Stelle von $\gamma(i)$ tritt dann eine Matrix [11].

9.4.3   Farbiges Systemrauschen

Als letzte Verallgemeinerung nehmen wir farbiges Systemrauschen an, d.h. wir ersetzen Gleichung 9.73 durch

$$s_{\boldsymbol{uu}}(i_1, i_2) = \mathrm{E}\{\boldsymbol{u}(\eta, i_1)\,\boldsymbol{u}(\eta, i_2)\} = U(i_1, i_2)\,. \tag{9.128}$$

Zusätzlich nehmen wir an, daß $\boldsymbol{u}(\eta, i)$ als Ausgangsprozeß eines linearen Systems, das durch weißes Rauschen $\boldsymbol{r}(\eta, i)$ angeregt wird, dargestellt werden kann. Es sei $\underline{\boldsymbol{v}}(\eta, i)$ der Zustandsvektor dieses Systems:

$$\underline{\boldsymbol{v}}(\eta, i) = \begin{pmatrix} \boldsymbol{v}(\eta, i+1-m_v) \\ \cdots \\ \cdots \\ \boldsymbol{v}(\eta, i-1) \\ \boldsymbol{v}(\eta, i) \end{pmatrix}\,. \tag{9.129}$$

Dann gelten:

$$\underline{\boldsymbol{v}}(\eta, i+1) = \underline{A}_v(i)\,\underline{\boldsymbol{v}}(\eta, i) + \underline{B}_v(i)\,\boldsymbol{r}(\eta, i)\,, \tag{9.130}$$

$$\boldsymbol{u}(\eta, i) = \underline{c}_v^T(i)\,\underline{\boldsymbol{v}}(\eta, i)\,. \tag{9.131}$$

Für $\underline{B}_v(i)$ gilt wieder die vereinfachende Annahme entsprechend Gleichung 9.33. Gegenüber der Meßgleichung 9.69 fehlt in Gleichung 9.131 das Meßrauschen. Nimmt man einen Meßvektor $\underline{c}_v(i)$ gemäß Gleichung 9.16 an, so ist der Ausgangsprozeß $\boldsymbol{u}(\eta, i)$ gleich dem letzten Element $\boldsymbol{v}(\eta, i)$ des Zustandsvektors $\underline{\boldsymbol{v}}(\eta, i)$. Damit lassen sich die Elemente der Autokorrelationsmatrizen $\underline{s}_{\boldsymbol{vv}}(i_1, i_2)$ aus der als bekannt vorausgesetzten Autokorrelationsfunktion $U(i_1, i_2)$ des farbigen Systemrauschens bestimmen. Aus Gleichung 9.42

folgt dann die Systemmatrix $\underline{A}_v(i)$. Schließlich erhält man die Varianz $\sigma_r^2(i)$ der weißen Anregung $\boldsymbol{r}(\eta, i)$ aus dem Erwartungswert

$$
\begin{aligned}
\mathrm{E}\{\underline{\boldsymbol{v}}(\eta, i+1)\,\underline{\boldsymbol{v}}^T(\eta, i+1)\} &= \underline{s}_{vv}(i+1, i+1) \\
&= \underline{A}_v(i)\,\underline{s}_{vv}(i,i)\,\underline{A}_v^T(i) + \underline{B}_v(i)\,\sigma_r^2(i)\,\underline{B}_v^T(i) \\
&= \underline{s}_{vv}(i+1, i)\,\underline{s}_{vv}^{-1}(i,i)\,\underline{s}_{vv}(i, i+1) + \underline{B}_v(i)\,\sigma_r^2(i)\,\underline{B}_v^T(i).
\end{aligned}
\tag{9.132}
$$

Der Ausdruck $\underline{B}_v(i)\,\sigma_r^2(i)\,\underline{B}_v^T(i)$ beschreibt eine Matrix, bei der nur die rechte untere Ecke von Null verschieden ist und den Wert $\sigma_r^2(i)$ hat. Die Gleichung 9.132 kann nach diesem Wert aufgelöst werden.

Faßt man nun die Zustandsvektoren $\underline{\boldsymbol{x}}(\eta, i)$ der Systemgleichung und $\underline{\boldsymbol{v}}(\eta, i)$ der Formfiltergleichung zu einem erweiterten Zustandsvektor $\underline{\boldsymbol{x}}_e(\eta, i)$ zusammen,

$$
\underline{\boldsymbol{x}}_e(\eta, i) = \begin{pmatrix} \underline{\boldsymbol{x}}(\eta, i) \\ \underline{\boldsymbol{v}}(\eta, i) \end{pmatrix},
\tag{9.133}
$$

so erhält man aus den Gleichungen 9.68 und 9.130 folgende Differenzengleichung:

$$
\underline{\boldsymbol{x}}_e(\eta, i+1) = \underline{A}_e(i)\,\underline{\boldsymbol{x}}_e(\eta, i) + \underline{B}_e(i)\,\boldsymbol{r}(\eta, i).
\tag{9.134}
$$

Für die Größen $\underline{A}_e(i)$ und $\underline{B}_e(i)$ gilt dabei:

$$
\underline{A}_e(i) = \begin{pmatrix} \underline{A}(i) & \underline{B}(i)\,\underline{c}_v^T(i) \\ \underline{0} & \underline{A}_v(i) \end{pmatrix},
\tag{9.135}
$$

$$
\underline{B}_e(i) = (\underline{0}^T, \underline{B}_v^T(i))^T.
\tag{9.136}
$$

Für die Meßgleichung mit erweitertem Zustandsvektor gilt entsprechend zu Gleichung 9.69:

$$
\boldsymbol{y}(\eta, i) = \underline{c}_e^T(i)\,\underline{\boldsymbol{x}}_e(\eta, i) + \boldsymbol{n}(\eta, i),
\tag{9.137}
$$

mit dem erweiterten Meßvektor

$$
\underline{c}_e(i) = (\underline{c}^T(i),\ \underline{0}^T)^T.
\tag{9.138}
$$

Damit liegt wieder ein System mit weißer Anregung vor.

Alle Betrachtungen zum Kalman–Filter beschränken sich hier auf den Fall skalaren System– und Meßrauschens und skalarer Ausgangsgröße. Die Zusammenhänge sind jedoch so formuliert, daß sie einfach auf den besonders in der Regelungstechnik häufig auftretenden Fall vektorieller Eingangs– und Ausgangsgrößen und allgemeinerer Formen des Zustandsvektors übertragen werden können [11]. Die hier diskutierte spezielle Form des Zustandsvektors (Gleichung 9.67) erlaubt besondere Realisierungen des Kalman–Filters, bei denen die Anzahl der Rechenoperationen, die für die Bestimmung eines Schätzwertes benötigt werden, gegenüber dem allgemeinen Verfahren stark vermindert werden kann [32, 48].

10 Adaptive Filter

10.1 Anwendungsbereiche adaptiver Filter

Entwurfsverfahren für optimale Systeme setzen immer eine Reihe von Vorkenntnissen voraus. Es sind dies beispielsweise die Form des Nachrichtenimpulses beim signalangepaßten Filter oder Mittelwert und Korrelationsfunktionen von Nachricht und Störung beim linearen Prädiktor und beim linearen Optimalfilter nach Wiener und Kolmogoroff. Sind diese Funktionen nicht bekannt oder liegen nicht zumindest gute Schätzwerte für sie vor, so lassen sich diese Verfahren nicht anwenden.

In der Praxis tritt der Fall mangelnder Vorkenntnisse sehr oft auf. Dies kann daran liegen, daß Signale und Störung ihre Eigenschaften mit der Zeit verändern. Eine wirklichkeitstreue Beschreibung über lange Zeiträume verlangt daher oft *instationäre* Zufallsprozesse. Verändern sich die statistischen Eigenschaften in interessierenden Zeitspannen nur gering, so kann zwar eine Modellierung durch stationäre Prozesse ausreichen, die anzunehmenden Funktionen können aber unbekannt sein. Veränderungen der Signaleigenschaften können auch durch Übertragungssysteme bewirkt werden, wenn diese ihre Übertragungseigenschaften verändern. Gründe dafür können sein:

- der Wechsel des Übertragungskanals bei Wählverbindungen,

- Wetterabhängigkeit von Funkstrecken,

- Bewegung von Sendern und/oder Empfängern bei mobilen Systemen,

- Bewegung von Schallquellen bei elektroakustischen Systemen,

- Temperaturabhängigkeiten von Bauelementen,

- mechanische Veränderungen von Schreib-/Lesekopf und Speichermedium bei der magnetischen Datenspeicherung.

Beschreibt man deratige Systeme durch *zeitinvariante* Systeme, so liegt das damit erzielbare Ergebnis möglicherweise weit entfernt vom einem optimalen Ergebnis, das mit einem auf die *momentane* Situation abgestimmten System möglich wäre. Einen Ausweg aus dieser Situation bieten *zeitvariante* Systeme die – möglichst selbsttätig – ihre Übertragungseigenschaften den augenblicklichen Bedingungen anpassen. Adaptive Filter gehören zu dieser Klasse von Systemen.

Voraussetzung für ein adaptives Filter ist zunächst ein *Filter*, dessen Parameter einstellbar sind. Darüber hinaus gehört dazu eine *Einheit zur Signalverarbeitung*, die aus gemessenen Größen die jeweils optimalen Filterparameter berechnet und das Filter entsprechend einstellt. Beide, das Filter und die Recheneinheit, lassen sich *zeitdiskret* und *digital* mit integrierten Schaltkreisen, insbesondere mit Signalprozessoren oder Mikroprozessoren, realisieren. Wir betrachten daher in diesem Abschnitt nur zeitdiskrete Signale und Systeme.

Es lassen sich zwei Klassen von "typischen" Anwendungen unterscheiden, für die einige einfache Beispiele genannt werden sollen. In der ersten Klasse sind das zu entzerrende System und das adaptive Filter *in Reihe* geschaltet. Ein Beispiel hierfür ist

1. die Entzerrung des Ausgangssignals eines Übertragungskanals:

   Digitale Signale werden durch Impulsfolgen übertragen, wobei die Parameter jedes einzelnen Impulses durch den zu übertragenden Signalwert moduliert werden. Der Übertragungskanal verändert diese Impulse. Ein zu dem Übertragungskanal in Reihe geschaltetes Filter (siehe Abbildung 10.1) kann zumindest teilweise diese Verzerrung wieder kompensieren und dadurch Übertragungsfehler verhindern. Das adaptive Filter muß dazu den *Kehrwert* der Übertragungsfunktion des Kanals möglichst genau nachbilden. Werden für die Übertragung eine Wählverbindung oder ein Funkkanal benutzt, so muß sich das Filter den Veränderungen des Kanals anpassen. Bei einer Wählverbindung, die selbst keine Funkstrecken benutzt, kann es ausreichen, eine Anpassung zum Beginn der Übertragung durchzuführen. Bei einem Funkkanal dagegen ist eine ständige Adaption des Filters notwendig.

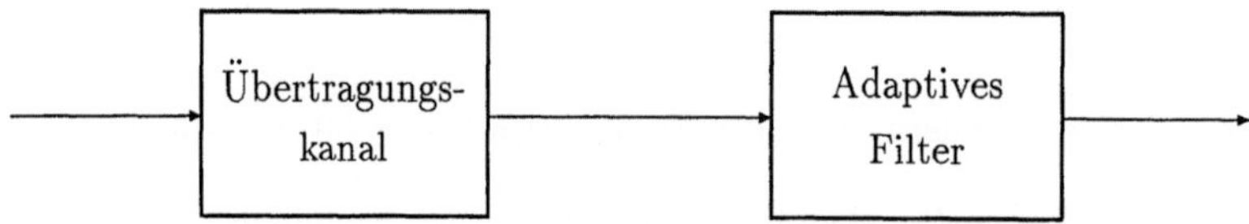

Abb. 10.1: Adaptives Filter zur Entzerrung des Ausgangs eines Übertragungskanals

Die Entzerrung von Übertragungsstrecken zur digitalen Übertragung war eine der ersten Anwendungen adaptiver Filter in der Nachrichtentechnik [71, 72]. Eine dem selben Prinzip folgende Anwendung ist die Entzerrung von Signalen bei der magnetischen Speicherung von Daten. Das System Schreibkopf–Speichermedium–Lesekopf entspricht hier einem Übertragungskanal. Bedingt durch mechanische Störungen (Staub, Oberflächenrauhigkeit) oder Inhomogenitäten des Speichermediums ändert dieser Kanal seine Übertragungseigenschaften sehr schnell. Zusammen mit den sehr hohen Lesegeschwindigkeiten erfordert dies extrem schnelle Schaltkreise für die Realisierung eines adaptiven Filters.

Bei der zweiten Klasse von Anwendungen liegt das adaptive Filter *parallel* zu einem System. Ein Beispiel hierfür bildet der Einsatz eines adaptiven Filters zur

2. Systemidentifikation:

Die Eigenschaften eines unbekannten Systems kann man dadurch identifizieren, daß man diesem ein Filter als Systemmodell parallelschaltet und durch ein Verfahren dafür sorgt, daß die Filterparameter solange verändert werden, bis die Differenz der beiden Ausgangssignale im Idealfall Null, im Realfall minimal ist (siehe Abbildung 10.2). Der Idealfall tritt nur dann ein, wenn das unbekannte System und das Filter die gleiche Struktur haben. Anderenfalls bleibt ein nichtkompensierbarer Restfehler. Zu beachten ist bei dieser Vorgehensweise, daß die beiden Ausgangssignale nur für das benutzte Eingangssignal abgeglichen sind. Es ist daher auch nur sichergestellt, daß System und Modell in dem angeregten Frequenzbereich gleich oder zumindest ähnlich sind.

Das skizzierte Verfahren wird zur Parameteridentifikation in der Regelungstechnik häufig eingesetzt. Für die Optimierung des Reglers ist hier eine ständige Identifikation bestimmter Parameter einer sich verändernden Regelstrecke notwendig.

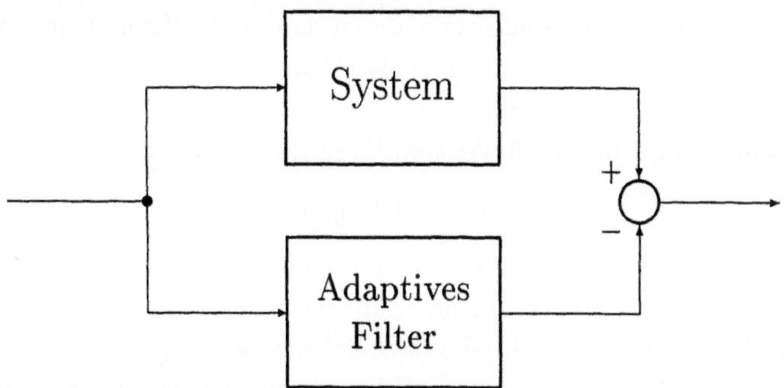

Abb. 10.2: Adaptives Filter zur Systemidentifikation

Weitere einfache Beispiele für den Einsatz adaptiver Filter sind:

3. Die Kompensation von Leitungsechos bei Gabelschaltungen:

Beim Übergang zwischen Vierdraht- und Zweidrahtverbindungen in Fernsprechsystemen werden Gabelschaltungen eingesetzt. Ist die Gabel nicht vollständig abgeglichen, läuft ein Teil des gesendeten Signals als Echo zum Sender zurück und überlagert sich dem Empfangssignal vom fernen Teilnehmer. Die Pegel beider Signale können sehr verschieden sein. Durch ein zur Gabel parallelgeschaltetes Filter, dessen Übertragungseigenschaften denen des Weges über die Gabel entsprechen, kann das unerwünschte Echo kompensiert werden, ohne daß das vom fernen Teilnehmer empfangene Signal beeinflußt wird (siehe Abbildung 10.3). Das adaptive Filter muß dazu die Übertragungsfunktion der Gabelschaltung möglichst genau nachbilden. Seine Adaption ist bei gleichbleibendem Kanal nur bei Gesprächsbeginn notwendig.

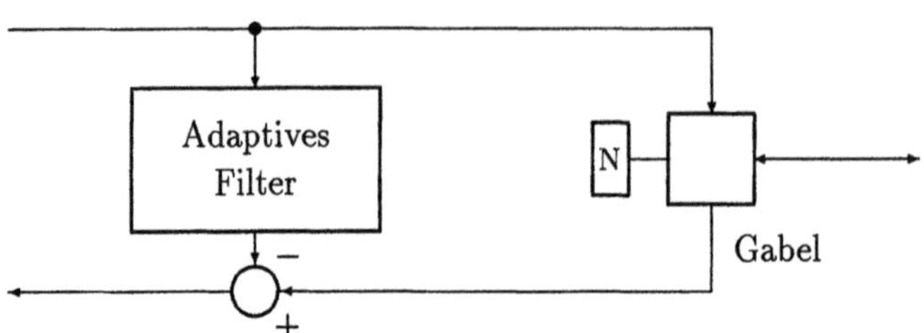

Abb. 10.3: Adaptives Filter zur Echokompensation (N = Leitungsnachbildung)

4. Unterdrückung störender Geräusche:

   Spricht einer der Teilnehmer eines Ferngespräches in einer sehr lauten
   Umgebung (Fabrikhalle, Fernsprechzelle am Straßenrand), so kann es zu
   Verständigungsschwierigkeiten kommen. Die störenden Geräusche lassen sich
   vermindern, wenn es möglich ist, die Störung durch ein zweites Mikrofon
   (ohne die Sprache) aufzunehmen. Durch ein Filter können die unterschiedlichen
   Übertragungswege – beispielsweise deren unterschiedliche Laufzeiten – ausge-
   glichen werden (siehe Abbildung 10.4). Bewegt sich die Geräuschquelle, so ist
   für diesen Ausgleich ein adaptives Filter notwendig. Dieses liegt *parallel* zum
   Übertragungsweg 1 und *in Reihe* zum Übertragungsweg 2.

5. Echokompensation bei Freisprecheinrichtungen:

   Bei einem herkömmlichen Telefon sind Lautsprecher und Mikrofon so in einem Handapparat untergebracht, daß der Übertragungsweg zwischen dem
   Lautsprecher und dem Mikrofon ausreichend stark gedämpft ist. So werden
   Rückkopplungspfeifen und störende Echos vermieden. Möchte man die Hände frei
   haben, so muß man Lautsprecher und Mikrofon beispielsweise vor sich auf den
   Tisch stellen. Die nun vorhandene Kopplung zwischen beiden kann durch ein parallel geschaltetes Filter kompensiert werden. Da das elektroakustische System seine
   – bis zu mehrere hundert Millisekunden lange – Impulsantwort bereits bei geringer
   Bewegung des Sprechers stark ändert, muß dieses Filter adaptiv sein (siehe Kapitel
   10.7).

6. Nachführung der Richtung höchster Empfindlichkeit oder Ausblendung von
   Störungen bei Antennenfeldern:

   Anstelle der mechanischen Ausrichtung einer Antenne auf einen Sender kann ein
   Antennenfeld "elektronisch" ausgerichtet werden. Hierbei werden die Ausgangssignale aller Antennen addiert, nachdem zuvor Filter beispielsweise die Laufzeiten
   der einzelnen Signale verändert haben (siehe Abbildung 10.5). So können ohne mechanische Veränderungen verschiedene Richtcharakteristiken erzielt werden. Bewegt sich die Quelle einer Nachricht oder einer Störung, so kann die Richtung
   höchster bzw. geringster Empfindlichkeit durch Adaption der Filterparameter nach-
   geführt werden. Das gleiche Prinzip läßt sich auch bei einem Feld von Mikrofonen

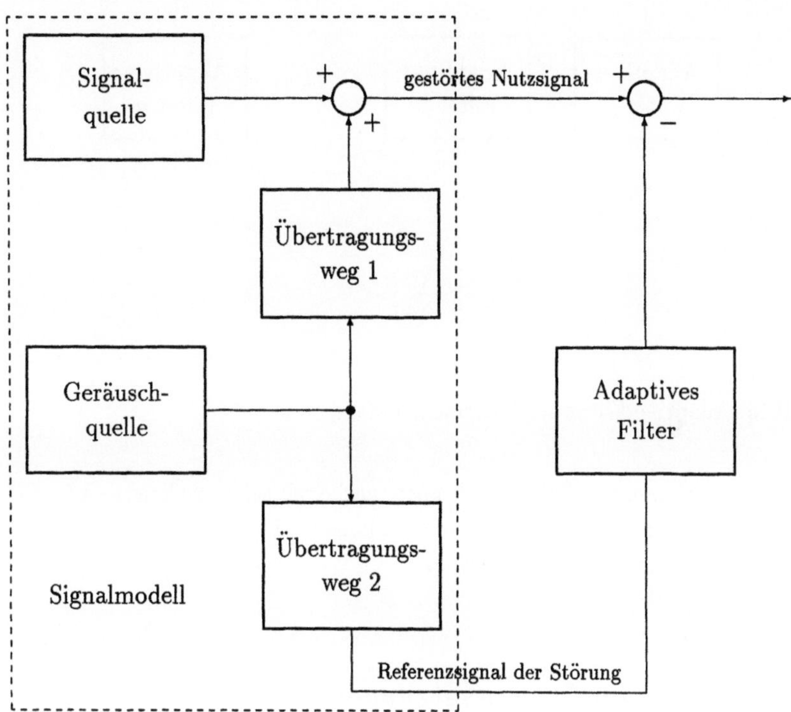

Abb. 10.4: Adaptives Filter zur Geräuschunterdrückung

anwenden. Durch die "elektronische" Ausrichtung kann ein Sprecher verfolgt oder eine Geräuschquelle ausgeblendet werden.

7. Lineare Prädiktion:

Für die Herleitung der Koeffizienten eines linearen Prädiktors wurde im Kapitel 6 angenommen, daß das vorherzusagende Signal durch einen *stationären* Zufallsprozeß beschrieben werden kann. Verändern sich die Eigenschaften des Signals (oder einer überlagerten Störung) stark, so müssen die Prädiktorkoeffizienten diesen Veränderungen folgen. An die Stelle eines zeitinvarianten Prädiktionsfilters muß dann ein adaptives Filter treten.

Das Gebiet der adaptiven Filter hat in den letzten Jahren in der Literatur beträchtliche Aufmerksamkeit erfahren. Neben Übersichtsaufsätzen ([18], [19], [113]) sind in kurzer Zeit eine Reihe von Büchern mit zusammenfassenden Darstellungen erschienen ([48], [7], [21], [85], [51], [130]).

Die Anwendung adaptiver Filter wird durch die Entwicklung der Digitaltechnik begünstigt. Mit Hilfe integrierter Schaltungen und Prozessoren lassen sich sowohl Filter

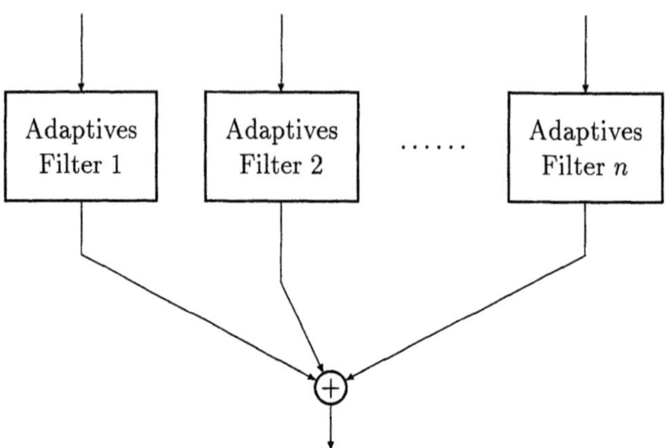

Abb. 10.5: Adaptive Filter bei Mehrfachempfang

mit programmierbaren Koeffizienten als auch mathematisch komplizierte Adaptionsverfahren realisieren. Diese Schaltkreise erreichen hohe Geschwindigkeiten, ihr Volumen ist
klein und ihre Wärmeentwicklung gering.

10.2   Allgemeine Voraussetzungen

Für die Realisierung der Filterfunktion in einem adaptiven Filter eignet sich
grundsätzlich jedes Filter mit einstellbaren (programmierbaren) Koeffizienten. Bei *rekursiven* Filtern tritt allerdings das Problem auf, daß durch Verstellung der Koeffizienten das Filter *instabil* werden kann. Bei der Adaption der Filterkoeffizienten müssen daher Nebenbedingungen eingehalten werden, die die Stabilität des Filters sichern. Weist
dieses nicht nur ganz wenige Koeffizienten auf, so kann dies eine sehr schwierige Aufgabe
sein, die den überwiegenden Anteil der Kapazität auch sehr leistungsfähiger Prozessoren beansprucht. Für adaptive Filter werden daher vorwiegend *nichtrekursive* Filter
eingesetzt, die—wegen der fehlenden Rückkopplung—nicht instabil werden können. Allerdings lassen sich damit mit endlich großem Aufwand auch nur *endlich lange* Impulsantworten realisieren. Derartige Filter werden daher auch "finite impulse response
filter" (FIR–Filter) genannt.

Die Formulierung eines Verfahrens für die Adaption der Filterkoeffizienten setzt
zunächst ein *Fehlermaß* voraus. Auch hier hat sich ein mittlerer quadratischer Fehler
oder – bei fehlenden Kenntnissen über die statistischen Eigenschaften der auftretenden
Signalprozesse und Störungen – die Summe der quadratischen Fehler als zweckmäßiger
Kompromiß zwischen den praktischen Anforderungen und der Notwendigkeit einer konstruktiven Lösung erwiesen.

Es gibt keine einheitliche Lösung des Problems des adaptiven Filters. Abhängig von den vorausgesetzten *Vorkenntnissen* über die auftretenden Signale, den Annahmen über die Filterstruktur und den zugelassenen Operationen bei der Signalverarbeitung, haben sich eine Reihe von Verfahren herausgebildet. Kriterien für ihre Beurteilung sind in erster Linie die erreichbare Güte des gefilterten Signals hinsichtlich des angenommenen Fehlerkriteriums und die Geschwindigkeit, mit der das Filter seine optimale Einstellung erreicht. Weitere wichtige Kriterien sind die Unempfindlichkeit der Filtereinstellung gegenüber kleinen Änderungen der Signaleigenschaften und gegenüber Störungen und schließlich der notwendige Aufwand für die Signalverarbeitung.

Wir werden im folgenden einige Adaptionsverfahren diskutieren. Wir gehen dabei von einer Aufgabenstellung aus, wie sie beispielsweise bei der *Entzerrung* des Ausgangs eines Übertragungskanals auftritt (siehe Abbildung 10.1), wie sie jedoch leicht auf andere Aufgabenstellungen übertragen werden kann: gesucht ist ein Adaptionsverfahren für die Koeffizienten eines Filters, das aus einem gegebenen Eingang einen gewünschten Ausgang erzeugt (siehe Abbildung 10.6). Je nach den angenommenen Vorkenntnissen modellieren wir die auftretenden Vorgänge als determinierte Signale oder als Zufallsprozesse. Als Filter nehmen wir ein Transversalfilter an (siehe Abbildung 10.7).

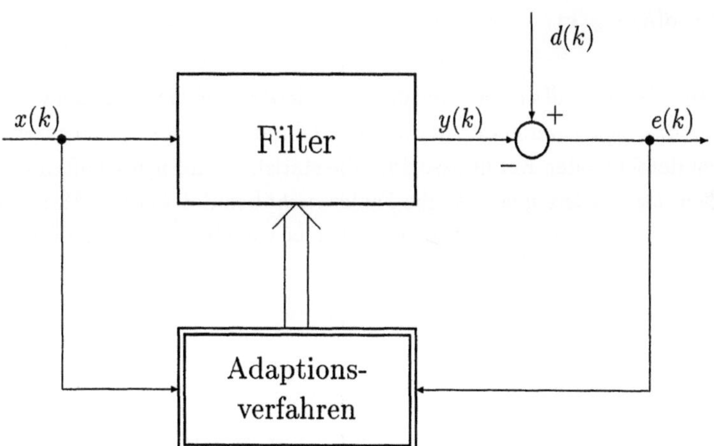

Abb. 10.6: Adaptives Filter (determinierter Ansatz)

10.3　Verfahren der kleinsten Quadrate

Wir beginnen mit einem Ansatz, der keinerlei Vorkenntnisse über die Eigenschaften der auftretenden Signale voraussetzt. Folglich modellieren wir diese als *determinierte* Größen. Es seien $x(k)$ das Eingangssignal, $y(k)$ das Ausgangssignal und $d(k)$ der gewünschte Ausgang des adaptiven Filters (siehe Abbildung 10.6). Das Filter selbst

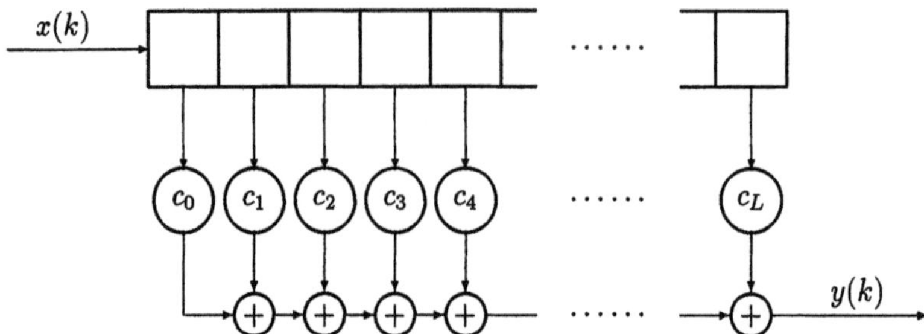

Abb. 10.7: Transversalfilter

sei ein Transversalfilter mit $L + 1$ adaptierbaren Koeffizienten $c_l(k)$, $l = 0, \ldots, L$ (vergleiche Abbildung 10.7). Die Filterkoeffizienten sind Funktionen der (diskreten) Zeit. $c_l(k)$ bezeichnet damit den Wert des l-ten Koeffizienten zum Zeitpunkt k. Der Vergleich des *tatsächlichen* Filterausgangs $y(k)$ mit dem *gewünschten* Filterausgang $d(k)$ ergibt einen Fehler $e(k)$:

$$e(k) = d(k) - y(k)\,. \tag{10.1}$$

Die Signale $x(k)$ und $d(k)$ oder der daraus ableitbare Fehler $e(k)$ sind die Eingangsgrößen für das zu entwerfende Adaptionsverfahren. Als Optimierungskriterium kann hier wegen der fehlenden Kenntnisse über die statistischen Eigenschaften der auftretenden Größen der mittlere quadratische Fehler *nicht* benutzt werden. Man verwendet an seiner Stelle die Summe der quadratischen Fehler von einem Anfangszeitpunkt Null bis zum aktuellen Zeitpunkt k:

$$\overline{e^2(k)} = \sum_{l=0}^{k} e^2(l)\,. \tag{10.2}$$

Diese Summe berücksichtigt alle Fehler, die vom Zeitpunkt 0 bis zum Zeitpunkt k auftreten unter der Annahme, daß die Filterkoeffizienten in diesem Zeitraum unverändert die Werte $c_i(k)$, $i = 0, \ldots, L$, haben. Für den Ausgang des Transversalfilters gilt daher:

$$y(l) = \sum_{i=0}^{L} c_i(k)\, x(l - i) \qquad 0 \leq l \leq k\,. \tag{10.3}$$

Setzt man dies in die Gleichung für die Fehlersumme ein, so erhält man:

$$\overline{e^2(k)} = \sum_{l=0}^{k} (d(l) - y(l))^2 = \sum_{l=0}^{k} \left[d(l) - \sum_{i=0}^{L} c_i(k)\, x(l - i) \right]^2\,. \tag{10.4}$$

Zur Minimierung der Fehlersumme leitet man diese Größe nach den Filterkoeffizienten ab:

$$\frac{\partial \overline{e^2(k)}}{\partial c_j(k)} = -2 \sum_{l=0}^{k} \left[d(l) - \sum_{i=0}^{L} c_i(k)\, x(l-i) \right] x(l-j) = 0 \tag{10.5}$$

$$\text{für } c_i(k) = c_{i,opt}(k)\,, \quad i = 0,\dots,L\,, \quad \text{und} \quad j = 0,\dots,L.$$

Dieses Gleichungssystem für die optimalen Filterkoeffizienten entspricht dem bei statistischem Ansatz anwendbaren Orthogonalitätstheorem (siehe Gleichung 5.23). Zu seiner formalen Vereinfachung ist es zweckmäßig, die Filterkoeffizienten und die $L+1$ letzten Werte des Eingangssignals zu je einem Vektor zusammenzufassen:

$$\underline{c}(k) = (c_0(k),\ c_1(k),\ \cdots,\ c_L(k))^T\,, \tag{10.6}$$

$$\underline{x}(k) = (x(k),\ x(k-1),\ \cdots,\ x(k-L))^T\,. \tag{10.7}$$

Das Gleichungssystem 10.5 lautet dann:

$$\sum_{l=0}^{k} \underline{x}(l)\, \underline{x}^T(l)\, \underline{c}_{opt}(k) = \sum_{l=0}^{k} d(l)\, \underline{x}(l)\,. \tag{10.8}$$

Der Ausdruck $\sum_{l=0}^{k} \underline{x}(l)\, \underline{x}^T(l)$ bezeichnet eine Matrix, die mit $\underline{\breve{s}}_{xx}(k)$ abgekürzt werden soll:

$$\underline{\breve{s}}_{xx}(k) = \sum_{l=0}^{k} \underline{x}(l)\, \underline{x}^T(l)\,. \tag{10.9}$$

Ferner ist $\sum_{l=0}^{k} d(l)\, \underline{x}(l)$ ein Vektor, den wir mit $\underline{\breve{s}}_{xd}(k)$ abkürzen:

$$\underline{\breve{s}}_{xd}(k) = \sum_{l=0}^{k} d(l)\underline{x}(l)\,. \tag{10.10}$$

Damit läßt sich das Gleichungssystem wie folgt schreiben:

$$\underline{\breve{s}}_{xx}(k)\underline{c}_{opt}(k) = \underline{\breve{s}}_{xd}(k)\,. \tag{10.11}$$

Ist die Matrix $\underline{\breve{s}}_{xx}(k)$ invertierbar, so lautet die Gleichung für den Vektor der optimalen Filterkoeffizienten endlich:

$$\underline{c}_{opt}(k) = \underline{\check{s}}_{xx}^{-1}(k)\,\underline{\check{s}}_{xd}(k)\,. \tag{10.12}$$

Im Gegensatz zur Lösung für die optimalen Prädiktorkoeffizienten (siehe Gleichung 6.12) sind die Größen $\underline{\check{s}}_{xx}(k)$ und $\underline{\check{s}}_{xd}(k)$ hier als *Summen* über *determinierte* Signalwerte definiert. Interpretiert man jedoch $x(k)$ und $d(k)$ als jeweils eine Musterfunktion von ergodischen Zufallsprozessen $\boldsymbol{x}(\eta,k)$ und $\boldsymbol{d}(\eta,k)$, so können $\underline{\check{s}}_{xx}(k)$ und $\underline{\check{s}}_{xd}(k)$ – bis auf eine Normierung – als Schätzwerte für die Autokorrelationsmatrix $\underline{s}_{xx}$ und den Kreuzkorrelationsvektor $\underline{s}_{xd}$ angesehen werden (siehe hierzu auch Gleichung 3.25).

Mit Gleichung 10.12 lassen sich die optimalen Filterkoeffizienten bestimmen. Vorausgehen muß die Berechnung der Größen $\underline{\check{s}}_{xx}(k)$ und $\underline{\check{s}}_{xd}(k)$ und die Inversion der Matrix $\underline{\check{s}}_{xx}(k)$. Damit die $(L+1)\times(L+1)$ große Matrix $\underline{\check{s}}_{xx}(k)$ invertierbar ist, müssen in der Summe $L+1$ linear unabhängige Vektoren $\underline{x}(l)$ enthalten sein, d.h. es muß $k \geq L$ sein. $\underline{c}_{opt}(k_0)$ repräsentiert damit die optimalen Filterkoeffizienten bezogen auf die Werte der Signale $x(k)$ und $d(k)$, die zwischen den Zeitpunkten $k = 0$ und $k = k_0$ aufgetreten sind. Mit der Möglichkeit, bei Zeiten $k > k_0$ neue Signalwerte zu messen, verliert $\underline{c}_{opt}(k_0)$ seine Optimalität. $\underline{c}_{opt}(k)$ muß daher für jeden Zeitpunkt neu berechnet werden. Abgesehen von der Matrixinversion wirft dies aber ein weiteres Problem auf: Bei der Berechnung der Größen $\underline{\check{s}}_{xx}(k)$ und $\underline{\check{s}}_{xd}(k)$ nach den Gleichungen 10.9 und 10.10 werden alle Signalwerte mit gleichem Gewicht berücksichtigt, unabhängig vom Zeitpunkt, zu dem sie auftreten. Da die Summe in beiden Ausdrücken immer weiter läuft, haben mit zunehmendem k neue Signalwerte immer geringeren Einfluß auf $\underline{\check{s}}_{xx}(k)$ und $\underline{\check{s}}_{xd}(k)$ und damit auch auf die Filterkoeffizienten. Diese werden damit nach kurzer Zeit "eingefroren" und können Änderungen der Signaleigenschaften nicht mehr folgen.

Für praktische Anwendungen kann man daher die Zeit in Intervalle der Länge $K \geq L+1$ einteilen und wie folgt verfahren:

– Während eines Intervalls $k_1 \leq k < k_1 + K$ werden die Matrix $\underline{\check{s}}_{xx}(k_1,k)$ und der Vektor $\underline{\check{s}}_{xd}(k_1,k)$ gemäß den Gleichungen

$$\underline{\check{s}}_{xx}(k_1,k) = \sum_{l=k_1}^{k_1+k} \underline{x}(l)\underline{x}(l)^T\,,$$

$$\underline{\check{s}}_{xd}(k_1,k) = \sum_{l=k_1}^{k_1+k} d(l)\underline{x}(l)$$

bestimmt und bei $k = k_1 + K - 1$ der Vektor $\underline{c}_{opt}(k_1 + K - 1)$ berechnet. Dies bedeutet, daß die Filterkoeffizienten nur von K Werten der Eingangsgrößen abhängen, die alle gleiches Gewicht haben. Man sagt, die Eingangsgrößen werden mit einem Rechteckfenster der Länge K bewertet.

- Diese Filterkoeffizienten bleiben gültig während des folgenden Intervalls $k_1 + K \leq k < k_1 + 2K$, während dem die Größen $\breve{\underline{s}}_{xx}(k_1 + K, k)$ und $\breve{\underline{s}}_{xd}(k_1 + K, k)$ neu berechnet werden.

- Darauf basierend wird bei $k = k_1 + 2K - 1$ ein neuer Filtervektor bestimmt, der im folgenden Intervall gültig ist (siehe Abbildung 10.8).

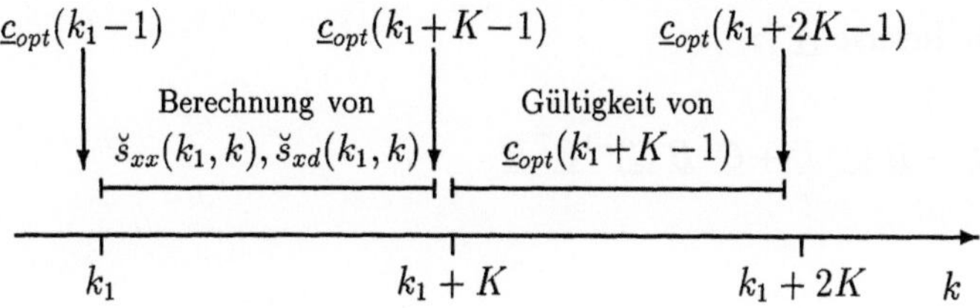

Abb. 10.8: Intervallweise Bestimmung der optimalen Filterkoeffizienten

Dieses Vorgehen hat zwei wesentliche Nachteile:

- Bezogen auf Gleichung 10.12 ist das Filter niemals optimal eingestellt, und

- am Ende jedes Intervalls muß die Matrix $\breve{\underline{s}}_{xx}$ invertiert werden.

Die Matrixinversion, die, damit das Ergebnis noch aktuell ist, in möglichst kurzer Zeit durchzuführen ist, erfordert aber in dieser Zeit eine sehr hohe Rechenleistung, die während der übrigen Zeit gar nicht oder nur teilweise genutzt werden kann.

Besser geeignet ist in solchen Fällen ein *rekursives Verfahren*, bei dem die neuen Filterkoeffizienten nicht durch eine völlige Neuberechnung, sondern durch eine Korrektur der alten Koeffizienten bestimmt werden. Das weiter oben beschriebene "Einfrieren" der Filterkoeffizienten kann man dabei dadurch verhindern, daß man weiter zurück in der Vergangenheit liegenden Signalwerten geringeres Gewicht gibt. Dies läßt sich einfach dadurch erreichen, daß man die Matrix $\breve{\underline{s}}_{xx}(k + 1)$ und den Vektor $\breve{\underline{s}}_{xd}(k + 1)$ rekursiv nach der folgenden Vorschrift berechnet:

$$\breve{\underline{s}}_{xx}(k + 1) = \lambda\, \breve{\underline{s}}_{xx}(k) + \underline{x}(k + 1)\, \underline{x}^T(k + 1)\,, \tag{10.13}$$

$$\breve{\underline{s}}_{xd}(k + 1) = \lambda\, \breve{\underline{s}}_{xd}(k) + d(k + 1)\, \underline{x}(k + 1)\,. \tag{10.14}$$

Hierbei ist λ ein Faktor, der geringfügig kleiner als Eins ist. Ein um n Schritte zurückliegender Signalwert wird mit $\lambda^n < 1$ bewertet. Die Einführung des Faktors λ bedeutet somit die Benutzung eines in Richtung der Vergangenheit *exponentiell abklingenden Fensters*. Die Differenz $1 - \lambda > 0$ bestimmt, wie rasch die Fensteramplitude abklingt, d.h. wie ausgeprägt das *Gedächtnis* des Verfahrens ist.

Für die Inversion der Matrix $\underset{\smile}{\underline{s}}_{xx}(k)$ kann das Matrix–Inversions–Lemma benutzt werden (siehe beispielsweise [48, 49]). Hierbei muß allerdings vorausgesetzt werden, daß alle zu invertierenden Matrizen positiv definit sind. Ist

$$\underline{A} = \underline{B}^{-1} + \underline{C}\,\underline{D}^{-1}\underline{C}^{T}\,, \tag{10.15}$$

so gilt für die Inverse $\underline{A}^{-1}$:

$$\underline{A}^{-1} = \underline{B} - \underline{B}\,\underline{C}\,(\underline{D} + \underline{C}^{T}\underline{B}\,\underline{C})^{-1}\underline{C}^{T}\underline{B}\,. \tag{10.16}$$

Setzt man

$$\underset{\smile}{\underline{s}}_{xx}(k+1) \;= \underline{A}\,, \qquad \lambda\underset{\smile}{\underline{s}}_{xx}(k) \;= \underline{B}^{-1}\,,$$
$$\underline{x}(k+1) \;= \underline{C}\,, \qquad \underline{1} \qquad\; = \underline{D}\,,$$

so lautet die Gleichung für die Inverse von $\underset{\smile}{\underline{s}}_{xx}(k+1)$:

$$\underset{\smile}{\underline{s}}_{xx}^{-1}(k+1) = \lambda^{-1}\,\underset{\smile}{\underline{s}}_{xx}^{-1}(k) \;-\; \frac{\lambda^{-2}\,\underset{\smile}{\underline{s}}_{xx}^{-1}(k)\,\underline{x}(k+1)\,\underline{x}^{T}(k+1)\,\underset{\smile}{\underline{s}}_{xx}^{-1}(k)}{1 + \lambda^{-1}\,\underline{x}^{T}(k+1)\,\underset{\smile}{\underline{s}}_{xx}^{-1}(k)\,\underline{x}(k+1)}\,. \tag{10.17}$$

Der zweite Summand kann als Bruch geschrieben werden, da der Nenner hier *skalar* ist. Für weitere Umformungen definieren wir einen Vektor $\underline{\alpha}(k+1)$:

$$\underline{\alpha}(k+1) = \frac{\lambda^{-1}\,\underset{\smile}{\underline{s}}_{xx}^{-1}(k)\,\underline{x}(k+1)}{1 + \lambda^{-1}\,\underline{x}^{T}(k+1)\,\underset{\smile}{\underline{s}}_{xx}^{-1}(k)\,\underline{x}(k+1)}\,. \tag{10.18}$$

Gleichung 10.17 lautet dann:

$$\underset{\smile}{\underline{s}}_{xx}^{-1}(k+1) = \lambda^{-1}\,\underset{\smile}{\underline{s}}_{xx}^{-1}(k) - \lambda^{-1}\,\underline{\alpha}(k+1)\,\underline{x}^{T}(k+1)\,\underset{\smile}{\underline{s}}_{xx}^{-1}(k)\,. \tag{10.19}$$

Multipliziert man beide Seiten der Gleichung 10.18 mit dem Nenner der rechten Seite, so kann man die Gleichung in folgender Form schreiben:

$$\underline{\alpha}(k+1) = \left[\lambda^{-1}\,\underset{\smile}{\underline{s}}_{xx}^{-1}(k) - \lambda^{-1}\underline{\alpha}(k+1)\,\underline{x}^{T}(k+1)\,\underset{\smile}{\underline{s}}_{xx}^{-1}(k)\right]\underline{x}(k+1)\,. \tag{10.20}$$

Zusammen mit Gleichung 10.19 erhält man schließlich für den Vektor $\underline{\alpha}(k+1)$:

$$\underline{\alpha}(k+1) = \underset{\smile}{\underline{s}}_{xx}^{-1}(k+1)\,\underline{x}(k+1)\,. \tag{10.21}$$

Für den Vektor $\underline{c}_{opt}(k)$ der optimalen Filterkoeffizienten läßt sich damit folgende Rekursion angeben:

$$\begin{aligned}
\underline{c}_{opt}(k+1) &= \underline{\breve{s}}_{xx}^{-1}(k+1)\,\underline{\breve{s}}_{xd}(k+1)\\
&= \lambda\,\underline{\breve{s}}_{xx}^{-1}(k+1)\,\underline{\breve{s}}_{xd}(k) + \underline{\breve{s}}_{xx}^{-1}(k+1)\,d(k+1)\,\underline{x}(k+1)\\
&= \underline{\breve{s}}_{xx}^{-1}(k)\,\underline{\breve{s}}_{xd}(k) - \underline{\alpha}(k+1)\,\underline{x}^{T}(k+1)\,\underline{\breve{s}}_{xx}^{-1}(k)\,\underline{\breve{s}}_{xd}(k)\\
&\quad + \underline{\breve{s}}_{xx}^{-1}(k+1)\,d(k+1)\,\underline{x}(k+1)\\
&= \underline{c}_{opt}(k) - \underline{\alpha}(k+1)\,\underline{x}^{T}(k+1)\,\underline{c}_{opt}(k)\\
&\quad + \underline{\breve{s}}_{xx}^{-1}(k+1)\,d(k+1)\,\underline{x}(k+1)\,.
\end{aligned} \tag{10.22}$$

Mit Gleichung 10.21 läßt sich dieser Ausdruck weiter vereinfachen:

$$\underline{c}_{opt}(k+1) = \underline{c}_{opt}(k) - \underline{\alpha}(k+1)\left[\underline{x}^{T}(k+1)\,\underline{c}_{opt}(k) - d(k+1)\right]\,. \tag{10.23}$$

Die Größe $\underline{\alpha}(k+1)$ entspricht der Kalman–Verstärkung (siehe Gleichung 9.96). Der Ausdruck in der Klammer auf der rechten Seite dieser Gleichung stellt den Fehler dar, der zum Zeitpunkt $k+1$ am Filterausgang entsteht, wenn die Filterkoeffizienten *nicht* nachgestellt werden:

$$\tilde{e}(k+1) = d(k+1) - \underline{x}^{T}(k+1)\underline{c}_{opt}(k)\,. \tag{10.24}$$

Dieser Ausdruck enthält die Information, die durch die Werte $x(k+1)$ und $d(k+1)$ für die Adaption des Filters *neu* gewonnen wird. Man nennt diesen Ausdruck den *a priori Fehler*. Der Vektor $\underline{\alpha}(k+1)$ gibt die *Schrittweite* an, mit der diese Größe den Vektor der Filterkoeffizienten beeinflußt. Zusammen mit Gleichung 10.21 lautet damit die Vorschrift für die Adaption der Filterkoeffizienten:

$$\boxed{\underline{c}_{opt}(k+1) = \underline{c}_{opt}(k) + \underline{\breve{s}}_{xx}^{-1}(k+1)\,\underline{x}(k+1)\,\tilde{e}(k+1)\,.} \tag{10.25}$$

Die Matrix $\underline{\breve{s}}_{xx}^{-1}(k+1)$ läßt sich nach Gleichung 10.17 aus $\underline{\breve{s}}_{xx}^{-1}(k)$ rekursiv berechnen, ohne daß dabei eine Matrix direkt invertiert werden muß. Als Anfangswert kann dabei (willkürlich)

$$\underline{\breve{s}}_{xx}^{-1}(0) = \epsilon\,\underline{1}$$

benutzt werden, wobei ϵ eine kleine positive Konstante ist. Der Korrekturausdruck

$$\underline{\breve{s}}_{xx}^{-1}(k+1)\,\underline{x}(k+1)\,\tilde{e}(k+1)$$

besagt, daß die Korrektur proportional zu dem Fehler $\tilde{e}(k+1)$ ist. Die Multiplikation des Eingangsvektors $\underline{x}(k+1)$ mit der Matrix $\underline{\breve{s}}_{xx}^{-1}(k+1)$ bedeutet, daß der Eingangsvektor in seiner Länge verändert und *gedreht* wird, der Vektor der Filterkoeffizienten im allgemeinen also *nicht in Richtung des Eingangsvektors* verbessert wird. Nur wenn die Matrix $\underline{\breve{s}}_{xx}(k+1)$ *diagonal* ist, stimmt die Korrekturrichtung mit der Richtung des Vektors $\underline{x}(k+1)$ überein.

Die durch die Gleichung 10.25 gegebene Vorschrift zur Adaption der Filterkoeffizienten und die zugehörigen Regeln zur rekursiven Berechnung der Inversen der Matrix $\underline{\breve{s}}_{xx}(k+1)$ werden in der englischsprachigen Literatur als *Recursive Least–Squares Algorithmus* (RLS–Algorithmus) bezeichnet.

10.4 Verfahren mit mittlerem quadratischem Fehler

Wir werden nun ein Verfahren für die Adaption von Filterkoeffizienten herleiten, bei dem wir den Filtereingang und den gewünschten Filterausgang als *stationäre Zufallsprozesse* voraussetzen (siehe Abbildung 10.9). Wir nehmen ferner an, daß die linearen Mittelwerte, die Autokorrelationsfunktionen und die Kreuzkorrelationsfunktion existieren und bekannt sind. Als Filter nehmen wir wieder ein *Transversalfilter* an. Die Herleitung der Gleichung für die optimalen Filterkoeffizienten kann weitgehend parallel zur Herleitung bei determiniertem Ansatz verlaufen. Wir bestimmen zunächst wieder die *Wiener–Lösung* für die Filterkoeffizienten.

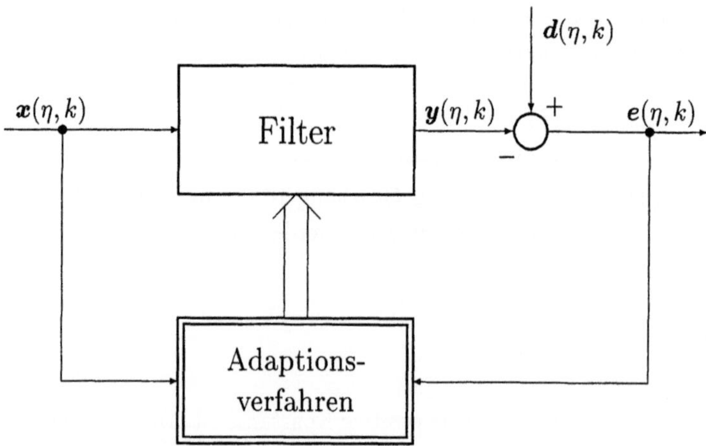

Abb. 10.9: Adaptives Filter (stochastischer Ansatz)

Es seien nun $\boldsymbol{x}(\eta, k)$ der Eingangsprozeß, $\boldsymbol{d}(\eta, k)$ der gewünschte Ausgangsprozeß und $c_i(k)$ die Filterkoeffizienten. Ferner seien $\underline{\boldsymbol{x}}(\eta, k)$ der Vektor der $L+1$ letzten Eingangswerte und $\underline{c}(k)$ der Vektor der Filterkoeffizienten. Für den Filterausgang gilt dann:

$$\boldsymbol{y}(\eta, k) = \sum_{i=0}^{L} c_i(k)\, \boldsymbol{x}(\eta, k - i)\,. \tag{10.26}$$

In Vektorschreibweise lautet diese Gleichung

$$\boldsymbol{y}(\eta, k) = \underline{c}^T(k)\, \underline{\boldsymbol{x}}(\eta, k) = \underline{\boldsymbol{x}}^T(\eta, k)\, \underline{c}(k)\,. \tag{10.27}$$

Für den Fehler erhält man dann:

$$e(\eta, k) = \boldsymbol{d}(\eta, k) - \boldsymbol{y}(\eta, k) = \boldsymbol{d}(\eta, k) - \underline{c}^T(k)\, \underline{\boldsymbol{x}}(\eta, k)\,. \tag{10.28}$$

Als Optimierungskriterium wird hier der *mittlere quadratische Fehler* benutzt:

$$\overline{e^2(\eta, k)} = \mathrm{E}\{(\boldsymbol{d}(\eta, k) - \boldsymbol{y}(\eta, k))^2\} = \mathrm{E}\{(\boldsymbol{d}(\eta, k) - \underline{c}^T(k)\, \underline{\boldsymbol{x}}(\eta, k))^2\}\,. \tag{10.29}$$

Die Filterkoeffizienten sind optimal, wenn Orthogonalität gilt (vergleiche hierzu Gleichung 6.5):

$$\mathrm{E}\{(\boldsymbol{d}(\eta, k) - \underline{c}_{opt}^T\, \underline{\boldsymbol{x}}(\eta, k))\, \underline{\boldsymbol{x}}(\eta, k)\} = \underline{0}\,. \tag{10.30}$$

Kürzt man die Erwartungswerte ab,

$$\underline{s}_{xx} = \mathrm{E}\{\underline{\boldsymbol{x}}(\eta, k)\, \underline{\boldsymbol{x}}^T(\eta, k)\}\,, \tag{10.31}$$

$$\underline{s}_{xd} = \mathrm{E}\{\boldsymbol{d}(\eta, k)\, \underline{\boldsymbol{x}}(\eta, k)\}\,, \tag{10.32}$$

so lautet schließlich die Gleichung für die optimalen Koeffizienten:

$$\underline{s}_{xx}\, \underline{c}_{opt} = \underline{s}_{xd}\,. \tag{10.33}$$

An die Stelle der durch Summation gebildeten Matrix $\breve{\underline{s}}_{xx}(k)$ in Gleichung 10.11 ist nun die Autokorrelationsmatrix $\underline{s}_{xx}$ getreten. Der Vektor $\breve{\underline{s}}_{xd}(k)$ wird durch den Vektor der Kreuzkorrelierten $\underline{s}_{xd}$ ersetzt. Die Autokorrelationsmatrix ist nichtnegativ definit. Ist sie positiv definit, so existiert ihre Inverse, und man erhält für die optimalen Koeffizienten:

$$\underline{c}_{opt} = \underline{s}_{xx}^{-1}\, \underline{s}_{xd}\,. \tag{10.34}$$

Diese Lösung erfordert wieder die Inversion einer Matrix, und sie setzt die Kenntnis der statistischen Größen voraus. Da *stationäre* Prozesse angenommen wurden, sind $\underline{s}_{xx}$ und $\underline{s}_{xd}$ und damit auch $\underline{c}_{opt}$ unabhängig von k. In der Praxis ist die Annahme von stationären Zufallsprozessen für den Filtereingang und den gewünschten Ausgang oft eine sehr starke Vereinfachung der wirklichen Verhältnisse. Daher müssen die Korrelationsfunktionen in kurzen Zeitabständen neu geschätzt werden und die hier diskutierte Lösung ist dann gleichwertig mit der Lösung bei determiniertem Ansatz (siehe Gleichung 10.12). Insbesondere ist der Aufwand für die wiederholte Matrixinversion hoch. Man strebt daher iterative Lösungen an.

Unter der Voraussetzung, daß die Inverse der Autokorrelationsmatrix existiert, gilt für den mittleren quadratischen Fehler:

$$
\begin{aligned}
\overline{e^2(\eta,k)} &= \mathrm{E}\{(\boldsymbol{d}(\eta,k) - \underline{c}^T(k)\,\underline{\boldsymbol{x}}(\eta,k))^2\} \\
&= \mathrm{E}\{\boldsymbol{d}^2(\eta,k)\} - 2\underline{c}^T(k)\,\underline{s}_{xd} + \underline{c}^T(k)\,\underline{s}_{xx}\,\underline{c}(k)\,.
\end{aligned}
\tag{10.35}
$$

Mit $\underline{c}(k) = \underline{c}_{opt}$ eingesetzt, folgt schließlich für den minimalen mittleren quadratischen Fehler, der – wegen der angenommenen Stationarität – nicht von k abhängt:

$$
\overline{e_{min}^2(\eta,k)} = s_{dd}(0) - \underline{c}_{opt}^T\,\underline{s}_{xd} = s_{dd}(0) - \underline{s}_{xd}^T\,\underline{s}_{xx}^{-1}\,\underline{s}_{xd}\,.
\tag{10.36}
$$

Der Fehler in Gleichung 10.35 ist eine *quadratische Funktion* der Filterkoeffizienten. Er hat daher ein *eindeutiges* Minimum bei $\underline{c}(k) = \underline{c}_{opt}$, das durch Gleichung 10.36 gegeben ist. Gleichung 10.35 läßt sich wie folgt umformen:

$$
\begin{aligned}
\overline{e^2(\eta,k)} &= s_{dd}(0) - \underline{s}_{xd}^T\,\underline{s}_{xx}^{-1}\,\underline{s}_{xd} + \underline{s}_{xd}^T\,\underline{s}_{xx}^{-1}\,\underline{s}_{xd} - 2\underline{c}^T(k)\,\underline{s}_{xd} + \underline{c}^T(k)\,\underline{s}_{xx}\,\underline{c}(k) \\
&= \overline{e_{min}^2(\eta,k)} + (\underline{c}(k) - \underline{c}_{opt})^T\,\underline{s}_{xx}\,(\underline{c}(k) - \underline{c}_{opt})\,.
\end{aligned}
\tag{10.37}
$$

Bei dieser Umformung wurden die Gleichungen 10.34 und 10.36 eingesetzt. Der so gefundene Ausdruck stellt den mittleren quadratischen Fehler bei nichtoptimalen Koeffizienten als Summe dar. Diese enthält den Fehler bei optimalen Koeffizienten und einen Anteil, der eine quadratische Funktion der *Abweichung* der tatsächlichen Koeffizienten von den optimalen Koeffizienten ist.

Der quadratische Zusammenhang zwischen mittlerem quadratischem Fehler und Filterkoeffizienten bedeutet, daß der mittlere quadratische Fehler ein eindeutiges Minimum aufweist. Eine *schrittweise Minimierung* des Fehlers kann daher nicht zu einem lokalen Minimum führen. Man leitet hierzu $\overline{e^2(\eta,k)}$ nach dem Koeffizientenvektor $\underline{c}(k)$ ab:

$$
\begin{aligned}
\underline{\nabla}_{c(k)}\overline{e^2(\eta,k)} &= 2\mathrm{E}\{e(\eta,k)\underline{\nabla}_{c(k)}e(\eta,k)\} \\
&= 2\mathrm{E}\{e(\eta,k)\underline{\nabla}_{c(k)}(\boldsymbol{d}(\eta,k) - \underline{\boldsymbol{x}}^T(\eta,k)\,\underline{c}(k))\} \\
&= -2\mathrm{E}\{e(\eta,k)\,\underline{\boldsymbol{x}}(\eta,k)\}\,.
\end{aligned}
\tag{10.38}
$$

Der Gradient hat damit dieselbe Richtung wie der Filtereingangsvektor. Eine weitere Umformung ergibt schließlich:

$$\underline{\nabla}_{c(k)}\overline{e^2(\eta,k)} = -2\mathrm{E}\{(\boldsymbol{d}(\eta,k) - \underline{\boldsymbol{x}}^T(\eta,k)\,\underline{c}(k))\,\underline{\boldsymbol{x}}(\eta,k)\}$$
$$= -2\underline{s}_{xd} + 2\underline{s}_{xx}\,\underline{c}(k)\,.$$

$$(10.39)$$

Mit Gleichung 10.33 folgt daraus:

$$\frac{1}{2}\underline{\nabla}_{c(k)}\overline{e^2(\eta,k)} = \underline{s}_{xx}\,(\underline{c}(k) - \underline{c}_{opt})\,.$$

$$(10.40)$$

Nach $\underline{c}_{opt}$ aufgelöst, erhält man:

$$\underline{c}_{opt} = \underline{c}(k) - \frac{1}{2}\,\underline{s}_{xx}^{-1}\,\underline{\nabla}_{c(k)}\overline{e^2(\eta,k)}\,.$$

$$(10.41)$$

Der zweite Summand auf der rechten Seite zeigt an, wie ein Filtervektor $\underline{c}(k)$ verändert werden muß, damit sein Optimum erreicht wird. Man kann hieraus eine *Iterationsvorschrift* formulieren:

$$\underline{c}(k+1) = \underline{c}(k) - \frac{1}{2}\,\mu\,\underline{s}_{xx}^{-1}\,\underline{\nabla}_{c(k)}\overline{e^2(\eta,k)}\,.$$

$$(10.42)$$

Dies entspricht dem *Verfahren von Newton* zur Lösung nichtlinearer Gleichungen: Der Faktor μ wird *Schrittweite* genannt. Diese bestimmt die Stabilität und die Konvergenzgeschwindigkeit des Verfahrens. Bei zu kleiner Schrittweite werden die Filterkoeffizienten bei jedem Iterationsschritt nur geringfügig verbessert. Das Verfahren konvergiert folglich sehr langsam. Bei zu großer Schrittweite oszillieren die Koeffizienten um ihre Optimalwerte. Gleichung 10.38 besagt, daß der Vektor der Ableitungen der Fehlers nach den Koeffizienten in Richtung des Eingangsvektors $\underline{\boldsymbol{x}}(\eta,k)$ zeigt. Für die Verbesserung wird diese Richtung durch Multiplikation des Vektors mit der Matrix $\underline{s}_{xx}^{-1}$ gedreht. Bei *weißem* Eingangsvektor ist $\underline{s}_{xx}$ und damit auch seine Inverse eine Diagonalmatrix. Nur dann stimmt die Richtung zu den optimalen Koeffizienten mit der Richtung des Eingangsvektors $\underline{\boldsymbol{x}}(\eta,k)$ überein. Dies ist wichtig für die Beurteilung des nachfolgenden Verfahrens.

Das Verfahren von Newton ermöglicht rasche Konvergenz, da der Koeffizientenvektor stets in Richtung auf sein Optimum adaptiert wird. Da das Verfahren jedoch bei jedem Schritt die Multiplikation mit einer Matrix erfordert, ist es für viele praktische Anwendungen zu aufwendig. Ein einfaches Verfahren ist das *Verfahren des steilsten Abstiegs* ("steepest descent"): Die Koeffizienten werden in *negativer* Gradientenrichtung verbessert, eine Drehung dieser Richtung entfällt:

$$\underline{c}(k+1) = \underline{c}(k) - \mu\underline{\nabla}_{c(k)}\overline{e^2(\eta,k)}\,.$$

$$(10.43)$$

Mit Gleichung 10.38 erhält man als Adaptionsvorschrift:

$$\underline{c}(k+1) = \underline{c}(k) + 2\mu \mathrm{E}\{e(\eta,k)\,\underline{x}(\eta,k)\}\,. \tag{10.44}$$

Auch hier ist μ wieder ein Schrittweitenfaktor, dessen Größe noch festzulegen ist. Das Verfahren enthält nun zwar keine Multiplikation mit einer Matrix mehr, da aber ein Erwartungswert zu bilden ist, ist es trotzdem für die Praxis kaum geeignet.

Der einfachste *Schätzwert* für den Erwartungswert einer Größe ist der Momentanwert dieser Größe. Man ersetzt daher die Kreuzkorrelierte zwischen dem Fehler und dem Eingangsvektor durch das *Produkt* dieser Größen. Damit ist die Verbesserung selbst *zufällig*, und die Filterkoeffizienten müssen durch einen *Zufallsprozeß* beschrieben werden. Wir schreiben daher in den folgenden Gleichungen $\underline{c}(\eta,k)$. Es gilt damit folgende Adaptionsvorschrift:

$$\underline{c}(\eta,k+1) = \underline{c}(\eta,k) + 2\mu\,e(\eta,k)\,\underline{x}(\eta,k)\,. \tag{10.45}$$

Dieses Verfahren wird als *stochastisches Gradientenverfahren* oder als "Least Mean Square"-Algorithmus (LMS–Algorithmus) bezeichnet [129]. Es ist ein einfaches und robustes Verfahren, das jedoch—wie noch gezeigt wird—bei korrelierten Eingangsprozessen nur sehr langsam konvergiert. Trotzdem wird es wegen seiner Einfachheit sehr oft angewandt. Für die Berechnung der verbesserten Filterkoeffizienten werden jeweils nur *eine Multiplikation* und *eine Addition* benötigt. Hinzu kommt noch die einmal je Verbesserungsschritt durchzuführende Multiplikation des Fehlers mit der doppelten Schrittweite. Nur das in der Literatur als *Vorzeichen–Verfahren* ("Sign Algorithm") bekannte Verfahren kommt mit weniger Rechenoperationen aus [7]. Hier lautet die Vorschrift für einen Verbesserungsschritt:

$$\underline{c}(\eta,k+1) = \underline{c}(\eta,k) + 2\mu\,\mathrm{sgn}(e(\eta,k))\,\underline{x}(\eta,k)\,. \tag{10.46}$$

Anstelle die Elemente des Vektors $\underline{x}(\eta,k)$ mit $e(\eta,k)$ zu multiplizieren, wird hier nur bei negativem Wert von $e(\eta,k)$ das Vorzeichen vertauscht. Diese Vereinfachung bewirkt allerdings eine wesentlich geringere Konvergenzgeschwindigkeit der Filterkoeffizienten.

Bei binärer Datenübertragung werden adaptive Filter zur Entzerrung des Übertragungskanals eingesetzt (siehe Abbildung 10.1). Ohne besondere Vorkehrungen ist bei dieser Anwendung der gewünschte Ausgang $d(\eta,k)$ des adaptiven Filters nicht bekannt. Man beginnt daher eine Übertragung mit einer bekannten Datenfolge, die für das *Training* des adaptiven Filters benutzt werden kann. Man geht dann davon aus, daß nach Abschluß des Trainings das Filter soweit adaptiert ist, daß Übertragungsfehler nur noch mit sehr geringer Wahrscheinlichkeit auftreten, und daß sich der Übertragungskanal nur noch sehr langsam verändert. Beides zusammen erlaubt es, $d(\eta,k)$ durch seinen *Schätzwert* $\hat{d}(\eta,k)$ zu ersetzen, der durch einen Entscheider aus dem Ausgangsprozeß $y(\eta,k)$ des adaptiven Filters gewonnen werden kann (siehe Abbildung 10.10).

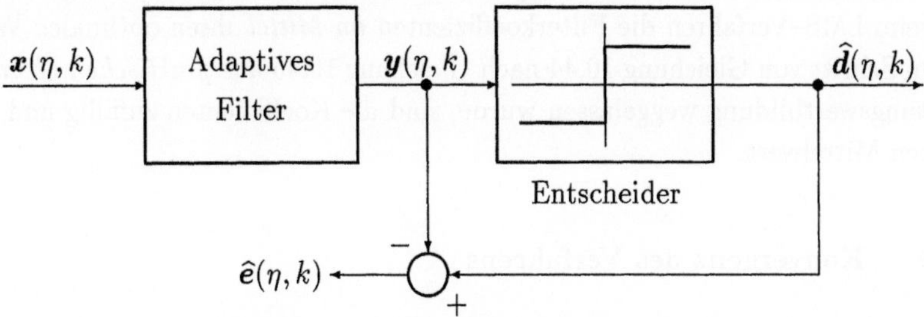

Abb. 10.10: Adaptive Entzerrung eines Übertragungskanals bei der Datenübertragung nach Abschluß der Trainingsphase

Es gibt eine Reihe von Anwendungen, bei denen ein Training nicht möglich ist. Dies gilt beispielsweise dann, wenn ein zusätzlicher Empfänger an eine bereits bestehende Verbindung angeschaltet werden soll. In derartigen Fällen kann man "blinde Verfahren" einsetzen, die Momente höherer Ordnung benutzen (siehe Abschnitt 4.6.3).

10.5 Analyse des LMS–Algorithmus

10.5.1 Mittelwerte der Filterkoeffizienten

Beim LMS–Algorithmus adaptiert man in negativer Gradientenrichtung. Wir bestimmen nun zuerst, welchen Endwert die Filterkoeffizienten *im Mittel* erreichen. Wir beginnen mit Gleichung 10.45 und bilden auf beiden Seiten den Erwartungswert:

$$\mathrm{E}\{\underline{c}(\eta, k + 1)\} = \mathrm{E}\{\underline{c}(\eta, k)\} + 2\mu\,\mathrm{E}\{e(\eta, k)\,\underline{x}(\eta, k)\}\,. \tag{10.47}$$

Wenn das LMS–Verfahren im Mittel konvergiert, so erreichen die Erwartungswerte der Filterkoeffizienten stationäre Endwerte:

$$\mathrm{E}\{\underline{c}(\eta, k + 1)\} = \mathrm{E}\{\underline{c}(\eta, k)\} = \underline{c}_\infty \quad \text{für hinreichend große } k. \tag{10.48}$$

Dann folgt aber – wieder für hinreichend große k – aus Gleichung 10.47:

$$\mathrm{E}\{e(\eta, k)\,\underline{x}(\eta, k)\} = \underline{0}\,. \tag{10.49}$$

Dies ist wieder die Orthogonalitätsbedingung für die optimalen Filterkoeffizienten (siehe Gleichung 10.30). Setzt man hier $e(\eta, k)$ gemäß Gleichung 10.28 ein, so erhält man endlich:

$$\mathrm{E}\{(\underline{d}(\eta, k) - \underline{x}^T(\eta, k)\,\underline{c}_\infty)\,\underline{x}(\eta, k)\} = \underline{s}_{xd} - \underline{s}_{xx}\,\underline{c}_\infty = \underline{0}\,. \tag{10.50}$$

Dieses Ergebnis stimmt mit Gleichung 10.33 überein. Konvergenz vorausgesetzt, erreichen beim LMS–Verfahren die Filterkoeffizienten *im Mittel* ihren optimalen Wert. Da bei dem Schritt von Gleichung 10.44 nach Gleichung 10.45 aus *praktischen Gründen* die Erwartungswertbildung weggelassen wurde, sind die Koeffizienten zufällig und streuen um ihren Mittelwert.

10.5.2   Konvergenz des Verfahrens

Gleichung 10.50 gilt unter der Voraussetzung, daß das LMS–Verfahren im Mittel konvergiert. Wir wollen nun diskutieren, wann diese Voraussetzung erfüllt ist. Ausgehend von Gleichung 10.45 setzen wir $e(\eta, k)$ gemäß Gleichung 10.28 ein:

$$
\begin{aligned}
\underline{c}(\eta, k+1) \;\; &= \underline{c}(\eta, k) - 2\mu\, \underline{x}(\eta, k)\, \underline{x}^{T}(\eta, k)\, \underline{c}(\eta, k) + 2\mu\, d(\eta, k)\, \underline{x}(\eta, k) \\
&= (\underline{1} - 2\mu\, \underline{x}(\eta, k)\, \underline{x}^{T}(\eta, k))\, \underline{c}(\eta, k) + 2\mu\, d(\eta, k)\, \underline{x}(\eta, k)\,.
\end{aligned}
\tag{10.51}
$$

Die Filterkoeffizienten sind hier zufällig. Wir bestimmen ihren *linearen Mittelwert*:

$$
\begin{aligned}
\mathrm{E}\{\underline{c}(\eta, k+1)\} \;\; &= \mathrm{E}\{(\underline{1} - 2\mu\, \underline{x}(\eta, k)\, \underline{x}^{T}(\eta, k))\, \underline{c}(\eta, k)\} \\
&\quad + 2\mu\, \mathrm{E}\{d(\eta, k)\, \underline{x}(\eta, k)\}\,.
\end{aligned}
\tag{10.52}
$$

Im ersten Erwartungswert auf der rechten Seite dieser Gleichung tritt ein *Moment dritter Ordnung* auf: der Erwartungswert über den Vektor $\underline{x}(\eta, k)\,\underline{x}^{T}(\eta, k)\,\underline{c}(\eta, k)$. Das Problem, diesen zu bestimmen oder doch mindestens zuverlässig zu schätzen, umgeht man, wenn man *annimmt*, daß der Eingangsvektor $\underline{x}(\eta, k)$ und der Koeffizientenvektor $\underline{c}(\eta, k)$ *statistisch unabhängig* sind. Dann gilt:

$$
\mathrm{E}\{\underline{c}(\eta, k+1)\} = (\underline{1} - 2\mu\, \underline{s}_{xx})\, \mathrm{E}\{\underline{c}(\eta, k)\} + 2\mu\, \underline{s}_{xd}\,.
\tag{10.53}
$$

Diese Annahme läßt sich nur dann erfüllen, wenn bei jedem Schritt im Vektor $\underline{x}(\eta, k)$ *alle* Elemente erneuert werden. Hier wird jedoch nur ein Element neu eingesetzt. Alle anderen Elemente werden um eine Stelle verschoben und das letzte Element fällt heraus. Die Praxis hat jedoch gezeigt, daß die damit gewonnenen Ergebnisse näherungsweise auch bei statistischer Abhängigkeit gelten.

Wir bezeichnen nun die Abweichungen zwischen den Mittelwerten der Filterkoeffizienten zum Zeitpunkt k und ihren Optimalwerten nach Gleichung 10.50 mit $\underline{\Delta}(k)$:

$$
\underline{\Delta}(k) = \mathrm{E}\{\underline{c}(\eta, k)\} - \underline{c}_{\infty}\,.
\tag{10.54}
$$

Konvergenz im Mittel liegt vor, wenn $\underline{\Delta}(k)$ mit wachsendem k gegen Null strebt:

$$
\lim_{k \to \infty} \underline{\Delta}(k) = \underline{0}\,.
\tag{10.55}
$$

Zieht man in Gleichung 10.53 auf beiden Seiten $\underline{c}_\infty$ ab, so folgt eine Differenzengleichung für $\underline{\Delta}(k)$:

$$\underline{\Delta}(k+1) = (\underline{1} - 2\mu\,\underline{s}_{xx})\underline{\Delta}(k) - 2\mu\,\underline{s}_{xx}\,\underline{c}_\infty + 2\mu\,\underline{s}_{xd}\,. \tag{10.56}$$

Mit Gleichung 10.50 vereinfacht sich dies zu

$$\underline{\Delta}(k+1) = (\underline{1} - 2\mu\,\underline{s}_{xx})\,\underline{\Delta}(k)\,. \tag{10.57}$$

Diese Gleichung kann durch Rekursion gelöst werden:

$$\boxed{\underline{\Delta}(k) = (\underline{1} - 2\mu\,\underline{s}_{xx})^k\,\underline{\Delta}(0)\,. \tag{10.58}}$$

Gleichung 10.58 basiert auf der Annahme, daß $\underline{x}(\eta, k)$ und $\underline{c}(\eta, k)$ statistisch unabhängig sind. Sie gilt damit für alle anderen Fälle nur näherungsweise. Ist $x(\eta, k)$ *weiß*, so gilt für seine Autokorrelationsmatrix:

$$\underline{s}_{xx} = \sigma_x^2\,\underline{1}\,. \tag{10.59}$$

Gleichung 10.58 lautet dann:

$$\underline{\Delta}(k) = (1 - 2\mu\,\sigma_x^2)^k\underline{\Delta}(0)\,. \tag{10.60}$$

Mit der Abkürzung

$$\rho = 1 - 2\mu\sigma_x^2$$

ist die Bedingung einer Konvergenz im Mittel (siehe Gleichung 10.55) folglich für

$$|\rho| = |1 - 2\mu\sigma_x^2| < 1 \tag{10.61}$$

erfüllt. Die für Konvergenz im Mittel zugelassene Schrittweite μ ergibt sich daraus zu:

$$0 < \mu < \frac{1}{\sigma_x^2}\,. \tag{10.62}$$

Für den Einzelfall erweist sich diese Schranke allerdings als zu groß.

Die maximal zugelassene Schrittweite hängt gemäß Gleichung 10.62 von der Varianz, d.h. der mittleren Leistung, des Eingangsprozesses ab. Maximale Konvergenzgeschwindigkeit wird für

$$\mu = 1/2\sigma_x^2 \tag{10.63}$$

erreicht. Bei zu kleiner Schrittweite, d.h. $0 < \mu < 1/2\sigma_x^2$ adaptiert das System nur langsam. Umgekehrt oszillieren die Mittelwerte der Filterkoeffizienten um ihre Endwerte bei zu großer Schrittweite $1/2\sigma_x^2 < \mu < 1/\sigma_x^2$.

Die Funktion

$$\underline{\Delta}(k) = (1 - 2\mu\,\sigma_x^2)^k \,\underline{\Delta}(0)$$

läßt sich in der Form

$$\underline{\Delta}(k) = \rho^k\underline{\Delta}(0) = e^{-k/\vartheta}\,\underline{\Delta}(0)$$

darstellen (siehe Abbildung 10.11). Dabei ist

$$\rho = e^{-1/\vartheta} = (1 - 2\mu\,\sigma_x^2)\,.$$

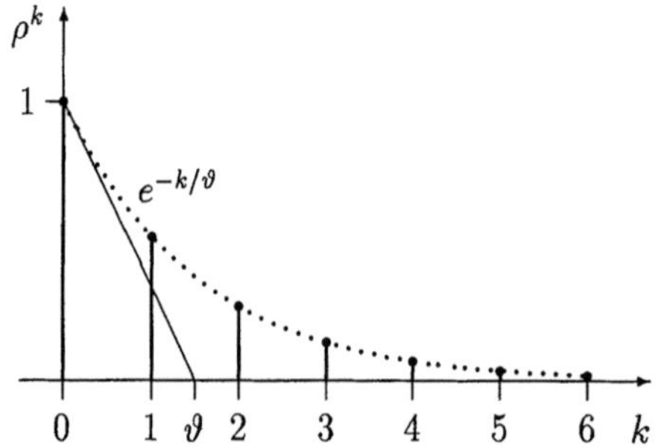

Abb. 10.11: Zur Bestimmung der Zeitkonstanten ϑ bei der Konvergenz der Filterkoeffizienten

Für die Zeitkonstante ϑ der Konvergenz der Filterkoeffizienten erhält man dann:

$$\vartheta = \frac{-1}{\ln(1 - 2\mu\,\sigma_x^2)}\,.$$

Für $2\mu\,\sigma_x^2 \ll 1$ folgt daraus schließlich

$$\vartheta \approx \frac{1}{2\mu\,\sigma_x^2}\,.$$

Bei farbigem Eingangsprozeß, für den Gleichung 10.58 näherungsweise gelten soll, ist die Autokorrelationsmatrix *keine* Diagonalmatrix. Wir wollen für die folgenden Überlegungen annehmen, daß $\underline{s}_{xx}$ *positiv definit* ist. Da $\underline{s}_{xx}$ symmetrisch ist, läßt es sich in ein Produkt aus drei Matrizen zerlegen [68]:

$$\underline{s}_{xx} = \underline{\Psi}\,\Lambda\,\underline{\Psi}^T\,. \tag{10.64}$$

Hierbei enthalten die Spalten von $\underline{\Psi}$ die normierten *Eigenvektoren* $\underline{\psi}_i$ der Matrix $\underline{s}_{xx}$,

$$\underline{\Psi} = (\underline{\psi}_0,\ \underline{\psi}_1,\ \cdots,\ \underline{\psi}_L)\,. \tag{10.65}$$

Die Matrix $\underline{\Lambda}$ ist *diagonal*, und ihre Diagonalelemente sind die *Eigenwerte* λ_i von $\underline{s}_{xx}$[1]. Da wir $\underline{s}_{xx}$ positiv definit voraussetzen, sind alle Eigenwerte größer als Null. Wir wollen weiter voraussetzen, daß alle Eigenwerte verschieden sind. Ohne Beschränkung der Allgemeinheit können wir dann annehmen, daß die zugehörigen Eigenvektoren paarweise orthonormal sind:

$$\underline{\psi}_i^T \underline{\psi}_j = \begin{cases} 1 & i = j \\[2mm] 0 & \text{sonst} \end{cases}\,. \tag{10.67}$$

Unter Benutzung der Eigenvektoren und Eigenwerte läßt sich die Autokorrelationsmatrix wie folgt darstellen:

$$\underline{s}_{xx} = \underline{\Psi}\,\underline{\Lambda}\,\underline{\Psi}^T = \sum_{i=0}^{L} \lambda_i\, \underline{\psi}_i\, \underline{\psi}_i^T\,. \tag{10.68}$$

Für die Formulierung einer Konvergenzbedingung für den LMS–Algorithmus benötigt man schließlich die Eigenvektoren und die Eigenwerte des Klammerausdrucks in Gleichung 10.58. Wir setzten zunächst Gleichung 10.68 ein:

$$\underline{1} - 2\mu\,\underline{s}_{xx} = \underline{1} - 2\mu \sum_{i=0}^{L} \lambda_i\, \underline{\psi}_i\, \underline{\psi}_i^T\,. \tag{10.69}$$

Multipliziert man beide Seiten dieser Gleichung von rechts mit $\underline{\psi}_j$, so ist gemäß Gleichung 10.67 für jedes j nur ein Element der Summe verschieden von Null:

$$(\underline{1} - 2\mu\,\underline{s}_{xx})\underline{\psi}_j = (1 - 2\mu\,\lambda_j)\,\underline{\psi}_j \qquad j = 0,\ldots,L\,. \tag{10.70}$$

Ein Vergleich mit Gleichung 10.66 zeigt, daß die Eigenvektoren $\underline{\psi}_i$ der Matrix $\underline{s}_{xx}$ auch Eigenvektoren der Matrix $(\underline{1}-2\mu\,\underline{s}_{xx})$ sind. Die zugehörigen Eigenwerte sind $(1 - 2\mu\lambda_i)$, $i = 0,\ \ldots,L$:

$$\underline{1} - 2\mu\,\underline{s}_{xx} = \underline{\Psi}(\underline{1} - 2\mu\,\underline{\Lambda})\,\underline{\Psi}^T\,. \tag{10.71}$$

---

1 Zur Erinnerung: Der Zusammenhang zwischen einer Matrix, ihren Eigenvektoren und ihren Eigenwerten wird durch folgende Bedingung hergestellt:

$$\underline{s}_{xx}\underline{\psi}_i = \lambda_i \underline{\psi}_i \qquad i = 0,\ldots,L\,. \tag{10.66}$$

Für Potenzen dieser Matrix gilt endlich:

$$(\underline{1} - 2\mu\,\underline{s}_{xx})^k = \underline{\Psi}\,(\underline{1} - 2\mu\,\underline{\Lambda})^k\,\underline{\Psi}^T\,. \tag{10.72}$$

Damit läßt sich Gleichung 10.58 in folgender Form schreiben:

$$\underline{\Delta}(k) = \sum_{i=0}^{L}(1 - 2\mu\,\lambda_i)^k\,\underline{\psi}_i\,\underline{\psi}_i^T\underline{\Delta}(0)\,. \tag{10.73}$$

Das Verfahren konvergiert im Mittel, wenn

$$|\rho_i| = |1 - 2\mu\,\lambda_i| < 1 \tag{10.74}$$

ist für $i = 0, \dots, L$. Ist λ_{max} der *größte* Eigenwert der Matrix $\underline{s}_{xx}$, so gilt für die zulässige Schrittweite μ:

$$\boxed{0 < \mu < 1/\lambda_{max}\,. \tag{10.75}}$$

Wenn man von Sonderfällen absieht, erfordert die Bestimmung der Eigenwerte einer Matrix die Auflösung eines Gleichungssystems. Man kann die Eigenwerte jedoch mit einer einfachen Überlegung nach oben abschätzen: Die Korrelationsmatrix $\underline{s}_{xx}$ enthält Werte der Korrelationsfunktion $s_{xx}(k)$. Für diese gilt jedoch (siehe Gleichung 3.33):

$$s_{xx}(0) \geq |s_{xx}(k)| \quad\text{für alle } k\,.$$

Wir nehmen hier Mittelwertfreiheit für $\boldsymbol{x}(\eta, k)$ an. Dann gilt:

$$s_{xx}(0) = \sigma_x^2 \geq |s_{xx}(k)| \quad\text{für alle } k\,. \tag{10.76}$$

Damit sind alle Elemente der Matrix $\underline{s}_{xx}$ nach oben durch σ_x^2 begrenzt. Die Eigenvektoren $\underline{\psi}_i$ sind normiert (siehe Gleichung 10.67). Damit ist der Betrag jedes ihrer Elemente höchstens gleich Eins:

$$|\psi_{ij}| \leq 1 \quad i, j = 0, \dots, L\,. \tag{10.77}$$

Aus der Gleichung

$$\underline{s}_{xx}\,\underline{\psi}_j = \lambda_j\,\underline{\psi}_j$$

folgt daher für die Eigenwerte:

$$\lambda_i \leq \lambda_{max} \leq (L+1)\sigma_x^2 \quad i = 0, 1, \dots, L\,. \tag{10.78}$$

Dies ist die gesuchte obere Schranke für den größten Eigenwert. Damit gilt für die zulässige Schrittweite nach Gleichung 10.75:

$$0 < \mu < \frac{1}{(L+1)\sigma_x^2}\,. \tag{10.79}$$

Daraus folgt, daß die für die Erfüllung der Konvergenzbedingung maximal zugelassene Schrittweite mit zunehmender Anzahl der Filterkoeffizienten abnimmt.

Zum selben Ergebnis kommt man durch eine Überlegung mit dem a priori Fehler und dem a posteriori Fehler. Für den a priori Fehler gilt:

$$e(\eta,k) = d(\eta,k) - \underline{x}^T(\eta,k)\,\underline{c}(\eta,k)\,. \tag{10.80}$$

Als a posteriori Fehler bezeichnet man die Abweichung, die nach der Adaption der Filterkoeffizienten - aber noch bei altem Einganssignal - entsteht:

$$\begin{aligned}
\tilde{e}(\eta,k) &= d(\eta,k) - \underline{x}^T(\eta,k)\,\underline{c}(\eta,k+1) \\
&= d(\eta,k) - \underline{x}^T(\eta,k)\,(\underline{c}(\eta,k) + 2\,\mu\,e(\eta,k)\,\underline{x}(\eta,k)) \\
&= e(\eta,k)\,(1 - 2\,\mu\,\underline{x}^T(\eta,k)\,\underline{x}(\eta,k))\,.
\end{aligned} \tag{10.81}$$

Der Betrag dieses Fehlers ist kleiner als der Betrag des a priori Fehlers, wenn folgende Bedingung gilt:

$$|1 - 2\,\mu\,\underline{x}^T(\eta,k)\,\underline{x}(\eta,k)| < 1\,. \tag{10.82}$$

Dies bedeutet für die zugelassene Schrittweite μ:

$$0 < \mu < \frac{1}{\underline{x}^T(\eta,k)\,\underline{x}(\eta,k)}\,. \tag{10.83}$$

Sind der Eingangsprozeß $\underline{x}(\eta,k)$ mittelwertfrei und L sehr groß, so gilt näherungsweise:

$$\underline{x}^T(\eta,k)\,\underline{x}(\eta,k) \approx (L+1)\,\sigma_x^2\,. \tag{10.84}$$

Folglich erhält man wieder als Schranke für die Schrittweite:

$$0 < \mu < \frac{1}{(L+1)\,\sigma_x^2}\,.$$

Die durch Gleichung 10.83 ausgedrückte Abhängigkeit der zugelassenen Schrittweite μ von der Leistung des Signalvektors legt es nahe, die Adaptionsvorschrift für das stochastische Gradientenverfahren (siehe Gleichung 10.45) so zu normieren, daß die Grenzen der Schrittweite unabhängig vom Eingang sind. Man erhält dann:

$$\underline{c}(\eta, k+1) = \underline{c}(\eta, k) + \frac{2\mu_n}{\|\boldsymbol{x}(\eta, k)\|^2}\, e(\eta, k)\, \underline{\boldsymbol{x}}(\eta, k)\,. \tag{10.85}$$

Für die zugelassene Schrittweite folgt dann:

$$0 < \mu_n < 1. \tag{10.86}$$

Man nennt dieses Verfahren *normiertes stochastisches Gradientenverfahren* oder NLMS-Algorithmus.

Wegen der verschieden großen Eigenwerte nehmen die einzelnen Summanden auf der rechten Seite von Gleichung 10.73 mit wachsendem k unterschiedlich schnell ab. Die Konvergenzgeschwindigkeit wird durch den Summanden bestimmt, dessen Betrag am *langsamsten* abnimmt. Die Abnahme dieses Summanden kann durch Vergrößerung des Schrittweitenfaktors μ beschleunigt werden. Ein zu großer Faktor μ verletzt andererseits jedoch die Konvergenzbedingung aus Gleichung 10.75. Die optimale Schrittweite μ_{opt} erreicht man mit der Bedingung

$$|1 - 2\mu_{opt}\,\lambda_{max}| = |1 - 2\mu_{opt}\,\lambda_{min}| \tag{10.87}$$

(siehe Abbildung 10.12). Nach μ_{opt} aufgelöst, erhält man daraus:

$$\mu_{opt} = \frac{1}{\lambda_{min} + \lambda_{max}}\,. \tag{10.88}$$

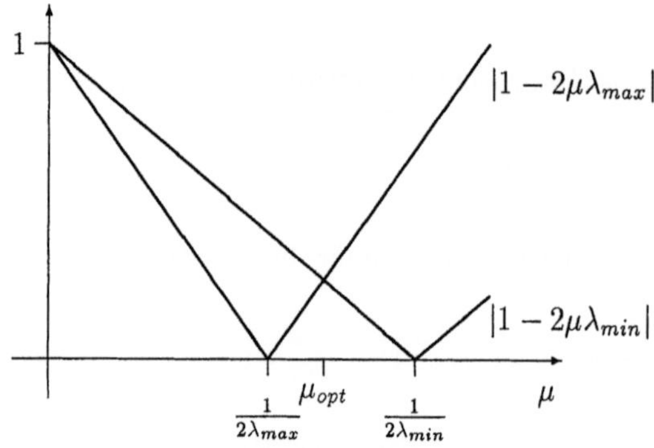

Abb. 10.12: Zur Bestimmung der optimalen Schrittweite μ_{opt}

Damit gelten:

$$|1 - 2\,\mu_{opt}\lambda_{min}| = |1 - 2\,\mu_{opt}\lambda_{max}| = \left|\frac{\lambda_{max} - \lambda_{min}}{\lambda_{max} + \lambda_{min}}\right| = \left|\frac{\frac{\lambda_{max}}{\lambda_{min}} - 1}{\frac{\lambda_{max}}{\lambda_{min}} + 1}\right|. \tag{10.89}$$

Die Konvergenz *im Mittel* des LMS–Algorithmus wird damit durch das *Verhältnis zwischen größtem und kleinstem Eigenwert* ("eigenvalue spread") bestimmt. Je größer dieses Verhältnis ist, desto langsamer konvergiert das Verfahren. Das Eigenwertverhältnis läßt jedoch keine Aussage über die Konvergenz der Koeffizienten *im quadratischen Mittel*,

$$\lim_{k \to \infty} \underline{\Delta}^2(k) = \underline{0},$$

d.h. die Konvergenz der Varianz, zu. Die Größe der Eigenwerte einer Autokorrelationsmatrix $\underline{s}_{xx}$ steht im Zusammenhang mit dem Autoleistungsdichtespektrum $S_{xx}(\Omega)$ des Prozesses. Es gilt:

$$(\underline{s}_{xx})_{i,l} = (s_{xx}(i - l)) \qquad i,\, l = 0, 1, \ldots, L. \tag{10.90}$$

Die Autokorrelationsfunktion ist die Rücktransformierte des Autoleistungsdichtespektrums (siehe Gleichung 3.60):

$$s_{xx}(i - l) = \frac{1}{2\pi} \int_{-\pi}^{+\pi} S_{xx}(\Omega)\, e^{j(i-l)\Omega}\, d\Omega.$$

Aus der Gleichung

$$\underline{s}_{xx}\, \underline{\psi}_l = \lambda_l\, \underline{\psi}_l \qquad l = 0, \ldots, L,$$

und der Tatsache, daß die Eigenvektoren orthogonal und normiert sind, folgt für die Eigenwerte λ_l:

$$\begin{aligned}
\lambda_l\ &= \underline{\psi}_l^T\, \underline{s}_{xx}\, \underline{\psi}_l \\[2mm]
&= \sum_{k=0}^{L} \sum_{i=0}^{L} \psi_{lk}\, \psi_{li}\, s_{xx}(k - i).
\end{aligned} \tag{10.91}$$

Für die Autokorrelationsfunktion kann man deren Rücktransformierte einsetzen:

$$\lambda_l = \sum_{k=0}^{L} \sum_{i=0}^{L} \psi_{lk}\, \psi_{li} \frac{1}{2\pi} \int_{-\pi}^{+\pi} S_{xx}(\Omega)\, e^{j(k-i)\Omega}\, d\Omega. \tag{10.92}$$

Vertauscht man Summen und Integral, so folgt:

$$
\begin{aligned}
\lambda_l &= \frac{1}{2\pi} \int_{-\pi}^{+\pi} S_{xx}(\Omega) \sum_{k=0}^{L} \psi_{lk} e^{jk\Omega} \sum_{i=0}^{L} \psi_{li} e^{-ji\Omega} \, d\Omega \\
&= \frac{1}{2\pi} \int_{-\pi}^{+\pi} S_{xx}(\Omega) \, | \sum_{k=0}^{L} \psi_{lk} e^{jk\Omega} |^2 \, d\Omega \, .
\end{aligned}
\tag{10.93}
$$

Da beide Faktoren des Integranden nichtnegative Funktionen sind, gelten für die Eigenwerte folgende Ungleichungen:

$$
\lambda_l \geq S_{min} \frac{1}{2\pi} \int_{-\pi}^{+\pi} | \sum_{k=0}^{L} \psi_{lk} e^{jk\Omega} |^2 \, d\Omega \, ,
\tag{10.94}
$$

$$
\lambda_l \leq S_{max} \frac{1}{2\pi} \int_{-\pi}^{+\pi} | \sum_{k=0}^{L} \psi_{lk} e^{jk\Omega} |^2 \, d\Omega \, .
\tag{10.95}
$$

Für das Integral über die Exponentialfunktion erhält man aber:

$$
\frac{1}{2\pi} \int_{-\pi}^{+\pi} e^{j(k-i)\Omega} \, d\Omega = \begin{cases} 1 & k = i \\ 0 & \text{sonst} \, . \end{cases}
\tag{10.96}
$$

Für das Integral über die Doppelsumme folgt dann:

$$
\begin{aligned}
&\frac{1}{2\pi} \int_{-\pi}^{+\pi} \sum_{k=0}^{L} \sum_{i=0}^{L} \psi_{lk} \, \psi_{li} e^{j(k-i)\Omega} \, d\Omega \\
&= \sum_{k=0}^{L} \sum_{i=0}^{L} \psi_{lk} \, \psi_{li} \frac{1}{2\pi} \int_{-\pi}^{+\pi} e^{j(k-i)\Omega} \, d\Omega = \sum_{k=0}^{L} \psi_{lk}^2 = 1 \, .
\end{aligned}
\tag{10.97}
$$

Die Eigenwerte liegen damit zwischen dem Minimum und dem Maximum des Autoleistungsdichtespektrums:

$$
S_{min} \leq \lambda_i \leq S_{max} \quad i = 0, \ldots, L \, .
\tag{10.98}
$$

Dies bedeutet, daß der LMS–Algorithmus umso besser im Mittel konvergiert, je dichter diese beiden Werte zusammenliegen. Optimale Konvergenz wird dann erreicht, wenn das Autoleistungsdichtespektrum konstant, d.h. der Prozeß *weiß* ist.

10.5.3   Geometrische Betrachtung

Eine geometrische Betrachtung der Zusammenhänge soll nun weitere Einsichten in das Konvergenzverhalten des LMS–Verfahrens vermitteln. Wir betrachten dabei die Situation bei einer Systemidentifikation ohne zusätzliche Störung (siehe Abbildung 10.2) und nehmen an, daß der gewünschte Ausgangsprozeß $d(\eta, k)$ des adaptiven Filters (siehe Abbildung 10.9) als Ausgang eines linearen Systems dargestellt werden kann, das die Gewichtsfolge $\tilde{c}_i, i = 0, \ldots, L$, hat und das mit $x(\eta, k)$ angeregt wird (siehe Abbildung 10.13):

$$d(\eta, k) = \sum_{i=0}^{L} \tilde{c}_i \, x(\eta, k - i) \,. \tag{10.99}$$

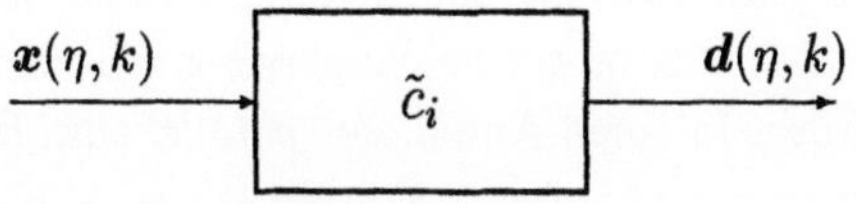

$$x(\eta, k) \longrightarrow \boxed{\tilde{c}_i} \longrightarrow d(\eta, k)$$

Abb. 10.13: Gewünschter Prozeß $d(\eta, k)$ als Ausgang eines linearen zeitinvarianten Systems mit der Gewichtsfunktion $\tilde{c}_i$, $i = 0, \ldots, L$, (siehe Gleichung 10.99)

Faßt man die $L + 1$ Werte der Gewichtsfunktion $\tilde{c}_i$ wieder in einem Spaltenvektor zusammen,

$$\underline{\tilde{c}} = (\tilde{c}_0, \, \tilde{c}_1, \, \cdots, \, \tilde{c}_L)^T \,, \tag{10.100}$$

so gilt:

$$d(\eta, k) = \underline{\tilde{c}}^T \underline{x}(\eta, k) = \underline{x}^T(\eta, k) \, \underline{\tilde{c}} \,. \tag{10.101}$$

Für den Fehler $e(\eta, k)$ (siehe Gleichung 10.28) folgt dann:

$$\begin{aligned} e(\eta, k) \; &= d(\eta, k) - y(\eta, k) \\ &= \underline{\tilde{c}}^T \underline{x}(\eta, k) - \underline{c}^T(\eta, k) \, \underline{x}(\eta, k) = (\underline{\tilde{c}} - \underline{c}(\eta, k))^T \underline{x}(\eta, k) \\ &= -\underline{v}^T(\eta, k) \, \underline{x}(\eta, k) = -\underline{x}^T(\eta, k) \, \underline{v}(\eta, k) \,. \end{aligned} \tag{10.102}$$

Hierbei bezeichnet $\underline{v}(\eta, k)$ den Vektor der Differenzen der Filterkoeffizienten des Modellsystems und des zu identifizierenden Systems:

$$\underline{v}(\eta, k) = \underline{c}(\eta, k) - \underline{\tilde{c}} \,. \tag{10.103}$$

Das Filter soll weiterhin gemäß dem stochastischen Gradientenverfahren adaptiert werden (siehe Gleichung 10.45):

$$\begin{aligned} \underline{c}(\eta, k + 1) \; &= \underline{c}(\eta, k) + 2\mu \, e(\eta, k) \, \underline{x}(\eta, k) \\ &= \underline{c}(\eta, k) - 2\mu \, \underline{x}(\eta, k) \, \underline{x}^T(\eta, k) \, \underline{v}(\eta, k) \,. \end{aligned} \tag{10.104}$$

Zieht man auf beiden Seiten der Gleichung den Vektor $\tilde{\underline{c}}$ ab, so erhält man eine Differenzengleichung für $\underline{v}(\eta,k)$:

$$\begin{aligned}
\underline{v}(\eta,k+1) &= \underline{v}(\eta,k) - 2\mu\,\underline{x}(\eta,k)\,\underline{x}^T(\eta,k)\,\underline{v}(\eta,k)\\
&= (\underline{1} - 2\mu\,\underline{x}(\eta,k)\,\underline{x}^T(\eta,k))\,\underline{v}(\eta,k)\,.
\end{aligned} \tag{10.105}$$

Das Verfahren konvergiert im Mittel, wenn alle Komponenten des Vektors $\mathrm{E}\{\underline{v}(\eta,k)\}$ mit wachsendem k gegen Null streben. Zur weiteren Betrachtung des Adaptionsverhaltens zerlegen wir jetzt den Vektor der Fehlanpassung zwischen zu identifizierendem System und adaptivem Filter in einen Anteil, der *parallel* zum Eingangsvektor $\underline{x}(\eta,k)$ ist, und einen Anteil, der *senkrecht* auf $\underline{x}(\eta,k)$ steht (siehe Abbildung 10.14):

$$\underline{v}(\eta,k) = \underline{v}^{\|}(\eta,k) + \underline{v}^{\perp}(\eta,k)\,. \tag{10.106}$$

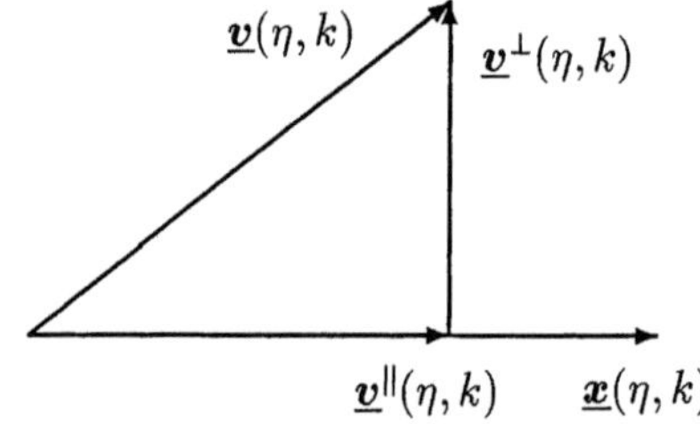

Abb. 10.14: Zerlegung des Vektors $\underline{v}(\eta,k)$ in eine Komponente parallel zu $\underline{x}(\eta,k)$ und eine Komponente senkrecht dazu (siehe Gleichung 10.106)

Für die parallele Komponente gilt:

$$\underline{v}^{\|}(\eta,k) = r(\eta,k)\,\underline{x}(\eta,k) \tag{10.107}$$

mit dem Faktor

$$r(\eta,k) = \frac{\underline{x}^T(\eta,k)\,\underline{v}(\eta,k)}{\|\underline{x}(\eta,k)\|^2}\,. \tag{10.108}$$

Die Größe $\|\underline{x}(\eta,k)\|^2$ ist dabei das Quadrat der L_2-Norm des Vektors $\underline{x}(\eta,k)$:

$$\|\underline{x}(\eta,k)\|^2 = \underline{x}^T(\eta,k)\,\underline{x}(\eta,k) = \sum_{l=0}^{L} x^2(\eta,k-l)\,. \tag{10.109}$$

Gleichung 10.108 folgt aus der Bedingung für das *Skalarprodukt* der beiden Vektoren $\underline{x}(\eta,k)$ und $\underline{v}(\eta,k)$:

$$\underline{x}^T(\eta,k)\,\underline{v}(\eta,k) = \underline{x}^T(\eta,k)\,\underline{v}^{\|}(\eta,k) = \underline{x}^T(\eta,k)\,\underline{x}(\eta,k)\,r(\eta,k)\,. \tag{10.110}$$

Setzt man Gleichung 10.106 in Gleichung 10.105 ein, so erhält man:

$$\underline{v}(\eta, k+1) = (\underline{1} - 2\mu\,\underline{x}(\eta, k)\,\underline{x}^T(\eta, k))(\underline{v}^{\parallel}(\eta, k) + \underline{v}^{\perp}(\eta, k))\,. \tag{10.111}$$

Multipliziert man die Klammerausdrücke auf der rechten Seite aus, so verschwindet das Skalarprodukt aus $\underline{x}(\eta, k)$ und $\underline{v}^{\perp}(\eta, k)$, da beide Vektoren definitionsgemäß senkrecht aufeinander stehen, und man erhält unter Beachtung von $\underline{v}^{\parallel}(\eta, k) = r(\eta, k)\,\underline{x}(\eta, k)$:

$$\underline{v}(\eta, k+1) = (1 - 2\mu\,\|\underline{x}(\eta, k)\|^2)\,\underline{v}^{\parallel}(\eta, k) + \underline{v}^{\perp}(\eta, k)\,. \tag{10.112}$$

Dies bedeutet aber, daß bei jedem Adaptionsschritt nur diejenige Komponente des Differenzvektors $\underline{v}(\eta, k)$ verändert wird, die *parallel* zum Eingangsvektor $\underline{x}(\eta, k)$ liegt. Der hierzu senkrechte Anteil bleibt dagegen unverändert (siehe Abbildung 10.15).

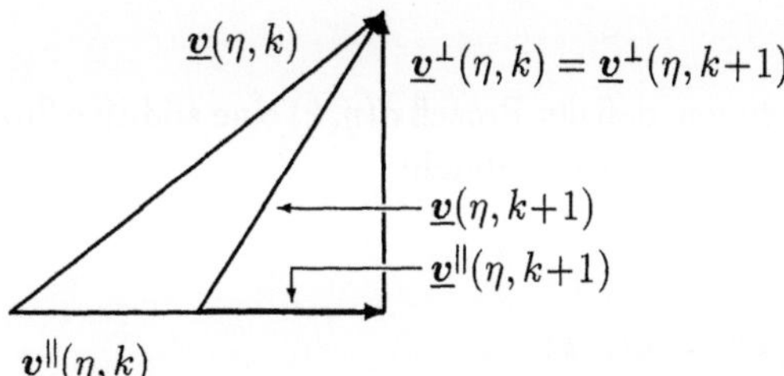

Abb. 10.15: Veränderung des Differenzvektors $\underline{v}(\eta, k)$ bei einem Adaptionsschritt des stochastischen Gradientenverfahrens (siehe Gleichung 10.112)

Die Verkürzung der parallelen Komponente setzt voraus, daß der Betrag des Faktors bei $\underline{v}^{\parallel}(\eta, k)$ kleiner als Eins ist:

$$|1 - 2\mu\,\|\underline{x}(\eta, k)\|^2| < 1\,. \tag{10.113}$$

Eine Verkürzung des Differenzvektors $\underline{v}(\eta, k)$ tritt jedoch nur ein, wenn gleichzeitig $\underline{v}^{\parallel}(\eta, k) \neq 0$ ist. Die Koeffizienten des adaptiven Filters konvergieren im Mittel allerdings nur dann gegen $\tilde{c}_i$, $i = 0, \cdots, L$, wenn der Eingangsvektor $\underline{x}(\eta, k)$ mit fortschreitendem k alle Richtungen des $(L + 1)$-dimensionalen Raumes, in dem $\underline{v}(\eta, k)$ liegt, annimmt. Besonders schnelle Konvergenz wird erreicht, wenn $\underline{x}(\eta, k)$ ein weißer Zufallsprozeß ist. Dann sind aufeinanderfolgende Eingangsvektoren $\underline{x}(\eta, k)$ *orthogonal* zueinander:

$$\mathrm{E}\{\underline{x}^T(\eta, k)\,\underline{x}(\eta, k + l)\} = 0 \quad \text{für } l \neq 0\,.$$

Sind dagegen aufeinanderfolgende $\underline{x}(\eta, k)$ stark korreliert, so weichen ihre Richtungen nur wenig voneinander ab. Folglich sind auch nur jeweils geringe Verbesserungen möglich und der Adaptionsprozeß konvergiert langsam.

Ist für einen bestimmten Eingangsprozeß $\underline{x}(\eta, k)$ derart, daß $\underline{v}^{\parallel}(\eta, k) = \underline{0}$ ist, so ist (mit Gleichung 10.102) auch der Fehler $e(\eta, k)$ gleich Null: Die Impulsantworten des Systems und des adaptiven Filters stimmen *nicht* überein. Tatsächlich stimmen nur die Ausgangsprozesse für einen *ganz bestimmten* Eingangsprozeß überein. Man spricht in diesem Fall von einer *Signal*identifizierung. Eine *System*identifizierung liegt nur vor, wenn die Ausgänge von System und adaptivem Filter für *beliebige* Eingangsprozesse $\boldsymbol{x}(\eta, k)$ übereinstimmen. Dies kann nur erreicht werden, wenn während des Adaptionsprozesses *alle* Komponenten des Differenzvektors auch tatsächlich angeregt werden. Man spricht dann von "hartnäckiger" Anregung ("persistent excitation").

10.5.4 Einfluß einer Störung

Wir wollen nun annehmen, daß der Prozeß $\boldsymbol{d}(\eta, k)$ eine additive Störung $\boldsymbol{n}(\eta, k)$ enthält. Gleichung 10.101 wird dann ersetzt durch:

$$\boldsymbol{d}(\eta, k) = \underline{x}^{T}(\eta, k)\, \tilde{\underline{c}} + \boldsymbol{n}(\eta, k)\,. \tag{10.114}$$

Für den Fehler (siehe Gleichung 10.102) folgt dann:

$$e(\eta, k) = -\underline{x}^{T}(\eta, k)\, \underline{v}(\eta, k) + \boldsymbol{n}(\eta, k)\,. \tag{10.115}$$

Die Adaptionsvorschrift nach dem stochastischen Gradientenverfahren muß damit ebenfalls durch einen von der Störung abhängigen Summanden ergänzt werden:

$$\underline{c}(\eta, k+1) = \underline{c}(\eta, k) - 2\mu\, \underline{x}(\eta, k)\, \underline{x}^{T}(\eta, k)\, \underline{v}(\eta, k) + 2\mu\, \boldsymbol{n}(\eta, k)\, \underline{x}(\eta, k)\,. \tag{10.116}$$

Für den Differenzvektor $\underline{v}(\eta, k+1)$ erhält man schließlich in Analogie zu Gleichung 10.105:

$$\underline{v}(\eta, k+1) = (\underline{1} - 2\mu\, \underline{x}(\eta, k)\, \underline{x}^{T}(\eta, k))\underline{v}(\eta, k) + 2\mu\, \boldsymbol{n}(\eta, k)\underline{x}(\eta, k)\,. \tag{10.117}$$

Wir berechnen das Quadrat der Norm des Differenzvektors $\underline{v}(\eta, k+1)$:

$$
\begin{aligned}
\|\underline{v}(\eta, k+1)\|^2 &= \underline{v}^T(\eta, k+1)\, \underline{v}(\eta, k+1) \\
&= \underline{v}(\eta, k)^T (\underline{1} - 2\mu\, \underline{x}(\eta, k)\, \underline{x}^T(\eta, k))^2\, \underline{v}(\eta, k) \\
&\quad + 2\mu\, \underline{v}(\eta, k)^T (\underline{1} - 2\mu\, \underline{x}(\eta, k)\, \underline{x}^T(\eta, k)) \boldsymbol{n}(\eta, k)\, \underline{x}(\eta, k) \\
&\quad + 2\mu\, \boldsymbol{n}(\eta, k)\, \underline{x}^T(\eta, k)\,(\underline{1} - 2\mu\, \underline{x}(\eta, k)\, \underline{x}^T(\eta, k))\, \underline{v}(\eta, k) \\
&\quad + 4\mu^2\, \boldsymbol{n}^2(\eta, k)\, \underline{x}^T(\eta, k)\, \underline{x}(\eta, k) \\
&= \|\underline{v}(\eta, k)\|^2 - 4\mu\,(\underline{x}^T(\eta, k)\, \underline{v}(\eta, k))^2 + 4\mu^2 \|\underline{x}(\eta, k)\|^2 (\underline{x}^T(\eta, k)\, \underline{v}(\eta, k))^2 \\
&\quad + 4\mu\, \boldsymbol{n}(\eta, k)\,(1 - 2\mu \|\underline{x}(\eta, k)\|^2)(\underline{x}^T(\eta, k)\, \underline{v}(\eta, k)) \\
&\quad + 4\mu^2\, \boldsymbol{n}^2(\eta, k)\, \|\underline{x}(\eta, k)\|^2 \, .
\end{aligned}
\tag{10.118}
$$

Mit der Abkürzung

$$
\boldsymbol{w}(\eta, k) = \mu\, \|\underline{x}(\eta, k)\|^2
\tag{10.119}
$$

und dem Fehler bei fehlender Störung,

$$
\check{e}(\eta, k) = -\underline{x}^T(\eta, k)\, \underline{v}(\eta, k)\, ,
\tag{10.120}
$$

läßt sich der Ausdruck in folgende Form bringen:

$$
\begin{aligned}
\|\underline{v}(\eta, k+1)\|^2 &= \|\underline{v}(\eta, k)\|^2 - \frac{4}{\|\underline{x}(\eta, k)\|^2}[\boldsymbol{w}(\eta, k)(1 - \boldsymbol{w}(\eta, k))\, \check{e}^2(\eta, k) \\
&\quad + \boldsymbol{w}(\eta, k)(1 - 2\boldsymbol{w}(\eta, k))\check{e}(\eta, k)\, \boldsymbol{n}(\eta, k) \\
&\quad - \boldsymbol{w}^2(\eta, k)\, \boldsymbol{n}^2(\eta, k)]\, .
\end{aligned}
\tag{10.121}
$$

Die eckigen Klammern enthalten eine quadratische Funktion des ungestörten (und damit "nützlichen") Fehlerprozesses $\check{e}(\eta, k)$ und der Störung $\boldsymbol{n}(\eta, k)$. Während der Adaption lassen sich zwei Phasen unterscheiden:

1. Das adaptive Filter ist *schlecht* eingestellt. Dies gilt insbesondere für den Beginn der Adaption. In diesem Fall kann $|\check{e}(\eta, k)| \gg |\boldsymbol{n}(\eta, k)|$ sein und folglich wird das Konvergenzverhalten durch den ersten Summanden in der eckigen Klammer bestimmt. Die Konvergenzgeschwindigkeit ist hoch, wenn die Schrittweite so eingestellt ist, daß im Mittel der zweite Summand der eckigen Klammer verschwindet.

2. Das adaptive Filter ist *gut* eingestellt. In diesem Fall ist $\check{e}(\eta, k) \ll \boldsymbol{n}(\eta, k)$ und das Adaptionsverhalten wird vorwiegend durch den dritten Summanden in der eckigen Klammer bestimmt. Der erreichte Abgleich wird dann durch die Störung nur wenig gestört, wenn μ möglichst klein ist.

Es treten somit bei vorhandener Störung – abhängig von dem erreichten Adaptionsgrad – zwei widersprüchliche Forderungen für die Schrittweite μ auf. Man kann beiden gerecht werden, wenn man mit wachsender Anzahl der Adaptionsschritte die Schrittweite μ verkleinert. Dies führt jedoch zu dem bereits in anderem Zusammenhang diskutierten "Einfrieren" der Filterkoeffizienten. Das Filter verliert damit die Fähigkeit, Änderungen beispielsweise eines zu identifizierenden Systems zu folgen.

10.6   Verfahren mit affiner Projektion

10.6.1   Das Adaptionsverfahren

Die Schwäche des stochastischen Gradientenverfahrens liegt darin, daß für jeden Adaptionsschritt nur der momentane Eingangsvektor $\underline{x}(\eta, k)$ ausgewertet wird. Ist der Eingangsprozeß $\boldsymbol{x}(\eta, k)$ korreliert (wie beispielsweise bei stimmhafter Sprache), so weichen die Richtungen der daraus gebildeten Vektoren $\underline{x}(\eta, k)$, $\underline{x}(\eta, k-1)$, $\cdots$, $\underline{x}(\eta, k-i)$ kaum voneinander ab und die zur optimalen Lösung führenden Richtungen werden erst nach zahlreichen Adaptionsschritten angeregt. Eine langsame Konvergenz ist die Folge. Der RLS-Algorithmus löst dieses Problem durch die Multiplikation des Vektors $\underline{x}(k)$ mit der Inversen einer Matrix, die der Autokorrelationsmatrix entspricht (siehe Gleichung 10.25). Die Ordnung dieser Matrix entspricht der Länge des Vektors $\underline{x}(k)$, der Signalverarbeitungsaufwand für die Inversion der Matrix ist daher bei vielen Anwendungen zu hoch. Weniger aufwendige Verfahren beschränken sich darauf, Adaptionsschritte orthogonal zu einem [121] oder zu mehreren vorangegangenen Schritten zu machen oder mit der Inversion wesentlich kleinerer Matrizen auszukommen. Ein derartiges Verfahren ist der *Algorithmus mit affiner Projektion* (Affine Projection Algorithm) [39].

Das Verfahren bildet aus M aufeinander folgenden Signalvektoren

$$\underline{x}(\eta, k), \; \underline{x}(\eta, k-1), \; \cdots, \; \underline{x}(\eta, k-M+1)$$

eine Signalmatrix

$$\underline{\boldsymbol{X}}(\eta, k) = (\; \underline{x}(\eta, k), \; \underline{x}(\eta, k-1), \; \cdots, \; \underline{x}(\eta, k-M+1) \;). \tag{10.122}$$

Hiermit läßt sich ein Fehlervektor bestimmen:

$$\begin{aligned} \underline{e}(\eta, k) &= (\boldsymbol{d}(\eta, k), \boldsymbol{d}(\eta, k-1), \cdots, \boldsymbol{d}(\eta, k-M+1))^T - \underline{\boldsymbol{X}}^T(\eta, k)\,\underline{c}(\eta, k) \\ &= \underline{\boldsymbol{d}}(\eta, k) - \underline{\boldsymbol{X}}^T(\eta, k)\,\underline{c}(\eta, k). \end{aligned} \tag{10.123}$$

Dieser enthält M Fehlerwerte, die sich bei Anwendung des *momentanen* Vektors der Filterkoeffizienten $\underline{c}(\eta, k)$ im aktuellen und bei $M - 1$ zurückliegenden Zeitpunkten ergeben würden. Analog dem stochastischen Gradientenverfahren lautet dann die Adaptionsvorschrift für das *Verfahren mit affiner Projektion* der Ordnung M:

$$\underline{c}(\eta, k+1) = \underline{c}(\eta, k) + 2\,\mu\,\underline{X}(\eta, k)\,(\,\underline{X}^{T}(\eta, k)\,\underline{X}(\eta, k)\,)^{-1}\,\underline{e}(\eta, k)\,. \qquad (10.124)$$

Für die Ordnung $M = 1$ entspricht dies dem normierten stochastischen Gradientenverfahren (siehe Gleichung 10.85). Im Gegensatz zum RLS-Algorithmus (siehe Gleichung 10.25) ist hier jedoch nur eine Matrix der Ordnung M zu invertieren, wobei M – insbesondere bei Anwendungen in elektroakustischen Bereich – sehr viel kleiner als L sein kann. Problemen bei der Inversion der Matrix $\underline{X}^{T}(\eta, k)\,\underline{X}(\eta, k)$ kann dadurch begegnet werden, daß diese durch $(\underline{X}^{T}(\eta, k)\,\underline{X}(\eta, k) + \delta\,\underline{1})$ ersetzt wird. Dies bedeutet, daß die Werte der Hauptdiagonalen geringfügig vergrößert werden.

Setzt man in Gleichung 10.124 noch den Fehlervektor gemäß Gleichung 10.123 ein, so erhält man:

$$\begin{aligned}
\underline{c}(\eta, k+1) &= \underline{c}(\eta, k) \\
&\quad +2\,\mu\,\underline{X}(\eta, k)\,(\,\underline{X}^{T}(\eta, k)\,\underline{X}(\eta, k)\,)^{-1}\,(\,\underline{d}(\eta, k) - \underline{X}^{T}(\eta, k)\,\underline{c}(\eta, k)\,)\,.
\end{aligned} \qquad (10.125)$$

Mit den Überlegungen des Abschnitts 10.5.3 folgt daraus endlich:

$$\underline{c}(\eta, k+1) = \underline{c}(\eta, k) - 2\,\mu\,\underline{X}(\eta, k)\,(\,\underline{X}^{T}(\eta, k)\,\underline{X}(\eta, k)\,)^{-1}\,\underline{X}^{T}(\eta, k)\,\underline{v}(\eta, k)\,. \quad (10.126)$$

10.6.2 Affine Projektion

Eine affine Projektion hat folgende Form:

$$\underline{c} = \underline{m}\,\underline{a} + \underline{b}\,. \qquad (10.127)$$

Dabei sind $\underline{a}$, $\underline{b}$ und $\underline{c}$ Vektoren und $\underline{m}$ eine Matrix. Somit wird der Vektor $\underline{a}$ durch Multiplikation mit $\underline{m}$ linear transformiert und um $\underline{b}$ verschoben [75]. Um diese Eigenschaft für das Adaptionsverfahren zu zeigen, gehen wir von Gleichung 10.126 aus und kürzen darin die Matrix ab:

$$\underline{X}(\eta, k)\,(\,\underline{X}^{T}(\eta, k)\,\underline{X}(\eta, k)\,)^{-1}\,\underline{X}^{T}(\eta, k) = \underline{M}(\eta, k)\,. \qquad (10.128)$$

Die Adaptionsvorschrift für das Verfahren mit affiner Projektion lautet dann:

$$\underline{c}(\eta, k+1) = \underline{c}(\eta, k) - 2\,\mu\,\underline{M}(\eta, k)\,\underline{v}(\eta, k)\,. \qquad (10.129)$$

Zusammen mit Gleichung 10.103 läßt sich dies wie folgt schreiben:

$$\underline{c}(\eta, k+1) = (\,\underline{1} - 2\,\mu\,\underline{M}(\eta, k)\,)\,\underline{c}(\eta, k) + 2\,\mu\,\underline{M}(\eta, k)\,\tilde{\underline{c}}\,. \qquad (10.130)$$

Der Vektor $\tilde{\underline{c}}$ ist dabei die Impulsantwort, die der Vektor $\underline{c}(\eta, k)$ durch Adaption erreichen soll. Mit den weiteren Abkürzungen $\underline{Q}(\eta, k)$ und $\underline{P}(\eta, k)$ erhält der Algorithmus endlich die Form einer affinen Projektion:

$$\underline{c}(\eta, k + 1) = \underline{Q}(\eta, k)\,\underline{c}(\eta, k) + \underline{P}(\eta, k)\,\tilde{\underline{c}}\,. \tag{10.131}$$

Wir gehen zunächst zur hier reell angenommenen Signalmatrix $\underline{X}(\eta, k)$ (siehe Gleichung 10.122) zurück, die die Ordnung $(L + 1) \times M$ hat, und führen für diese eine *Singulärwertzerlegung* durch [48]:

$$\underline{X} = \underline{U}\,\underline{S}\,\underline{V}^T\,. \tag{10.132}$$

Zur Abkürzung werden in dieser und in den folgenden Gleichungen alle Argumente weggelassen. Hierbei sind $\underline{U}$ und $\underline{V}$ unitäre Matrizen mit den Ordnungen $(L+1)\times(L+1)$ bzw. $M \times M$. Sie sind hier reell:

$$\underline{U}\,\underline{U}^T = \underline{U}^T\,\underline{U} = \underline{1}_{(L+1)\times(L+1)}\,, \quad \underline{V}\,\underline{V}^T = \underline{V}^T\,\underline{V} = \underline{1}_{M\times M}\,.$$

Die Matrix $\underline{U}$ enthält die Eigenvektoren der Matrix $\underline{X}\,\underline{X}^T$, die Matrix $\underline{V}$ die Eigenvektoren der Matrix $\underline{X}^T\,\underline{X}$. Die Matrix $\underline{S}$ schließlich kann – vollen Rang vorausgesetzt – wie folgt dargestellt werden:

$$\underline{S} = \begin{pmatrix} \underline{D}_S \\ \underline{0} \end{pmatrix}\,. \tag{10.133}$$

Dabei ist $\underline{D}_S$ eine Diagonalmatrix der Ordnung $M \times M$, die die Singulärwerte von $\underline{X}$ enthält und $\underline{0}$ eine Nullmatrix der Ordnung $(L + 1 - M) \times M$. Die Singulärwerte sind die positiven Wurzeln der Eigenwerte der Matrix $\underline{X}^T\,\underline{X}$. Für die Projektionsmatrix $\underline{Q}$ ergibt sich:

$$\begin{aligned} \underline{Q} \ &= \underline{1} - 2\,\mu\,\underline{M} = \underline{1} - 2\,\mu\,\underline{X}\,[\underline{X}^T\,\underline{X}]^{-1}\underline{X}^T \\ &= \underline{1} - 2\,\mu\,\underline{U}\,\underline{S}\,\underline{V}^T\,[\underline{V}\,\underline{S}^T\,\underline{U}^T\,\underline{U}\,\underline{S}\,\underline{V}^T]^{-1}\underline{V}\,\underline{S}^T\,\underline{U}^T \\ &= \underline{1} - 2\,\mu\,\underline{U}\,\underline{S}\,\underline{V}^T\,[\underline{V}\,\underline{S}^T\,\underline{S}\,\underline{V}^T]^{-1}\underline{V}\,\underline{S}^T\,\underline{U}^T\,. \end{aligned} \tag{10.134}$$

Mit Gleichung 10.133 erhält man weiter:

$$\underline{S}^T\,\underline{S} = (\,\underline{D}_S\ \underline{0}^T\,) \begin{pmatrix} \underline{D}_S \\ \underline{0} \end{pmatrix} = \underline{D}_S^2\,. \tag{10.135}$$

Mit $(\underline{A}\,\underline{B})^{-1} = \underline{B}^{-1}\,\underline{A}^{-1}$ vereinfacht sich Gleichung 10.134 somit zu

$$
\begin{aligned}
\underline{Q} \;&= \underline{1} - 2\,\mu\,\underline{U}\,\underline{S}\,\underline{D}_S^{-2}\,\underline{S}^T\,\underline{U}^T \\[2mm]
&= \underline{1} - 2\,\mu\,\underline{U}\begin{pmatrix} \underline{D}_S \\ \underline{0} \end{pmatrix} \underline{D}_S^{-2}\begin{pmatrix} \underline{D}_S & \underline{0}^T \end{pmatrix}\underline{U}^T \\[2mm]
&= \underline{1} - 2\,\mu\,\underline{U}\begin{pmatrix} \underline{1} & \underline{0}^T \\ \underline{0} & \underline{0}\,\underline{0}^T \end{pmatrix}\underline{U}^T \\[2mm]
&= \underline{U}\begin{pmatrix} (1-2\mu)\,\underline{1}_{M\times M} & \underline{0}^T \\ \underline{0} & \underline{1}_{(L+1-M)\times(L+1-M)} \end{pmatrix}\underline{U}^T = \underline{U}\,\underline{E}_1\,\underline{U}^T\,.
\end{aligned}
\tag{10.136}
$$

Das Ergebnis zeigt, daß für $\mu = 1/2$ die Matrix $\underline{Q}$ eine Projektion auf einen Unterraum durchführt. Für $\mu \neq 1/2$, aber $0 < |1-2\mu| < 1$ (d.h. $0 < \mu < 1$), liegt eine sog. relaxierte Projektion vor.

Mit Umformungen analog denen, die zu Gleichung 10.136 geführt haben, erhält man für die Matrix $\underline{P}$ aus Gleichung 10.131:

$$
\underline{P} = \underline{U}\begin{pmatrix} (2\mu)\,\underline{1}_{M\times M} & \underline{0}^T \\ \underline{0} & \underline{0}_{(L+1-M)\times(L+1-M)} \end{pmatrix}\underline{U}^T = \underline{U}\,\underline{E}_2\,\underline{U}^T\,.
\tag{10.137}
$$

Für $\mu = 1/2$ sind $\underline{Q}$ und $\underline{P}$ orthogonal:

$$
\underline{Q}^T\,\underline{P} = \underline{U}\,\underline{E}_1\,\underline{U}^T\,\underline{U}\,\underline{E}_2\,\underline{U}^T = \underline{0}_{(L+1)\times(L+1)}\,.
\tag{10.138}
$$

Setzt man die Gleichungen 10.136 und 10.137 in die Gleichung 10.131 ein, so erhält man:

$$
\underline{c}(\eta, k+1) = \underline{U}\,\underline{E}_1\,\underline{U}^T\,\underline{c}(\eta, k) + \underline{U}\,\underline{E}_2\,\underline{U}^T\,\tilde{\underline{c}}\,.
\tag{10.139}
$$

Multipliziert man von links mit der Matrix $\underline{U}^T$ und schreibt

$$
\underline{\zeta}(\eta, k) = \underline{U}^T\,\underline{c}(\eta, k) \quad\text{bzw.}\quad \tilde{\underline{\zeta}} = \underline{U}^T\,\tilde{\underline{c}}\,,
\tag{10.140}
$$

so vereinfacht sich dies zu:

$$
\underline{\zeta}(\eta, k+1) = \underline{E}_1\,\underline{\zeta}(\eta, k) + \underline{E}_2\,\tilde{\underline{\zeta}}\,.
\tag{10.141}
$$

Setzt man wieder $\mu = 1/2$, so folgt endlich:

$$
\begin{aligned}
\underline{\zeta}(\eta, k+1) = \big[&\tilde{\zeta}_0,\, \tilde{\zeta}_1,\, \cdots,\, \tilde{\zeta}_{M-2},\, \tilde{\zeta}_{M-1}, \\
&\zeta_M(\eta, k),\, \zeta_{M+1}(\eta, k),\, \cdots,\, \zeta_{L-1}(\eta, k),\, \zeta_L(\eta, k)\big]^T\,.
\end{aligned}
\tag{10.142}
$$

Dies zeigt, daß bei einer Adaption mit dem Verfahren der affinen Projektion M Komponenten des *gedrehten* Koeffizientenvektors $\underline{\zeta}(\eta, k)$ durch die entsprechenden Komponenten des ebenfalls gedrehten Vektors $\underline{\tilde{\zeta}}$ des Zielsystems ersetzt werden. Dieser Vorgang wiederholt sich bei jedem Adaptionsschritt. Welche Verbesserung des Koeffizientenvektors $\underline{c}(\eta, k)$ dabei erreicht wird, hängt von der Art der Drehung und damit von den Eigenschaften des Eingangssignals $\boldsymbol{x}(\eta, k)$ ab. Die Abbilungen 10.16 bis 10.19 zeigen zwei Beispiele. Die Anregungen sind weißes Rauschen und farbiges Rauschen mit sprachähnlichen Korrelationseigenschaften. Für das zu adaptierende System $\tilde{\underline{c}}$ wurde eine Impulsantwort mit 1000 Abtastwerten angenommen. Das adaptive Filter $\underline{c}(\eta, k)$ ist ein Transversalfilter mit 1000 Koeffizienten. Aufgetragen sind Schätzwerte für die Leistungsdichtespektren der Anregungen sowie die geglätteten Verläufe der Fehlerleistungen $\left[(\underline{c}(\eta, k) - \tilde{\underline{c}})^T \, \boldsymbol{x}(\eta, k) \right]^2$ bei verschiedenen Adaptionsalgorithmen. Die Adaption wurde jeweils beim 1000. Abtastschritt begonnen. Die Abgleichverläufe zeigen deutlich die Wirkung der affinen Projektion bei farbiger Anregung (wie beispielsweise bei Sprache). Demgegenüber stimmen die Verläufe der Abgleichkurven bei weißer Anregung faktisch überein. Die Ursache für dieses Verhalten liegt einerseits bei der bei weißem Rauschen fehlenden Korrelation und andererseits bei der teilweise sehr starken Korrelation aufeinanderfolgender Abtastwerte bei Sprache. Der bei Anwendung des Verfahrens mit

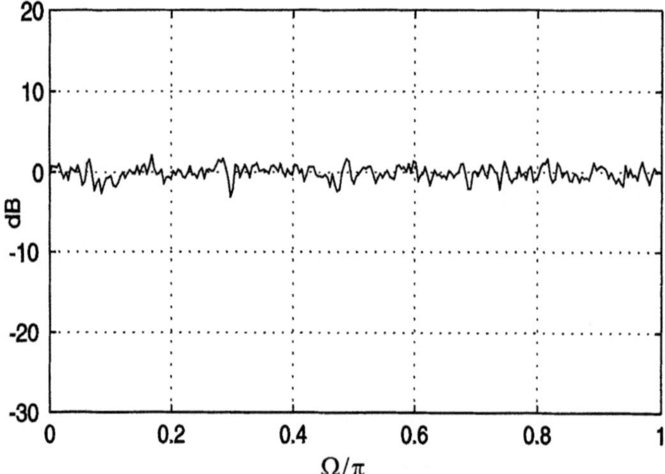

Abb. 10.16: Geschätztes Autoleistungsdichtespektrum eines weißen Rauschens

affiner Projektion erforderliche Aufwand für die Signalverarbeitung liegt zwischen dem Aufwand für den NLMS-Algorithmus und dem für das RLS-Verfahren. Er nimmt mit wachsendem Parameter M proportional zu $(L + 1)\,M$ zu. Mit wachsender Ordnung M der Projektion verbessern sich bei korrelierten Anregungen die Konvergenzeigenschaften [12] (siehe Abbildung 10.19). Ein schnelles Verfahren, bei dem die numerische Komplexität nur proportional zu $2\,(L + 1) + (21 \ldots 30)\,M$ ansteigt, wird in [39] angegeben.

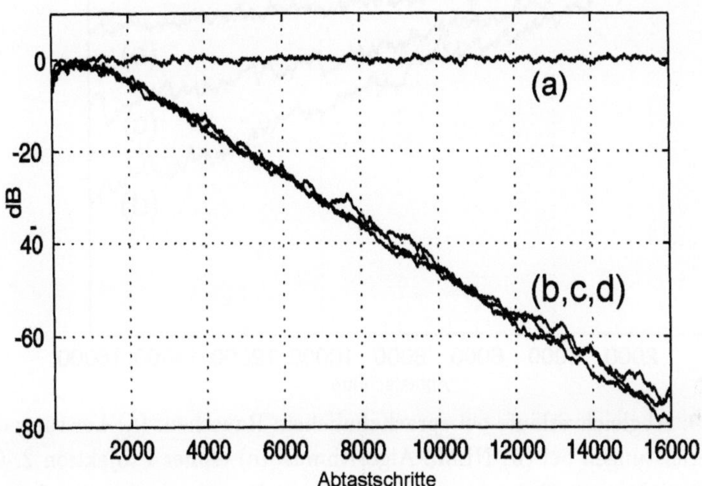

Abb. 10.17: Abgleichverläufe bei weißem Rauschen: (a) Leistung der Anregung, Fehlerleistungen bei (b) NLMS-Algorithmus, (c) affiner Projektion 2. Ordnung, (d) affiner Projektion 4. Ordnung. Alle Kurven wurden mit einem rekursiven Filter 1. Ordnung geglättet: $y(k) = 0{,}995\,y(k-1) + 0{,}005\,x^2(k)$

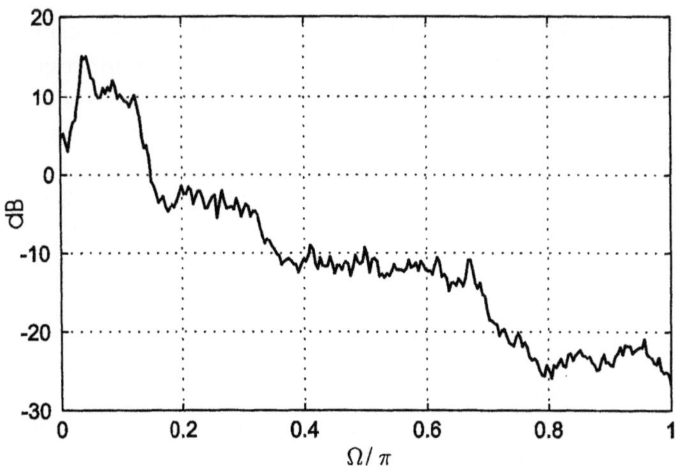

Abb. 10.18: Geschätztes Autoleistungsdichtespektrum eines farbigen Rauschens

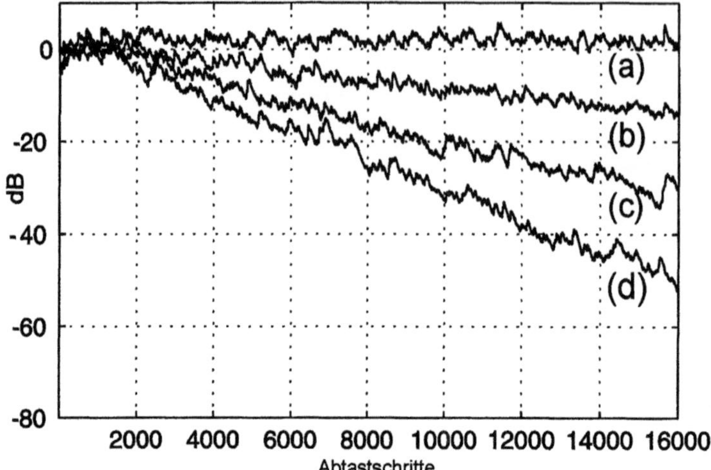

Abb. 10.19: Abgleichverläufe bei sprachähnlichem Rauschen: (a) Leistung der Anregung, Fehlerleistungen bei (b) NLMS-Algorithmus, (c) affiner Projektion 2. Ordnung, (d) affiner Projektion 4. Ordnung. Alle Kurven wurden mit einem rekursiven Filter 1. Ordnung geglättet: $y(k) = 0{,}995\,y(k-1) + 0{,}005\,x^2(k)$

10.7 Kompensation akustischer Echos

10.7.1 Aufgabe

Die Kompensation akustischer Echos zählt zu den schwierigsten Anwendungen adaptiver Filter. Formal gesehen liegt das Problem einer Systemidentifizierung vor (siehe Abbildung 10.2): Ein aus Lautsprecher, Raum und Mikrofon gebildetes elektroakustisches System (*LRM-System*) ist durch ein Filter zu modellieren. Wenn Modell und LRM-System übereinstimmen und beide dasselbe Eingangssignal $x(\eta, k)$ erhalten, so sind ihre Ausgänge $d(\eta, k)$ und $\hat{d}(\eta, k)$ gleich (siehe Abbildung 10.20). Zieht man beide voneinander ab, so kann dadurch ein Echo des Lautsprechersignals im Mikrofonausgang ausgelöscht werden.

Daß die Realisierung dieses einfachen Konzepts schwierig ist, liegt an den Eigenschaften von Sprachsignalen, die hier die Betriebssignale sind, und den Eigenschaften des LRM-Systems. Sprachsignale schwanken sehr stark in ihrer Amplitude (siehe Abbildung 10.21). Sie enthalten nahezu periodische Abschnitte (Vokale), rauschähnliche Segmente und Pausen. Der auch hier zunächst stationär angenommene stochastische Prozeß ist daher kein wirklichkeitsnahes Modell. Man arbeitet mit dieser Annahme der Einfachheit wegen. In der praktischen Anwendung muß man aber annehmen, daß die Prozeßeigenschaften nur in kurzen Zeitintervallen von etwa 20 ms Dauer konstant sind.

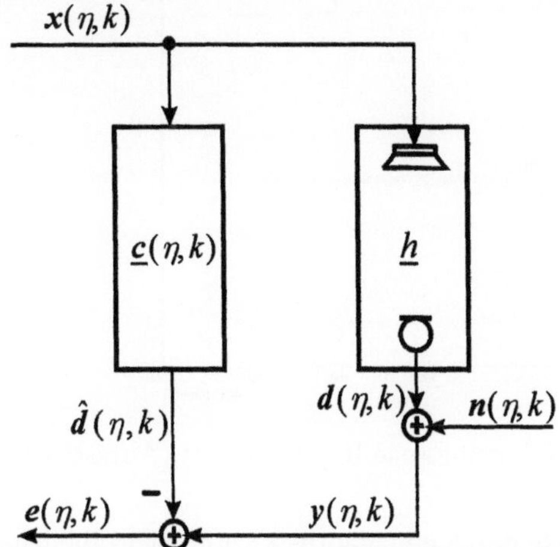

Abb. 10.20: Adaptives Filter zur Kompensation des akustischen Echos

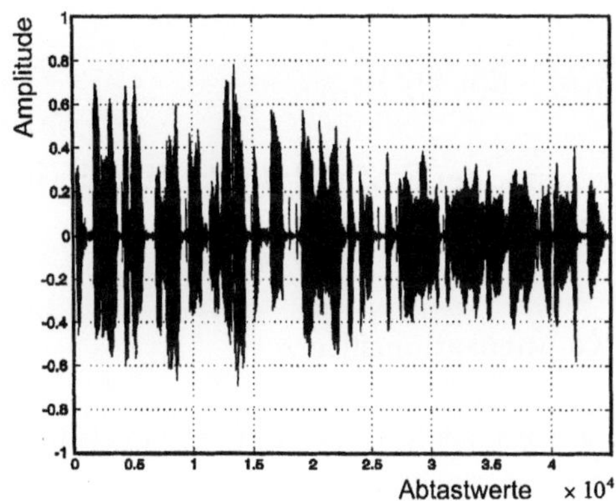

Abb. 10.21: Ausschnitt aus einem Sprachsignal (Abtastfrequenz 8 kHz)

Die Eigenschaften des LRM-Systems werden vorwiegend von den Eigenschaften des Raumes bestimmt, in dem Lautsprecher und Mikrofon aufgestellt sind. Man charakterisiert es durch seine Impulsantwort. Ein wichtiger Parameter ist die sog. *Nachhallzeit.* Diese gibt an, nach welcher Zeit ein Schallereignis auf ein Millionstel seiner Anfangsenergie – also um 60 dB – abgeklungen ist. Diese Zeit hängt vom Volumen des Raums, den Reflektionseigenschaften seiner Begrenzungen und seiner Einrichtung ab. Bereits geringe Veränderungen der Einrichtung oder Bewegungen einer Person in diesem Raum verändern dessen Impulsantwort wesentlich. Dies begründet die Notwendigkeit für ein adaptives Modell. Die Nachhallzeiten kleiner Räume liegen im Bereich einiger hundert, die von Auto-Innenräumen im Bereich einiger zehn Millisekunden. Dies bedeutet, daß bei einer Abtastfrequenz von nur 8 kHz einige tausend (siehe Abbildung 10.22), bzw.

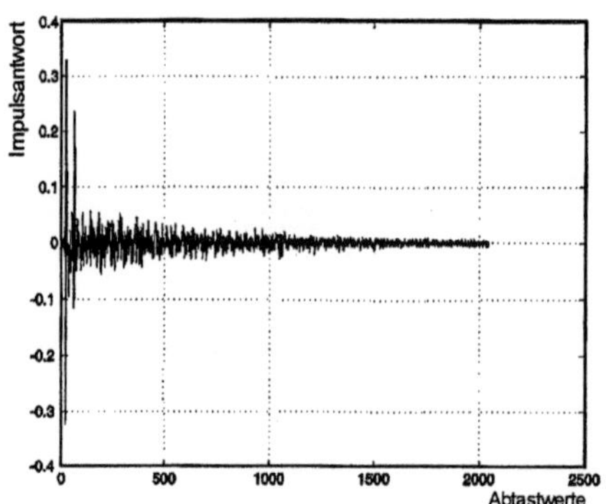

Abb. 10.22: In einem Büro gemessene Impulsantwort (Abtastfrequenz 8 kHz)

einige hundert Abtastwerte durch ein adaptives Filter nachzubilden sind.

Die Wirkung einer Echokompensation kann durch das sog. *ERLE* (Echo-Return-Loss-Enhancement) Maß angegeben werden:

$$ERLE = 10 \, \log \frac{\mathrm{E}\{\boldsymbol{d}^2(\eta,k)\}}{\mathrm{E}\{(\boldsymbol{d}(\eta,k) - \hat{\boldsymbol{d}}(\eta,k))^2\}} \, dB \; . \tag{10.143}$$

Hierbei sind $\boldsymbol{d}(\eta,k)$ das (unerwünschte) Echo und $\hat{\boldsymbol{d}}(\eta,k)$ das Ausgangssignal des adaptiven Filters (siehe Abbildung 10.20).

10.7.2 Adaption des Kompensationsfilters

Für die folgenden Überlegungen nehmen wir das LRM-System als linear und zeitinvariant an. Alle nicht vom Lautsprecher angeregten Signale, also der lokale Sprecher und Störungen, die im Raum entstehen, seien in $\boldsymbol{n}(\eta,k)$ zusammengefaßt. Das Echo $\boldsymbol{d}(\eta,k)$ und $\boldsymbol{n}(\eta,k)$ bilden den Mikrofonausgang $\boldsymbol{y}(\eta,k)$:

$$\boldsymbol{y}(\eta,k) = \boldsymbol{d}(\eta,k) + \boldsymbol{n}(\eta,k) \; . \tag{10.144}$$

Hiervon wird der Ausgang $\hat{\boldsymbol{d}}(\eta,k)$ des adaptiven Filters abgezogen; es verbleibt ein Fehlersignal $\boldsymbol{e}(\eta,k)$,

$$\boldsymbol{e}(\eta,k) = \boldsymbol{y}(\eta,k) - \hat{\boldsymbol{d}}(\eta,k) = \boldsymbol{d}(\eta,k) - \hat{\boldsymbol{d}}(\eta,k) + \boldsymbol{n}(\eta,k) \; , \tag{10.145}$$

das den Ausgang des Gesamtsystems bildet und das beispielsweise zu einem fernen Gesprächspartner übertragen wird. Dieses Fehlersignal setzt sich aus zwei Anteilen zusammen: dem lokal entstandenen Signal $\boldsymbol{n}(\eta,k)$ und Echoresten $\boldsymbol{\epsilon}(\eta,k)$, die auch dadurch

verursacht werden können, daß die Impulsantwort des adaptiven Filters kürzer als die
des LRM-Systems ist:

$$e(\eta, k) = \epsilon(\eta, k) + n(\eta, k) \,.$$

(10.146)

Bezeichnet man die gleich lang angenommenen Vektoren der Impulsantworten des LRM-
Systems und des adaptiven Filters mit $\underline{h}$ bzw. $\underline{c}(\eta, k)$, so gilt:

$$\begin{aligned}
\epsilon(\eta, k) &= d(\eta, k) - \hat{d}(\eta, k) = (\,\underline{h} - \underline{c}(\eta, k)\,)^T \underline{x}(\eta, k) \\
&= -\underline{v}^T(\eta, k)\, \underline{x}(\eta, k) \,,
\end{aligned}$$

(10.147)

wobei man gemäß

$$\| \underline{c}(\eta, k) - \underline{h} \| = \| \underline{v}(\eta, k) \| = a(\eta, k)$$

(10.148)

$a(\eta, k)$ *Systemabstand* und $\underline{v}(\eta, k)$ *Systemabstandsvektor* nennen kann. Benutzt man für
die Adaption den NLMS-Algorithmus (siehe Gleichung 10.85), so gilt wieder:

$$\underline{c}(\eta, k + 1) = \underline{c}(\eta, k) + \frac{2\mu_n}{\|\underline{x}(\eta, k)\|^2}\, e(\eta, k)\, \underline{x}(\eta, k) \,.$$

(10.149)

Die oben bereits beschriebenen Eigenschaften von Sprachsignalen bedingen, daß die Koeffizienten eines mit dem NLMS-Algorithmus adaptierten Echokompensationsfilters nur
sehr langsam konvergieren. Dies stört insbesondere dann, wenn die Filterkoeffizienten
schnellen Änderungen des LRM-Systems folgen sollen (sog. Tracking). Eine Verbesserung bei nur geringem Mehraufwand errreicht man durch Einfügen von *Formfiltern*
(siehe Abschnitt 4.4.4.2), die die Sprachsignale (teilweise) dekorrelieren [12]. Am Systemausgang müssen dann allerdings durch ein inverses Filter die Spracheigenschaften
wieder hergestellt werden. Eine wesentlich bessere Konvergenz ergibt sich mit dem *Verfahren der affinen Projektion* (siehe Abschnitt 10.6). Dieser Gewinn muß jedoch mit
merklichem Mehraufwand für die Signalverarbeitung bezahlt werden. *RLS-Verfahren*
haben sich bei der Echokompensation bisher nicht durchgesetzt. Neben dem notwendigen hohen Aufwand liegt dies vor allem an Schwierigkeiten bei der Stabilität.

10.7.3   Schrittweitensteuerung

10.7.3.1   Optimale Schrittweite

Bei der Kompensation akustischer Echos kehrt sich das sonst übliche Signal-Rausch-
Verhältnis um: Das Nutzsignal, die in $n(\eta, k)$ enthaltene lokale Sprache, wirkt für die
Adaption als Störung. Zu den bereits genannten Schwierigkeiten kommen daher noch

ein schlechtes Signal-Rausch-Verhältnis und bei Sprachpausen des fernen Sprechers das gänzlich fehlende Anregungssignal hinzu. Für die Praxis vertretbare Ergebnisse sind daher nur erreichbar, wenn die Adaptionsschrittweite μ_n geeignet gesteuert wird [74]. In den folgenden Gleichungen schreiben wir daher $\mu_n(k)$.

Um zu einem Ausdruck für eine optimale Schrittweite $\mu_{n,opt}(k)$ zu kommen, schreibt man Gleichung 10.149 zusammen mit Gleichung 10.148 in eine Adaptionsgleichung für den Systemabstandsvektor um:

$$\underline{v}(\eta, k+1) = \underline{v}(\eta, k) + \frac{2\mu_n(k)}{\|\underline{x}(\eta, k)\|^2}\, e(\eta, k)\, \underline{x}(\eta, k)\,. \tag{10.150}$$

Man fordert nun, daß das Quadrat des Systemabstands (siehe Gleichung 10.148) bei jedem Adaptionsschritt *im Mittel* abnimmt:

$$\mathrm{E}\{\, a^2(\eta, k)\,\} - \mathrm{E}\{\, a^2(\eta, k+1)\,\} > 0 \;\text{ für alle } k\,. \tag{10.151}$$

Mit den Gleichungen 10.150 und 10.147 läßt sich dies wie folgt ausdrücken:

$$\begin{aligned}
&\mathrm{E}\{\, a^2(\eta, k)\,\} - \mathrm{E}\{\, a^2(\eta, k+1)\,\} \\
&= 4\,\mu_n(k)\,\mathrm{E}\{\frac{e(\eta, k)\,\epsilon(\eta, k)}{\|\underline{x}(\eta, k)\|^2}\} - 4\,\mu_n^2(k)\,\mathrm{E}\{\frac{e^2(\eta, k)}{\|\underline{x}(\eta, k)\|^2}\} > 0 \;\text{ für alle } k\,.
\end{aligned} \tag{10.152}$$

Damit ergibt sich schließlich für die optimale Schrittweite folgende Bedingung:

$$0 < \mu_{n,opt}(k) < \frac{\mathrm{E}\{\dfrac{e(\eta, k)\,\epsilon(\eta, k)}{\|\underline{x}(\eta, k)\|^2}\}}{\mathrm{E}\{\dfrac{e^2(\eta, k)}{\|\underline{x}(\eta, k)\|^2}\}}\,. \tag{10.153}$$

Die Differenz der in Gleichung 10.152 von $\mu_n(k)$ bzw. von $\mu_n^2(k)$ abhängigen Ausdrücke wird maximal, wenn $\mu_n(k)$ genau in der Mitte des durch 10.153 gegebenen Intervalls liegt:

$$\mu_{n,opt}(k) = \frac{1}{2}\,\frac{\mathrm{E}\{\dfrac{e(\eta, k)\,\epsilon(\eta, k)}{\|\underline{x}(\eta, k)\|^2}\}}{\mathrm{E}\{\dfrac{e^2(\eta, k)}{\|\underline{x}(\eta, k)\|^2}\}}\,. \tag{10.154}$$

Dies ergibt sich aus der Ableitung der genannten Differenz nach $\mu_n(k)$. Nimmt man nun schließlich noch an, daß der Signalvektor $\underline{x}(\eta, k)$ so viele Elemente enthält, daß $\|\underline{x}(\eta, k)\|^2$ für die verschiedenen Musterfunktionen nahezu konstant ist und damit aus den Erwartungswerten herausgezogen werden darf, so vereinfacht sich Gleichung 10.154 zu

$$\mu_{n,opt}(k) \approx \frac{1}{2}\frac{\mathrm{E}\{\,e(\eta,k)\,\epsilon(\eta,k)\,\}}{\mathrm{E}\{\,e^2(\eta,k)\,\}}\;.$$ (10.155)

Setzt man endlich noch voraus, daß $n(\eta,k)$ und $\epsilon(\eta,k)$ orthogonal sind, so vereinfacht sich dies weiter:

$$\mu_{n,opt}(k) \approx \frac{1}{2}\frac{\mathrm{E}\{\,\epsilon^2(\eta,k)\,\}}{\mathrm{E}\{\,e^2(\eta,k)\,\}} = \frac{1}{2}\frac{\mathrm{E}\{\,\epsilon^2(\eta,k)\,\}}{\mathrm{E}\{\,\epsilon^2(\eta,k)\,\}+\mathrm{E}\{\,n^2(\eta,k)\,\}}\;.$$ (10.156)

Dieses Ergebnis läßt sich leicht interpretieren: Bei fehlender lokaler Sprache und fehlenden lokalen Störgeräuschen, d.h. bei $n(\eta,k) = 0$, erreicht die Adaptionsschrittweite den idealen Wert $\mu_{n,opt}(k) = 1/2$. Sie geht gegen Null, wenn das lokal erzeugte Signal wesentlich größer als das Restecho $\epsilon(\eta,k)$ ist.

10.7.3.2 Schätzung des Restechos

Bei allen Überlegungen haben wir bisher nicht berücksichtigt, daß das Echo $d(\eta,k)$ und damit auch das Restecho $\epsilon(\eta,k)$ bei einem System zur Echokompensation nicht meßbar sind. Eine dieser Größen oder eine andere Größe, aus der E$\{\,\epsilon^2(\eta,k)\,\}$ hergeleitet werden kann, muß geschätzt werden. Man kann hierzu von Gleichung 10.147 ausgehen, in der der Signalvektor $\underline{x}(\eta,k)$ und der Vektor $\underline{c}(\eta,k)$ der Koeffizienten des adaptiven Filters bekannt sind. Der Vektor $\underline{h}$ des LRM-Systems ist unbekannt. Fügt man aber in Reihe mit dem LRM-System eine *Totzeit* von D Abtastwerten ein [134] (oder stützt sich auf die durch die Laufzeit des Schalls vom Lautsprecher zum Mikrofon ohnehin vorhandene Totzeit), so gilt für die Koeffizienten des Vektors $\underline{h}^{(e)}$ der Impulsantwort des nunmehr erweiterten LRM-Systems:

$$h_i^{(e)} = \begin{cases} 0 & i = 0, \cdots, D-1 \\ h_{i-D} & i = D, \cdots, D+L \end{cases}.$$ (10.157)

Damit gilt für die ersten D Koeffizienten des ebenfalls erweiterten Systemabstandsvektors (siehe Gleichung 10.148):

$$v_i^{(e)}(\eta,k) = c_i^{(e)}(\eta,k) \ \text{ für } i = 0, \cdots, D-1\;.$$ (10.158)

Der NLMS-Algorithmus hat die Eigenschaft, Abgleichfehler gleichmäßig auf alle Filterkoeffizienten zu verteilen. Dies führt zu einem einfachen Schätzwert für den Systemabstand:

$$\hat{a}^2(\eta,k) \approx \frac{D+1+L}{D}\sum_{i=0}^{D-1} c_i^{(e)^2}(\eta,k)\;.$$ (10.159)

Mit Gleichung 10.147 und den für Signalvektoren bereits gemachten Annahmen kann man weiter abschätzen:

$$
\begin{aligned}
\mathrm{E}\{\,\epsilon^2(\eta,k)\,\} &= \mathrm{E}\{\,\underline{\boldsymbol{x}}^{(e)^T}(\eta,k)\,\underline{\boldsymbol{v}}^{(e)}(\eta,k)\,\underline{\boldsymbol{v}}^{(e)^T}(\eta,k)\,\underline{\boldsymbol{x}}^{(e)}(\eta,k)\,\} \\[2mm]
&\approx \|\underline{\boldsymbol{v}}^{(e)}(\eta_o,k)\|^2\,\|\underline{\boldsymbol{x}}^{(e)}(\eta_o,k)\|^2 = \widehat{\boldsymbol{a}}^2(\eta_0,k)\,\|\underline{\boldsymbol{x}}^{(e)}(\eta_o,k)\|^2 \qquad (10.160) \\[2mm]
&\approx \frac{D+1+L}{D}\sum_{i=0}^{D-1} \boldsymbol{c}_i^{(e)^2}(\eta_0,k)\,\|\underline{\boldsymbol{x}}^{(e)}(\eta_o,k)\|^2\,.
\end{aligned}
$$

Hierbei deutet das Argument η_0 an, daß für den betreffenden Zufallsprozeß die aktuell vorliegende Musterfunktion einzusetzen ist. Trotz der teilweise recht groben Abschätzungen arbeitet dieses Verfahren recht zuverlässig. Es birgt allerdings eine neue Schwierigkeit in sich: Änderungen des LRM-Systems drücken sich zunächst genau wie einsetzende lokale Geräusche durch eine Zunahme der Leistung des Fehlers $e(\eta,k)$ aus. Damit wird die Adaptionsschrittweite verkleinert und der Schätzwert für $\epsilon(\eta,k)$ reagiert nur sehr langsam auf die Systemänderung. Um ein verbessertes Nachführen des Filters bei Systemänderungen zu erreichen, muß die Adaptionsschrittweite durch einen zusätzlichen Eingriff vergrößert werden. Man erreicht dies durch ein Verfahren, das Systemänderungen anzeigt [74] und das beispielsweise auf Korrelationsanalysen des Mikrofonausgangs $\boldsymbol{y}(\eta,k)$ und des geschätzten Echos $\widehat{\boldsymbol{d}}(\eta,k)$ basiert.

Zahlreiche Beiträge zur Lösung des Problems der Kompensation akustischer Echos finden sich in [45, 46, 40, 39].

10.8   Adaption rekursiver Filter

Rekursive Filter unterscheiden sich von transversalen (nichtrekursiven) Filtern u. a. dadurch, daß ihre Impulsantworten unendlich lang sind (IIR Filter). Ferner lassen sich bereits mit rekursiven Filtern geringer Ordnung steile Übergänge zwischen Durchlaß- und Sperrbereichen erzeugen und Resonanzstellen nachbilden. Sollen die Koeffizienten rekursiver Filter jedoch adaptiv eingestellt werden, so stehen diesen in zahlreichen Anwendungen vorteilhaften Eigenschaften zwei wesentliche Nachteile gegenüber:

– Rekursive Filter werden *instabil*, wenn während der Adaption Nullstellen des Nennerpolynoms der z–Transformierten der Gewichtsfunktion – Pole der (zeitabhängigen) Übertragungsfunktion – den Einheitskreis verlassen. Neben einer Adaption ist daher eine Überwachung der Lage der Pole des Filters notwendig.

– Der mittlere quadratische Fehler des Ausgangssignals kann in Abhängigkeit von den Filterkoeffizienten *lokale Minima* aufweisen. Es ist daher nicht sicher, daß bei einer Adaption das globale Minimum dieses Fehlers erreicht wird.

Auch wenn man von diesen gerade genannten Problemen einmal absieht, hängt es vom Anwendungsfall ab, ob der Einsatz eines rekursiven Filters Vorteile gegenüber der Verwendung eines nichtrekursiven Filters bietet. Vorteile liegen sicher dann vor, wenn bei einer Systemidentifikation (siehe Abbildung 10.2) das zu identifizierende System selbst rekursiv ist. Es gilt dagegen *nicht* allgemein, daß eine "lange" Impulsantwort mit einem rekursiven Filter besser nachgebildet werden kann als mit einem nichtrekursiven Filter. Wesentlich für die erreichbare Güte der Nachbildung ist die Anzahl der adaptierbaren Parameter. Die Impulsantwort eines rekursiven Filters ist zwar auch bei geringer Filterordnung "lang", sie weist jedoch nur wenige Freiheitsgrade auf. Demgegenüber ist die Impulsantwort eines nichtrekursiven Filters zwar zeitlich begrenzt, es lassen sich jedoch alle Werte der Impulsantwort unabhängig voneinander einstellen.

Wir gehen von einem rekursiven Filter aus, das gemäß Abbildung 10.23 in seinem Vorwärts– und seinem Rückwärtszweig jeweils ein Tranversalfilter enthält. Zur Vereinfachung sei angenommen, daß beide denselben Grad L aufweisen. Wir verlangen dabei jedoch nicht, daß alle Koeffizienten $b_i(k)$, $i = 1, \ldots, L$, und $c_j(k)$, $j = 0, \ldots, L$, von Null verschieden sind.

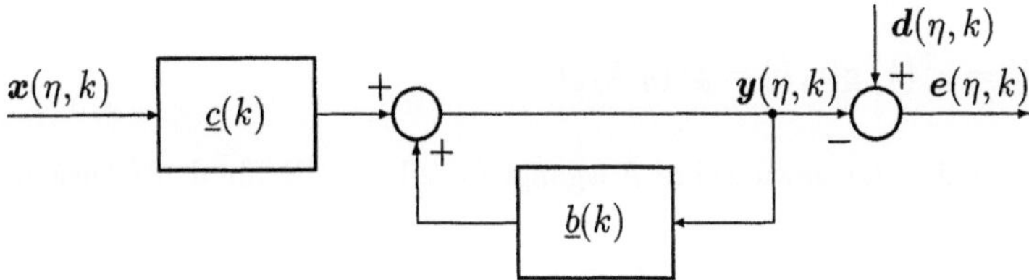

Abb. 10.23: Rekursives Filter

Die – wegen der Adaption zeitabhängigen – Koeffizienten $b_i(k)$ des rekursiven und $c_j(k)$ des nichtrekursiven Teils fassen wir zu Vektoren zusammen:

$$\underline{b}(k) = (b_1(k), b_2(k), \cdots, b_L(k))^T \,, \tag{10.161}$$

$$\underline{c}(k) = (c_0(k), c_1(k), c_2(k), \cdots, c_L(k))^T \,. \tag{10.162}$$

Es sei ferner:

$$\underline{a}(k) = (c_0(k), \cdots, c_L(k), b_1(k), \cdots, b_L(k))^T \,. \tag{10.163}$$

Der Ausgang $y(\eta, k)$ des Filters läßt sich durch folgende Gleichung beschreiben:

$$y(\eta,k) = \sum_{l=0}^{L} c_l(k)\, x(\eta, k - l) + \sum_{l=1}^{L} b_l(k)\, y(\eta, k - l) \,. \tag{10.164}$$

In Anlehnung an die z–Übertragungsfunktion eines Filters (siehe Gleichung 4.13) läßt sich hier eine z–Transformierte definieren:

$$G(z, \underline{a}(k)) = \frac{\sum\limits_{l=0}^{L} c_l(k)\, z^{-l}}{1 - \sum\limits_{l=1}^{L} b_l(k)\, z^{-l}} = \frac{C(z, \underline{c}(k))}{1 - B(z, \underline{b}(k))} \; . \tag{10.165}$$

Die Bezeichnung $G(z, \underline{a}(k))$ mit $\underline{a}(k)$ als zusätzlichem Argument bedeutet, daß das zugehörige Filter *zeitvariant* ist. Analog dem Vorgehen bei einem nichtrekursiven Filter kann man auch hier die den Filterausgang zum Zeitpunkt k beeinflussenden Eingangs- und Ausgangswerte zu jeweils einem Vektor zusammenfassen (siehe auch Gleichung 10.7):

$$\underline{z}(\eta, k) = (\boldsymbol{x}(\eta, k), \cdots, \boldsymbol{x}(\eta, k - L), \boldsymbol{y}(\eta, k - 1), \cdots, \boldsymbol{y}(\eta, k - L))^T \; . \tag{10.166}$$

Dann läßt sich der Filterausgang $\boldsymbol{y}(\eta, k)$ wieder als Skalarprodukt darstellen:

$$\boldsymbol{y}(\eta, k) = \underline{a}^T(k)\, \underline{z}(\eta, k) = \underline{z}^T(\eta, k)\, \underline{a}(k) \; . \tag{10.167}$$

Ist $\boldsymbol{d}(\eta, k)$ wieder der gewünschte Ausgangsprozeß, so gilt für den (Ausgangs-) Fehler $\boldsymbol{e}(\eta, k)$:

$$\begin{aligned} \boldsymbol{e}(\eta, k) &= \boldsymbol{d}(\eta, k) - \boldsymbol{y}(\eta, k) \\ &= \boldsymbol{d}(\eta, k) - \underline{a}^T(k)\, \underline{z}(\eta, k) = \boldsymbol{d}(\eta, k) - \underline{z}^T(\eta, k)\, \underline{a}(k) \; . \end{aligned} \tag{10.168}$$

Formal wurde damit für den Fehler des rekursiven Filters ein Ausdruck erzielt, wie er bereits für ein nichtrekursives Filter angegeben wurde (siehe Gleichung 10.28). Der Fehlerausdruck enthält hier jedoch nicht nur Werte des Filtereingangs, sondern zusätzlich auch (alte) Werte des Filterausgangs, die im Gegensatz zu den Eingangswerten auch von den Filterkoeffizienten abhängen.

Zielfunktion für die Adaption sei auch hier wieder ein mittlerer quadratischer Fehler. Da jedoch ein *rekursives* Filter betrachtet wird, bedarf die Formulierung des Fehlerausdrucks einer Vorüberlegung. Der Ausgang $\boldsymbol{y}(\eta, k)$ des rekursiven Filters ist nicht nur von dem aktuellen Wert $\underline{a}(k)$ des Parametervektors abhängig, sondern auch von allen vergangenen Werten $\underline{a}(k - i)$, $i = 1, \ldots, \infty$. Die Veränderung eines Parameters löst einen Übergangsvorgang aus, der erst nach der unendlich langen Einschwingzeit des rekursiven Filters abgeklungen ist. Um die Abhängigkeit des Filterausgangs $\boldsymbol{y}(\eta, k)$ von allen vergangenen Werten des Parametervektors auszudrücken, kann man schreiben:

$$\boldsymbol{y}(\eta, k) = \boldsymbol{y}(\eta, k, \underline{a}(k), \underline{a}(k - 1), \underline{a}(k - 2), \cdots) \; . \tag{10.169}$$

Wir definieren jetzt den Ausgang $v(\eta, k, \underline{\alpha})$ eines rekursiven Filters, das durch $x(\eta, k)$ angeregt wird, und dessen Parameter *zeitunabhängig* sind:

$$v(\eta, k, \underline{\alpha}) = \sum_{l=0}^{L} \gamma_l\, x(\eta, k - l) + \sum_{l=1}^{L} \beta_l\, v(\eta, k - l, \underline{\alpha})\,. \tag{10.170}$$

Hierbei ist $\underline{\alpha}$ der zeitunabhängige Parametervektor:

$$\underline{\alpha} = (\gamma_0, \cdots, \gamma_L, \beta_1, \cdots, \beta_L)^T\,. \tag{10.171}$$

Es gilt somit:

$$v(\eta, k, \underline{\alpha}) = y(\eta, k, \underline{\alpha}, \underline{\alpha}, \cdots)\,. \tag{10.172}$$

Als Fehler $\epsilon(\eta, k, \underline{\alpha})$, dessen Quadrat im Mittel durch die Adaption minimiert werden soll, definieren wir nun:

$$\epsilon(\eta, k, \underline{\alpha}) = d(\eta, k) - v(\eta, k, \underline{\alpha})\,. \tag{10.173}$$

Dann ergibt sich für die Ableitung des mittleren quadratischen Fehlers nach den Filterkoeffizienten an der Stelle $\underline{\alpha} = \underline{a}(k)$:

$$\begin{aligned}
\underline{\nabla}\overline{\epsilon^2(\eta, k, \underline{\alpha})}\big|_{\underline{\alpha}=\underline{a}(k)} &= \underline{\nabla}\mathrm{E}\{\epsilon^2(\eta, k, \underline{\alpha})\}\big|_{\underline{\alpha}=\underline{a}(k)} \\
&= 2\,\mathrm{E}\{\epsilon(\eta, k, \underline{a}(k))\,\underline{\nabla}\epsilon(\eta, k, \underline{\alpha})\big|_{\underline{\alpha}=\underline{a}(k)}\} \\
&= 2\,\mathrm{E}\{\epsilon(\eta, k, \underline{a}(k))\,\underline{\nabla}(d(\eta, k) - v(\eta, k, \underline{\alpha}))\big|_{\underline{\alpha}=\underline{a}(k)}\} \\
&= -2\,\mathrm{E}\{\epsilon(\eta, k, \underline{a}(k))\,\underline{\nabla}v(\eta, k, \underline{\alpha})\big|_{\underline{\alpha}=\underline{a}(k)}\} \\
&= -2\,\mathrm{E}\{\epsilon(\eta, k, \underline{a}(k)) \\
&\quad \cdot \left[\frac{\partial v(\eta, k, \underline{\alpha})}{\partial \gamma_0}, \ldots, \frac{\partial v(\eta, k, \underline{\alpha})}{\partial \gamma_L}, \frac{\partial v(\eta, k, \underline{\alpha})}{\partial \beta_1}, \ldots, \frac{\partial v(\eta, k, \underline{\alpha})}{\partial \beta_L}\right]^T_{\underline{\alpha}=\underline{a}(k)}\}\,.
\end{aligned} \tag{10.174}$$

Für die Ableitungen von $v(\eta, k, \underline{\alpha})$ nach den Koeffizienten γ_j des *nichtrekursiven* Filteranteils an der Stelle $\underline{\alpha} = \underline{a}(k)$ folgt dann:

$$\frac{\partial v(\eta, k, \underline{\alpha})}{\partial \gamma_j}\big|_{\underline{\alpha}=\underline{a}(k)} = x(\eta, k - j) + \sum_{l=1}^{L} \beta_l\, \frac{\partial v(\eta, k - l, \underline{\alpha})}{\partial \gamma_j}\big|_{\underline{\alpha}=\underline{a}(k)}\,, \quad j = 0, \ldots, L. \tag{10.175}$$

Für die Ableitungen nach den Koeffizienten β_i des *rekursiven* Filteranteils erhält man analog:

$$\frac{\partial v(\eta, k, \underline{\alpha})}{\partial \beta_i}\big|_{\underline{\alpha}=\underline{a}(k)} = v(\eta, k - i, \underline{a}(k)) + \sum_{l=1}^{L} \beta_l\, \frac{\partial v(\eta, k - l, \underline{\alpha})}{\partial \beta_i}\big|_{\underline{\alpha}=\underline{a}(k)}\,,$$
$$i = 1, \ldots, L. \tag{10.176}$$

Für die weiteren Überlegungen sei angenommen, daß sich die Filterkoeffizienten durch die Adaption nur sehr langsam verändern. Dies läßt eine Reihe von Näherungen zu, die es schließlich möglich machen, die Ableitungen durch einfache Rekursionen zu berechnen:

$$\frac{\partial \boldsymbol{v}(\eta, k-l, \underline{\alpha})}{\partial \gamma_j}\Big|_{\underline{\alpha}=\underline{a}(k)} \approx \frac{\partial \boldsymbol{v}(\eta, k-l, \underline{\alpha})}{\partial \gamma_j}\Big|_{\underline{\alpha}=\underline{a}(k-l)} , \tag{10.177}$$

$$\frac{\partial \boldsymbol{v}(\eta, k-l, \underline{\alpha})}{\partial \beta_i}\Big|_{\underline{\alpha}=\underline{a}(k)} \approx \frac{\partial \boldsymbol{v}(\eta, k-l, \underline{\alpha})}{\partial \beta_i}\Big|_{\underline{\alpha}=\underline{a}(k-l)} , \tag{10.178}$$

$$\boldsymbol{v}(\eta, k-l, \underline{a}(k)) \approx \boldsymbol{v}(\eta, k-l, \underline{a}(k-l)) \approx \boldsymbol{y}(\eta, k-l) . \tag{10.179}$$

Dann gilt anstelle der Gleichungen 10.175 und 10.176:

$$\frac{\partial \boldsymbol{v}(\eta, k, \underline{\alpha})}{\partial \gamma_j}\Big|_{\underline{\alpha}=\underline{a}(k)} \approx \boldsymbol{x}(\eta, k-j) + \sum_{l=1}^{L} \beta_l \frac{\partial \boldsymbol{v}(\eta, k-l, \underline{\alpha})}{\partial \gamma_j}\Big|_{\underline{\alpha}=\underline{a}(k-l)} , \tag{10.180}$$
$$j = 0, \dots, L,$$

$$\frac{\partial \boldsymbol{v}(\eta, k, \underline{\alpha})}{\partial \beta_i}\Big|_{\underline{\alpha}=\underline{a}(k)} \approx \boldsymbol{y}(\eta, k-i) + \sum_{l=1}^{L} \beta_l \frac{\partial \boldsymbol{v}(\eta, k-l, \underline{\alpha})}{\partial \beta_i}\Big|_{\underline{\alpha}=\underline{a}(k-l)} , \tag{10.181}$$
$$i = 1, \dots, L.$$

Die so erhaltenen Ableitungen bzw. deren Näherungen lassen sich als die Ausgänge rekursiver zeitvarianter Filter darstellen, die durch $\boldsymbol{y}(\eta, k-i)$ bzw. $\boldsymbol{x}(\eta, k-i)$ angeregt werden (siehe Abbildung 10.24).

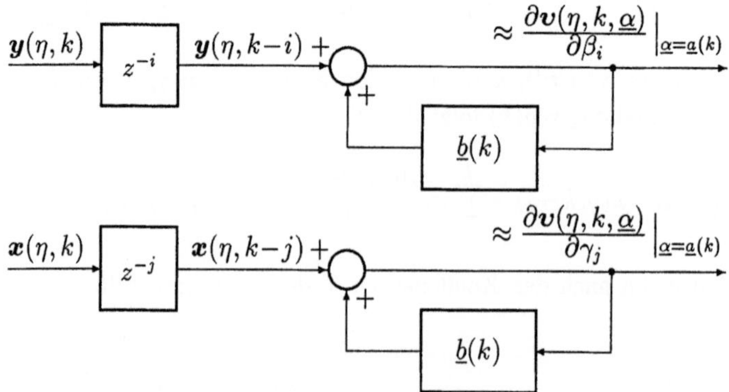

Abb. 10.24: Zur näherungsweisen Berechnung der Ableitungen des Ausgangssignals eines rekursives Filters nach den Filterkoeffizienten

Mit den gegebenenfalls nur näherungsweise bestimmten Ableitungen läßt sich ein *Verfahren des steilsten Abstiegs* für die Adaption rekursiver Filter formulieren. Dabei kann es zweckmäßig sein, für die Adaptionsschrittweite der einzelnen Koeffizienten verschieden große Faktoren vorzusehen. Man kann diese in einer Diagonalmatrix zusammenfassen:

$$\underline{M} = \mathrm{diag}(\mu_0, \mu_1, \cdots, \mu_L, \nu_1, \cdots, \nu_L) \, . \tag{10.182}$$

Als Adaptionsvorschrift gilt dann:

$$\underline{a}(k+1) = \underline{a}(k) + \underline{M}\,\underline{\nabla}\overline{\epsilon^2(\eta, k, \underline{\alpha})}\big|_{\underline{\alpha}=\underline{a}(k)} \, . \tag{10.183}$$

Die Einführung individueller Schrittweiten für die einzelnen Koeffizienten, insbesondere verschiedener Schrittweiten für die Koeffizienten des rekursiven und des nichtrekursiven Filterteils, kann wünschenswert sein. Eine Festlegung dieser Schrittweiten ist jedoch schwierig.

Analog zu den Überlegungen bei der Adaption eines nichtrekursiven Filters kann man auch hier den mittleren quadratischen Fehler durch den Momentanwert des Fehlerquadrats abschätzen. Die Ableitungen nach den Filterkoeffizienten werden damit zufällige Größen:

$$
\begin{aligned}
\underline{\nabla}\epsilon^2(\eta, k, \underline{\alpha})\big|_{\underline{\alpha}=\underline{a}(k)} &= 2\,\epsilon(\eta, k, \underline{a}(k))\,\underline{\nabla}\epsilon(\eta, k, \underline{\alpha})\big|_{\underline{\alpha}=\underline{a}(k)} \\
&= 2\,\epsilon(\eta, k, \underline{a}(k))\,\underline{\nabla}(\boldsymbol{d}(\eta, k) - \boldsymbol{v}(\eta, k, \underline{\alpha}))\big|_{\underline{\alpha}=\underline{a}(k)} \\
&= -2\,\epsilon(\eta, k, \underline{a}(k))\,\underline{\nabla}\boldsymbol{v}(\eta, k, \underline{\alpha})\big|_{\underline{\alpha}=\underline{a}(k)} \\
&= -2\,\epsilon(\eta, k, \underline{a}(k)) \\
&\quad \cdot \left[\frac{\partial \boldsymbol{v}(\eta, k, \underline{\alpha})}{\partial \gamma_0}, \cdots, \frac{\partial \boldsymbol{v}(\eta, k, \underline{\alpha})}{\partial \gamma_L}, \frac{\partial \boldsymbol{v}(\eta, k, \underline{\alpha})}{\partial \beta_1}, \cdots, \frac{\partial \boldsymbol{v}(\eta, k, \underline{\alpha})}{\partial \beta_L}\right]^T_{\underline{\alpha}=\underline{a}(k)} \, .
\end{aligned}
\tag{10.184}
$$

Damit kann ein *LMS–Algorithmus* für rekursive Filter angegeben werden, bei dem die Filterkoeffizienten wegen des fehlenden Erwartungswertes auf der rechten Seite der Gleichung *zufällige Größen* sind:

$$\underline{a}(\eta, k+1) = \underline{a}(\eta, k) + \underline{M}\,\underline{\nabla}\epsilon^2(\eta, k, \underline{\alpha})\big|_{\underline{\alpha}=\underline{a}(\eta, k)} \, . \tag{10.185}$$

Zur Verbesserung der Konvergenzeigenschaften der Folge der Koeffizienten und zur Sicherung der Stabilität des Filters kann es angebracht sein, die Elemente der Diagonalmatrix $\underline{M}$ von k abhängig zu machen. Wesentliche Schritte des Adaptionsverfahrens lassen sich durch ein Blockschaltbild deutlich machen (siehe Abbildung 10.25).

Die Struktur des Algorithmus zeigt den gegenüber dem LMS–Algorithmus bei einem nichtrekursiven Filter hier wesentlich größeren Aufwand für die Signalverarbeitung. Dies legt es nahe, weitere *Näherungen* einzuführen, die zu weniger aufwendigen Verfahren führen.

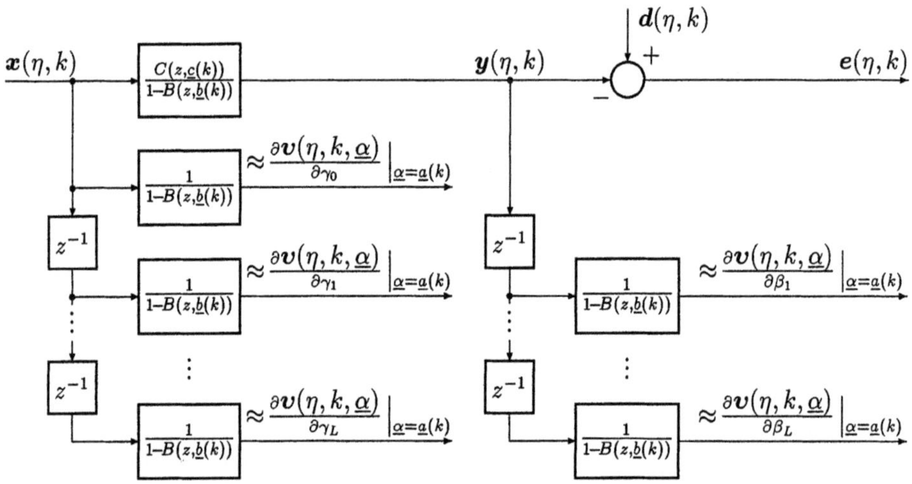

Abb. 10.25: Zur Adaption der Koeffizienten eines rekursiven Filters nach dem LMS–Verfahren mit vereinfachter Gradientenbildung

Wie Abbildung 10.25 zeigt, lassen sich die Ableitungen nach den Filterkoeffizienten (näherungsweise) dadurch bilden, daß der Eingangs– bzw. Ausgangsprozeß des adaptiven Filters *zeitvariant* gefiltert wird. Da wir bereits angenommen haben, daß sich die Koeffizienten $b_i(k)$, $i = 1, \ldots, L$, und $c_j(k)$, $j = 0, \ldots, L$, nur sehr langsam verändern, läßt sich als weitere Näherung die Reihenfolge der Filter und der Verzögerungselemente vertauschen. Dann gelten:

$$\frac{\partial v(\eta, k, \underline{\alpha})}{\partial \gamma_j}\bigg|_{\underline{\alpha}=\underline{a}(k)} \approx \frac{\partial v(\eta, k-j, \underline{\alpha})}{\partial \gamma_0}\bigg|_{\underline{\alpha}=\underline{a}(k-j)} \,, \quad \text{für } j = 1, \ldots, L \,, \qquad (10.186)$$

$$\frac{\partial v(\eta, k, \underline{\alpha})}{\partial \beta_i}\bigg|_{\underline{\alpha}=\underline{a}(k)} \approx \frac{\partial v(\eta, k-i+1, \underline{\alpha})}{\partial \beta_1}\bigg|_{\underline{\alpha}=\underline{a}(k-i+1)} \,, \quad \text{für } i = 2, \ldots, L \,. \qquad (10.187)$$

Dies bedeutet, daß nur noch jeweils ein Filter für die (näherungsweise) Bestimmung der Ableitungen notwendig ist (siehe Abbildung 10.26). Praktische Erfahrungen haben gezeigt, daß diese Vereinfachungen das Adaptionsverhalten des rekursiven Filters nur geringfügig verschlechtern.

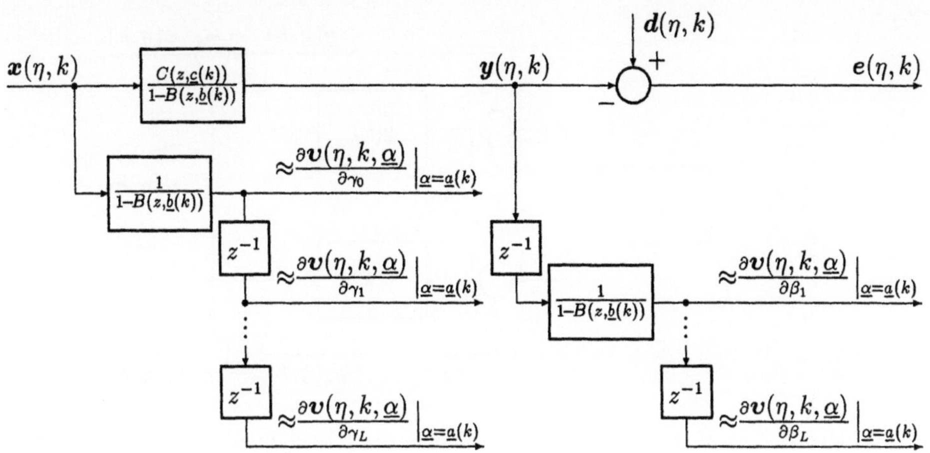

Abb. 10.26: Zur Adaption der Koeffizienten eines rekursiven Filters nach dem LMS–
Verfahren mit weiter vereinfachter Bildung der Gradienten

10.8.1 Minimaler mittlerer quadratischer Gleichungsfehler

Zu einem wesentlich einfacheren Verfahren kommt man, wenn man an Stelle des
(Ausgangs–) Fehlers $e(\eta, k)$ ("output error") den sog. *Gleichungsfehler* $e_e(\eta, k)$
("equation error") betrachtet. Man ersetzt dazu die Abhängigkeit des Ausgangs $y(\eta, k)$
des rekursiven Filters von den Ausgangswerten $y(\eta, k - l)$, $l = 1, \ldots, L$, durch eine
Abhängigkeit von den *gewünschten* Ausgangswerten $d(\eta, k - l)$, $l = 1, \ldots, L$:

$$y_e(\eta, k) = \sum_{l=0}^{L} \overline{c}_l(k)\, x(\eta, k - l) + \sum_{l=1}^{L} \overline{b}_l(k)\, d(\eta, k - l)\,. \tag{10.188}$$

Das Filter mit dem Ausgang $y_e(\eta, k)$ ist damit ein nichtrekursives Filter mit zwei
Eingängen: $x(\eta, k)$ und $d(\eta, k)$. Die Filterkoeffizienten sind $\overline{b}_i(k)$, $i = 1, \ldots, L$, und
$\overline{c}_j(k)$, $j = 0, \ldots, L$, wobei die Koeffizienten $\overline{b}_i(k)$ in den beiden Filtern mit den
Eingängen $d(\eta, k)$ bzw. $y(\eta, k)$ gemäß Abbildung 10.27 identisch gewählt werden.

Dieser Ansatz vereinfacht den Abgleichalgorithmus wesentlich, da $y_e(\eta, k)$ und auch
seine Ableitungen nach den Filterkoeffizienten $\overline{b}_i(k)$, $i = 1, \ldots, L$, und $\overline{c}_j(k)$, $j =
0, \ldots, L$, nicht mehr rekursiv berechnet werden müssen. Man erhält:

$$\underline{z}_e(\eta, k) = (x(\eta, k), \cdots, x(\eta, k - L), d(\eta, k - 1), \cdots, d(\eta, k - L))^T\,, \tag{10.189}$$

$$y_e(\eta, k) = \overline{\underline{a}}^T(k)\, \underline{z}_e(\eta, k) = \underline{z}_e^T(\eta, k)\, \overline{\underline{a}}(k)\,, \tag{10.190}$$

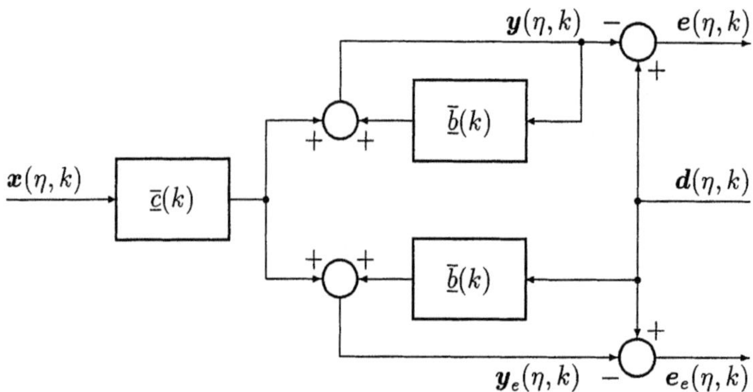

Abb. 10.27: Zum Verfahren zur Minimierung des mittleren quadratischen Gleichungsfehlers

$$
\begin{aligned}
e_e(\eta, k) &= d(\eta, k) - y_e(\eta, k) \\
&= d(\eta, k) - \underline{a}^T(k)\, z_e(\eta, k) = d(\eta, k) - z_e^T(\eta, k)\, \underline{a}(k)\ .
\end{aligned}
\tag{10.191}
$$

Der Vektor $\underline{a}(k)$ enthält dabei die Filterkoeffizienten $\bar{c}_i(k)$ und $\bar{b}_j(k)$ (siehe auch Gleichung 10.163).

Für die Ableitungen des mittleren quadratischen Gleichungsfehlers

$$
\overline{e_e^2(\eta, k)} = \mathrm{E}\{e_e^2(\eta, k)\}
$$

nach den Filterkoeffizienten erhält man wieder:

$$
\begin{aligned}
\underline{\nabla}\,\overline{e_e^2(\eta, k)} &= 2\,\mathrm{E}\{e_e(\eta, k)\,\underline{\nabla}e_e(\eta, k)\} \\
&= -2\,\mathrm{E}\{e_e(\eta, k)\,\underline{\nabla}y_e(\eta, k)\}\ .
\end{aligned}
\tag{10.192}
$$

Die Ableitungen von $y_e(\eta, k)$ nach den Filterkoeffizienten enthalten jetzt nicht mehr $y_e(\eta, k - l)$, $l = 1, \dots, L$:

$$
\frac{\partial y_e(\eta, k)}{\partial c_j(k)} = x(\eta, k - j) \quad \text{für} \quad j = 0, \dots, L\ ,
\tag{10.193}
$$

$$
\frac{\partial y_e(\eta, k)}{\partial b_i(k)} = d(\eta, k - i) \quad \text{für} \quad i = 1, \dots, L\ .
\tag{10.194}
$$

Damit erhält man als Adaptionsvorschrift eines Verfahrens, das den mittleren quadratischen *Gleichungs*fehler minimiert:

$$
\underline{a}(k + 1) = \underline{a}(k) + 2\,\mu_e\, \mathrm{E}\{e_e(\eta, k)\, z_e(\eta, k)\}\ .
\tag{10.195}
$$

Der Faktor μ_e beeinflußt die Adaptionsschrittweite. Soll dieser Faktor für die einzelnen Koeffizienten verschieden sein, so ist μ_e durch eine Diagonalmatrix $\underline{M}_e$ zu ersetzen. Vernachlässigt man schließlich wieder die Bildung des Erwartungswertes, d.h. ersetzt man den Erwartungswert des Produktes $e_e(\eta,k)\,\underline{z}_e(\eta,k)$ durch das Produkt selbst, so folgt endlich:

$$\overline{\underline{a}}(\eta,k+1) = \overline{\underline{a}}(\eta,k) + 2\,\mu_e\,e_e(\eta,k)\,\underline{z}_e(\eta,k) \ . \tag{10.196}$$

Dies ist die Adaptionsvorschrift des sog. *Least Mean Square Equation Error* (LMSEE)-*Verfahrens*. Die in dem Vektor $\overline{\underline{a}}(k)$ zusammengefaßten Filterkoeffizienten $\overline{b}_i(k)$ und $\overline{c}_i(k)$ sind wegen des fehlenden Erwartungswertes dann wieder zufällig.

Zwischen dem (Ausgangs–) Fehler $e(\eta,k)$ und dem Gleichungsfehler $e_e(\eta,k)$ läßt sich ein Zusammenhang herstellen:

$$e_e(\eta,k) = d(\eta,k) - \sum_{l=0}^{L} \overline{c}_l(k)\,x(\eta,k-l) - \sum_{l=1}^{L} \overline{b}_l(k)\,d(\eta,k-l) \ . \tag{10.197}$$

Ersetzt man bei den Summanden der zweiten Summe $d(\eta,k-l)$ durch $y(\eta,k-l) + e(\eta,k-l)$ (siehe Gleichung 10.168), so folgt weiter:

$$\begin{aligned}
e_e(\eta,k) \ &= d(\eta,k) - \sum_{l=0}^{L} \overline{c}_l(k)x(\eta,k-l) \\
&\quad - \sum_{l=1}^{L} \overline{b}_l(k)y(\eta,k-l) - \sum_{l=1}^{L} \overline{b}_l(k)e(\eta,k-l) \\
&= e(\eta,k) - \sum_{l=1}^{L} \overline{b}_l(k)e(\eta,k-l) \ .
\end{aligned} \tag{10.198}$$

Der Gleichungsfehler erweist sich damit als gefilterter (Ausgangs–) Fehler (siehe Abbildung 10.28).

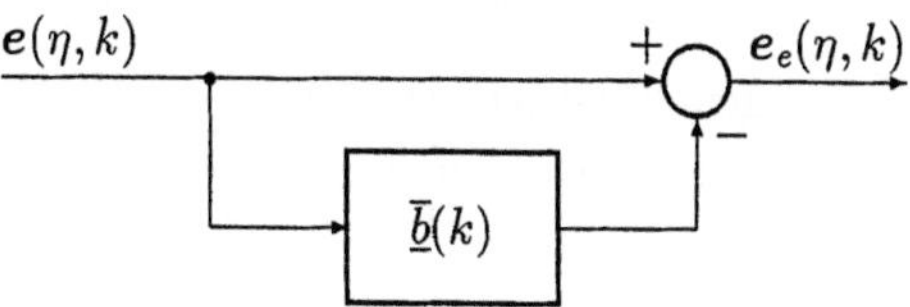

Abb. 10.28: Zusammenhang zwischen dem (Ausgangs–) Fehler $e(\eta,k)$ und dem Gleichungsfehler $e_e(\eta,k)$

Im Gegensatz zum (Ausgangs–) Fehler hängt der Gleichungsfehler *linear* von den Filterkoeffizienten ab. Bei hinreichend kleinem Faktor μ_e (bzw. kleinen Elementen der Diagonalmatrix $\underline{M}_e$) konvergiert daher das durch Gleichung 10.196 beschriebene Verfahren zu einem *globalen* Minimum des Gleichungsfehlers.

Für die weitere Betrachtung nehmen wir nun an, $\boldsymbol{d}(\eta, k)$ sei der gestörte Ausgang eines linearen rekursiven Systems:

$$\boldsymbol{d}(\eta, k) = \tilde{\underline{a}}^T \, \tilde{\underline{z}}(\eta, k) + \boldsymbol{n}(\eta, k) \tag{10.199}$$

(siehe Abbildung 10.29). Derartige Voraussetzungen liegen beispielsweise bei einer *Systemidentifizierung* vor. Hierbei sei $\boldsymbol{n}(\eta, k)$ eine stationäre weiße Störung, die zu $\boldsymbol{x}(\eta, k)$ und damit auch zu $\tilde{\boldsymbol{y}}(\eta, k)$ unkorreliert ist. Die Filterkoeffizienten seien in dem Vektor $\tilde{\underline{a}}$ zusammengefaßt:

$$\tilde{\underline{a}} = (\, \tilde{c}_0, \, \cdots, \tilde{c}_L, \tilde{b}_1, \, \cdots, \tilde{b}_L \,)^T \,. \tag{10.200}$$

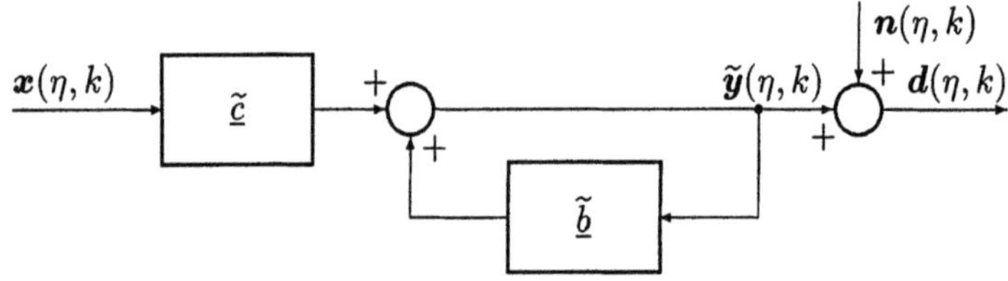

Abb. 10.29: Lineares rekursives System mit gestörtem Ausgang

Endlich sei $\tilde{\underline{z}}(\eta, k)$ der Vektor der Eingangs– und Ausgangswerte, soweit diese den momentanen Ausgangswert beeinflussen:

$$\tilde{\underline{z}}(\eta, k) = (\, \boldsymbol{x}(\eta, k), \, \cdots, \boldsymbol{x}(\eta, k - L), \, \tilde{\boldsymbol{y}}(\eta, k - 1), \, \cdots, \tilde{\boldsymbol{y}}(\eta, k - L) \,)^T \,. \tag{10.201}$$

Wir nehmen hier an, daß die Ordnung L des zu identifizierenden Systems bekannt ist oder wenigstens hinreichend gut abgeschätzt werden kann. Folglich kann für das adaptive Filter dieselbe Ordnung wie für das zu identifizierende System angenommen werden. Ist die Anregung weiß (oder in der Praxis ausreichend breitbandig) und ist die Ordnung des adaptiven Filters mindestens gleich der Ordnung des zu identifizierenden Systems, so weist der mittlere quadratische Fehler keine lokalen Minima auf [117].

Wenn durch die Adaption gemäß Gleichung 10.196 der Koeffizientenvektor zu einem Wert $\overline{\underline{a}}_\infty$ konvergiert, so gilt nach Erreichen dieses Endwertes Orthogonalität zwischen dem Fehler – hier $\boldsymbol{e}_e(\eta, k)$ – und dem für die Adaption benutzten Datenvektor – hier $\underline{z}_e(\eta, k)$ – (siehe Gleichung 10.49):

$$\mathrm{E}\{\boldsymbol{e}_e(\eta, k)\, \underline{z}_e(\eta, k)\} = 0 \quad \text{für hinreichend große } k \,. \tag{10.202}$$

Für den erreichbaren Gleichungsfehler folgt dann:

$$\begin{aligned} \boldsymbol{e}_e(\eta, k) \ &= \boldsymbol{d}(\eta, k) - \boldsymbol{y}_e(\eta, k) \\ &= \boldsymbol{d}(\eta, k) - \overline{\underline{a}}_\infty^T \, \underline{z}_e(\eta, k) \quad \text{für hinreichend große } k \,. \end{aligned} \tag{10.203}$$

Nun gilt aber für $\underline{z}_e(\eta, k)$:

$$\underline{z}_e(\eta, k) = \underline{\tilde{z}}(\eta, k) + \begin{pmatrix} \underline{0} \\ \underline{n}(\eta, k) \end{pmatrix} . \tag{10.204}$$

Hierbei ist $\underline{n}(\eta, k)$ der Vektor der letzten L Werte von $\boldsymbol{n}(\eta, k)$:

$$\underline{n}(\eta, k) = (\, \boldsymbol{n}(\eta, k-1), \cdots, \boldsymbol{n}(\eta, k-L)\,)^T . \tag{10.205}$$

Setzt man dies und Gleichung 10.199 in Gleichung 10.203 ein, so folgt (immer noch für hinreichend große k):

$$e_e(\eta, k) = (\underline{\tilde{a}} - \underline{\overline{a}}_\infty)^T \underline{\tilde{z}}(\eta, k) + \boldsymbol{n}(\eta, k) - \underline{\overline{a}}_\infty^T \begin{pmatrix} \underline{0} \\ \underline{n}(\eta, k) \end{pmatrix} . \tag{10.206}$$

Damit erhält man aus Gleichung 10.202 für hinreichend große k:

$$\mathrm{E}\{ \boldsymbol{e}_e(\eta, k)\, \underline{z}_e(\eta, k)\}$$
$$= \mathrm{E}\Big\{ \Big[(\underline{\tilde{a}} - \underline{\overline{a}}_\infty)^T \underline{\tilde{z}}(\eta, k) + \boldsymbol{n}(\eta, k) - \underline{\overline{a}}_\infty^T \begin{pmatrix} \underline{0} \\ \underline{n}(\eta, k) \end{pmatrix} \Big] \Big[\underline{\tilde{z}}(\eta, k) + \begin{pmatrix} \underline{0} \\ \underline{n}(\eta, k) \end{pmatrix} \Big] \Big\} ,$$

$$\mathrm{E}\{ \boldsymbol{e}_e(\eta, k)\, \underline{z}_e(\eta, k)\}$$
$$= \mathrm{E}\{ \underline{\tilde{z}}(\eta, k)\, \underline{\tilde{z}}^T(\eta, k)\} (\underline{\tilde{a}} - \underline{\overline{a}}_\infty) - \mathrm{E}\Big\{ \begin{pmatrix} \underline{0} \\ \underline{n}(\eta, k) \end{pmatrix} (\underline{0}^T, \underline{n}^T(\eta, k))\, \Big\} \underline{\overline{a}}_\infty \tag{10.207}$$
$$= \underline{s}_{\tilde{z}\tilde{z}} (\underline{\tilde{a}} - \underline{\overline{a}}_\infty) - \begin{pmatrix} \underline{0} & \underline{0} \\ \underline{0} & \underline{s}_{nn} \end{pmatrix} \underline{\overline{a}}_\infty = \underline{0} .$$

Die Vereinfachungen ergeben sich dabei aus der Voraussetzung, daß $\boldsymbol{n}(\eta, k)$ weiß und unkorreliert zu allen anderen Größen ist.

Das Ergebnis zeigt, daß bei Benutzung des Gleichungsfehlers die Elemente des Koeffizientenvektors $\underline{\tilde{a}}$ nur dann Endwerte gleich den Werten der Koeffizienten des zu identifizierenden Systems erreichen können, wenn die weiße Störung $\boldsymbol{n}(\eta, k)$ verschwindet. Im anderen Fall entsteht ein *systematischer Fehler* (Bias). Dieses Ergebnis ist damit erklärbar, daß bei der Minimierung des Gleichungsfehlers neben der Systemidentifizierung auch der Anteil der mittleren Leistung der Störung im Gleichungsfehler minimiert und somit eine Kompromißeinstellung erreicht wird.

10.8.2   Stabilität

Die bisher betrachteten Adaptionsverfahren für rekursive Filter garantieren nicht, daß
das Filter während des Adaptionsvorgangs stabil bleibt. Ein *zeitinvariantes lineares*
rekursives Filter ist dann stabil, wenn die Nullstellen des Nennerpolynoms

$$1 - \sum_{l=1}^{L} b_l \, z^{-l} \qquad\qquad (10.208)$$

der z–Übertragungsfunktion alle innerhalb des Einheitskreises der z–Ebene liegen. Für
ein Filter der Ordnung $L = 1$ ist dies für $|b_1| < 1$ erfüllt. Ein Filter der Ordnung $L = 2$
ist stabil, wenn die Werte der Koeffizienten b_1 und b_2 innerhalb eines Dreiecks liegen
(siehe Abbildung 10.30). Dies folgt aus der Bedingung

$$|z_{1/2}| = \left| \frac{b_1}{2} \pm \sqrt{\frac{b_1^2}{4} + b_2} \right| < 1 \, . \qquad\qquad (10.209)$$

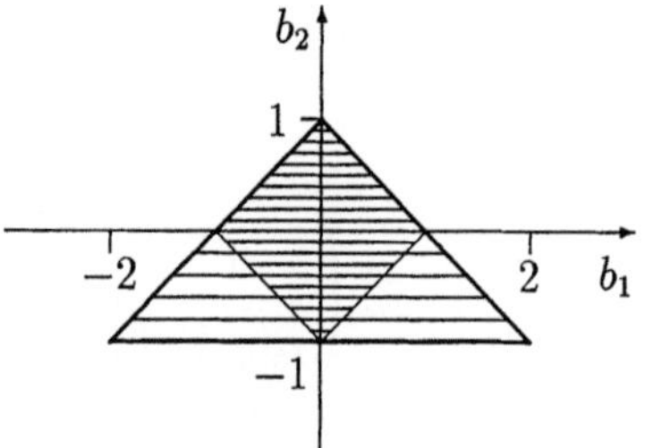

Abb. 10.30: Stabilitätsbereich für die Koeffizienten b_1 und b_2 eines rekursiven Filters
zweiter Ordnung

Für zeitinvariante lineare Filter höherer Ordnung lassen sich derart einfache Bedingungen nicht angeben. *Hinreichend* für Stabilität ist:

$$\sum_{l=1}^{L} |b_l| < 1 \, . \qquad\qquad (10.210)$$

Die Einhaltung dieser Bedingung schränkt jedoch die zugelassenen Wertebereiche für
die Koeffizienten unnötig stark ein. Im Falle $L = 2$ ergibt sich an Stelle des Dreiecks ein
darin eingeschlossenes Quadrat (siehe Abbildung 10.30). Mit dem sog. *Schur–Cohn–
Test* – oder einer Modifikation davon – (siehe beispielsweise [48]) läßt sich überprüfen,
ob alle Nullstellen des Polynoms 10.208 innerhalb des Einheitskreises liegen. Bei diesem
Test werden die Reflexionskoeffizienten $b_m^{(m)}$ (siehe Abschnitt 6.4) des Nennerpolynoms

$$1 - \sum_{l=1}^{L} b_l^{(L)} \, z^{-l}$$

der Ordnung 1 bis L berechnet. Das Polynom hat keine Nullstellen außerhalb des Einheitskreises dann und nur dann, wenn $|b_m^{(m)}| < 1$ für $m = 1, \ldots, L$ ist. Im Gegensatz zu der Bestimmung der Reflexionskoeffizienten im Zusammenhang mit der Berechnung der Prädiktorkoeffizienten liegen hier zunächst die Koeffizienten des Polynoms und damit auch der Reflexionskoeffizient der Ordnung L vor, und es sind rekursiv die Reflexionskoeffizienten der Ordnungen $L-1$, $L-2, \ldots$, 1 zu bestimmen. Bei jedem Rekursionsschritt vermindert sich somit die Ordnung des Polynoms um Eins. Wir definieren in Analogie zu der Schreibweise in Abschnitt 6.4 zwei Vektoren wie folgt:

$$\underline{b}^{(L)} = (b_1^{(L)}, \ldots, b_{L-1}^{(L)}, b_L^{(L)})^T \ , \tag{10.211}$$

$$\underline{\tilde{b}}^{(L)} = (b_L^{(L)}, \ldots, b_2^{(L)}, b_1^{(1)})^T \ . \tag{10.212}$$

Der Vektor $\underline{\tilde{b}}^{(L)}$ enthält somit die Koeffizienten des Vektors $\underline{b}^{(L)}$ in umgekehrter Reihenfolge. Die hochgestellte in Klammer gesetzte Größe bezeichnet die Ordnung, der Koeffizient $b_L^{(L)}$ ist der Reflexionskoeffizient dieser Ordnung. Gemäß Gleichung 6.42 gilt dann:

$$\begin{pmatrix} b_1^{(L)} \\ b_2^{(L)} \\ \vdots \\ b_{L-1}^{(L)} \end{pmatrix} = \underline{b}^{(L-1)} - b_L^{(L)} \, \underline{\tilde{b}}^{(L-1)} \ . \tag{10.213}$$

Kehrt man die Reihenfolge der Elemente der Vektoren um, so gilt auch:

$$\begin{pmatrix} b_{L-1}^{(L)} \\ b_{L-2}^{(L)} \\ \vdots \\ b_1^{(L)} \end{pmatrix} = \underline{\tilde{b}}^{(L-1)} - b_L^{(L)} \, \underline{b}^{(L-1)} \ . \tag{10.214}$$

Multipliziert man diese Gleichung mit dem Refexionskoeffizienten $b_L^{(L)}$ und addiert sie zu Gleichung 10.213, so erhält man:

$$\begin{pmatrix} b_1^{(L)} \\ b_2^{(L)} \\ \vdots \\ b_{L-1}^{(L)} \end{pmatrix} + b_L^{(L)} \begin{pmatrix} b_{L-1}^{(L)} \\ b_{L-2}^{(L)} \\ \vdots \\ b_1^{(L)} \end{pmatrix} = \underline{b}^{(L-1)} - b_L^{(L)2} \, \underline{b}^{(L-1)} \ . \tag{10.215}$$

Dies kann nach $\underline{b}^{(L-1)}$ aufgelöst werden:

$$\underline{b}^{(L-1)} = \frac{\begin{pmatrix} b_1^{(L)} \\ b_2^{(L)} \\ \vdots \\ b_{L-1}^{(L)} \end{pmatrix} + b_L^{(L)} \begin{pmatrix} b_{L-1}^{(L)} \\ b_{L-2}^{(L)} \\ \vdots \\ b_1^{(L)} \end{pmatrix}}{1 - b_L^{(L)2}} . \tag{10.216}$$

Dies sind die Koeffizienten des Polynoms

$$1 - \sum_{l=1}^{L-1} b_l^{(L-1)} \, z^{-l} .$$

Der Reflexionskoeffizient der Ordnung $L-1$ ist das letzte Element des Vektors $\underline{b}^{(L-1)}$. Es gilt:

$$b_{L-1}^{(L-1)} = \frac{b_{L-1}^{(L)} + b_L^{(L)} \, b_1^{(L)}}{1 - b_L^{(L)2}} . \tag{10.217}$$

Mit Gleichung 10.217 ist die für einen Schur–Cohn–Test erforderliche Rekursionsformel gefunden.

Soll die Stabilität eines Filters während der Adaption überwacht werden, so kann dieser Test nach jedem Adaptionsschritt angewendet werden. Zeigt er nach einem Schritt an, daß Nullstellen den Einheitskreis verlassen haben, so gibt er jedoch keinen Hinweis darauf, welche Änderung welches/welcher Koeffizienten dies ausgelöst hat. Eine derartige Aussage ist nur möglich, wenn die – wesentlich aufwendigere – Berechnung der Nullstellen des Polynoms 10.208 explizit ausgeführt wird. Wenn bekannt ist, welche Nullstellen eine Instabilität verursachen, so können diese in den Einheitskreis zurückprojiziert werden. Ist dagegen die Bestimmung der Nullstellen wegen des dafür notwendigen Aufwandes nicht möglich, so bleibt nur die Möglichkeit, einen Adaptionsschritt bei allen Koeffizienten zurückzunehmen, wenn der folgende Test ergibt, daß Nullstellen den Einheitskreis verlassen haben. Ein derartiges Vorgehen bedeutet jedoch in aller Regel eine wesentlich schlechtere Konvergenz des Adaptionsverfahrens.

Diese nur auf der Lage der Nullstellen des Nennerpolynoms basierenden Überlegungen gelten nur dann streng, wenn das Filter *zeitinvariant* und *linear* ist. Adaptive Filter erfüllen diese Voraussetzungen *nicht*. Im Falle *zeitvarianter* Filter ist es zulässig, daß Nullstellen *kurzzeitig* den Einheitskreis verlassen. Andererseits kann bei speziellen – allerdings im praktischen Betrieb sehr unwahrscheinlichen – Anregungen auch dann Instabilität auftreten, wenn alle Nullstellen des Polynoms 10.208 innerhalb des Einheitskreises liegen. Stabilitätsuntersuchungen sind hier mit Hilfe des Verfahrens von Lyapunow (siehe beispielsweise [122]) möglich.

10.8.3   Der HARF–Algorithmus

In [67, 21] wird ein Adaptionsverfahren für rekursive Filter angegeben, das die Konvergenz der Filterkoeffizienten und die Stabilität des Filters unter bestimmten Umständen sicherstellt. Es geht von der Eigenschaft der *Hyperstabilität* aus [100]. Diese verlangt bei einem linearen System, daß der Realteil seiner Übertragungsfunktion für alle $z = e^{j\Omega}$ größer als Null ist:

$$\mathrm{Re}\{H(z)\} > 0 \quad \text{für alle} \quad z = e^{j\Omega} \;. \tag{10.218}$$

Das Adaptionsverfahren fordert neben dem zu adaptierenden Filter ein zweites rekursives Filter, dessen Koeffizienten bereits einmal mehr adaptiert wurden (siehe Abbildung 10.31). Der Ausgangsprozeß dieses Filters sei $\boldsymbol{f}(\eta, k)$:

$$\boldsymbol{f}(\eta, k) = \sum_{l=0}^{L} c_l(k+1)\,\boldsymbol{x}(\eta, k-l) + \sum_{l=1}^{L} b_l(k+1)\,\boldsymbol{f}(\eta, k-l) \;. \tag{10.219}$$

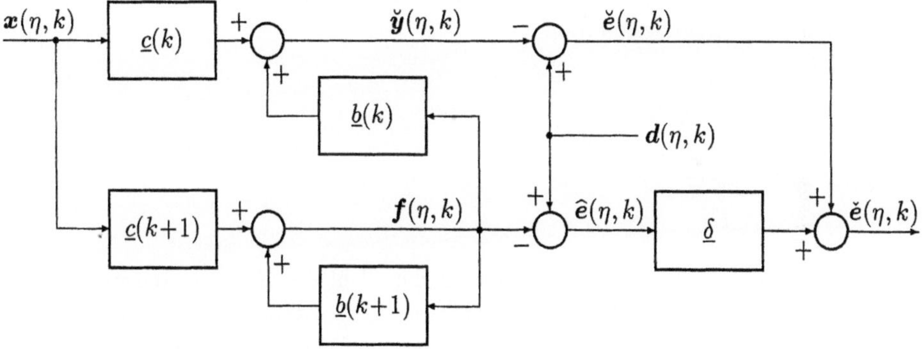

Abb. 10.31: Zum hyperstabilen adaptiven rekursiven Filter

Dieser Ausgang speist den rekursiven Teil des zu adaptierenden Filters. Dessen Ausgangsprozeß sei $\ddot{\boldsymbol{y}}(\eta, k)$:

$$\ddot{\boldsymbol{y}}(\eta, k) = \sum_{l=0}^{L} c_l(k)\,\boldsymbol{x}(\eta, k-l) + \sum_{l=1}^{L} b_l(k)\,\boldsymbol{f}(\eta, k-l) \;. \tag{10.220}$$

Mit den Ausgängen beider Filter und dem gewünschten Ausgangsprozeß $\boldsymbol{d}(\eta, k)$ werden zwei Fehlerprozesse gebildet:

$$\breve{e}(\eta, k) = \boldsymbol{d}(\eta, k) - \ddot{\boldsymbol{y}}(\eta, k) \;, \tag{10.221}$$

$$\hat{e}(\eta, k) = \boldsymbol{d}(\eta, k) - \boldsymbol{f}(\eta, k) \;, \tag{10.222}$$

Dabei wird $\boldsymbol{d}(\eta, k)$ als ungestörter Ausgang eines rekursiven Systems mit dem Parametervektor $\tilde{\underline{a}}$ (siehe Gleichung 10.200) angenommen, das durch $\boldsymbol{x}(\eta, k)$ angeregt wird:

$$d(\eta, k) = \sum_{l=0}^{L} \tilde{c}_l \, \boldsymbol{x}(\eta, k - l) + \sum_{l=1}^{L} \tilde{b}_l \, \boldsymbol{d}(\eta, k - l) \,. \tag{10.223}$$

Schließlich wird der Fehlerprozeß $\widehat{\boldsymbol{e}}(\eta, k)$ durch ein nichtrekursives Filter der Ordnung P mit dem Parametervektor

$$\underline{\delta} = (\, \delta_1, \cdots, \delta_P \,)^T \tag{10.224}$$

geglättet. Die Adaption der Koeffizienten des Vektors $\underline{a}(k)$ wird endlich durch den Fehler $\breve{e}(\eta, k)$ gesteuert:

$$\breve{e}(\eta, k) = \breve{e}(\eta, k) + \sum_{l=1}^{P} \delta_l \, \widehat{\boldsymbol{e}}(\eta, k - l) \,. \tag{10.225}$$

Ordnung und Koeffizienten dieses Glättungsfilters sind dabei so zu wählen, daß der Realteil der Übertragungsfunktion

$$H(z) = \frac{1 + \displaystyle\sum_{l=1}^{P} \delta_l \, z^{-l}}{1 - \displaystyle\sum_{l=1}^{L} \tilde{b}_l \, z^{-l}} \tag{10.226}$$

für alle $z = e^{j\Omega}$ größer als Null ist. Durch die Wahl des Koeffizientenvektors $\underline{\delta}$ des Zählerpolynoms wird ein Bereich innerhalb des Einheitskreises der z–Ebene festgelegt, in dem die Pole des Nennerpolynoms liegen dürfen. Das Verfahren setzt damit voraus, daß die Lage dieser Pole zumindest näherungsweise bekannt ist. Die Adaptionsvorschriften des als **Hyperstable Adaptive Recursive Filtering**–Algorithmus (*HARF*) bezeichneten Verfahrens lauten dann:

$$\boxed{\begin{aligned} \boldsymbol{c}_j(\eta, k + 1) &= \boldsymbol{c}_j(\eta, k) + \frac{\mu_{c,j}}{\boldsymbol{q}(\eta, k)} \, \boldsymbol{x}(\eta, k - j) \, \breve{e}(\eta, k) \quad \text{für} \quad j = 0, \ldots, L \,, \qquad (10.227) \\[2ex] \boldsymbol{b}_i(\eta, k + 1) &= \boldsymbol{b}_i(\eta, k) + \frac{\mu_{b,i}}{\boldsymbol{q}(\eta, k)} \, \boldsymbol{f}(\eta, k - i) \, \breve{e}(\eta, k) \quad \text{für} \quad i = 1, \ldots, L \,. \qquad (10.228) \end{aligned}}$$

Hierbei sind $\mu_{c,j}$ und $\mu_{b,i}$ Konstanten und $\boldsymbol{q}(\eta, k)$ eine Funktion, die größer als Eins ist, und die die Adaptionsschrittweite normiert:

$$\boldsymbol{q}(\eta, k) = 1 + \sum_{l=0}^{L} \mu_{c,l} \, \boldsymbol{x}^2(\eta, k - l) + \sum_{l=1}^{L} \mu_{b,l} \, \boldsymbol{f}^2(\eta, k - l) \,. \tag{10.229}$$

Wählt man die Konstanten $\mu_{c,j}$, $j = 0, \dots, L$, und $\mu_{b,i}$, $i = 1, \dots, L$, hinreichend klein, so ändern sich die Filterparameter nur sehr langsam. Dann gilt aber:

$$f(\eta, k) \approx \breve{y}(\eta, k) \approx y(\eta, k) \ . \tag{10.230}$$

Damit erweist sich $\breve{e}(\eta, k)$ näherungsweise als der durch ein nichtrekursives Filter geglättete (Ausgangs-) Fehler:

$$\breve{e}(\eta, k) \approx d(\eta, k) - y(\eta, k) + \sum_{l=1}^{P} \delta_l \left(d(\eta, k - l) - y(\eta, k - l) \right) \ . \tag{10.231}$$

Ferner bewirken sehr kleine Werte der Konstanten $\mu_{c,j}$ und $\mu_{b,i}$:

$$q(\eta, k) \approx 1 \ . \tag{10.232}$$

Damit vereinfachen sich die Adaptionsvorschriften 10.227 und 10.228 zu:

$$\boxed{\begin{aligned}
c_j(\eta, k + 1) &= c_j(\eta, k) + \mu_{c,j}\, x(\eta, k - j)\, \breve{e}(\eta, k) \quad \text{für} \ \ j = 0, \dots, L \ , \qquad &(10.233)\\[2mm]
b_i(\eta, k + 1) &= b_i(\eta, k) + \mu_{b,i}\, f(\eta, k - i)\, \breve{e}(\eta, k) \quad \text{für} \ \ i = 1, \dots, L \ . &(10.234)
\end{aligned}}$$

Das durch diese beiden Gleichungen und Gleichung 10.231 beschriebene Verfahren wird als **S**implified **H**yperstable **A**daptive **R**ecursive **F**iltering-Algorithmus (*SHARF*) bezeichnet. Gegenüber dem HARF-Algorithmus sind hier die Konvergenz des Koeffizientenvektors $\underline{a}(k)$ gegen $\underline{\tilde{a}}(k)$ und die Hyperstabilität des zu adaptierenden Filters nicht mehr gesichert. Bei kleinen Adaptionsschrittweiten verhalten sich jedoch beide Verfahren ähnlich.

11 Schätzung von Signalparametern

Bisher haben wir lineare Systeme betrachtet, die ein Signal von einer Störung trennen, die ein Signal vorhersagen oder die Existenz eines bestimmten Signals anzeigen.
Das Optimierungskriterium war dabei immer so gewählt, daß Vorkenntnisse nur über
Momente bis zur zweiten Ordnung notwendig waren. Es waren dies die linearen Mittelwerte, die Varianzen und die Autokorrelationsfunktionen der auftretenden Signale
und Störungen, sowie die Kreuzkorrelationsfunktionen. Beim signalangepaßten Filter
mußten wir zusätzlich annehmen, daß wir das gesuchte Signal oder die gesuchten Signale kennen. Fehlen Kenntnisse über die Momente der auftretenden Prozesse, so kann
der mittlere quadratische Fehler als Zielfunktion durch die Summe der Fehlerquadrate
ersetzt werden. Ein Beispiel hierfür ist die Herleitung des Verfahrens der kleinsten Quadrate (siehe Kapitel 10.3).

Wir werden abschließend zum Thema Schätzverfahren eine Klasse von Verfahren betrachten, bei denen nicht der Verlauf eines zeitkontinuierlichen oder zeitdiskreten Signals, sondern nur ein oder mehrere Parameter eines Signals aus gestörten Messungen
optimal bestimmt werden sollen. Beispiele hierfür sind die Amplitude, die Frequenz oder
die Phasenlage einer Schwingung, der lineare Mittelwert oder die mittlere Leistung eines
Signals. Wesentlich ist auch hier die Wahl des Fehlerkriteriums, für die Wirklichkeitstreue und Lösbarkeit des Ansatzes wichtige Gesichtspunkte sind. Ein weiteres entschei-
dendes Kriterium sind die Vorkenntnisse über den zu schätzenden Parameter und die
auftretenden Störungen. Wir werden hier *zwei Klassen* von Verfahren unterscheiden
müssen: Der zu schätzende Parameter kann als *Zufallsvariable* modelliert werden, oder
er muß als *determinierte Größe* angenommen werden. Die Entscheidung darüber hängt
davon ab, ob für die gesuchte Größe eine *Wahrscheinlichkeitsdichte* angegeben werden
kann oder nicht. Im zweiten Fall ist ein Verfahren – mag es noch so einfach und wir-
kungsvoll sein – wertlos, wenn es die Kenntnis der Wahrscheinlichkeitsdichte fordert.
Diese kann – in günstigen Fällen – aus physikalischen Gegebenheiten bestimmt werden,
oder es ist doch zumindest möglich, realitätsnahe Annahmen zu machen.

Bevor bestimmte Schätzverfahren hergeleitet werden, sollen noch einige *Begriffe* für die
Beurteilung von Schätzwerten eingeführt werden. Wir knüpfen dabei an das Kapitel 5.1
an, in dem bereits die Begriffe *Erwartungstreue* (siehe Definition 5.1) und *Bias* (siehe
Gleichung 5.2) definiert wurden. Die *Varianz* eines Schätzwertes sagt etwas darüber aus,
wie weit einzelne Realisierungen der Zufallsvariablen "Schätzwert" von deren Mittelwert
abweichen. Ein Schätzwert wird in der Regel aus n Meßwerten gebildet. Streben mit
wachsender Anzahl n die Varianz des Schätzwertes und ein möglicherweise vorhandener
Bias gegen Null, so nennt man den Schätzwert *konsistent*. Formal ist ein Schätzwert
$\hat{x}_n(\eta)$ gebildet aus n Meßwerten dann konsistent, wenn es für beliebig kleine positive
Größen ϵ und ϑ eine Anzahl N gibt, für die gilt:

$$P(\{\eta|\ |\hat{x}_N(\eta) - x(\eta)| < \epsilon\}) > 1 - \vartheta \ . \tag{11.1}$$

Diese Gleichung besagt, daß der Schätzwert $\hat{\boldsymbol{x}}_n(\eta)$ *mit Wahrscheinlichkeit* gegen den wahren Wert $\boldsymbol{x}(\eta)$ konvergiert.

Für die Varianz eines zufälligen Schätzwertes läßt sich eine Schranke angeben, die von keinem Schätzverfahren unterschritten werden kann (siehe Gleichung 11.76). Wenn ein Schätzwert diese Schranke erreicht, nennt man ihn *effizient* oder *wirksam*.

11.1 Schätzung zufälliger Parameter

In diesem Abschnitt nehmen wir an, daß für den zu schätzenden Parameter eine Wahrscheinlichkeitsdichte $f_x(x)$ angegeben werden kann. Den Parameter modellieren wir daher als Zufallsvariable bzw. – wenn es sich um eine physikalische Größe handelt – als Zufallsgröße $\boldsymbol{x}(\eta)$. Den Schätzwert für $\boldsymbol{x}(\eta)$ bezeichnen wir wieder mit $\hat{\boldsymbol{x}}(\eta)$.

11.1.1 Fehlerfunktion

Der erste Schritt zur Lösung eines Schätzproblems ist auch hier wieder die Festlegung eines Gütemaßes, das bei optimalem Schätzwert minimal – oder bei entsprechender Definition auch maximal – sein soll. Es gelten hier die bereits im Abschnitt 5.2 angestellten Überlegungen. Eine Fehlerfunktion soll bei wachsendem Schätzfehler nicht abnehmen, der Schätzfehler sollte *im Mittel* klein sein, und es sollten sich bei der Mittelung positive und negative Fehler nicht gegenseitig aufheben können. Schließlich sollte sich ein Schätzverfahren – man sagt auch ein Schätzer – möglichst einfach realisieren lassen. Im Vordergrund steht daher auch hier der mittlere quadratische Schätzfehler als Gütekriterium. Dieser ist auch deshalb von Bedeutung, weil man zeigen kann, daß ein mit diesem Ansatz gewonnener optimaler Schätzwert auch optimal für eine ganze Klasse von Gütekriterien ist (siehe Abschnitt 11.1.3). Neben dem Fehlerquadrat,

$$F(e(\eta)) = (\boldsymbol{x}(\eta) - \hat{\boldsymbol{x}}(\eta))^2 \ , \tag{11.2}$$

lassen sich hier noch die Schätzwerte für zwei weitere Fehlerfunktionen mit einfachen Mitteln herleiten (siehe Abbildung 11.1). Wir diskutieren den Betrag des Fehlers,

$$F(e(\eta)) = |\boldsymbol{x}(\eta) - \hat{\boldsymbol{x}}(\eta)| \ , \tag{11.3}$$

und eine Fehlerfunktion, bei der kleine Abweichungen zwischen wahrem Wert und Schätzwert das Gewicht Null und große Abweichungen einheitlich das Gewicht Eins erhalten:

$$F(e(\eta)) = \begin{cases} 0 & \text{für } |\boldsymbol{x}(\eta) - \hat{\boldsymbol{x}}(\eta)| \leq \Delta \\ 1 & \text{für } |\boldsymbol{x}(\eta) - \hat{\boldsymbol{x}}(\eta)| > \Delta \end{cases} \ . \tag{11.4}$$

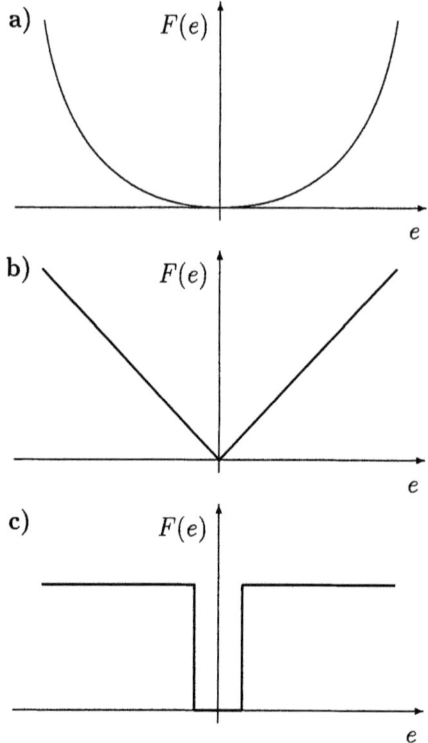

Abb. 11.1: Fehlerfunktionen $F(e)$ mit verschiedener Bewertung des Fehlers e: a) quadratisch, b) absolut und c) einheitlich

Diese zuletzt genannte Fehlerfunktion ist dann angebracht, wenn Schätzwerte quantisiert – d.h. mit endlicher Genauigkeit – dargestellt werden. Ein Fehler, der innerhalb des Quantisierungsintervalls liegt, ist dann ohne Bedeutung. Der Betrag als Fehlerfunktion (siehe Gleichung 11.3) vermeidet das bei einer quadratischen Bewertung auftretende verstärkte Gewicht großer Schätzfehler.

Allen drei Gütefunktionen gemeinsam ist, daß sie nur den Schätzfehler

$$e(\eta) = x(\eta) - \hat{x}(\eta)$$

bewerten, nicht jedoch den tatsächlichen Wert der zu schätzenden Größe oder des Schätzwertes. Ein allgemeiner Ansatz könnte von einer Fehlerfunktion $F(x(\eta), \hat{x}(\eta))$ ausgehen.

11.1.2   Schätzwert nach Bayes

Da die zu schätzende Größe hier als Zufallsgröße vorausgesetzt wird, ist es zweckmäßig, den bewerteten Schätzfehler *im Mittel* zu minimieren. Dies bedeutet, daß ein Wert $\hat{\boldsymbol{x}}(\eta)$ zu finden ist, der den Erwartungswert des mit der Fehlerfunktion bewerteten Fehlers minimiert:

$$\overline{F} = \mathrm{E}\{F(\boldsymbol{x}(\eta) - \hat{\boldsymbol{x}}(\eta))\} \to \min \ \text{ für } \ \hat{\boldsymbol{x}}(\eta) = \hat{\boldsymbol{x}}_{opt}(\eta) \ . \tag{11.5}$$

Bezeichnet die Funktion $F(\boldsymbol{e}(\eta))$ – auch im übertragenen Sinne – die *Kosten* einer Fehlschätzung, so bedeutet die Vorschrift 11.5, daß der optimale Schätzwert die *mittleren Kosten* – man sagt auch das *Risiko* – minimiert. Der Schätzwert $\hat{\boldsymbol{x}}(\eta)$ selbst ist eine Funktion einer Folge von Meßwerten $\boldsymbol{w}_i(\eta)$, die zu einem *Meßvektor* $\underline{\boldsymbol{w}}(\eta)$ zusammengefaßt werden können. Man kann dann schreiben:

$$\hat{\boldsymbol{x}}(\eta) = \hat{x}(\underline{\boldsymbol{w}}(\eta)) \ . \tag{11.6}$$

Die Funktion $\hat{x}(\underline{w})$ ist somit die gesuchte Schätzfunktion (oder der gesuchte Schätzer). Gleichung 11.5 lautet damit:

$$\overline{F} = \mathrm{E}\{F(\boldsymbol{x}(\eta) - \hat{x}(\underline{\boldsymbol{w}}(\eta)))\} \to \min \ \text{ für } \ \hat{x}(\underline{\boldsymbol{w}}(\eta)) = \hat{x}_{opt}(\underline{\boldsymbol{w}}(\eta)) \ . \tag{11.7}$$

Es sei hier nochmals auf die Bedeutung der Schreibweise $\hat{x}(\underline{w})$ bzw. $\hat{x}(\underline{\boldsymbol{w}}(\eta))$ hingewiesen. Der Schätzwert $\hat{x}(\underline{w})$ ist eine (determinierte) Funktion der zu einem Vektor $\underline{w}$ zusammengefaßten Meßwerte. $\hat{x}(\underline{w})$ ist somit eine (determinierte) Zahl oder physikalische Größe. Für die Meßwerte wird ein zufälliges Modell benutzt. Der aktuelle Meßvektor $\underline{w}$ ist dann eine Realisierung eines zufälligen Vektors $\underline{\boldsymbol{w}}(\eta)$. Ausführlicher könnte man daher schreiben:

$$\hat{x}(\underline{\boldsymbol{w}}(\eta) = \underline{w}) \ .$$

Dagegen ist $\hat{x}(\underline{\boldsymbol{w}}(\eta))$ als Funktion einer zufälligen Größe selbst zufällig. Wenn der Mittelwert eines Schätzwertes bestimmt werden soll, so ist über die Zufallsgröße, d.h. über alle Realisierungen, zu mitteln. Wir schreiben folglich

$$\mathrm{E}\{\hat{x}(\underline{\boldsymbol{w}}(\eta))\}$$

und haben damit den Erwartungswert über eine Funktion einer Zufallsgröße zu berechnen. Das Ergebnis ist determiniert. Dies gilt auch – wie später benutzt – für den

Erwartungswert einer Wahrscheinlichkeitsdichte: Auch hier ist das Argument der Funktion "Wahrscheinlichkeitsdichte" eine Zufallsgröße:

$$\mathrm{E}\{f_{\boldsymbol{x}}(\boldsymbol{x}(\eta))\} .$$

Auch bei bedingten Funktionen kann die Bedingung in einer einzelnen Realisierung liegen. Die Größe

$$\mathrm{E}\{\boldsymbol{x}(\eta)|\underline{\boldsymbol{w}}(\eta) = \underline{w}\} = \mathrm{E}\{\boldsymbol{x}(\eta)|\underline{w}\}$$

ist determiniert und eine Funktion von $\underline{w}$. Dagegen ist

$$\mathrm{E}\{\boldsymbol{x}(\eta)|\underline{\boldsymbol{w}}(\eta)\}$$

eine Funktion von $\underline{\boldsymbol{w}}(\eta)$ und daher zufällig. Dies bedeutet, daß der Erwartungswert hier nur über $\boldsymbol{x}(\eta)$, nicht aber über $\boldsymbol{w}(\eta)$ gebildet wird.

Die Auswertung der Vorschrift 11.7 setzt voraus, daß die gemeinsame Wahrscheinlichkeitsdichte $f_{\boldsymbol{x}\underline{\boldsymbol{w}}}(x,\underline{w})$ des zu schätzenden Parameters $\boldsymbol{x}(\eta)$ und des Meßvektors $\underline{\boldsymbol{w}}(\eta)$ bekannt ist. Diese Funktion hängt wesentlich von den Störungen ab, die die Messung beeinflussen.

Für die mittleren Kosten erhält man:

$$\overline{F} = \int_{-\infty}^{+\infty} \int_{-\infty}^{+\infty} F(x - \hat{x}(\underline{w}))\, f_{\boldsymbol{x}\underline{\boldsymbol{w}}}(x,\underline{w})\, d\underline{w}\, dx . \tag{11.8}$$

Dabei ist das Integral über $\underline{w}$ ein n-faches Integral, wenn n die Anzahl der Messungen, d.h. der Elemente von $\underline{w}$ ist.

Gemäß Gleichung 2.45 gilt für die gemeinsame Dichte:

$$f_{\boldsymbol{x}\underline{\boldsymbol{w}}}(x,\underline{w}) = f_{\boldsymbol{x}}(x|\underline{w})\, f_{\underline{\boldsymbol{w}}}(\underline{w}) . \tag{11.9}$$

Dabei ist $f_{\boldsymbol{x}}(x|\underline{w})$ die bedingte Dichte des zu schätzenden Parameters $\boldsymbol{x}(\eta)$. Im Gegensatz zur *a priori Dichte* $f_{\boldsymbol{x}}(x)$ nennt man diese Funktion die *a posteriori Dichte* von $\boldsymbol{x}(\eta)$, denn sie ist die Dichte des zu schätzenden Wertes unter der Bedingung, daß der Meßvektor $\underline{\boldsymbol{w}}(\eta)$ den Wert $\underline{w}$ angenommen hat. $f_{\boldsymbol{x}}(x|\underline{w})$ ist daher als Kurzschreibweise für $f_{\boldsymbol{x}}(x\,|\,\underline{\boldsymbol{w}}(\eta) = \underline{w})$ zu verstehen. Diese Dichte ist eine Funktion von $\underline{w}$. Läßt man den Bezug auf die spezielle Realisierung $\underline{w}$ des zufälligen Meßvektors $\underline{\boldsymbol{w}}(\eta)$ fallen, so ist die bedingte Dichte – als Funktion einer Zufallsgröße – selbst zufällig.

Gleichung 11.9 in Gleichung 11.8 eingesetzt, ergibt:

$$\overline{F} = \int_{-\infty}^{+\infty} \int_{-\infty}^{+\infty} F(x - \hat{x}(\underline{w}))\, f_{\boldsymbol{x}}(x|\underline{w})\, dx\, f_{\underline{\boldsymbol{w}}}(\underline{w})\, d\underline{w} . \tag{11.10}$$

Hierbei haben wir die Reihenfolge der beiden Integrale vertauscht. Setzt man

$$F(e) \geq 0 \qquad (11.11)$$

für alle e voraus, so sind alle Funktionen des Integranden nichtnegativ. Das Risiko $\overline{F}$ wird daher dann minimal, wenn der Schätzwert $\hat{x}(\underline{w})$ so bestimmt wird, daß das Integral über x *für jeden Wert* von $\underline{w}$ minimiert wird. Das Ergebnis dieser Minimierung hängt von der Fehlerfunktion $F(e)$ ab. Wir betrachten die drei angenommenen Fehlerfunktionen (siehe Abbildung 11.1):

11.1.2.1 Quadratische Fehlerfunktion

Den mit dieser Funktion gewonnenen Schätzwert bezeichnen wir mit $\hat{x}_{mqf}(\underline{w}(\eta))$. Für die Fehlerfunktion gilt:

$$F(e(\eta)) = F(\boldsymbol{x}(\eta) - \hat{x}_{mqf}(\underline{w}(\eta))) = (\boldsymbol{x}(\eta) - \hat{x}_{mqf}(\underline{w}(\eta)))^2 \ . \qquad (11.12)$$

Das Integral über x lautet dann:

$$\int_{-\infty}^{+\infty} (x - \hat{x}_{mqf}(\underline{w}))^2 \, f_{\boldsymbol{x}}(x|\underline{w}) \, dx \ . \qquad (11.13)$$

Dies ist eine quadratische Funktion des Schätzwertes $\hat{x}_{mqf}(\underline{w})$. Man findet das Minimum, wenn man nach dem Schätzwert ableitet und das Ergebnis gleich Null setzt:

$$\frac{\partial}{\partial\,\hat{x}_{mqf}(\underline{w})} \ \int_{-\infty}^{+\infty} (x - \hat{x}_{mqf}(\underline{w}))^2 \, f_{\boldsymbol{x}}(x|\underline{w}) \, dx$$
$$= -2 \int_{-\infty}^{+\infty} (x - \hat{x}_{mqf}(\underline{w})) \, f_{\boldsymbol{x}}(x|\underline{w}) \, dx = 0 \ . \qquad (11.14)$$

Nun hängt aber $\hat{x}_{mqf}(\underline{w})$ nicht von x ab. Daher erhält man

$$\int_{-\infty}^{+\infty} \hat{x}_{mqf}(\underline{w}) \, f_{\boldsymbol{x}}(x|\underline{w}) \, dx = \hat{x}_{mqf}(\underline{w}) \ , \qquad (11.15)$$

denn das Integral über die bedingte Dichte ist gleich Eins. Somit gilt für den Schätzwert:

$$\hat{x}_{mqf}(\underline{w}) = \int_{-\infty}^{+\infty} x \, f_{\boldsymbol{x}}(x|\underline{w}) \, dx = \mathrm{E}\{\boldsymbol{x}(\eta)|\underline{w}\} \ , \qquad (11.16)$$

oder, wenn man wieder zur Abhängigkeit von dem zufälligen Meßvektor $\underline{w}(\eta)$ übergeht,

$$\widehat{x}_{mqf}(\underline{\boldsymbol{w}}(\eta)) = \mathrm{E}\{\boldsymbol{x}(\eta)|\underline{\boldsymbol{w}}(\eta)\} \ . \tag{11.17}$$

Der Schätzwert, der den mittleren quadratischen Fehler minimiert, ist somit der *bedingte Mittelwert* der zu schätzenden Größe (siehe Abbildung 11.2).

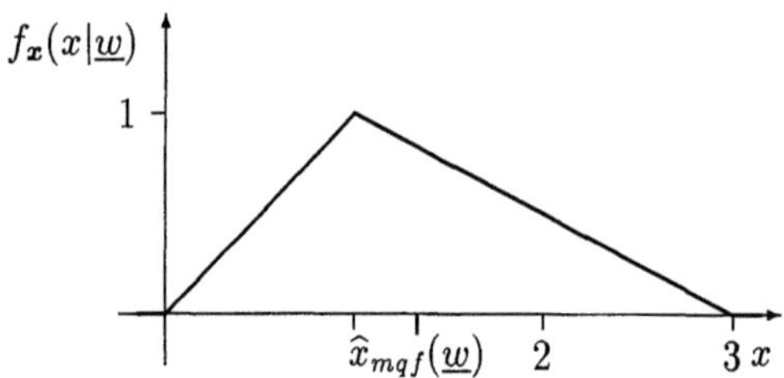

Abb. 11.2: Schätzwert bei quadratischer Fehlerbewertung

11.1.2.2 Betrag als Fehlerfunktion

Wir bestimmen jetzt den optimalen Schätzwert für die Kostenfunktion nach Gleichung 11.3:

$$F(e(\eta)) = |\boldsymbol{x}(\eta) - \widehat{\boldsymbol{x}}(\eta)| \ ,$$

wobei der Schätzwert wieder eine Funktion des Meßvektors $\underline{\boldsymbol{w}}(\eta)$ ist:

$$\widehat{\boldsymbol{x}}(\eta) = \widehat{x}(\underline{\boldsymbol{w}}(\eta)) \ .$$

Den optimalen Schätzwert bezeichnen wir mit $\widehat{\boldsymbol{x}}_{abs}(\eta)$. Anstelle von Gleichung 11.13 gilt jetzt für das Integral über x:

$$\int_{-\infty}^{+\infty} |x - \widehat{x}_{abs}(\underline{w})| \, f_x(x|\underline{w}) \, dx$$
$$= -\int_{-\infty}^{\widehat{x}_{abs}(\underline{w})} (x - \widehat{x}_{abs}(\underline{w})) \, f_x(x|\underline{w}) \, dx + \int_{\widehat{x}_{abs}(\underline{w})}^{\infty} (x - \widehat{x}_{abs}(\underline{w})) \, f_x(x|\underline{w}) \, dx \ . \tag{11.18}$$

Der gesuchte Schätzwert erscheint nun auch an den Integralgrenzen. Den optimalen Wert findet man wieder durch Ableiten des Integrals nach $\widehat{x}_{abs}(\underline{w})$. Die Ableitung folgt hier der Produktregel: Es werden zunächst die Integralgrenzen nach $\widehat{x}_{abs}(\underline{w})$ abgeleitet und dann der Integrand. Man erhält:

$$\frac{\partial}{\partial \widehat{x}_{abs}(\underline{w})} \int_{-\infty}^{+\infty} |x - \widehat{x}_{abs}(\underline{w})| \, f_x(x|\underline{w}) \, dx$$
$$= \int_{-\infty}^{\widehat{x}_{abs}(\underline{w})} f_x(x|\underline{w}) \, dx - \int_{\widehat{x}_{abs}(\underline{w})}^{\infty} f_x(x|\underline{w}) \, dx = 0 \ . \tag{11.19}$$

Dies besagt, daß der optimale Schätzwert so zu legen ist, daß er die a posteriori Dichte "halbiert", d.h. daß die Fläche unter der bedingten Dichte $f_x(x|\underline{w})$ links von dem Schätzwert gleich der Fläche rechts davon ist (siehe Abbildung 11.3).

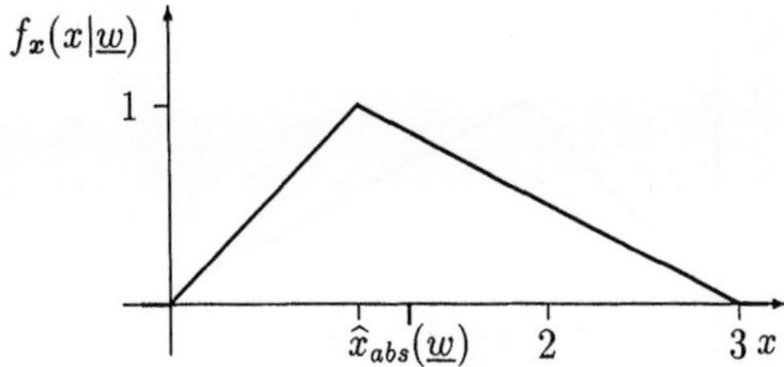

Abb. 11.3: Schätzwert bei absoluter Fehlerbewertung

11.1.2.3 Einheitliche Fehlerbewertung

Als drittes Beispiel einer Fehlerfunktion bestimmen wir jetzt den Schätzwert bei einheitlicher Fehlerbewertung gemäß Gleichung 11.4:

$$F(e(\eta)) = \begin{cases} 0 & \text{für} \quad |e(\eta)| \leq \Delta \\ 1 & \text{für} \quad |e(\eta)| > \Delta \end{cases} \ .$$

Der Wert Eins für einen Fehler größer als Δ schränkt hier die Allgemeinheit nicht ein, denn er bestimmt zwar das Risiko, nicht aber die Lage des optimalen Schätzwertes. Wir bezeichnen den gesuchten Schätzwert mit $\widehat{x}_{ein}(\underline{w}(\eta))$. Es gilt für das zu minimierende innere Integral über x:

$$\int_{-\infty}^{+\infty} F(x - \widehat{x}_{ein}(\underline{w})) \, f_x(x|\underline{w}) \, dx = \int_{-\infty}^{+\infty} f_x(x|\underline{w}) \, dx - \int_{\widehat{x}_{ein}(\underline{w})-\Delta}^{\widehat{x}_{ein}(\underline{w})+\Delta} f_x(x|\underline{w}) \, dx \ . \tag{11.20}$$

Diese Form ergibt sich daraus, daß die Fehlerfunktion überall den Wert Eins hat mit Ausnahme des Bereiches $|x - \widehat{x}_{ein}(\underline{w})| \leq \Delta$. Das Integral hierüber ist von dem Integral über alle x abzuziehen.

Das Integral in Gleichung 11.20 wird minimiert, wenn der abzuziehende Anteil maximal ist, d.h. wenn das Intervall $|x - \widehat{x}_{ein}(\underline{w})| \leq \Delta$ so gelegt wird, daß das Integral der bedingten Dichte $f_x(x|\underline{w})$ über dieses Intervall maximal ist. Hat die bedingte Dichte $f_x(x|\underline{w})$ ein eindeutiges Maximum, und ist Δ klein, so liegt der gesuchte Schätzwert (ungefähr) dort, wo die a posteriori Dichte dieses Maximum hat:

$$f_x(x|\underline{w})\big|_{x=\widehat{x}_{ein}(\underline{w})} = \max \tag{11.21}$$

(siehe Abbildung 11.4).

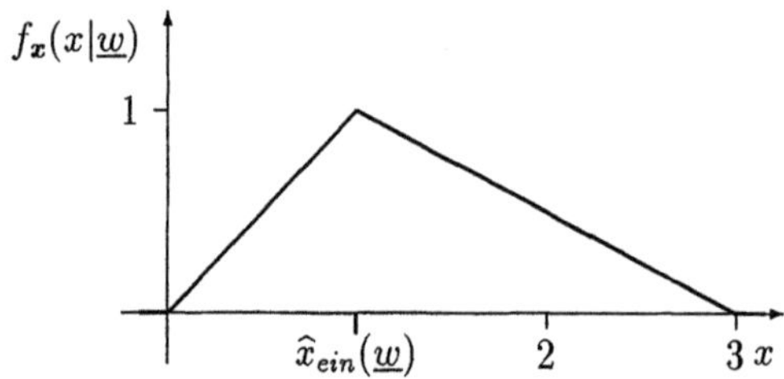

Abb. 11.4: Schätzwert bei einheitlicher Fehlerbewertung

Man nennt diesen Schätzwert daher auch den *Maximum-A-Posteriori-Schätzwert* (MAP-Schätzwert). Dieser kann auch ohne Benutzung einer Kostenfunktion und die Minimierung der mittleren Kosten begründet werden. Der Maximum-A-Posteriori-Schätzwert $\widehat{x}_{MAP}(\underline{w})$ gibt für den zu schätzenden Parameter denjenigen Wert an, den dieser bei Kenntnis des Meßvektors $\underline{w}$ mit größter Wahrscheinlichkeit inne hat. Ist die a posteriori Dichte $f_x(x|\underline{w})$ *streng unimodal*, d.h. hat diese Funktion nur ein Maximum, so stimmen $\widehat{x}_{MAP}(\underline{w})$ und $\widehat{x}_{ein}(\underline{w})$ überein. Ist $f_x(x|\underline{w})$ an der Stelle des Maximums differenzierbar, so verschwindet an dieser Stelle die erste Ableitung:

$$\frac{\partial f_x(x|\underline{w})}{\partial x}\bigg|_{x=\widehat{x}_{ein}(\underline{w})} = 0 \ . \tag{11.22}$$

Diese Bedingung ändert sich nicht, wenn anstelle der bedingten Dichte selbst eine monotone Funktion dieser Dichte differenziert wird. Wählt man den natürlichen Logarithmus, so gilt:

$$\frac{\partial}{\partial x}\ln f_x(x|\underline{w})\bigg|_{x=\widehat{x}_{ein}(\underline{w})} = 0 \ . \tag{11.23}$$

Ist $f_x(x|\underline{w})$ die Dichte einer physikalischen Größe, beispielsweise einer Spannung, so muß diese zunächst normiert werden. Eine Normierung mit einer konstanten Größe verändert das Ergebnis nicht. Mit

$$f_x(x|\underline{w}) = \frac{f_{\underline{w}}(\underline{w}|x)\,f_x(x)}{f_{\underline{w}}(\underline{w})} \tag{11.24}$$

(vergleiche 2.44) folgt aus Gleichung 11.23:

$$\frac{\partial}{\partial x}\ln f_x(x|\underline{w}) = \frac{\partial}{\partial x}(\ln f_{\underline{w}}(\underline{w}|x) + \ln f_x(x) - \ln f_{\underline{w}}(\underline{w})) \ . \tag{11.25}$$

Die Dichte $f_{\underline{w}}(\underline{w})$ hängt nicht von der Wahl des Wertes x für den gesuchten Schätzwert ab. Daher ist

$$l(x) = \ln f_{\underline{w}}(\underline{w}|x) + \ln f_x(x) \tag{11.26}$$

eine *hinreichende Statistik*, d.h. $l(x)$ enthält alle für den Schätzwert wichtigen Informationen. Damit lautet die Bedingung nunmehr:

$$\left.\frac{\partial\,l(x)}{\partial x}\right|_{x=\widehat{x}_{ein}(\underline{w})} = \left[\frac{\partial\ln f_{\underline{w}}(\underline{w}|x)}{\partial x} + \frac{\partial\ln f_x(x)}{\partial x}\right]_{x=\widehat{x}_{ein}(\underline{w})} = 0 \ . \tag{11.27}$$

Der Schätzwert wird somit beeinflußt von der a priori Dichte $f_x(x)$ des zu schätzenden Parameters, d.h. der Information darüber, wo der zu schätzende Wert liegen könnte, und der bedingten Dichte $f_{\underline{w}}(\underline{w}|x)$, die die Information über die Abbildung der zu schätzenden Größe auf den Meßvektor $\underline{w}(\eta)$, d.h. über das Meßsystem und die Störung, enthält. Schreibt man schließlich

$$f_{\underline{w}}(\underline{w}|x)\,f_x(x) = f_{x\underline{w}}(x,\underline{w}) \ , \tag{11.28}$$

so lautet – strenge Unimodalität und Differenzierbarkeit vorausgesetzt – die notwendige Bedingung für den Schätzwert bei einheitlicher Fehlerbewertung:

$$\left.\frac{\partial l(x)}{\partial x}\right|_{x=\widehat{x}_{ein}(\underline{w})} = \left.\frac{\partial\ln f_{x\underline{w}}(x,\underline{w})}{\partial x}\right|_{x=\widehat{x}_{ein}(\underline{w})} = 0 \ . \tag{11.29}$$

Beispiel 11.1 Schätzwert bei verschiedenen Fehlerfunktionen

Es sei

$$
f_x(x|\underline{w}) = \begin{cases}
\dfrac{2}{3}(1+x) & -1 \le x \le 0 \\[2mm]
\dfrac{2}{3}(1-\dfrac{1}{2}x) & 0 \le x \le 2 \\[4mm]
0 & \text{sonst}
\end{cases} \quad .
$$

(siehe Abbildung 11.5)

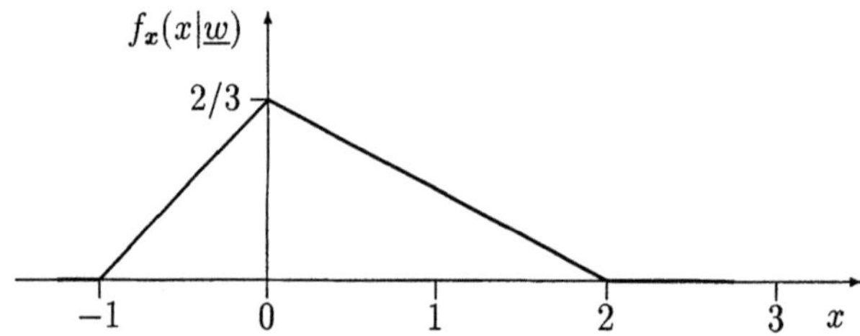

Abb. 11.5: A posteriori Wahrscheinlichkeitsdichte (siehe Beispiel 11.1)

Dann ergeben sich folgende Schätzwerte:

$$
\widehat{x}_{mqf}(\underline{w}) = \frac{1}{3} = 0,333 \;, \quad \widehat{x}_{abs}(\underline{w}) = 2 - \sqrt{3} = 0,268 \;, \quad \widehat{x}_{ein}(\underline{w}) \approx 0 \;.
$$

Für den Schätzwert $\widehat{x}_{ein}(\underline{w})$ wird dabei angenommen, daß $\Delta \ll 1$ ist. Die exakte Lage des Schätzwertes ergibt sich aus der Bedingung

$$
\int_{\widehat{x}_{ein}(\underline{w})-\Delta}^{\widehat{x}_{ein}(\underline{w})+\Delta} f_x(x|\underline{w})\, dx \to max \;.
$$

Aus der Funktion $f_x(x|\underline{w})$ ergibt sich, daß $0 \le \widehat{x}_{ein}(\underline{w}) \le \Delta$ gelten muß. Für die Flächen A eines Streifens um den Schätzwert mit der Breite 2Δ gilt daher

$$
A = \frac{2}{3}\int_{\widehat{x}_{ein}(\underline{w})-\Delta}^{0} (1+x)\, dx + \frac{2}{3}\int_{0}^{\widehat{x}_{ein}(\underline{w})+\Delta} (1-\frac{1}{2}x)\, dx \;.
$$

Die Ableitung von A nach $\widehat{x}_{ein}(\underline{w})$ ergibt:

$$
\frac{\partial A}{\partial \widehat{x}_{ein}(\underline{w})} = -\frac{2}{3}\left(1 + (\widehat{x}_{ein}(\underline{w}) - \Delta)\right) + \frac{2}{3}\left(1 - \frac{1}{2}(\widehat{x}_{ein}(\underline{w}) + \Delta)\right) \;.
$$

Setzt man dies gleich Null, so folgt für den Schätzwert als genauer Wert:

$$\widehat{x}_{ein}(\underline{w}) = \frac{1}{3}\,\Delta \ .$$

Beispiel 11.2 Unsymmetrische a posteriori Dichte

Die a posteriori Dichte $f_x(x|\underline{w})$ sei gegeben als

$$f_x(x|\underline{w}) = \begin{cases} \dfrac{2}{a}\left(1 - \dfrac{x}{a}\right) & 0 \le x \le a \\[2mm] 0 & \text{sonst} \end{cases}$$

(siehe Abbildung 11.6).

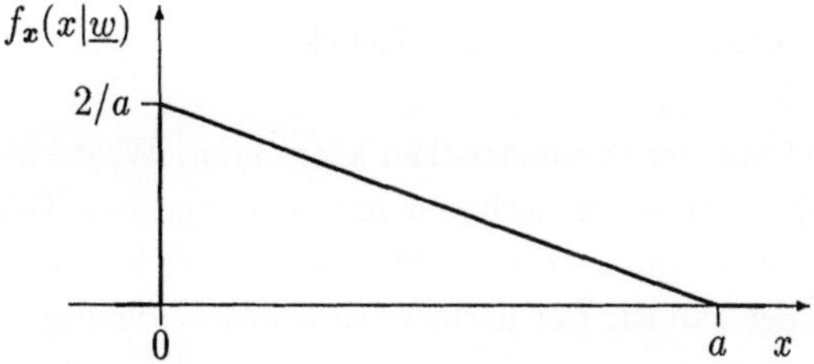

Abb. 11.6: Unsymmetrische a posteriori Wahrscheinlichkeitsdichte (siehe Beispiel 11.2)

Dann ergeben sich folgende Schätzwerte:

$$\widehat{x}_{mqf}(\underline{w}) = \int_0^a x\,\frac{2}{a}\left(1 - \frac{x}{a}\right)dx = 0,333\,a \ , \quad \widehat{x}_{abs}(\underline{w}) = a\left(1 - \frac{1}{\sqrt{2}}\right) = 0,293\,a \ ,$$

$$\widehat{x}_{ein}(\underline{w}) = \Delta \ .$$

Der Wert $\widehat{x}_{abs}(\underline{w})$ folgt aus

$$\int_0^{\widehat{x}_{abs}(\underline{w})} \frac{2}{a}\left(1 - \frac{x}{a}\right)dx = \int_{\widehat{x}_{abs}(\underline{w})}^a \frac{2}{a}\left(1 - \frac{x}{a}\right)dx \ .$$

Da bei quadratischer Fehlerfunktion weit vom Schätzwert weg liegende Parameterwerte ein größeres Gewicht erhalten als bei einer Bewertung mit dem Betrag, ist $\widehat{x}_{mqf}(\underline{w})$ hier größer als $\widehat{x}_{abs}(\underline{w})$.

Beispiel 11.3 Symmetrische a posteriori Dichte

Die a posteriori Wahrscheinlichkeitsdichte $f_x(x|\underline{w})$ sei symmetrisch,

$$f_x(x|\underline{w}) = f_x(-x|\underline{w}) \; ,$$

und nehme mit wachsendem $|x|$ monoton ab.

Dann ergeben sich folgende Schätzwerte:

$$\hat{x}_{mqf}(\underline{w}) \;\; = \int_{-\infty}^{+\infty} x\, f_x(x|\underline{w})\, dx = 0 \; ,$$

$$\hat{x}_{abs}(\underline{w}) \;\; = 0 \; , \;\; \text{denn} \;\; \int_{-\infty}^{0} f_x(x|\underline{w})\, dx = \int_{0}^{+\infty} f_x(x|\underline{w})\, dx \; ,$$

$$\hat{x}_{ein}(\underline{w}) \;\; = 0 \; , \;\; \text{denn} \;\; \int_{-\Delta}^{+\Delta} f_x(x|\underline{w})\, dx \to \max \; .$$

Alle drei Schätzwerte sind in diesem Fall gleich.

Das Beispiel mit der symmetrischen a posteriori Wahrscheinlichkeitsdichte zeigt, daß es Fälle gibt, bei denen sich die mit verschiedenen Fehlerfunktionen gewonnenen Schätzwerte nicht unterscheiden. Dies legt nahe, Klassen von Problemen zu suchen, für die dies der Fall ist. Der nächste Abschnitt beschäftigt sich mit diesem Problem.

11.1.3   Invarianz von Schätzwerten

Bei einem Beispiel wurde beobachtet, daß mit verschiedenen Fehlerfunktionen gewonnene Schätzwerte sich nicht unterscheiden. Dies gilt für ganze Klassen von Fehlerfunktionen und Wahrscheinlichkeitsdichten. Wir wollen es für zwei Klassen zeigen. Wir müssen dazu jeweils Annahmen über die Fehlerfunktion $F(e)$ und die a posteriori Wahrscheinlichkeitsdichte $f_x(x|\underline{w})$ machen.

11.1.3.1   1. Fall

Die Fehlerfunktion sei symmetrisch,

$$F(e) = F(-e) \; , \tag{11.30}$$

und (aufwärts) konvex,

$$F(\alpha\, e_1 + (1 - \alpha)\, e_2) \le \alpha\, F(e_1) + (1 - \alpha)\, F(e_2) \; , \tag{11.31}$$

für jedes $\alpha \in [0,1]$ und alle e_1 und e_2.

Die Ungleichung (11.31) besagt, daß die Verbindungslinie zwischen zwei Punkten auf der Fehlerfunktion nirgendwo unterhalb der Funktion liegt. Die Bedingung in Gleichung (11.30) ist für alle drei bisher betrachteten Fehlerfunktionen erfüllt. Das Quadrat und der Betrag als Fehlerfunktion erfüllen auch die Ungleichung (11.31), nicht erfüllt wird diese jedoch durch die einheitliche Fehlerbewertung.

Hinsichtlich der a posteriori Wahrscheinlichkeitsdichte $f_{\boldsymbol{x}}(x|\underline{w})$ setzen wir voraus, daß diese symmetrisch zu dem bedingten Mittelwert

$$E\{\boldsymbol{x}(\eta)|\underline{w}\} = \hat{x}_{mqf}(\underline{w})$$

ist, der ja seinerseits gleich dem mit quadratischer Fehlerbewertung gewonnenen Schätzwert ist. Zur Abkürzung schreiben wir

$$z = x - \hat{x}_{mqf}(\underline{w}) \tag{11.32}$$

und

$$f_{\boldsymbol{x}}(x|\underline{w}) = f_{\boldsymbol{x}}(z + \hat{x}_{mqf}(\underline{w})|\underline{w}) = f_{\boldsymbol{z}}(z|\underline{w}) \ . \tag{11.33}$$

Dann bedeutet die vorausgesetzte Symmetrie:

$$f_{\boldsymbol{z}}(z|\underline{w}) = f_{\boldsymbol{z}}(-z|\underline{w}) \ . \tag{11.34}$$

Das für jeden Wert von $\underline{w}$ zu minimierende Integral über x (siehe Gleichung 11.10) lautet dann:

$$\int_{-\infty}^{+\infty} F(x - \hat{x}(\underline{w}))\, f_{\boldsymbol{x}}(x|\underline{w})\, dx$$
$$= \int_{-\infty}^{+\infty} F(z + \hat{x}_{mqf}(\underline{w}) - \hat{x}(\underline{w}))\, f_{\boldsymbol{x}}(z + \hat{x}_{mqf}(\underline{w})|\underline{w})\, d(z + \hat{x}_{mqf}(\underline{w})) \tag{11.35}$$
$$= \int_{-\infty}^{+\infty} F(z + \hat{x}_{mqf}(\underline{w}) - \hat{x}(\underline{w}))\, f_{\boldsymbol{z}}(z|\underline{w})\, dz \ .$$

Hierin ist nun $\hat{x}(\underline{w})$ ein beliebiger – d. h. mit noch nicht festgelegter Fehlerfunktion gewonnener – Schätzwert von x. Dagegen ist $\hat{x}_{mqf}(\underline{w})$ der mit quadratischer Fehlerfunktion bestimmte Schätzwert.

Der Integrand kann jetzt umgeformt werden [123]. Man benutzt dazu zunächst die angenommene Symmetrie der Funktion $F(e)$ (siehe Gleichung 11.30), und dann die Symmetrie der a posteriori Dichte $f_z(z|\underline{w})$ (siehe Gleichung 11.34). Man erhält:

$$\int_{-\infty}^{+\infty} F(z + \hat{x}_{mqf}(\underline{w}) - \hat{x}(\underline{w}))\, f_z(z|\underline{w})\, dz$$

$$= \int_{-\infty}^{+\infty} F(\hat{x}(\underline{w}) - \hat{x}_{mqf}(\underline{w}) - z)\, f_z(z|\underline{w})\, dz$$

$$= \int_{-\infty}^{+\infty} F(\hat{x}(\underline{w}) - \hat{x}_{mqf}(\underline{w}) + z)\, f_z(z|\underline{w})\, dz \qquad (11.36)$$

$$= \int_{-\infty}^{+\infty} F(\hat{x}_{mqf}(\underline{w}) - \hat{x}(\underline{w}) - z)\, f_z(z|\underline{w})\, dz$$

$$= \int_{-\infty}^{+\infty} F(\hat{x}_{mqf}(\underline{w}) - \hat{x}(\underline{w}) + z)\, f_z(z|\underline{w})\, dz \;\; .$$

Im einzelnen wurden dabei folgende Umformungen vorgenommen:

-   1. Schritt: $F(e)$ wird durch $F(-e)$ ersetzt.

-   2. Schritt: z wird durch $-z$ ersetzt. Nach Voraussetzung ist aber $f_z(-z|\underline{w}) = f_z(z|\underline{w})$. Aus dz wird $-dz$, aber gleichzeitig vertauschen sich die Grenzen des Integrals. Tauscht man die Grenzen wieder zurück, so ändert sich das Vorzeichen des Integrals und beide Minuszeichen ergeben wieder ein Pluszeichen.

-   3. Schritt: wie 1. Schritt

-   4. Schritt: wie 2. Schritt (führt zur ursprünglichen Form zurück)

Die abschließende Umformung benutzt nun die vorausgesetzte Konvexität der Fehlerfunktion und die Gleichheit der Integrale in Gleichung (11.36). Es gelten:

$$\int_{-\infty}^{+\infty} F(z + \hat{x}_{mqf}(\underline{w}) - \hat{x}(\underline{w}))\, f_z(z|\underline{w})\, dz$$

$$= \frac{1}{2} \int_{-\infty}^{+\infty} F(\hat{x}(\underline{w}) - \hat{x}_{mqf}(\underline{w}) + z)\, f_z(z|\underline{w})\, dz$$

$$+ \frac{1}{2} \int_{-\infty}^{+\infty} F(\hat{x}_{mqf}(\underline{w}) - \hat{x}(\underline{w}) + z)\, f_z(z|\underline{w})\, dz \qquad (11.37)$$

$$\geq \int_{-\infty}^{+\infty} F(\frac{1}{2}\,[\hat{x}(\underline{w}) - \hat{x}_{mqf}(\underline{w}) + z] + \frac{1}{2}\,[\hat{x}_{mqf}(\underline{w}) - \hat{x}(\underline{w}) + z])\, f_z(z|\underline{w})\, dz$$

$$= \int_{-\infty}^{+\infty} F(z)\, f_z(z|\underline{w})\, dz \;\; .$$

Schließt man aus, daß die Fehlerfunktion konstant ist, so gilt das Gleichheitszeichen bei der Ungleichung dann und nur dann, wenn

$$\hat{x}(\underline{w}) = \hat{x}_{mqf}(\underline{w}) \qquad (11.38)$$

gesetzt wird. Das Integral wird somit minimiert, wenn der für eine beliebige Fehlerfunktion aus der durch die Voraussetzungen definierten Klasse von Funktionen gesuchte
Schätzwert gleich dem MQF-Schätzwert gesetzt wird. Dieses Ergebnis bedeutet, daß –
bei Gültigkeit der Voraussetzungen – unter allen Fehlerfunktionen dieser Klasse der
Schätzwert für diejenige Fehlerfunktion berechnet werden kann, für die diese Rechnung
am einfachsten ist. Der Schätzwert gilt dann auch für alle anderen Fehlerfunktionen der
betreffenden Klasse. In aller Regel läßt sich der Schätzwert bei quadratischer Fehlerbewertung am einfachsten bestimmen.

11.1.3.2 2. Fall

Die Fehlerfunktion mit einer einheitlichen Bewertung (siehe Gleichung (11.4)) ist nicht
konvex und gehört damit nicht zu der bisher betrachteten Klasse von Fehlerfunktionen.
Wir definieren daher jetzt eine zweite Klasse von Fehlerfunktionen und a posteriori Dichten, die die Fehlerfunktion gemäß Gleichung (11.4) enthält und für die man ebenfalls
zeigen kann, daß der optimale Schätzwert immer gleich dem bedingten Erwartungswert,
also gleich dem MQF-Schätzwert $\hat{x}_{mqf}(\underline{w})$ ist.

Es sei $F(e)$ symmetrisch (siehe Gleichung (11.30)) und nehme mit wachsendem
Schätzfehler nicht ab:

$$F(|e_1|) \leq F(|e_2|) \text{ für alle } |e_1| \leq |e_2| \ . \tag{11.39}$$

Ferner sei die Fehlerfunktion $F(e)$ fast überall differenzierbar. Die Bedingungen (11.30)
und (11.39) bedeuten, daß überall dort, wo die Ableitung existiert, gilt:

$$\frac{dF(e)}{de} \begin{cases} \geq 0 & e \geq 0 \\ \leq 0 & e < 0 \end{cases} \ . \tag{11.40}$$

Schließlich soll die Fehlerfunktion mit zunehmendem Fehlerbetrag nur so stark ansteigen, daß gilt:

$$\lim_{e \to \pm\infty} F(e)\, f_x(e|\underline{w}) = 0 \ . \tag{11.41}$$

Diese gegenüber dem ersten Fall insgesamt schwächeren Voraussetzungen für die Fehlerfunktion $F(e)$ müssen allerdings durch einschränkende Voraussetzungen für die a
posteriori Dichte ergänzt werden. Neben dem Grenzwert (11.41) nehmen wir an, daß
$f_x(x|\underline{w})$ symmetrisch bezüglich des bedingten Mittelwertes ist (siehe Gleichung (11.34))
und daß $f_x(x|\underline{w})$ nur ein einziges Maximum hat, d.h. *streng unimodal* ist. Dieses Maxi-
mum liegt bei dem bedingten Mittelwert, und die Funktion nimmt nach beiden Seiten
nirgendwo zu.

Der Beweis, daß auch in diesem Fall der optimale Schätzwert gleich dem bedingten Mittelwert ist, folgt auch hier aus einigen Umformungen des Integrals über x in Gleichung (11.10) bzw. über $z = x - \hat{x}_{mqf}(\underline{w})$ in Gleichung (11.36). Das Intergral werde hier mit $I(\hat{x}(\underline{w}))$ abgekürzt:

$$
\begin{aligned}
I(\hat{x}(\underline{w})) &= \int_{-\infty}^{+\infty} F(\hat{x}_{mqf}(\underline{w}) - \hat{x}(\underline{w}) + z)\, f_z(z|\underline{w})\, dz \\
&= \int_{-\infty}^{+\infty} F(\hat{x}(\underline{w}) - \hat{x}_{mqf}(\underline{w}) + z)\, f_z(z|\underline{w})\, dz \\
&= \int_{-\infty}^{+\infty} F(u)\, f_z(u + \hat{x}_{mqf}(\underline{w}) - \hat{x}(\underline{w})\,|\,\underline{w})\, du \quad .
\end{aligned}
\tag{11.42}
$$

Bei der letzten Umformung wurde

$$
u = z - \hat{x}_{mqf}(\underline{w}) + \hat{x}(\underline{w})
$$

gesetzt. Es gilt weiter:

$$
\begin{aligned}
&I(\hat{x}(\underline{w})) - I(\hat{x}_{mqf}(\underline{w})) \\
&= \int_{-\infty}^{+\infty} F(u)\, [f_z(u + \hat{x}_{mqf}(\underline{w}) - \hat{x}(\underline{w})\,|\,\underline{w}) - f_z(u|\underline{w})]\, du \quad .
\end{aligned}
\tag{11.43}
$$

Unter Ausnutzung der geforderten Symmetrien erhält man:

$$
\begin{aligned}
&I(\hat{x}(\underline{w})) - I(\hat{x}_{mqf}(\underline{w})) \\
&= \int_0^{\infty} F(u)\, [f_z(u + \hat{x}_{mqf}(\underline{w}) - \hat{x}(\underline{w})\,|\,\underline{w}]\, du \\
&\quad + \int_{-\infty}^{0} F(u)\, [f_z(u + \hat{x}_{mqf}(\underline{w}) - \hat{x}(\underline{w})\,|\,\underline{w}]\, du - 2\int_0^{\infty} F(u)\, f_z(u|\underline{w})\, du \\
&= \int_0^{\infty} F(u)\, [f_z(u + \hat{x}_{mqf}(\underline{w}) - \hat{x}(\underline{w})|\underline{w}) \\
&\quad + f_z(u - \hat{x}_{mqf}(\underline{w}) + \hat{x}(\underline{w})|\underline{w}) - 2\, f_z(u|\underline{w})]\, du \quad .
\end{aligned}
\tag{11.44}
$$

Dieses Integral kann partiell nach der Regel

$$
\int_a^b f_1(x)\, f_2'(x)\, dx = [f_1(x)\, f_2(x)]_a^b - \int_a^b f_1'(x)\, f_2(x)\, dx
$$

integriert werden:

$$I(\widehat{x}(\underline{w})) - I(\widehat{x}_{mqf}(\underline{w}))$$

$$= [F(u) \int_0^u [f_z(v + \widehat{x}_{mqf}(\underline{w}) - \widehat{x}(\underline{w})|\underline{w})$$

$$+ f_z(v - \widehat{x}_{mqf}(\underline{w}) + \widehat{x}(\underline{w})|\underline{w}) - 2\,f_z(v|\underline{w})]\,dv]_{u=0}^{u=\infty} \tag{11.45}$$

$$- \int_0^\infty \frac{dF(y)}{dy}\bigg|_{y=u} \int_0^u [f_z(v + \widehat{x}_{mqf}(\underline{w}) - \widehat{x}(\underline{w})|\underline{w})$$

$$+ f_z(v - \widehat{x}_{mqf}(\underline{w}) + \widehat{x}(\underline{w})|\underline{w}) - 2\,f_z(v|\underline{w})]\,dv\,du \quad .$$

Wir nehmen jetzt zunächst an, daß $\widehat{x}_{mqf}(\underline{w}) - \widehat{x}(\underline{w})$ größer als Null ist,

$$\widehat{x}_{mqf}(\underline{w}) - \widehat{x}(\underline{w}) = a > 0 \ , \tag{11.46}$$

und betrachten das Integral über v:

$$\int_0^u [f_z(v + a|\underline{w}) + f_z(v - a|\underline{w}) - 2\,f_z(v|\underline{w})]\,dv$$

$$= \int_a^{u+a} f_z(v|\underline{w})\,dv + \int_{-a}^{u-a} f_z(v|\underline{w})\,dv - 2\int_0^u f_z(v|\underline{w})\,dv$$

$$= -\int_0^a \cdots + \int_0^u \cdots + \int_u^{u+a} \cdots + \int_{-a}^0 \cdots + \int_0^u \cdots - \int_{u-a}^u \cdots - 2\int_0^u \cdots \tag{11.47}$$

$$= -\int_0^a \cdots + \int_u^{u+a} \cdots + \int_{-a}^0 \cdots - \int_{u-a}^u \cdots = \int_u^{u+a} \cdots - \int_{u-a}^u \cdots$$

$$= \int_0^a f_z(v + u|\underline{w})\,dv - \int_0^a f_z(v - u|\underline{w})\,dv \quad .$$

Bei diesen Umformungen wurde ausgenutzt, daß $f_z(z|\underline{w})$ voraussetzungsgemäß eine gerade Funktion ist. Damit lautet Gleichung (11.45):

$$I(\widehat{x}(\underline{w})) - I(\widehat{x}_{mqf}(\underline{w}))$$

$$= \left[F(u) \int_0^a (f_z(v + u|\underline{w}) - f_z(v - u|\underline{w}))\,dv\right]_{u=0}^{u=\infty} \tag{11.48}$$

$$+ \int_0^\infty \frac{dF(y)}{dy}\bigg|_{y=u} \int_0^a (f_z(v - u|\underline{w}) - f_z(v + u|\underline{w}))\,dv\,du \quad .$$

Der erste Summand dieser Gleichung verschwindet aber aufgrund der Annahme in Gleichung (11.41). Der zweite Summand ist aufgrund der Annahme über die Fehlerfunktion

$F(e)$ (siehe Gleichung (11.40)) und die a posteriori Dichte $f_x(z|\underline{w})$ nichtnegativ, denn die Differenz der beiden bedingten Dichten kann für die in den Integrationsbereichen liegenden Argumente nicht negativ sein.

Zu einem gleichwertigen Ausdruck kommt man auch für

$$\widehat{x}_{mqf}(\underline{w}) - \widehat{x}(\underline{w}) < 0 \; .$$

Das Risiko wird daher für alle Kostenfunktionen und a posteriori Dichten, die die Voraussetzungen dieser Klasse erfüllen, minimal, wenn

$$\widehat{x}(\underline{w}) = \widehat{x}_{mqf}(\underline{w}) = E\{\boldsymbol{x}(\eta)|\underline{w}\} \tag{11.49}$$

gesetzt wird. Das gerade genannte Ergebnis gilt insbesondere dann, wenn $f_x(z|\underline{w})$ eine Gaußdichte ist.

Beispiel 11.4 Empfänger für ein Binärsignal

Der Empfang eines Binärsignals, der eigentlich ein Entscheidungsproblem ist, soll hier als Schätzproblem diskutiert werden. Das gesendete Signal kann (im Zeichentakt abgetastet) als stationärer Zufallsprozeß $\boldsymbol{x}(\eta, k)$ beschrieben werden. Die Dichte sei

$$f_x(x) = \frac{1}{2}\left(\delta(x-1) + \delta(x+1)\right) \; .$$

Dies bedeutet, daß die Werte $+1$ und -1 jeweils mit der Wahrscheinlichkeit $0,5$ auftreten. Das empfangene Signal $\boldsymbol{w}(\eta, k)$ sei additiv durch stationäres weißes Rauschen $\boldsymbol{n}(\eta, k)$ gestört:

$$\boldsymbol{w}(\eta, k) = \boldsymbol{x}(\eta, k) + \boldsymbol{n}(\eta, k) \; .$$

Die Wahrscheinlichkeitsdichte $f_n(n)$ der Störung sei eine Gaußdichte:

$$f_n(n) = \frac{1}{\sqrt{2\pi}\sigma_n}\, e^{-\frac{n^2}{2\sigma_n^2}} \; .$$

Zunächst ist die a posteriori Dichte $f_x(x|w)$ zu bestimmen:

$$f_x(x|w) = \frac{f_w(w|x)\, f_x(x)}{f_w(w)} \; .$$

Die a priori Dichte $f_x(x)$ ist gegeben. Da

$$n(\eta, k) = w(\eta, k) - x(\eta, k)$$

ist, gilt für die bedingte Dichte des Empfangssignals $w(\eta, k)$:

$$f_w(w|x) = f_n(w - x) = \frac{1}{\sqrt{2\pi}\,\sigma_n}\, e^{-\frac{(w-x)^2}{2\sigma_n^2}} \ .$$

Die Dichte $f_w(w)$ erhält man durch Faltung (siehe Gleichung 2.75):

$$f_w(w) = f_x(w) * f_n(w)$$

$$= \int_{-\infty}^{+\infty} f_x(x)\, f_n(w - x)\, dx = \frac{1}{\sqrt{2\pi}\,\sigma_n}\, \frac{1}{2}\left(e^{-\frac{(w-1)^2}{2\sigma_n^2}} + e^{-\frac{(w+1)^2}{2\sigma_n^2}}\right) \ .$$

Die Berechnung der Faltung ist hier besonders einfach, da $f_x(x)$ nur δ-Distributionen enthält. Nun kann die a posteriori Dichte des Empfangssignals bestimmt werden:

$$f_x(x|w) = \frac{e^{-\frac{(w-x)^2}{2\sigma_n^2}}}{e^{-\frac{(w-1)^2}{2\sigma_n^2}} + e^{-\frac{(w+1)^2}{2\sigma_n^2}}}\left(\delta(x - 1) + \delta(x + 1)\right) \ .$$

Für den Schätzwert mit quadratischer Fehlerbewertung $\hat{x}_{mqf}(w)$ erhält man:

$$\hat{x}_{mqf}(w) = \int_{-\infty}^{+\infty} x f_x(x|w)\, dx = \frac{e^{-\frac{(w-1)^2}{2\sigma_n^2}} - e^{-\frac{(w+1)^2}{2\sigma_n^2}}}{e^{-\frac{(w-1)^2}{2\sigma_n^2}} + e^{-\frac{(w+1)^2}{2\sigma_n^2}}} = \tanh\frac{w}{\sigma_n^2} \ .$$

Abbildung 11.7 zeigt diese Funktion und ihre Abhängigkeit von σ_n^2, d.h. von der mittleren Leistung der Störung. Ist diese klein, so nähert sich $\tanh\frac{w}{\sigma_n^2}$ der Funktion $\mathrm{sgn}(w)$, der Schätzwert ergibt dann $\hat{x}_{mqf}(w) = 1$ für $w > 0$ und $\hat{x}_{mqf}(w) = -1$ für $w < 0$. Bei zunehmender Störung wird die Schätzung "vorsichtiger", sie ergibt kleinere Werte.

Der Schätzwert $\hat{x}_{abs}(w)$ bei absoluter Fehlerbewertung halbiert die Fläche unter der a posteriori Dichte $f_x(x|w)$. Diese besteht hier aus zwei δ-Impulsen bei $x = +1$ und $x = -1$ mit verschiedenen Vorfaktoren. Sinngemäß liegt der Schätzwert dort, wo der Vorfaktor am größten ist:

$$\hat{x}_{abs}(w) = \begin{cases} +1 & w > 0 \\ -1 & w < 0 \end{cases} \ .$$

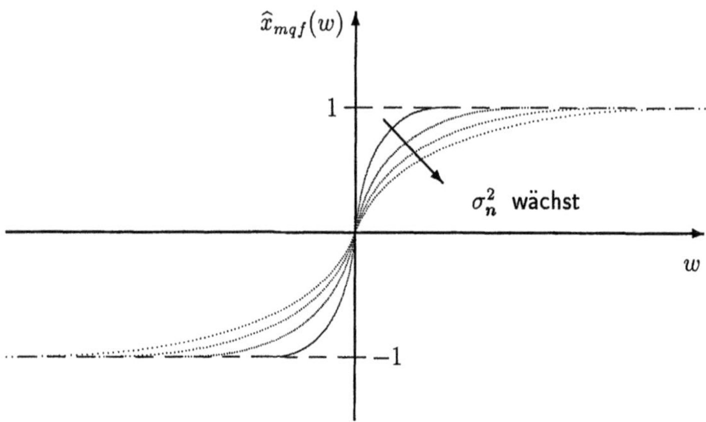

Abb. 11.7: Schätzwert $\widehat{x}_{mqf}(w)$ und seine Abhängigkeit von der mittleren Leistung σ_n^2 der Störung (siehe Beispiel 11.4)

Für $w = 0$ liegt der Schätzwert beliebig zwischen -1 und $+1$.

Bei einheitlicher Fehlerbetrachtung liegt der Schätzwert $\widehat{x}_{ein}(w)$ dort, wo $f_x(x|w)$ maximal ist. Dies ergibt

$$\widehat{x}_{ein}(w) = \begin{cases} +1 & w > 0 \\ -1 & w < 0 \end{cases}.$$

Für $w = 0$ kann der Schätzwert beliebig bei $+1$ oder -1 liegen.

Beispiel 11.5 Schätzung der mittleren Anzahl von Ereignissen [123]

Die Anzahl der Ereignisse in einem Intervall folge dem Poissongesetz. Die Intervalldauer sei normiert, Λ sei die zu schätzende mittlere Anzahl von Ereignissen bezogen auf dieses Intervall. Dann gilt für die Wahrscheinlichkeit, daß $n(\eta) = n$ Ereignisse in dem normierten Intervall stattfinden:

$$P_n(n|\Lambda) = \frac{\Lambda^n}{n!}\, e^{-\Lambda} \quad \text{für } n \geq 0$$

(siehe Gleichung 3.98).

Die mittlere Anzahl von Ereignissen sei eine Zufallsvariable $\Lambda(\eta)$ mit der Dichte

$$f_\Lambda(\Lambda) = \begin{cases} \alpha\, e^{-\alpha\Lambda} & \Lambda > 0 \\[2mm] 0 & \text{sonst} \end{cases} \quad .$$

In diesem Beispiel nimmt $n(\eta)$ nur nichtnegative ganzzahlige Werte an. Es ist somit eine diskrete Zufallsvariable, und an die Stelle der Dichte $f_n(n)$ tritt die Wahrscheinlichkeit $P_n(n)$.

Für die a posteriori Dichte gilt

$$f_\Lambda(\Lambda|n) = \frac{P_n(n|\Lambda)\, f_\Lambda(\Lambda)}{P_n(n)} \quad .$$

Für den Schätzwert $\widehat{\Lambda}_{mqf}(n)$ gilt:

$$\widehat{\Lambda}_{mqf}(n) = \int_{-\infty}^{+\infty} \Lambda f_\Lambda(\Lambda|n)\, d\Lambda \quad .$$

Die a priori Wahrscheinlichkeit $P_n(n)$ hängt definitionsgemäß nicht von Λ ab und kann daher vor das Integral gezogen werden:

$$\widehat{\Lambda}_{mqf}(n) = \frac{1}{P_n(n)} \int_{-\infty}^{+\infty} \Lambda\, P_n(n|\Lambda)\, f_\Lambda(\Lambda)\, d\Lambda \quad .$$

Man erhält die a priori Wahrscheinlichkeit $P_n(n)$ durch Integration:

$$\begin{aligned}
P_n(n) &= \int_{-\infty}^{+\infty} P_n(n|\Lambda)\, f_\Lambda(\Lambda)\, d\Lambda \\[2mm]
&= \frac{\alpha}{n!} \int_0^{\infty} \Lambda^n\, e^{-\Lambda(1+\alpha)}\, d\Lambda = \frac{\alpha}{(1+\alpha)^{n+1}} \quad \text{für } n \geq 0 \;.
\end{aligned}$$

Für den gesuchten Schätzwert gilt damit:

$$\begin{aligned}
\widehat{\Lambda}_{mqf}(n) &= \frac{(1+\alpha)^{n+1}}{n!} \int_0^{\infty} \Lambda^{n+1}\, e^{-\Lambda(1+\alpha)}\, d\Lambda \\[2mm]
&= \frac{(1+\alpha)^{n+1}}{(1+\alpha)^{n+2}}\, (n+1) = \frac{n+1}{1+\alpha} \quad .
\end{aligned}$$

Die a posteriori Dichte $f_\Lambda(\Lambda|n)$ ist unimodal und an ihrem Maximum differenzierbar nach dem Parameter Λ. Man erhält daher für den Maximum-A-Posteriori-Schätzwert:

$$\widehat{\Lambda}_{MAP}(n) = \frac{n}{1+\alpha} \quad .$$

Beide Schätzwerte nehmen offenbar mit wachsendem Parameter α ab. Wachsendes α bedeutet aber, daß die a priori Dichte $f_\Lambda(\Lambda)$ stärker bei kleinen Werten von Λ konzentriert ist. Der Schätzwert $\widehat{\Lambda}_{MAP}(n)$ ist kleiner als $\widehat{\Lambda}_{mqf}(n)$, da bei quadratischer Fehlerbewertung mögliche – wenn auch wenig wahrscheinliche – große Fehler stärkeres Gewicht erhalten.

11.1.4   Eine untere Grenze für die Varianz des Schätzfehlers

Für die Varianz $E\{(\widehat{x}(\underline{w}(\eta)) - x(\eta))^2\}$ des erwartungstreuen Schätzfehlers eines zufälligen Parameters $x(\eta)$ läßt sich eine untere Grenze herleiten, die nur von der gemeinsamen Wahrscheinlichkeitsdichte $f_{x\underline{w}}(x, \underline{w})$, nicht jedoch von der Art des Schätzwertes $\widehat{x}(\underline{w}(\eta))$ abhängt. Hierfür sind allerdings bestimmte Voraussetzungen notwendig. Diese sind:

1. Der Betrag der ersten Ableitung der gemeinsamen Dichte,

$$\left| \frac{\partial}{\partial x} f_{x\underline{w}}(x, \underline{w}) \right| \ ,$$

   ist über alle x und alle $\underline{w}$ integrierbar.

2. Der Betrag der zweiten Ableitung der gemeinsamen Dichte,

$$\left| \frac{\partial^2}{\partial x^2} f_{x\underline{w}}(x, \underline{w}) \right| \ ,$$

   ist über alle x und alle $\underline{w}$ integrierbar.

3. Für den bedingten Fehler

$$\overline{\mathbf{e}(\widehat{x}(\underline{w}(\eta))|x)} = E\{(\widehat{x}(\underline{w}(\eta)) - x)|x\} = \int_{-\infty}^{+\infty} (\widehat{x}(\underline{w}) - x) f_{\underline{w}}(\underline{w}|x)\, d\underline{w} \qquad (11.50)$$

   gelte

$$\lim_{x \to \pm\infty} \overline{\mathbf{e}(\widehat{x}(\underline{w}(\eta))|x)} f_x(x) = 0 \ . \qquad (11.51)$$

Für die Herleitung der Schranke zeigen wir zunächst, daß folgende Gleichung gilt:

$$\int_{-\infty}^{+\infty} \int_{-\infty}^{+\infty} \left. \frac{\partial f_{x\underline{w}}(u, \underline{w})}{\partial u} \right|_{u=x} (\widehat{x}(\underline{w}) - x)\, dx\, d\underline{w} = 1 \ . \qquad (11.52)$$

Dabei ist das Integral über den Vektor $\underline{w}$ der Meßwerte wieder als m-faches Integral über alle Komponenten von $\underline{w}$ zu verstehen.

Das Integral über x in Gleichung 11.52 kann partiell integriert werden:

$$\int_{-\infty}^{+\infty} \left[(\widehat{x}(\underline{w}) - x)\, f_{\boldsymbol{x}\underline{w}}(x, \underline{w}) \right]_{x=-\infty}^{x=+\infty} d\underline{w} + \int_{-\infty}^{+\infty} \int_{-\infty}^{+\infty} f_{\boldsymbol{x}\underline{w}}(x, \underline{w})\, dx\, d\underline{w} = 1 \ . \tag{11.53}$$

Das zweite Integral in dieser Gleichung hat den Wert Eins, das erste Integral verschwindet gemäß der Voraussetzung 11.51:

$$\int_{-\infty}^{+\infty} \left[(\widehat{x}(\underline{w}) - x)\, f_{\boldsymbol{x}\underline{w}}(x, \underline{w}) \right]_{x=-\infty}^{x=\infty} d\underline{w}$$
$$= \int_{-\infty}^{+\infty} \left[(\widehat{x}(\underline{w}) - x)\, f_{\underline{w}}(\underline{w}|x)\, f_{\boldsymbol{x}}(x) \right]_{x=-\infty}^{x=\infty} d\underline{w} \tag{11.54}$$
$$= \int_{-\infty}^{+\infty} \left[(\widehat{x}(\underline{w}) - x)\, f_{\underline{w}}(\underline{w}|x)\, d\underline{w}\, f_{\boldsymbol{x}}(x) \right]_{x=-\infty}^{x=\infty} \ .$$

Auf Gleichung 11.52 wenden wir nun die Ungleichung von Schwarz (siehe 7.14) an. Zuvor benutzen wir noch die folgende Beziehung:

$$\frac{d\, f(x)}{dx} = f(x)\, \frac{d \ln f(x)}{dx} \ . \tag{11.55}$$

Man erhält dann:

$$\left[\int_{-\infty}^{+\infty} \int_{-\infty}^{+\infty} \frac{\partial}{\partial u} \ln f_{\boldsymbol{x}\underline{w}}(u, \underline{w}) \bigg|_{u=x} f_{\boldsymbol{x}\underline{w}}(x, \underline{w})\, (\widehat{x}(\underline{w}) - x)\, dx\, d\underline{w} \right]^2 = 1$$
$$\leq \int_{-\infty}^{+\infty} \int_{-\infty}^{+\infty} \left[\frac{\partial}{\partial u} \ln f_{\boldsymbol{x}\underline{w}}(u, \underline{w}) \bigg|_{u=x} \right]^2 f_{\boldsymbol{x}\underline{w}}(x, \underline{w})\, dx\, d\underline{w} \tag{11.56}$$
$$\cdot \int_{-\infty}^{+\infty} \int_{-\infty}^{+\infty} (\widehat{x}(\underline{w}) - x)^2\, f_{\boldsymbol{x}\underline{w}}(x, \underline{w})\, dx\, d\underline{w} \ .$$

Beide Integrale enthalten jetzt aber quadratische Mittelwerte. Man kann daher schreiben:

$$\mathrm{E}\left\{ \left[\frac{\partial}{\partial x} \ln f_{\boldsymbol{x}\underline{w}}(\boldsymbol{x}(\eta), \underline{\boldsymbol{w}}(\eta)) \right]^2 \right\} \mathrm{E}\{ [\widehat{x}(\underline{\boldsymbol{w}}(\eta)) - \boldsymbol{x}(\eta)]^2 \} \geq 1 \ , \tag{11.57}$$

oder, da beide Erwartungswerte nichtnegativ sind:

$$\mathrm{E}\{ [\widehat{x}(\underline{\boldsymbol{w}}(\eta)) - \boldsymbol{x}(\eta)]^2 \} \geq \frac{1}{\mathrm{E}\left\{ \left[\frac{\partial}{\partial x} \ln f_{\boldsymbol{x}\underline{w}}(\boldsymbol{x}(\eta), \underline{\boldsymbol{w}}(\eta)) \right]^2 \right\}} \ . \tag{11.58}$$

Diesen Ausdruck kann man weiter umformen. Dazu gehen wir von folgender Gleichung aus:

$$\int_{-\infty}^{+\infty} \int_{-\infty}^{+\infty} f_{\boldsymbol{x}\underline{w}}(x, \underline{w})\, dx\, d\underline{w} = 1 \tag{11.59}$$

(siehe die Gleichungen 2.29 und 2.28).

Beide Seiten der Gleichung leiten wir nach x ab und vertauschen die Reihenfolge von Integration und Ableitung:

$$\int_{-\infty}^{+\infty} \int_{-\infty}^{+\infty} \frac{\partial}{\partial u} f_{\boldsymbol{x}\underline{w}}(u, \underline{w})\Bigg|_{u=x} dx\, d\underline{w} = 0 \ . \tag{11.60}$$

Hier setzen wir die Gleichung 11.55 ein und leiten nochmals nach x ab:

$$\int_{-\infty}^{+\infty} \int_{-\infty}^{+\infty} \left[\frac{\partial}{\partial u} \left(f_{\boldsymbol{x}\underline{w}}(u, \underline{w}) \frac{\partial \ln f_{\boldsymbol{x}\underline{w}}(u, \underline{w})}{\partial u} \right) \right]_{u=x} dx\, d\underline{w}$$

$$= \int_{-\infty}^{+\infty} \int_{-\infty}^{+\infty} \left[\frac{\partial \ln f_{\boldsymbol{x}\underline{w}}(u, \underline{w})}{\partial u} \right]_{u=x}^2 f_{\boldsymbol{x}\underline{w}}(x, \underline{w})\, dx\, d\underline{w}$$

$$+ \int_{-\infty}^{+\infty} \int_{-\infty}^{+\infty} \frac{\partial^2 \ln f_{\boldsymbol{x}\underline{w}}(u, \underline{w})}{\partial u^2}\Bigg|_{u=x} f_{\boldsymbol{x}\underline{w}}(x, \underline{w})\, dx\, d\underline{w} \tag{11.61}$$

$$= \mathrm{E}\left\{ \left[\frac{\partial \ln f_{\boldsymbol{x}\underline{w}}(\boldsymbol{x}(\eta), \underline{w}(\eta))}{\partial x} \right]^2 \right\} + \mathrm{E}\left\{ \frac{\partial^2 \ln f_{\boldsymbol{x}\underline{w}}(\boldsymbol{x}(\eta), \underline{w}(\eta))}{\partial x^2} \right\} = 0 \ .$$

Damit läßt sich die Gleichung 11.58 wie folgt schreiben:

$$\mathrm{E}\{[\hat{x}(\underline{w}(\eta)) - \boldsymbol{x}(\eta)]^2\} \geq \frac{-1}{\mathrm{E}\left\{ \frac{\partial^2}{\partial x^2} \ln f_{\boldsymbol{x}\underline{w}}(\boldsymbol{x}(\eta), \underline{w}(\eta)) \right\}} \ . \tag{11.62}$$

Die Ungleichung von Schwarz gilt als Gleichung dann und nur dann, wenn beide Funktionen bis auf eine beliebige Konstante K gleich sind:

$$\frac{\partial}{\partial x} \ln f_{\boldsymbol{x}\underline{w}}(x, \underline{w}) = K\left(\hat{x}(\underline{w}) - x \right) \ . \tag{11.63}$$

Ersetzt man die gemeinsame Dichte wieder durch das Produkt aus bedingter Dichte und a priori Dichte und leitet dann beide Seiten der Gleichung 11.63 nach x ab, so folgt schließlich als Bedingung dafür, daß die Varianz des Schätzfehlers ihre untere Grenze annimmt:

$$\frac{\partial^2}{\partial x^2} \ln f_{\boldsymbol{x}}(x|\underline{w}) = -K \ . \tag{11.64}$$

Diese Bedingung wird von einer a posteriori Dichte erfüllt, die folgende Form hat:

$$f_x(x|\underline{w}) = e^{(-\frac{K}{2}x^2 + c_1\,x + c_2)} \; .$$

(11.65)

Dies ist aber eine *Gaußdichte*. Damit haben wir gezeigt, daß die a posteriori Dichte eine Gaußdichte sein muß, damit ein effizienter Schätzwert existiert.

Vergleicht man 11.63 mit 11.29, so folgt, daß für

$$\hat{x}(\underline{w}) = \hat{x}_{ein}(\underline{w}) = \hat{x}_{MAP}(\underline{w})$$

(11.66)

Gleichung 11.63 der Gleichung 11.29 entspricht. Dies besagt, wenn ein effizienter Schätzwert existiert, ist der Maximum-A-Posteriori-Schätzwert effizient.

Aus der Erwartungstreue folgt, daß die Varianz des Schätzwertes gleich der Varianz des Schätzfehlers ist. Da der Schätzwert $\hat{x}_{mqf}(\underline{w})$ die Fehlervarianz minimiert, ist dieser – wieder, wenn ein effizienter Schätzwert existiert – selbst effizient und damit gleich dem Schätzwert $\hat{x}_{MAP}(\underline{w})$. Existiert kein effizienter Schätzwert, so lassen die vorstehenden Überlegungen *keine* Aussage über die Güte von $\hat{x}_{mqf}(\underline{w})$ zu.

11.2 Schätzung determinierter Parameter

Im vorangegangenen Abschnitt wurden Parameter geschätzt, für die eine Wahrscheinlichkeitsdichte angegeben werden konnte. Der zu schätzende Parameter wurde daher als Zufallsvariable modelliert und ein Schätzwert so bestimmt, daß die mittleren Kosten minimiert wurden. Je nach Wahl der Fehlerbewertung ergaben sich verschiedene Schätzwerte. Bei fehlender a priori Wahrscheinlichkeitsdichte $f_x(x)$ versagt dieses nach Bayes benannte Verfahren. Um zu einem Schätzwert für den nun als determinierte Größe zu modellierenden Parameter zu kommen, muß man umgekehrt wie im Falle des zufälligen Parameters vorgehen: Man formuliert zunächst plausibel – aber willkürlich – einen Schätzwert, um dann Aussagen über dessen Güte zu machen. Mittelwert und Varianz des Schätzwertes sind hierbei die wichtigsten Kriterien, denn als Funktion einer durch einen Zufallsprozeß gestörten Messung ist der Schätzwert $\hat{x}(\underline{w}(\eta))$ wieder eine Zufallsvariable.

11.2.1 Maximum-Likelihood-Schätzwert

Ein Schätzwert für den unbekannten, aber determiniert angenommenen Parameter x geht aus von der bedingten Dichte $f_{\underline{w}}(\underline{w}|x)$ des Meßvektors $\underline{w}(\eta)$. Diese ist eine Funktion von x. Man nennt sie die *Likelihood-Funktion*. (Der Begriff "Likelihood" wird in der

Regel nicht übersetzt. Ein deutscher Ausdruck dafür könnte "Mutmaßlichkeit" sein.)
Als *Maximum-Likelihood-Schätzwert* $\hat{x}_{ML}(\underline{w})$ bezeichnet man nun denjenigen Wert von
x, für den $f_{\underline{w}}(\underline{w}|x)$ sein Maximum hat:

$$f_{\underline{w}}(\underline{w}|x)\Big|_{x=\hat{x}_{ML}(\underline{w})} \to \max \ . \tag{11.67}$$

Ist die Likelihood-Funktion nach x differenzierbar, so lautet eine notwendige Bedingung
für den Maximum-Likelihood-Schätzwert:

$$\frac{\partial f_{\underline{w}}(\underline{w}|x)}{\partial x}\Bigg|_{x=\hat{x}_{ML}(\underline{w})} = 0 \ . \tag{11.68}$$

Man nennt diese Gleichung die Likelihood-Gleichung.

Zu dieser Bedingung kann auch eine Überlegung führen, die von dem Bayes-Schätzwert
bei einheitlicher Fehlerbewertung $\hat{x}_{ein}(\underline{w})$ (siehe Gleichung 11.22) ausgeht. Bei kleinem Intervall Δ (siehe Gleichung 11.4) ist dieser Schätzwert gleich dem Maximum-
A-Posteriori-Schätzwert $\hat{x}_{MAP}(\underline{w})$. Wie Gleichung 11.27 zeigt, wird dieser Schätzwert
sowohl von der bedingten Dichte $f_{\underline{w}}(\underline{w}|x)$ des Meßvektors, als auch von der a priori
Dichte $f_x(x)$ des gesuchten Parameters bestimmt. Ist diese Dichte nicht bekannt, so
kann kein Maximum-A-Posteriori-Schätzwert angegeben werden. Man kann sich hier
damit behelfen, daß man für $f_x(x)$ eine Gleichdichte über einen beliebig großen Wertebereich für x annimmt. Dies ist Ausdruck der fehlenden Information darüber, wo der
Wert des Parameters x mit welcher Wahrscheinlichkeit liegen könnte. Nimmt man aber
für $f_x(x)$ eine Gleichdichte an, so verschwindet deren Ableitung nach x und es gilt

$$\hat{x}_{ein}(\underline{w}) = \hat{x}_{MAP}(\underline{w}) = \hat{x}_{ML}(\underline{w}) \ . \tag{11.69}$$

Bisher können wir keine Aussage über die Eigenschaften und damit über die "Güte" ei-
nes ML-Schätzwertes machen. Ähnlich wie bei einem zufälligen Parameter läßt sich auch
für die Varianz des Schätzfehlers eines determinierten Parameters – unter bestimmten
Voraussetzungen – eine Schranke herleiten, die kein Schätzwert unterschreiten kann.
Man kann zeigen, daß der ML-Schätzwert diese Schranke erreicht, wenn bestimmte
Voraussetzungen erfüllt sind.

11.2.2 Cramér-Rao-Schranke

Es sei $\hat{x}(\underline{w}(\eta))$ ein beliebiger erwartungstreuer Schätzwert für den Parameter x, d.h. es
gilt:

$$E\{\hat{x}(\underline{w}(\eta))|x\} = x \ . \tag{11.70}$$

"Beliebig" bedeutet hier, daß keinerlei Voraussetzungen über den Zusammenhang zwischen dem Meßvektor $\underline{w}(\eta)$ und dem Schätzwert $\hat{x}(\underline{w}(\eta))$ gemacht werden.

Für die bedingte Dichte $f_{\underline{w}}(\underline{w}|x)$ – die Likelihood-Funktion – wird vorausgesetzt, daß diese zweimal nach x ableitbar ist, und daß der Betrag dieser Ableitung über alle Grenzen integrierbar ist.

Die Herleitung der Schranke geht von der Voraussetzung 11.70 aus:

$$\mathrm{E}\{\hat{x}(\underline{w}(\eta)) - x|x\} = \int_{-\infty}^{+\infty} (\hat{x}(\underline{w}) - x)\, f_{\underline{w}}(\underline{w}|x)\, d\underline{w} = 0 \ . \tag{11.71}$$

(Das Integral über $\underline{w}$ ist ein vielfaches Integral über alle Komponenten von $\underline{w}$). Diese Gleichung wird nach x abgeleitet und Integral und Ableitung werden vertauscht:

$$\int_{-\infty}^{+\infty} \frac{\partial}{\partial x} \left[(\hat{x}(\underline{w}) - x)f_{\underline{w}}(\underline{w}|x) \right]\, d\underline{w} = 0 \ . \tag{11.72}$$

Das Vertauschen ist aufgrund der Voraussetzungen zulässig. Das Integral läßt sich umformen:

$$-\int_{-\infty}^{+\infty} f_{\underline{w}}(\underline{w}|x)d\underline{w} + \int_{-\infty}^{+\infty} (\hat{x}(\underline{w}) - x)\frac{\partial}{\partial x} f_{\underline{w}}(\underline{w}|x)d\underline{w} = 0 \ . \tag{11.73}$$

Das Integral über die bedingte Dichte hat – unabhängig von x – den Wert Eins. Wendet man noch die Beziehung 11.55 an, so folgt:

$$\int_{-\infty}^{+\infty} (\hat{x}(\underline{w}) - x)f_{\underline{w}}(\underline{w}|x)\frac{\partial}{\partial x} \ln f_{\underline{w}}(\underline{w}|x)d\underline{w} = 1 \ . \tag{11.74}$$

Benutzt man schließlich die Schwarz'sche Ungleichung (siehe Gleichung 7.14), so erhält man daraus:

$$\int_{-\infty}^{+\infty} \left[\frac{\partial}{\partial x} \ln f_{\underline{w}}(\underline{w}|x) \right]^2 f_{\underline{w}}(\underline{w}|x)\, d\underline{w} \int_{-\infty}^{+\infty} (\hat{x}(\underline{w}) - x)^2 f_{\underline{w}}(\underline{w}|x)\, d\underline{w} \geq 1 \ . \tag{11.75}$$

Beide Integrale enthalten nun quadratische Mittelwerte:

$$\mathrm{E}\{(\hat{x}(\underline{w}(\eta)) - x)^2|x\} \geq \frac{1}{\mathrm{E}\{(\frac{\partial}{\partial x} \ln f_{\underline{w}}(\underline{w}(\eta)|x))^2|x\}} \ . \tag{11.76}$$

Dies ist die gesuchte *Cramér-Rao-Schranke* für die Varianz des Schätzwertes $\hat{x}(\underline{w}(\eta))$. Aus der Schwarz'schen Ungleichung folgt, daß das Gleichheitszeichen dann und nur dann gilt, wenn

$$\frac{\partial}{\partial x} \ln f_{\underline{w}}(\underline{w}|x) = c(x)[\hat{x}(\underline{w}) - x] \tag{11.77}$$

erfüllt ist. Dabei ist $c(x)$ eine nicht verschwindende, aber sonst beliebige Funktion von x. (An die Stelle der sonst üblichen Konstanten tritt hier eine Funktion, die aber bezüglich der Integrationsvariablen $\underline{w}$ in Gleichung 11.74 konstant ist.)

Die durch die Ungleichung 11.76 ausgedrückte Cramér-Rao-Schranke läßt sich noch etwas umformen. Man geht dazu aus von

$$\int_{-\infty}^{+\infty} f_{\underline{w}}(\underline{w}|x)d\underline{w} = 1 \ , \tag{11.78}$$

und differenziert diesen Ausdruck nach x, wobei Integration und Ableitung wieder vertauscht werden dürfen:

$$\int_{-\infty}^{+\infty} \frac{\partial}{\partial x} f_{\underline{w}}(\underline{w}|x) \, d\underline{w} = \int_{-\infty}^{+\infty} f_{\underline{w}}(\underline{w}|x) \frac{\partial}{\partial x} \ln f_{\underline{w}}(\underline{w}|x) d\underline{w} = 0 \ . \tag{11.79}$$

Differenziert man nochmals und wendet wieder die Beziehung 11.55 an, so erhält man schließlich:

$$\int_{-\infty}^{+\infty} f_{\underline{w}}(\underline{w}|x) \frac{\partial^2}{\partial x^2} \ln f_{\underline{w}}(\underline{w}|x) \, d\underline{w} + \int_{-\infty}^{+\infty} f_{\underline{w}}(\underline{w}|x) \left(\frac{\partial}{\partial x} \ln f_{\underline{w}}(\underline{w}|x) \right)^2 d\underline{w} = 0 \ . \tag{11.80}$$

Dies bedeutet aber:

$$-\mathrm{E}\{\frac{\partial^2}{\partial x^2} \ln f_{\underline{w}}(\underline{w}(\eta)|x)\} = \mathrm{E}\{\left[\frac{\partial}{\partial x} \ln f_{\underline{w}}(\underline{w}(\eta)|x) \right]^2 |x\} \ . \tag{11.81}$$

Somit läßt sich die Cramér-Rao-Schranke auch in der folgenden Form angeben:

$$\mathrm{E}\{(\hat{x}(\underline{w}(\eta)) - x)^2 |x\} \geq \frac{-1}{\mathrm{E}\{\dfrac{\partial^2}{\partial x^2} \ln f_{\underline{w}}(\underline{w}(\eta)|x)|x\}} \ . \tag{11.82}$$

Ein erwartungstreuer Schätzwert, der 11.76 oder 11.82 mit Gleichheitszeichen erfüllt, ist ein *effizienter* Schätzwert. Die Schranke sagt jedoch nichts darüber aus, ob ein solcher Schätzwert existiert. *Wenn* er jedoch existiert, so erfüllt er Gleichung 11.77. Vergleicht man diese mit der Bedingung 11.68 für einen Maximum-Likelihood-Schätzwert, so stimmen beide überein, wenn der bisher beliebige Schätzwert $\hat{x}(\underline{w})$ der Maximum-Likelihood-Schätzwert ist:

$$\hat{x}(\underline{w}) = \hat{x}_{ML}(\underline{w}) \ . \tag{11.83}$$

Hieraus folgt eine wichtige Aussage über diesen Schätzwert: Ein erwartungstreuer Maximum-Likelihood-Schätzwert ist effizient, sofern ein effizienter Schätzwert existiert. Umgekehrt bedeutet dies aber: Wenn kein effizienter Schätzwert existiert, ist es offen, wie "gut" ein Maximum-Likelihood-Schätzwert ist. Ist der ML-Schätzwert nicht erwartungstreu, so kann ein effizienter Schätzwert existieren. Es gibt keine allgemeine Regel für das Auffinden eines derartigen Schätzwertes.

Die Herleitung der Cramér-Rao-Schranke geht von einer Reihe von Voraussetzungen aus. Es gibt andere Schranken, die mit schwächeren Annahmen auskommen [123].

Für die Anwendung interessant ist das Verhalten des Maximum-Likelihood-Schätzwertes für den Fall, daß die Anzahl N der Meßwerte gegen unendlich strebt. Unter bestimmten Voraussetzungen kann man zeigen, daß der ML-Schätzwert konsistent und asymptotisch effizient ist [22].

Beispiel 11.6 Spannungsmessung

Es sei ein Schätzwert für eine konstante Spannung x zu bestimmen, die nur gestört gemessen werden kann:

$$\boldsymbol{w}(\eta, k) = x + \boldsymbol{n}(\eta, k) \quad k = 1, ..., N \ .$$

Eine Wahrscheinlichkeitsdichte kann für x nicht angegeben werden, es wird daher als determinierte Größe angenommen. Die Störung $\boldsymbol{n}(\eta, k)$ sei stationäres weißes Rauschen mit der Dichte

$$f_{\boldsymbol{n}}(n) = \frac{1}{\sqrt{2\pi}\,\sigma_n}\, e^{-\frac{n^2}{2\sigma_n^2}} \ .$$

Damit sind die in dem Meßvektor $\underline{w}(\eta)$ zusammengefaßten Meßwerte statistisch unabhängig voneinander und es gilt für die Likelihood-Funktion:

$$f_{\underline{w}}(\underline{w}|x) = \prod_{i=1}^{N} \frac{1}{\sqrt{2\pi}\,\sigma_n}\, e^{-\frac{(w_i - x)^2}{2\sigma_n^2}} \ .$$

Für die logarithmische Likelihood-Funktion erhält man:

$$\ln f_{\underline{w}}(\underline{w}|x) = N \ln \frac{1}{\sqrt{2\pi}\,\sigma_n} - \sum_{i=1}^{N} \frac{(w_i - x)^2}{2\sigma_n^2} \ .$$

Den Maximum-Likelihood-Schätzwert erhält man aus der ersten Ableitung dieser Funktion nach x:

$$\frac{\partial}{\partial x} \ln f_{\underline{w}}(\underline{w}|x) = \sum_{i=1}^{N} \frac{w_i - x}{\sigma_n^2} = \frac{N}{\sigma_n^2} \left(\frac{1}{N} \sum_{i=1}^{N} w_i - x \right)\Bigg|_{x=\widehat{x}_{ML}(\underline{w})} = 0 \ .$$

Damit gilt:

$$\widehat{x}_{ML}(\underline{w}) = \frac{1}{N} \sum_{i=1}^{N} w_i \ .$$

Die Summe der Meßwerte bildet somit wieder die hinreichende Statistik, der ML-Schätzwert ist gleich dem arithmetischen Mittel der Meßwerte.

Es kann nun geprüft werden, ob dieser Schätzwert erwartungstreu ist:

$$\mathrm{E}\{\widehat{x}_{ML}(\underline{\boldsymbol{w}}(\eta))\} = \frac{1}{N} \sum_{k=1}^{N} \mathrm{E}\{\boldsymbol{w}(\eta,k)\} = \frac{1}{N} \sum_{k=1}^{N} \mathrm{E}\{x + \boldsymbol{n}(\eta,k)\} = x \ .$$

Die Erwartungstreue ist somit gegeben. Die Gleichung für den Schätzwert hat die Form von Gleichung 11.77. Der Schätzwert ist somit effizient, d.h. er erfüllt die Cramér-Rao-Schranke mit Gleichheitszeichen. Aus Gleichung 11.82 läßt sich die Varianz des Schätzwertes berechnen:

$$\mathrm{E}\{(\widehat{x}_{ML}(\underline{\boldsymbol{w}}(\eta)) - x)^2\} = \frac{\sigma_n^2}{N} \ .$$

Beispiel 11.7 Experiment mit binärem Ausgang

Es sei p die Wahrscheinlichkeit, daß ein Experiment gelingt, $1 - p$ die Wahrscheinlichkeit, daß das Experiment fehlschlägt. Sind die Ergebnisse einzelner Experimente unabhängig voneinander, so gilt für die Wahrscheinlichkeit, daß bei n-maligem Versuch das Experiment r mal erfolgreich ist

$$P(\{\eta \,|\, \boldsymbol{r}(\eta) = r|p\}) = P(r|p) = \begin{pmatrix} n \\ r \end{pmatrix} p^r \, (1 - p)^{n-r}$$

(binomiale Wahrscheinlichkeit [96]). Ferner sind

$$m_r^{(1)} = \mathrm{E}\{\boldsymbol{r}(\eta)\} = np \ ,$$

$$\mathrm{E}\{(\boldsymbol{r}(\eta) - m_r^{(1)})^2\} = \sigma_r^2 = n\,p\,(1-p) \ .$$

Damit erhält man als ML-Schätzwert für die Wahrscheinlichkeit p:

$$\frac{\partial}{\partial p}\,\ln P(r|p) = \frac{\partial}{\partial p}\left[\ln\binom{n}{r} + r\,\ln p + (n-r)\,\ln(1-p)\right]$$

$$= \left.\frac{r - n\,p}{p\,(1-p)}\right|_{p=\widehat{p}_{ML}(r)} = 0 \ ,$$

und folglich

$$\widehat{p}_{ML}(r) = \frac{r}{n} \ .$$

Für den Mittelwert dieses Schätzwertes gilt

$$\mathrm{E}\{\widehat{p}_{ML}(\boldsymbol{r}(\eta))\} = \frac{1}{n}\,\mathrm{E}\{\boldsymbol{r}(\eta)\} = p \ ,$$

der Schätzwert ist somit erwartungstreu. Für die Varianz erhält man

$$\mathrm{E}\{(\widehat{p}_{ML}(\boldsymbol{r}(\eta)) - p)^2\} = \frac{1}{n^2}\,\mathrm{E}\{(\boldsymbol{r}(\eta) - np)^2\} = \frac{1}{n}\,p\,(1-p) \ .$$

Der Schätzwert ist somit effizient, denn es gilt die Cramér-Rao-Schranke mit Gleichheit:

$$\mathrm{E}\{[\widehat{p}_{ML}(\boldsymbol{r}(\eta)) - p]^2\} = \frac{1}{\mathrm{E}\left\{\left[\dfrac{\partial}{\partial p}\,\ln P(\boldsymbol{r}(\eta)|p)\right]^2\right\}} = \frac{1}{\mathrm{E}\left\{\left[\dfrac{\boldsymbol{r}(\eta) - np}{p\,(1-p)}\right]^2\right\}}$$

$$= \frac{p^2\,(1-p)^2}{\mathrm{E}\{(\boldsymbol{r}(\eta) - n\,p)^2\}} = \frac{1}{n}\,p\,(1-p) \ .$$

Beispiel 11.8 ML-Schätzwert für den Mittelwert oder/und die Varianz eines Zufallsprozesses mit Gaußdichte [106]

Es sei $\boldsymbol{w}(\eta,k)$ ein stationärer Gaußprozeß. Sein Mittelwert sei m und seine Varianz sei σ^2, $\boldsymbol{w}(\eta,i)$ und $\boldsymbol{w}(\eta,k)$ seien statistisch unabhängig für alle $i \neq k$:

$$f_{\boldsymbol{w}}(w|m,\sigma^2) = \frac{1}{\sqrt{2\pi}\,\sigma}\,e^{-\frac{(w-m)^2}{2\,\sigma^2}} \ .$$

Es werden N Werte $w(\eta, k)$, $k = 1, ..., N$, gemessen und zu dem Meßvektor $\underline{w}(\eta)$ zusammengefaßt. Dann gilt für die Dichte:

$$f_{\underline{w}}(\underline{w}|m, \sigma^2) = \prod_{k=1}^{N} f_w(w_k|m, \sigma^2) = \frac{1}{(2\pi)^{N/2}\,\sigma^N}\, e^{-\frac{1}{2\sigma^2}\sum_{k=1}^{N}(w_k-m)^2} \ .$$

Wir nehmen zunächst an, σ^2 wäre bekannt und bestimmen den ML-Schätzwert für den Mittelwert m:

$$\ln f_{\underline{w}}(\underline{w}|m, \sigma^2) = -\frac{N}{2}\,ln\,2\pi - \frac{N}{2}\,\ln\sigma^2 - \frac{1}{2\sigma^2}\sum_{k=1}^{N}(w_k - m)^2 \ ,$$

$$\frac{\partial}{\partial m}\,\ln f_{\underline{w}}(\underline{w}|m, \sigma^2) = \frac{1}{\sigma^2}\sum_{k=1}^{N}(w_k - m)\big|_{m=\widehat{m}_{ML}(\underline{w})} = 0 \ .$$

Daraus folgt:

$$\widehat{m}_{ML}(\underline{w}) = \frac{1}{N}\sum_{k=1}^{N} w_k \ .$$

Dieser Schätzwert ist erwartungstreu und hängt nicht von σ^2 ab.

Wir schätzen jetzt σ^2 und nehmen an, m wäre bekannt:

$$\frac{\partial}{\partial \sigma^2}\,\ln f_{\underline{w}}(\underline{w}|m, \sigma^2) = -\frac{N}{2\sigma^2} + \frac{1}{2\sigma^4}\sum_{k=1}^{N}(w_k - m)^2\Big|_{\sigma^2=\widehat{\sigma}^2_{ML}(\underline{w})} = 0 \ .$$

Mit $\sigma^2 \neq 0$ erhält man daraus

$$\widehat{\sigma}^2_{ML}(\underline{w}) = \frac{1}{N}\sum_{k=1}^{N}(w_k - m)^2 \ .$$

Auch dieser Schätzwert ist erwartungstreu:

$$\mathrm{E}\{\widehat{\sigma}^2_{ML}(\underline{w}(\eta))\} = \frac{1}{N}\sum_{k=1}^{N}\mathrm{E}\{(w(\eta,k) - m)^2\} = \sigma^2 \ .$$

Schließlich schätzen wir m und σ^2 gleichzeitig. Dies bedeutet, daß wir die Ableitungen nach m und nach σ^2 benutzen und beide Gleichungen für $m = \widehat{m}_{ML}(\underline{w})$ und $\sigma^2 = \widehat{\sigma}^2_{ML}(\underline{w})$ lösen. Es gilt dann wieder

$$\widehat{m}_{ML}(\underline{w}) = \frac{1}{N}\sum_{k=1}^{N} w_k \ .$$

Dies setzen wir in die Bedingung für den Schätzwert der Varianz ein und erhalten:

$$\hat{\sigma}^2_{ML}(\underline{w}) = \frac{1}{N} \sum_{k=1}^{N} (w_k - \frac{1}{N} \sum_{i=1}^{N} w_i)^2 \ .$$

Der Schätzwert für den Mittelwert ist weiterhin erwartungstreu. Für den Schätzwert der Varianz erhält man dagegen:

$$\mathrm{E}\{\hat{\sigma}^2_{ML}(\underline{w}(\eta))\} = \frac{1}{N} \sum_{k=1}^{N} \mathrm{E}\{(w(\eta,k) - \frac{1}{N} \sum_{i=1}^{N} w(\eta,i))^2\} = (1 - \frac{1}{N})\, \sigma^2 \ .$$

(Bei der Auswertung des Erwartungswertes ist zu berücksichtigen, daß der Prozeß $w(\eta,k)$ weiß ist.) Dieser Schätzwert ist offenbar *nicht* erwartungstreu. Man erhält einen erwartungs-treuen Schätzwert, wenn man setzt:

$$\hat{\sigma}^2(\underline{w}) = \frac{1}{N-1} \sum_{k=1}^{N} (w_k - \frac{1}{N} \sum_{i=1}^{N} w_i)^2 \ .$$

Dies ist jedoch *kein* ML-Schätzwert mehr.

Beispiel 11.9 Schätzung der Phase eines sinusförmigen Signals

Von einer Sinusschwingung

$$x(i) = A\, \cos(\Omega_0(i-1) + \phi)$$

mit bekannter Amplitude A und bekannter normierter Kreisfrequenz Ω_0, aber unbekannter Phase ϕ, werden N Werte gestört gemessen:

$$\boldsymbol{w}_i(\eta) = x(i) + \boldsymbol{n}_i(\eta) \ , \quad i = 1, \ldots, N \ .$$

Die Störung sei statistisch unabhängiges Gaußsches Rauschen mit der Dichte

$$f_{\boldsymbol{n}}(n) = \frac{1}{\sqrt{2\,\pi}\,\sigma_{\boldsymbol{n}}}\, e^{-\frac{n^2}{2\,\sigma_{\boldsymbol{n}}^2}} \ .$$

Es soll ein ML-Schätzwert für die determiniert angenommene Phase ϕ bestimmt werden.

Die Likelihood-Funktion lautet:

$$f_{\underline{\boldsymbol{w}}}(\underline{w}|\phi) = \frac{1}{(\sqrt{2\,\pi}\,\sigma_{\boldsymbol{n}})^N}\, \exp\left[-\frac{1}{2\,\sigma_{\boldsymbol{n}}^2} \sum_{i=1}^{N} [w_i - A\, \cos(\Omega_0(i-1) + \phi)]^2\right] \ .$$

Diese wird maximal, wenn die Summe im Exponenten der e-Funktion minimal wird. Die Ableitung nach dem Parameter ϕ ergibt:

$$\frac{\partial}{\partial \phi} \sum_{i=1}^{N} [w_i - A \cos(\Omega_0(i-1) + \phi)]^2$$

$$= 2 \sum_{i=1}^{N} [w_i - A \cos(\Omega_0(i-1) + \phi)] \, A \, \sin(\Omega_0(i-1) + \phi)) \Big|_{\phi = \widehat{\phi}_{ML}(\underline{w})} = 0 \ .$$

Daraus folgt:

$$\sum_{i=1}^{N} w_i \, \sin(\Omega_0(i-1) + \widehat{\phi}_{ML}(\underline{w}))$$

$$= A \sum_{i=1}^{N} \cos(\Omega_0(i-1) + \widehat{\phi}_{ML}(\underline{w})) \, \sin(\Omega_0(i-1) + \widehat{\phi}_{ML}(\underline{w})) \ .$$

Auf der rechten Seite ist über das Produkt zweier zueinander orthogonaler Funktionen zu summieren. Für $N\,\Omega_0 = k\,\pi$, k ganz, verschwindet die Summe und das Ergebnis vereinfacht sich zu

$$\sum_{i=1}^{N} w_i \, \sin(\Omega_0(i-1) + \widehat{\phi}_{ML}(\underline{w})) \approx 0 \ .$$

Setzt man schließlich noch

$$\sin(\Omega_0(i-1) + \widehat{\phi}_{ML}(\underline{w})) = \sin \Omega_0(i-1) \, \cos \widehat{\phi}_{ML}(\underline{w}) + \cos \Omega_0(i-1) \, \sin \widehat{\phi}_{ML}(\underline{w}) \ ,$$

so erhält man für den Schätzwert:

$$\widehat{\phi}_{ML}(\underline{w}) \approx - \arctan \frac{\displaystyle\sum_{i=1}^{N} w_i \, \sin \Omega_0(i-1)}{\displaystyle\sum_{i=1}^{N} w_i \, \cos \Omega_0(i-1)} \ .$$

Beispiel 11.10 Nichtlinearer Zusammenhang zwischen den Meßwerten und dem zu schätzenden Parameter

Es sei x ein determinierter Parameter, der beispielsweise über einen Sensor mit der Kennlinie $g(x)$ gemessen wird. Die Funktion $g(x)$ sei differenzierbar und eindeutig umkehrbar. Die Messung werde additiv durch Gaußsches Rauschen gestört. Die Störungen seien statistisch unabhängig. Es sollen N Meßwerte vorliegen. Diese werden in einem Meßvektor $\underline{w}(\eta)$ zusammengefaßt:

$$\underline{w}(\eta) = (\, \boldsymbol{w}_1(\eta), \, \ldots \, , \boldsymbol{w}_N(\eta)\,) \ ,$$

mit

$$w_i(\eta) = g(x) + n_i(\eta) \ .$$

Die Störung sei mittelwertfrei und habe die Varianz σ_n^2:

$$f_n(n) = \frac{1}{\sqrt{2\,\pi}\,\sigma_n}\, e^{-\frac{n^2}{2\,\sigma_n^2}} \ .$$

Man bestimmt zunächst die Likelihood-Funktion:

$$
\begin{aligned}
f_{\underline{w}}(\underline{w}|x) &= \prod_{i=1}^{N} f_n(w_i - g(x)) = \prod_{i=1}^{N} \frac{1}{\sqrt{2\,\pi}\,\sigma_n}\, e^{-\frac{(w_i - g(x))^2}{2\,\sigma_n^2}} \\
&= \frac{1}{(\sqrt{2\,\pi}\,\sigma_n)^N}\, e^{-\frac{1}{2\,\sigma_n^2}\sum_{i=1}^{N}(w_i - g(x))^2} \ .
\end{aligned}
$$

Die Likelihood-Funktion wird maximiert, wenn die Summe im Exponenten der e-Funktion minimiert wird:

$$\frac{\partial}{\partial x}\sum_{i=1}^{N}(w_i - g(x))^2 = -2\sum_{i=1}^{N}(w_i - g(x))\left.\frac{\partial\, g(x)}{\partial\, x}\right|_{x=\widehat{x}_{ML}(\underline{w})} = 0 \ .$$

Da voraussetzungsgemäß die Umkehrfunktion g^{-1} zu g und die Ableitung von $g(x)$ existieren sollen, gilt endlich:

$$\widehat{x}_{ML}(\underline{w}) = g^{-1}\left[\frac{1}{N}\sum_{i=1}^{N} w_i\right] \ .$$

Der Maximum-Likelihood-Schätzwert läßt sich damit unter den genannten Voraussetzungen mit nichtlinearen Operationen vertauschen.

12 Entscheidungsverfahren

Im Gegensatz zu Schätzverfahren, wo der Wert einzelner Parameter oder ganze Signal-
verläufe bestimmt werden sollen, ist bei Entscheidungsproblemen "nur" festzustellen,
welches Ereignis aus einer begrenzten Anzahl von Ereignissen vorliegt. Im einfachsten
Fall sind nur zwei Ereignisse möglich, man spricht dann von einer *binären Entscheidung*.
Beispiele sind Empfänger für Binärsignale oder für Radarsignale. Im ersten Fall ist zu
entscheiden, ob das Zeichen "0" oder das Zeichen "*L*"empfangen wurde. Der genaue
Wert der Amplitude des Eingangssignals oder dessen Form sind dabei nur soweit von
Bedeutung, wie sie eine falsche Entscheidung herbeiführen können. Bei einem Radar-
signal interessiert zunächst ebenfalls nur, ob ein Echo vorliegt oder nicht. Allerdings
können hier aus der Stärke des Echos und dem Zeitpunkt seines Empfangs weitere Informationen gewonnen werden, so daß hier neben einem Entscheidungsproblem auch ein
Schätzproblem vorliegen kann. Der Ansatz für das signalangepaßte Filter (siehe Kapitel 7) wurde bereits als binäres Entscheidungsproblem formuliert. Das signalangepaßte
Filter soll bei gestörtem Eingang zu einem Ausgang führen, der eine möglichst sichere,
d.h. fehlerfreie Entscheidung erlaubt. Für einen sehr einfachen Fall wird die erzielbare
Fehlerwahrscheinlichkeit in diesem Kapitel berechnet.

Mehrwertige Entscheidungsprobleme liegen bei Erkennungsaufgaben vor, also beispielsweise bei der Erkennung von Schriftzeichen oder bei der Spracherkennung. Man kann
zeigen, daß mehrwertige Entscheidungen eindeutig auf eine Folge von binären Entscheidungen zurückgeführt werden können. Es genügt daher, zunächst eine binäre Entscheidungsregel zu finden.

An die Stelle einer binären Entscheidung kann eine *Entscheidung mit Rückweisung* treten. Bei einem derartigen System wird keine Entscheidung getroffen, wenn die vorliegenden Meßwerte innerhalb einer "Grauzone" liegen, d.h. innerhalb eines festzulegenden
Bereiches zu beiden Seiten der Entscheidungsgrenze. Ein Entscheider mit Rückweisung
fordert in einem solchen Fall zusätzliche Meßwerte an, was auch bedeuten kann, daß
ein Signal nochmals gesendet werden muß. Auch das Prinzip einer Entscheidung mit
Rückweisung wird in diesem Kapitel diskutiert.

12.1 Binäre Entscheidung

Ein binäres Entscheidungsproblem liegt vor, wenn zwischen zwei möglichen Ereignissen
oder Situationen E_0 und E_1 entschieden werden muß. In der Sprache der Entschei-
dungstheorie bedeutet dies, daß eine *Hypothese H_0* und eine *Hypothese H_1* formuliert
werden. Die Hypothese H_0 besagt, daß das Ereignis E_0 wahr ist, H_1 besagt, daß E_1
wahr ist. Die Entscheidung besteht darin, daß die eine Hypothese *angenommen* und
damit zwangsläufig die andere Hypothese *verworfen* wird. Man sagt dann auch, daß

die eine Hypothese *wahr* und die andere Hypothese *falsch* ist. Eine Entscheidung, daß beide wahr oder beide falsch sind, ist definitionsgemäß nicht möglich.

Eine *optimale Entscheidung* setzt wie bei Schätzverfahren eine *Zielfunktion* voraus, die durch die Entscheidung minimiert oder maximiert wird. Bei der Festlegung dieser Funktion spielen *Vorkenntnisse* eine entscheidende Rolle. Außerdem sollte – wieder wie bei Schätzproblemen – ein Ansatz möglichst geschlossen lösbar sein. Wir werden mehrere Ansätze behandeln, die sich hinsichtlich der nötigen Vorkenntnisse unterscheiden. Solche Vorkenntnisse sind beispielsweise die (a priori) Wahrscheinlichkeiten, mit denen die beiden möglichen Ereignisse auftreten, Wahrscheinlichkeitsdichten auftretender Störungen oder auch Kosten, die mögliche richtige oder falsche Entscheidungen verursachen.

12.1.1   Bayessche Entscheidung

Ein sehr allgemeiner Ansatz geht wieder von der Minimierung der mittleren Kosten oder des Risikos einer Entscheidung aus. Seine Anwendung setzt voraus, daß die a priori Wahrscheinlichkeiten der beiden möglichen Ereignisse bekannt sind, und daß für jede Entscheidungssituation die Kosten der Entscheidung angegeben werden können. "Kosten" sind hier nicht nur finanziell zu verstehen. Kosten können beispielsweise auch der Energieverbrauch oder ein Zeitbedarf sein. In bestimmten Situationen können auch negative Kosten zugelassen sein, wenn Gewinne – im Gegensatz zu Verlusten – auftreten können. Ganz allgemein können sie als Bewertungen der einzelnen richtigen oder falschen Entscheidungen angesehen werden. Hierbei kann es aber schwierig oder auch unmöglich sein, beispielsweise Sicherheitsrisiken oder die Zufriedenheit von Kunden in Zahlen auszudrücken.

Allgemein sind bei einem binären Entscheidungsproblem vier Situationen möglich und folglich vier verschiedene Kosten anzunehmen (siehe Tabelle 12.1).

Situation	wahr ist	Entscheidung für	Kosten
1	H_0	H_0	C_{00}
2	H_0	H_1	C_{01}
3	H_1	H_0	C_{10}
4	H_1	H_1	C_{11}

Tabelle 12.1: Entscheidungssituationen und zugeordnete Kosten

Offensichtlich beschreiben 1 und 4 richtige, 2 und 3 falsche Entscheidungen.

Grundlage einer Entscheidung sind eine Reihe von *Meßwerten*, die zu einem Meßvektor $\underline{w}(\eta)$ zusammengefaßt werden können. Aufgrund der Störungen ist dieser Vektor zufällig. Hat der Meßvektor N Komponenten, so spannt das Meßsystem einen N-dimensionalen Raum W auf, in dem die einzelnen Realisierungen des Meßvektors liegen. Eine Vorschrift für eine binäre Entscheidung teilt diesen Raum eindeutig in zwei Entscheidungsbereiche W_0 und W_1 auf:

$$W_0 \cup W_1 = W \quad , \qquad W_0 \cap W_1 = \emptyset \quad . \tag{12.1}$$

Liegt der aktuelle Meßvektor in W_0, so wird die Hypothese H_0 angenommen (und folglich H_1 verworfen),

$$\underline{w} \in W_0 \rightarrow H_0 \text{ ist wahr} \quad , \tag{12.2}$$

liegt der Meßvektor dagegen in W_1, so wird für H_1 entschieden:

$$\underline{w} \in W_1 \rightarrow H_1 \text{ ist wahr} \quad . \tag{12.3}$$

Ist $f_{\underline{w}}(\underline{w}|H_i)$, $i = 0, 1$, die Wahrscheinlichkeitsdichte für den Meßvektor $\underline{w}(\eta)$ unter der Bedingung, daß H_i wahr ist, so ergeben sich die bedingten Wahrscheinlichkeiten für die einzelnen Entscheidungssituationen durch Integration dieser bedingten Dichten über die jeweiligen Entscheidungsbereiche. Es sind

$$P_{00} = \int_{W_0} f_{\underline{w}}(\underline{w}|H_0)\, d\underline{w} \tag{12.4}$$

die bedingte Wahrscheinlichkeit für die (richtige) Entscheidung für H_0, wenn H_0 wahr ist,

$$P_{10} = \int_{W_0} f_{\underline{w}}(\underline{w}|H_1)\, d\underline{w} \tag{12.5}$$

die bedingte Wahrscheinlichkeit für die (falsche) Entscheidung für H_0, wenn H_1 wahr ist,

$$P_{01} = \int_{W_1} f_{\underline{w}}(\underline{w}|H_0)\, d\underline{w} \tag{12.6}$$

die bedingte Wahrscheinlichkeit für die (falsche) Entscheidung für H_1, wenn H_0 wahr ist,

$$P_{11} = \int_{W_1} f_{\underline{w}}(\underline{w}|H_1)\, d\underline{w} \tag{12.7}$$

die bedingte Wahrscheinlichkeit für die (richtige) Entscheidung für H_1, wenn H_1 wahr ist. Hierbei ist das Integral wieder als n-faches Integral über den betreffenden Teilraum zu verstehen. Integriert man die bedingten Wahrscheinlichkeitsdichten über den gesamten Raum W, so ergibt das Integral unabhängig von der Bedingung den Wert Eins:

$$\int_W f_{\underline{w}}(\underline{w}|H_0)\,d\underline{w} = \int_W f_{\underline{w}}(\underline{w}|H_1)\,d\underline{w} = 1 \ . \tag{12.8}$$

Daher lassen sich die Ausdrücke für die bedingten Wahrscheinlichkeiten gegebenenfalls auch wie folgt umformen:

$$P_{ij} = \int_{W_j} f_{\underline{w}}(\underline{w}|H_i)\,d\underline{w} = 1 - \int_{\overline{W}_j} f_{\underline{w}}(\underline{w}|H_i)\,d\underline{w} \ , \tag{12.9}$$

mit $i = 0, 1$ und $j = 0, 1$. Der Entscheidungsbereich $\overline{W}_i$ ist komplementär zu W_i:

$$W_i \cup \overline{W}_i = W \ , \tag{12.10}$$

d.h. für $i = 0$ ist $\overline{W}_i = W_1$ und für $i = 1$ ist $\overline{W}_i = W_0$.

In vielen Anwendungen ist mit der Hypothese H_0 das Fehlen und mit H_1 das Vorhandensein eines Ereignisses, beispielsweise eines Echos (Radartechnik) verbunden. P_{11} ist dann die bedingte Wahrscheinlichkeit dafür, daß dieses Ereignis detektiert wird (man schreibt

$$P_{11} = P_D \ ) \ .$$

Es bedeuten weiter P_{10} die bedingte Wahrscheinlichkeit, daß das Ereignis verloren wird (man schreibt

$$P_{10} = P_M \ ,$$

M steht für "missing") und P_{01} die bedingte Wahrscheinlichkeit, daß für das Ereignis entschieden wird, obwohl es nicht eingetreten ist (man schreibt

$$P_{01} = P_F \ ,$$

F steht für falschen Alarm). Bezeichnet man schließlich die a priori Wahrscheinlichkeiten dafür, daß die Hypothesen H_0 oder H_1 wahr sind, mit P_0 und P_1, so lassen sich die *mittleren Kosten* oder das *Risiko* einer Entscheidung angeben:

$$C = C_{00}\,P_{00}\,P_0 + C_{01}\,P_{01}\,P_0 + C_{10}\,P_{10}\,P_1 + C_{11}\,P_{11}\,P_1 \ , \tag{12.11}$$

oder mit $P_{00} = 1 - P_F$ (siehe Gleichung 12.9):

$$C = C_{00}\,(1 - P_F)\,P_0 + C_{01}\,P_F\,P_0 + C_{10}\,P_M\,P_1 + C_{11}\,P_D\,P_1 \ . \tag{12.12}$$

Die mittleren Kosten C setzen sich aus vier Beiträgen zusammen, die von den vier möglichen Entscheidungssituationen herrühren. Grundsätzlich sind hierbei negative Kosten $C_{ij} < 0$ (Gewinne) zugelassen. Für die Herleitung einer Entscheidungsregel setzen wir allerdings voraus, daß die Kosten für eine Falschentscheidung jeweils größer als die Kosten für die Annahme der richtigen Hypothese sind:

$$\begin{aligned} C_{01} &> C_{00} \ , \\ C_{10} &> C_{11} \ . \end{aligned} \tag{12.13}$$

Dies schränkt die Aussage der Lösung nicht ein, denn falls diese Annahmen nicht gelten, sind unter Kostengesichtspunkten "richtig" und "falsch" verkehrt definiert. Man kommt zu einer Entscheidungsregel, die das Risiko minimiert, wenn man für P_{01} und für P_{11} Gleichung 12.9 anwendet:

$$\begin{aligned} C &= C_{00}\,P_{00}\,P_0 + C_{01}\,(1 - P_{00})\,P_0 + C_{10}\,P_{10}\,P_1 + C_{11}\,(1 - P_{10})\,P_1 \\ &= C_{01}\,P_0 + C_{11}\,P_1 + (C_{10} - C_{11})\,P_{10}\,P_1 - (C_{01} - C_{00})\,P_{00}\,P_0 \ . \end{aligned} \tag{12.14}$$

Für die weiteren Überlegungen ist es wichtig, daß die beiden Kostendifferenzen aufgrund der Annahmen 12.13 positiv sind, und daß die bedingten Wahrscheinlichkeiten P_{00} und P_{10} beide durch Integration über den Entscheidungsraum W_0 zu berechnen sind (siehe die Gleichungen 12.4 und 12.5). Ausgeschrieben lautet Gleichung 12.14 daher:

$$\begin{aligned} C &= C_{01}\,P_0 + C_{11}\,P_1 \\ &\quad + \int_{W_0} \left[(C_{10} - C_{11})f_{\underline{w}}(\underline{w}|H_1)\,P_1 - (C_{01} - C_{00})f_{\underline{w}}(\underline{w}|H_0)\,P_0 \right] d\underline{w} \ . \end{aligned} \tag{12.15}$$

Zur Minimierung des Risikos C ist nun der Meßraum W in W_0 und W_1 aufzuteilen. Das Integral enthält die Differenz aus zwei nichtnegativen Ausdrücken, die beide Funktionen des Meßvektors $\underline{w}$ sind. Die Größen $C_{01}\,P_0$ und $C_{11}\,P_1$ werden von der Aufteilung des Meßraumes W nicht beeinflußt. Das Risiko C wird daher minimal, wenn jeder Punkt in W, für den der Integrand in Gleichung 12.15 negativ ist, dem Entscheidungsraum W_0 zugeordnet wird. Alle anderen Punkte, für die der Integrand gleich Null oder positiv ist, gehören damit definitionsgemäß zu W_1. Die *Entscheidungsregel* für minimales Risiko lautet somit:

> Entscheide für H_0, wenn gilt:
>
> $$(C_{10} - C_{11})\, f_{\underline{w}}(\underline{w}|H_1)\, P_1 < (C_{01} - C_{00})\, f_{\underline{w}}(\underline{w}|H_0)\, P_0 \;. \qquad (12.16)$$
>
> Anderenfalls entscheide für H_1 .

Die Zuordnung im Falle, daß beide Ausdrücke gleich sind, ist willkürlich, da in diesem Fall das Risiko nicht von der Entscheidung abhängt. Gleichung 12.16 läßt sich in folgende Form bringen:

$$\Lambda(\underline{w}) = \frac{f_{\underline{w}}(\underline{w}|H_1)}{f_{\underline{w}}(\underline{w}|H_0)} \overset{H_0}{\underset{<}{}} \frac{(C_{01} - C_{00})\, P_0}{(C_{10} - C_{11})\, P_1} \;. \qquad (12.17)$$

Dieser Ausdruck enthält auf der linken Seite den Quotienten aus zwei Likelihood-Funktionen. Die Bedingung H_i, $i = 0,1$, bedeutet dann das Ereignis, daß H_i wahr ist. Man nennt den Quotienten das *Likelihood-Verhältnis*. Eine Entscheidung bedeutet, daß dieses Verhältnis mit einer Schwelle verglichen werden muß. Dieser Vergleich ist immer eindimensional, auch wenn der Meßvektor $\underline{w}$ mehr als ein Element enthält, d.h. auch wenn mehr als ein Meßwert vorliegt. Das Likelihood-Verhältnis wird durch die zu beurteilenden Größen, das Meßsystem und die auftretenden Störungen festgelegt. In technischen Systemen sind dies physikalische Gegebenheiten. Im Gegensatz hierzu finden sich auf der rechten Seite der Bedingung 12.17 Größen, die gegebenenfalls willkürlich festgelegt sein können. Diese können sich ändern, ohne daß sich an dem zu entscheidenden Prozeß etwas verändert. Ist beispielsweise P_1 die Wahrscheinlichkeit, daß bei einem Verkaufsautomaten falsche Münzen eingeworfen werden, so ändert sich die Größe wesentlich, nachdem bekannt wird, daß eine bestimmte Münze durch eine andere – weniger wertvolle – Münze ersetzt werden kann. Der durch 12.17 beschriebene sog. *Likelihood-Test* erfordert in derartigen Fällen nur die Änderung der Entscheidungsschwelle. Beide Seiten der Bedingung 12.17 sind nichtnegativ. Das Ergebnis der Entscheidung wird daher nicht verändert, wenn beide Seiten durch ihren Logarithmus ersetzt werden:

$$\ln \Lambda(w) = \ln \frac{f_{\underline{w}}(\underline{w}|H_1)}{f_{\underline{w}}(\underline{w}|H_0)} \overset{H_0}{\underset{<}{}} \ln \frac{(C_{01} - C_{00})\, P_0}{(C_{10} - C_{11})\, P_1} \;. \qquad (12.18)$$

Die linke Seite enthält dann das logarithmische Likelihood-Verhältnis. Die Anwendung dieser Größe ist meist dann vorteilhaft, wenn die bedingten Dichten bedingte Gauß-dichten sind.

Sind die Meßwerte w_i (amplituden-)diskret, so treten an die Stelle der bedingten Wahrscheinlichkeitsdichten bedingte Wahrscheinlichkeiten. Die Bedingung 12.17 lautet dann:

$$\Lambda(\underline{w}) = \frac{P(\{\eta \mid \underline{w}(\eta) = \underline{w}|H_1\})}{P(\{\eta \mid \underline{w}(\eta) = \underline{w}|H_0\})} \overset{H_0}{\underset{}{\lessgtr}} \frac{(C_{01} - C_{00}) \, P_0}{(C_{10} - C_{11}) \, P_1} \ . \tag{12.19}$$

Der Ansatz zur Minimierung des Risikos (Gleichung 12.11) enthält eine Reihe von Sonderfällen, die in den folgenden Abschnitten diskutiert werden. Zunächst aber einige Beispiele:

Beispiel 12.1 Entscheidung zwischen zwei Quellen verschiedener Leistung

Es sei $x(\eta, k)$ ein weißer Gaußprozeß, dessen Quelle die mittlere Leistung (Varianz) σ_0^2 oder σ_1^2 haben kann. Auf der Grundlage von N Messungen ist zu entscheiden, welche Hypothese wahr ist, d.h. welche der beiden mittleren Leistungen aktuell gegeben ist.

Es gelten:

$$f_{\underline{w}}(\underline{w}|H_0) = \prod_{i=1}^{N} \frac{1}{\sqrt{2\pi}\,\sigma_0} \, e^{-\frac{w_i^2}{2\,\sigma_0^2}} \ , \qquad f_{\underline{w}}(\underline{w}|H_1) = \prod_{i=1}^{N} \frac{1}{\sqrt{2\pi}\,\sigma_1} \, e^{-\frac{w_i^2}{2\,\sigma_1^2}} \ .$$

Das Likelihood-Verhältnis lautet dann:

$$\Lambda(\underline{w}) = \left(\frac{\sigma_0}{\sigma_1}\right)^N \exp\{\frac{1}{2}\,(\frac{1}{\sigma_0^2} - \frac{1}{\sigma_1^2}) \sum_{i=1}^{N} w_i^2\} \ .$$

Die hinreichende Statistik ist hier somit die Summe der Quadrate der Meßwerte. Dies zeigt an, daß hier eine Leistung zu bewerten ist.

Für das logarithmische Likelihood-Verhältnis gilt:

$$\ln \Lambda(\underline{w}) = N \ln \left(\frac{\sigma_0}{\sigma_1}\right) + \frac{1}{2} \left(\frac{1}{\sigma_0^2} - \frac{1}{\sigma_1^2}\right) \sum_{i=1}^{N} w_i^2 \ .$$

Die Entscheidungsschwelle sei λ. Dann fällt die Entscheidung für H_0, wenn gilt:

$$\Lambda(\underline{w}) \overset{H_0}{\underset{}{\lessgtr}} \lambda \ .$$

Es sei $\sigma_1^2 > \sigma_0^2$. Dies ist für die Umformung über das Ungleichheitszeichen hinweg wichtig. Es schränkt die Lösung aber nicht ein, da im anderen Fall σ_0^2 und σ_1^2 einfach vertauscht werden können. Man erhält schließlich:

$$\frac{1}{N} \sum_{i=1}^{N} w_i^2 \overset{H_0}{\underset{}{\lessgtr}} \frac{2\,\sigma_0^2\,\sigma_1^2}{\sigma_1^2 - \sigma_0^2} \left(\frac{1}{N} \ln \lambda + \ln \left(\frac{\sigma_1}{\sigma_0}\right)\right) \ .$$

Es ist somit das Mittel der Quadrate der Meßwerte mit einer Schwelle zu vergleichen, bei der mit wachsender Anzahl N der Meßwerte die Größe λ das Ergebnis immer weniger beeinflußt.

Der Ausdruck auf der linken Seite der Ungleichung ist ein Schätzwert für die Leistung der Quelle. Schreibt man die rechte Seite wie folgt,

$$\frac{1}{N}\sum_{i=1}^{N} w_i^2 \overset{H_0}{\underset{<}{}} \sigma_1^2 \frac{1}{\frac{\sigma_1^2}{\sigma_0^2}-1}\left(\frac{1}{N}\ln\lambda^2 + \ln\frac{\sigma_1^2}{\sigma_0^2}\right) \ ,$$

und setzt schließlich noch

$$\sigma_1^2 = \sigma_0^2\,(1+\Delta) \ ,$$

wobei Δ klein gegen Eins sein soll, so gilt näherungsweise

$$\frac{1}{N}\sum_{i=1}^{N} w_i^2 \overset{H_0}{\underset{<}{}} \sigma_1^2 \frac{1}{\Delta}\left(\frac{1}{N}\ln\lambda^2 + \Delta\right) \ .$$

Die Annahme $\Delta \ll 1$ bedeutet, daß sich die mittleren Leistungen der beiden Quellen nur wenig unterscheiden. Gilt endlich $\lambda = 1$, was ausdrückt, daß von den a priori Wahrscheinlichkeiten und den Kosten keine der Hypothesen stärker zu gewichten ist, so folgt daraus

$$\frac{1}{N}\sum_{i=1}^{N} w_i^2 \overset{H_0}{\underset{<}{}} \sigma_1^2 \ .$$

Man entscheidet somit für die Hypothese H_0, wenn die geschätzte Varianz kleiner ist als σ_1^2. Verschiedene a priori Wahrscheinlichkeiten und/oder Kosten für die verschiedenen Entscheidungssituationen verschieben die Schwelle und verändern damit die Entscheidung.

Beispiel 12.2 Entscheidung zwischen zwei Quellen mit verschiedener mittlerer Anzahl von Ereignissen

Die mittlere Anzahl von Ereignissen aus zwei verschiedenen Quellen sei λ_0 und λ_1. Innerhalb einer festgelegten Zeitspanne werden n Ereignisse gezählt. Die Anzahl der Ereignisse folge bei beiden Quellen dem Poisson Gesetz:

$$P(\{\eta \,|\, \boldsymbol{n}(\eta) = n\}\,|\,\lambda_i) = P(n\,|\,\lambda_i) = \frac{\lambda_i^n}{n!}e^{-\lambda_i} \ , \quad i = 0,1 \ .$$

Es gilt für das Likelihood-Verhältnis, das hier für bedingte Wahrscheinlichkeiten zu formulieren ist:

$$\Lambda(n) = \frac{\frac{\lambda_1^n}{n!}e^{-\lambda_1}}{\frac{\lambda_0^n}{n!}e^{-\lambda_0}} = \left(\frac{\lambda_1}{\lambda_0}\right)^n e^{(\lambda_0-\lambda_1)} \overset{H_0}{\underset{<}{}} \alpha \ .$$

Geht man zum Logarithmus dieser Ungleichung über, so gilt:

$$n \ln \left(\frac{\lambda_1}{\lambda_0} \right) + \lambda_0 - \lambda_1 \overset{H_0}{\underset{<}{\gtrless}} \ln \alpha \ .$$

Für $\lambda_1 > \lambda_0$ ergibt dies nach n aufgelöst:

$$n \overset{H_0}{\underset{<}{\gtrless}} \frac{\ln \alpha + \lambda_1 - \lambda_0}{\ln \lambda_1 - \ln \lambda_0} = \beta \ .$$

Es ist zu entscheiden, welche Quelle aktiv ist. Die Entscheidung fällt somit für H_1, wenn n größer als oder gleich β ist. Damit gilt für die bedingte Detektionswahrscheinlichkeit:

$$P_D = P(\{\eta \mid \boldsymbol{n}(\eta) \geq \beta\} \mid H_1) = 1 - \sum_{n=0}^{\lfloor \beta} \frac{\lambda_1^n}{n!} e^{-\lambda_1} \ ,$$

wobei $\lfloor \beta$ der nächst kleinere ganzzahlige Wert von β ist. (Wenn β ganzzahlig ist, sei dies $\beta - 1$.)

Für die bedingte Fehlalarmwahrscheinlichkeit gilt dann:

$$P_F = P(\{\eta \mid \boldsymbol{n}(\eta) \geq \beta\} \mid H_0) = 1 - \sum_{n=0}^{\lfloor \beta} \frac{\lambda_0^n}{n!} e^{-\lambda_0} \ .$$

Die Abbildungen 12.1 und 12.2 zeigen die Funktionen P_F und P_D in Abhängigkeit von λ_1 mit $\lambda_0 = 1$ und $\lambda_0 = 2$ und $\alpha = 1$. Mit zunehmendem λ_1 wird bei unverändertem α, d.h. bei unveränderten a priori Wahrscheinlichkeiten und Kostenfaktoren, die Schwelle für eine Entscheidung nach H_1 nach oben geschoben. Die bedingte Fehlalarmwahrscheinlichkeit nimmt daher stufenweise ab, während die bedingte Detektionswahrscheinlichkeit bei jeder Erhöhung der Schwelle zunächst abnimmt, um dann mit wachsendem λ_1 wieder zuzunehmen. Die Größe α ist hier die Abkürzung für die rechte Seite der Entscheidungsregel (siehe Gleichung 12.17):

$$\alpha = \frac{P_0}{P_1} \frac{C_{01} - C_{00}}{C_{10} - C_{11}} \ .$$

Bei $P_0 = P_1 = 0{,}5$ bedeutet $\alpha = 1$, daß die Wahrscheinlichkeit einer Fehlentscheidung minimiert wird (siehe Abschnitt 12.1.1.1). Abbildung 12.3 zeigt die Fehlerwahrscheinlichkeit als Funktion von λ_1 mit $\lambda_0 = 1$ und $\alpha = 1$. Gilt weiterhin $P_0 = P_1$ und ist $C_{00} = C_{11}$, so besagt $\alpha > 1$, daß eine Fehlentscheidung zugunsten H_1, d.h. ein falscher Alarm stärkeres Gewicht hat, als eine Fehlentscheidung für H_0, wenn H_1 wahr ist. Folglich liegt die Entscheidungsschwelle so, daß die bedingte Falschalarmwahrscheinlichkeit kleiner ist

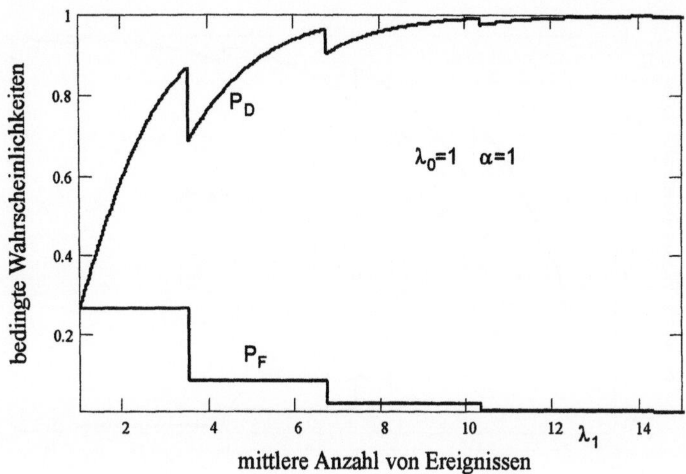

Abb. 12.1: Bedingte Detektionswahrscheinlichkeit P_D und bedingte Falschalarmwahrscheinlichkeit P_F als Funktion der mittleren Anzahl von Ereignissen λ_1 bei $\lambda_0 = 1$ und $\alpha = 1$ (siehe Beispiel 12.2)

(siehe Abbildung 12.4). Die Wahrscheinlichkeit einer falschen Entscheidung nimmt dann mit zunehmendem λ_1 nicht mehr monoton ab (siehe Abbildung 12.5). Ein $\alpha < 1$ bedeutet, daß das Nichterkennen von H_1 größeres Gewicht erhält. Die Entscheidungsregel ergibt daher ein P_D dichter bei Eins zu Lasten der bedingten Falschalarmwahrscheinlichkeit P_F (siehe Abbildung 12.6).

Beispiel 12.3 Bayes–Entscheidung zwischen zwei Wahrscheinlichkeitsdichten

Eine Zufallsvariable $w(\eta)$ kann einer von zwei möglichen Wahrscheinlichkeitsdichten entnommen sein:

$$f_w(w|H_0) = \begin{cases} 0 & w < 0 \\ 2\,e^{-2w} & w \geq 0 \end{cases} \quad , \quad f_w(w|H_1) = \frac{1}{\sqrt{2\,\pi}}\,e^{-w^2/2} \;\; .$$

Es ist eine Entscheidungsregel für einen Bayes–Test zu finden. Die Schwelle für das Likelihood–Verhältnis sei α.

Gemäß Gleichung 12.17 gilt:

$$\Lambda(w) = \frac{f_w(w|H_1)}{f_w(w|H_0)} \underset{H_0}{\overset{H_1}{\lessgtr}} \alpha \;\; .$$

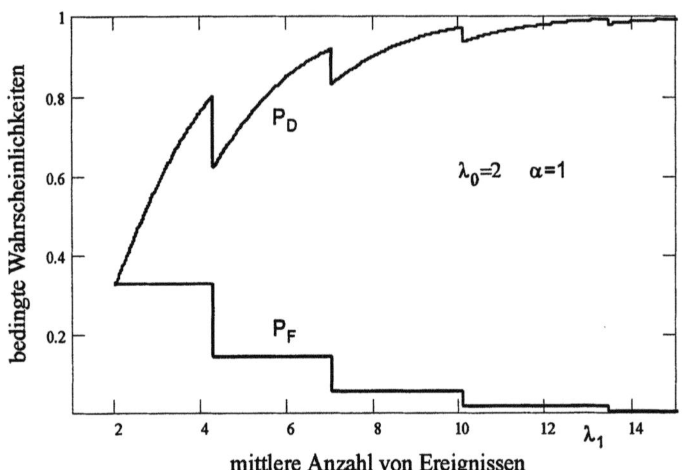

Abb. 12.2: Bedingte Detektionswahrscheinlichkeit P_D und bedingte Falschalarmwahrscheinlichkeit P_F als Funktion der mittleren Anzahl von Ereignissen λ_1 bei $\lambda_0 = 2$ und $\alpha = 1$ (siehe Beispiel 12.2)

Für $w < 0$ ist die bedingte Dichte $f_w(w|H_0)$ gleich Null. Die Entscheidung fällt in diesem Bereich immer für H_1. Für $w \geq 0$ steigt das Likelihood-Verhältnis zunächst von $\Lambda(0) = 0{,}199$ auf $\Lambda(2) = 1{,}474$ an und nimmt dann monoton ab (siehe Abbildung 12.7). Es gilt:

$$\Lambda(w) = \frac{\frac{1}{\sqrt{2\,\pi}}\,e^{-\frac{w^2}{2}}}{2\,e^{-2\,w}} = \frac{1}{2\sqrt{2\,\pi}}e^{-\left(\frac{w^2}{2}-2\,w\right)} \overset{H_0}{\underset{}{\lessgtr}} \alpha \ .$$

Das logarithmische Likelihood-Verhältnis ergibt:

$$-\frac{1}{2}\ln 8\pi - \frac{w^2}{2} + 2w \overset{H_0}{\lessgtr} \ln\alpha \quad \text{und} \quad -\frac{w^2}{2} + 2w \overset{H_0}{\lessgtr} \ln\alpha + \frac{1}{2}\ln 8\pi \ .$$

Dies kann umgeformt werden in

$$w^2 - 4w \overset{H_0}{\gtrless} -(2\ln\alpha + \ln 8\pi) \ .$$

An den Grenzen zwischen den Entscheidungsbereichen gilt Gleichheit:

$$w^2 - 4w + (2\ln\alpha + \ln 8\pi) = 0 \ .$$

Somit gibt es zwei Lösungen:

$$w_{1/2} = 2 \pm \sqrt{4 - (2\ln\alpha + \ln 8\pi)} \ .$$

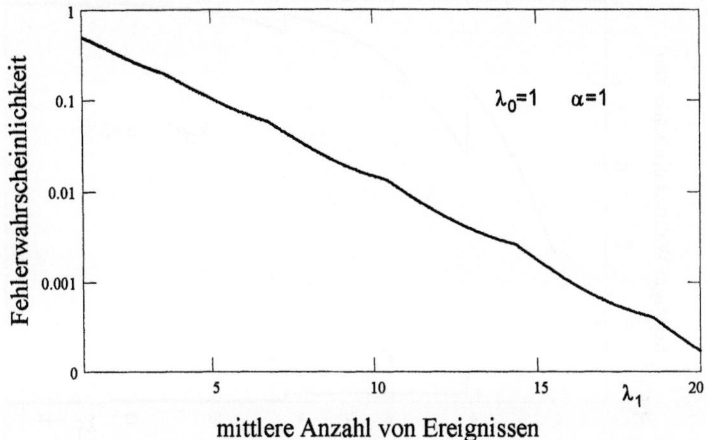

Abb. 12.3: Fehlerwahrscheinlichkeit als Funktion der mittleren Anzahl von Ereignissen λ_1 bei $\lambda_0 = 1$ und $\alpha = 1$ (siehe Beispiel 12.2)

Diese liegen symmetrisch zum Wert $w = 2$. Abbildung 12.8 zeigt die Grenzen w_1 und w_2 der Entscheidungsbereiche als Funktionen der Schwelle α. Es gilt damit folgende Entscheidungsregel:

Entscheide für H_0, wenn $0 < w \leq w_1$ oder $w_2 < w$ ist. Sonst entscheide für H_1.

12.1.1.1 Minimierung der Fehlerwahrscheinlichkeit

Setzt man

$$C_{00} = C_{11} = 0 \quad \text{und} \quad C_{01} = C_{10} = C_e \, ,$$

so lautet Gleichung 12.11:

$$C = C_e \left(P_{01}\, P_0 + P_{10}\, P_1 \right) \, . \tag{12.20}$$

Hierin bedeuten aber $P_{01}\, P_0$ die Wahrscheinlichkeit einer Fehlentscheidung für H_1 (wenn H_0 wahr ist) und $P_{10}\, P_1$ die Wahrscheinlichkeit einer Fehlentscheidung für H_0 (wenn H_1 wahr ist). Minimales Risiko bedeutet dann aber minimale Fehlerwahrscheinlichkeit. Ist

$$C_{01} = C_{10} = C_e = 1 \, , \tag{12.21}$$

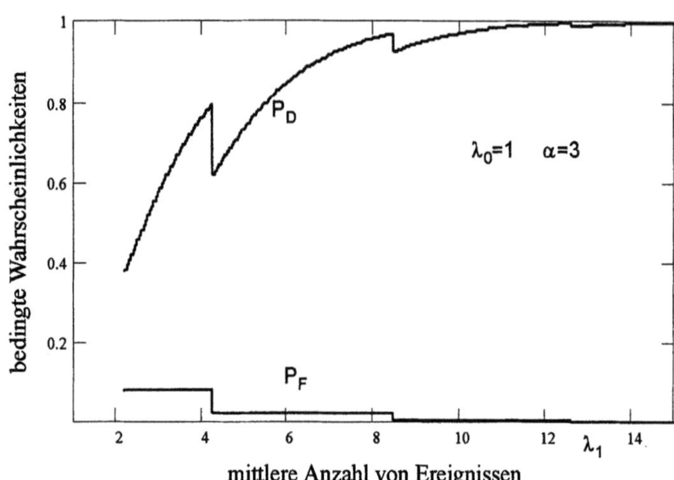

Abb. 12.4: Bedingte Detektionswahrscheinlichkeit P_D und bedingte Falschalarmwahrscheinlichkeit P_F als Funktion der mittleren Anzahl von Ereignissen λ_1 bei $\lambda_0 = 1$ und $\alpha = 3$ (siehe Beispiel 12.2)

so ist das Risiko gleich der Fehlerwahrscheinlichkeit

$$P_e = P_{01}\, P_0 + P_{10}\, P_1 \ . \tag{12.22}$$

Die Bedingung 12.17 lautet für diesen Fall:

$$\Lambda(\underline{w}) = \frac{f_{\underline{w}}(\underline{w}|H_1)}{f_{\underline{w}}(\underline{w}|H_0)} \overset{H_0}{\underset{}{\lessgtr}} \frac{P_0}{P_1} = \frac{P_0}{1 - P_0} \ . \tag{12.23}$$

Sind, wie beispielsweise sehr oft bei binärer Übertragung, beide Hypothesen gleichwahrscheinlich, so vereinfacht sich dies weiter zu

$$\Lambda(\underline{w}) = \frac{f_{\underline{w}}(\underline{w}|H_1)}{f_{\underline{w}}(\underline{w}|H_0)} \overset{H_0}{\underset{}{\lessgtr}} 1 \ . \tag{12.24}$$

Verwendet man hier das logarithmische Likelihood-Verhältnis, so lautet die Testbedingung schließlich:

$$\ln \Lambda(\underline{w}) = \ln \frac{f_{\underline{w}}(\underline{w}|H_1)}{f_{\underline{w}}(\underline{w}|H_0)} \overset{H_0}{\underset{}{\lessgtr}} 0 \ . \tag{12.25}$$

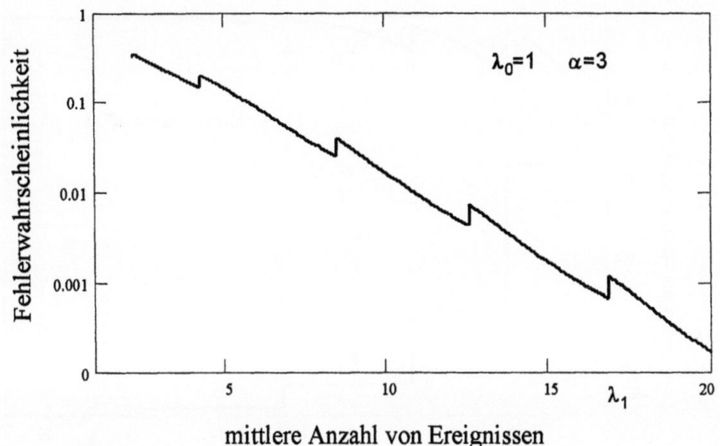

Abb. 12.5: Fehlerwahrscheinlichkeit als Funktion der mittleren Anzahl von Ereignissen λ_1 bei $\lambda_0 = 1$ und $\alpha = 3$ (siehe Beispiel 12.2)

Beispiel 12.4 Minimale Fehlerwahrscheinlichkeit

Es seien zwei Hypothesen gegeben:

$$H_0 \; : \; \boldsymbol{w}(\eta,k) = \boldsymbol{n}(\eta,k) \quad \text{und} \quad H_1 \; : \; \boldsymbol{w}(\eta,k) = m + \boldsymbol{n}(\eta,k) \; .$$

Es seien $m > 0$ eine Konstante und $\boldsymbol{n}(\eta, k)$ ein stationärer weißer Gaußprozeß mit

$$f_{\boldsymbol{n}}(n) = \frac{1}{\sqrt{2\,\pi}\,\sigma_{\boldsymbol{n}}}\, e^{-\frac{n^2}{2\,\sigma_{\boldsymbol{n}}^2}} \; .$$

Zusätzlich seien

$$P_0 = P_1 = 0{,}5 \quad \text{und}$$

$$C_{ij} = \begin{cases} 0 & i = j \\[2mm] 1 & i \neq j \end{cases} \quad , \quad i,\, j = 0,\, 1 \; .$$

Dies bedeutet, daß die Wahrscheinlichkeit einer Fehlentscheidung zu minimieren ist. Es gilt für den Likelihood–Test:

$$\Lambda(w) = \exp\left(\frac{1}{2\,\sigma_{\boldsymbol{n}}^2}\, m\, (2\,w - m)\right) \overset{H_0}{\underset{}{<}} 1 \; .$$

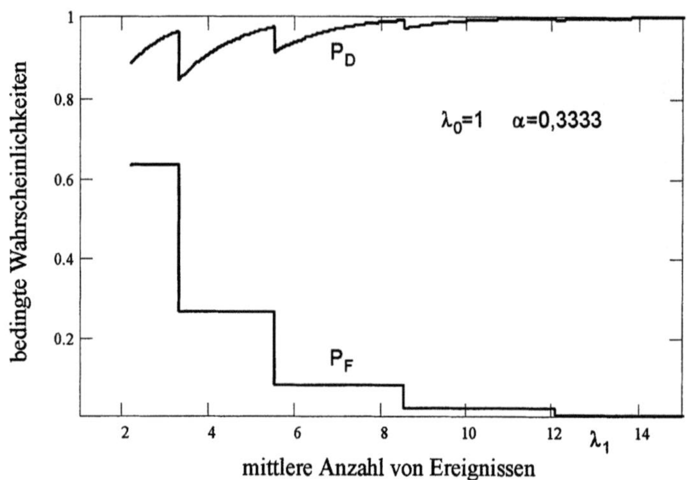

Abb. 12.6: Bedingte Detektionswahrscheinlichkeit P_D und bedingte Falschalarmwahrscheinlichkeit P_F als Funktion der mittleren Anzahl von Ereignissen λ_1 bei $\lambda_0 = 1$ und $\alpha = 1/3$ (siehe Beispiel 12.2)

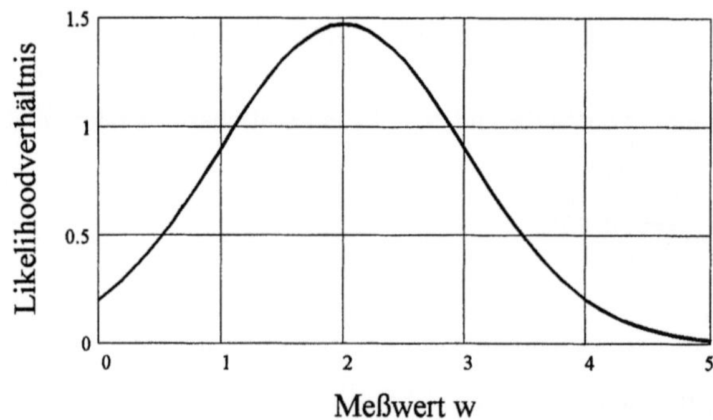

Abb. 12.7: Likelihood-Verhältnis $\Lambda(w)$ als Funktion des Meßwertes w (siehe Beispiel 12.3)

Geht man zum Logarithmus über, so erhält man:

$$\frac{1}{2\,\sigma_n^2}\, m\,(2\,w - m) \underset{<}{\overset{H_0}{\gtrless}} 0 \ .$$

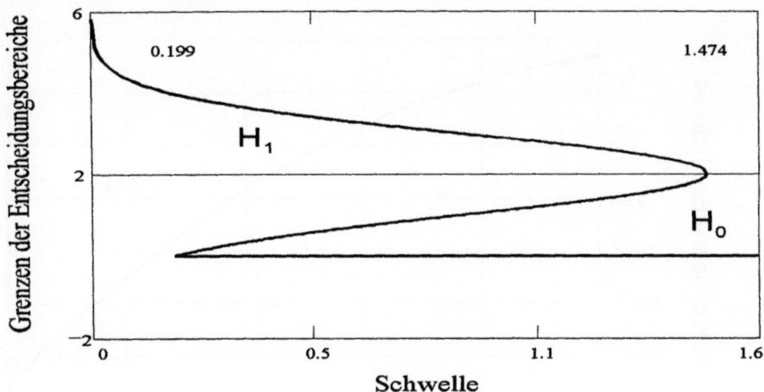

Abb. 12.8: Entscheidungsbereiche als Funktionen der Schwelle α (siehe Beispiel 12.3)

Nach w aufgelöst, folgt daraus:

$$w \overset{H_0}{\underset{}{<}} \frac{m}{2} \ .$$

Für die Wahrscheinlichkeit einer Fehlentscheidung erhält man unter Ausnutzung der Symmetrien:

$$P_e = \frac{1}{\sqrt{2\,\pi}\,\sigma_n} \int_{m/2}^{\infty} \exp\left(-\frac{w^2}{2\,\sigma_n^2}\right) dw = \frac{1}{2}\left(1 - erf\left(\frac{1}{2\,\sqrt{2}}\,\frac{m}{\sigma_n}\right)\right) \ .$$

Abbildung 12.9 zeigt die Funktion P_e aufgetragen über dem normierten Abstand m/σ_n.

12.1.2 Minimax-Test

Der durch die Bedingung 12.17 gegebene Test, der das Risiko der Entscheidung minimiert, setzt voraus, daß die a priori Wahrscheinlichkeiten P_0 und P_1 und die Kosten C_{ij} für die einzelnen Entscheidungssituationen angegeben werden können. Dies ist nicht immer möglich. Die a priori Wahrscheinlichkeiten können sich durch äußere Einflüsse rasch verändern, die Bewertung einzelner Entscheidungen kann ebenfalls zeitabhängig sein. In derartigen Fällen müssen andere Ansätze das Kriterium des minimalen Risikos ersetzen. Das *Minimax-Kriterium* führt zu einer Entscheidungsregel, die ohne die Kenntnis der a priori Wahrscheinlichkeiten P_0 und P_1 auskommt.

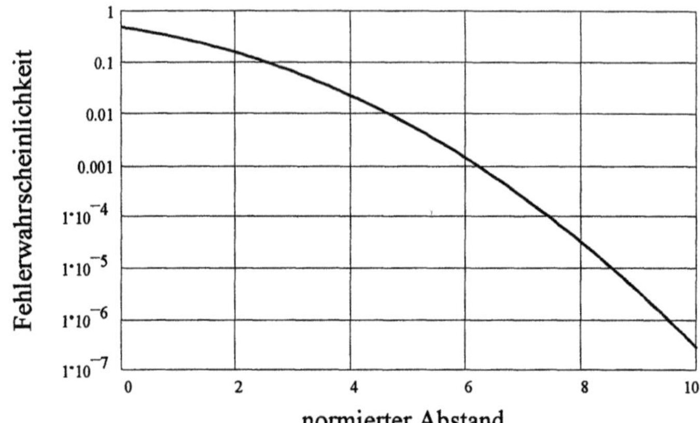

Abb. 12.9: Fehlerwahrscheinlichkeit P_e als Funktion des normierten Abstands m/σ_n (siehe Beispiel 12.4)

Für die Herleitung gehen wir von den Wahrscheinlichkeiten

$$P_D = P_{11} \qquad \text{(siehe Gleichung 12.7)} \;,$$
$$P_M = P_{10} \qquad \text{(siehe Gleichung 12.5)} \;,$$
$$P_F = P_{01} \qquad \text{(siehe Gleichung 12.6)} \qquad \text{und}$$
$$1 - P_F = P_{00} \quad \text{(siehe Gleichung 12.4)}$$

aus. Die Gleichung 12.14 für das Risiko lautet dann:

$$C = C_{01}\,P_0 + C_{11}\,P_1 + (C_{10} - C_{11})\,P_M\,P_1 - (C_{01} - C_{00})\,(1 - P_F)\,P_0 \;. \qquad (12.26)$$

Die Annahmen 12.13 sollen weiter gelten, so daß beide Kostendifferenzen nichtnegativ sind. Setzt man schließlich noch $P_0 = 1 - P_1$, so läßt sich Gleichung 12.26 in die folgende Form bringen:

$$\begin{aligned}
C\; &= C_{00}\,(1 - P_F) + C_{01}\,P_F \\
&\quad + P_1\,[(C_{11} - C_{00}) + (C_{10} - C_{11})\,P_M - (C_{01} - C_{00})P_F] \;.
\end{aligned} \qquad (12.27)$$

Um diese Gleichung für die weiteren Überlegungen noch zu vereinfachen, setzen wir die Kosten für die richtigen Entscheidungen gleich Null:

$$C_{00} = C_{11} = 0 \;. \qquad (12.28)$$

Dann lautet Gleichung 12.27:

$$C = C_{01}\, P_F + P_1[C_{10}\, P_M - C_{01}\, P_F] \ . \tag{12.29}$$

Die bedingten Wahrscheinlichkeiten $P_M = P_{10}$ und $P_F = P_{01}$ hängen von der Aufteilung des Meßraumes W in die beiden Teilräume W_0 und W_1 ab (siehe die Gleichungen 12.5 und 12.6), die ihrerseits bei Minimierung des Risikos von den Kosten und den a priori Wahrscheinlichkeiten abhängen. P_M und P_F sind somit – über diesen "Umweg" – Funktionen von P_1. Für zwei Grenzfälle lassen sich die optimale Aufteilung und das minimale Risiko leicht bestimmen:

1. $P_1 = 0$:
   Dies bedeutet, daß die Hypothese H_1 immer – genauer gesagt mit Wahrscheinlichkeit 1 – falsch ist. Die optimale Aufteilung lautet daher $W_0 = W$, und die Entscheidung lautet immer "H_0 ist wahr". Es sind $P_M = 1, P_F = 0$ und das minimale Risiko $C_{min} = 0$.

2. $P_1 = 1$:
   Dies ist der komplementäre Fall: H_1 ist immer – genauer gesagt mit Wahrscheinlichkeit 1 – wahr. Es sind $W_1 = W, P_F = 1, P_M = 0$ und folglich $C_{min} = 0$.

Aufgrund der Annahmen über die Kosten, $C_{01} > C_{00} = 0$ und $C_{10} > C_{11} = 0$, kann das minimale Risiko C_{min} nicht negativ sein. Betrachtet man C_{min} als Funktion von P_1, d.h. $C_{min}(P_1)$, so gelten aufgrund der gerade diskutierten Grenzwerte:

$$C_{min}(0) = C_{min}(1) = 0 \ . \tag{12.30}$$

Für $0 < P_1 < 1$ hat $C_{min}(P_1)$ ein Maximum (siehe Abbildung 12.10). Es sei nun $P_1 = \overline{P}_1$. Mit bekannt vorausgesetzten Kosten C_{01} und C_{10} lassen sich die Entscheidungsräume $W_0(\overline{P}_1)$ und $W_1(\overline{P}_1)$ bestimmen und damit $P_M(\overline{P}_1) = \overline{P}_M$ und $P_F(\overline{P}_1) = \overline{P}_F$. Das minimale Risiko sei $C_{min}(\overline{P}_1)$. Liegt nun der wahre Wert von P_1 nicht bei $\overline{P}_1$, bleibt aber die Aufteilung von W in $W_0(\overline{P}_1)$ und $W_1(\overline{P}_1)$ unverändert, so wird aus Gleichung 12.29 die Gleichung einer Geraden, die $C_{min}(P_1)$ bei $P_1 = \overline{P}_1$ berührt, die aber für alle anderen Werte von P_1 oberhalb dieser Funktion liegt, da W_0 und W_1 nicht optimal sind:

$$\overline{C}_{min}(P_1) = C_{01}\, \overline{P}_F + P_1\left[C_{10}\, \overline{P}_M - C_{01}\, \overline{P}_F\right] \ . \tag{12.31}$$

Dies bedeutet, daß bei mangelhafter Kenntnis von P_1 die mittleren Kosten wesentlich größer sein können, als das bei exakter Kenntnis von P_1 erzielbare Risiko C_{min}. Ein Entscheidungskriterium kann nun sein, das bei fehlender Kenntnis von P_1 *maximal* mögliche

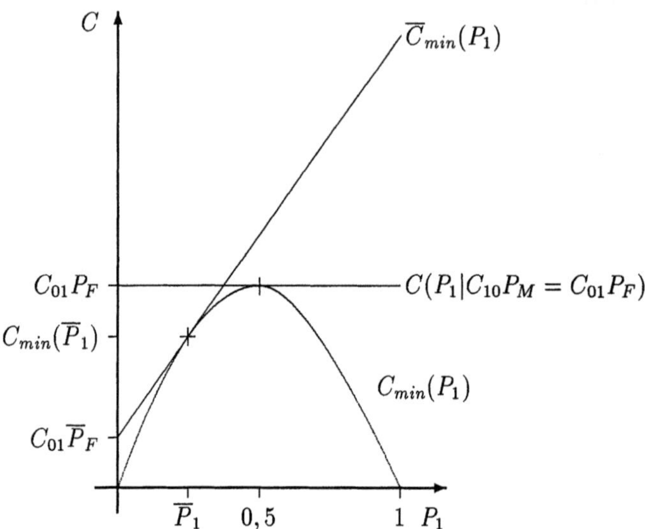

Abb. 12.10: Zur Herleitung des Minimax–Kriteriums: Risiko als Funktion von P_1

Risiko zu *minimieren*. Man erreicht dies dadurch, daß man die Entscheidungsräume W_0 und W_1 (ohne Berücksichtigung von P_1) so festlegt, daß gilt:

$$C_{10}\,P_M = C_{01}\,P_F \;. \tag{12.32}$$

Damit wird (in Gleichung 12.29) das Risiko C unabhängig von P_1:

$$C = C_{01}\,P_F \;. \tag{12.33}$$

In Abbildung 12.10 ist dies eine waagrechte Gerade, die die Funktion $C_{min}(P_1)$ in deren Maximum berührt. Gleichung 12.32 nennt man die *Minimax-Gleichung* und den damit verbundenen Test den Minimax-Test. Die Minimax-Gleichung bedeutet, daß der Meß-raum W so in die Entscheidungsräume W_0 und W_1 aufzuteilen ist, daß die bedingten Kosten für beide möglichen Fehlentscheidungen gleich sind:

$$C_{01}\int_{W_1} f_{\underline{w}}(\underline{w}|H_0)\,d\underline{w} = C_{10}\int_{W_0} f_{\underline{w}}(\underline{w}|H_1)\,d\underline{w} \;. \tag{12.34}$$

Nur in sehr einfachen Fällen läßt sich diese Gleichung geschlossen nach W_0 und W_1 auflösen.

Im Falle, daß die Kosten für die richtigen Entscheidungen nicht gleich Null sind, folgt aus Gleichung 12.27:

$$C_{min}(P_1) = \begin{cases} C_{00} & \text{für } P_1 = 0 \\ C_{11} & \text{für } P_1 = 1 \end{cases} \quad . \tag{12.35}$$

Damit kann das Maximum der Funktion $C_{min}(P_1)$ am Rande des zugelassenen Bereiches d.h. bei $P_1 = 0$ oder bei $P_1 = 1$ liegen. Wir betrachten zunächst den Fall, daß das Maximum bei $P_1 = 0$ liegt, d.h. daß die Hypothese H_0 mit Wahrscheinlichkeit Eins immer wahr ist. In diesem Fall ist $W_0 = W$, und es sind $P_D = P_F = 0$, $P_M = 1$ und somit $C_{min}(0) = C_{00}$. Hält man wieder die Aufteilung $W_0 = W$ und damit P_F und P_M konstant und betrachtet das Risiko als Funktion von P_1, so erhält man aus Gleichung 12.27:

$$\overline{C}_{min}(P_1) = C_{00} - P_1 \left(C_{00} - C_{10} \right) \; . \tag{12.36}$$

Dies ist wieder die Gleichung einer Geraden, die $C_{min}(P_1)$ bei $P_1 = 0$ berührt (siehe Abbildung 12.11).

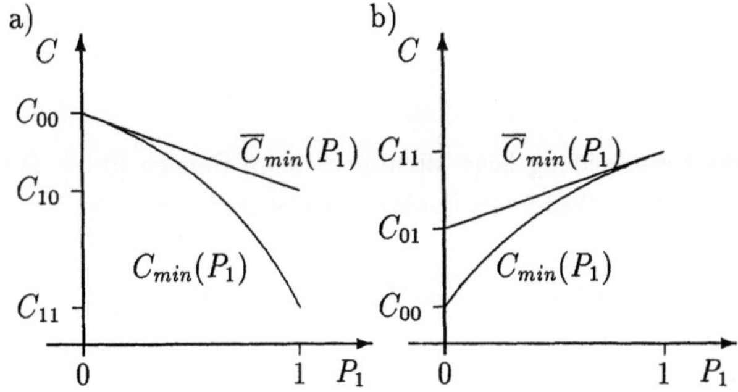

Abb. 12.11: Risiko als Funktion von P_1 mit Maximum bei a) $P_1 = 0$ und b) $P_1 = 1$

Liegt schließlich das Maximum von C_{min} bei $P_1 = 1$, d.h. die Hypothese H_1 ist (mit Wahrscheinlichkeit Eins) immer wahr, so ist $W_1 = W$ und es sind $P_M = 0$ und $P_D = P_F = 1$. Damit erhält man aus Gleichung 12.27:

$$\overline{C}_{min}(P_1) = C_{01} + P_1 \left(C_{11} - C_{01} \right) \; . \tag{12.37}$$

Dies ist eine Gerade, die für $P_1 = 1$ bei C_{11} endet und somit dort die Funktion $C_{min}(P_1)$ berührt (siehe Abbildung 12.11). Eine Minimax-Bedingung vergleichbar 12.32 ist somit in diesen beiden Grenzfällen nicht sinnvoll.

Beispiel 12.5 Minimax–Entscheidung

Gegeben seien die beiden bedingten Wahrscheinlichkeiten

$$f_{\boldsymbol{w}}(w|H_0) = \begin{cases} 1 - |w| & 0 \le |w| \le 1 \\ 0 & \text{sonst} \end{cases} \quad , \quad f_{\boldsymbol{w}}(w|H_1) = \begin{cases} w & 0 \le w \le 1 \\ 2 - w & 1 < w \le 2 \\ 0 & \text{sonst} \end{cases} \quad ,$$

siehe Abbildung 12.12. Für die Kosten gelte:

$$C_{00} = C_{11} = 0 \; , \quad C_{10} = 1 \; , \quad C_{01} = a^2 \; .$$

Es ist eine Schwelle w_0 für eine Minimax–Entscheidung zu finden.

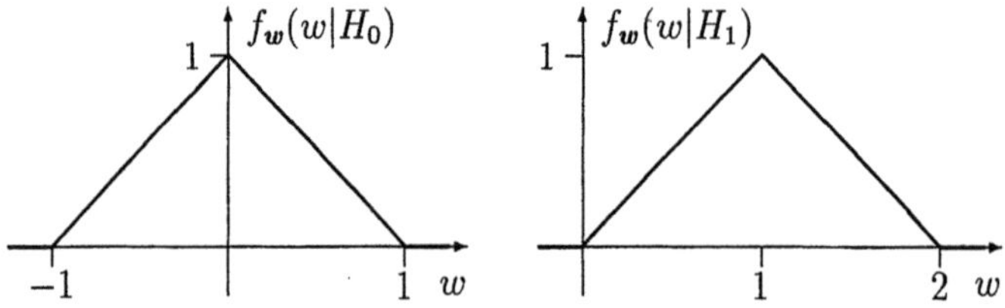

Abb. 12.12: Bedingte Wahrscheinlichkeitsdichten (siehe Beispiel 12.5)

Die Schwelle w_0 für die Entscheidung liegt offensichtlich im Bereich $[0, 1]$. Damit lassen sich die bedingten Wahrscheinlichkeiten als Funktionen von w_0 berechnen:

$$P_{00} = \int_{-\infty}^{w_0} f_{\boldsymbol{w}}(w|H_0)\, dw = 1 - \frac{1}{2}(1 - w_0)^2 \; , \quad P_F = 1 - P_{00} = \frac{1}{2}(1 - w_0)^2 \; ,$$

$$P_M = \int_{-\infty}^{w_0} f_{\boldsymbol{w}}(w|H_1)\, dw = \frac{1}{2}\, w_0^2 \; , \qquad P_D = 1 - P_M = 1 - \frac{1}{2}\, w_0^2 \; .$$

Der Minimax–Test erfordert, die Schwelle so zu legen, daß

$$C_{10}\, P_M = C_{01}\, P_F$$

ist (siehe Gleichung 12.32). Dies bedeutet hier:

$$P_M = a^2\, P_F \; .$$

Hieraus kann die Schwelle w_0 als Funktion von a bestimmt werden:

$$w_0(a) = \frac{a}{a + 1} \; .$$

Für $a = 1$ ist $w_0(1) = 1/2$. Für die Abweichung $\Delta w(a)$ von diesem Wert erhält man:

$$\Delta w(a) = w_0(a) - \frac{1}{2} = \frac{1}{2}\,\frac{a-1}{a+1} \ .$$

Offensichtlich gilt:

$$\Delta w(1/a) = -\Delta w(a) \ .$$

Für das Risiko bei Minimax–Entscheidung gilt dann (siehe Gleichung 12.33):

$$C = C_{01}\,P_F = \frac{1}{2}\left(\frac{a}{a+1}\right)^2 = \frac{1}{2}\,w_0^2(a) \ .$$

Für $a = 1$ ist $w_0(a) = 1/2$ und somit $C = 1/8$.

Es soll nun noch das Risiko einer Bayes–Entscheidung für $a = 1$ (d.h. die minimale Fehlerwahrscheinlichkeit) berechnet werden. Da die Entscheidungsschwelle in jedem Fall im Bereich $[0,\, 1]$ liegt, gilt gemäß Gleichung 12.16:

$$\frac{w}{1-w} \overset{H_0}{\underset{}{<}} \frac{P_0}{P_1} = \frac{1-P_1}{P_1} \ .$$

Die Schwelle w_0 liegt dort, wo Gleichheit herrscht:

$$\frac{w_0}{1-w_0} = \frac{1-P_1}{P_1} \ .$$

Dies kann nach w_0 aufgelöst werden:

$$w_0 = 1 - P_1 \ .$$

Gemäß Gleichung 12.29 erhält man dann für das Risiko als Funktion von P_1:

$$C(P_1) = P_F + P_1\,(P_M - P_F) = \frac{1}{2}\,(1 - P_1)\,P_1 \ .$$

Das maximale Risiko beträgt somit $1/8$. Dies ist der Wert, der sich bei einem Minimax-Test ergibt.

12.1.3   Neyman-Pearson-Test

Neben a priori Wahrscheinlichkeiten können auch die Kosten für die einzelnen Entscheidungssituationen unbekannt sein. (Für die Anwendung heißt dies, daß es nicht möglich ist, realistische Kosten anzunehmen.) Man kann dann eine Entscheidungsregel formulieren, die direkt von den *bedingten Wahrscheinlichkeiten* ausgeht. In Fällen, in denen zu entscheiden ist, ob ein bestimmtes Ereignis stattgefunden hat – beispielsweise ein Echo aufgetreten ist – oder nicht, kann folgender Ansatz gemacht werden: Die Entscheidung soll so gefällt werden, daß

$$P_{11} = P_D = \int_{W_1} f_{\underline{w}}(\underline{w}|H_1)\,d\underline{w}$$

maximal und gleichzeitig

$$P_{01} = P_F = \int_{W_1} f_{\underline{w}}(\underline{w}|H_0)\,d\underline{w}$$

minimal sind. Dies sind aber widersprüchliche Forderungen, da beide von W_1 abhängen und *beide* für $W_1 = W$ maximiert und *beide* für $W_1 = 0$ minimiert werden. Eine Zielfunktion, die maximales P_D fordert, kann daher für P_F nur fordern, daß dieses eine gegebene obere Schranke nicht übersteigt. Man formuliert dies als *Nebenbedingung* für die Optimierung:

$$P_F \leq \overset{*}{P}_F \; , \tag{12.38}$$

d.h., daß die bedingte Wahrscheinlichkeit eines Fehlalarms den Wert $\overset{*}{P}_F$ nicht überschreiten darf. Damit lautet die Zielfunktion eines Entscheidungskriteriums:

$$\boxed{\text{Maximiere } P_D \quad \text{für} \quad P_F \leq \overset{*}{P}_F \; .}$$

Da $P_D = 1 - P_M$ ist, ist dies gleichbedeutend mit dem Ziel, P_M zu minimieren. Man nennt dieses Kriterium das *Neyman-Pearson-Kriterium*.

Für die Herleitung der Entscheidungsregel ist ein Variationsproblem zu lösen. Man faßt hierzu die Zielfunktion und die Nebenbedingung zusammen:

$$\begin{aligned} F &= P_M + \lambda (P_F - \overset{*}{P}_F) \\ &= \int_{W_0} f_{\underline{w}}(\underline{w}|H_1)\,d\underline{w} + \lambda \left[\int_{W_1} f_{\underline{w}}(\underline{w}|H_0)\,d\underline{w} - \overset{*}{P}_F \right] \; . \end{aligned} \tag{12.39}$$

Die Größe λ ist ein sogenannter Lagrange-Multiplikator. Es muß gelten: $\lambda > 0$. Das (n-fache) Integral über W_1 läßt sich wieder durch ein Integral über W_0 ersetzen (siehe Gleichung 12.9), so daß beide Integrale zusammengefaßt werden können:

$$F = \lambda (1 - \overset{*}{P}_F) + \int_{W_0} [f_{\underline{w}}(\underline{w}|H_1) - \lambda f_{\underline{w}}(\underline{w}|H_0)]\,d\underline{w} \; . \tag{12.40}$$

Damit ist der Entscheidungsraum W_0 so festzulegen, daß das Integral minimal wird. Dies erreicht man offensichtlich dadurch, daß man alle $\underline{w}$ dem Raum W_0 zuordnet, für die gilt:

$$f_{\underline{w}}(\underline{w}|H_1) < \lambda \, f_{\underline{w}}(\underline{w}|H_0) \; . \tag{12.41}$$

Damit lautet die Entscheidungsregel nach Neyman-Pearson:

Entscheide für H_0 , wenn

$$\frac{f_{\underline{w}}(\underline{w}|H_1)}{f_{\underline{w}}(\underline{w}|H_0)} < \lambda \tag{12.42}$$

ist, anderenfalls entscheide für H_1 .

Die Entscheidungsregel enthält also auf der linken Seite wieder das Likelihood-Verhältnis. Der noch unbekannte Parameter λ ist so zu bestimmen, daß die Nebenbedingung mit Gleichheit erfüllt ist:

$$P_F = \overset{*}{P}_F = \int_{W_1} f_{\underline{w}}(\underline{w}|H_0) \, d\underline{w} \; . \tag{12.43}$$

Dort, wo Gleichheit nicht erreichbar ist, ist der am dichtesten unterhalb $\overset{*}{P}_F$ erreichbare Wert zu wählen. Die Gleichungen 12.42 und 12.43 lassen sich in aller Regel nur iterativ lösen. Man beginnt damit, daß man einen Wert $\lambda = \lambda_1$ annimmt und dafür gemäß Gleichung 12.42 $W_0(\lambda_1)$ und $W_1(\lambda_1)$ bestimmt. Aus Gleichung 12.43 läßt sich dann das zugehörige $P_F(\lambda_1)$ berechnen. Man iteriert nun λ solange, bis $\overset{*}{P}_F$ ausreichend genau erreicht ist. Dabei gilt allgemein, daß ein Absenken der Entscheidungsschwelle, d.h. $\lambda_2 < \lambda_1$, $W_0(\lambda_2)$ gegenüber $W_0(\lambda_1)$ nicht vergrößert, so daß folglich $W_1(\lambda_2) \geq W_1(\lambda_1)$ und $P_F(\lambda_2) \geq P_F(\lambda_1)$ ist.

Beispiel 12.6 Neyman–Pearson–Test

Es seien zwei Hypothesen gegeben:

$$H_0 : \; \boldsymbol{w}(\eta,k) = \boldsymbol{n}(\eta,k) \quad \text{und} \quad H_1 : \; \boldsymbol{w}(\eta,k) = m + \boldsymbol{n}(\eta,k) \; .$$

Es seien m eine Konstante und $\boldsymbol{n}(\eta,k)$ ein stationärer weißer Gaußprozeß mit

$$f_{\boldsymbol{n}}(n) = \frac{1}{\sqrt{2\pi}\,\sigma_{\boldsymbol{n}}} \, e^{-\frac{n^2}{2\sigma_{\boldsymbol{n}}^2}} \; .$$

Es gelte

$$m = 5\,\sigma_n \quad .$$

Es ist eine Entscheidungsschwelle so zu legen, daß

$$P_F \le 0,01$$

ist. Es liege für die Entscheidung ein einzelner Meßwert w vor.

Für das Likelihood-Verhältnis gilt:

$$\Lambda(w) = \frac{f_w(w|H_1)}{f_w(w|H_0)} = \frac{\exp\left(-\frac{(w-m)^2}{2\,\sigma_n^2}\right)}{\exp\left(-\frac{w^2}{2\,\sigma_n^2}\right)} = \exp\left(\frac{1}{2\,\sigma_n^2}\,m\,(2\,w - m)\right) \quad .$$

Dies ist mit einer Schwelle α zu vergleichen. Zweckmäßigerweise geht man zum Logarithmus über. Für $w = w_0$ gelte Gleichheit:

$$\ln \Lambda(w_0) = \frac{1}{2\,\sigma_n^2}\,m\,(2\,w_0 - m) = \ln\alpha \quad .$$

Nach w_0 aufgelöst, erhält man:

$$w_0 = \frac{\sigma_n^2}{m}\,\ln\alpha + \frac{m}{2} \quad .$$

Für die numerische Auswertung normiert man die Größen w_0 und m:

$$v_0 = \frac{w_0}{\sigma_n} \quad , \quad \mu = \frac{m}{\sigma_n} \quad .$$

Dann lautet die Gleichung für die Schwelle:

$$v_0 = \frac{\ln\alpha}{\mu} + \frac{\mu}{2} \quad .$$

Es ist nun v_0 bzw. α so festzulegen, daß

$$P_F = \int_{w_0}^{\infty} f_w(w|H_0)\,dw = 0,01$$

ist. Es gilt:

$$P_F = \frac{1}{\sqrt{2\,\pi}\,\sigma_n} \int_{w_0}^{\infty} e^{-\frac{w^2}{2\,\sigma_n^2}}\,dw = \frac{1}{2}\left(1 - erf\left(\frac{w_0}{\sqrt{2}\,\sigma_n}\right)\right) = \frac{1}{2}\left(1 - erf\left(\frac{v_0}{\sqrt{2}}\right)\right) \quad .$$

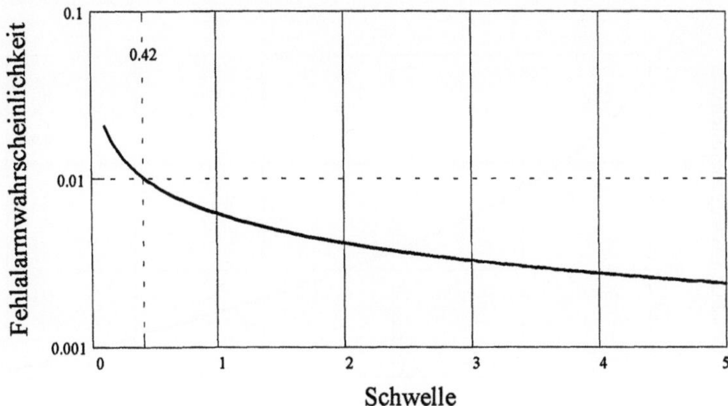

Abb. 12.13: Fehlalarmwahrscheinlichkeit P_F als Funktion der Schwelle α (siehe Beispiel 12.6)

Abbildung 12.13 zeigt P_F als Funktion der Schwelle α. $P_F = 0,01$ wird für $\alpha = 0,42$, d.h. für $v_0 = 2,33$ erreicht.

Die bedingte Detektionswahrscheinlichkeit P_D ergibt sich zu:

$$P_D = \int_{w_0}^{\infty} f_{w}(w|H_1)\,dw = \frac{1}{2}\left(1 - erf(\frac{v_0 - \mu}{\sqrt{2}})\right) \ .$$

Abbildung 12.14 zeigt diesen Zusammenhang als Funktion von α.

12.1.4   Empfänger-Charakteristik

Die Entscheidungsregeln nach Bayes und nach Neyman-Pearson gehen von dem Likelihood-Verhältnis

$$\frac{f_{\underline{w}}(\underline{w}|H_1)}{f_{\underline{w}}(\underline{w}|H_0)}$$

aus und legen danach die Entscheidungsräume W_0 und W_1 fest. Die beiden bedingten Wahrscheinlichkeiten $P_F = P_{01}$ für den Falschalarm und $P_D = P_{11}$ für die Detektion sind bei gegebenen bedingten Dichten über W_1 voneinander abhängig (siehe die Gleichungen 12.6 und 12.7):

$$P_F = \int_{W_1} f_{\underline{w}}(\underline{w}|H_0)\,d\underline{w}\ , \qquad P_D = \int_{W_1} f_{\underline{w}}(\underline{w}|H_1)\,d\underline{w}\ .$$

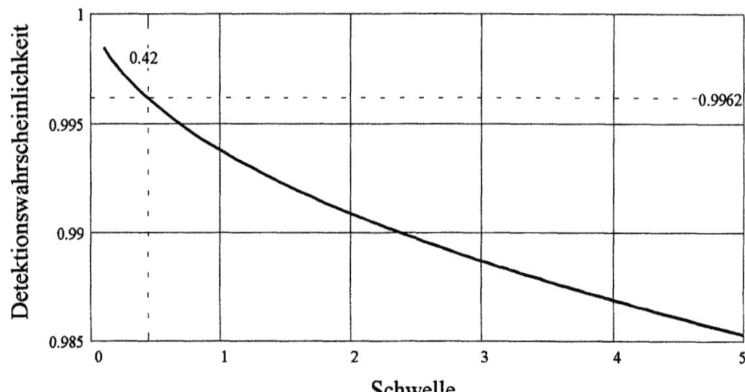

Abb. 12.14: Detektionswahrscheinlichkeit P_D als Funktion der Schwelle α (siehe Beispiel 12.6)

Trägt man P_D als Funktion von P_F auf, so erhält man ein Diagramm, das das Verhalten eines Empfängers bei binärer Entscheidung vollständig beschreibt. Man nennt es *Empfänger-Charakteristik* oder auch Detektor-Charakteristik oder (englisch) Receiver Operating Characteristic (siehe Abbildung 12.15). Die Größen P_F und P_D sind bedingte Wahrscheinlichkeiten und damit über dem Intervall $[0, 1]$ definiert. Der ideale Arbeitspunkt eines Empfängers liegt bei $P_D = 1$ und gleichzeitig $P_F = 0$, also in der linken oberen Ecke des Diagramms. Die Güte einer Entscheidung drückt sich damit dadurch aus, wie weit sich die Funktion $P_D(P_F)$ diesem Punkt nähert. Parameter der Funktion $P_D(P_F)$ ist der Wert λ der Entscheidungsschwelle (siehe Gleichung 12.42). Für $\lambda = 0$ wird die Ungleichung niemals erfüllt. Folglich sind $W_1 = W$ und $P_D = P_F = 1$. Die Empfänger-Charakteristik beginnt damit für $\lambda = 0$ immer in der rechten oberen Ecke des Diagramms. Ist $\Lambda(\underline{w})$ für alle $\underline{w}$ endlich, so ist für λ gegen unendlich die Ungleichung immer erfüllt. Es wird $W_0 = W$ und folglich $P_D = P_F = 0$. Die Empfänger-Charakteristik endet in diesem Fall in der linken unteren Ecke des Diagramms.

Ist an der Grenze zwischen W_0 und W_1 die Testbedingung für alle $\lambda \geq 0$ mit Gleichheit erfüllt,

$$\frac{f_{\underline{w}}(\underline{w}|H_1)}{f_{\underline{w}}(\underline{w}|H_0)} = \lambda \ , \tag{12.44}$$

so läßt sich auch die Steigung der Empfänger-Charakteristik bestimmen.

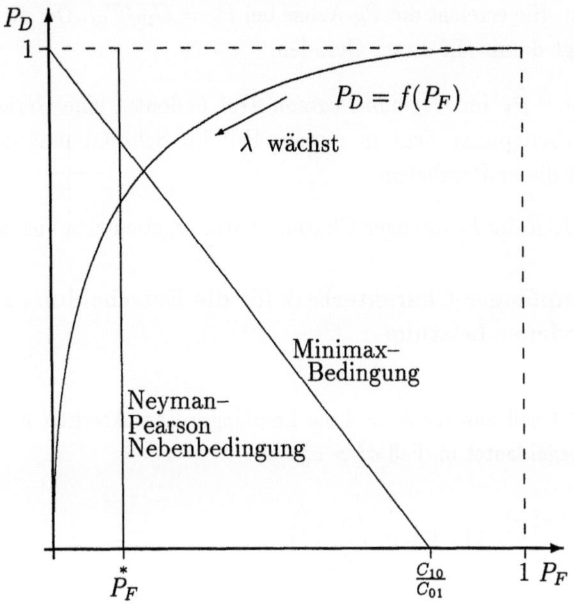

Abb. 12.15: Empfänger–Charakteristik

P_D und P_F sind beide Funktionen von λ, beide nehmen mit wachsendem λ ab. Damit gilt mit

$$\Delta W_1 = W_1(\lambda) - W_1(\lambda + \Delta\lambda) \tag{12.45}$$

folgender Zusammenhang:

$$\frac{\Delta P_D}{\Delta P_F} = \frac{P_D(\lambda) - P_D(\lambda + \Delta\lambda)}{P_F(\lambda) - P_F(\lambda + \Delta\lambda)} = \frac{\int_{\Delta W_1} f_{\underline{w}}(\underline{w}|H_1)\,d\underline{w}}{\int_{\Delta W_1} f_{\underline{w}}(\underline{w}|H_0)\,d\underline{w}} \approx \frac{f_{\underline{w}}(\underline{w}|H_1)}{f_{\underline{w}}(\underline{w}|H_0)} = \lambda \ . \tag{12.46}$$

Wenn ein Grenzübergang existiert, gilt somit für die Steigung der Empfänger-Charakteristik:

$$\frac{dP_D}{dP_F} = \lambda \ . \tag{12.47}$$

Die *Minimax-Bedingung* schreibt (bei $C_{00} = C_{11} = 0$) vor, die Entscheidungsräume so festzulegen, daß $C_{10}P_M = C_{01}P_F$ ist. Setzt man $P_M = 1 - P_D$ (gemäß Gleichung 12.9), so ist dies eine Gerade

$$P_D = 1 - \frac{C_{01}}{C_{10}} P_F \ , \tag{12.48}$$

die im Diagramm der Empfänger-Charakteristik in der linken oberen Ecke beginnt und mit C_{01}/C_{10} abfällt. Sie erreicht die P_F-Achse bei $P_F = C_{10}/C_{01}$. Der Arbeitspunkt des Minimax-Tests liegt damit auf dieser Geraden.

Die Bedingung $P_F = \overset{*}{P}_F$ im *Neyman-Pearson-Test* bedeutet eine Gerade parallel zur P_D-Achse. Der Arbeitspunkt liegt in diesem Fall im Schnittpunkt der Empfänger-Charakteristik mit dieser Parallelen.

Weitere Eigenschaften der Empfänger-Charakteristik ergeben sich aus den Beispielen.

Beispiel 12.7 Empfänger-Charakteristik für die Entscheidung zwischen zwei Quellen verschiedener Leistung

Für das Beispiel 12.1 soll nun für $N = 2$ die Empfänger-Charakteristik berechnet werden. Die Entscheidungsregel lautet im Fall $\sigma_1^2 > \sigma_0^2$:

$$w_1^2 + w_2^2 \overset{H_0}{\underset{}{<}} \frac{2\,\sigma_0^2\,\sigma_1^2}{\sigma_1^2 - \sigma_0^2} \left(\ln \lambda + \ln \left(\frac{\sigma_1}{\sigma_0} \right)^2 \right) \ .$$

Kürzt man die rechte Seite mit $\gamma^2 > 0$ ab, so gilt:

$$w_1^2 + w_2^2 \overset{H_0}{\underset{}{<}} \gamma^2 \ .$$

Es sind P_D und P_F zu berechnen:

$$P_D = P(\{\eta \,|\, \boldsymbol{w}_1^2(\eta) + \boldsymbol{w}_2^2(\eta) > \gamma^2\} \,|\, H_1) \ ,$$

$$P_F = P(\{\eta \,|\, \boldsymbol{w}_1^2(\eta) + \boldsymbol{w}_2^2(\eta) > \gamma^2\} \,|\, H_0) \ .$$

Man benötigt somit die gemeinsamen bedingten Dichten von $\boldsymbol{w}_1(\eta)$ und $\boldsymbol{w}_2(\eta)$. Da beide statistisch unabhängig sind, sind diese die Produkte der Einzeldichten:

$$f_{\boldsymbol{ww}}(w_1, w_2 | H_0) = \frac{1}{2\,\pi\,\sigma_0^2} \, \exp(- \frac{w_1^2 + w_2^2}{2\,\sigma_0^2}) \ ,$$

$$f_{\boldsymbol{ww}}(w_1, w_2 | H_1) = \frac{1}{2\,\pi\,\sigma_1^2} \, \exp(- \frac{w_1^2 + w_2^2}{2\,\sigma_1^2}) \ .$$

Zur Bestimmung der bedingten Wahrscheinlichkeiten sind beide über die Fläche außerhalb eines Kreises mit dem Radius γ zu integrieren. Man kann dafür Polarkoordinaten benutzen:

$$w_1 = z \sin \alpha \ , \quad w_2 = z \cos \alpha \ , \quad z^2 = w_1^2 + w_2^2 \ , \quad \tan \alpha = \frac{w_1}{w_2} \ .$$

Es gilt dann:

$$P_D = \int_\gamma^\infty \int_0^{2\pi} \frac{1}{2\pi\,\sigma_1^2}\, e^{-\frac{z^2}{2\sigma_1^2}}\, d\alpha\, z\, dz = \frac{1}{\sigma_1^2} \int_\gamma^\infty e^{-\frac{z^2}{2\sigma_1^2}}\, z\, dz = e^{-\frac{\gamma^2}{2\sigma_1^2}}\ .$$

Analog erhält man

$$P_F = e^{-\frac{\gamma^2}{2\sigma_0^2}}\ .$$

Die Empfänger-Charakteristik lautet damit:

$$P_D = P_F^{\sigma_0^2/\sigma_1^2}\ .$$

Abbildung 12.16 zeigt diesen Zusammenhang. Es ist offensichtlich, daß mit zunehmendem Unterschied zwischen σ_0^2 und σ_1^2 die Kurven sich in die linke obere Ecke drängen.

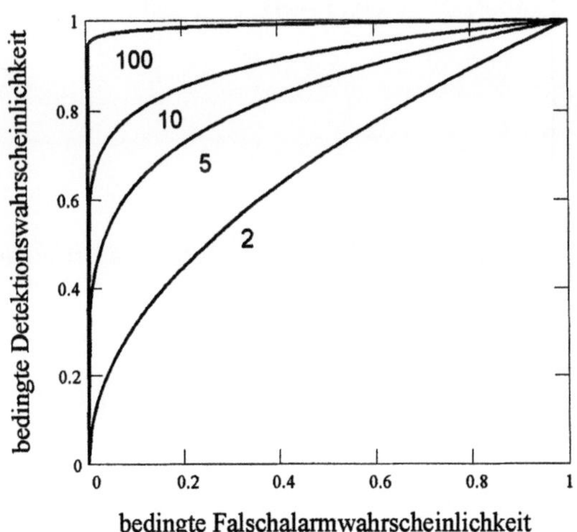

Abb. 12.16: Empfänger-Charakteristik $P_D = f(P_F)$ für die Entscheidung zwischen zwei Quellen verschiedener mittlerer Leistung mit σ_1^2 / σ_0^2 als Parameter (siehe Beispiel 12.7)

Ein anderer Weg zu diesem Ergebnis führt über die bedingten Dichten von $\boldsymbol{w}^2(\eta)$ und $\boldsymbol{w}_1^2(\eta) + \boldsymbol{w}_2^2(\eta)$.

Es sei $y = w^2$. Dann gilt (siehe Beispiel 4.5):

$$f_{\boldsymbol{y}}(y|H_i) = \begin{cases} \dfrac{1}{\sqrt{2\,\pi\,y}\,\sigma_i}\,\exp(-\dfrac{y}{2\,\sigma_i^2}) & y \geq 0 \\[2ex] 0 & y < 0 \end{cases}$$

für $i = 0,\,1$. Die Dichte von

$$z = y_1 + y_2$$

erhält man durch Faltung:

$$f_{\boldsymbol{z}}(z|H_i) \;= \int_{-\infty}^{+\infty} f_{\boldsymbol{y}}(y|H_i)\,f_{\boldsymbol{y}}(z - y|H_i)\,dy$$

$$= \begin{cases} 0 & z < 0 \\[2ex] \dfrac{1}{2\,\pi\,\sigma_i^2} \displaystyle\int_0^z \dfrac{\exp\left(-\dfrac{y+(z-y)}{2\,\sigma_i^2}\right)}{\sqrt{y(z-y)}}\,dy & z \geq 0 \end{cases}$$

$$= \begin{cases} 0 & z < 0 \\[2ex] \dfrac{1}{2\,\sigma_i^2}\,\exp(-\dfrac{z}{2\,\sigma_i^2}) & z \geq 0 \end{cases} \;.$$

Die bedingten Wahrscheinlichkeiten P_D und P_F erhält man schließlich wieder durch Integration der bedingten Dichten:

$$P_D = \int_{\gamma^2}^{\infty} f_{\boldsymbol{z}}(z|H_1)\,dz = e^{-\gamma^2/2\sigma_1^2}\,, \qquad P_F = \int_{\gamma^2}^{\infty} f_{\boldsymbol{z}}(z|H_0)\,dz = e^{-\gamma^2/2\sigma_0^2}\,.$$

Beispiel 12.8 Entscheidung zwischen zwei Gaußprozessen mit verschiedenen Mittelwerten

Es seien N Meßwerte $w_1,\dots,w_N$ gegeben, die Realisierungen von statistisch unabhängen Gaußschen Zufallsvariablen sind. Für die bedingten Dichten dieser Zufallsvariablen gelten

$$f_{\boldsymbol{w}}(w|H_0) = \frac{1}{\sqrt{2\,\pi}\,\sigma}\,e^{-\frac{(w-m_0)^2}{2\sigma^2}} \quad \text{und} \quad f_{\boldsymbol{w}}(w|H_1) = \frac{1}{\sqrt{2\,\pi}\,\sigma}\,e^{-\frac{(w-m_1)^2}{2\sigma^2}}\,.$$

Es ist ein Likelihood–Test zu entwerfen, der entscheidet, welche Hypothese wahr ist.

Für des Likelihood-Verhältnis gilt:

$$\Lambda(\underline{w}) = \frac{f_{\underline{w}}(\underline{w}|H_1)}{f_{\underline{w}}(\underline{w}|H_0)} = \prod_{i=1}^{N} \exp\left(\frac{1}{2\,\sigma^2}\left((w_i - m_0)^2 - (w_i - m_1)^2\right)\right)$$

$$= \exp\left(\frac{1}{2\,\sigma^2}\sum_{i=1}^{N}\left(2\,w_i\,(m_1 - m_0) - (m_1^2 - m_0^2)\right)\right)$$

$$= \exp\left(\frac{m_1 - m_0}{\sigma^2}\sum_{i=1}^{N} w_i - N\,\frac{m_1^2 - m_0^2}{2\,\sigma^2}\right)\ .$$

Damit ist die Summe der Meßwerte die hinreichende Statistik. Für die Entscheidung ist das Likelihood-Verhältnis mit einer Schwelle α zu vergleichen. Zweckmäßigerweise geht man zum logarithmischen Verhältnis über:

$$\ln \Lambda(\underline{w}) = \frac{m_1 - m_0}{\sigma^2}\sum_{i=1}^{N} w_i - N\,\frac{m_1^2 - m_0^2}{2\,\sigma^2} \overset{H_0}{\underset{}{\lessgtr}} \ln \alpha\ .$$

Es sei $m_1 > m_0$. Dann erhält man:

$$\frac{1}{N}\sum_{i=1}^{N} w_i \overset{H_0}{\underset{}{\lessgtr}} \frac{\sigma^2 / N}{m_1 - m_0}\ln \alpha + \frac{m_0 + m_1}{2} = \overline{\alpha}\ .$$

Bei gleichen a priori Wahrscheinlichkeiten und gleichen Kostendifferenzen (siehe Gleichung 12.17) ist $\alpha = 1$ und der Test vereinfacht sich zu

$$\frac{1}{N}\sum_{i=1}^{N} w_i \overset{H_0}{\underset{}{\lessgtr}} \frac{m_0 + m_1}{2}\ .$$

Der arithmetische Mittelwert

$$\boldsymbol{v}(\eta) = \frac{1}{N}\sum_{i=1}^{N} \boldsymbol{w}_i(\eta)$$

der Meßwerte ist eine Gaußsche Zufallsvariable, da die einzelnen Meßwerte als Gaußsche Zufallsvariablen vorausgesetzt werden. Es sind

$$\mathrm{E}\{\boldsymbol{v}(\eta)|H_0\} = m_0\ ,\quad \mathrm{E}\{\boldsymbol{v}(\eta)|H_1\} = m_1\quad \text{und}\quad \sigma_v^2 = \frac{\sigma^2}{N}\ .$$

Damit gilt für die bedingte Fehlalarmwahrscheinlichkeit:

$$P_F = \int_{\overline{\alpha}}^{\infty} f_v(v|H_0)\,dv = \frac{1}{\sqrt{2\,\pi}\,\sigma_v}\int_{\overline{\alpha}}^{\infty} e^{-\frac{(v-m_0)^2}{2\,\sigma_v^2}}\,dv = \frac{1}{2}\left(1 - erf\left(\sqrt{\frac{N}{2}}\,\frac{\overline{\alpha} - m_0}{\sigma}\right)\right)\ .$$

Für die bedingte Detektionswahrscheinlichkeit erhält man entsprechend:

$$P_D = \int_{\overline{\alpha}}^{\infty} f_v(v|H_1)\,dv = \frac{1}{2}\left(1 - erf\left(\sqrt{\frac{N}{2}}\,\frac{\overline{\alpha} - m_1}{\sigma}\right)\right)\ .$$

Abbildung 12.17 zeigt die bedingte Fehlalarmwahrscheinlichkeit P_F und die bedingte Detektionswahrscheinlichkeit P_D als Funktionen der Anzahl der Messungen N. Dabei wurden $m_0/\sigma = 1$, $m_1 = 2\,m_0$ und $\alpha = 1$ angenommen. Abbildung 12.18 zeigt schließlich die Empfänger-Charakteristik $P_D = f(P_F)$ für verschiedene Werte von N.

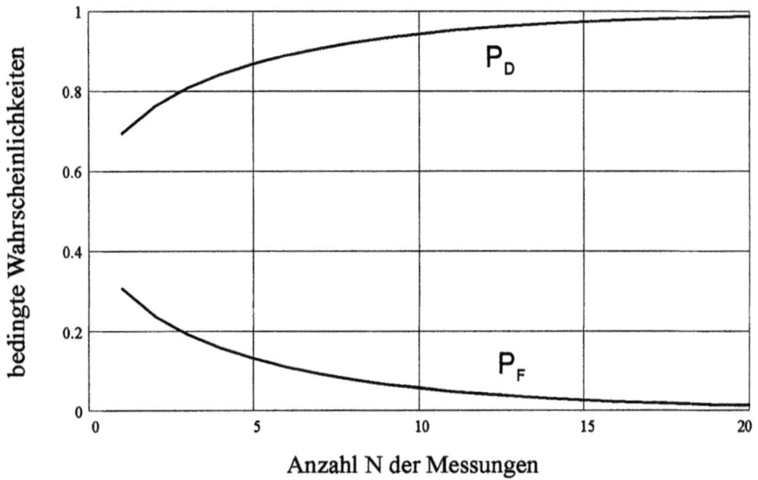

Abb. 12.17: Bedingte Fehlalarmwahrscheinlichkeit P_F und bedingte Detektionswahrscheinlichkeit P_D als Funktionen der Anzahl N der Messungen (siehe Beispiel 12.8)

Beispiel 12.9 Suboptimale Entscheidung

Wir formulieren nun die bereits in Beispiel 11.6 betrachtete Aufgabe als Entscheidungsproblem und nehmen an, daß x ein fester und bekannter Wert ist, daß aber zwei Situationen auftreten können:

$$H_0\ :\quad w(\eta,k) = n(\eta,k)\,, \qquad H_1\ :\quad w(\eta,k) = x + n(\eta,k)\,.$$

Die Störung sei wieder stationäres weißes Rauschen mit Gaußdichte:

$$f_n(n) = \frac{1}{\sqrt{2\,\pi}\,\sigma_n}\,e^{-\frac{n^2}{2\,\sigma_n^2}}\ .$$

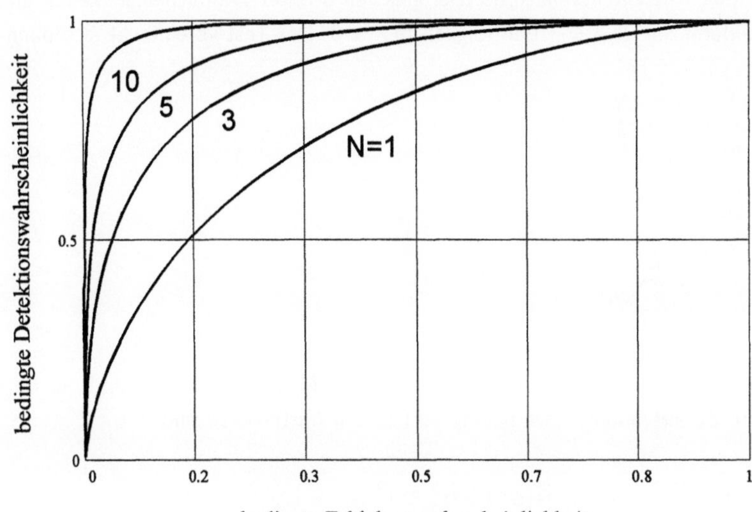

Abb. 12.18: Empfänger-Charakteristik $P_D = f(P_F)$ für verschiedene Werte der Anzahl N der Messungen (siehe Beispiel 12.8)

Die Messung von $w(\eta, k)$ ergebe einen Meßvektor

$$\underline{w} = (w_1, \, ... \, , w_N) \ .$$

Für einen Likelihood-Test benötigt man die bedingten Dichten des Meßvektors $w(\eta)$:

$$f_{\underline{w}}(\underline{w}|H_0) = \prod_{i=1}^{N} f_n\,(w_i) \ , \quad f_{\underline{w}}(\underline{w}|H_1) = \prod_{i=1}^{N} f_n\,(w_i - x) \ .$$

Damit lautet das Likelihood-Verhältnis:

$$\Lambda(\underline{w}) = \exp\{-\frac{1}{2\,\sigma_n^2}\,\left(\sum_{i=1}^{N}(w_i - x)^2 - \sum_{i=1}^{N} w_i^2\right)\} = \exp\{\frac{x}{\sigma_n^2}\,\left(\sum_{i=1}^{N} w_i - \frac{N}{2}x\right)\} \ .$$

Geht man zum Logarithmus über, so folgt für den Likelihood-Test:

$$\frac{x}{\sigma_n^2}\,\left(\sum_{i=1}^{N} w_i - \frac{N}{2}x\right) \overset{H_0}{\underset{}{<}} \ln\lambda \ ,$$

oder, nach einfachen Umformungen:

$$\frac{1}{x} \sum_{i=1}^{N} w_i \overset{H_0}{\underset{}{<}} \frac{N}{2} + \frac{\sigma_n^2}{x^2}\,\ln\lambda \ .$$

λ bezeichnet die Entscheidungsschwelle. Diese hängt von den a priori Wahrscheinlichkeiten und den Kostendifferenzen ab. Bei gleichen a priori Wahrscheinlichkeiten und gleichen Kostendifferenzen ist $\lambda = 1$ und folglich $\ln \lambda = 0$. Der Test vereinfacht sich dann zu:

$$\frac{1}{x} \sum_{i=1}^{N} w_i \underset{\lessgtr}{\overset{H_0}{}} \frac{N}{2} \ .$$

Setzt man

$$\boldsymbol{y}(\eta) = \frac{1}{x} \sum_{i=1}^{N} \boldsymbol{w}_i(\eta) \ ,$$

wobei $\boldsymbol{w}_i(\eta)$, $i = 1, \ \ldots \ , N$, die Elemente des Meßvektors $\underline{\boldsymbol{w}}(\eta)$ sind, so ist $\boldsymbol{y}(\eta)$ eine Gaußsche Zufallsvariable. Ihre bedingten linearen Mittelwerte sind

$$\mathrm{E}\{\boldsymbol{y}(\eta)|H_0\} = 0 \ , \quad \mathrm{E}\{\boldsymbol{y}(\eta)|H_1\} = N \ ,$$

ihre Varianz berechnet sich als die Varianz der Summe statistisch unabhängiger Zufallsvariablen zu

$$\sigma_y^2 = \frac{N \sigma_n^2}{x^2} \ .$$

Damit können die bedingten Dichten angegeben werden:

$$f_{\boldsymbol{y}}(y|H_0) = \frac{1}{\sqrt{2\pi}\,\sigma_y^2}\, e^{-\frac{y^2}{2\,\sigma_y^2}} \ , \quad f_{\boldsymbol{y}}(y|H_1) = \frac{1}{\sqrt{2\pi}\,\sigma_y^2}\, e^{-\frac{(y-N)^2}{2\,\sigma_y^2}} \ .$$

Der Test lautet nun

$$y \underset{\lessgtr}{\overset{H_0}{}} \frac{N}{2} \ ,$$

und es gilt für die bedingte Falschalarmwahrscheinlichkeit P_F:

$$P_F = \int_{N/2}^{\infty} f_{\boldsymbol{y}}(y|H_0)\, dy = \frac{1}{2}\left(1 - erf\left(\frac{1}{2}\sqrt{\frac{N}{2}}\,\frac{x}{\sigma_n}\right)\right) \ .$$

Für die bedingte Detektionswahrscheinlichkeit P_D gilt analog:

$$P_D = \int_{N/2}^{\infty} f_{\boldsymbol{y}}(y|H_1)\, dy = \frac{1}{2}\left(1 + erf\left(\frac{1}{2}\sqrt{\frac{N}{2}}\,\frac{x}{\sigma_n}\right)\right) \ .$$

Bei vorausgesetzten gleichen a priori Wahrscheinlichkeiten,

$$P_0 = P_1 = 1/2 \ ,$$

gilt für die Fehlerwahrscheinlichkeit:

$$P_{err} = \frac{1}{2}\left(P_F + (1 - P_D)\right) \ .$$

Wir wollen jetzt dieses Ergebnis mit einem suboptimalen Verfahren vergleichen. Hierzu nehmen wir an, daß für jeden einzelnen Meßwert w_i vorläufig entschieden wird, ob H_0 oder H_1 wahr ist. Hierfür definieren wir Zufallsvariablen $z_i(\eta)$:

$$z_i = \begin{cases} 1 & \text{für } w_i \geq \dfrac{x}{2} \\[2mm] 0 & \text{für } w_i < \dfrac{x}{2} \end{cases} \ .$$

Der Vergleichswert $x/2$ ist hier willkürlich, es ist jedoch der optimale Wert für den Likelihood-Test bei nur einer Messung.

Wir entscheiden endgültig für die Hypothese H_0, wenn weniger als n_0 Meßwerte kleiner als $x/2$ sind:

$$\sum_{i=1}^{N} z_i \overset{H_0}{<} n_0 \ .$$

Das Ergebnis dieser Entscheidung ist suboptimal, da bei der vorläufigen Entscheidung die Information darüber, wie weit die Meßwerte die Schwelle über- oder unterschreiten, verloren geht.

Auch für die suboptimale Entscheidung lassen sich die bedingten Wahrscheinlichkeiten für die Detektion und den Falschalarm berechnen. Dazu benötigen wir zunächst die bedingten Wahrscheinlichkeiten dafür, daß die Meßwerte die Schwelle $x/2$ überschreiten:

$$P(\{\eta \mid w_i(\eta) \geq \tfrac{x}{2}\} \mid H_0) = \int_{x/2}^{\infty} f_w(w|H_0)\,dw$$

$$= \int_{x/2}^{\infty} f_n(n)\,dn = \frac{1}{2}\left[1 - erf\left(\frac{x}{2\sqrt{2}\,\sigma_n}\right)\right] = Q_0 \ ,$$

$$P(\{\eta \mid w_i(\eta) \geq \tfrac{x}{2}\} \mid H_1) = \int_{x/2}^{\infty} f_w(w|H_1)\,dw$$

$$= \int_{x/2}^{\infty} f_n(n-x)\,dn = \frac{1}{2}\left[1 + erf\left(\frac{x}{2\sqrt{2}\,\sigma_n}\right)\right] = Q_1 \ .$$

Ein Falschalarm tritt auf, wenn die Schwelle mindestens n_0 mal überschritten wird, d.h. wenn die Überschreitung bei mindestens n_0 aus N statistisch unabhängigen Ereignissen eintritt. Es gilt daher:

$$\tilde{P}_F = P(\{\eta \,|\, \sum_{i=1}^{N} z_i(\eta) \geq n_0\}|\, H_0) = \sum_{j=n_0}^{N} \binom{N}{j} Q_0^j \, (1 - Q_0)^{N-j} \; .$$

Analog gilt für die bedingte Detektionswahrscheinlichkeit:

$$\tilde{P}_D = P(\{\eta \,|\, \sum_{i=1}^{N} z_i(\eta) \geq n_0\}|\, H_1) = \sum_{j=n_0}^{N} \binom{N}{j} Q_1^j \, (1 - Q_1)^{N-j} \; .$$

Somit läßt sich auch für die suboptimale Entscheidung die Fehlerwahrscheinlichkeit angeben:

$$\tilde{P}_{err} = \frac{1}{2} \left(\tilde{P}_F + (1 - \tilde{P}_D) \right)$$

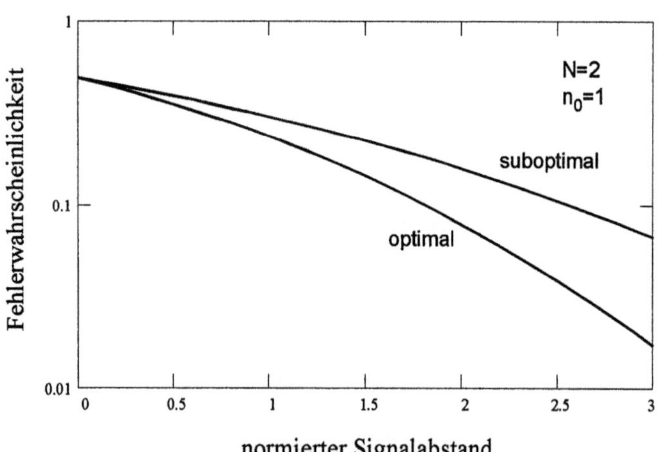

Abb. 12.19: Fehlerwahrscheinlichkeiten P_{err} und $\tilde{P}_{err}$ als Funktionen des normierten Signalabstandes x/σ_n für das optimale und das suboptimale Entscheidungsverfahren ($N = 2$) (siehe Beispiel 12.9)

Die Abbildungen 12.19 und 12.20 zeigen die Fehlerwahrscheinlichkeiten für $N = 2$ und $N = 10$ Messungen. Die Schwelle n_0 liegt jeweils bei $N/2$. Das suboptimale Verfahren liefert schlechtere Ergebnisse, wenn man n_0 von diesem optimalen Wert verschiebt. Die Abbildungen 12.21 und 12.22 zeigen Beispiele hierfür.

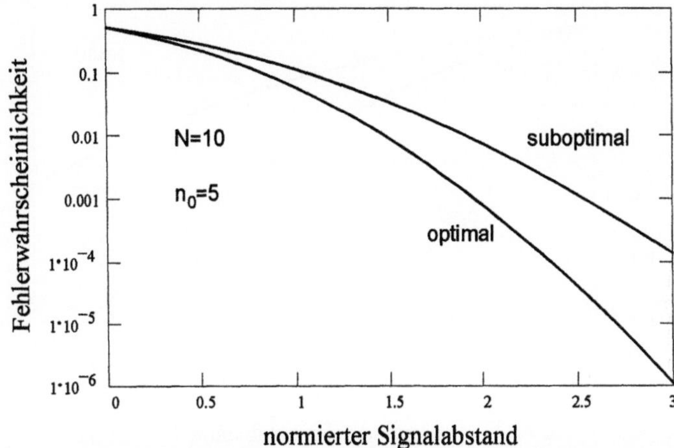

Abb. 12.20: Fehlerwahrscheinlichkeiten P_{err} und $\tilde{P}_{err}$ als Funktionen des normierten Signalabstandes x/σ_n für das optimale und das suboptimale Entscheidungsverfahren ($N = 10$) (siehe Beispiel 12.9)

Die Ergebnisse dieses Beispiels lassen sich verallgemeinern. Sie besagen, daß die Fehlerwahrscheinlichkeit bei Entscheidungsproblemen verringert werden kann, wenn man an die Stelle von Einzelentscheidungen die Entscheidung über eine Folge von Werten setzt. Für einen Empfänger von Binärsignalen bedeutet dies, es wird nicht bei jedem einzelnen Zeichen entschieden, ob "0" oder "L" gesendet wurde, sondern für eine Zeichenfolge – beispielsweise ein Codewort – gemeinsam. Man sagt, daß man über einen *Pfad* durch eine Folge von Ereignissen entscheidet. Bedingt durch die Eigenschaften des Übertragungskanals sind die Abtastwerte eines Empfangssignals meist nicht statitisch unabhängig voneinander. Der Gewinn an geringerer Fehlerwahrscheinlichkeit resultiert daraus, daß bei jeder Einzelentscheidung die Information darüber, wie dicht der Meßwert an der Entscheidungsschwelle liegt, verloren geht. Ist die Binärfolge N Zeichen lang, so gibt es dann allerdings 2^N verschiedene Folgen und somit 2^N Hypothesen. Im folgenden Abschnitt wird gezeigt, daß dann $2^N - 1$ Binärentscheidungen notwendig sind – ein selbst bei kleinem N nicht tragbarer Aufwand. Es gibt jedoch Verfahren, die diesen Aufwand beträchtlich reduzieren. Ein in Nachrichtenempfängern heute häufig angewendetes Verfahren ist der *Viterbi-Algorithmus* [59].

12.2 Mehrwertige Entscheidungen

Ein mehrwertiges Entscheidungsproblem läßt sich eindeutig auf eine Folge von binären Entscheidungen zurückführen. Dies soll in diesem Abschnitt für Bayessche Entscheidun-

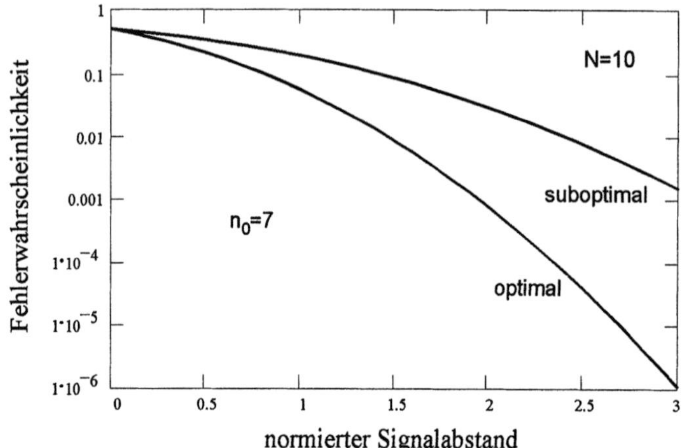

Abb. 12.21: Fehlerwahrscheinlichkeiten P_{err} und $\tilde{P}_{err}$ als Funktionen des normierten Signalabstandes x/σ_n für das optimale und das suboptimale Entscheidungsverfahren bei nichtoptimalem n_0 ($N = 10$, $n_0 = 7$) (siehe Beispiel 12.9)

gen gezeigt werden. Wir gehen davon aus, daß $M \geq 2$ Hypothesen zugelassen sind und nennen diese $H_0, H_1, \ldots, H_{M-1}$. Die a priori Wahrscheinlichkeiten der den Hypothesen zugeordneten Ereignisse seien $P_0, P_1, \ldots, P_{M-1}$. Bei jeder Entscheidung entstehen Kosten C_{ij}, wobei wieder i die richtige und j die entschiedene Hypothese bezeichnen sollen. Die mittleren Kosten setzen sich aus M^2 Beiträgen zusammen:

$$C = \sum_{i=0}^{M-1} P_i \sum_{j=0}^{M-1} C_{ij} \int_{W_j} f_{\underline{w}}(\underline{w}|H_i) \, d\underline{w} \ . \tag{12.49}$$

Das Entscheidungsproblem fordert, den Meßraum W so in M disjunkte Teilräume $W_0, W_1, \ldots, W_{M-1}$ aufzuteilen, daß C minimal wird. Wie man dabei vorgeht, sei am Beispiel $M = 3$ gezeigt. Eine Verallgemeinerung für $M > 3$ ist ohne Probleme möglich. Mit

$$W_i = W - \bigcup_{j=0,j\neq i}^{M-1} W_j \tag{12.50}$$

ist folgende Umformung möglich:

$$\int_{W_i} f_{\underline{w}}(\underline{w}|H_i) \, d\underline{w} = 1 - \sum_{j=0,j\neq i}^{M-1} \int_{W_j} f_{\underline{w}}(\underline{w}|H_i) \, d\underline{w} \ . \tag{12.51}$$

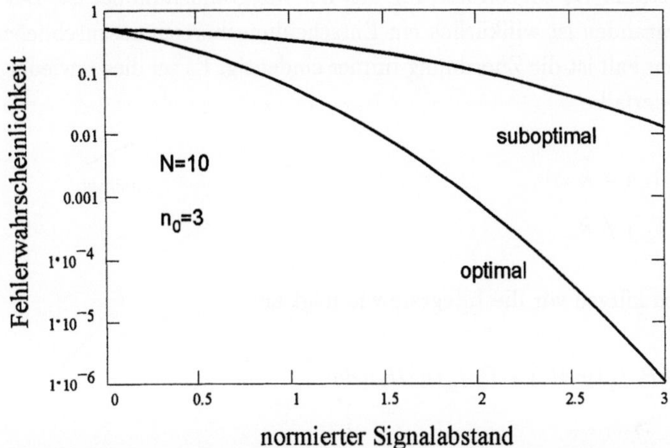

Abb. 12.22: Fehlerwahrscheinlichkeiten P_{err} und $\tilde{P}_{err}$ als Funktionen des normierten Signalabstandes x/σ_n für das optimale und das suboptimale Entscheidungsverfahren bei nichtoptimalem n_0 ($N = 10$, $n_0 = 3$) (siehe Beispiel 12.9)

Damit folgt aus Gleichung 12.49 für $M = 3$:

$$
\begin{aligned}
C = \;& C_{00}\, P_0 + C_{11}\, P_1 + C_{22}\, P_2 \\[2mm]
& + \int_{W_0} \left[P_1\,(C_{10} - C_{11})\, f_{\underline{w}}(\underline{w}|H_1) + P_2\,(C_{20} - C_{22})\, f_{\underline{w}}(\underline{w}|H_2) \right] d\underline{w} \\[2mm]
& + \int_{W_1} \left[P_0\,(C_{01} - C_{00})\, f_{\underline{w}}(\underline{w}|H_0) + P_2\,(C_{21} - C_{22})\, f_{\underline{w}}(\underline{w}|H_2) \right] d\underline{w} \\[2mm]
& + \int_{W_2} \left[P_0\,(C_{02} - C_{00})\, f_{\underline{w}}(\underline{w}|H_0) + P_1\,(C_{12} - C_{11})\, f_{\underline{w}}(\underline{w}|H_1) \right] d\underline{w} \; .
\end{aligned}
\tag{12.52}
$$

Nimmt man wieder an, daß die Kosten für Fehlentscheidungen höher sind, als die Kosten für die zugeordnete richtige Entscheidung,

$$
C_{ij} > C_{ii} \quad \text{für alle} \quad j \neq i \; ,
\tag{12.53}
$$

so enthalten alle Integrale nichtnegative Integranden. Das Integral über den Entscheidungsraum W_0 enthält die Mehrkosten, die entstehen, wenn für H_0 entschieden wird, aber eine andere Hypothese wahr ist. Ähnliches gilt für die anderen Integrale. Die Minimierung des Risikos bedeutet nun, daß für jeden Meßvektor $\underline{w} \in W$ zu entscheiden ist, welchem Entscheidungsraum er zuzuordnen ist. Hierzu vergleicht man die Integranden paarweise und findet so den Integranden, der für ein gegebenes $\underline{w}$ am kleinsten ist. Die Reihenfolge der Vergleiche ist hierbei beliebig. Jeder Vergleich schließt einen

Integranden aus, es sind also $M-1$ Vergleiche notwendig. Schließlich wird $\underline{w}$ demjenigen Entscheidungsraum W_i zugeordnet, für den der Integrand minimal ist. Bei Gleichheit von zwei Integranden ist willkürlich ein Entscheidungsbereich auszuschließen. Abgesehen von diesem Fall ist die Zuordnung immer eindeutig. Es sei dies – wieder für $M = 3$ – für den Sonderfall

$$C_{ik} = \begin{cases} 0 & i = k \\ 1 & i \neq k \end{cases} \tag{12.54}$$

gezeigt. Hierzu kürzen wir die Integrale wie folgt ab:

$$I_0 = \int_{W_0} [P_1\, f_{\underline{w}}(\underline{w}|H_1) + P_2\, f_{\underline{w}}(\underline{w}|H_2)]\, d\underline{w} \ , \tag{12.55}$$

$$I_1 = \int_{W_1} [P_0\, f_{\underline{w}}(\underline{w}|H_0) + P_2\, f_{\underline{w}}(\underline{w}|H_2)]\, d\underline{w} \ , \tag{12.56}$$

$$I_2 = \int_{W_2} [P_0\, f_{\underline{w}}(\underline{w}|H_0) + P_1\, f_{\underline{w}}(\underline{w}|H_1)]\, d\underline{w} \ . \tag{12.57}$$

Die Gleichung für das Risiko lautet dann:

$$C = I_0 + I_1 + I_2 \ . \tag{12.58}$$

Zur Vorbereitung der Vergleiche lassen sich zwei – allgemein $M - 1$ – Likelihood-Verhältnisse definieren:

$$\Lambda_1(\underline{w}) = \frac{f_{\underline{w}}(\underline{w}|H_1)}{f_{\underline{w}}(\underline{w}|H_0)} \ , \tag{12.59}$$

$$\Lambda_2(\underline{w}) = \frac{f_{\underline{w}}(\underline{w}|H_2)}{f_{\underline{w}}(\underline{w}|H_0)} \ . \tag{12.60}$$

Ein Vergleich von I_0 und I_1 bedeutet nun: Für

$$\Lambda_1(\underline{w}) > \frac{P_0}{P_1} \tag{12.61}$$

scheide W_0 aus, d.h. verwerfe die Hypothese H_0, anderenfalls verwerfe H_1. Für den Vergleich von I_0 und I_2 gilt: Bei

$$\Lambda_2(\underline{w}) > \frac{P_0}{P_2} \tag{12.62}$$

verwerfe H_0, anderenfalls verwerfe H_2. Schließlich sind I_1 und I_2 zu vergleichen:

Bei

$$\frac{\Lambda_1(\underline{w})}{\Lambda_2(\underline{w})} > \frac{P_2}{P_1} \tag{12.63}$$

verwerfe H_2, anderenfalls verwerfe H_1 (siehe Abbildung 12.23).

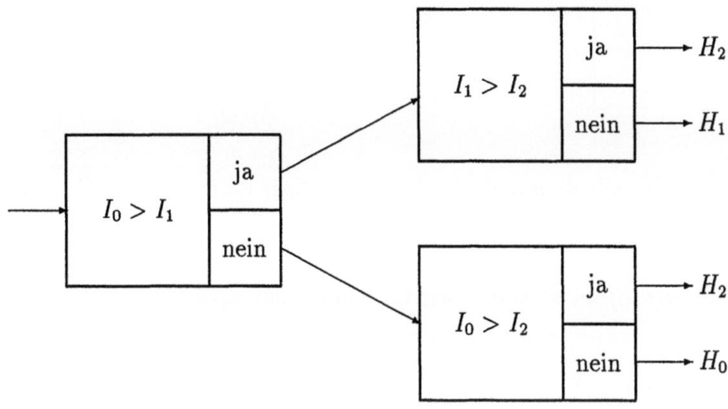

Abb. 12.23: Dreiwertige Entscheidung durch Vergleich der Integrale I_0, I_1 und I_2

Als Gleichungen gelesen bezeichnet 12.61 eine Parallele zur Λ_2-Achse im Abstand P_0/P_1, 12.62 eine Parallele zur Λ_1-Achse im Abstand P_0/P_2. Schließlich beschreibt 12.63 eine Gerade durch den Ursprung mit der Steigung P_1/P_2. Damit wird die Λ_1-Λ_2-Ebene eindeutig in drei Entscheidungsbereiche aufgeteilt (siehe Abbildung 12.24). Die Abbildung zeigt, daß sich mit zunehmender a priori Wahrscheinlichkeit P_i der Entscheidungsbereich für die Hypothese H_i zu Lasten der anderen Bereiche ausdehnt.

Beispiel 12.10 Dreiwertige Entscheidung

Es seien folgende drei Hypothesen gegeben:

$$H_0: \quad \boldsymbol{w}(\eta, k) = \ -a + \boldsymbol{n}(\eta, k)\ ,$$
$$H_1: \quad \boldsymbol{w}(\eta, k) = \ \boldsymbol{n}(\eta, k)\ ,$$
$$H_2: \quad \boldsymbol{w}(\eta, k) = \ a + \boldsymbol{n}(\eta, k)\ .$$

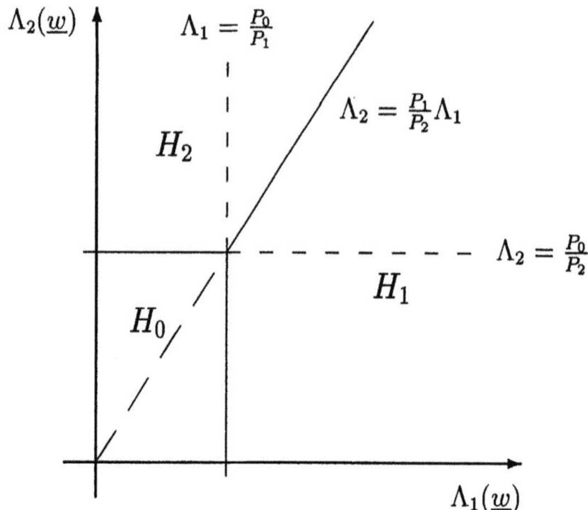

Abb. 12.24: Entscheidungsbereiche bei dreiwertiger Entscheidung ($C_{ii} = 0$ und $C_{ij} = 1$ für $i \neq j$)

Die Störung $n(\eta, k)$ sei ein stationärer Gaußprozeß mit $\sigma_n^2 = 1$:

$$f_n(n) = \frac{1}{\sqrt{2\pi}}\, e^{-\frac{n^2}{2}} \ .$$

Der Prozeß $w(\eta, k)$ werde einmal gemessen, die Messung ergebe den Wert w. Damit lauten die bedingten Wahrscheinlichkeitsdichten:

$$f_w(w|H_0) = \frac{1}{\sqrt{2\pi}}\, e^{-\frac{(w+a)^2}{2}} \ , \quad f_w(w|H_1) = \frac{1}{\sqrt{2\pi}}\, e^{-\frac{w^2}{2}} \ , \quad f_w(w|H_2) = \frac{1}{\sqrt{2\pi}}\, e^{-\frac{(w-a)^2}{2}} \ .$$

Für die Likelihood-Verhältnisse gelten dann:

$$\Lambda_1(w) = \frac{f_w(w|H_1)}{f_w(w|H_0)} = e^{\frac{2aw+a^2}{2}} \quad \text{und} \quad \Lambda_2(w) = \frac{f_w(w|H_2)}{f_w(w|H_0)} = e^{2aw} \ .$$

Es seien $P_0 = P_1 = P_2 = 1/3$ und

$$C_{ij} = \begin{cases} 0 & i = j \\ 1 & i \neq j \end{cases} \ .$$

Damit ergeben sich folgende Entscheidungsregeln:

1. $\quad \ln \Lambda_1(w) = a\,w + \dfrac{a^2}{2} > 0$:   schließe H_0 aus, anderenfalls H_1 ,

2. $\quad \ln \Lambda_2(w) = 2a\,w > 0$:   schließe H_0 aus, anderenfalls H_2 ,

3. $\quad \ln \dfrac{\Lambda_1(w)}{\Lambda_2(w)} = \dfrac{a^2}{2} - a\,w > 0$:   schließe H_2 aus, anderenfalls H_1 .

Abbildung 12.25 zeigt die drei Entscheidungsbereiche und die Ortskurve für den Meßwert w in der $\ln \Lambda_1$ - $\ln \Lambda_2$-Ebene. Für die Entscheidung auf der Basis des Meßwertes w bedeutet dies:

1. $\quad w < -\dfrac{a}{2}$:   entscheide für H_0 ,

2. $\quad -\dfrac{a}{2} \le w < \dfrac{a}{2}$:   entscheide für H_1 ,

3. $\quad \dfrac{a}{2} \le w$:   entscheide für H_2 .

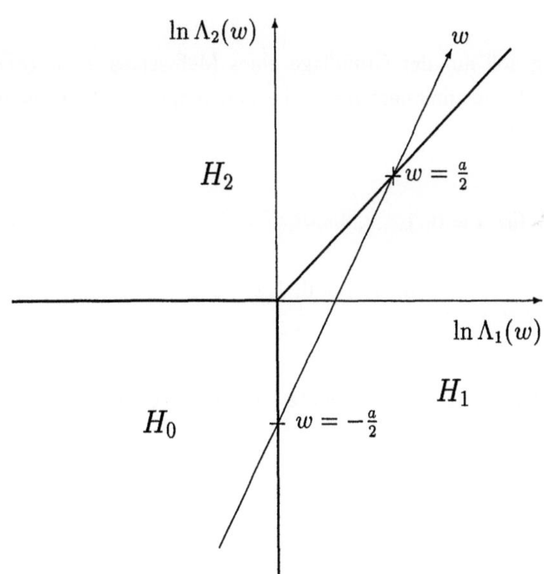

Abb. 12.25: Entscheidungsbereiche bei dreiwertiger Entscheidung (siehe Beispiel 12.10)

Die Zuordnung bei Gleichheit ist willkürlich.

Ein derartiges Entscheidungsproblem liegt beispielsweise in einem Empfänger für ein gestörtes dreiwertiges Signal mit den Werten $-a$, 0 und $+a$ vor.

Beispiel 12.11 Fünfwertige Entscheidung

Ein Signal $w(\eta, k)$ nehme einen von fünf möglichen Werten an: $-2m$, $-m$, 0, m und $2m$. Es sei $m > 0$.

Beim Empfang sei das Signal durch einen stationären Gaußprozeß $n(\eta, k)$ additiv gestört. Es sei

$$f_n(n) = \frac{1}{\sqrt{2\pi}\,\sigma_n}\, e^{-\frac{n^2}{2\sigma_n^2}} \ .$$

Es gibt somit fünf Hypothesen:

$$H_0: \ \ w(\eta, k) = -2m + n(\eta, k) \ , \quad H_1: \ \ w(\eta, k) = -m + n(\eta, k) \ ,$$
$$H_2: \ \ w(\eta, k) = n(\eta, k) \ , \quad\quad\quad H_3: \ \ w(\eta, k) = m + n(\eta, k) \ ,$$
$$H_4: \ \ w(\eta, k) = 2m + n(\eta, k) \ .$$

Eine Entscheidung soll auf der Grundlage eines Meßwertes w so gefällt werden, daß die Fehlerwahrscheinlichkeit minimiert wird. Alle fünf möglichen Signalwerte seien gleichwahrscheinlich. Damit gelten:

$$P_i = 1/5 \quad \text{für } i = 0, 1, ..., 4 \ ,$$
$$C_{ij} = \begin{cases} 0 & i = j \\ 1 & i \neq j \end{cases} \quad \text{für } i, j = 0, 1, ..., 4 \ .$$

Für die bedingte Wahrscheinlichkeitsdichte des Meßwertes gilt:

$$f_w(w|H_i) = \frac{1}{\sqrt{2\pi}\,\sigma_n}\, e^{-\frac{(w+(2-i)\,m)^2}{2\,\sigma_n}} \quad \text{für} \quad i = 0, 1, ..., 4 \ .$$

Abbildung 12.26 zeigt diese bedingten Dichten. Die Grenzen für die Entscheidungsbereiche liegen dort, wo die benachbarten Dichten sich schneiden. Die Entscheidungsregel lautet daher:

Man nehme dasjenige H_i an, für das $f_w(w|H_i)$ maximal ist.

Die Fehlerwahrscheinlichkeit P_{err} ergibt sich durch Integration der bedingten Dichten jeweils über den Bereich, der außerhalb des zugeordneten Entscheidungsbereiches liegt. Man erhält so fünf Beiträge, die jeweils mit den a priori Wahrscheinlichkeiten zu multiplizieren sind.

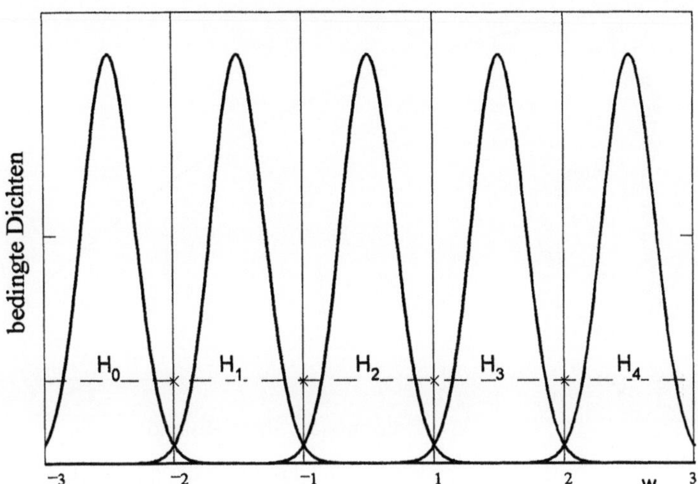

Abb. 12.26: Bedingte Dichten des Meßwertes $f_{\boldsymbol{w}}(w|H_i)$, $i = 0, 1, \ldots, 4$, und zugehörige Entscheidungsbereiche (siehe Beispiel 12.11)

Die H_0 und H_4 zugeordneten Entscheidungsbereiche erstrecken sich bis ins Unendliche. Für deren Anteile an der Fehlerwahrscheinlichkeit gilt daher:

$$P_{err,0} = P_0 \int_{-1,5m}^{\infty} f_{\boldsymbol{w}}(w|H_0)\, dw = 0,2 \int_{-1,5m}^{\infty} \frac{1}{\sqrt{2\,\pi}\,\sigma_{\boldsymbol{n}}} e^{-\frac{(w+2\,m)^2}{2\,\sigma_{\boldsymbol{n}}^2}}\, dw$$

$$= 0,1 \left(1 - erf\left(\frac{0,5\,m}{\sqrt{2}\,\sigma_{\boldsymbol{n}}}\right)\right)\ ,$$

$$P_{err,4} = P_{err,0}\ .$$

Für die Entscheidungsbereiche dazwischen verdoppeln sich die zugehörigen Fehlerwahrscheinlichkeiten:

$$P_{F,1} = P_{F,2} = P_{F,3} = 2\,P_{F,0}\ .$$

Man erhält somit:

$$P_F = 8\,P_{F,0} = 0,8 \left(1 - erf\left(\frac{0,5\,m}{\sqrt{2}\,\sigma_{\boldsymbol{n}}}\right)\right)\ .$$

Abbildung 12.27 zeigt die Fehlerwahrscheinlichkeit als Funktion von $m/\sigma_{\boldsymbol{n}}$.

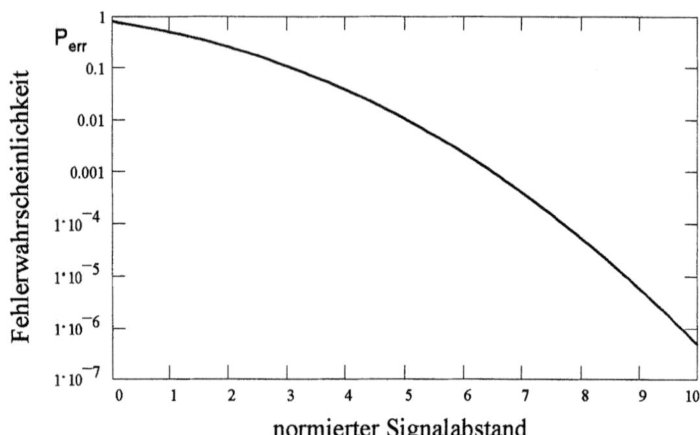

Abb. 12.27: Fehlerwahrscheinlichkeit P_{err} als Funktion des normierten Signalabstandes m/σ_n (siehe Beispiel 12.11)

12.3   Entscheidung mit Zurückweisung

Werden die für eine Entscheidung gesetzten Schwellen nur geringfügig über- oder unterschritten, so kann es zweckmäßig sein, keine Entscheidung zu fällen und entweder weitere Meßwerte abzuwarten, d.h. den Meßvektor zu erweitern oder erneut zu messen. Bei einem binären Entscheidungsproblem kann man zwei Schwellen λ_0 und $\lambda_1 > \lambda_0$ definieren. Die Entscheidungsregel lautet dann:

$$\Lambda(\underline{w}) = \frac{f_{\underline{w}}(\underline{w}|H_1)}{f_{\underline{w}}(\underline{w}|H_0)} \quad \begin{cases} > \lambda_1 : & \text{entscheide für } H_1 \\ < \lambda_0 : & \text{entscheide für } H_0 \\ \text{sonst} : & \text{Zurückweisung} \end{cases} . \tag{12.64}$$

Die Anwendung dieser sehr einfachen Regel wird an einem Beispiel gezeigt (siehe Beispiel 12.12).

Beispiel 12.12 Entscheidung mit Zurückweisung

Es sei zwischen zwei Hypothesen zu entscheiden:

$$H_0 : \boldsymbol{w}(\eta,k) = \boldsymbol{n}(\eta,k) \quad \text{und} \quad H_1 : \boldsymbol{w}(\eta,k) = x + \boldsymbol{n}(\eta,k) \ .$$

Die Störung $n(\eta, k)$ sei ein stationärer weißer Gaußprozeß mit der Wahrscheinlichkeitsdichte

$$f_n(n) = \frac{1}{\sqrt{2\pi}\,\sigma_n}\, e^{-\frac{n^2}{2\sigma_n^2}}\;,$$

der Wert von x sei bekannt. Der Prozeß $w(\eta, k)$ werde N-mal gemessen. Die Meßwerte werden zu einem Meßvektor

$$\underline{w} = (w_1, \ldots, w_N)$$

zusammengefaßt (siehe auch Beispiel 11.6). Damit erhält man für das Likelihood-Verhältnis:

$$\Lambda(\underline{w}) = \frac{\prod_{i=1}^{N}\frac{1}{\sqrt{2\pi}\sigma_n}\, e^{-\frac{(w_i - x)^2}{2\sigma_n^2}}}{\prod_{i=1}^{N}\frac{1}{\sqrt{2\pi}\sigma_n}\, e^{-\frac{w_i^2}{2\sigma_n^2}}} = exp\left\{\frac{N\,x}{\sigma_n^2}\left(\frac{1}{N}\sum_{i=1}^{N} w_i - \frac{x}{2}\right)\right\}\;.$$

Dies zeigt, daß wieder das arithmetische Mittel der Meßwerte die hinreichende Statistik bildet. Die Entscheidungsregel soll nun lauten:

$$\Lambda(\underline{w}) \begin{cases} > \lambda_1: & \text{entscheide für } H_1 \\ < \lambda_0: & \text{entscheide für } H_0 \\ \text{sonst}: & \text{erhöhe } N \text{ auf } N+1 \end{cases}\;.$$

Zur Vereinfachung kann das logarithmische Likelihood-Verhältnis benutzt werden:

$$\ln\Lambda(\underline{w}) = \frac{N\,x}{\sigma_n^2}\left(\frac{1}{N}\sum_{i=1}^{N} w_i - \frac{x}{2}\right)\;.$$

An den beiden Schwellen gelten:

$$\frac{N\,x}{\sigma_n^2}\left(\frac{1}{N}\sum_{i=1}^{N} w_i - \frac{x}{2}\right) = \ln\lambda_i \quad \text{für}\quad i = 0, 1\;.$$

Dies kann umgeformt werden in

$$\sum_{i=1}^{N} w_i = \frac{\sigma_n^2}{x}\ln\lambda_i + N\frac{x}{2} \quad \text{für}\quad i = 0, 1\;.$$

Die Summe der Meßwerte wird folglich mit zwei Schwellen verglichen, die parallel zueinander mit wachsender Anzahl N der Meßwerte mit der Steigung $x/2$ ansteigen (siehe Abbildung 12.28). Die Messung wird solange fortgesetzt, bis die durch λ_1 gegebene Schwelle erstmalig überschritten oder die durch λ_0 gegebene Schwelle erstmalig unterschritten wird. Erst dann wird eine Entscheidung gefällt. Für $\sigma_n = 0$ fallen beide Schwellen zusammen. Es ist somit mit der Geraden $Nx/2$ zu vergleichen. Eine Rückweisung tritt nicht ein, da die Störung fehlt.

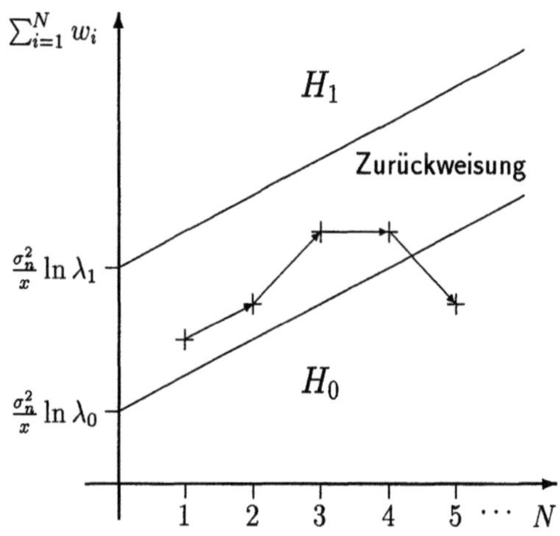

Abb. 12.28: Entscheidung mit Zurückweisung und anschließender zusätzlicher Messung (siehe Beispiel 12.12)

12.4   Sequenzentscheidung (Viterbi-Algorithmus)

Bei der Übertragung von Daten über bandbegrenzte Kanäle stören sich aufeinanderfolgende Zeichen (Intersymbol Interference). Die Abtastwerte des Empfangssignals sind daher nicht unabhängig voneinander. Der Einfluß dieser Störung auf die Fehlerwahrscheinlichkeit läßt sich vermindern, wenn man nicht für jedes einzelne Zeichen getrennt entscheidet, sondern gemeinsam für die gesamte Folge. Benutzt man als Entscheidungskriterium das Maximum der Likelihood-Funktion, so spricht man von einer *Maximum-Likelihood-Sequenzentscheidung*. Ein rekursives Verfahren für die optimale Schätzung einer Sendefolge gemäß diesem Kriterium ist der *Viterbi-Algorithmus* [35, 36, 64, 59].

Wir gehen hier von einem sehr einfachen Modell für eine Übertragung aus (siehe Abbildung 12.29). Es sei $\boldsymbol{x}(\eta, k)$ eine Folge statistisch unabhängiger Daten. Der

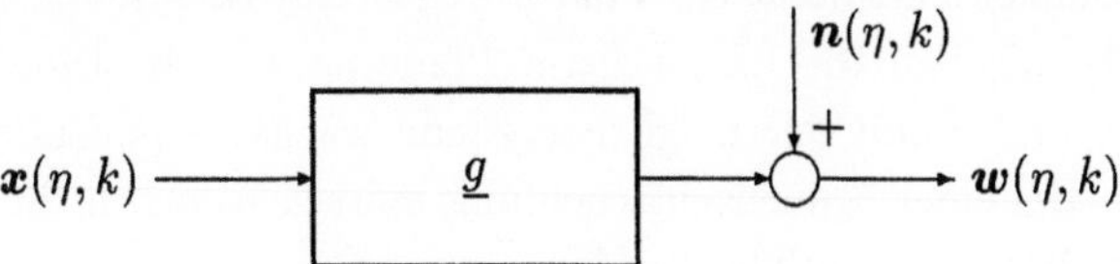

Abb. 12.29: Einfaches Modell einer Datenübertragung

Übertragungskanal und möglicherweise vorhandene lineare Filter werden durch ein zeitinvariantes Transversalfilter mit der Gewichtsfolge

$$\underline{g} = (\, g_0, \, g_1, \, \ldots, \, g_M \,) \tag{12.65}$$

modelliert. Die additive Störung sei stationäres weißes Rauschen mit der Wahrscheinlichkeitsdichte

$$f_n(n) = \frac{1}{\sqrt{2\,\pi}\,\sigma_n}\, e^{-\frac{n^2}{2\,\sigma_n^2}} \;. \tag{12.66}$$

Für den Empfangsprozeß gilt dann:

$$w(\eta, k) = \sum_{i=0}^{M} g_i\, x(\eta, k - i) + n(\eta, k) \;. \tag{12.67}$$

Wir nehmen zunächst an, daß die gesendete Datenfolge nur L Werte lang ist, und daß dieser Folge hinreichend viele Werte Null vorausgehen und folgen. Jedes einzelne Datum selbst kann nur einen aus N möglichen Werten annehmen:

$$x(\eta, k) \begin{cases} = 0 & k < 0 \\[2mm] \in \{\, a_1, \, a_2, \, \ldots, \, a_N \,\} & 0 \le k \le L - 1 \\[2mm] = 0 & k \ge L \end{cases} \;. \tag{12.68}$$

Damit sind N^L verschiedene Sendefolgen möglich. Bei einem Transversalfilter der Ordnung (des Gedächtnisses) M hängt der Ausgangswert vom momentanen Eingang und den M vorangegangenen Eingängen ab. Der Zustandsvektor (siehe Kapitel 9.1) des Filters enthält die M unmittelbar zurückliegenden Eingangswerte. Kann jeder Wert einen aus N möglichen Werten annehmen, so sind N^M verschiedene Zustände möglich. Da bei einem Schritt von k nach $k + 1$ im Zustandsvektor nur ein neuer Wert hinzukommt, alte Werte um eine Stelle verschoben werden und der älteste Wert herausfällt, sind nur ganz bestimmte Zustandsübergänge möglich. Man kann diese in einem Zustandsübergangsgraphen (siehe Kapitel 3.8.4) oder einem Trellis-Diagramm (siehe Beispiel 12.13) angeben. Zustände werden in diesem Diagramm als Knoten dargestellt.

Jeder gesendeten Datenfolge entspricht ein Pfad durch dieses Diagramm. Somit sind N^L verschiedene Pfade möglich. Die Länge dieser Pfade ist $L + M$. Die Anzahl der möglichen Sendefolgen und damit der möglichen Pfade wächst exponentiell mit der Länge L der Folge an. Bei einer Sequenzentscheidung müssen jedoch nicht alle Pfade im zugehörigen Trellis-Diagramm verfolgt werden.

Beispiel 12.13 Trellis-Diagramm

Es seien

$$
\boldsymbol{x}(\eta, k) \begin{cases} = 0 & k < 0 \\ \in \{0, 1\} & 0 \le k \le 2 \\ = 0 & k > 2 \end{cases} \quad \text{und} \quad \underline{g} = (g_0, g_1, g_2) \ .
$$

Tabelle 12.2 zeigt die bei den möglichen Eingängen erreichbaren Zustände in Abhängigkeit von der diskreten Zeit k. Abbildung 12.30 zeigt das Trellis-Diagramm mit allen möglichen Zustandsübergängen.

Eingangs-folge	Zustände					
	$k = 0$	1	2	3	4	5
0 0 0	0 0	0 0	0 0	0 0	0 0	0 0
0 0 1	0 0	0 0	0 0	1 0	0 1	0 0
0 1 0	0 0	0 0	1 0	0 1	0 0	0 0
0 1 1	0 0	0 0	1 0	1 1	0 1	0 0
1 0 0	0 0	1 0	0 1	0 0	0 0	0 0
1 0 1	0 0	1 0	0 1	1 0	0 1	0 0
1 1 0	0 0	1 0	1 1	0 1	0 0	0 0
1 1 1	0 0	1 0	1 1	1 1	0 1	0 0

Tabelle 12.2: Mögliche binäre Eingangsfolgen der Länge $L = 3$ und erreichte Zustände in Abhängigkeit von der diskreten Zeit k (siehe Beispiel 12.14)

Es sei nun $\underline{x}_i$ eine Sendefolge der Länge L:

$$\underline{x}_i = (x_{i0}, x_{i2}, \dots, x_{i(L-1)}) \ . \tag{12.69}$$

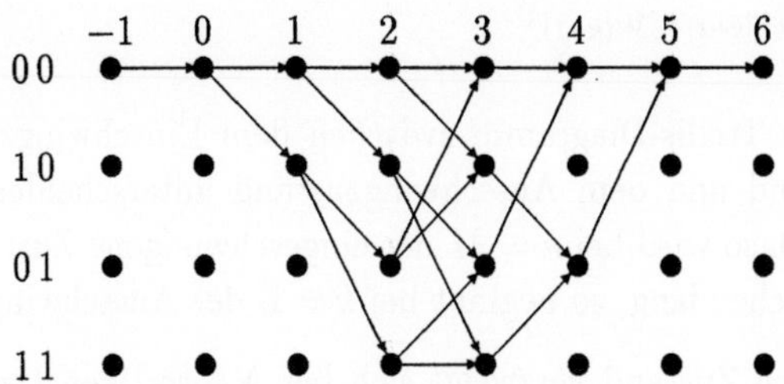

Abb. 12.30: Mögliche Übergänge in einem Trellis-Diagramm bei fortschreitender diskreter Zeit k (Gedächtnis $M = 2$, Länge der Datenfolge $L = 3$, binäre Daten ($N = 2$)) (siehe Beispiel 12.13)

Es sei ferner $\underline{u}_i$ die zugehörige Folge am Kanalausgang bei fehlendem additivem Rauschen. Schließlich sei H_i, $i = 0,\ \ldots\ ,\ N^L - 1$, die Hypothese, daß $\underline{x}_i$ gesendet wurde. Dann lautet die Likelihood-Funktion:

$$
\begin{aligned}
f_{\underline{w}}(\underline{w}|H_i) &= \prod_{l=0}^{L+M-1} \frac{1}{\sqrt{2\pi}\,\sigma_n} \exp\left(-\frac{(w_l - u_{il})^2}{2\,\sigma_n^2}\right) \\
&= \left(\frac{1}{\sqrt{2\pi}\,\sigma_n}\right)^{L+M} \exp\left(-\frac{1}{2\,\sigma_n^2} \sum_{l=0}^{L+M-1} (w_l - u_{il})^2\right)\ .
\end{aligned}
\tag{12.70}
$$

Hierbei sind w_l, $l = 0,\ \ldots\ ,\ L + M - 1$, die Meßwerte am Empfängereingang für $k = 0$ bis $k = L + M - 1$:

$$
\underline{w} = (\,w_0,\ w_2,\ \ldots\ ,\ w_{L+M-1}\,)\ .
\tag{12.71}
$$

Die Entscheidungsregel fordert nun, daß diejenige Folge als richtig anzunehmen ist, für die die Likelihood-Funktion maximal ist. Dies ist aber dann der Fall, wenn die Summe der Abstandsquadrate im Exponenten minimal ist:

$$
\boxed{\ \text{Entscheide für dasjenige } H_i, \text{ für das } \sum_{l=0}^{L+M-1} (w_l - u_{il})^2 \text{ minimal ist.}\ }
$$

Man nennt diese Entscheidung *Maximum-Likelihood-Sequenzentscheidung*.

Die Summe der Abstandsquadrate

$$
S_{ik} = \sum_{l=0}^{k} (w_l - u_{il})^2
\tag{12.72}
$$

läßt sich *rekursiv* berechnen:

$$S_{i(k+1)} = S_{ik} + (w_{k+1} - u_{i(k+1)})^2 \ .$$ (12.73)

Man kann in einem Trellis-Diagramm zwischen dem Einschwingzustand, dem eingeschwungenen Zustand und dem Ausschwingzustand unterscheiden. Beginnt die Eingangsfolge bei $k = 0$, so wird bei $k = M$ der eingeschwungene Zustand erreicht. Ist die Eingangsfolge L Zeichen lang, so beginnt bei $k = L$ der Ausschwingvorgang.

Im eingeschwungenen Zustand verzweigt sich bei $N-$wertigen Daten an jedem Knoten des Trellis-Diagramms jeder ankommende Pfad in N Pfade. Somit enden an jedem folgenden Knoten N Pfade. Für jeden Pfad kann ein Gewicht, die Summe der Abstandsquadrate, nach Gleichung 12.73 berechnet werden. Da für die Entscheidung nach dem Pfad mit dem kleinsten Gewicht gesucht wird, "überlebt" an jedem Knoten nur der Pfad, der diesen mit dem kleinsten Gewicht erreicht. Nichtüberlebende Pfade können nach rückwärts im Trellis-Diagramm gelöscht werden. Bezeichnet man mit T_{jk} das Gewicht des Knotens j zum Zeitpunkt k, so gilt für $k + 1$:

$$T_{j(k+1)} = \min_i \left(T_{ik} + (w_{k+1} - u_{l(k+1)})^2 \right) \ .$$ (12.74)

Hierbei ist über die Gewichte aller Pfade zu minimieren, die zum Zeitpunkt $k + 1$ am Knoten j des Trellis-Diagramms enden. T_{ik} sind die Gewichte der bei diesen Pfaden unmittelbar davor liegenden Knoten, w_{k+1} ist der Meßwert zum Zeitpunkt $k+1$ und $u_{l(k+1)}$ ist der Wert des ungestörten Kanalausgangs für denjenigen Pfad, der zum Zeitpunkt k den Knoten i und zum Zeitpunkt $k + 1$ den Knoten j erreicht. Abbildung 12.31 zeigt zwei Stufen eines Trellis-Diagramms im eingeschwungenen Zustand bei binären Daten und Gedächtnis $M = 2$. An den Knoten sind deren Gewichte T_{ik}, an den Übergängen deren Kosten $(w_{k+1} - u_{l(k+1)})^2$ eingetragen. Die nach der letzten dargestellten Stufe "überlebenden" Pfade sind dick gezeichnet.

Wesentlich bei diesem Verfahren ist, daß bei jedem Schritt für jeden erreichbaren Zustand nur ein Pfad "überlebt". Somit sind höchstens N^M Pfade zu verfolgen, verglichen mit N^L möglichen Pfaden bei einer Folge der Länge L. Nach $L + M$ Schritten bleibt schließlich nur ein Pfad übrig. Die diesem entsprechende Datenfolge gilt als gesendet (siehe Beispiel 12.14).

Bei Anwendung dieses *Viterbi-Algorithmus* genannten Verfahrens tritt immer eine Totzeit bis zur Entscheidung über die gesendeten Daten auf. Bei langen Datenfolgen und/oder langem Kanalgedächtnis kann diese unzulässig groß sein. Man kann in diesem Fall die zu übertragenden Daten so codieren, daß für jeden gesendeten Block entschieden werden kann.

Verfolgt man die jeweils "überlebenden" Pfade zurück, so vereinigen sich diese. Unter realistischen Voraussetzungen bleibt schließlich nur ein Pfad übrig, aus dem in

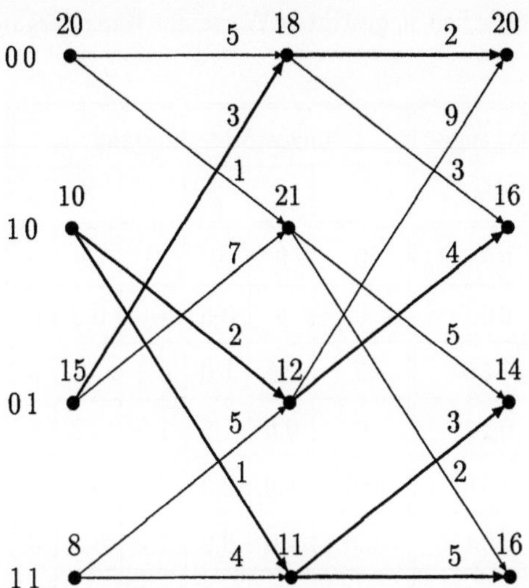

Abb. 12.31: Zwei Stufen eines eingeschwungenen Trellis-Diagramms bei binären Daten und Gedächtnis $M = 2$

Vorwärtsrichtung durch Verzweigung alle "überlebenden" Pfade hervorgehen. Eine Voraussetzung für das rückwärtige Einmünden in einen Pfad ist ein endliches Kanalgedächtnis. Liegt der Vereinigungszeitpunkt bei $k - k_0$, $k_0 > 0$, so kann für alle früher gesendeten Daten entschieden werden, auch wenn die Sendefolge bei k noch nicht beendet ist. Die in diesem Fall sich ergebende Totzeit k_0 hängt vom Zeitpunkt k ab. Für praktische Anwendungen des Verfahrens muß k_0 begrenzt sein, denn es bestimmt auch den Speicherbedarf für die "überlebenden" Pfade, deren Länge mit wachsendem k_0 zunimmt. Gibt es bei $k - k_0$ mehr als einen "überlebenden" Pfad, so kann man *suboptimal* für denjenigen Pfad entscheiden, dessen Gewicht zum Zeitpunkt k am kleinsten ist.

Überlegungen zur Fehlerwahrscheinlichkeit bei Sequenzentscheidungen finden sich beispielsweise in [59].

Beispiel 12.14 Maximum-Likelihood-Sequenzentscheidung

Es seien

$$\boldsymbol{x}(\eta, k) = \ldots, 0, 0, 1, 0, 1, 0, 0, \ldots \quad \text{und} \quad \underline{g} = (\,0{,}6\,,\,1{,}0\,,\,0{,}3\,)\;.$$

Bei fehlender Störung ($\boldsymbol{n}(\eta, k) = 0$) ergibt dies folgende Empfangsfolge:

$$\boldsymbol{w}(\eta, k) = \ldots, 0, 0, 0{,}6, 1, 0{,}9, 1, 0{,}3, 0, 0 \ldots$$

Tabelle 12.3 zeigt alle möglichen ungestörten Werte am Kanalausgang. Tabelle 12.4 zeigt

Eingangs-folge	ungestörter Ausgang					
	$k=0$	1	2	3	4	5
0 0 0	0	0	0	0	0	0
0 0 1	0	0	0,6	1,0	0,3	0
0 1 0	0	0,6	1,0	0,3	0	0
0 1 1	0	0,6	1,6	1,3	0,3	0
1 0 0	0,6	1,0	0,3	0	0	0
1 0 1	0,6	1,0	0,9	1,0	0,3	0
1 1 0	0,6	1,6	1,3	0,3	0	0
1 1 1	0,6	1,6	1,9	1,3	0,3	0

Tabelle 12.3: Mögliche binäre Eingangsfolgen der Länge $L = 3$ und zugehörige ungestörte Ausgänge bei $\underline{g} = (\,0{,}6\,,\,1\,,\,0{,}3\,)$ (siehe Beispiel 12.14)

die Abstandsquadrate zwischen diesen Folgen und der tatsächlich gesendeten Folge. Tabelle 12.5 zeigt schließlich die Summen der Abstandsquadrate. Abbildung 12.32 zeigt endlich die "überlebenden" Pfade. Bereits beim Zeitpunkt $k = 4$ vereinigen sich alle "überlebenden" Pfade bei $k = 1$. Das erste von Null verschiedene Zeichen der Sendefolge kann somit als "1" enschieden werden. Dies ergibt sich hier aus der Sendefolge und dem Gedächtnis des Übertragungskanals ($M = 2$). Zum Zeitpunkt $k = 5$ können das zweite Zeichen als "0" und das dritte Sendezeichen als "1" entschieden werden.

Eingangs-	quadrierte Abstände zu 1 0 1					
folge	$k = 0$	1	2	3	4	5
0 0 0	0,36	1,00	0,81	1,00	0,09	0
0 0 1	0,36	1,00	0,09	0	0	0
0 1 0	0,36	0,16	0,01	0,49	0,09	0
0 1 1	0,36	0,16	0,49	0,09	0	0
1 0 0	0	0	0,36	1,00	0,09	0
1 0 1	0	0	0	0	0	0
1 1 0	0	0,36	0,16	0,49	0,09	0
1 1 1	0	0,36	1,00	0,09	0	0

Tabelle 12.4: Quadrierte Abstände zwischen den ungestörten Ausgängen der möglichen binären Eingangsfolgen der Länge $L = 3$ und dem (1, 0, 1) entsprechenden ungestörten Ausgang bei $\underline{g} = (0{,}6, 1, 0{,}3)$ (siehe Beispiel 12.14)

Eingangs-	Summe der Abstandsquadrate					
folge	$k = 0$	1	2	3	4	5
0 0 0	0,36	1,36	2,17	3,17	3,26	3,26
0 0 1	0,36	1,36	1,45	1,45	1,45	1,45
0 1 0	0,36	0,52	0,53	1,02	1,11	1,11
0 1 1	0,36	0,52	1,01	1,10	1,10	1,10
1 0 0	0	0	0,36	1,36	1,45	1,45
1 0 1	0	0	0	0	0	0
1 1 0	0	0,36	0,52	1,01	1,10	1,10
1 1 1	0	0,36	1,36	1,45	1,45	1,45

Tabelle 12.5: Summe der Abstandsquadrate bei ungestörtem Ausgang und tatsächlicher Eingangsfolge (1, 0, 1) bei $\underline{g} = (0{,}6, 1, 0{,}3)$ (siehe Beispiel 12.14)

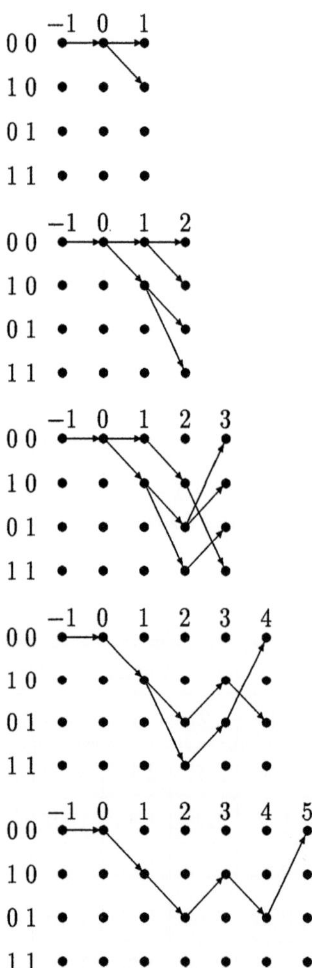

Abb. 12.32: "Überlebende" Pfade in einem Trellis-Diagramm bei fortschreitender diskreter Zeit k, $M = 2$, Datenfolge $= (\dots, 0, 1, 0, 1, 0, \dots)$ (siehe Beispiel 12.14)

Literaturverzeichnis

[1] Abramowitz, M. and I. A. Stegun: Handbook of Mathematical Functions. Dover Publications, New York, 1974.

[2] Alexander, S. T.: Fast adaptive filters: A geometrical approach. IEEE ASSP Magazine, *3* (1986), 18–28.

[3] Barker, R. H.: Group synchronizing of binary digital systems. In W. Jackson (ed.): Communication Theory. Butterworth, London, 1953.

[4] Balakrishnan, A. V.: Kalman Filtering Theory. Optimization Software, New York, 1984.

[5] Bardeen, J. and H. W. Brattain: Physical principles involved in transistor action. Bell Syst. tech. J. *28* (1949), 239–277.

[6] Baumert, L. D.: Cyclic Difference Sets. Springer–Verlag, Berlin, 1971.

[7] Bellanger, M. G.: Adaptive Digital Filters and Signal Analysis. Marcel Dekker, New York, 1987.

[8] Berouti, M., R. Schwartz, and J. Makhoul: Enhancement of speech corrupted by acoustic noise. Proc. IEEE Int. Conf. on Acoustics, Speech, and Signal Proc., Washington, D.C., 1979, 208–211.

[9] Böhme, J. F.: Stochastische Signale. Zweite Auflage. Teubner Verlag, Stuttgart, 1998.

[10] Boll, S.: Suppression of acoustic noise in speech using spectral subtraction. IEEE Trans. on Acoustics, Speech, and Signal Proc. *ASSP-27* (1979), 113–120.

[11] Brammer, K. und G. Siffling: Kalman–Bucy–Filter. Vierte Auflage. Oldenbourg Verlag, München, 1994.

[12] Breining, C., P. Dreiseitel, E. Hänsler, A. Mader, B. Nitsch, H. Puder, T. Schertler, G. Schmidt, and J. Tilp: Acoustic echo control. An application of very-high-order adaptive filters. IEEE Signal Processing Magazine *16* (1999), 42–69.

[13] Brillinger, D. R.: The identification of a particular nonlinear time series system. Biometrika, *64* (1977), 509–517.

[14] Chui, C. K. and G. Chen: Kalman Filtering with Real–Time Applications. Third Edition. Springer–Verlag, Berlin, 1998.

[15] Claasen, T. A. C. M. and W. F. G. Mecklenbräuker: The Wigner Distribution – A tool for time frequency signal analysis. Part I: Continuous–time signals. Philips J. Res. *35* (1980), 217–250.

[16] Claasen, T. A. C. M. and W. F. G. Mecklenbräuker: The Wigner Distribution –
A tool for time frequency signal analysis. Part II: Discrete–time signals. Philips
J. Res. *35* (1980), 276–300.

[17] Claasen, T. A. C. M. and W. F. G. Mecklenbräuker: The Wigner Distribution
– A tool for time frequency signal analysis. Part III: Relations with other time–
frequency signal transforms. Philips J. Res. *35* (1980), 372–389.

[18] Claasen, T. A. C. M. and W. F. G. Mecklenbräuker: Comparison of the conver-
gence of two adaptive FIR digital filters. IEEE Trans. on Acoustics, Speech, and
Signal Proc. *ASSP-29* (1981), 671–678.

[19] Claasen, T. A. C. M. and W. F. G. Mecklenbräuker: Adaptive techniques for
signal processing. IEEE Communications Magazine, *23* (1985), 8–19.

[20] Cohen,L.: Time–frequency distributions - A review. Proc. of the IEEE, *77* (1989),
941–981.

[21] Cowan, C. F. N. and P. M. Grant: Adaptive Filters. Prentice–Hall, Englewood
Cliffs, 1985.

[22] Cramér, H.: Mathematical Methods of Statistics. Princeton University Press,
Princeton, 1974.

[23] Davenport, W. B.: Probability and Random Processes. An Introduction for Ap-
plied Scientists and Engineers. McGraw–Hill, Tokyo, 1970.

[24] Delaney, P.A. and D. O. Walsh: A Bibliography of Higher–Order Spectra and
Cumulants. IEEE Signal Processing Magazine, *11*, July 1994, 61–70.

[25] DIN 5493: Logarithmierte Größenverhältnisse (Pegel, Maße). Beuth–Verlag, Berlin, 1972.

[26] DIN 13 303: Stochastik. Teil 1 und Teil 2. Beuth–Verlag, Berlin, 1980.

[27] DIN 40 146: Begriffe der Nachrichtenübertragung. Beuth–Verlag, Berlin, 1973.

[28] Doob, J. L.: Stochastic Processes. John Wiley, New York, 1953.

[29] Durbin, J.: The fitting of time–series models. Rev. L'Institute Int. de Statistique.
28 (1960), 233–244.

[30] Ephraim, Y. and D. Malah: Speech enhancement using a minimum mean-square
error short-time spectral amplitude estimator. IEEE Trans. on ASSP, *ASSP-
32* (1984), 1109–1121.

[31] Ephraim, Y. and D. Malah: Speech enhancement using a minimum mean-square
error log-spectral amplitude estimator. IEEE Trans. on ASSP, *ASSP-33* (1985),
443–445.

[32] Falconer, D. D. and L. Ljung: Application of fast Kalman estimation to adaptive equalization. IEEE Trans. on Comm., *COM-26* (1978), 1439–1446. Prentice–Hall, Englewood Cliffs, 1986.

[33] Fante, R.: Signal Analysis and Estimation – An Introduction. John Wiley & Sons, New York, 1988.

[34] Föllinger, O.: Regelungstechnik. Achte Auflage. Hüthig Verlag, Heidelberg, 1994.

[35] Forney, D.: Maximum–likelihood sequence estimation of digital sequences in the presence of intersymbol interference. IEEE Trans. on Inform. Theory *IT-18* (1972), 363–378.

[36] Forney, D.: The Viterbi algorithm. Proc. of the IEEE *61* (1973), 268–278.

[37] Gallager, R .G.: Information Theory and Reliable Communication. John Wiley, New York, 1968.

[38] Gauß, C. F.: Theorie der Bewegung der Himmelskörper, welche in Kegelschnitten die Sonne umlaufen. Deutsche Übersetzung des lateinischen Originals von 1809. Carl Meyer, Hannover, 1865.

[39] Gay, S. L. and J. Benesty: Acoustic Signal Processing for Telecommunication. Kluwer Academic Publishers, Boston, 2000.

[40] Gilloire, A., E. Moulines, D. Slock, and P. Duhamel: State of the art in acoustic echo cancellation. in A. R. Figueiras-Vidal (Ed.): Digital Signal Processing in Telecommunications. Springer–Verlag, London, 1996, 45–91.

[41] Girod, B., R. Rabenstein und A. Stenger: Einführung in die Systemtheorie. Teubner Verlag, Stuttgart, 1997.

[42] Girodano, A. A. and F. M. Hsu: Least Square Estimation with Applications to Digital Signal Processing. John Wiley & Sons, New York, 1985.

[43] Golomb, S. W.: Shift Register Sequences. Aegean Park Press, Laguna Hills, California, 1982.

[44] Hänsler, E.: Grundlagen der Theorie statistischer Signale. Springer–Verlag, Berlin, 1983.

[45] Hänsler, E.: The hands–free telephone problem – An annotated bibliography. Signal Processing *27* (1992), 259–271.

[46] Hänsler, E.: The hands–free telephone problem: an annotated bibliography update. annales des télécommunications *49* (1994), 360–367.

[47] Hartley, R. V. L.: Transmission of information. Bell Syst. tech. J. *7* (1928), 535–563.

[48] Haykin, S.: Adaptive Filter Theory. Third Edition. Prentice–Hall, Englewood Cliffs, 1996.

[49] Hayes, H. M.: Statistical Digital Signal Processing and Modeling. John Wiley, New York, 1996.

[50] Hlawatsch, F. and G. F. Boudreaux–Bartels: Linear and quadratic time–frequency signal representations. IEEE SP Magazine, *9* (1992), 21–67.

[51] Honig, M. L. and D. G. Messerschmitt: Adaptive Filters: Structures, Algorithms, and Applications. Kluwer Academic Publishers, Boston, 1984.

[52] Janocha, H. und J. Kohlrusch: Einsatz eines modifizierten Kalman–Filters für das Laufzeit–Korrelationsverfahren. Technisches Messen *61* (1994), 33–38.

[53] Jayant, N. S. and P. Noll: Digital Coding of Waveforms. Prentice–Hall, Englewood Cliffs, 1984.

[54] Jenkins, G. M. and D. G. Watts: Spectral Analysis and its Applications. Holden–Day, San Francisco, 1968.

[55] Kailath, T.: A view of three decades of linear filtering theory. IEEE Trans. on Inform. Theory *IT-20* (1974), 145–181.

[56] Kalman, R. E.: A new approach to linear filtering and prediction problems. Trans. ASME, J. of Basic Eng. *82* (1960), 35–45.

[57] Kalman, R. E. and R. S. Bucy: New results in linear filtering and prediction theory. Trans. ASME, J. of Basic Eng. *83* (1961), 95–108.

[58] Kammeyer, K. D. und K. Kroschel: Digitale Signalverarbeitung: Filterung und Spektralanalyse mit MATLAB-Übungen. Teubner Verlag, Stuttgart, 1998.

[59] Kammeyer, K. D.: Nachrichtenübertragung. Zweite Auflage. Teubner Verlag, Stuttgart, 1996.

[60] Khintchine, A.: Korrelationstheorie der stationären stochastischen Prozesse. Math. Ann. *109* (1934), 604–615.

[61] Kolmogoroff, A.: Grundbegriffe der Wahrscheinlichkeitsrechnung. Springer–Verlag, Berlin, 1933.

[62] Kolmogoroff, A.: Interpolation und Extrapolation von stationären zufälligen Folgen (russ.). Akad. Nauk. UdSSR Ser. Math. *5* (1941), 3–14.

[63] Kroschel, K.: Statistische Nachrichtentheorie. Dritte Auflage. Springer–Verlag, Berlin, 1996.

[64] Kroschel, K.: Datenübertragung. Springer–Verlag, Wien, 1991.

[65] Küpfmüller, K.: Über Einschwingvorgänge in Wellenfiltern. Elektrische Nachrichtentech. *1* (1924), 141–152.

[66] Küpfmüller, K.: Die Systemtheorie der elektrischen Nachrichtenübertragung. Dritte Auflage. S. Hirzel–Verlag, Stuttgart, 1968.

[67] Larimore, M. G., J. R. Treichler and C. R. Johnson, Jr.: SHARF: An algorithm for adapting IIR digital filters. IEEE Trans. on ASSP, *ASSP–28* (1980), 428–440.

[68] Lawson, C. L. and R. J. Hanson: Solving Least Square Problems. Prentice–Hall, Englewood Cliffs, 1974.

[69] Lehn, J. und H. Wegmann: Einführung in die Statistik. Dritte Auflage. Teubner Verlag, Stuttgart, 2000.

[70] Levinson, N.: The Wiener RMS error criterion in filter design and prediction. J. of Mathematics and Physics, *25* (1947), 261–278.

[71] Lucky, R. W.: Automatic equalization for digital communication. Bell Syst. tech. J. *44* (1965), 547–588.

[72] Lucky, R. W.: Techniques for adaptive equalization of digital communication. Bell Syst. tech. J. *44* (1966), 255–286.

[73] Lüke, H. D.: Korrelationssignale. Springer–Verlag, Berlin, 1992.

[74] Mader, A., H. Puder, and G. U. Schmidt: Step-size control for acoustic echo cancellation filters – An overview. Signal Processing *80* (2000), 1697–1719.

[75] Madisetti V., K. and D. B. Williams (Eds.): The Digital Signal Processing Handbook. CRC Press LLC, 1998.

[76] Marko, H.: Systemtheorie. Dritte Auflage. Springer–Verlag, Berlin, 1995.

[77] Martin, W. and P. Flandrin: Wigner–Ville spectral analysis of non–stationary processes. IEEE Trans. on ASSP, *ASSP–33* (1985), 1461–1470.

[78] Martin, R.: Spectral subtraction based on minimum statistics. Proceedings EUSIPCO '94, Edinburgh, UK, 1994, 1182–1195.

[79] Matsuoka, T. and T. J. Ulrych: Phase estimation using the bispectrum. Proc. of the IEEE, *72* (1984), 1403–1411.

[80] Mecklenbräuker, W. and F. Hlawatsch: The Wigner Distribution. Theory and Applications in Signal Processing. Elsevier, Amsterdam, 1997.

[81] Mendel, J. M.: Tutorial on higher–order statistics (spectra) in signal processing and system theory: Theoretical results and some applications. Proc. of the IEEE, *79* (1991), 278–305.

[82] Mertins, A.: Signaltheorie. Teubner Verlag, Stuttgart, 1996.

[83] Middleton, D.: An Introduction to Statistical Communication Theory. McGraw–Hill, New York, 1960.

[84] Müller, P. H.: Lexikon der Stochastik. Akademie–Verlag, Berlin 1975.

[85] Mulgrew, B. and C. F. Cowan: Adaptive Filters and Equalizers. Kluever Academic Publishers, Norwell, 1988.

[86] Nikias, Ch. L. and M. R. Raghuveer: Bispectrum estimation: A digital signal processing framework. Proc. of the IEEE, *75* (1987), 869–891.

[87] Nikias, Ch. L. and A. P. Petropulu: Higher–Order Spectral Analysis: A Nonlinear Signal Processing Framework. Prentice–Hall, Englewood Cliffs, 1993.

[88] Nikias, Ch. L. and J. M. Mendel: Signal processing with higher–order spectra. IEEE Signal Processing Magazine, *10* (1993), 10–37.

[89] Normen für Größen und Einheiten in Naturwissenschaft und Technik. Beuth–Verlag, Berlin, 1978.

[90] Nyquist, H.: Certain factors affecting telegraph speed. Bell Syst. tech. J. *3* (1924), 324–346.

[91] Oppelt, W.: Kleines Handbuch technischer Regelvorgänge. Verlag Chemie, Weinheim, 1964.

[92] Oppenheim, A. V. and R. W. Schafer: Digital Signal Processing. Prentice–Hall, Englewood Cliffs, 1975.

[93] Pätzold, M.: Mobilfunkkanle. Modellierung, Analyse und Simulation. Vieweg–Verlag, Wiesbaden, 1999.

[94] Papoulis, A.: The Fourier Integral and its Applications. McGraw–Hill, New York, 1962.

[95] Papoulis, A.: Signal Analysis. McGraw–Hill, New York, 1977.

[96] Papoulis, A.: Probability, Random Variables, and Stochastic Processes. Third Edition. McGraw–Hill, New York, 1991.

[97] Papoulis, A.: Probability & Statistics. Prentice–Hall, Englewood Cliffs, 1990.

[98] Pflanzagl, J.: Elementare Wahrscheinlichkeitsrechnung. Walter de Gruyter, Berlin, 1988.

[99] Pierce, J. R.: The early days of information theory. IEEE Trans. on Inform. Theory *IT-19* (1973), 3–8.

[100] Popov, V. M.: Hyperstability of Control Systems. Springer–Verlag, Berlin, 1973.

[101] Proakis, J. G. and D. G. Manolakis: Introduction to Digital Signal Processing. Macmillan, New York, 1988.

[102] Proakis, J. G., Ch. M. Rader, F. Ling, and Ch. L. Nikias: Advaced Digital Signal Processing. Macmillan, New York, 1992.

[103] Rabiner, L. R. and B. Gold: Theory and Application of Digital Signal Processing. Prentice–Hall, Englewood Cliffs, 1975.

[104] Rabiner, L. R. and B.-H. Juang: Fundamentals of Speech Recognition. Prentice–Hall, Englewood Cliffs, 1993.

[105] Rupprecht, W.: Signale und Übertragungssysteme. Springer–Verlag, Berlin, 1993.

[106] Sage A. P. and J. L. Melsa: Estimation Theory with Applications to Communications and Control. McGraw–Hill, New York, 1971.

[107] Schlitt, H.: Systemtheorie für stochastische Prozesse. Springer–Verlag, Berlin, 1992.

[108] Schmidt, G.: Grundlagen der Regelungstechnik. Springer–Verlag, Berlin, 1984.

[109] Schüßler, H. W.: Netzwerke, Signale und Systeme. Band 1: Systemtheorie elektrischer Netzwerke. Band 2: Theorie kontinuierlicher und diskreter Signale und Systeme. Dritte Auflage. Springer–Verlag, Berlin, 1991.

[110] Schwartz, M.: Telecommunication Networks: Protocols, Modelling and Analysis. Addison–Wesley, Reading, 1987.

[111] Shannon, C. E.: A mathematical theory of communication. Bell Syst. tech. J. *27* (1948), 379–424 und 623–657.

[112] Shannon, C. E.: Communication in the presence of noise. Proc. IRE *37* (1949), 10–21.

[113] Shynk, J. J.: Adaptive IIR filtering. IEEE ASSP Magazine, *6* (1989), 4–21.

[114] Skerl, O., W. Schmidt und O. Specht: Wigner–Verteilung als Werkzeug zur Zeit–Frequenz–Analyse nichtstationärer Signale. Technisches Messen *61* (1994), 7–15.

[115] Söder, G. und K. Tröndle: Digitale Übertragungssysteme. Springer–Verlag, Berlin, 1985.

[116] Sorenson, H. W.: Least–square estimation: from Gauss to Kalman. IEEE Spectrum, *7* (1970), 63–68.

[117] Stearns, S. D.: Error surface of adaptive recursive filters. IEEE Trans. on ASSP, *ASSP-28* (1981), 763–766.

[118] Tanenbaum, A. S.: Computernetzwerke. Dritte Auflage. Prentice–Hall, München, 1998.

[119] Thomas, J. B.: Introduction to Probability. Springer–Verlag, New York, 1986.

[120] Thomas, J. B.: An Introduction to Communication Theory and Systems. Springer–Verlag, New York , 1988.

[121] Umeda, T. and K. Ozeki: Suppression of howling between microphones and monitoring speakers – an application of an adaptive filter. Proc. of the 11th Intern. Conf. on Acoustics (1983), 103–106.

[122] Unbehauen, R.: Systemtheorie: Grundlagen für Ingenieure. Siebte Auflage. Oldenbourg Verlag, München, 1997.

[123] Van Trees, H. L.: Detection, Estimation, and Modulation. Part I. J. Wiley, New York, 1968.

[124] Vary, P., U. Heute und W. Hess: Digitale Sprachsignalverarbeitung. Teubner Verlag, Stuttgart, 1998.

[125] Weinrichter, H. und F. Hlawatsch: Stochastische Grundlagen nachrichtentechnischer Signale. Springer-Verlag, Wien, 1991.

[126] Weiß, P.: Stochastische Modelle für Anwender. Teubner Verlag, Stuttgart, 1987.

[127] Wiener, N.: Generalized harmonic analysis. Acta Math. *55* (1930), 117–258.

[128] Wiener, N.: The Extrapolation, Interpolation, and Smoothing of Stationary Time Series with Engineering Applications. J. Wiley, New York, 1949. (Die Originalarbeit erschien als MIT Radiation Laboratory Report bereits 1942.)

[129] Widrow, B. and M. E. Hoff: Adaptive switching circuits. IRE WESCON Conv. Rec. (1960), Part 4, 96–104.

[130] Widrow, B. and S. D. Stearns: Adaptive Signal Processing. Prentice–Hall, Englewood Cliffs, 1985.

[131] Winkler, G.: Stochastische Systeme. Analyse und Synthese. Akademische Verlagsgesellschaft, Wiesbaden, 1977.

[132] Wolf, D.: Signaltheorie. Modelle und Strukturen. Springer–Verlag, Berlin, 1999.

[133] Wunsch, G., und H. Schreiber: Stochastische Systeme. Grundlagen. VEB Verlag Technik, Berlin, und Springer–Verlag, Wien, 1984.

[134] Yamamoto, S. and S. Kitayama: An adaptive echo canceller with variable step gain method. Trans. IECE of Japan *E–65 (1)* (1982), 1–8.

MIX
Papier aus verantwortungsvollen Quellen
Paper from responsible sources
FSC® C105338
www.fsc.org